U0158216

柔性装配理论与方法

王军强　高智勇　王明微　魏丽军　王淑侠　著
何卫平　高建民　审

科学出版社

北　京

内 容 简 介

本书以航空发动机、大飞机、矿山装备三大典型重大产品装配过程中配装照装、多装多试、等装被配、认知疲劳等典型工程问题为牵引,研究复杂产品装配全息质量监控与预测、装配工艺-性能关联分析与优化调控、装配线管控决策与数字孪生系统、装配过程物化设计及可视化技术等,并选择风扇转子装配、翼身对接调姿定位、截割推进机构装配等开展应用验证。

本书面向从事装配工艺优化、装配运作管控、装配性能提升、装配数字孪生等方向研究的专家、学者、科研人员及工程技术人员,可作为高等院校机械工程、工业工程、管理科学与工程等相关专业的教材或参考书,也可供智能制造、智慧工厂等相关领域的科研人员、工程技术人员、生产管理人员和咨询服务人员参考。

图书在版编目(CIP)数据

柔性装配理论与方法 / 王军强等著. —北京:科学出版社,2023.7
ISBN 978-7-03-074107-3

Ⅰ. ①柔⋯ Ⅱ. ①王⋯ Ⅲ. ①装配(机械)–柔性制造系统 Ⅳ. ①TH165

中国版本图书馆 CIP 数据核字(2022)第 231167 号

责任编辑:陈 婕 / 责任校对:高辰雷
责任印制:吴兆东 / 封面设计:蓝正设计

科 学 出 版 社 出版
北京东黄城根北街 16 号
邮政编码:100717
http://www.sciencep.com
北京中石油彩色印刷有限责任公司 印刷
科学出版社发行 各地新华书店经销

*

2023 年 7 月第 一 版 开本:720×1000 1/16
2023 年 7 月第一次印刷 印张:29 3/4
字数:600 000
定价:198.00 元
(如有印装质量问题,我社负责调换)

序 一

    制造业是国家经济实力和国家安全的推动力,在每一个领域,无论是航空航天还是生物制药等,都发挥着重要作用。制造业的进步促使经济持续增长,支持人类应对气候危机,增强环境可持续性,提升供应链弹性,确保国家安全,改善医疗健康,并创造新的、高质量和高收入的就业机会。

    面对以智能制造为核心技术的新一轮工业革命,在"制造强国"、"质量强国"等国家战略牵引下,国家重点研发计划启动"网络协同制造和智能工厂"重点专项,布局"基于数据驱动的重大产品装配质量监控与优化方法"研究项目,以抢占重大产品高质量装配未来发展的战略制高点,确保我国在未来制造业竞争中的国际领先和主导地位。

    航空发动机、大飞机、大型矿用机械等高端装备为典型的重大产品,是关系到国家安全和经济命脉的基础性、战略性产品。然而,我国重大产品装配技术滞后于设计和加工技术,尤其在装配过程管控方面与国际先进装配管控技术差距明显,装配质量、装配性能难以把控,装配效率、装配能力难以提升。因此,装配技术成为制约我国重大产品研制与生产的关键瓶颈,难以满足我国新一代重大产品追赶超越的发展需求。

    《柔性装配理论与方法》一书围绕重大产品柔性装配与全景管控的迫切需求,面向控质控性、提质增效的重大挑战,按照"科学问题研究—关键技术突破—软件平台研制—典型场景应用"的思路,从复杂产品装配质量的监控与预测、装配工艺-性能的关联分析与优化调控、装配线的管控决策与数字孪生系统、装配过程物化设计与可视化技术等方面,对重大产品的柔性装配理论及典型应用进行了系统分析与深入阐述,形成了自主可控的柔性装配理论方法体系。

    在国家加强基础研究和原始创新、实现高水平科技自立自强、推动制造业高质量发展的时代背景下,该专著作为理论与实践相结合的成果,为重大产品的高质量装配提供了科学基础、技术支撑和解决方案。

重庆大学

2022 年 11 月

序 二

当前我国制造业发展正处于高端跨越、智能升级、高质量发展的关键时期，在深刻理解世界科技和产业变革的新态势、清醒认识我国制造业发展面临的新挑战、牢牢把握新一轮科技革命带来的新机遇的大背景下，汇集社会资源，集合多方力量，加强协同创新，紧密结合我国重大产品制造工程管理实践，开展重大产品制造工程管理创新性研究，对实施创新驱动发展战略、促进产业转型升级、保障经济发展、维护国防安全、助力民族复兴具有重要的理论意义和实践价值。

航空发动机、大飞机、大型矿用机械等高端装备为典型的重大产品，是关系到国家安全和经济命脉的基础性、战略性产品，其研制能力代表了一个国家的综合科技水平和工业基础实力。重大产品制造是大国科技博弈的重要赛道，是我国制造业迈向价值链中高端的重要抓手，也是我国制造业赢得全球竞争的重中之重。然而，我国重大产品研制中的装配技术与国外先进水平差距巨大，同时，西方发达国家对重大产品的装配技术严密封锁，没有可供借鉴的方法，亟须开展自主创新研究，形成自主可控的装配理论与技术体系。因此，在当前情况下，迫切需要一部全面展示重大产品柔性装配方法领域研究成果的书籍，支撑我国相关行业开展重大产品装配技术的研发。

王军强教授领衔研究团队紧密结合国家重大战略需求，在国家重点研发计划、国家自然科学基金等项目支持下，围绕航空发动机、大飞机等重大产品高质量装配的挑战，以西北工业大学为牵头单位，组织西安交通大学、广东工业大学等科研团队与中国航发动力股份有限公司、上海飞机制造有限公司、中国煤炭科工集团太原研究院有限公司等龙头企业，强强联手，协同攻关，研究装配质量协同管控新模式、产品性能优调优控新体系、装配过程主动决策新方法，研发重大产品质量管控与优化决策平台，有力地支撑了国家重点型号成功研制和批量生产。

由王军强教授等撰写、科学出版社出版的《柔性装配理论与方法》专著，是面向高端装备领域的一部理论与工程实践并重的著作。该书全面综述了国内外研究团队、行业龙头企业在面向装配的设计、装配工艺与数字仿真、装配装备与产线、装配测试与检测、装配过程管理与控制等方面的研究进展与实践应用，重点阐述了复杂产品装配全息质量监控与预测、装配工艺-性能关联分析与优化调控、装配线管控决策与数字孪生系统、装配过程物化设计及可视化技术等研究成果，从装配质量到装配工艺、从装配管理到现场实操、从优化决策到装配引导、从数据到软硬件平台、从理论分析到实践应用，系统地展示了装配质量预控、装配性能调控、装配运作优化、装配执行交互等方面的管控机理、决策机制、优化方法、赋能技术及典型应用，为重大产品的高质量、高效率装配做出了诸多有益探索和创新突破，为科研人员及工程技术人员提供了学术参考和实践指导。

　　期待该专著的出版为我国重大产品先进装配理论和技术的研究与实践、推广与应用发挥重要的促进作用。

西安交通大学

2022 年 11 月

前　言

在"制造强国"、"质量强国"国家战略牵引下，制造业正实现由大到强的转变，高端装备制造作为国家九大战略性新兴产业之一，迎来了空前发展的战略机遇。航空发动机、大飞机、大型矿用机械等高端装备是关系到国家安全和经济命脉的基础性、战略性产品，其研制能力代表了一个国家的综合科技水平和工业基础实力。

重大产品装配作用极其重要，既是保障重大产品质量、性能和寿命的关键过程，又是决定重大产品研制与生产效率、效能的重要环节，凭借其重要的理论研究意义和工程应用价值成为学术界和工业界研究的难点和热点。当前，我国重大产品装配技术滞后于设计、加工技术，尤其在装配过程管控方面与国际先进水平差距很大，装配质量、装配性能难以把控，装配效率、装配能力难以提升，成为制约我国重大产品研制与生产的关键瓶颈，难以满足我国新一代重大产品追赶超越的发展需求。由于国外对重大产品的装配与管控实施技术封锁，没有可供借鉴的技术，亟须开展自主创新研究，形成自主可控的柔性装配理论方法体系。

本书围绕重大产品柔性装配、全景管控的迫切需求，面向控质控性、提质增效的重大挑战，聚焦数据赋能控质控性机理、人机物融合主动决策机制两个关键科学问题，剖析装配质量演化全息预控、装配工艺-性能精准调控、装配运作虚实联动优化、装配执行人机交互增强等关键环节涉及的若干技术难题，探索装配质量协同管控新模式、产品性能优调优控新体系、装配过程主动决策新方法等创新技术途径，开发相应软硬件平台贯通发动机装配过程的在线感知、主动决策、精准调控、持续优化等关键环节，并在重大产品及其装配生产线进行应用验证。通过探索与实践，形成符合重大产品需求的管控模式、技术体系、优化方法、软件平台，为我国重大产品的高质量装配提供科学基础、理论支撑、使能技术和解决方案。

本书按照"科学问题研究—关键技术研究—软件平台研制—典型场景应用"的技术路线展开研究，期望为重大产品柔性装配的研究与实践提供可参考和可借鉴的研究模式、研究途径与实践方法。全书共5章，其中，第1章绪论由王军强、高智勇、王明微、魏丽军、王淑侠、孙涛、刘哲、孔祥菡撰写，第2章复杂产品装配全息质量监控与预测由高智勇、陈琨、李丽丽、刘哲、席越、关海威以及中国航发动力股份有限公司李建峰、李荣、强美宁撰写，第 3 章装配工艺-性能关联分析与优化调控由王明微、张惠斌、邓伟、刘磊、李智昂、李丽丽以及中国航发动力股份有限公司王满贤、姚世珍撰写，第4章装配线管控决策与数字孪生系统由魏丽军、王军强、杨臻、刘婷、崔鹏浩、宋云蕾、苟艺星、延爽、崔福东、朱颖、陈裕鹏、李荣、雷栋、吴骏以及中国煤炭科工集团太原研究院有限公司周旭、张小峰、李发泉撰写，第5章装配过程物化设计及可视化技术由王淑侠、张杰、李江红、魏兵钊、曹志伟、罗瑜霞以及上海飞机制造有限公司李汝鹏、邢宏文、刘思仁、李苗撰写。

本书的研究得到了国家重点研发计划"网络协同制造和智能工厂"重点专项"基于数据驱动的重大产品装配质量监控与优化方法"(2019YFB1703800)的支持，以及国家自然科学基金"脉动装配线产能评估与平衡调度"(52075453)的资助，特此鸣谢。

感谢国家重点研发计划"网络协同制造和智能工厂"重点专项"基于数据驱动的重大产品装配质量监控与优化方法"项目咨询专家委员会东北大学唐立新院士、西北工业大学张开富教授、上海交通大学江志斌教授、西安交通大学高建民教授、华中科技大学高亮教授、北京航空航天大学陶飞教授、北京理工大学刘检华教授、中国航空发动力股份有限公司杨卓勇和杨海研究员级高工、上海飞机制造有限公司李汝鹏正高级工程师、中国煤炭科工集团太原研究院有限公司于向东研究员等专家的关怀、支持和帮助。感谢北京航空航天大学陶飞教授、郑联语教授，北京理工大学刘检华教授，大连理工大学孙清超教授，东华大学鲍劲松教授，东南大学刘晓军教授，华中科技大学王峻峰教授，南京航空航天大学郭宇教授，西安交通大学赵强强助理教授，西北工业大学张开富教授、程晖教授、孙惠斌教授、王战玺副教授，浙江大学曹衍龙教授、刘振宇教授，郑州轻工业大学李浩教授对书稿提出的中肯而富有指导性的修改意见。特别地，感谢国家重点研发计划项目责任专家重庆大学王时龙教授、西安交通大学梅雪松教授悉心指导与热心帮助并为本书作序，感谢西北工业大学何卫平教授和西安交通大学高建民教授从书稿撰写、修改到出版全过程提供的专业而富有建设性的指导建议。最后，感谢项目团队西北工业大学、西安交通大学、广东工业大学、中国航发动力股份有限公司、上海飞机制造有限公司、中国煤炭科工集团太原研究院有限公司同仁的辛勤付出和扎实工作，没有研究团队的鼎力支持，本书难以顺利出版。

鉴于作者水平有限，书中难免存在不妥之处，恳请广大读者和专家不吝赐教及批评指正。

作　者

2022 年 10 月

目　　录

第1章 绪 论

1.1 重大产品装配概述

在"制造强国"和"质量强国"国家战略牵引下,我国制造业正实现由大到强的转变,高端装备制造作为国家九大战略性新兴产业之一,迎来了空前发展的战略机遇。航空发动机、大飞机、大型矿用机械等高端装备为典型的重大产品,其研制能力代表了一个国家的综合科技水平和工业基础实力。重大产品需要在高温、高压、高转速和高负载等超高要求的苛刻环境中进行长期循环使用,因此对其质量可靠性、性能稳定性、寿命周期内的可维护性都有极高的要求,对重大产品装配的质量改善和性能提升的需求十分迫切。

重大产品装配的作用极其重要,既是保障重大产品质量、性能和寿命的关键过程,又是决定重大产品研制与生产效率、效能的重要环节,凭借其重要的理论研究意义和工程应用价值成为学术界和工业界研究的难点和热点。重大产品装配工作量占比大,影响面广、影响力强,提升装配过程的管控能力具有重要的理论研究意义和工程应用价值。当前,重大产品装配技术滞后于设计与加工技术,尤其在装配过程管控方面与国际先进装配技术差距很大,装配质量、装配性能难以把控,装配效率、装配能力难以提升,成为制约重大产品研制与生产的关键瓶颈。由于国外对重大产品的装配与管控实施技术封锁,没有可供借鉴的技术,亟须开展自主创新研究,形成自主可控的柔性装配理论方法体系。

本书围绕重大产品柔性装配、全景管控的迫切需求,面向控质控性、提质增效的重大挑战,重点探究数据赋能控质控性机理、人机物融合主动决策机制等科学问题;重点突破装配质量演化全息预控技术、装配工艺-性能精准调控技术、装配运作虚实联动优化技术以及装配执行人机交互增强技术等关键技术;重点建立装配质量协同管控新模式、产品性能优调优控新体系、装配过程主动决策新方法等三条创新技术途径,开发相应软硬件平台贯通发动机装配过程的在线感知、主动决策、精准调控、持续优化等关键环节,并在重大产品及其装配生产线进行应用验证。通过探索与实践,形成符合重大产品需求的管控机理、决策机制、优化方法、赋能技术及典型应用,为重大产品的高质量装配提供科学基础、技术支撑和解决方案,全面提升航空发动机、大飞机、掘锚机等重大装备质量水平与研制能力。

1.1.1 重大产品及特征

航空工业产品、大型矿用机械等重大产品是关系到国家安全和经济命脉的基础性、战略性产品，是知识、技术和资金密集型的高度复杂产品，几乎涵盖所有学科门类，是当代尖端技术的集成，处于价值链高端，在产业链占据核心部位，其发展水平决定产业链的整体竞争力。重大产品具有产品结构形状复杂、装配对象尺度大、技术难度大、研制周期长、产品性能要求高、整机工程造价贵、运行工况复杂严酷等特点。

航空工业被誉为"现代工业之花"，大飞机是大国的"国家名片"，是一个国家工业、科技水平和综合实力的集中体现。大飞机作为人类有史以来最复杂、最精密的高科技产品之一，是人类科技创新能力与工业化生产形式相结合的产物。随着飞机在材料选型和结构设计上的改型换代，飞机制造技术得到了迅速且持续的发展，成为跨学科、跨领域先进技术的集成，其技术水平的高低直接决定飞机产品的最终质量、制造成本和交货周期。飞机装配是飞机制造中的关键和核心，其协调过程多、精度要求高，装配工作量占整个飞机制造工作量的 40%～50%、装配成本占总成本的 40%以上、装配周期占总周期的 25%～40%。随着数字化制造技术应用的逐步深入，国外各大航空制造公司率先开展了数字化装配产线、装置及测量技术等方面的研究，研究成果已经应用于航空复杂产品的实际装配中，显著提高了产品装配效率及装配质量。

航空发动机是飞机的心脏，被誉为现代工业"皇冠上的明珠"。航空发动机作为现代尖端技术的标志，是典型的知识和技术高度密集的军民两用高科技产品，是国家安全和大国地位的重要战略保障。航空发动机研制具有高投入、高门槛、高回报和长周期等特征。目前，世界上能够独立研制先进航空发动机并形成产业规模的只有美国、俄罗斯、英国、法国、中国等五国。航空发动机为飞机提供飞行动力，需要在高空、高性能、高可靠性条件下进行长期反复使用，航空发动机零部件需要在高温、高压、高转速、高负载等超高要求的苛刻环境中长期循环往复工作，对其设计、材料、制造、检测、维修、试验等都有极高的要求。即使是技术最先进的国家，也需要经过设计—制造—试验—修改设计—再制造—再试验的反复摸索和迭代过程，才可能完全达到技术指标的要求。在航空发动机制造中，装配工作量占总工作量的 40%以上，决定产品 60%的性能。

掘锚机是实现巷道安全高效掘进的重大关键装备，也是保障国家煤炭生产方式变革的先决条件。掘锚机需要在有限空间内集截割落煤、锚杆支护、临时支护、转载运输、喷雾除尘等功能于一体，其内部结构复杂，研制难度大，目前仅美国、日本、奥地利、德国、俄罗斯、中国等六国具备该装备的研制能力。掘锚机为煤矿井下采煤开辟道路，需要在高湿、高腐蚀、高粉尘等恶劣环境下承受具有时变性、非线性、强耦合性的截割冲击载荷，并进行长期可靠工作。目前掘锚机的装配工艺水平及装配质量不高，导致掘锚机故障率高，可靠性较差，性能指标和可靠性与国外水平差距较大。在掘锚机装配中，装配工作量占总工作量的 45%以上，决定了产品 50%的性能。

1.1.2　重大产品装配特征

装配是将若干零部件按规定的技术要求依次组装起来，并通过产品设计、机械加工与零部件装配等环节的共同保障以达到预期的产品质量性能的过程。重大产品装配具有如下特征：

(1) 重大产品装配特点。重大产品装配具有零部件、连接件、工装等种类多且数量大，零部件配套关系复杂，装配工艺链长，装配工艺难度大，装调修配频繁，装配作业耗时长，以及管控协调困难等特点。

(2) 重大产品装配方式。重大产品装配属于典型的多品种、小批量、长周期、批研混合的生产方式，装配协调要素多，配送齐套困难，质量管控滞后，统筹决策手段匮乏，信息孤岛问题严重，导致装配周期长、装配效率低、装配成本高。

(3) 重大产品装配模式。目前，航空发动机的站位式装配、大飞机的机库式装配、掘锚机固定工位装配均是在离散固定站位基于刚性型架进行手工装配、基于人工经验反复试错的传统装配模式。重大产品装配是在离散固定工位的受限空间内进行集中作业，操作空间有限，操作开敞性差，操作交叉多，存在错装、漏装现象，盲装盲调效率低。在重大产品装配过程中，存在大量的手工装配过程。重大产品手工装配具有人机物交互频繁、手工参与多、手工操作量大、工人劳动强度大等特点。目前，在波音、空客等航空公司新型号飞机部件装配过程中，自动化率仅为 50%～60%。

(4) 重大产品装配质量。在装配调试过程中，手工装配稳定性差，依赖于人为经验进行反复试错排故，装配质量的可靠性、装配性能的稳定性难以把控，一次装配合格率低。我国重大产品装配技术滞后于设计与加工技术。以航空发动机为例，设计处于四代机水平，加工处于三代机水平，而装配长期停留在围绕固定站位、基于刚性型架进行手工装配、基于人工经验反复试错的二代机水平。目前，我国航空发动机的平均试装次数为 2.7 次，属于典型的预装预配、多装多试。法国赛峰 CFM56 发动机一次装配合格率为 98%，我国装配水平与发达技术一装一试差距明显。

对于航空发动机、大飞机、大型矿用机械等重大产品，当前装配技术难以支撑新一代重大装备研制与生产。对于航空发动机，其装配停留在二代航空发动机技术水平，无法满足三代机、四代机、下一代航空发动机快速研制的迫切需求。对于大飞机，虽然自动化装配程度达到了 60%，但是依然无法满足支线飞机、大型客机的大批量生产要求，无法形成对大批量产品制造装配质量管控能力。对于矿用掘锚机，我国初步具备了掘锚机设计和制造能力，然而其装配处于第一代的手工装配水平，主要依赖于人为经验多次装调，无法满足掘锚机高可靠性的迫切需求，与进口同类机型的可靠性差距显著。

重大产品及装配特征如图 1-1 所示。

航空发动机　　　　　　大飞机　　　　　　矿用掘锚机
(a) 重大产品特征

(b) 重大产品装配特征

(c) 重大产品装配方式

(d) 重大产品装配模式

图 1-1　重大产品及装配特征

1.2　国内外研究进展

长期以来，产品设计、机械加工、零部件装配三者之间的发展并不同步，装配固有的复杂性使得装配技术的发展滞后于设计、加工技术，这已成为保障产品质量性能的关键瓶颈环节。随着零部件设计水平与机械加工精度一致性的提升，产品质量性能保障由设计、加工环节逐步转移到装配环节，使得零部件装配及整机装配相关研究越来越得到国内外广泛关注。在装配领域，国内外多所高等院校和多家行业龙头企业相继开展了装配设计、装配工艺、装配装备、装配性能测控、装配过程管控等方面的研究探索和实践应用。

1.2.1　国外研究进展

　　装配系统是整个装配生产过程的核心。美国密歇根大学的 Hu 等围绕车身多层次装配过程的偏差产生、传播和诊断提出了"偏差流理论"，将操作人员及工装夹具等因素纳入偏差来源，并针对不同偏差源对整体装配的影响，提出了操作员选择复杂性度量方法及多工位装配夹具布局设计方法，用于指导装配系统的设计和搭建，分析了柔性件装配偏差在整个装配过程中的传播机理，实现了最终综合装配偏差的预测和偏差重要来源的诊断[1-17]。

　　装配精度控制极大程度上影响装配结果。瑞典查尔姆斯理工大学的 Süderberg、Pahkamaa 等通过分析不同来源的偏差对最终装配精度的影响，提出了一种综合考虑装配焊接工艺误差和零件制造误差的装配精度分析模型，将蒙特卡罗模拟(Monte Carlo simulation，MCS)与有限元分析(finite element analysis，FEA)相结合，对最终装配结果进行预测[18-23]。瑞典查尔姆斯理工大学的 Falck 等[24,25]提出了一种针对手动装配复杂性的评估方法，建立了高复杂性和低复杂性评价标准，为装配工作人员的手工作业提供科学指导，进而对装配精度进行有效控制。

　　随着人工智能技术的发展，智能装配理论得到了快速的突破与应用。瑞典皇家理工学院的王立翚等研究了智能工厂建设中的人-机协同装配(human-robot collaborative assembly，HRCA)技术，基于虚拟三维模型和增强现实(augmented reality，AR)辅助装备，为工厂的装配操作者提供任务培训、行为分析、操作辅助等功能[26-31]。新加坡国立大学的 Nee 等基于虚拟现实(virtual reality，VR)/AR 技术研究了装配操作引导技术，有效地提升了复杂装配操作的效率[32-38]。加拿大温莎大学的 Yuan 等在虚拟装配中引入人工智能技术，使用人工神经网络进行装配序列规划，并提出了一种在虚拟环境下通过人机交互进行装配序列规划的方法[39-41]。伊朗沙赫鲁德理工大学的 Kelardeh 等[42]为解决高强度螺栓连接中预紧力计算精度的难题，基于脉冲回波法探究应力与超声速度的变化关系，进而通过对超声波速度的测量实现预紧力的计算。美国华盛顿州立大学的 Jayaram 等[43]开发了虚拟装配设计环境(virtual assembly design environment，VADE)，通过 VR 环境仿真装配过程，生成装配工艺并评价最终装配效果。新加坡南洋理工大学的 Li 等[44]开发了 V-REALISM 系统，提出了 VR 和智能拆卸算法，实现了拆卸顺序的自动规划。

　　针对飞机、发动机等航空工业产品，国际各大航空制造公司率先开展了数字化装配生产线、装置及测量技术等方面的研究，研究成果已经应用于航空复杂产品的实际装配中，显著提高了产品装配质量及装配效率。

　　在飞机装配方面，从 20 世纪八九十年代开始，伴随计算机辅助设计(computer

aided design，CAD)/计算机辅助制造(computer aided manufacturing，CAM)技术、计算机及网络技术、数字测量技术以及自动控制技术的发展，飞机数字化装配技术开始在西方发达国家兴起，并获得了快速发展。以美国波音和法国空客为代表的国外航空制造企业，通过与高端设备供应商如 EI(美国)、AIT(美国)、Broetje Automation(德国)、MTorres(西班牙)等强强联盟和技术合作，相继研制了一系列柔性定位工装、自动化制孔机器人、数控制孔机床及自动钻铆机等数控装备，建立了满足不同工艺需求的数字化、自动化装配系统，并成功应用于空客 A380、A400M、波音 787、波音 747、F-35、F-22 等飞机的结构装配中，大幅提高了飞机装配自动化程度和装配质量，获得了显著的经济效益。美国波音公司最早地开展了飞机数字化装配技术研究，建设了大部件全自动对接平台、数字化装配技术平台和脉动装配生产线，以及基于三维(3D)数字化产品设计和基于模型定义(model based definition，MBD)的全球协同环境(global collaboration environment，GCE)技术体系，开启了数字化飞机工程的新时代，在波音 737、波音 777、波音 787 等飞机装配中，减少了 75%出错返工率，缩短了 50%研制周期，降低了 25%成本。特别地，2006 年波音公司的 B777 飞机装配中采用了总装移动装配线，实现了整机的三维虚拟装配仿真和验证，提高了生产效率和产品质量。法国空客公司先后经历了三维数字模型、数字实物模型、数字化工厂以及基于知识工程全球网络环境的数字化技术的发展历程，研制了机身大部件自动对接装配系统、机翼壁板柔性装配工装，并将自动装配技术应用于空客 A330、A380、A400M 等飞机装配中，减少了 50%飞机制造工作量、缩短了 60%生产周期。美国洛克希德·马丁公司采用 AR 飞机辅助装配技术，覆盖飞机设计、装配、检测、培训等过程，并应用于 F-35 战斗机装配中，大幅提高了蒙皮铆接效率；在研制联合攻击战斗机(joint strike fighter，JSF)时，采用数字化装配手段和一种先进的龙门钻削系统，实现了将单架生产周期从 15 个月缩短到 5 个月，工装从 350 件减少到 19 件，制造成本降低了 50%等指标。

　　在发动机装配方面，法国斯奈克玛公司为 CFM56 发动机建立了两条脉动装配线，缩短了 30% CFM56 发动机总装时间。美国通用电气公司(General Electric Company，简称 GE)采用固定工位装配和脉动装配相结合的方式，建立了 VR 辅助系统和智能检测系统，实现了发动机装配质量的数字化管控。由 GE 和法国斯奈克玛公司合资成立的 CFM 国际公司为 LEAP 系列发动机建立了两条脉动装配线，每条装配线都能装配三种型号的 LEAP 发动机，如空客 A320neo 的 LEAP-1A、波音 737MAX 的 LEAP-1B 及中国商飞 C919(全称为 COMAC919)的 LEAP-1C，装配效率提高了 25%，生产周期缩短了 30%，平均 2.5 天装配一台发动机。美国普惠公司为 GTF 系列发动机在美国建立了两条脉动装配线，在加拿大建立了一条脉动装配线，这三条装配线可满足六种型号的 GTF 发动机生产。加拿大普惠公司构建了 PW800&PW1000 发动机装配线，基于自动化装备实现了单元体调姿定位、安装与检测。英国罗·罗公司新建了四条脉动装配线，其中两条分别用于风扇装配和核心机装配，另外两条为总装配线，对风扇单元体和核心机单元体等进行水平集成装配。德国汉莎航空公司在飞机壁板框梁维修和大型零部件装配中大量采用 AR 技术，为 CFM/V2500 发动机建立了维修脉动装配线，其分解、检修、重装周期从 60 多天减少到 45 天。德国西门子公司采用数字孪生技术升级数字化工厂，并将其应用于产品制造前的虚拟评估中。

1.2.2 国内研究进展

在复杂产品装配技术的基础理论、方法、技术、工具与应用方面，国内各大高等院校、科研院所等诸多学者开展了系统深入的研究与应用。通过近年来的技术探索与累积，在面向装配的设计(design for assembly，DFA)、装配工艺与数字仿真、装配装备与产线、装配测试与检测、装配过程管理与控制等方面取得了丰富的研究成果[45-52]，并组成了各具特色的研究团队。鉴于各科研团队在装配领域相关设计、工艺、测试、装备、管控等方面均涉及交叉，为方便分类统计梳理，本节聚焦各科研团队的核心研究内容，对国内研究现状展开综述。

1) 面向装配的设计

在产品的设计阶段应考虑产品结构设计中各种装配约束及装配过程中可能存在的各种装配问题，从不同维度对产品的装配性能进行分析，审查产品结构设计的可装配性，并对不利于装配的结构或方案进行再设计，形成易于装配的产品设计，从而降低产品的装配难度并提高产品的装配性能。浙江大学的谭建荣、刘振宇、冯毅雄等在智能装配设计方向，将产品装配结构的概念与仿生学中的遗传学理论相结合，提出了基于仿生学的产品装配结构基因进化设计方案；在装配公差设计方向，提出了基于变量分离的复杂形面形状公差表征与建模方法，实现了复杂形面大规模离散单元公差设计；在虚拟装配仿真方向，提出了基于融合公差模型的虚拟装配技术，采用复杂零件表面混合维建模与形貌辨识方法，实现了精密产品配合精度波动抑制选配，减小了产品装配精度的波动[53-69]。浙江大学的曹衍龙、杨将新等在计算机辅助公差设计方向，提出了功能规范新概念，将复杂机构的几何功能需求分解为关键部件上定义的几何规格，基于改进装配有向图研究了零件-零件之间分界面的公差规范设计技术，并提出了几何功能需求-几何规范的功能公差设计方法[70-75]。西安交通大学的洪军、刘志刚、林起鉴等在高性能装配保障理论与技术方向，引入了装配过程参数在线检测技术，综合考虑多物理场下多源误差对装配体装配精度与可靠性的影响，探究了装配连接性能与装配工艺之间的机理关系，在精密机械装配精度设计与可靠性分析、装配连接工艺与界面设计、装配性能测控及工艺装备等三个方向开展了系统的研究工作[76-92]。清华大学的张林鵾、肖田元等开发了虚拟装配支持系统(virtual assembly supported system, VASS)，在产品设计阶段基于三维数字化实体模型实施数字化预装配，生动直观地规划与验证装配工艺过程，经济合理地分配产品及其零部件的装配公差，进而达到验证和改善产品可装配性的目的[93-107]。北京航空航天大学的刘继红等在 web 协同下的装配规划方向，研制了支持网络环境下面向装配的产品协同设计集成平台和装配规划原型系统，为异地环境下相关人员的协同装配规划提供了产品装配分析和评价手段，提高了异地设计时产品的可装配性设计质量[108-123]。北京工业大学的刘志峰等在国家高档数控机床精度控制、装配精度建模方向，提出了改进的三维分形接触模型、接头表面力学模型、基于佛罗里达接触的数学模型，探究了螺栓连接的接触刚度和阻尼对机床动态性能的影响，并在机器人引导下实现了螺栓拧紧过程的精确控制与螺栓装配工艺优化[124-128]。

2) 装配工艺与数字仿真

装配工艺规程是指导产品装配的主要技术文件，装配工艺质量直接影响产品的可装配性及装配过程的操作难度、装配时间、资源利用、劳动强度等。基于建模仿真、VR、人工智能等技术，在虚拟环境下对装配工艺过程的装配顺序、装配路径、装配方法等进行规划与分析，从而实现装配性能预测与工艺参数优化的目的。北京理工大学的刘检华、宁汝新等面向精密机电产品高精度、高稳定性的装配需求，系统地研究了精密连接工艺技术、装配偏差传递模型、多场耦合作用下连接状态时变机理，并建立了装配性能预测及工艺调控模型；面向离散装配过程管控效率提升需求，提出了基于流程的复杂产品离散装配过程控制方法，开发了计算机辅助复杂产品装配过程管理与控制系统，并在卫星装配中开展了工程应用[129-144]。上海交通大学的来新民、金隼、余海东等针对航空航天、高速列车、汽车、发动机等制造技术难题，将三维偏差建模、在线测量、统计质量控制等理论方法与制造工艺学相结合，以复杂产品装配偏差控制为对象，探究了产品尺寸-精度-性能之间的不确定影响关系，构建了数字化设计和智能制造环境下质量控制理论方法，自主研发了核心软件与高端制造装备[145-161]。上海交通大学的范秀敏、武殿梁等立足产品装配工艺操作流程和现场状态信息，提出了面向增强现实装配引导的工艺信息建模方法，研制了包含装配作业现场操作指导、关键部件检验记录功能的一体化训练系统，为装配操作者提供了智能辅助支持[162-174]。东南大学的倪中华、刘晓军等在数字孪生驱动的智能装配工艺设计方向，提出了一种面向智能装配工艺设计的数字孪生装配模型以及基于数字孪生的产品装配精度预测方法，为实现复杂产品装配智能化提供了有效可行的技术途径[175-184]。西北工业大学的王仲奇等基于对统计过程和装配工位流动波的分析，明确了协调尺寸一致性对装配质量的重要影响，建立了基于协调要素的装配协调关系模型及单控制环节的误差模型，为协调关系的调整提供了依据[185-188]。西北工业大学的孙惠斌、常智勇等在数字孪生驱动的航空发动机装配技术方向，突破了转子典型连接结构装配特性预测与工艺优化、转子组件装配精度预测与零件选配、刚柔耦合的转静子装配间隙预测与控制等关键技术；研究了航空发动机装配/大修数字化管控技术，提出了装配过程和技术状态管控方法[189-198]。东华大学的鲍劲松等针对高精密复杂产品装配的系列问题，提出了半实物虚拟装配、数字孪生装调理论，研究了基于知识图谱的装配语义建模方法，给出了人机协作数字孪生装配操作方法和质量在线预测方法等，在高精密复杂产品装配中进行了有益尝试[199-208]。华中科技大学的王峻峰、李世其等在大型复杂装备/装置的装配序列规划与仿真、基于 VR/AR 辅助装配培训与指导、基于六自由度并联机构的舱段装配平台以及装配线性能建模仿真等方向开展了相关研究[209-218]。哈尔滨工业大学的付宜利等针对机械产品的装配序列规划问题，在装配关系表达方法、装配序列生成方法及优化算法等方向开展研究，提出了多种装配序列规划方法[219-226]。大连理工大学的刘学术等从产品性能角度出发，探究装配工艺参数对性能的影响，为复合材料构件装配工艺提供参考依据[227-231]。

3) 装配装备与产线

装备是工艺的载体，产线是装备的集成。装备与产线是实现自动化、智能化装配的重要支撑工具，也是实现产品高精度、高效率、高一致性和高可靠性装配的重要保障。随着产品结构越来越复杂，装配性能要求越来越高，柔性化、集成化、数字化、智能化装配装备的研发及应用越来越受到国内学者的关注。浙江大学的柯映林、李江雄、王青等在自动化装配方向，分析了飞机大轴部件的结构特点和装配工艺要求，构建了轴孔配合的柔性装配模型，开发了五自由度的被动插装型轴孔装配设备；在飞机数字化装配技术、装备及系统方向，与中航西安飞机工业集团股份有限公司联合研制了国内第一条飞机总装脉动生产线，并应用到歼轰-7A、轰-6K 和运-20 等重点型号的飞机生产中[232-248]。北京航空航天大学的赵罡等在飞机数字化柔性装配工艺、数字化装配技术及装备方向，攻克了数字化装配测量技术、数字化协同装配技术、实时可视化技术、自动化对接技术，开发了舱门装配柔性工装和自动钻铆系统、基于网络的装配可视化系统、基于双机同步的复杂产品虚拟装配仿真系统，相关成果用于指导大型飞机舱门装配[249-265]。西北工业大学的张开富、李原、程晖等在航空航天大型薄壁结构装配方法及装备、复合材料结构装配损伤仿真与分析、航空复杂结构件/系统件智能装配方法等方向开展研究，建立了动态载荷跟踪测控的功能壁板精准装配理论，复合材料/金属叠层薄壁结构装配应力均衡理论及性能控制方法，研发了大型功能壁板自动精准装配装备，在航空航天重大型号上进行了工程应用[266-282]。南京理工大学的廖文和、南京航空航天大学的田威等在航空航天复杂结构大部件机器人智能装配关键技术与装备方向，突破了机器人高精度运动控制、机器人多体传递矩阵法动力学建模与加工振动抑制等多项核心关键技术，自主研发了多功能末端执行器和七大类机器人智能加工装备，为我国新一代航空航天器精准加工与装配提供了技术、理论与装备支撑[283-294]。西北工业大学的秦现生、王战玺、郑晨等针对我国新一代大飞机在大空间和大变形复杂环境中的大部件装配难题，研究了航空大部件变形预测及智能补偿技术、大部件装配对合加工智能定位及抑振技术，提出了"部件生根，装备长腿"的装备脉动方法，提升了我国多个重大型号飞机制造的智能化程度及效率[295-299]。

4) 装配测试与检测

装配测试与检测是实现高质量装配的直接保证。现阶段装配测试检验技术与数字化技术、智能控制技术等结合得越来越紧密，在高质量装配中发挥了越来越重要的作用。北京航空航天大学的唐晓青等针对航空、航天、船舶等大型复杂产品在装配过程中的质量控制难题，提出了数字化的室内全球定位系统(indoor global positioning system，iGPS)，实现了装配过程中零部件几何状态的快速准确测量。基于测量数据对装配部件的状态进行监控和分析，实现了大型部件的快速、精确、自动对接[300-314]。北京理工大学的张之敬、金鑫、叶鑫等针对精密微小机电系统装配过程中的对位检测难题，突破了高精度显微光学定位、自适应位置误差检测等关键技术，研制了亚微米级精度的对位检测仪器，为复杂微小型系统高精度装配、封装与集成提供关键设备和技术支撑[315-326]。大连理工大学的孙伟、孙清超、张伟等围绕航空发动机、运载火箭、大型科学仪器等装备的精量化装配需求，突破了基准无关的几何精度测试技术、螺纹连接预紧力在位测试技术、超声与微波融合的界面接触状态在位测试技术等，构建了装配几何量、力学量测试技术体系，并融合数字孪生等技术实现了装配性能精准调控[327-343]。南京航空航天大学的黄翔、陈文亮等建立了飞机装配高精度测量体系构建准则，提供了可借鉴的经验和规范；与中国商用飞机有限公司在飞机数字化装配技术领域开展合作，将数字化测量和飞机装配相结合，提出了基于力位协同控制与数字化测量融合的大飞机机身壁板装配调姿方法，研制了集全向移动、柔性支撑、自动调姿和数字测量为一体的飞机装配平台[344-359]。哈尔滨工业大学的刘永猛等围绕超精密测量与智能装配开展研究，涉及超精密测量技术与仪器工程、智能精准装配技术、装备与应用等方面，以降低转子振动为目标，提出堆叠装配优化方法和转子质量特性双目标优化方法[360-368]。清华大学的王辉等面向巨型激光系统的高精度装配需求，根据其装配结构及技术特点，研究连接件装配预紧力及表面特征对装配偏差的影响，并针对特定面形无法精密检测的难题，提出了精密检测与数值建模相结合的面形误差分析与预测方法[369-375]。

5) 装配过程管理与控制

装配在整个产品研制中工作占比大，且处于产品研制工作的后端，是保证产品交付、提升产品质量和效率的重要环节。面向装配过程,探索先进装配模式,采用数字化、网络化、智能化管控手段,实现复杂产品装配过程的科学管理、有序运行、高效产出,显著改善装配现场的工作环境,提高装配资源的利用程度,提升装配效率,改进装配质量,缩短装配周期,降低装配成本。西北工业大学的何卫平等在人机协同智能装配方向,突破了装配信息融合技术、高精度装配关系视觉转化技术、数字孪生驱动的装配状态检验技术、支持人工装配协作的增强现实技术,研发了基于 AR 的复杂产品装配引导软硬件系统[376-389]。南京航空航天大学的郭宇等在飞机总装脉动生产线平衡、装配序列规划、装配过程仿真优化等方向开展研究,采用智能优化算法提升了飞机装配效率以及人员、资源利用率;将增强现实引入航空发动机装配领域,研究了目标识别、跟踪注册、装配动作感知、装配信息组织与管理等关键技术,开发了面向实际装配场景的 AR 智能装配平台[390-400]。北京航空航天大学的郑联语等针对装配质量及效率问题,在航空发动机管路装配方面提出了管路工装的自动配置方法,实现管路组件的自动化可重构装配,在智能辅助方面提出了基于 AR 辅助的增强工人模型,构建了基于信息物理系统的智能装调技术框架,实现了装配现场仪器设备的互联互通,并研制了基于 AR 辅助的协同装配系统[401-410]。合肥工业大学的刘明周、葛茂根等针对装配过程在线质量控制问题,研究了质量门监控技术、基于状态空间模型的装配误差分析技术、基于机器视觉的防误技术,研制了某型发动机装配过程质量门监控系统,实现了工序质量控制点的动态优化与实时监控[411-416]。另外,前述四个研究领域的多个研究团队在装配工艺过程管理、装配车间制造执行系统(manufacturing execution system,MES)管理、装配产线过程管控、装配数据采集、可视化监控、装配作业调度、物料跟踪管控、数字孪生系统等方面也开展了卓有成效的工作,并在重大产品装配过程中进行了应用。

国内航空制造相关研究机构及航空企业积极应用数字化装配技术,在自身复杂产品装配上也取得了多项成果。

1) 研究院所

在研究院所方面,北京航空制造工程研究所面向飞机翼身柔性装配需求,在骨架柔性定位技术规划、蒙皮与骨架自定位技术规划、自动制孔技术规划、数字化辅助测量定位、自动对接技术规划等方向开展研究;面向飞机大部件对接的高精度需求,提出了飞机大部件对接的位姿计算方法,研发了数字化激光测量系统和多机器人协调操作系统[417-423]。中国航发沈阳发动机研究所对涡扇航空发动机整机振动的故障原因进行了整理和分析,指出了涡扇发动机装配过程中的技术问题,并在整机装配、智能拧紧、装配检测等先进工艺方向开展研究,将数字化装配应用于发动机装配工艺设计中,提出了脉动装配线和多自由度装配平台相结合的整机装配方式,为先进航空发动机装配脉动生产线的研发提供了技术支持[424-428]。

中国航空工业成都飞机设计研究所在装配公差设计方面，针对工程制造中的紧固孔超差问题，研究了装配公差增大对连接件疲劳可靠性寿命的影响；在虚拟装配工艺规划方面，建立了基于装配任务的装配工艺信息模型，解决了装配工序交叉和安装布置调整信息难以表达的问题[429, 430]。

2) 制造企业

在飞机制造企业方面，上海飞机制造有限公司建设了平尾、中央翼、中机身、机身对接及全机对接生产线以及总装脉动生产线，将数字化测量技术贯通于飞机全机对接装配、水平测量和校准的全过程，在 ARJ21 和 C919 两大型号飞机研制中，利用虚拟装配技术，对可装配性进行分析，并对零部件装配序列进行验证和规划，缩短了研制周期；基于 AR 眼镜开展了智能化辅助装配技术研究，并在ARJ21 起落架装配过程中得到应用[431-435]。航空工业成都飞机工业(集团)有限责任公司提出了涵盖物理装配车间、虚拟装配车间、车间孪生数据及装配车间服务系统的飞机数字孪生装配车间架构，并对物理装配车间数据的实时感知与采集、虚拟装配车间建模与仿真运行、数字孪生与数据驱动的装配车间生产管控等飞机数字孪生装配车间的关键技术进行了研究[436-440]。中航西安飞机工业集团股份有限公司在飞机数字化装配方向进行了研究，提出了先进的模块化飞机装配理念，将传统的部装生产线和总装生产线按模块划分后进行整合，设计出了一条模块化柔性飞机装配生产总线[441-445]。中航沈阳飞机工业(集团)有限公司研制了大部件对接系统，在闭环控制下实现了飞机的六自由度精确调姿，满足了多机型共用的实际需求，有效降低了技术风险和控制难度；在新一代飞机尾段装配过程中首次全面应用自动钻铆技术，为自动钻铆技术在飞机装配过程中向深度、广度拓展提供了良好的条件[446-450]。陕西飞机工业有限责任公司结合企业需求与行业智能化装配发展方向，在装配工艺设计、现场可视化技术、总装脉动生产线技术、装配调姿等方向开展研究，促进了飞机总装生产线的智能化转型升级[451-453]。中航通用飞机有限责任公司在数字化协同设计方向，研究了 MBD 的表达方式以及关联设计中骨架模型的建立方法，实现了飞机各部"自顶向下"和基于 MBD 数据并行协同的关联设计，提高了飞机的研制效率和质量[454-458]。

在发动机制造企业方面，中国航发动力股份有限公司研制了涡扇发动机总装脉动生产线，研发了基于实时数据驱动的航空发动机脉动装配生产线智能管控系统，实现了装配过程中发动机主体自动调姿、保持姿态升降、自动化水平对接、高精度在线检测、吊架水平运输等功能[459-461]。中国航发沈阳黎明航空发动机有限责任公司将航空发动机三维模型虚拟装配技术与实体装配技术相结合，提出了实体装配优化技术方案，并分析了不同装配工艺对装配质量参数的影响，为装配工艺优化提供了理论支持[462-464]。中国航发上海商用航空发动机制造有限责任公司研究了装配过程的关键参数仿真、连接方式仿真、脉动式总装生产线工艺仿真等技术，研发了国产发动机仿真软件和集成仿真平台，完成了某型号航空发动机脉动总装工艺的评估，促进了整机装配技术的模型化发展和数字化应用[465-469]。

综上所述，我国在重大产品装配方面取得了长足进展，在装配精度、装配界面设计、装配性能预测与工艺优化、数字化装配装备与产线研制、装配测试技术开发及装配过程管控系统研发等方面形成了鲜明特色，已初步建成适应新机科研模式的柔性装配生产线，并取得了显著的工程应用效果，但是相比于国外装配技术研究仍然存在一些不足。另外，由于国外对重大产品的装配与管控实施技术封锁，亟须国内学者与企业合作开展自主创新研究，形成自主可控的柔性装配理论方法体系，推动装配向柔性化、集成化、智能化、高性能方向发展。

1.3　本书研究内容

1.3.1　总体思路

本书研究重大产品柔性装配理论与方法的总体思路为：瞄准"制造强国"和"质量强国"国家战略，围绕重大产品柔性装配、全景管控的迫切需求，针对配装照装装调质量波动性大，多装多试产品性能稳定性差，等装被配齐套难、统筹难，装配交互低效、繁复易错等工程问题，将扩展现实(extended reality，XR)、数字孪生、深度学习等新信息技术与装配工艺、半实物仿真、过程管控理论方法高度融合，打通重大产品装配过程在线感知、主动决策、精准调控、持续优化等关键环节，以装配过程全息数据为驱动，以质量演化机理、工艺性能关联分析、数字孪生虚实联动、XR可视化引导等技术为支撑，通过质量误差扩散建模分析、广义容差分配与照配、工艺性能关联分析预测、装配工艺参数迭代调控、数字孪生虚实联动控制、脉动产线柔性作业排产、装配执行工艺物化设计、主动即时可视装配引导等技术途径，实现从试错机制驱动的滞后调控向数据与机理驱动的全息预控转变、从依赖工艺经验的粗放控制向基于工艺参数的精准调控转变、从装配实体资源的等装被配向脉动牵引全局统筹主动配送转变、从堆叠时空手工装配认知难向扩展装配感知增强人机交互转变，以解决重大产品装配过程中装配质量的全息预控、产品性能的精准调控、装配运作的全局统筹、装配执行的交互增强等关键环节涉及的若干技术难题，从而实现重大产品控质控性、提质增效的目标。重大产品柔性装配的研究思路如图1-2所示。

重大产品柔性装配的研究聚焦数据赋能控质控性和人机物融合主动决策两个关键科学问题，主要研究装配质量协同管控新模式、产品性能优调优控新体系、装配过程主动决策新方法，开发相应软硬件管控平台。重大产品柔性装配研究体系如图1-3所示。

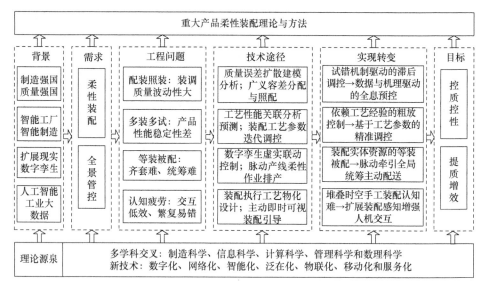

图1-2 重大产品柔性装配研究思路

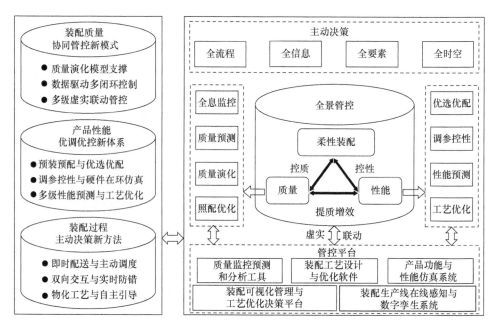

图1-3 重大产品柔性装配研究体系

1.3.2 科学问题

本节针对航空发动机、大飞机、矿用掘锚机等重大产品装配过程所面临的挑战和技术难题,从重大产品装配过程所具有的共性问题出发,围绕装配质量全景式监控、全方位调控、智能化管控、可视化引导等方面，凝练出数据赋能的控质控性机理、人机物融合主动决策机制等科学问题，以解决重大产品控质控性、提质增效理论和基础技术问题。

1. 数据赋能的控质控性机理

重大产品的装配质量和性能是全流程、多工位、多主体、全要素耦合作用的结果。反复试错排故会导致质量可靠性低、性能稳定性差、精准控制难度大和一次装配合格率低。分析装配过程面临工艺性能关联分析难、质量敏感要素多、装配过程管控滞后、性能调控难以精准量化等挑战。现有的分析方法存在试错经验的重用性低、传统模型的实用性差、仿真方法的偏差大等局限。机器学习、数字孪生、XR 等新型信息技术(information technology，IT)为重大产品装配的控质控性提供了新的思路，如何将数据与机理相结合，解构装配工艺-质量-性能的关联关系，梳理清楚装配过程中调参控性的规律，是提升重大产品装配质量和产品性能亟待解决的关键科学问题。

2. 人机物融合的主动决策机制

重大产品装配零部件数量多、装配关系复杂、工况多变，面临生产过程协调频繁、受限空间交互低效易错、等装被配齐套统筹困难、手工装配操作稳定性差等挑战。现有方法存在人机物融合要素考量少、被动执行响应滞后、物理信息空间联动性差等局限，难以应对智能工厂感知互动、自主决策、自治协同的应用需求。如何变被动为主动，以人机交互增强技术为支撑，揭示面向用户认知的装配工艺物化设计规律，阐明装配执行过程中人机物融合的自主决策机理，降低时空复杂性，减轻认知困难，提升手工操作可靠性和主动决策能力，破解因装配信息堆叠重载而难以降维解耦与关联推理的困局，是提高重大产品装配决策能力和系统运作效率亟待解决的关键科学问题。

1.3.3 关键技术

1. 装配质量演化全息预控技术

以航空发动机、大飞机等为代表的重大产品装配质量涉及设计、加工、装配和试验等多个环节，不同阶段产生的质量数据在表达形式和表现特征上存在较大差异，使得装配依赖的质量数据存在多源多样、异质异构以及分散割裂等特征。产品装配质量关联要素众多、耦合机理复杂、质量演化机制不明，造成产品装配全流程的质量状态监控和预测困难。传统以质量符合性检查和双归零双闭环过程控制为核心的质量管控模式，存在装配过程层级质量信息互联互通弱、质量控制滞后、预控精度差等问题，导致装配质量难以有效监测、装配偏差盲目调控、装配性能难以预估等问题。因此，构建覆盖产品装配全过程的质量数据统一表达范式和装配广义偏差网络模型，梳理清楚产品制造过程质量对装配质量的作用机理，研究装配质量偏差传播扩散机理、装配过程质量状态监控与预测、装配质量广义容差分配及动态调控等内容，形成装配质量"全息监控—态势预测—分析提升"多级协同管控体系，这对于保证和提升重大产品装配质量具有重要意义。

装配质量演化全息预控技术研究主要包括以下内容：

(1) 建立装配质量广义偏差传播演化网络模型，研究装配质量广义偏差传播机理，构建广义偏差对质量特性影响的指标体系，提出多源偏差传播路径辨识与敏感度分析方法。

(2) 研究建立覆盖产品装配全过程的质量数据标准基因范式和装配质量演化机制，构建装配质量评估与预测模型，形成复杂产品装配全息质量监控与产品性能预测技术体系。

(3) 研究基于装配质量门的多维装配质量偏差动态调控和智能照配方法，提出复杂产品装配质量广义容差分配及动态调控策略。

2. 装配工艺-性能精准调控技术

复杂产品的装配工艺及其执行程度决定了产品的最终性能。在工艺执行过程中，装配环节多、要素多、周期长，存在大量依赖人为经验的边调边试的现象，定量分析和定性描述呈现出多重耦合特征，使得装配工艺和产品性能之间的关系难以精准量化，即使成功的工艺方法和积累的装配经验也难以有效复用，产品性能无法精准调控，仍需要大量的试错与调整工作。因此，如何获取装配工艺、装配质量、产品性能三者所呈现的复杂的多因素关联作用规律，提出质量-工艺-性能关联分析方法、产品性能演化预测方法、多因素补偿优化的装配工艺参数迭代调控方法，形成数据与机理融合的可持续优化的产品性能调控技术体系，实现面向产品性能的工艺精准调控，是提升装配过程控性能力必须解决的核心关键技术问题。

装配工艺-性能精准调控技术研究主要包括以下内容：

(1) 研究基于复杂网络的工艺-性能关联分析，从海量质量数据、工艺数据中挖掘影响装配性能的关键工艺参数和质量参数。

(2) 研究装配机理与数据融合的产品性能演化预测技术，建立质量-工艺-性能的定量预测模型，实现产品性能实时预测反馈。

(3) 研究多因素补偿优化的装配工艺参数迭代调控技术，基于性能预测结果实现工艺参数同步优化调整。

3. 装配运作虚实联动优化技术

重大产品品种多、批量小、结构复杂，零件众多、配套关系复杂，导致装配周期长、装配效率低。产品装配的物理世界与信息世界缺乏交互与融合，是制约智能化装配的瓶颈之一。以数字孪生技术为支撑，突破多源异构数据融合和虚实联动技术难题，是实现物理世界到数字世界真实映射的一种有效手段。构建指令下行与信息上行通信通道，攻克多视图同步、虚实联动等技术，建立装配线数字映射模型，梳理装配系统扰动耦合机理，剖析装配线性能影响规律，建立系统状态转移模型，构建系统性能优化与评价方法，提出柔性装配线仿真、调度优化等方法，形成装配运作过程"配送排产—仿真优化—产能提升"主动优化决策技术，是提升装配运作效率亟待解决的关键技术问题。

装配运作虚实联动优化技术研究主要包括以下内容：

(1) 研究多源异构信息融合技术，构建指令下行与信息上行的通信通道，实现数字模型与物理设备的虚实联动，搭建虚实联动与模拟运作平台。

(2) 研究装配系统产出状态演化机理，建立基于马尔可夫过程的概率转移模型，构建系统产出性能评价体系，提出系统产出性能分析与优化方法。

(3) 基于数字孪生系统，研究脉动节拍平衡方法、精准配送机制、柔性作业主动调度与自适应调整方法，实现系统运作级的虚实联动。

4. 装配执行人机交互增强技术

重大产品的装配过程大量采用手工作业，涉及的零件多，装配环节多，配作工步多，部分装配环节开敞性差，导致装配工艺的直观性差、位置判别及标识困难、人员交流及调配困难、出错损失大。研究装配过程的物化设计及优化增强 XR 可视化技术，解决数字对象直接进入装配现场的问题，降低用户对装配工艺的认知难度及学习成本。提出多层次、全方位装配工艺物化设计及优化方法，攻克全景装配过程可视化引擎技术及自主即时精准引导技术，通过人机交互增强技术，将装配现场"角色—数字模型—物理环境"时空叠加状态转变为顺序可视化状态，降低装配工艺认知及学习成本，提升装配执行过程人机交互能力及效率，实现装配过程交互增强引导，是提升重大产品的手工装配效率亟待解决的关键技术之一。

装配执行人机交互增强技术研究主要包括以下内容：

(1) 面向装配工艺、操作过程、人机交互界面，研究基于 XR 的装配执行过程物化设计及优化方法，提出装配工艺物化设计方案。

(2) 对装配过程中的零部件、型架、工具、工人等进行定位追踪，研究按需推送的自主即时精准引导技术以及实时检测校正技术。

(3) 面向装配工序、工位、产线，研究基于 XR 装配过程的全景可视化技术，实现针对不同场景的可定制 XR 可视化显示方案。

1.4　研究方法

1.4.1　总体研究框架

本书遵循"实践—理论—再实践"的认知规律,采用"科学问题研究—关键技术研究—软件平台研制—典型场景应用"研究方法,贯通装配过程的在线感知、主动决策、精准调控、持续优化等关键环节,将机器学习、数字孪生、XR 等新型 IT 与装配工艺、半实物仿真、过程管控等理论方法高度融合,研究重大产品装配过程的数据赋能控质控性机理、人机物融合主动决策机制等两个科学问题,突破装配质量演化全息预控、装配工艺-性能精准调控、装配运作虚实联动优化、装配执行人机交互增强等四项关键技术,研制相关软件支撑平台,并在航空发动机、大飞机、掘锚机等重大产品的生产过程中进行应用验证。通过探索与实践,本书提出支撑重大产品高质量装配的理论方法、技术支撑、系统平台和解决方案,为全面提升重大产品装配技术水平、质量保障能力与装配效率效益提供了理论指导与实现途径。本书总体研究框架如图 1-4 所示。

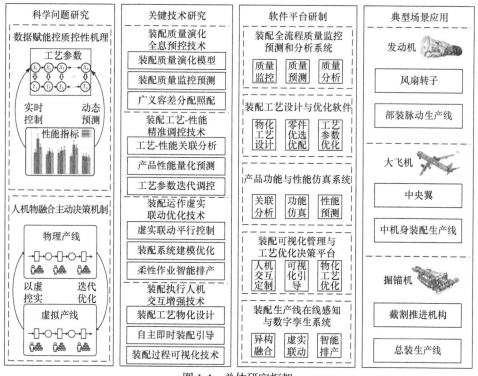

图 1-4　总体研究框架

1.4.2 科学问题研究方法

1. 数据赋能控质控性机理

在重大产品装配过程的数据赋能控质控性机理方面，借鉴生物基因与生物特征的映射关系，基于装配质量基因及其演化模型，研究装配质量演化规律，揭示装配质量基因与装配过程质量状态之间的关联关系；将机理推理和大数据分析相结合，通过半实物仿真、深度学习、迁移学习等信息技术，阐明工艺-性能之间的科学联系，梳理装配过程中调参控性的科学规律；立足装配过程中工艺-质量-性能感知的全息数据，以实现装配前优选优配、装配中边装边调、装配后工艺参数二次优化。数据赋能控质控性机理如图 1-5 所示。

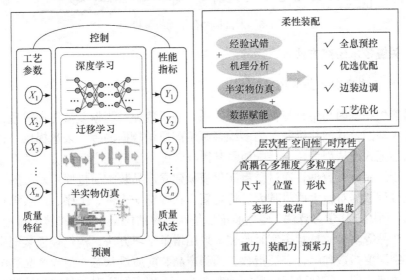

图 1-5 数据赋能控质控性机理

2. 人机物融合主动决策机制

在人机物融合主动决策机制方面，对数字模型与装配现场的多源数据流进行聚类分析、关联推理，探究多情境下的解耦条件，揭示面向用户认知的装配工艺物化设计规律，采用人机物融合交互增强方法；采用马尔可夫过程刻画系统状态演化过程，利用机器学习和强化学习优化系统运作参数并改善产出性能，实现装配运作过程主动优化决策；基于装配运作的在线感知、主动调度、精准配送、调参控性、交互增强、自主引导、虚实联动等技术，建立装配执行过程中的人机物融合主动决策机制。人机物融合主动决策机制如图 1-6 所示。

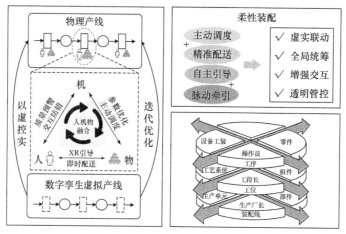

图 1-6　人机物融合主动决策机制

1.4.3　关键技术研究方法

1. 装配质量演化全息预控技术

借鉴生物基因与生物特征的映射关系，基于装配过程偏差流传递机理，提出装配质量基因及其演化机制，为多维多源装配质量数据的统一表达提供一种精确科学描述范式，从而为建立装配质量基因与装配质量特征之间的关联关系提供依据。基于产品设计数据，通过质量演化模型建立产品装配质量原生基因库，并融合装配过程数据对原生质量基因进行更新。在线感知零件、工序、产线等相关质量数据，利用迁移学习算法，建立装配质量状态评估模型，实现对装配过程工步、工序、产品等多级质量状态实时监控。采用增量学习方法，构建表征装配质量态势的多维测度指数和综合表征指数，预测产品装配质量状态，指导产品装配执行过程的边装边调，实现装配质量的动态调控。采用多级实时质量状态的监控和预测方法，对整个装配过程进行多角度、全视角的透明监控与实时分析。通过虚实联动、迭代优化，指导装配线任务执行，实现装配产线的有序、均衡、平稳、高效执行。装配质量演化全息预控技术的具体研究方法如图 1-7 所示。

2. 装配工艺-性能精准调控技术

将装配机理推理与大数据分析相结合，采用"关联分析—性能预测—参数优化"策略，得到重大产品装配过程工艺-性能的关联模型，提出产品性能精准控制方法。结合装配过程中的多粒度工艺-质量-性能感知数据，建立产品性能仿真与装配工艺优化模型，实现装配前优选优配、装配中边装边调、装配后工艺参数二次优化。在装配前，通过对产品性能和工艺主要特征参数的量化表征，利用复杂网络、序列模式挖掘等方法实现工艺-性能关联分析和零件优选优配。在装配中，

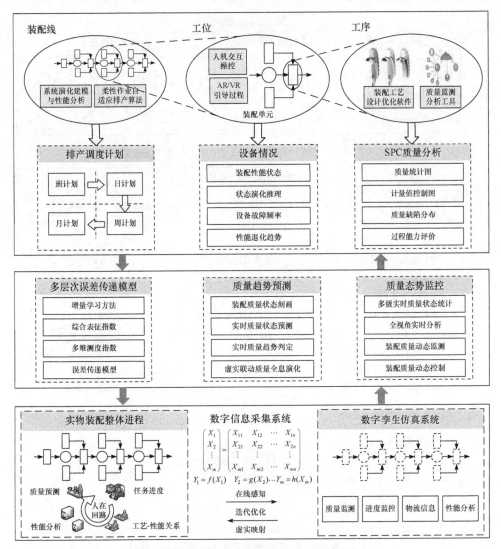

图 1-7　装配质量演化全息预控技术的具体研究方法

建立产品性能定量预测模型，揭示产品性能与工艺参数作用规律，并通过模糊 Q 学习(Q learning)实现多个工艺参数同步补偿优化。在装配后，基于装配误差实时反馈数据，通过双层前馈神经网络，实现对增量数据的动态学习和预测模型进化。基于多级递阶交互，建立产品性能逐步调优机制，实现面向全局的工艺参数二次优化。装配工艺-性能精准调控技术具体研究方法如图 1-8 所示。

3. 装配运作虚实联动优化技术

建立装配线的数字化模型，深度融合装备、模型及系统之间的数据/指令，实

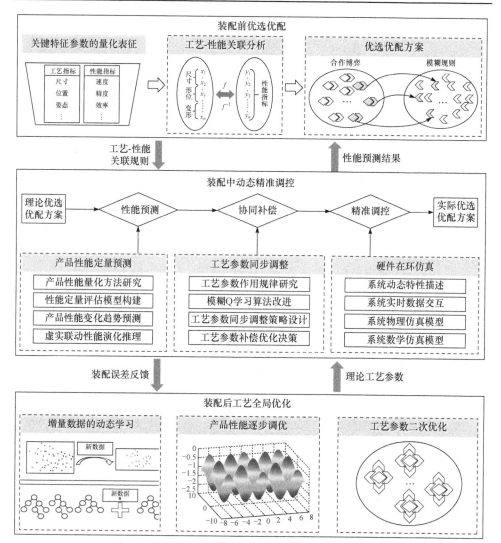

图 1-8　装配工艺-性能精准调控技术具体研究方法

时感知装配现场信息，通过现场监控数据、制造执行系统输出的执行数据以及相互之间的互动和同步，实现虚拟车间与真实车间的虚实联动。基于装配线数字孪生系统，通过模拟投放等仿真优化方法，分析装配作业柔性，预测装配线的产出性能。依据测试结果调整与优化排产方案，进行新一轮的"执行—分析—调整"迭代优化，优化系统参数并改善系统性能，实现前摄式与反应式相结合的生产过程控制。采用柔性装配线仿真优化、精准配送、脉动节拍平衡、主动调度等方法，实现装配运作过程主动优化决策，提升装配线对动态需求及扰动的快速重构与响应能力。装配运作虚实联动优化技术具体研究方法如图 1-9 所示。

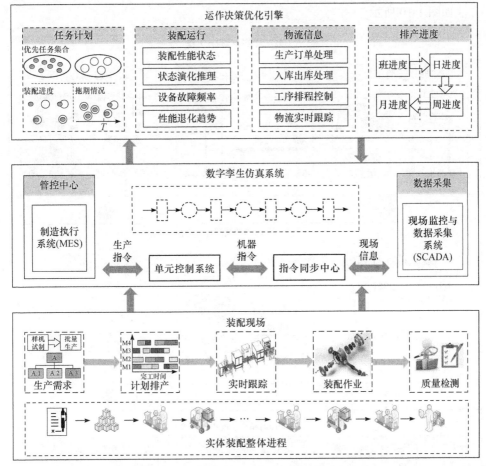

图 1-9　装配运作虚实联动优化技术具体研究方法

4. 装配执行人机交互增强技术

以外部信息感知为手段，以工序、工位、产线等装配过程为对象，通过物理对象和虚拟对象的映射机制，可实现基于 XR 的装配工艺指令、装配操作等人机物虚实融合。从装配工艺指令、虚实装配操作、人机交互等方面进行装配执行过程的物化设计，实现虚实融合的装配工艺指令及装配操作过程的交互增强，为装配引导提供数据支持和真实感体验。开发装配过程的可视化引擎，通过对多源异构装配状态数据进行预处理，面向不同装配过程需求对数据类型进行划分，实现工序、工位、产线等各层级装配过程的全景可视化显示。通过检索物化装配工艺指令库，根据实时装配状态及用户需求匹配最优的物化装配工艺，实现装配全过程的按需推送、按步引导。基于机器视觉实现产品装配过程实时监测，对装配过程出现的问题做出及时预警、纠正及反馈。装配执行人机交互增强技术具体研究方法如图 1-10 所示。

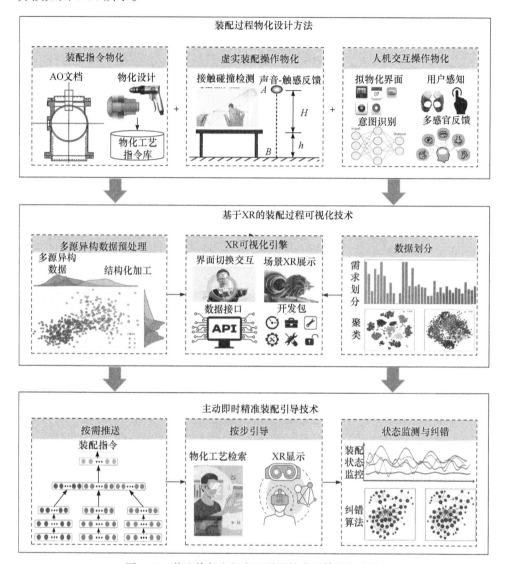

图 1-10　装配执行人机交互增强技术具体研究方法

1.4.4　软件平台研制

将研究所取得的相关成果进行封装，面向装配全流程、管控全要素，研发装配质量监控与分析、装配工艺设计与优化、在线感知与数字孪生等系统，通过全组件搭建和全系统集成，最终研发数据驱动的重大产品装配质量管控平台。软件平台包括物理层、感知层、数据层、基础服务层、应用层和门户等。感知层对物理层的装配零部件、装配线、装配质量、产品性能、工人行为状态等静态和动态的信息进行数据获取。数据层实现装配工艺数据、质量数据、性能数据的预处理与分布式存储,并将其与企业的产品数据管理(product data management,PDM)、制造执行系统和企业资源计划(enterprise resource planning,ERP)等数据进行集成统一管理。基础服务层包含数据/文件访问引擎、可视化引擎、工作流引擎等系统运行基础引擎,为应用层提供服务支持。应用层提供质量监控、质量预测和质量分析,工艺设计与优化,产品功能与性能仿真,可视化管理等功能。门户在统一的架构下,为装配过程的全景管控提供友好界面,实现用户访问、功能权限、数据展现等的统一控制。软件平台研制系统框架如图 1-11 所示。

图 1-11 软件平台研制系统框架

1.4.5　典型场景应用

以所搭建的软件平台为支撑，在航空发动机风扇转子、大飞机中央翼、掘锚机截割推进机构等重大产品及其装配生产线进行应用验证，并在同类产品中进行技术推广，为我国高端装备的装配质量提升提供方法指导和应用示范。典型场景应用验证研究方法如图1-12所示。

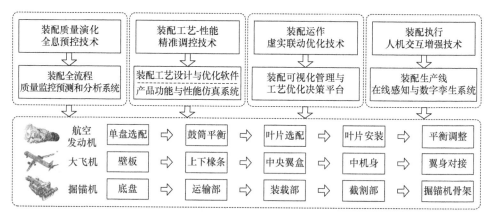

图 1-12　典型场景应用验证研究方法

1. 航空发动机风扇转子装配应用验证

航空发动机风扇转子由三级轮盘组合的盘鼓组合件和三级叶片装配而成，是高速旋转对气流做功的部件，属于典型的复杂装配。风扇转子需要在高温、高压、高转速、高负载的严酷环境中长期反复工作，任何装配偏差都会呈指数放大，轻则造成振动噪声增加、燃油经济性下降、发动机性能下降等后果，重则造成零件脱落、击穿机匣，甚至发动机解体等后果。因此，风扇转子对装配质量和性能有极高的要求，如何控制高速旋转时由不平衡量产生的不平衡力是控质控性的关键。

影响风扇转子平衡性的因素很多，包括支点的同轴度，鼓筒圆柱度、跳动、不平衡量，叶片的质心、扭矩、弯矩、重力矩，以及叶片装配次序、预紧力、装配力等。这些影响因素耦合性高，导致装配误差逐级积累。目前，企业在单级平衡、分步平衡和组件平衡过程中，依赖人为经验反复试错，质量性能难以把控。通过技术探索及应用验证，可提升一次装配合格率，降低不平衡量，缩短装配周期。航空发动机风扇转子装配应用验证如图1-13所示。

2. 大飞机翼身对接调姿定位应用验证

大飞机翼身对接是指将中央翼与机身连成一体，翼身对接部位是飞机飞行的主承力关键区域，也是飞机飞行应力最集中、约束关系最复杂的部位，其对接质量直接影响飞机的飞行安全和使用寿命。大飞机采用特殊翼剖面(翼型)的机翼以

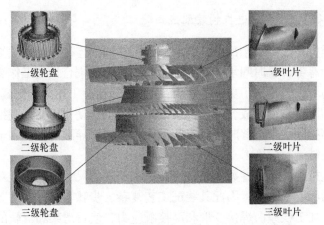

图 1-13 航空发动机风扇转子装配应用验证示意图

提高机翼的临界马赫数，使机翼在高亚声速时阻力急剧增大的现象推迟发生，因此对整个机翼的气动外形提出了很高的要求。在大飞机的装配过程中，机翼装配难点是翼身对接部位的调姿定位。翼身对接部位不仅承受左机翼和右机翼传来的升力、弯矩、扭矩等载荷，还要满足一定强度、刚度、使用寿命和可靠性等要求。翼身对接调姿定位不仅要保障机翼和机身中央翼盒段 1 号肋区域上下壁板与前后梁间隙阶差符合要求，还要保障单侧机翼的扭转角、上反角、后掠角以及两侧机翼的对称性等符合要求。

由于装配部件尺寸大、易变形，装配协调特征多，质量影响因素来源广，主要依赖人工经验根据工程要求对调姿基准、翼身姿态、装配间隙阶差等进行反复试装，难以对装配位姿、间隙阶差、连接应力做到精准感知与动态调控，无法保证最优装配状态，并且装配难度大、耗时长。通过技术探索及应用验证，减少翼身装配部位间隙量的仿真偏差，可指导实际对接过程，以缩短调姿定位周期。大飞机翼身对接调姿定位应用验证示意图如图 1-14 所示。

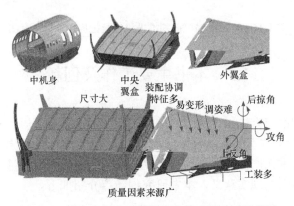

图 1-14 大飞机翼身对接调姿定位应用验证示意图

3. 矿用掘锚机截割推进机构装配应用验证

矿用掘锚机整体由多个部分结构组成，机构间的连接配合方式复杂多样，且工作环境极为恶劣，长时间承受时变性、非线性、强耦合性的工作载荷，因此对掘锚机整体的可靠性提出了更高的要求。掘锚机的核心工作部件是截割推进机构，由滑移机架和滑轨装配而成，用于实现截割臂的推移动作。在截割推进机构装配过程中，如何控制滑架推移时由滑架和滑轨配合精度导致的振动和卡滞是提高整体可靠性的关键。

截割推进机构的零部件数量较多，关键零部件的尺寸偏大，且对加工公差、配合间隙和精度要求较高，因此其装配工艺复杂、步骤较多、装调频繁、周期冗长。各部件的加工误差、焊接变形和高接触应力，使得滑架和滑轨的配合间隙波动大，易出现振动、磨损、卡滞以及推进阻力增大等问题。目前，企业在装配截割推进机构的过程中，依赖人为经验进行多次调整装配，但配合间隙和装配的可靠性难以把控。通过技术探索和应用验证，可降低推进阻力，提升装配效率，缩短装配周期，保证截割推进结构平稳可靠地实现推移动作。矿用掘锚机截割推进机构装配应用验证示意图如图 1-15 所示。

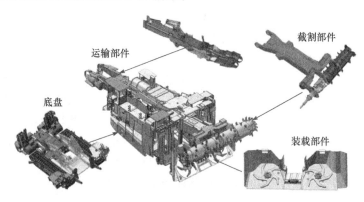

图 1-15　矿用掘锚机截割推进机构装配应用验证示意图

1.5　本书主要工作及创新

柔性装配理论与方法研究属于"网络协同制造和智能工厂"领域，契合国家"创新驱动、质量为先"的基本方针以及"制造强国"和"质量强国"等国家战略规划，对于降低重大产品的研制周期，提升重大产品的装配质量，最终改善产品服役性能具有重大的现实意义。本书研究创新点介绍如下。

1) 多级虚实联动的装配质量协同管控新模式

以装配过程质量演化机制为牵引，以全息质量数据为驱动，以人机物虚实融合为支撑，本书提出多级虚实联动的装配质量协同管控新模式，丰富了重大产品装配质量协同管控理论，具体如下：

(1) 揭示装配质量演化机理。依据装配过程质量偏差传递关系，构建装配质量偏差网络模型，建立质量基因表达范式，基于全息质量数据和迁移学习方法，本书提出装配质量演化新模型，解决复杂产品装配过程中质量演化机理不清晰、装配质量要素间作用关系不明确、质量特征表达不准确等问题。

(2) 提出质量预控闭环嵌套方法。通过挖掘提取质量基因库与实时质量数据之间的关联关系，本书提出面向装配全过程的质量状态闭环嵌套监控和预测新方法，克服复杂产品装配滞后调控带来的质量误差积累大、质量状态不稳定等问题。

(3) 建立质量协同多级联动机制。借助硬件在环仿真、数字孪生等手段，考虑广义容差分配与照配、工艺性能优化调控等过程，本书提出装配过程工序级、零件级、部件级、产品级等多级虚实联动的全局质量协同管控新机制，解决复杂产品装配层级关系强耦合带来的质量信息壁垒限制等难题。

2) 数据与机理融合的产品性能优调优控新体系

以海量装配工艺数据为基础，基于"关联分析—性能预测—参数优化"的思路，本书提出数据与机理融合的产品性能优调优控新体系，发展了重大产品性能调控技术体系，具体如下：

(1) 提出解构工艺-质量-性能关联分析方法。基于"质量特征-产品性能"和"工艺参数-产品性能"的复杂关系，挖掘产品性能的影响要素及影响规律，构建"工艺-质量-性能"关联模型，本书提出工艺-性能关联分析新方法，解决经验数据累积分析能力弱等问题。

(2) 突破基于半实物仿真的产品性能预测技术。利用"工艺-质量-性能"关联分析结果，通过硬件在环、数字孪生等手段，建立半实物虚拟模型，本书提出装配机理与数据融合的产品性能预测方法，实现产品性能演化的实时分析，解决产品性能难以预测等问题。

(3) 建立装配工艺参数同步迭代优化调控机制。根据产品性能预测结果，将数据驱动与知识引导相结合，建立多工艺因素协同补偿的同步优化模型和面向全局的多级递阶优化模型，本书提出同步闭环的工艺参数优化调控新方法，实现装配前、装配中、装配后的工艺参数优化，解决产品反复修配调试、性能不稳定等问题。

3) 人机物交互增强的装配过程主动决策新方法

以数字孪生技术为基础，以人机物交互增强引导为支撑，本书提出人机物交互增强的装配过程主动决策新方法，解决了重大产品决策能力与装配效率低下等问题，具体如下：

(1) 提出虚实联动主动决策新方法。基于装配产线的数字化模型，突破装备、模型及系统之间数据/指令的同步难题，建立近物理式的虚拟运行与模拟投放数字孪生系统，通过装配运作过程的在线感知、主动调度、即时配送、透明管控等手段，本书提出虚实联动主动决策新方法，实现了被动响应向主动应对的转变，提升了装配产线的运作效率。

(2) 提出物化装配工艺设计新方法。针对复杂产品手工装配环节，挖掘用于装配执行过程物化设计的用户认知规律，通过对数字模型与装配现场进行深度融合，本书提出物化装配工艺设计新方法，实现数字对象直接进入装配现场，以所见即所得的方式降低手工操作的难度，为手工装配提供直观高效地引导支持。

(3) 突破人机物交互增强新技术。通过阐明装配执行过程中人机物融合的自主决策机理，本书提出基于 XR 的物化装配指令主动推送、按步执行的作业新模式和人机物交互增强新技术，主动发现和及时纠正并简化装配人员操作与决策的复杂性，降低认知难度及学习成本，破解了集中作业模式下因装配信息堆叠重载而难以降维解耦等问题。

通过探索与实践，重大产品的装配驱动方式实现了由实体资源驱动向信息驱动的转变，装配质量把控实现了由滞后调控向全息预控的转变，装配性能调控实现了由经验试错向精准调控的转变，装配决策方式实现了由等装被配向主动决策的转变，装配人机交互实现了由被动响应向双向互动的转变，进而推动了重大产品高质量装配与高端装备产业转型升级。重大产品装配创新范式转变如图 1-16 所示。

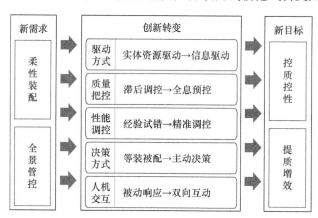

图 1-16　重大产品装配创新范式转变

1.6　本书章节安排

本书章节内容安排如图 1-17 所示。

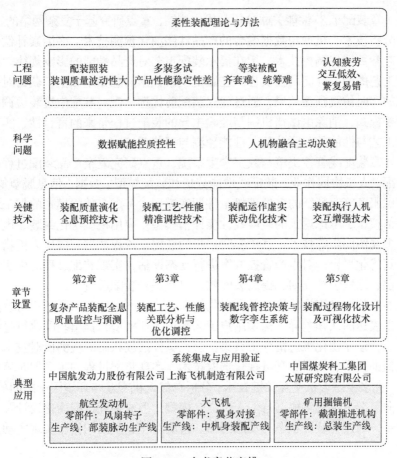

图 1-17 本书章节安排

第 1 章绪论，剖析重大产品装配特征，综述国内外研究团队、行业龙头企业在面向装配的设计、装配工艺与数字仿真、装配装备与产线、装配测试与检测、装配过程管理与控制等方面的研究进展与实践应用，阐述重大产品柔性装配研究的总体思路、科学问题以及关键技术，给出总体研究框架、科学问题及关键技术的研究方法，列出航空发动机、大飞机、矿山装备等三大典型应用场景，阐明本书重点开展工作以及研究创新，最后给出本书章节安排。

第 2 章复杂产品装配全息质量监控与预测，以多源多态质量数据为基础，依据装配过程质量因子传递关联关系，阐明重大产品装配过程中误差产生、耦合、传递、偏移的作用机理，构建装配质量广义偏差网络模型，揭示多因素下误差的传播扩散规律，得到大型复杂产品装配质量的实时分析与关键点控制模式，形成重大复杂产品装配过程质量数据全景监控与预测方法，解决了装配质量滞后管控带来的质量波动和性能不稳定等问题。

第 3 章装配工艺-性能关联分析与优化调控,重点研究基于复杂网络的工艺-性能关联分析技术、机理与数据融合的产品性能演化预测技术、多因素补偿优化的装配工艺参数迭代调控技术,旨在揭示装配工艺对产品性能的影响规律,阐明面向装配工艺的产品性能调控机理。在装配全景数据的感知基础上,获得对装配产品性能的实时仿真预测结果,通过建立装配前优选优配、装配中边装边调的双重性能管控模式,消除由试错机制与经验主导的装配过程带来的盲目性,实现了产品装配工艺与性能的关联分析、性能预测与工艺调控。

第 4 章装配线管控决策与数字孪生系统,重点研究复杂产品装配过程中人机资源分配、人机协同作业、装配线性能分析和装配模型、数据、信息脱节等问题,建立考虑服务等级特征的多处理机工件调度模型、考虑多故障模式的加工装配线性能评估模型、考虑返工的装配线性能评估模型;应用模型泛化封装、虚实精准映射、多视图同步等技术,基于实时采集的装配全流程数据,搭建人机物在环的数字仿真优化平台,对生产管控方案进行动态评估,实现装配过程的虚实联动与透明管控、缩短装配周期、提高装配效率以及提升装配质量。

第 5 章装配过程物化设计及可视化技术,分析不同经验水平用户对装配工艺指令信息表达的认知差异,构建用户工艺需求特征模型,提出装配执行过程物化设计方法,建立物化工艺指令工具集;研究零件摆放状态的检测比对技术、可视化装配辅助技术、物料齐套可视化选取技术,实现装配过程的主动即时精准装配引导;研究多模态人机交互关键技术,分析自然人机交互与环境因子之间的关系,构建面向复杂工况的多模态自然人机交互模型,形成装配过程物化设计及可视化技术体系,通过对装配状态的动态感知、检测对比、主动纠错,实现主动及时装配引导。

本书第 2 章~第 5 章是一个有机整体,各章节之间的相互关系如图 1-18 所示。

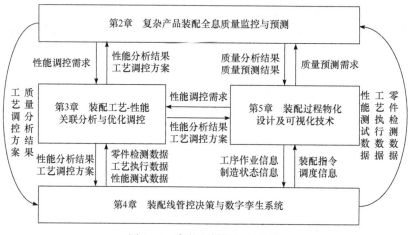

图 1-18　章节安排及相互关系

参 考 文 献

[1] Bentaha M L, Battaïa O, Dolgui A, et al. Dealing with uncertainty in disassembly line design[J]. CIRP Annals, 2014, 63(1): 21-24.

[2] Bryan A, Hu S J, Koren Y. Assembly system reconfiguration planning[J]. Journal of Manufacturing Science and Engineering, 2013, 135(4): 1-13.

[3] Carrasquillo V, Armstrong T J, Hu S K. Effect of customer demand in a self-paced mass customization assembly line on worker posture and recovery time: An observation study[J]. Proceedings of the Human Factors and Ergonomics Society Annual Meeting, 2016, 60(1): 913.

[4] Carrasquillo V, Armstrong T J, Hu S K. Effect of cycle to cycle task variations in mixed-model assembly lines on workers' upper body and lower back exertions and recovery time: A simulated assembly study[J]. International Journal of Industrial Ergonomics, 2017, 61: 88-100.

[5] Carrasquillo V, Armstrong T J, Hu S K. Mixed-model assembly lines and their effect on worker posture and recovery time[J]. Proceedings of the Human Factors and Ergonomics Society Annual Meeting, 2017, 61(1): 968.

[6] Guo W, Jin J, Hu S. Allocation of maintenance resources in mixed model assembly systems[J]. Journal of Manufacturing Systems, 2013, 32(3): 473-479.

[7] Izquierdo L E, Hu S J, Du H, et al. Robust fixture layout design for a product family assembled in a multistage reconfigurable line[J]. Journal of Manufacturing Science and Engineering, 2009, 131(4): 1-9.

[8] Li S, Wang H, Hu S J, et al. Automatic generation of assembly system configuration with equipment selection for automotive battery manufacturing[J]. Journal of Manufacturing Systems, 2011, 30(4): 188-195.

[9] Riggs R J, Battaïa O, Hu S J. Disassembly line balancing under high variety of end of life states using a joint precedence graph approach[J]. Journal of Manufacturing Systems, 2015, 37(3): 638-648.

[10] Riggs R J, Jin X, Hu S J. Two-stage sequence generation for partial disassembly of products with sequence dependent task times[J]. Procedia CIRP, 2015, 29: 698-703.

[11] Tan C, Hu S J, Chung H, et al. Product personalization enabled by assembly architecture and cyber physical systems[J]. CIRP Annals, 2017, 66(1): 33-36.

[12] Wang H, Wang H, Hu S J. Utilizing variant differentiation to mitigate manufacturing complexity in mixed-model assembly systems[J]. Journal of Manufacturing Systems, 2013, 32(4): 731-740.

[13] Wang H, Zhu X W, Hu S J, et al. Product family design to minimize manufacturing complexity in mixed-model assembly systems[C]. ASME 2009 International Manufacturing Science and Engineering Conference, West Lafayette, 2009: 525-534.

[14] Wang H, Zhu X W, Wang H, et al. Multi-objective optimization of product variety and manufacturing complexity in mixed-model assembly systems[J]. Journal of Manufacturing Systems, 2011, 30(1): 16-27.

[15] Wang H, Ko J, Zhu X W, et al. A complexity model for assembly supply chains and its application to configuration design[J]. Journal of Manufacturing Science and Engineering, 2010, 132(2): 1-12.

[16] Zhu X W, Hu S J, Koren Y, et al. A complexity model for sequence planning in mixed-model

assembly lines[J]. Journal of Manufacturing Systems, 2012, 31(2): 121-130.

[17] Zhu X W, Hu S J, Koren Y, et al. Modeling of manufacturing complexity in mixed-model assembly lines[J]. Journal of Manufacturing Science and Engineering, 2008, 130(5): 051013.

[18] Lindau B, Wärmefjord K, Lindkvist L, et al. Method for handling model growth in nonrigid variation simulation of sheet metal assemblies[J]. Journal of Computing and Information Science in Engineering, 2014, 14(3): 031004.

[19] Pahkamaa A, Wärmefjord K, Karlsson L, et al. Combining variation simulation with welding simulation for prediction of deformation and variation of a final assembly[J]. Journal of Computing and Information Science in Engineering, 2012, 12(2): 1-6.

[20] Aderiani A R, Wärmefjord K, Söderberg R. An improved phenotype-genotype mapping for solving selective assembly problem using evolutionary optimization algorithms[J]. Journal of Computing and Information Science in Engineering, 2020, 20(6): 1-8.

[21] Aderiani A R, Wärmefjord K, Söderberg R, et al. Developing a selective assembly technique for sheet metal assemblies[J]. International Journal of Production Research, 2019, 57(22): 7174-7188.

[22] Aderiani A R, Wärmefjord K, Söderberg R, et al. Individualizing locator adjustments of assembly fixtures using a digital twin[J]. Journal of Computing and Information Science in Engineering, 2019, 19(4): 041019.

[23] Wärmefjord K, Carlson J S, Söderberg R. Controlling geometrical variation caused by assembly fixtures[J]. Journal of Computing and Information Science in Engineering, 2016, 16(1): 1-8.

[24] Falck A, Örtengren R, Rosenqvist M, et al. Proactive assessment of basic complexity in manual assembly: Development of a tool to predict and control operator-induced quality errors[J]. International Journal of Production Research, 2017, 55(15): 4248-4260.

[25] Falck A, Tarrar M, Mattsson S, et al. Assessment of manual assembly complexity: A theoretical and empirical comparison of two methods[J]. International Journal of Production Research, 2017, 55(24): 7237-7250.

[26] de Giorgio A, Cacace S, Maffei A, et al. Assessing the influence of expert video aid on assembly learning curves[J]. Journal of Manufacturing Systems, 2022, 62: 263-269.

[27] Fang W, Fan W, Ji W, et al. Distributed cognition based localization for AR-aided collaborative assembly in industrial environments[J]. Robotics and Computer Integrated Manufacturing, 2022, 75: 1-13.

[28] Jiang J G, Yao L, Huang Z Y, et al. The state of the art of search strategies in robotic assembly[J]. Journal of Industrial Information Integration, 2022, 26: 100259.

[29] Mohammed A, Schmidt B, Wang L. Active collision avoidance for human–robot collaboration driven by vision sensors[J]. International Journal of Computer Integrated Manufacturing, 2017, 30(9): 970-980.

[30] Li S F, Zheng P, Fan J M, et al. Toward proactive human–robot collaborative assembly: A multimodal transfer-learning-enabled action prediction approach[J]. Institute of Electrical and Electronics Engineers Transactions on Industrial Electronics, 2022, 69(8): 8579-8588.

[31] Wang L H. A futuristic perspective on human-centric assembly[J]. Journal of Manufacturing

Systems, 2022, 62: 199-201.

[32] Chang M, Nee A Y C, Ong S K. Interactive AR-assisted product disassembly sequence planning(ARDIS)[J]. International Journal of Production Research, 2020, 58(16): 4916-4931.

[33] Chang M, Ong S K, Nee A Y C. AR-guided product disassembly for maintenance and remanufacturing[J]. Procedia CIRP, 2017, 61: 299-304.

[34] Chang M, Ong S K, Nee A Y C. Approaches and challenges in product disassembly planning for sustainability[J]. Procedia CIRP, 2017, 60: 506-511.

[35] Ong S K, Chang M, Nee A Y C. Product disassembly sequence planning: state-of-the-art, challenges, opportunities and future directions[J]. International Journal of Production Research, 2021, 59(11): 3493-3508.

[36] Pang J Z, Ong S K, Nee A Y C. Image and model sequences matching for on-site assembly stage identification[J]. Robotics and Computer-Integrated Manufacturing, 2021, 72: 102185.

[37] Soh S L, Ong S K, Nee A Y C. Design for assembly and disassembly for remanufacturing[J]. Assembly Automation, 2016, 36(1): 12-24.

[38] Tao F, Bi L, Zuo Y, et al. Partial/parallel disassembly sequence planning for complex products[J]. Journal of Manufacturing Science and Engineering, 2018, 140(1): 1-10.

[39] Yuan X B. An interactive approach of assembly planning[J]. Institute of Electrical and Electronics Engineers Transactions on Systems Man and Cybernetics-Part A: Systems and Humans, 2002, 32(4): 522-526.

[40] Yuan X B, Yang S X. Virtual assembly with biologically inspired intelligence[J]. Institute of Electrical and Electronics Engineers Transactions on Systems Man and Cybernetics-Part C: Applications and Reviews, 2003, 33(2): 159-167.

[41] Zhong Y M, Yuan X B, Ma W Y, et al. A constraint-based methodology for product design with virtual reality[J]. Intelligent Automation & Soft Computing, 2009, 15(2): 151-165.

[42] Kelardeh S M, Hosseini S V, Heidari M, et al. An investigation of the effect of bolt tightening stress on ultrasonic velocity in cylinder head and main bearing cap bolts of diesel engine[J]. Journal of the Brazilian Society of Mechanical Sciences and Engineering, 2021, 43(8): 375.

[43] Jayaram S, Wang Y, Jayaram U, et al. VADE: A virtual assembly design environment[J]. Computer Graphics and Applications, 1999, 19(6): 44-50.

[44] Li J R, Khoo L P, Tor S B. Desktop virtual reality prototype system for maintenance (V-REALISM)[J]. Computers in Industry, 2003, 52(2): 109-125.

[45] 刘检华, 孙清超, 程晖, 等. 产品装配技术的研究现状、技术内涵及发展趋势[J]. 机械工程学报, 2018, 54(11): 2-28.

[46] 赵罡, 李瑾岳, 徐茂程, 等. 航空发动机关键装配技术综述与展望[J]. 航空学报, 2022, 43(10): 1-35.

[47] 赵欢, 葛东升, 罗来臻, 等. 大型构件自动化柔性对接装配技术综述[J]. 机械工程学报, 2022, 58: 1-21.

[48] 王皓, 陈根良. 机器人型装备在航空装配中的应用现状与研究展望[J]. 航空学报, 2022, 43(5): 49-71.

[49] 王明明, 罗建军, 袁建平, 等. 空间在轨装配技术综述[J]. 航空学报, 2021, 42(1): 47-61.

[50] 夏平均, 陈朋, 郎跃东, 等. 虚拟装配技术的研究综述[J]. 系统仿真学报, 2009, 21(8): 2267-2272.

[51] 范玉青. 飞机数字化装配技术综述—飞机制造的一次革命性变革[J]. 航空制造技术, 2006, (10): 42-48.

[52] 许国康. 大型飞机自动化装配技术[J]. 航空学报, 2008, (3): 734-740.

[53] 魏喆, 冯毅雄, 谭建荣, 等. 基于几何同伦分析的复杂机械产品多参数关联性能方案反演技术[J]. 机械工程学报, 2010, 46(3): 109-117.

[54] Wang K, Liu D X, Liu Z Y, et al. A fast object registration method for augmented reality assembly with simultaneous determination of multiple 2D-3D correspondences[J]. Robotics and Computer-Integrated Manufacturing, 2020, 63: 101890.

[55] Liu Z, Tan J. Constrained behavior manipulation for interactive assembly in a virtual environment[J]. International Journal of Advanced Manufacturing Technology, 2007, 32(7): 797-810.

[56] 谭建荣, 刘振宇. 智能制造: 关键技术与企业应用[M]. 北京: 机械工业出版社, 2017.

[57] Feng Y X, Gao Y C, Mai Z Y, et al. Assembly model and design thinking: A study of assembly scheme based on gene model[J]. Assembly Automation, 2013, 33(3): 272-281.

[58] Yi B, Liu Z Y, Duan G F, et al. Finite element method and sharp features enhanced laplacian for interactive shape design of mechanical parts[J]. Journal of Computing and Information Science in Engineering, 2014, 14(2): 21007.

[59] Zhang Z F, Feng Y X, Tan J Y, et al. A novel approach for parallel disassembly design based on a hybrid fuzzy-time model[J]. Journal of Zhejiang University-SCIENCE A(Applied Physics & Engineering), 2015, 16(9): 724-736.

[60] Qiu C, Liu Z Y, Peng X, et al. Realistic geometry based feature modeling of complex part and its application in assembly quality analysis[J]. Journal of Computing and Information Science in Engineering, 2015, 15(4): 1-7.

[61] Liu Z Y, Zhou S E, Qiu C, et al. Assembly variation analysis of complicated products based on rigid–flexible hybrid vector loop[J]. Proceedings of the Institution of Mechanical Engineers, Part B: Journal of Engineering Manufacture, 2019, 233(10): 2099-2114.

[62] Sa G D, Liu Z Y, Qiu C, et al. A novel region-division-based tolerance design method for a large number of discrete elements distributed on a large surface[J]. Journal of Mechanical Design, 2019, 141(4): 1-18.

[63] Zhang N, Liu Z Y, Qiu C, et al. Optimizing assembly sequence planning using precedence graph-based assembly subsets prediction method[J]. Assembly Automation, 2019, 40(2): 361-375.

[64] Gao Y C, He C, Zheng B, et al. Quantifying the complexity of subassemblies in a fully automated assembly system[J]. Assembly Automation, 2019, 39(5): 803-812.

[65] Liu Z Y, Nan Z, Qiu C, et al. A discrete fireworks optimization algorithm to optimize multi-matching selective assembly problem with non-normal dimensional distribution[J]. Assembly Automation, 2019, 39(2): 323-344.

[66] Wang K, Liu D X, Liu Z Y, et al. An assembly precision analysis method based on a general part digital twin model[J]. Robotics and Computer-Integrated Manufacturing, 2021, 68: 1-17.

[67] Sa G D, Liu Z Y, Qiu C, et al. Novel performance-oriented tolerance design method based on locally inferred sensitivity analysis and improved polynomial chaos expansion[J]. Journal of Mechanical Design, 2021, 143(2): 1-17.

[68] Feng Y X, He C, Gao Y C, et al. A method to assess design complexity of modular automatic assembly system in design phase[J]. Assembly Automation, 2022, 42(1): 28-39.

[69] Zhou C Y, Liu Z Y, Qiu C, et al. Three-dimensional tolerance analysis of discrete surface structures based on the torsor cluster model[J]. Assembly Automation, 2021, 41(4): 486-500.

[70] 曹衍龙, 程实, 杨将新, 等. 基于小波包的松动件质量估计方法[J]. 机械工程学报, 2010, 46(22): 1-5.

[71] Cao Y L, Wu Z J, Liu T, et al. Multivariate process capability evaluation of cloud manufacturing resource based on intuitionistic fuzzy set[J]. The International Journal of Advanced Manufacturing Technology, 2016, 84(1/4): 227-237.

[72] Hu W X, Cao Y L, Yang J X, et al. An error prediction model of NC machining process considering multiple error sources[J]. The International Journal of Advanced Manufacturing Technology, 2018, 94(5/8): 1689-1698.

[73] Cao Y L, Liu T, Yang J X. A comprehensive review of tolerance analysis models[J]. The International Journal of Advanced Manufacturing Technology, 2018, 97(5/8): 3055-3085.

[74] Cao Y L, Liu T, Yang J X, et al. A novel tolerance analysis method for three-dimensional assembly[J]. Proceedings of the Institution of Mechanical Engineers, Part B: Journal of Engineering Manufacture, 2019, 233(7): 1818-1827.

[75] Zhao Q J, Cao Y L, Liu T, et al. Tolerance specification of the plane feature based on the axiomatic design[J]. Proceedings of the Institution of Mechanical Engineers, Part C: Journal of Mechanical Engineering Science, 2018, 233(5): 2141374512.

[76] 周强, 刘志刚, 洪军, 等. 卡尔曼滤波在精密机床装配过程误差状态估计中的应用[J]. 西安交通大学学报, 2015, 49(12): 97-103.

[77] 郝维娜, 令锋超, 刘志刚, 等. 轴承滚珠面型误差激光干涉测量系统的研究[J]. 西安交通大学学报, 2016, 50(6): 83-89.

[78] 刘鹏, 洪军, 刘志刚, 等. 采用自适应遗传算法的机床公差分配研究[J]. 西安交通大学学报, 2016, 50(1): 115-123.

[79] 侯亦非, 洪军, 周朝宾, 等. 均化接触压力的螺栓连接结合面形状主动设计[J]. 西安交通大学学报, 2017, 51(12): 84-90.

[80] 孙岩辉, 洪军, 刘志刚, 等. 考虑零部件制造误差的精密主轴几何回转精度计算方法[J]. 机械工程学报, 2017, 53(3): 173-182.

[81] Jia X Y, Liu Z G, Tao L, et al. Frequency-scanning interferometry using a time-varying Kalman filter for dynamic tracking measurements[J]. Optics Express, 2017, 25(21): 25782-25796.

[82] 赵强强, 洪军, 郭俊康, 等. 多环闭链机构偏差传递分析及几何精度建模[J]. 机械工程学报, 2018, 54(21): 156-165.

[83] Hao W N, Liu Z G, Gu S W, et al. Virtual wavefront calibration method based on ray tracing for alignment error compensation in the interferometric bearing ball measurement system[J]. Applied Physics B, 2019, 125: 1-10.

[84] Zhao Q Q, Guo J K, Yu D W, et al. A novel approach of input tolerance design for parallel mechanisms using the level set method[J]. Proceedings of the Institution of Mechanical Engineers, Part B: Journal of Engineering Manufacture, 2019, 234(3): 2073701906.

[85] 田中可, 陈成军, 李东年, 等. 基于深度图像的零件识别及装配监测[J]. 计算机集成制造系统, 2020, 26(2): 300-311.

[86] 郭俊康, 李宝童, 洪军, 等. 基于误差状态最优估计的精密机床装配调整工艺决策[J]. 机械工程学报, 2020, 56(11): 172-180.

[87] Chen C J, Li C Z, Li D N, et al. Mechanical assembly monitoring method based on depth image multiview change detection[J]. Institute of Electrical and Electronics Engineers Transactions on Instrumentation and Measurement, 2021, 70: 1-13.

[88] 张子豪, 郭俊康, 洪军, 等. 航空发动机高压转子装配偏心预测和相位优化的智能算法应用研究[J]. 西安交通大学学报, 2021, 55(2): 47-54.

[89] Zhao Q Q, Hong J. An analytical framework for local and global system kinematic reliability sensitivity of robotic manipulators[J]. Applied Mathematical Modelling, 2021, 102: 331-350.

[90] Zhu L B, Bouzid A H, Hong J. A method to reduce the number of assembly tightening passes in bolted flange joints[J]. Journal of Manufacturing Science and Engineering, 2021, 143(12): 1-10.

[91] Yu D W, Zhao Q Q, Guo J K, et al. Accuracy analysis of spatial overconstrained extendible support structures considering geometric errors, joint clearances and link flexibility[J]. Aerospace Science and Technology, 2021, 119: 1-20.

[92] 林起崟, 张瑜寒, 洪军, 等. 晶粒尺寸对多晶铜接触力学特性的影响[J]. 中国机械工程, 2021, 32(19): 2312-2320.

[93] 杨冰, 张林鹍. 面向装配工艺规划的集成式装配模型研究[J]. 系统仿真学报, 2006, (S2): 533-536.

[94] 高青凤, 王歌, 张林鹍. 基于工程语义的装配顺序快速规划与评估[J]. 系统仿真学报, 2009, 21(21): 6747-6750.

[95] 徐炜达, 肖田元. 可跨工位操作的随机混流装配线平衡问题研究[J]. 系统仿真学报, 2009, 21(18): 5896-5901.

[96] Fan W H, Gao Z X, Xu W D, et al. Balancing and simulating of assembly line with overlapped and stopped operation[J]. Simulation Modelling Practice and Theory, 2010, 18(8): 1069-1079.

[97] 张林鹍, 祝逸, 高青凤, 等. 基于仿真试拆卸的夹具自动装配规划研究[J]. 系统仿真学报, 2010, 22(11): 2627-2630.

[98] 徐炜达, 肖田元. 带有区间不确定任务时间的装配线鲁棒平衡[J]. 计算机集成制造系统, 2010, 16(6): 1202-1207.

[99] Xu W D, Xiao T Y. Strategic robust mixed model assembly line balancing based on scenario planning[J]. Tsinghua Science and Technology, 2011, 16(3): 308-314.

[100] 李惠, 张林鹍, 肖田元, 等. 基于仿真控制的飞机大部件对接原型系统研究[J]. 航空制造技术, 2013, (22): 90-94.

[101] 孟祥瑞, 张林鹍, 肖田元. 基于 ACIS 和 HOOPS 的面向复杂产品的装配仿真系统研究[J]. 系统仿真学报, 2014, 26(10): 2381-2385.

[102] Dong J T, Zhang L X, Xiao T Y, et al. Balancing and sequencing of stochastic mixed-model

assembly U-lines to minimise the expectation of work overload time[J]. International Journal of Production Research, 2014, 52(23/24): 7529-7548.

[103] Li H, Zhang L X, Xiao T Y, et al. Real-time control for CPS of digital airplane assembly with robust H-infinity theory[J]. Tsinghua Science and Technology, 2015, 20(4): 376-384.

[104] Li H, Zhang L X, Xiao T Y, et al. Data fusion and simulation-based planning and control in cyber physical system for digital assembly of aeroplane[J]. International Journal of Modeling, Simulation, and Scientific Computing, 2015, 6(3): 1550027.

[105] Dong J T, Zhang L X, Xiao T Y, et al. A dynamic delivery strategy for material handling in mixed-model assembly lines using decentralized supermarkets[J]. International Journal of Modeling, Simulation, and Scientific Computing, 2015, 6(4): 73-91.

[106] Dong J T, Zhang L X, Xiao T Y. Part supply method for mixed-model assembly lines with decentralized supermarkets[J]. Tsinghua Science and Technology, 2016, 21(4): 426-434.

[107] 孟巧凤, 张林鍹, 尹琳峥, 等. 基于 3DCS 的三维尺寸公差的分析与优化[J]. 系统仿真学报, 2018, 30(5): 1730-1738.

[108] 曹鹏彬, 刘继红, 管强. 基于装配约束动态管理的虚拟拆卸[J]. 计算机辅助设计与图形学学报, 2002, 14(10): 988-992.

[109] 管强, 刘继红, 钟毅芳, 等. 面向产品再设计的装配性评价体系研究[J]. 中国机械工程, 2002, (2): 27-30.

[110] 杨鹏, 刘继红, 管强. 面向装配序列优化的一种改进基因算法[J]. 计算机集成制造系统-CIMS, 2002, 8(6): 467-471.

[111] 余斌, 刘继红, 舒慧林. 基于定性立体模型的产品可装配/拆卸性分析[J]. 计算机辅助设计与图形学学报, 2002, 14(1): 87-92.

[112] 管强, 张申生, 刘继红. 装配过程稳定性分析[J]. 上海交通大学学报, 2004, 38(4): 501-505.

[113] 单鸿波, 刘继红, 黄正东. Web 环境下面向装配的设计系统的研究[J]. 计算机辅助设计与图形学学报, 2005, 17(2): 341-346.

[114] Wang Y H, Liu J, Li L S. Assembly sequences merging based on assembly unit partitioning[J]. The International Journal of Advanced Manufacturing Technology, 2009, 45(7): 808-820.

[115] 王永, 刘继红. 面向协同装配规划的装配单元规划方法[J]. 机械工程学报, 2009, 45(10): 172-179.

[116] Wang Y, Liu J H. Chaotic particle swarm optimization for assembly sequence planning[J]. Robotics & Computer Integrated Manufacturing, 2010, 26(2): 212-222.

[117] 冯子明, 邹成, 刘继红. 飞机关键装配特性的识别与控制[J]. 计算机集成制造系统, 2010, 16(12): 2552-2556.

[118] 敬石开, 谷志才, 刘继红, 等. 基于语义推理的产品装配设计技术[J]. 计算机集成制造系统, 2010, 16(5): 949-955.

[119] 欧阳, 邹成, 刘继红. 面向机翼柔性制孔的多层次数控程序结构[J]. 计算机集成制造系统, 2011, 17(8): 1806-1811.

[120] Wang Y, Liu J H. Subassembly identification for assembly sequence planning[J]. The International Journal of Advanced Manufacturing Technology, 2013, 68(1): 781-793.

[121] 刘继红, 庞英仲, 邹成. 基于关键特征的飞机大部件对接位姿调整技术[J]. 计算机集成制

造系统, 2013, 19(5): 1009-1014.

[122] 邹成, 刘继红. 基于工艺关联度的飞机装配单元划分[J]. 计算机集成制造系统, 2013, 19(6): 1232-1237.

[123] 李连升, 梅志武, 邓楼楼, 等. 掠入射聚焦型 X 射线脉冲星望远镜装配误差分析与在轨验证[J]. 机械工程学报, 2018, 54(11): 49-60.

[124] 刘志峰, 李端端, 刘壮壮, 等. 基于多体系统的龙门机床装配方案及预估优化[J]. 计算机集成制造系统, 2014, 20(2): 394-400.

[125] Zhao Y S, Xu J J, Cai L G, et al. Stiffness and damping model of bolted joint based on the modified three-dimensional fractal topography[J]. Proceedings of the Institution of Mechanical Engineers, Part C: Journal of Mechanical Engineering Science, 2016, 231(2): 203-210.

[126] Liu Z F, Jiang K, Dong X M, et al. A research method of bearing coefficient in fasteners based on the fractal and Florida theory[J]. Tribology International, 2020, 152: 106544.

[127] 杨聪彬, 郭庆旭, 刘志峰, 等. 谐波传动柔轮变形测量误差分析与补偿[J]. 光学精密工程, 2021, 29(4): 793-801.

[128] Jiang K, Lin Z F, Yang C B, et al. Effects of the joint surface considering asperity interaction on the bolted joint performance in the bolt tightening process[J]. Tribology International, 2022, 167: 107408.

[129] 刘检华, 姚珺, 宁汝新. CAD 系统与虚拟装配系统间的信息集成技术研究[J]. 计算机集成制造系统, 2005, 11(1): 44-47.

[130] 刘检华, 白书清, 段华, 等. 面向手工装配的计算机辅助装配过程控制方法[J]. 计算机集成制造系统, 2009, 15(12): 2391-2398.

[131] 周子岩, 刘检华, 唐承统, 等. 复杂产品研制中的实做装配工艺技术[J]. 计算机集成制造系统, 2014, 20(8): 1859-1869.

[132] 庄存波, 刘检华, 熊辉, 等. 产品数字孪生体的内涵、体系结构及其发展趋势[J]. 计算机集成制造系统, 2017, 23(4): 753-768.

[133] Zhang F K, Liu J H, Ding X Y, et al. An approach to calculate leak channels and leak rates between metallic sealing surfaces[J]. Journal of Tribology, 2017, 139(1): 011708.

[134] Lv N J, Liu J H, Ding X Y, et al. Physically based real-time interactive assembly simulation of cable harness[J]. Journal of Manufacturing Systems, 2017, 43(3): 385-399.

[135] 陶飞, 刘蔚然, 刘检华, 等. 数字孪生及其应用探索[J]. 计算机集成制造系统, 2018, 24(1): 1-18.

[136] Liu J H, Gong H, Ding X Y. Effect of ramp angle on the anti-loosening ability of wedge self-locking nuts under vibration[J]. Journal of Mechanical Design, 2018, 140(7): 1-8.

[137] Liu J H, Zhang Z Q, Ding X Y, et al. Integrating form errors and local surface deformations into tolerance analysis based on skin model shapes and a boundary element method[J]. Computer-Aided Design, 2018, 104: 45-59.

[138] Zhuang C B, Liu J H, Xiong H. Digital twin-based smart production management and control framework for the complex product assembly shop-floor[J]. The International Journal of Advanced Manufacturing Technology, 2018, 96(1): 1149-1163.

[139] 赵浩然, 刘检华, 熊辉, 等. 面向数字孪生车间的三维可视化实时监控方法[J]. 计算机集

成制造系统, 2019, 25(6): 1432-1443.

[140] 郭飞燕, 刘检华, 邹方, 等. 数字孪生驱动的装配工艺设计现状及关键实现技术研究[J]. 机械工程学报, 2019, 55(17): 110-132.

[141] Zhuang C B, Gong J C, Liu J H. Digital twin-based assembly data management and process traceability for complex products[J]. Journal of Manufacturing Systems, 2020, 58: 118-131.

[142] 巩浩, 刘检华, 孙清超, 等. 精密机电产品均匀性装配的定义与关键技术[J]. 机械工程学报, 2021, 57(3): 174-184.

[143] 刘检华, 张志强, 夏焕雄, 等. 考虑表面形貌与受力变形的装配精度分析方法[J]. 机械工程学报, 2021, 57(3): 207-219.

[144] Ning W H, Liu J H, Xiong H. Knowledge discovery using an enhanced latent Dirichlet allocation-based clustering method for solving on-site assembly problems[J]. Robotics and Computer-Integrated Manufacturing, 2021, 73:1-11.

[145] 郑丞, 卢鹄, 陈磊, 等. 民机制造中的数字化尺寸工程及装配偏差评估技术[J]. 航空制造技术, 2013, (20): 32-35.

[146] 陈华, 唐广辉, 陈志强, 等. 基于雅可比旋量统计法的发动机三维公差分析[J]. 哈尔滨工程大学学报, 2014, 35(11): 1397-1402.

[147] 陈华, 林观生, 唐涛, 等. 一种新的矩阵公差模型约束条件建立和优化方法[J]. 机械工程学报, 2016, 52(1): 123-129.

[148] Jin S, Ding S Y, Li Z M, et al. Point-based solution using Jacobian-Torsor theory into partial parallel chains for revolving components assembly[J]. Journal of Manufacturing Systems, 2017, 46: 46-58.

[149] Ding S Y, Jin S, Li Z M, et al. Multistage rotational optimization using unified Jacobian–Torsor model in aero-engine assembly[J]. Proceedings of the Institution of Mechanical Engineers, Part B: Journal of Engineering Manufacture, 2017, 233(1): 251-266.

[150] 丁司懿, 金隼, 李志敏, 等. 航空发动机转子装配同心度的偏差传递模型与优化[J]. 上海交通大学学报, 2018, 52(1): 54-62.

[151] Liu T, Li Z M, Jin S, et al. Compliant assembly analysis including initial deviations and geometric nonlinearity—Part I: Beam structure[J]. Proceedings of the Institution of Mechanical Engineers, Part C: Journal of Mechanical Engineering Science, 2018, 233(12): 4233-4246.

[152] Niu Z H, Li Z M, Jin S, et al. Assembly variation analysis of compliant mechanisms by combining direct linearization method and Lagrange's equations[J]. Assembly Automation, 2019, 39(4): 740-751.

[153] Niu Z H, Jin S, Li Z M. Assembly variation analysis of incompletely positioned macpherson suspension systems considering vehicle load change[J]. Journal of Mechanical Design, 2020, 143(5): 052001.

[154] Kang H H, Li Z M, Liu T, et al. Tolerance design of multistage aero-engine casing assembly by vibration characteristic evaluation[J]. Journal of Aerospace Engineering, 2021, 34(5): 04021064.

[155] Kang H H, Li Z M, Liu T, et al. A novel multiscale model for contact behavior analysis of rough surfaces with the statistical approach[J]. International Journal of Mechanical Sciences, 2021, 212: 106808.

[156] Li X X, Li Z M, Sun J, et al. A novel error equivalence model on the kinematic error of the linear axis of high-end machine tool[J]. The International Journal of Advanced Manufacturing Technology, 2022, 118(7): 2759-2785.

[157] Sun J, Cai W, Lai X M, et al. Design automation and optimization of assembly sequences for complex mechanical systems[J]. The International Journal of Advanced Manufacturing Technology, 2010, 48(9): 1045-1059.

[158] Sun J, Zheng C, Yu K G, et al. Tolerance design optimization on cost-quality trade-off using the Shapley value method[J]. Journal of Manufacturing Systems, 2010, 29(4): 142-150.

[159] Sun J, Liu Y H, Lin Z Q. A Bayesian network approach for fixture fault diagnosis in launch of the assembly process[J]. International Journal of Production Research, 2012, 50(23): 6655-6666.

[160] Li Y Y, Zhao Y, Yu H D, et al. Modeling deviation propagation of compliant assembly considering form defects based on basic deviation fields[J]. Assembly Automation, 2019, 39(1): 226-242.

[161] Xu X, Yu H D, Li Y Y, et al. Compliant assembly deviation analysis of large-scale thin-walled structures in different clamping schemes via ANCF[J]. Assembly Automation, 2019, 40(2): 305-317.

[162] 肖明珠, 朱文敏, 范秀敏. 人机时空共享协作装配技术研究综述[J]. 航空制造技术, 2019, 62(18): 24-32.

[163] 刘睿, 范秀敏, 尹旭悦, 等. 面向手工装配的线缆目标图像分割方法[J]. 计算机辅助设计与图形学学报, 2018, 30(4): 666-672.

[164] 尹旭悦, 范秀敏, 王磊, 等. 航天产品装配作业增强现实引导训练系统及应用[J]. 航空制造技术, 2018, 61(Z1): 48-53.

[165] 汪嘉杰, 王磊, 范秀敏, 等. 基于视觉的航天电连接器的智能识别与装配引导[J]. 计算机集成制造系统, 2017, 23(11): 2423-2430.

[166] 尹旭悦, 范秀敏, 顾岩, 等. 动态视觉手势识别下手工装配时序控制的智能防错方法[J]. 计算机集成制造系统, 2017, 23(7): 1457-1468.

[167] 邱世广, 周勇, 范秀敏, 等. 面向飞机装配的装配动作混合仿真方法研究[J]. 航空制造技术, 2015(21): 51-55.

[168] 胡勇, 韦乃琨, 武殿梁, 等. 基于协同虚拟环境的装配设计系统[J]. 计算机工程, 2010, 36(12): 13-16.

[169] 甄希金, 武殿梁, 范秀敏, 等. 虚拟环境下汽车装配工位协同操作仿真[J]. 上海交通大学学报, 2009, 43(12): 1863-1868.

[170] 夏之祥, 朱洪敏, 武殿梁, 等. 虚拟装配操作中基于语义的推理方法研究[J]. 计算机集成制造系统, 2009, 15(8): 1606-1613.

[171] Yin X Y, Fan X M, Zhu W M, et al. Synchronous AR assembly assistance and monitoring system based on ego-centric vision[J]. Assembly Automation, 2019, 39(1): 1-16.

[172] Liu K Y, Yin X Y, Fan X M, et al. Virtual assembly with physical information: A review[J]. Assembly Automation, 2015, 35(3): 206-220.

[173] Qiu S G, He Q C, Fan X M, et al. Virtual human hybrid control in virtual assembly and maintenance simulation[J]. International Journal of Production Research, 2014, 52(3): 867-887.

[174] Zhen X J, Wu D L, Fan X M, et al. Distributed parallel virtual assembly environment for automobile development[J]. Assembly Automation, 2009, 29(3): 279-289.

[175] 易扬, 冯锦丹, 刘金山, 等. 复杂产品数字孪生装配模型表达与精度预测[J]. 计算机集成制造系统, 2021, 27(2): 617-630.

[176] 刘欢连, 易扬, 刘晓军, 等. 面向现场装配的产品装配工艺模型表达与管理方法[J]. 计算机集成制造系统, 2022, 28(1): 31-42.

[177] 刘晓军, 倪中华, 杨章群, 等. 三维装配工艺模型的数字化建模方法[J]. 北京理工大学学报, 2015, 35(1): 7-12.

[178] Liu X J, Xing J L, Cheng Y L, et al. An inspecting method of 3D dimensioning completeness based on the recognition of RBs[J]. Journal of Manufacturing Systems, 2017, 42: 271-288.

[179] Liu X J, Ni Z H, Liu J F, et al. Assembly process modeling mechanism based on the product hierarchy[J]. The International Journal of Advanced Manufacturing Technology, 2016, 82(1): 391-405.

[180] Yi Y, Yan Y H, Liu X J, et al. Digital twin-based smart assembly process design and application framework for complex products and its case study[J]. Journal of Manufacturing Systems, 2021, 58: 94-107.

[181] Cheng Y L, Ni Z H, Liu T Y, et al. An intelligent approach for dimensioning completeness inspection in 3D based on transient geometric elements[J]. Computer-Aided Design, 2014, 53: 14-27.

[182] Liu X J, Xu X K, Yang Y, et al. An assembling algorithm for fixture in an assembly process planning system[J]. Proceedings of the Institution of Mechanical Engineers, Part B: Journal of Engineering Manufacture, 2020, 234(8): 1133-1155.

[183] Yi Y, Liu X J, Liu T Y, et al. A generic integrated approach of assembly tolerance analysis based on skin model shapes[J]. Proceedings of the Institution of Mechanical Engineers, Part B: Journal of Engineering Manufacture, 2020, 235(4): 689-704.

[184] 易扬, 刘晓军, 冯锦丹, 等. 面向数字孪生的产品表面模型表达与生成方法[J]. 计算机集成制造系统, 2019, 25(6): 1454-1462.

[185] 王安洋, 王仲奇, 夏松, 等. 基于数字孪生模型的可配置装配偏差分析方法[J]. 航空制造技术, 2021, 64(20): 65-75.

[186] 王仲奇, 杨元. 飞机装配的数字化与智能化[J]. 航空制造技术, 2016, (5): 36-41.

[187] 郭飞燕, 王仲奇, 康永刚, 等. 飞机立柱式柔性工装定位误差分析与精度保障[J]. 计算机集成制造系统, 2013, 19(8): 2036-2042.

[188] 黄果, 王仲奇, 康永刚, 等. 飞机部件柔性装配多轴协同控制算法研究[J]. 航空制造技术, 2013, (5): 66-70.

[189] 孙惠斌, 常智勇. 复杂产品装配执行过程建模与监控方法研究[J]. 中国机械工程, 2009, 20(16): 1947-1951.

[190] Sun H B, Chang Z Y, Mo R. Monitoring and controlling the complex product assembly executive process via mobile agents and RFID tags[J]. Assembly Automation, 2009, 29(3): 263-271.

[191] 孙惠斌, 常智勇, 莫蓉. 基于 Agent 的装配执行过程监控方法[J]. 计算机集成制造系统, 2009, 15(10): 2045-2049.

[192] 孙惠斌, 常智勇. 航空发动机装配技术状态数据模型研究[J]. 航空制造技术, 2009, (16): 74-78.

[193] Sun H B, Liu Y, Sakao T, et al. Configuring use-oriented aero-engine overhaul service with multi-objective optimization for environmental sustainability[J]. Journal of Cleaner Production, 2016, 162: 1-13.

[194] Han Z P, Mo R, Chang Z Y, et al. Key assembly structure identification in complex mechanical assembly based on multi-source information[J]. Assembly Automation, 2017, 37(2): 208-218.

[195] 孙惠斌, 颜建兴, 魏小红, 等. 数字孪生驱动的航空发动机装配技术[J]. 中国机械工程, 2020, 31(7): 833-841.

[196] 焦俊杰, 莫蓉, 徐广庆, 等. 螺栓孔的位置度误差对短精密螺栓连接结构装配力学特性的影响[J]. 航空动力学报, 2021, 36(5): 935-947.

[197] 杜海雷, 孙惠斌, 黄健, 等. 面向装配精度的航空发动机转子零件选配优化[J]. 计算机集成制造系统, 2021, 27(5): 1292-1299.

[198] 邓王倩, 莫蓉, 陈凯, 等. 基于实测数据的航空发动机转子叶尖装配间隙预测[J]. 航空动力学报, 2022, 37(6): 1273-1283.

[199] 鲍劲松, 李志强, 项前, 等. 半实物虚拟装配的建模、演化与应用[J]. 机械工程学报, 2018, 54(11): 61-69.

[200] Sun X M, Bo J S, Li J, et al. A digital twin-driven approach for the assembly-commissioning of high precision products[J]. Robotics and Computer-Integrated Manufacturing, 2020, 61: 101839.

[201] 陈治宇, 鲍劲松, 郑小虎, 等. 基于长短期记忆网络的装配工艺语义识别方法[J]. 计算机集成制造系统, 2021, 27(6): 1582-1593.

[202] Lv Q B, Lin T Y, Zhang R, et al. Generation approach of human-robot cooperative assembly strategy based on transfer learning[J]. Journal of Shanghai Jiaotong University (Science), 2022, 19: 1-12.

[203] Sun X M, Liu S M, Bao J S, et al. A performance prediction method for a high-precision servo valve supported by digital twin assembly-commissioning[J]. Machines, 2022, 10: 11.

[204] Sun X M, Zhang R, Liu S M, et al. A digital twin-driven human-robot collaborative assembly-commissioning method for complex products[J]. The International Journal of Advanced Manufacturing Technology, 2022, 118(9/10):3389-3402.

[205] 孙学民, 刘世民, 申兴旺, 等. 数字孪生驱动的高精密产品智能化装配方法[J]. 计算机集成制造系统, 2022, 28(6): 1704-1716.

[206] Lv Q B, Zhang R, Liu T Y, et al. A strategy transfer approach for intelligent human-robot collaborative assembly[J]. Computers & Industrial Engineering, 2022, 168: 108047.

[207] Zhang R, Lv J, Li J, et al. A graph-based reinforcement learning-enabled approach for adaptive human-robot collaborative assembly operations[J]. Journal of Manufacturing Systems, 2022, 63: 491-503.

[208] Zhang R, Lv Q B, Li J, et al. A reinforcement learning method for human-robot collaboration in assembly tasks[J]. Robotics and Computer-Integrated Manufacturing, 2022, 73: 102227.

[209] 刘翊, 李世其, 王峻峰, 等. 产品分层分级的交互式拆卸装配序列规划[J]. 计算机集成制造系统, 2014, 20(4): 785-792.

[210] Wang J F, Liu J H, Zhong Y F. A novel ant colony algorithm for assembly sequence planning[J]. International Journal of Advanced Manufacturing Technology, 2005, 25(11-12): 1137-1143.

[211] Li S Q, Tao P, Wang J F, et al. Mixed reality-based interactive technology for aircraft cabin assembly[J]. Chinese Journal of Mechanical Engineering, 2009, 22(3): 403-409.

[212] Li S Q, Liu Y, Wang J F, et al. An intelligent interactive approach for assembly process planning based on hierarchical classification of parts[J]. International Journal of Advanced Manufacturing Technology, 2014, 70(9-12): 1903-1914.

[213] Liu Y, Li S Q, Wang J F, et al. A computer vision-based assistant system for the assembly of narrow cabin products[J]. The International Journal of Advanced Manufacturing Technology, 2015, 76(1-4): 281-293.

[214] Liu Y, Li S Q, Wang J F. Assembly Auxiliary System for Narrow Cabins of Spacecraft[J]. Chinese Journal of Mechanical Engineering, 2015, 28(5): 1080-1088.

[215] Wang J F, Lu C, Li S Q. Simulation based assembly and alignment process ability analysis for line replaceable units of the high power solid state laser facility[J]. Fusion Engineering and Design, 2016, 112: 7-13.

[216] Li W, Wang J F, Liu M, et al. Real-time occlusion handling for augmented reality assistance assembly systems with monocular images[J]. Journal of Manufacturing Systems, 2022, 62: 561-574.

[217] Li W, Wang J F, Jiao S C, et al. Fully convolutional network-based registration for augmented assembly systems[J]. Journal of Manufacturing Systems, 2021, 61: 673-684.

[218] Chen D, Li S, Wang J F, et al. A multi-objective trajectory planning method based on the improved immune clonal selection algorithm[J]. Robotics and Computer-Integrated Manufacturing, 2019, 59: 431-442.

[219] Fu Y L, Tian L Z, Xie L, et al. Assembly sequences planning based on cut set analysis of directional graph[J]. Chinese Journal of Mechanical Engineering, 2003, 39(6): 58-62.

[220] 付宜利, 田立中, 谢龙, 等. 基于有向割集分解的装配序列生成方法[J]. 机械工程学报, 2003, (6): 58-62.

[221] 谢龙, 付宜利, 马玉林. 基于复合装配图进行装配序列规划的研究[J]. 计算机集成制造系统, 2004, (8): 997-1002.

[222] 谢龙, 付宜利, 马玉林. 考虑工具操作空间的装配序列生成方法[J]. 机械工程学报, 2005, (10): 215-220.

[223] 李荣, 付宜利, 封海波. 基于连接结构知识的装配序列规划[J]. 计算机集成制造系统, 2008, (6): 1130-1135.

[224] 付宜利, 刘诚. 虚拟装配中基于生理约束的虚拟手建模与抓持规划[J]. 计算机集成制造系统, 2009, 15(4): 681-684.

[225] 史士财, 李荣, 付宜利, 等. 基于改进蚁群算法的装配序列规划[J]. 计算机集成制造系统, 2010, 16(6): 1189-1194.

[226] 付宜利, 孙建勋, 代勇, 等. 机电产品数字化装配技术[M]. 哈尔滨: 哈尔滨工业大学出版社, 2012.

[227] Yang Y X, Liu X S, Wang Y Q, et al. An enhanced spring-mass model for stiffness prediction in

single-lap composite joints with considering assembly gap and gap shimming[J]. Composite Structures, 2018, 187: 18-26.

[228] Yang Y X, Wang Y Q, Liu X S, et al. The effect of shimming material on flexural behavior for composite joints with assembly gap[J]. Composite Structures, 2019, 209:375-382.

[229] 高航, 曾祥钱, 刘学术, 等. 大型复合材料构件连接装配二次损伤及抑制策略[J]. 航空制造技术, 2017, (22): 28-35.

[230] Liu X S, Chang J H, Yang Y X, et al. Evaluation of assembly gap from 3D laser measurements via FEA simulation[J]. International Journal of Aerospace Engineering, 2018, 2018: 4303105.

[231] Yang Y X, Liu X S, Wang Y Q, et al. An enhanced spring-mass model for stiffness prediction in single-lap composite joints with considering assembly gap and gap shimming[J]. Composite Structures, 2018, 187: 18-26.

[232] 罗群, 王青, 刘之珩, 等. 机翼-机身柔顺对接装配及接触力分析方法[J]. 南京航空航天大学学报, 2022, 54(3): 439-449.

[233] 郑守国, 张勇德, 谢文添, 等. 基于数字孪生的飞机总装生产线建模[J]. 浙江大学学报(工学版), 2021, 55(5): 843-854.

[234] Liang C, Wang Q, Li J X, et al. Propagation analysis of variation for fuselage structures in multi-station aircraft assembly[J]. Assembly Automation, 2018, 38(1): 67-76.

[235] Wang Q, Dou Y D, Li J X, et al. An assembly gap control method based on posture alignment of wing panels in aircraft assembly[J]. Assembly Automation, 2017, 37(4): 422-433.

[236] Wang Q, Dou Y D, Cheng L, et al. Shimming design and optimal selection for non-uniform gaps in wing assembly[J]. Assembly Automation, 2017, 37(4): 471-482.

[237] Wang Q, Huang P, Li J X, et al. Assembly accuracy analysis for small components with a planar surface in large-scale metrology[J]. Measurement Science & Technology, 2016, 27(4): 045006.

[238] Jiang J X, Bian C, Ke Y L. A new method for automatic shaft-hole assembly of aircraft components[J]. Assembly Automation, 2017, 37(1): 64-70.

[239] Yang D, Qu W W, Ke Y L. Evaluation of residual clearance after pre-joining and pre-joining scheme optimization in aircraft panel assembly[J]. Assembly Automation, 2016, 36(4): 376-387.

[240] Mei B, Zhu W D, Ke Y L, et al. Variation analysis driven by small-sample data for compliant aero-structure assembly[J]. Assembly Automation, 2019, 39(1): 101-112.

[241] Mei B, Zhu W D, Zheng P Y, et al. Variation modeling and analysis with interval approach for the assembly of compliant aeronautical structures[J]. Proceedings of the Institution of Mechanical Engineers, Part B: Journal of Engineering Manufacture, 2019, 233(3): 948-959.

[242] Zhang Y F, Wang Q, Zhao A A, et al. A multi-object posture coordination method with tolerance constraints for aircraft components assembly[J]. Assembly Automation, 2019, 40(2): 345-359.

[243] Lei C Y, Chen Q, Bi Y B, et al. An effective theoretical model for slug rivet assembly based on countersunk hole structure[J]. The International Journal of Advanced Manufacturing Technology, 2019, 101(1): 1065-1074.

[244] 柯映林, 朱伟东, 王青, 等. 飞机数字化装配技术及装备[M]. 北京: 科学出版社, 2022.

[245] Wang Q, Hou R L, Li J X, et al. Positioning variation modeling for aircraft panels assembly based on elastic deformation theory[J]. Proceedings of the Institution of Mechanical Engineers,

Part B: Journal of Engineering Manufacture, 2018, 232(14): 2592-2604.

[246] Bi Y B, Yan W M, Ke Y L. Optimal placement of measurement points on large aircraft fuselage panels in digital assembly[J]. Proceedings of the Institution of Mechanical Engineers, Part B: Journal of Engineering Manufacture, 2016, 231(1):73-84.

[247] Cheng L, Wang Q, Li J X, et al. Variation modeling for fuselage structures in large aircraft digital assembly[J]. Assembly Automation, 2015, 35(2): 172-182.

[248] Cheng L, Wang Q, Li J X, et al. A posture evaluation method for a large component with thermal deformation and its application in aircraft assembly[J]. Assembly Automation, 2014, 34(3):275-284.

[249] 陈良杰, 孙占磊, 景喜双, 等. 基于 iGPS 的飞机部件对接技术研究[J]. 航空制造技术, 2017, (11): 34-39.

[250] 王帅, 孙占磊, 张承阳, 等. 基于移动终端的飞机装配现场工艺可视化系统[J]. 航空制造技术, 2016, (10): 58-62.

[251] 景喜双, 张鹏飞, 王志佳, 等. 数字化组合测量辅助飞机装配质量检测技术[J]. 北京航空航天大学学报, 2015, 41(7): 1196-1201.

[252] 孙占磊, 赵罡, 韩鹏飞, 等. 基于非正交干涉矩阵的飞机装配序列规划方法[J]. 北京航空航天大学学报, 2013, 39(5): 615-620.

[253] Han P F, Zhao G. Line-based initialization method for mobile augmented reality in aircraft assembly[J]. The Visual Computer, 2017, 33(9): 1185-1196.

[254] Han P F, Zhao F, Zhao G. Using augmented reality to improve learning efficacy in a mechanical assembly course[J]. Institute of Electrical and Electronics Engineers Transactions on Learning Technologies, 2022, 15(2):279-289.

[255] Bao Q W, Zhao G, Yu Y, et al. A node2vec-based graph embedding approach for unified assembly process information modeling and workstep execution time prediction[J]. Computers & Industrial Engineering, 2021, 163: 107864.

[256] Bao Q W, Zhao G, Yu Y, et al. Ontology-based modeling of part digital twin oriented to assembly[J]. Proceedings of the Institution of Mechanical Engineers, Part B: Journal of Engineering Manufacture, 2022, 236(1-2): 16-28.

[257] Han P F, Zhao G. L-split marker for augmented reality in aircraft assembly[J]. Optical Engineering, 2016, 55(4): 043110.

[258] 肖文磊, 邹捷, 冯江伟, 等. 基于贝叶斯纠错的 AR 辅助飞机装配数据纠错方法[J]. 航空制造技术, 2020, 63(6): 14-22.

[259] 范为, 赵罡, 肖文磊. 基于运动捕获的飞机管路虚拟装配仿真技术研究[J]. 航空制造技术, 2015, (Z2): 75-78.

[260] 赵罡, 王超, 侯文君, 等. 复杂产品虚拟装配系统的人机交互技术[J]. 北京航空航天大学学报, 2009, 35(2): 137-141.

[261] 蔡君, 赵罡, 于勇, 等. 基于点云和设计模型的仿真模型快速重构方法[J]. 浙江大学学报(工学版), 2021, 55(5): 905-916.

[262] 宋彰桓, 赵罡, 孙占磊, 等. 基于 iGPS 的飞机部件对接测量点选取方法研究[J]. 航空制造技术, 2016, (5): 57-61.

[263] 韩鹏飞, 孙占磊, 赵罡. 改进离散粒子群算法及其在飞机装配任务调度中的应用研究[J]. 图学学报, 2013, 34(1): 60-65.

[264] 刘剑, 赵罡. 基于 Web 的飞机装配可视化系统研究[J]. 图学学报, 2012, 33(3): 5-10.

[265] 谈敦铭, 赵罡. 面向装配的飞行器超大模型实时可视化技术[J]. 计算机辅助设计与图形学学报, 2012, 24(5): 590-597.

[266] Zhang K F, Hui C, Li Y. Multi-objective harmonious colony-decision algorithm for more efficiently evaluating assembly sequences[J]. Assembly Automation, 2008, 28(4): 348-355.

[267] 宋丹龙, 张开富, 钟衡, 等. 层合板干涉螺接分层损伤及其临界干涉量[J]. 航空学报, 2016, 37(5): 1677-1688.

[268] 张杰, 李原, 余剑峰, 等. 飞机装配作业单元生产能力的马尔可夫分析方法[J]. 计算机集成制造系统, 2010, 16(9): 1844-1851.

[269] 柳振兴, 李原, 张开富, 等. 基于知识的装配顺序规划优化方法[J]. 中国机械工程, 2009, 20(21): 2571-2574.

[270] 张杰, 李原, 余剑峰, 等. 基于装配指令的飞机装配作业工作结构分解快速生成算法[J]. 计算机集成制造系统, 2009, 15(2): 333-338.

[271] 程晖, 李原, 余剑峰, 等. 基于遗传蚁群算法的复杂产品装配顺序规划方法[J]. 西北工业大学学报, 2009, 27(1): 30-38.

[272] Hou Y K, Li L, Ge Y T, et al. A new modeling method for both transient and steady-state analyses of inhomogeneous assembly systems[J]. Journal of Manufacturing Systems, 2018, 49: 49-60.

[273] Hu J S, Zhang K F, Cheng H, et al. An experimental investigation on interfacial behavior and preload response of composite bolted interference-fit joints under assembly and thermal conditions[J]. Aerospace Science and Technology, 2020, 103: 105917.

[274] Wang P, Zhang J, Li Y, et al. Reuse-oriented common structure discovery in assembly models[J]. Journal of Mechanical Science and Technology, 2017, 31(1): 297-307.

[275] Wang P, Li Y, Yu L, et al. A novel assembly simulation method based on semantics and geometric constraint[J]. Assembly Automation, 2016, 36(1):34-50.

[276] Pang J Z, Zhang J, Li Y, et al. A marker-less assembly stage recognition method based on segmented projection contour[J]. Advanced Engineering Informatics, 2020, 46: 1-13.

[277] Wang P, Li Y, Zhang J, et al. An assembly retrieval approach based on shape distributions and Earth Mover's Distance[J]. The International Journal of Advanced Manufacturing Technology, 2016, 86(9-12): 2635-2651.

[278] Xin B, Li Y, Yu J F, et al. Analysis of chaotic dynamics for aircraft assembly lines[J]. Assembly Automation, 2017, 38(1): 20-25.

[279] Long T F, Yuan L, Chen J. Productivity prediction in aircraft final assembly lines: Comparisons and insights in different productivity ranges[J]. Journal of Manufacturing Systems, 2022, 62: 377-389.

[280] Zhang J, Zuo M, Wang P, et al. A method for common design structure discovery in assembly models using information from multiple sources[J]. Assembly Automation, 2016, 36(3): 274-294.

[281] Guo F Y, Wang Z Q, Kang Y G, et al. Positioning method and assembly precision for aircraft

wing skin[J]. Proceedings of the Institution of Mechanical Engineers, Part B: Journal of Engineering Manufacture, 2018, 232(2): 317-327.

[282] 张开富, 程晖, 刘平. 薄壁件装配变形及控制技术[M]. 北京: 国防工业出版社, 2015.

[283] 周炜, 廖文和, 田威, 等. 面向飞机自动化装配的机器人空间网格精度补偿方法研究[J]. 中国机械工程, 2012, 23(19): 2306-2311.

[284] 武美萍, 廖文和. 面向数字化预装配的分层干涉检测算法研究[J]. 中国机械工程, 2007, (18): 2205-2209.

[285] Tian W, Zhou W X, Zhou W, et al. Auto-normalization algorithm for robotic precision drilling system in aircraft component assembly[J]. Chinese Journal of Aeronautics, 2013, 26(2): 495-500.

[286] Li Z H, Tian W, Wang M, et al. Positioning error compensation of a flexible track hybrid robot for aircraft assembly based on response surface methodology and experimental study[J]. The International Journal of Advanced Manufacturing Technology, 2022, 119(1): 1313-1330.

[287] Hu J, Sun X, Tian W, et al. A combined hole position error correction method for automated drilling of large-span aerospace assembly structures[J]. Assembly Automation, 2022, 42(3): 293-305.

[288] Dong S, Liao W H, Zheng K, et al. Investigation on exit burr in robotic rotary ultrasonic drilling of CFRP/aluminum stacks[J]. International Journal of Mechanical Sciences, 2019, 151: 868-876.

[289] Cui H H, Sun R C, Fang Z, et al. A novel flexible two-step method for eye-to-hand calibration for robot assembly system[J]. Measurement and Control, 2020, 53(9-10): 2020-2029.

[290] Jiao J C, Tian W, Liao W H, et al. Processing configuration off-line optimization for functionally redundant robotic drilling tasks[J]. Robotics and Autonomous Systems, 2018, 110: 112-123.

[291] Hu J S, Jin J, Xuan S Y, et al. Influence of cyclical hygrothermal aging on mechanical response and structural durability of composite bolted interference-fit joints[J]. Thin-Walled Structures, 2022, 173: 108997.

[292] Tian W, Zeng Y F, Zhou W, et al. Calibration of robotic drilling systems with a moving rail[J]. Chinese Journal of Aeronautics, 2014, 27(6): 1598-1604.

[293] 田威, 廖文和, 唐金成. 面向复杂产品装配的柔性工装共性技术研究[J]. 中国机械工程, 2010, 21(22): 2699-2704.

[294] 董松, 郑侃, 孟丹, 等. 大型复杂构件机器人制孔技术研究进展[J]. 航空学报, 2022, 43(5): 31-48.

[295] 王战玺, 张晓宇, 李飞飞, 等. 机器人加工系统及其切削颤振问题研究进展[J]. 振动与冲击, 2017, 36(14): 147-155.

[296] Zheng C, Qin X S, Eynard B, et al. Interface model-based configuration design of mechatronic systems for industrial manufacturing applications[J]. Robotics and Computer-Integrated Manufacturing, 2019, 59: 373-384.

[297] Wang H B, Kinugawa J, Kosuge K. Exact kinematic modeling and identification of reconfigurable cable-driven robots with dual-pulley cable guiding mechanisms[J]. Institute of Electrical and Electronics Engineers/American Society of Mechanical Engineers Transactions on Mechatronics, 2019, 24(2): 774-784.

[298] 王战玺, 李树军, 赵璐, 等. 移动机器人铣削制孔系统基准检测[J]. 南京航空航天大学学报, 2019, 51(3): 281-287.

[299] Zheng C, Xing J J, Wang Z X, et al. Knowledge-based program generation approach for robotic manufacturing systems[J]. Robotics and Computer-Integrated Manufacturing, 2022, 73: 102242.

[300] 王波, 唐晓青, 耿如军. 机械产品装配关系建模[J]. 北京航空航天大学学报, 2010, 36(1): 71-76.

[301] 王波, 唐晓青. 机械产品装配过程质量控制决策研究[J]. 中国机械工程, 2010, 21(2): 164-168.

[302] 杜福洲, 陈哲涵. 测量驱动的飞机部件数字化对接系统实现技术研究[J]. 航空制造技术, 2011, (17): 52-55.

[303] 陈哲涵, 杜福洲, 唐晓青. 基于关键测量特性的飞机装配检测数据建模研究[J]. 航空学报, 2012, 33(11): 2143-2152.

[304] 陈哲涵, 杜福洲. 飞机数字化装配测量场构建关键技术研究[J]. 航空制造技术, 2012, (22): 77-80.

[305] 杜福洲, 陈哲涵, 唐晓青. iGPS 测量场精度分析及其应用研究[J]. 航空学报, 2012, 33(9): 1737-1745.

[306] Chen Z H, Du F Z, Tang X Q. Research on uncertainty in measurement assisted alignment in aircraft assembly[J]. Chinese Journal of Aeronautics, 2013, 26(6): 1568-1576.

[307] 杜福洲, 金杰, 陈哲涵. 面向柔性装配的多测量系统集成应用关键技术研究[J]. 航空制造技术, 2014, (13): 43-47.

[308] Chen Z H, Du F Z, Tang X Q, et al. A framework of measurement assisted assembly for wing-fuselage alignment based on key measurement characteristics[J]. International Journal of Manufacturing Research, 2015, 10(2): 107-128.

[309] 文科, 杜福洲. 大尺度产品数字化智能对接关键技术研究[J]. 计算机集成制造系统, 2016, 22(3): 686-694.

[310] Chen Z H, Du F Z. Measuring principle and uncertainty analysis of a large volume measurement network based on the combination of iGPS and portable scanner[J]. Measurement, 2017, 104: 263-277.

[311] Chen Z H, Du F Z, Tang X Q. Position and orientation best-fitting based on deterministic theory during large scale assembly[J]. Journal of Intelligent Manufacturing, 2018, 29(4): 827-837.

[312] 杜福洲, 吴典. 面向大尺度产品对接的位姿测量模式研究与应用[J]. 航空制造技术, 2019, 62(15): 34-41.

[313] Cui Z, Du F Z. Assessment of large-scale assembly coordination based on pose feasible space[J]. The International Journal of Advanced Manufacturing Technology, 2019, 104(9): 4465-4474.

[314] 杜福洲, 叶晗鸣. 基于视觉的大尺度部件相对位姿实时测量方法研究[J]. 航空制造技术, 2021, 64(6): 34-40, 47.

[315] Zhang Q, Zhang Z, Jin X, et al. Entropy-based method for evaluating spatial distribution of form errors for precision assembly[J]. Precision Engineering, 2019, 60: 374-382.

[316] Chen X, Jin X, Shang K, et al. Entropy-based method to evaluate contact-pressure distribution for assembly-accuracy stability prediction[J]. Entropy, 2019, 21(3): 322.

[317] Qian J H, Zhang Z J, Shi L L, et al. An assembly timing planning method based on knowledge and mixed integer linear programming[J]. Journal of Intelligent Manufacturing, 2021, (11): 1-7.

[318] Qian J H, Zhang Z J, Shao C, et al. Assembly sequence planning method based on knowledge and ontostep[J]. Procedia CIRP, 2021, 97(1): 502-507.

[319] Guo H, Zhang Z J, Xiao M Z, et al. Measurement and data processing method of machined surface for assembly performance prediction[J]. Journal of Mechanical Science and Technology, 2021, 35(4): 1689-1698.

[320] Xiong J, Zhang Z J, Chen X. Multidimensional entropy evaluation of non-uniform distribution of assembly features in precision instruments[J]. Precision Engineering, 2022, 77: 1-15.

[321] Gong H Q, Shi L L, Zhai X, et al. Assembly process case matching based on a multilevel assembly ontology method[J]. Assembly Automation, 2021, 42(1): 80-98.

[322] Shao C, Ye X, Qian J H, et al. Robotic precision assembly system for microstructures[J]. Proceedings of the Institution of Mechanical Engineers, Part I: Journal of Systems and Control Engineering, 2020, 234(8): 948-958.

[323] Xing M Y, Zhang Q S, Jin X, et al. Optimization of Selective Assembly for Shafts and Holes Based on Relative Entropy and Dynamic Programming[J]. Entropy, 2020, 22(11): 1211.

[324] Shao C, Ye X, Zhang Z, et al. Force and position deviations estimation for ultra-thin tube assembly[J]. Assembly Automation, 2016, 36(4): 405-411.

[325] Guo P Y, Zhang Z J, Shi L L, et al. A contour-guided pose alignment method based on Gaussian mixture model for precision assembly[J]. Assembly Automation, 2021, 41(3): 401-411.

[326] 张秋爽, 金鑫, 张忠清, 等. 基于曲面约束匹配算法的装配仿真定位方法[J]. 机械工程学报, 2018, 54(11): 70-76.

[327] 涂建波, 李震, 葛浩田, 等. 基于几何代数理论的转子堆叠装配多目标优化[J]. 航空学报, 2021, 42(10): 395-405.

[328] 穆晓凯, 孙清超, 孙克鹏, 等. 基于载荷作用的柔性体三维公差建模及精度影响分析[J]. 机械工程学报, 2018, 54(11): 39-48.

[329] Chen D A, Ma Y, Hou B W, et al. Tightening behavior of bolted joint with non-parallel bearing surface[J]. International Journal of Mechanical Sciences, 2019, 153: 240-253.

[330] Zhang W, Bai X Y, Hou B W, et al. Mechanical properties of the three-dimensional compression-twist cellular structure[J]. Journal of Reinforced Plastics and Composites, 2020, 39(7-8): 260-277.

[331] Mu X K, Sun Q C, Xu J W, et al. Feasibility analysis of the replacement of the actual machining surface by a 3D numerical simulation rough surface[J]. International Journal of Mechanical Sciences, 2019, 150: 135-144.

[332] Sun Q C, Mu X K, Yuan B, et al. Characteristics extraction and numerical analysis of the rough surface macro-morphology[J]. Engineering Computations, 2019, 36(3): 765-780.

[333] Sun Q C, Yuan B, Mu X K, et al. Bolt preload measurement based on the acoustoelastic effect using smart piezoelectric bolt[J]. Smart Materials and Structures, 2019, 28: 1-10.

[334] Sun Q C, Zhao B, Liu X, et al. Assembling deviation estimation based on the real mating status of assembly[J]. Computer-Aided Design, 2019, 28(5): 055005.

[335] Sun W, Mu X K, Sun Q C, et al. Analysis and optimization of assembly precision-cost model based on 3D tolerance expression[J]. Assembly Automation, 2018, 38(4): 497-510.

[336] Mu X K, Sun Q C, Sun W, et al. 3D tolerance modeling and geometric precision analysis of plane features for flexible parts[J]. Engineering Computations, 2018, 35(7): 2557-2576.

[337] Sun Q, Lin Q Y, Yang B, et al. Mechanism and quantitative evaluation model of slip-induced loosening for bolted joints[J]. Assembly Automation, 2020, 40(4): 577-588.

[338] Mu X K, Sun W, Liu C, et al. Study on rough surfaces: A novel method for high-precision simulation and interface contact performances analysis[J]. Precision Engineering, 2021, 73: 11-22.

[339] Mu X K, Wang Y L, Yuan B, et al. A New assembly precision prediction method of aeroengine high-pressure rotor system considering manufacturing error and deformation of parts[J]. Journal of Manufacturing Systems, 2021, 61: 112-124.

[340] Li T, Yang D J, Zhao B B, et al. Measured and investigated nonlinear dynamics parameters on bolted flange joints of combined rotor[J]. Journal of Mechanical Science and Technology, 2021, 35(5): 1841-1850.

[341] Zhao B B, Wang Y L, Sun Q C, et al. Monomer model: An integrated characterization method of geometrical deviations for assembly accuracy analysis[J]. Assembly Automation, 2021, 41(4): 514-523.

[342] Lin Q, Zhao Y, Sun Q C, et al. Reliability evaluation method of anti-loosening performance of bolted joints[J]. Mechanical Systems and Signal Processing, 2022, 162: 108067.

[343] Yuan B, Sun Q C, Wang X X, et al. A novel acoustic model for interface stiffness measurement of dry tribological interface considering geometric dispersion effect and boundary effect[J]. Tribology International, 2021, 162: 107140.

[344] 潘志毅, 黄翔, 李迎光. 基于飞机产品结构更改的装配工装变型设计方法[J]. 航空学报, 2009, 30(5): 959-965.

[345] 丁力平, 陈文亮, 卢鹄. 面向大型飞机装配的组合式大尺寸测量系统[J]. 航空制造技术, 2013, (13): 76-80.

[346] 朱永国, 黄翔, 李泷杲, 等. 飞机装配高精度测量控制网精度分析与构建准则[J]. 中国机械工程, 2014, 25(20): 2699-2704.

[347] 靳江艳, 黄翔, 刘希平, 等. 逐步求解的装配顺序规划方法[J]. 计算机集成制造系统, 2014, 20(11): 2767-2773.

[348] 陈磊, 黄翔, 赵乐乐, 等. 飞机装配坐标系公共基准点粗差检测与修正方法[J]. 北京航空航天大学学报, 2014, 40(11): 1589-1594.

[349] 靳江艳, 黄翔, 刘希平, 等. 基于模型定义的飞机装配工艺信息建模[J]. 中国机械工程, 2014, 25(5): 569-576.

[350] Tian W, Zhou Z, Liao W H. Analysis and investigation of a rivet feeding tube in an aircraft automatic drilling and riveting system[J]. The International Journal of Advanced Manufacturing Technology, 2015, 82(5): 973-983.

[351] Zeng C, Liao W H, Tian W. Influence of initial fit tolerance and squeeze force on the residual stress in a riveted lap joint[J]. International Journal of Advanced Manufacturing Technology, 2015, 81(9): 1643-1656.

[352] Jiang Y, Huang X, Li S. An on-line compensation method of a metrology-integrated robot system for high-precision assembly[J]. Industrial Robot, 2016, 43(6): 647-656.

[353] 孙永杰, 田威, 廖文和, 等. 机身骨架装配柔性工装设计[J]. 航空制造技术, 2017, (7): 86-91, 96.

[354] 何晓煦, 田威, 曾远帆, 等. 面向飞机装配的机器人定位误差和残差补偿[J]. 航空学报, 2017, 38(4): 292-302.

[355] Zeng Y, Tian W, Li D, et al. An error-similarity-based robot positional accuracy improvement method for a robotic drilling and riveting system[J]. The International Journal of Advanced Manufacturing Technology, 2017, 88(9): 2745-2755.

[356] 齐振超, 王珉, 陈文亮, 等. 飞机框间单向压紧制孔预紧固件布置优化[J]. 航空制造技术, 2019, 62(20): 58-63.

[357] 潘国威, 陈文亮, 王珉. 应用于飞机装配的并联机构技术发展综述[J]. 航空学报, 2019, 40(1): 272-288.

[358] 陈文亮, 潘国威, 王珉. 基于力位协同控制的大飞机机身壁板装配调姿方法[J]. 航空学报, 2019, 40(2): 179-187.

[359] 石双江, 陈文亮, 王子昱. 面向干涉量控制的铆钉智能选配技术研究[J]. 航空制造技术, 2021, 64(10): 74-79, 85.

[360] Liu Y M, Zhang M W, Sun C Z, et al. A method to minimize stage-by-stage initial unbalance in the aero engine assembly of multistage rotors[J]. Aerospace Science and Technology, 2018, 85: 270-276.

[361] Sun C Z, Hu M, Liu Y M, et al. A method to control the amount of unbalance propagation in precise cylindrical components assembly[J]. Proceedings of the Institution of Mechanical Engineers, Part B: Journal of Engineering Manufacture, 2019, 233(13): 2458-2468.

[362] Sun C Z, Chen D Y, Li C T, et al. A novel constrained optimization-build method for precision assembly of aircraft engine[J]. Assembly Automation, 2019, 40: 869-879.

[363] Zhang M W, Liu Y M, Sun C Z, et al. A systematic error modeling and separation method for the special cylindrical profile measurement based on 2-dimension laser displacement sensor[J]. Review of Scientific Instruments, 2019, 90(10): 1-16.

[364] Zhang M W, Liu Y M, Sun C Z, et al. Measurements error propagation and its sensitivity analysis in the aero-engine multistage rotor assembling process[J]. Review of Scientific Instruments, 2019, 90(11): 115003.

[365] Wang X M, Cao Z F, Sun C Z, et al. Positioning and orientation error measurement and assembly coaxiality optimization in rotors with curvic couplings[J]. Measurement, 2021, 186: 110167.

[366] Sun C Z, Li R R, Chen Z, et al. Research on vibration suppression method based on coaxial stacking measurement[J]. Mathematics, 2021, 9(12): 1438.

[367] Liu E X, Liu Y M, Chen Y L, et al. Measurement method of bolt hole assembly stress based on the combination of ultrasonic longitudinal and transverse waves[J]. Applied Acoustics, 2022, 189: 108603.

[368] Zhang M W, Liu Y M, Wang D W, et al. A coaxiality measurement method for the aero-engine rotor based on common datum axis[J]. Measurement, 2022, 191: 110696.

[369] 王辉, 李晓龙, 向东, 等. 装配误差分析方法在风电装备传动系统制造中的应用[J]. 计算机集成制造系统, 2014, 20(3): 627-635.

[370] 王辉, 朱名铨, 张林鎧, 等. 面向装配工艺规划的语义建模方法研究与应用[J]. 航空制造技术, 2003, (8): 38-41, 59.

[371] Quan X, Lv H, Liu C, et al. An investigation on bolt stress ultrasonic measurement based on acoustic time difference algorithm with adaptive hybrid extended kalman filter[J]. Measurement, 2021, 186: 110223.

[372] Chu D Y, Tian M J Y, Li Y J, et al. High-precision assembly process of large-aperture laser transport mirror in the high-energy laser facility[J]. Optical Engineering, 2020, 59(11): 115101.

[373] Wang H, Peng J S, Zhao B, et al. Modeling and performance analysis of machining fixture for near-net-shaped jet engine blade[J]. Assembly Automation, 2019, 39(4): 624-635.

[374] Wang H, Rong Y M, Xiang D. Mechanical assembly planning using ant colony optimization[J]. Computer-Aided Design, 2014, 47: 59-71.

[375] Wang H, Xiang D, Rong Y M, et al. Intelligent disassembly planning: A review on its fundamental methodology[J]. Assembly Automation, 2013, 33(1): 78-85.

[376] 李翌辉, 孙树栋, 何卫平, 等. 打通飞机数字化生产线的流程研究[J]. 航空制造技术, 2005, (2): 28-33.

[377] 王康, 张树生, 何卫平, 等. 基于 SPEA2 的复杂机械产品选择装配方法[J]. 上海交通大学学报, 2016, 50(7): 1047-1053.

[378] 吴天航, 何卫平, 张利, 等. 基于 CPS 的特殊阵列式元件配装[J]. 航空制造技术, 2016, (13): 73-80.

[379] Wang Y, Zhang S S, Wan B L, et al. Point cloud and visual feature-based tracking method for an augmented reality-aided mechanical assembly system[J]. The International Journal of Advanced Manufacturing Technology, 2018, 99(9): 2341-2352.

[380] Wang Y, Zhang S S, Yang S, et al. Mechanical assembly assistance using marker-less augmented reality system[J]. Assembly Automation, 2018, 38(1): 77-87.

[381] 刘瑜兴, 王淑侠, 徐光耀, 等. 基于 Leap Motion 的三维手势交互系统研究[J]. 图学学报, 2019, 40(3): 556-564.

[382] Wang Z, Bai X L, Zhang S S, et al. Information-level real-time AR instruction: a novel dynamic assembly guidance information representation assisting human cognition[J]. The International Journal of Advanced Manufacturing Technology, 2020, 107(3): 1463-1481.

[383] Wang Z, Bai X L, Zhang S S, et al. Information-level AR instruction: a novel assembly guidance information representation assisting user cognition[J]. The International Journal of Advanced Manufacturing Technology, 2020, 106(1): 603-626.

[384] Wang P, Zhang S S, Billinghurst M, et al. A comprehensive survey of AR/MR-based co-design in manufacturing[J]. Engineering with Computers, 2020, 36(4): 1715-1738.

[385] 侯正航, 何卫平. 基于数字孪生的飞机装配状态巡检机器人的建模与控制[J]. 计算机集成制造系统, 2021, 27(4): 981-989.

[386] Wang Z, Wang Y, Bai X L, et al. SHARIDEAS: A smart collaborative assembly platform based on augmented reality supporting assembly intention recognition[J]. The International Journal of

Advanced Manufacturing Technology, 2021, 115(1): 475-486.

[387] Wang Z, Bai X L, Zhang S S, et al. M-AR: A visual representation of manual operation precision in ar assembly[J]. International Journal of Human-Computer Interaction, 2021, 37(19): 1799-1814.

[388] Wang P, Bai X L, Billinghurst M, et al. 3DGAM: Using 3D gesture and CAD models for training on mixed reality remote collaboration[J]. Multimedia Tools and Applications, 2021, 80(20): 31059-31084.

[389] Feng S, He W, Zhang S S, et al. Seeing is believing: AR-assisted blind area assembly to support hand-eye coordination[J]. The International Journal of Advanced Manufacturing Technology, 2022, 119(11): 8149-8158.

[390] Huang S H, Guo Y, Zha S S, et al. Optimization algorithm of UWB positioning for aircraft assembly workshop[J]. Transactions of Nanjing University of Aeronautics and Astronautics, 2018, 35(6): 952-961.

[391] Tang P, Guo Y, Li H, et al. Image dataset creation and networks improvement method based on CAD model and edge operator for object detection in the manufacturing industry[J]. Machine Vision and Applications, 2021, 32(5): 1-18.

[392] Yang K, Guo Y, Tang P, et al. Object registration using an RGB-D camera for complex product augmented assembly guidance[J]. Virtual Reality & Intelligent Hardware, 2020, 2(6): 501-517.

[393] 郭宇, 姚佳, 于跃斌, 等. 基于 Quest 的铁路货车装配过程仿真技术研究[J]. 中国机械工程, 2011, 22(8): 937-942.

[394] 刘江伟, 郭宇, 查珊珊, 等. 基于改进粒子群算法的多工位装配序列规划[J]. 计算机集成制造系统, 2018, 24(11): 2701-2711.

[395] 潘志豪, 郭宇, 查珊珊, 等. 基于混合优化算法的飞机总装脉动生产线平衡问题[J]. 计算机集成制造系统, 2018, 24(10): 2436-2447.

[396] 宋利康, 郑堂介, 黄少华, 等. 飞机装配智能制造体系构建及关键技术[J]. 航空制造技术, 2015, (13): 40-45, 50.

[397] 王发麟, 郭宇, 查珊珊. 复杂机电产品线缆虚实融合装配体系构建及其关键技术[J]. 图学学报, 2018, 39(1): 75-84.

[398] 王发麟, 廖文和, 郭宇, 等. 线缆虚拟装配关键技术研究现状及其发展[J]. 中国机械工程, 2016, 27(6): 839-851.

[399] 魏祺, 郭宇, 汤鹏洲, 等. 增强现实在复杂产品装配领域的关键技术研究与应用综述[J]. 计算机集成制造系统, 2022, 28(3): 649-662.

[400] 张昊鹏, 郭宇, 汤鹏洲, 等. 基于图像匹配的增强现实装配系统跟踪注册方法[J]. 计算机集成制造系统, 2021, 27(5): 1281-1291.

[401] 刘新玉, 郑联语, 蒋正源, 等. 协作机器人辅助的空间展开机构桁架铰链微重力装配方法[J]. 计算机集成制造系统, 2021, (1): 1-21.

[402] 李树飞, 郑联语, 刘新玉, 等. 增强现实眼镜辅助的线缆连接器装配状态智能检错方法[J]. 计算机集成制造系统, 2021, 27(10): 2822-2836.

[403] 樊伟, 郑联语, 王亚辉, 等. 管路组件可重构装配工装系统的定位器自动配置与性能分析[J]. 航空学报, 2018, 39(5): 248-261.

[404] 陈锡伟, 郑联语, 张宏博. 关联设计技术在翼面类部件可重构装配型架设计中的应用研究[J]. 航空制造技术, 2017, (11): 46-51.

[405] 朱绪胜, 蔡志为, 郑联语, 等. 基于屏幕空间变换的大型装配型架测量可视性分析[J]. 计算机集成制造系统, 2013, 19(6): 1321-1328.

[406] 朱绪胜, 郑联语. 基于关键装配特性的大型零部件最佳装配位姿多目标优化算法[J]. 航空学报, 2012, 33(9): 1726-1736.

[407] Fang W, Zheng L Y, Xu J X. Self-contained optical-inertial motion capturing for assembly planning in digital factory[J]. International Journal of Advanced Manufacturing Technology, 2017, 93(1): 1243-1256.

[408] Zheng L Y, Liu X Y, An Z W, et al. A smart assistance system for cable assembly by combining wearable augmented reality with portable visual inspection[J]. Virtual Reality & Intelligent Hardware, 2020, 2(1): 12-27.

[409] 张宏博, 郑联语, 刘新玉, 等. 基于信息物理系统的可重构装配型架智能装调技术[J]. 计算机集成制造系统, 2019, 25(11): 2693-2709.

[410] 秦兆君, 郑联语, 张宏博, 等. 可重构柔性型架的智能装调与监测系统开发及应用[J]. 航空制造技术, 2018, 61(17): 72-79.

[411] Liu M Z, Tang J, Ge M G,et al. Dynamic prediction method of production logistics bottleneck based on bottleneck index[J]. Chinese Journal of Mechanical Engineering, 2009, 22(5): 710-716.

[412] 刘明周, 赵志彪, 葛茂根, 等. 基于面向对象 Petri 网的机械产品装配质量数据链建模[J]. 计算机集成制造系统, 2013, 19(4): 714-719.

[413] 王小巧, 刘明周, 葛茂根, 等. 复杂机械产品装配过程质量门监控系统与关键技术[J]. 计算机集成制造系统, 2015, 21(11): 2869-2884.

[414] 王少明, 葛茂根, 刘从虎. 再制造复杂机械产品装配过程在线质量异常诊断[J]. 机械工程师, 2015, (9): 54-56.

[415] 王小巧, 刘明周, 葛茂根, 等. 基于混合粒子群算法的复杂机械产品装配质量控制阈优化方法[J]. 机械工程学报, 2016, 52(1): 130-138.

[416] 刘明周, 蒋倩男, 葛茂根. 基于机器视觉的装配动作自动分割与识别[J]. 中国机械工程, 2017, 28(11): 1346-1354.

[417] 杜兆才, 邹方. 多机器人协调操作系统实现飞机大型部件对接的轨迹规划[J]. 航空制造技术, 2009, (24): 88-91.

[418] 邹冀华, 周万勇, 邹方. 数字化测量系统在大部段对接装配中的应用[J]. 航空制造技术, 2010, (23): 52-55.

[419] 周万勇, 邹方, 薛贵军, 等. 飞机翼面类部件柔性装配五坐标自动制孔设备的研制[J]. 航空制造技术, 2010, (2): 44-46.

[420] 罗芳, 邹方, 周万勇. 飞机大部件对接中的位姿计算方法[J]. 航空制造技术, 2011, (3): 91-94.

[421] 王健, 邹方, 张书生. 基于 ADAMS 七自由度飞机装配机器人的运动学分析与仿真研究[J]. 航空制造技术, 2013, (20): 95-98.

[422] 卜泳, 刘华东, 邹方, 等. 翼身融合整体结构柔性装配技术规划研究[J]. 航空制造技术, 2013, (20): 44-45.

[423] 翟雨农, 李东升, 王亮, 等. 机身部件数字化柔性装配技术[J]. 航空制造技术, 2013, (Z1):

76-79.

[424] 孙贵青, 王彤, 吕玉红. 涡扇发动机先进装配工艺与装备[J]. 航空制造技术, 2017, (22): 72-77.

[425] 罗文东, 谭敏, 冯勇钦. 航空发动机整机振动控制技术分析[J]. 科技资讯, 2020, 18(16): 79-80.

[426] 琚奕鹏, 吴法勇, 金彬, 等. 基于转子跳动和初始不平衡量优化的多级盘转子结构装配工艺[J]. 航空发动机, 2018, 44(6): 83-90.

[427] 许连芳, 韩福金, 吴法勇, 等. 航空发动机装配 MES 系统设计[J]. 航空制造技术, 2017, (3): 62-66.

[428] 刘超, 赵洪丰, 胡一廷. 数字化装配在航空发动机装配中的应用研究[J]. 航空制造技术, 2015, (21): 46-50.

[429] 李国琛, 王强, 钟贵勇, 等. 装配公差对结构疲劳可靠性寿命的影响[J]. 航空科学技术, 2022, 33(3): 106-110.

[430] 王念东, 刘毅, 李文正, 等. 面向装配工序交叉的虚拟装配工艺信息模型[J]. 计算机辅助设计与图形学学报, 2009, 21(9): 1352-1358.

[431] 李泷杲, 黄翔, 方伟, 等. 飞机装配中的数字化测量系统[J]. 航空制造技术, 2010, (23): 46-48.

[432] 王珉, 薛少丁, 陈文亮, 等. 面向飞机自动化装配的单向压紧制孔毛刺控制技术[J]. 航空制造技术, 2011, (9): 26-29.

[433] 王建华, 李汝鹏. 飞机数字化设计与制造技术最新发展[J]. 航空制造技术, 2016, (5): 78-82.

[434] 邢宏文, 刘思仁, 邱磊, 等. 基于点云数据的对接间隙自动化检测方法[J]. 航空精密制造技术, 2020, 56(3): 6-9.

[435] 汤海洋, 纪柱, 李论. 基于力反馈牵引力导引的机器人辅助装配技术研究[J]. 制造业自动化, 2021, 43(3): 9-13.

[436] 许旭东, 陈嵩, 毕利文, 等. 飞机数字化装配技术[J]. 航空制造技术, 2008, (14): 48-50.

[437] 陈振, 丁晓, 唐健钧, 等. 基于数字孪生的飞机装配车间生产管控模式探索[J]. 航空制造技术, 2018, 61(12): 46-50.

[438] 唐健钧, 叶波, 耿俊浩. 飞机装配作业 AR 智能引导技术探索与实践[J]. 航空制造技术, 2019, 62(8): 22-27.

[439] 隋少春, 朱绪胜. 飞机整机装配质量数字化测量技术[J]. 中国科学: 技术科学, 2020, 50(11): 1449-1460.

[440] 何磊, 李涛, 张世炯, 等. 基于扩展 Petri 网的复杂装配线建模[J]. 航空制造技术, 2021, 64(16): 58-64.

[441] 何胜强. 飞机数字化装配技术体系[J]. 航空制造技术, 2010, (23): 32-37.

[442] 成书民, 张海宝, 康永刚. 数字化装配技术及工艺装备在大型飞机研制中的应用[J]. 航空制造技术, 2014, (22): 10-15.

[443] 赵一伋, 邱晞, 沈波, 等. 基于模块的飞机装配工艺技术研究[J]. 航空制造技术, 2018, 61(13): 63-67.

[444] 巴晓甫, 赵安安, 郝巨, 等. 模块化柔性飞机装配生产线设计[J]. 航空制造技术, 2018, 61(9): 72-77.

[445] 杨锋, 穆志国, 范军华, 等. 大型飞机总装集成脉动生产线技术研究[J]. 航空制造技术,

　　　　2022, 65(12): 48-55.

[446] 费军. 自动钻铆技术在波音 737 尾段项目中的应用[J]. 航空制造技术, 2007, (9): 85-89.

[447] 郭洪杰. 新一代飞机自动化智能化装配装备技术[J]. 航空制造技术, 2012, (19): 34-37.

[448] 景武, 赵所, 刘春晓. 基于 DELMIA 的飞机三维装配工艺设计与仿真[J]. 航空制造技术, 2012, (12): 80-86.

[449] 赵建国, 郭洪杰. 飞机装配质量数字化检测技术研究及应用[J]. 航空制造技术, 2016, (20): 24-27.

[450] 王伟, 张春亮, 白新宇, 等. 基于并联构型的飞机装配调姿定位机构精度研究[J]. 航空制造技术, 2017, (Z1): 60-64.

[451] 胡保华, 闻立波, 杨根军, 等. 基于 MBD 的三维数字化装配工艺设计及现场可视化技术应用[J]. 航空制造技术, 2011, (22): 81-85.

[452] 苌书梅, 杨根军, 陈军. 飞机总装脉动生产线智能制造技术研究与应用[J]. 航空制造技术, 2016, (16): 41-47.

[453] 李树军, 罗浩, 庞放心, 等. 柔性薄壁大部件数字化装配调姿算法研究[J]. 航空制造技术, 2019, 62(8): 38-43.

[454] 王咏梅, 田宪伟. 飞机全三维数字化建模技术[J]. 航空制造技术, 2013, (21): 32-35.

[455] 田宪伟, 曲直. 基于 MBD 的关联设计技术在飞机研制中的应用[J]. 航空工程进展, 2013, 4(3): 381-385.

[456] 曲直, 田宪伟, 李春威. MBD 技术在飞机设计中的应用[J]. 航空制造技术, 2013, (13): 103-106.

[457] 田宪伟. 基于 MBD 的构型管理在飞机研制中研究与应用[J]. 航空制造技术, 2015, (S2): 7-11.

[458] 田宪伟. 基于 MBD 的数字化设计基础资源库应用探索[J]. 航空制造技术, 2016, (11): 58-62.

[459] 魏小红, 陈贵林, 田小京, 等. 航空发动机数字化脉动总装线规划技术研究[J]. 航空制造技术, 2015, (21): 155-157.

[460] 魏小红, 谈军, 方红文, 等. 航空发动机水平脉动总装生产线规划研究[J]. 航空制造技术, 2015, (19): 8-12.

[461] 魏小红, 颜建兴, 金梅, 等. 基于航空发动机脉动装配的智能管控技术研究[J]. 航空制造技术, 2020, 63(6): 43-50.

[462] 辛彦秋, 吴斌, 苏丹, 等. 民用航空发动机脉动装配浅析[J]. 航空制造技术, 2013, (20): 118-120.

[463] 魏建江, 杜宝玉, 王伟, 等. 基于理想与实物模型的航空发动机优化装配技术研究与探讨[J]. 航空制造技术, 2014, (21): 50-53.

[464] 杜立峰, 贾朝波, 王娜, 等. 风扇/增压级单元体装配平衡工艺分析[J]. 航空制造技术, 2015, (3): 44-45.

[465] 张渝, 李琳, 陈津, 等. 航空发动机重要装配工艺分析及研发展望[J]. 航空制造技术, 2019, 62(15): 14-21.

[466] 冯硕, 孙汕民, 朱林波, 等. 某航空发动机高压转子连接装配仿真分析[J]. 航空制造技术, 2020, 63(16): 86-94.

[467] 连宇臣, 徐尧, 李琳, 等. 航空发动机脉动式装配生产线工艺仿真关键技术研究[J]. 航空制造技术, 2020, 63(Z1): 57-63.

[468] 武殿梁, 周烁, 许汉中. 增强现实智能装配辅助技术研究[J]. 航空制造技术, 2021, 64(13): 26-32.

[469] 李琳, 刘浩, 朱林波, 等. 航空发动机高压转子关键装配参数仿真分析[J]. 航空制造技术, 2022, 65(12): 72-76.

第 2 章　复杂产品装配全息质量监控与预测

复杂产品的装配过程涉及诸多工艺环节,是一个多变量相互影响、复杂耦合的动态过程。装配作为产品生产的中间环节,其质量不仅与装配过程各因素相关,同时也受到上游设计、加工环节的限制[1]。随着正向设计仿真技术和零件加工精度的提升,产品的质量控制重心逐渐偏向装配阶段。

传统控制方法基于最终指标的检测结果对装配质量进行评价,进而提出优化指令。这种事后控制方法效率低,且重复性拆装会对零件表面造成不可忽视的破坏,容易演化成通过多装多试、边装边调、修配照配等方式来达到产品装配技术要求的模式。装配过程中存在信息传递、资源协调和生产扰动,产品装配质量误差传递呈现出层次性、空间性、时变性、耦合性等特征,使得装配质量数据存在多源多样、异质异构、分散割裂等特征[2],质量影响因素之间耦合约束关系研究的缺乏导致装配时难以做出合理的优化指令。因此,利用先进质量预控方法来提升装配质量,是提高复杂产品装配成功率、缩短生产周期的需求。

基于上述装配质量控制问题及需求,将装配质量分为狭义装配质量和广义装配质量。狭义装配质量包括产品装配精度以及所映射的产品装配性能。广义装配质量不仅考虑装配的精度和性能,还考虑装配的成本、效率等影响因素。在航空发动机的装配过程中,以风扇转子为例,装配质量控制不仅要考虑单台份发动机的装配精度、性能等问题,还要考虑不同台份发动机的装配质量稳定性与装配成本等问题,这是一种典型的广义装配质量问题。因此,提高装配效率和一次装配成功率,提升装配质量,保障装配的批次质量稳定性,减少零部件的"呆库",进行容差再分配等技术方法成为广义装配质量控制方向研究和应用的热点。

针对复杂产品装配质量预控的问题,本章内容将从以下三个方面展开介绍:

(1) 建立装配质量偏差传播演化网络模型,分析装配质量,提出多源偏差传播路径辨识与敏感度分析方法。

(2) 研究建立覆盖产品装配全过程的质量数据标准基因范式和装配质量演化机制,构建装配质量评估与预测模型,形成复杂产品装配全息质量监控与产品性能预测技术体系。

(3) 研究基于博弈论的广义容差分配方法,提出复杂产品装配质量广义容差分配及动态调控策略。

具体地,本章围绕复杂产品装配偏差传递及装配质量的形成机理问题,研究多维质量偏差传播扩散建模方法，提出多维装配质量偏差对产品性能影响的量化表征指标，以挖掘产品装配过程中的关键质量特性与控制特性；提出基于设计—加工—装配过程质量数据的质量基因表达范式模型，研究质量偏差传递演化机理，建立质量基因数据库，结合实际装配工艺数据，构建装配质量评估与预测模型和方法。

2.1　国内外研究进展

目前有关装配质量的研究工作主要集中在质量形成机理、装配精度分析、装配故障诊断、装配过程监控等四个方面。具体地，在装配质量形成机理方面，主要研究与装配质量有关的参数在装配过程中的动态演化规律，其中参数之间的关系、参数演化的具体值是研究的重点内容；在装配精度分析方面，由于它是在前端产品设计阶段与后端装配执行阶段进行的，故研究主要围绕各误差源进行误差表达模型建立和误差累积计算展开，并得到装配精度预测结果或进一步优化得到容差方案；装配故障诊断研究大多基于深度学习等方法，结合装配知识和过程数据对装配质量超差情况进行溯源；装配过程监控研究主要以数字孪生等信息技术为驱动，结合关键质量特性控制预测模型，解决装配过程的在线管控问题。

总体来看，装配质量研究始终围绕机理分析、结果预控、目标优化等三个主题展开。

2.1.1　偏差传播扩散机理分析与建模方法

在装配过程中，装配偏差源重要度评价和偏差传播扩散机理分析既是装配精度控制、预测的基础，也是建立面向质量分析的零件数字化装配技术的难点问题。

1. 偏差源重要度评价

面对零部件众多的复杂产品时，装配精度分析计算量大，计算模型覆盖率低。为了在速度更快、成本更低的情况下分析控制装配质量，需要对装配偏差源进行评价，找出最重要的偏差源，提出偏差源头控制方案，以有效提升装配质量水平、优化装配资源分配。

在装配过程中，零件各类表面特征真实值与设计值之间的偏差是最终装配偏差的源头，因此偏差源的分析多针对零件的特征参数。Thornton[3]提出了关键特征的数学定义和定量辨识关键特征的方法，以确定在装配质量优化中应该优先控制的质量对象。Whitney[4]指出了关键特征在机械装配领域的重要性，提高产品质量依赖于找到装配中关键的尺寸、公差、功能特性。Han 等[5]从装配拓扑和多源属性的角度，提出了一种识别装配模型中关键装配结构的方法及两级评价模型，用以评价装配零件的重要性，进而得到装配中的关键功能零件。Han 等[6]通过使用现有的产品实例数据、聚类分析、关键特征流向和网络分析方法，构建了产品设计规范(product design specification，PDS)-KDC 候选网络(PDS-KDC candidate network，PKCN)，帮助设计者了解密匙分发中心(key distribution center，KDC)和PDS 之间的关系，并快速制订设计方案。Li 等[7]采用加权 LeaderRank 算法和加权有向复杂网络的易感-感染-恢复模型来确定在概念设计阶段模块化公共开放策略服务(common open policy service，COPS)的关键功能模块。

2. 偏差传播扩散机理分析

机理分析的关键步骤是对偏差传播扩散过程的分析以及对偏差累积的计算。国内外学者对装配偏差传播扩散机理分析的研究主要集中在公差表达模型、公差累积计算模型两个方面。公差表达模型极大地制约了公差累积计算模型的构建，使得两个模型的构建具有高耦合性。在这方面的研究中，研究人员通常将表达和传递模型进行融合，提出了尺寸链模型、工艺和拓扑相关表面(technologically and topologically related surfaces，TTRS)模型、公差变动矢量图(tolerance map，T-Map)模型、雅可比旋量模型、肤面模型。

1) 尺寸链模型

尺寸链模型是公差分析中的经典模型。Lee 等[8]提出装配体尺寸公差的树状描述方法，通过实例在零件和零件、零件和部件、部件和部件间构建了连接关系。Wang 等[9]在此基础上提出利用图论法自动形成尺寸链的方法。王洋等[10]依据邻接关系构建零件邻接表，实现了尺寸链的自动搜索。王恒等[11]通过对三维装配模型进行解析和预处理，采用图论法获取了尺寸链方程。

2) TTRS 模型

TTRS 模型是自由度模型的代表，其通过最小几何基准要素及相互间的关联关系定义公差类型。Desrochers 等[12]和 Clément 等[13]在 Requieha 的漂移公差带理论、Wirtz 的矢量公差理论以及 Bourdet 在计算机辅助检测方面的研究成果的基础上提出了 TTRS 模型。Mabire 等[14]将 TTRS 模型应用于工业冷却水泵的公差分析中，验证了该模型在实际工业环境中的可行性。Qin 等[15]将改进的 TTRS 模型应用于公差分析与分配中，并且在产品的生成制造阶段自动生成了所有的几何尺寸公差(geometric dimensioning and tolerancing，GD&T)规范项。

3) T-Map 模型

T-Map 模型是将几何特征映射到欧几里得空间的点空间模型，每个映射点对应几何特征的每一个可能的变动位置。Shen 等[16]建立了标准平面特征的 T-Map 模型，将特征在公差域内所有变动的可能性一一映射为欧几里得空间中的点。随后，一些研究人员完善了 T-Map 模型，建立了矩形[17]、三角形[16]、圆形[18]、轴线[19]、圆柱[20]、斜面[21]、点线聚类组(point-line cluster)[22]等几何特征与位置度[23]、轮廓度[24]、圆跳动[25]等几何特征形位公差的 T-Map 模型。Ameta 等[26]给出了 T-Map 模型在最大实体条件(maximum material condition，MMC)下的构建方法，并在统计条件下分析了装配体的键-键槽配合和孔-轴配合，并在此基础上提出尺寸和形位组合公差下的 T-Map 模型计算方法[27]。

4) 雅可比旋量模型

雅可比旋量模型是一种典型的三维公差分析模型，它结合了适合公差表达的旋量模型和适合公差传递的雅可比矩阵。Bourdet 等将旋量分量进行归类，并提出了小位移旋量的概念[28,29]。Lafond 等[30,31]利用虚拟关节在三维空间中的平动与转动来描述理想几何特征在设计公差范围内的变动，并通过机器人学中的雅可比矩阵计算变动的累积结果；Desrochers 等[32]在此基础上提出了雅可比旋量模型，并且结合区间算法实现了基于雅可比旋量模型的极限公差分析。

5) 肤面模型

肤面模型是根据功能需求仿真形成的规范表面模型。国际规范 ISO 17450-1：2011《产品几何量技术规范(GPS)—通用概念》将肤面模型定义为产品与其外部环境的物理分界的几何模型。多数模型都将特征的几何误差视为名义特征在三维空间中的平动与转动，忽视了实际特征的形状精度，对最终装配精度预测结果的准确性产生了较大的影响[33]。基于该问题，Schleich 等[34]给出了肤面模型离散表面仿真方法，将构建公差信息模型的过程分为产品设计、产品制造或装配两个阶段。在产品设计阶段，可在名义表面上添加生成的系统误差和随机误差；在产品制造或装配阶段，可用一定的数据采样方法处理实际测量的数据[35]。Schleich 等[36]应用随机场理论创建肤面模型来表达真实零件表面，为装配仿真提供了基础，并提出一种基于肤面模型的装配接触仿真方法。Liu 等[37]提出矩形表面形状误差的肤面建模方法，并基于共轭梯度快速傅里叶变换(conjugate gradient-fast Fourier transform，CG-FFT)方法进行表面局部变形计算，揭示了形状误差和局部表面变形对装配偏差产生的巨大影响。

现有模型在偏差重要度评价和公差表达、传递方面取得了长足进步，并在公差分析数学模型建立、求解的应用方面取得了高效率、高精确度的效果。但是，在偏差源重要度评价层面和基于公差模型的偏差传播扩散分析层面，单个模型还难以对装配中复杂的装配关系和偏差的演化过程进行全面的描述。

2.1.2　装配过程监控与质量预测方法

产品的装配质量问题是装配过程各工序装配缺陷演化和累积的结果，具有多源和多工序的特点。装配质量监控与预测技术能够在装配完成前根据累积的知识和信息，以及获取的相关数据对当前装配质量进行评估，并对后续装配结果进行预测。装配质量监控与预测方法能够将事后控制转化为实时调控，是提升装配效率和成功率的有效方法。装配过程质量调控方法的实现分为装配过程监控和装配质量预测两个方面。其中，装配过程监控提供当前装配工序的状态信息，是预测的基础；装配质量预测给出预装结果，为监控过程的决策提供指导。

　　1) 装配过程监控技术

　　在装配过程监控技术方面，多种方法被提出。例如，刘检华等提出一种基于流程的装配过程质量数据采集、管理与监控方法[38,39]；张佳朋等[40]分析了航天器装配执行层面总体流程的特点后，提出面向航天器装配质量的数字孪生建模方法和基于数字孪生的产品监控与数据管理方法；孙惠斌等[41]从智能装配角度出发，通过装配 Agent 模型，提出一种装配执行过程监控框架，对生产过程实现了监控；Kim 等[42]将射频识别(radio frequency identification，RFID)技术和数据挖掘技术应用于制造执行系统中，提高了制造执行系统的管理功能；Huang 等[43]将射频识别技术和无线传感器网络(wireless sensor network，WSN)技术运用于制造业的在制品监控管理中，实现了在制品的实时监控。

　　2) 装配质量预测方法

　　(1) 传统装配质量预测方法。

　　传统装配质量预测方法是以统计过程控制理论为基础发展而来的。例如，Chiu 等[44]综合考虑累积效应和时变效应对产品质量的影响，提出一种变量选择与回归相结合的多向弹性网方法，该方法能够自动修正回归系数，通过适当的数据预处理，能够有效地实现在线质量预测。常鹏等[45]针对特征提取过程中数据丢失的问题，提出一种多统计模式特征分析的核偏最小二乘法，并引入了滑动窗口技术，进行最小二乘分析和产品质量预测。Zhao 等[46]基于统计分析对生产阶段进行评估，提出一种基于阶段的偏最小二乘法。

　　(2) 现代装配质量预测方法。

　　随着计算机技术、人工智能技术的发展，人工神经网络、支持向量机、随机森林等机器学习算法逐渐应用于产品质量预测。刘明周等[47]通过分析曲轴装配过程中的影响因素，构建了基于粒子群优化的最小二乘支持向量机预测模型，实现了产品装配性能的事前预测。杨岚等[48]针对多工序产品生产过程，构建了谱聚类和粒子群优化算法优化径向基神经网络的质量预测模型，并以半导体生产为例验证了模型的有效性。贾振元等[49]基于多零件装配产品特点，建立基于误差逆传播(back propagation，BP)神经网络的产品质量特性预测模型，该模型采用灰色系统理论对影响因素进行分析，并以液压偶件系统为例验证了模型的预测精度。Wang 等[50]建立基于粒子群优化算法的 BP 神经网络预测模型，以曲轴的装配过程验证了算法的可行性，提高了机械产品的装配精度和装配效率。Schorr 等[51]提出基于随机森林的机器学习方法进行质量预测，通过实际生产获得的扭矩，利用时域、频域分析提取特征，实现了对液压阀同心度和直径的质量预测。

上述研究推动了产品装配过程监控与质量预测方法在工程实际中的应用，但其侧重于最终综合质量的调控，未能对复杂产品的某些关键特征的产生和演化进行针对性的全流程管控。

2.1.3　装配容差分配方法

装配容差分配是在已知产品最终容差要求的情况下，基于产品的制造能力，在满足产品装配性能和制造成本要求的前提下，根据尺寸链模型、偏差流模型等装配偏差传递模型，为每个偏差源指定科学合理的容差值。

目前，在装配容差分配方面，国内外相关的研究主要集中在两个方面，即装配容差优化目标函数的建立和优化方法的应用。容差分配优化时考虑最多的两大要素是制造成本和装配质量，并提出了十几种制造成本和容差之间的函数关系，如指数函数、平方倒数函数、负幂指数函数和多项式函数等[52]，并在应用中被不断完善或发展出新的模型。目前关于容差分配优化的相关研究，常见的优化方法包括：①以成本为优化目标，以质量要求为约束条件，这是传统公差设计的一类主要方法[53]；②先将成本和质量性能等指标赋予一定的权重系数，构造某种综合评价函数，再进行"单目标"求解[54]；③以加工成本和质量损失作为优化目标，建立公差设计多目标模型，进行多目标求解[55]。

在装配容差分配研究中，单目标优化方式难以有效地考量不同性能指标之间的相互影响和冲突，难以对质量、成本等性能指标进行综合优化和均衡协调，依赖于经验赋权构造综合评价函数的建模方式带有主观性，容易导致工程约束条件不明确。因此，公差分配优化必须公平、合理地兼顾多个目标进行均衡协调、综合优化。Zheng 等[56]针对车身公差设计的"质量-成本"均衡需求，提出基于 Shapley 值理论的车身公差设计合作博弈求解方法，用于求解面向集体效用最优下的公差设计方案，实现了"质量-成本"的均衡协调与综合优化，这表明合作博弈求解方法给出的"质量-成本"均衡优化方案不依赖于经验权值，具有较好的稳定性。均衡协调与综合优化多个目标的公差分配方法，为装配容差分配问题开辟了新的求解思路。

2.2　装配质量偏差传播扩散机理分析与建模

装配质量偏差的产生不仅源于零部件的尺寸和形位等偏差，也源于定位夹具、装配应力、温度等引发的误差和变形。复杂产品的装配过程复杂，装配偏差扩散受多源因素扰动，涉及要素范围广，但是目前对装配质量偏差传播扩散的研究尚缺乏明确的机理和准确的模型，这不仅使质量偏差分析困难，还导致产品零部件的精度设计与质量优化缺乏理论指导。即使各个零部件的质量都满足设计要求，误差也依然会在装配中逐渐累积和传播，最终难以保证装配体的质量。

针对上述问题，为了确保最终装配体拥有稳定的质量，本节对装配过程中偏差的传播扩散机理进行研究：以复杂产品零部件为对象，建立基于复杂网络的装配特征关系模型，通过对网络的拓扑结构及相关统计特性的分析来揭示复杂产品系统的结构特性和演变规律，识别关键装配节点和关键装配面；以关键装配面为对象，基于雅可比-肤面的装配特征值演化模型，定量计算偏差特征值的演化过程；利用复杂网络特征层偏差传递矩阵搜索参与偏差传递的要素特征及特征间的尺寸与几何关系；综合两层的搜索结果，基于多色集合的偏差传递模型，实现复杂装配体偏差传递路径搜索，为公差分析、装配精度预测等研究提供重要依据，对关键特征进行误差溯源，以有效控制装配质量，进而提高装配效率和一次装配成功率。

2.2.1　基于复杂网络的装配特征关系模型

复杂产品零部件数量众多，装配过程烦琐，通常一个模块就含有上百个零部件、上千个特征面，采用现有的一些方法很难进行有效装配建模与分析。针对上述问题，常用的思路是化繁为简，将复杂产品分解成具有相近特性的多个单元来研究，然后集成各个单元来讨论整个产品的特性。如图 2-1 所示，研究对象的特点及单元分解的出发点不同，采用的分解方法也不同，目前常见的分解方法有基于结构的分解、基于功能的分解、基于工艺的分解等。

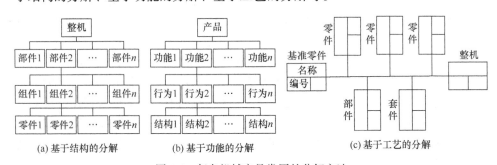

图 2-1　复杂机械产品常用的分解方法

基于复杂网络理论构建装配质量偏差模型，通过网络模型对复杂产品的关联关系进行解耦、对装配单元体进行划分，可为后续的质量分析提供平台。复杂网络是指具有自组织、自相似、吸引子、小世界、无标度中部分或全部性质的网络。复杂网络研究的内容主要包括网络的几何性质、网络的形成机制、网络演化的统计规律、网络上的模型性质、网络的结构稳定性以及网络的演化动力学机制等问题。复杂网络主要应用在自然科学领域的节点、社区、图等层面，主要包括社区发现、社区演化等。原则上来说，任何包含大量组成单元(或子系统)的复杂系统都可以抽象为复杂网络来分析。具体而言，可将系统中的组元映射为网络中的节点，组元之间的相互关系映射为网络的连边，通过对网络的拓扑结构及相关统计特性的分析来揭示复杂系统的结构特性和演变规律，因此本节引入复杂网络作为分析复杂产品装配的基础模型。

复杂网络由节点及连接这些节点的连边组成，其定义为 $G = \langle V, E \rangle$，其中 $V = \{v_1, v_2, \cdots, v_n\}$ 表示图中有 n 个节点，$(v_i, v_j) \in E$ 指节点 i 和 j 之间存在一条连边(若 G 为有向图，则 $(v_i, v_j) \in E$，表示节点 i 和 j 之间存在的一条由 i 指向 j 的连边)。其关联关系也可以通过邻接矩阵来表达，即一个 $n \times n$ 的矩阵 $A = \{a_{ij}\}_{n \times n}$，其中元素 a_{ij} 为

$$a_{ij} = \begin{cases} \omega_{ij}, & (v_i, v_j) \in E \\ 0, & (v_i, v_j) \notin E \end{cases} \tag{2-1}$$

式中，ω_{ij} 为节点 i 和 j 之间连边的权重大小，若 G 为无权图，则 ω_{ij} 取为 1。

根据连边是否赋予权重，复杂网络可分为有权网络和无权网络。此外，按照连边之间是否存在方向，可分为有向网络(节点之间为有向连接)、无向网络(节点之间为无向连接)和混合网络(节点之间为有向连接和无向连接同时存在)，如图 2-2 所示。

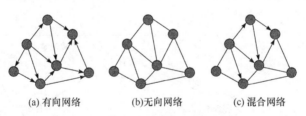

(a) 有向网络　　　　(b)无向网络　　　　(c) 混合网络

图 2-2　基于连边方向的网络类型

近年来，复杂网络的建模与分析方法逐渐被引入生产过程中，如表 2-1 所示，其相关研究和应用已涉及设计、制造、装配及效能评价等产品全生命周期的各个阶段。

表 2-1　复杂网络理论在生产过程中的部分应用

应用层面	具体用途
产品族/产品设计	产品设计开发过程、产品设计缺陷辨识、产品族/产品零部件构型
零部件制造	生产控制、制造物联、计划调度
产品装配	装配尺寸链、变型设计参数传递、尺寸约束
效能评价	系统稳定性、结构脆弱性、移动协同性

　　对于复杂产品装配，复杂网络能够清晰地描绘出零部件及特征的拓扑结构和统计特性，通过节点和连边对众多装配特征间的关联关系进行直观表达，其误差传递的强度和路径可以通过网络连边的赋权来体现。

　　复杂机械产品的最终质量是制造系统中各种误差或缺陷综合作用的结果。例如，零件自身在加工过程中产生的制造误差和装配过程中的工艺误差，都是以零件具体的特征为载体，随着装配过程的不断推进在零件间逐渐传递累积，进而导致最终产品的质量问题。对于复杂机械产品，其装配特征和装配工艺均十分复杂，需要保障的质量特性繁多，因此直接以特征为基础进行建模的难度较大，也会使后续的分析工作较为棘手。

　　本节提出一种双层结构装配质量偏差网络模型，该模型体系分为两层，即装配零件层和装配特征层，如图 2-3 所示。从复杂网络的角度来看，装配零件层是装配特征层建立的基础，装配零件层的拓扑结构决定了装配特征层的拓扑结构；装配特征层是装配零件层的投影，也是对装配零件层的信息补充，具体表现在两方面：一方面，通过在装配零件层进行单元分解，降低装配特征层网络的建模与分析难度；另一方面，综合考虑装配零件层和装配特征层两个层级的信息，在一定程度上扩展装配模型的表达能力。此外，两个层级之间并不是简单的叠加关系，而是相互映射、相互联系、相互影响的关系，装配特征层的结构与属性是由零件层经过耦合与演化得出的，装配特征层作为装配零件层的基础和载体，对装配质量的影响具有向上的因果关系，装配零件层与装配特征层共同搭建起装配质量偏差的分析平台。

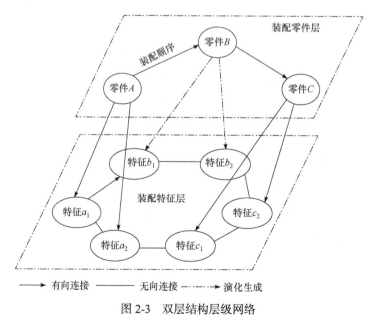

图 2-3　双层结构层级网络

1. 零件层级网络构建

根据零件单元分解及后续分析的需求，将零件层级关联网络定义为无向有权网络。根据装配工艺规程、设计图纸、装配物料清单(bill of material，BOM)表等技术文件提取零部件信息，以参与装配全流程的零部件为节点、以零件间的装配关系为连边建立装配零件层网络模型，网络可描述为

$$G_{\mathrm{p}} = \left\{ V_{\mathrm{p}}, E_{\mathrm{p}}, W_{\mathrm{p}} \right\} \tag{2-2}$$

式中，V_{p} 为参与装配过程的零件节点集，$V_{\mathrm{p}} = \{v_{\mathrm{p}1}, v_{\mathrm{p}2}, \cdots, v_{\mathrm{p}n}\}$，其中 n 为零件节点数；E_{p} 为零件间的直接装配关系与对产品装配质量有重要影响间接关系形成的连边集，$E_{\mathrm{p}} = \{e_{\mathrm{p}1}, e_{\mathrm{p}2}, \cdots, e_{\mathrm{p}m}\}$，其中 m 为连边数；W_{p} 为连边权重集，$W_{\mathrm{p}} = \{w_{\mathrm{p}1}, w_{\mathrm{p}2}, \cdots, w_{\mathrm{p}m}\}$，初始值为 1。

被分解后的单元零件具有同单元间联系紧密、不同单元间联系松散的特点，这一特点与复杂网络的社团结构属性类似。利用社团结构可以有效将联系紧密的单元零件合并。社团结构是复杂网络的一个极其重要的特性，它是指网络可以被分成若干节点集，节点集内部的连接比较稠密，而节点集与节点集之间的连接则相对稀疏。图 2-4 为一个简单的社团结构示意图，该网络一共有四个社团，分别对应图中由虚线隔开的部分。社团检测是根据网络的拓扑结构解析出模块化的社团结构，故可以以一种分而治之的方式研究整个网络的特性。复杂产品装配零件网络单元分解的本质是根据需要保证的质量特性，以零件之间的关联关系为基础，将整个装配体分解成若干个单元，使得属于一个单元的零件间联系相对紧密，不属于一个单元的零件间联系则相对松散，这一特征与复杂网络的社团特性相符，因此基于零件网络的社团特性进行单元分解。

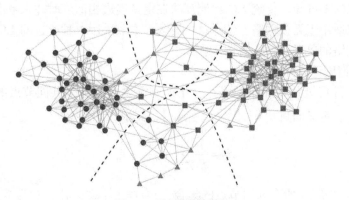

图 2-4　社团结构示意图

引入连边社团(link communities，LC)检测算法，该方法基于线图转换，将原

网络的边看成线图的节点，并采用连边树图来表示网络的结构。在连边树图中，一个边只能属于一个社团，而一个节点可以与多条边连接，若这些边属于不同的社团，则这个节点将同时属于这些边所对应的社团。因此，LC 检测算法不仅可以发掘网络的层次化结构，还可以识别出网络结构中存在的重叠节点，更加符合复杂机械产品的实际结构特点，以便于在不同层次进行分析。

　　LC 检测算法的主要特点是根据连边之间的相似度进行社团合并，且只有存在连接(具有公共节点)的连边才可以合并。传统的 LC 检测算法采用 Jaccard 系数来计算连边之间的相似度，如图 2-5 所示，若节点 i 和节点 j 具有相同的邻居节点 k，则连边对 e_{ik} 和 e_{jk} 之间的相似度如下：

$$S\left(e_{ik}, e_{jk}\right) = \frac{\left|n_+(i) \bigcap n_+(j)\right|}{\left|n_+(i) \bigcup n_+(j)\right|} \tag{2-3}$$

式中，$n_+(i)$ 为节点 i 及其所有邻居节点的集合；$n_+(j)$ 为节点 j 及其所有邻居节点的集合。

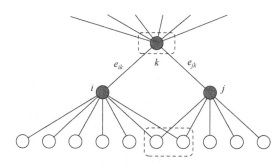

图 2-5　连边对的相似度定义

　　根据式(2-3)可知，传统 LC 检测算法在定义连边相似度时并未考虑连边的权重，因此仅适用于无权网络。针对这一问题，本节采用一种改进的 LC 检测算法用于零件网络的单元分解，具体步骤如下。

　　(1) 相似度计算。

　　计算零件层级关联加权网络 G_{PW} 中所有至少拥有一个共同节点的连边对之间的相似度。定义向量 $a_i = \left(\tilde{A}_{i1}, \tilde{A}_{i2}, \cdots, \tilde{A}_{iN}\right)$，其中：

$$\tilde{A}_{ij} = \frac{1}{k_i} \sum_{i' \in n(i)} w_{ii'} \delta_{ij} + w_{ij} \tag{2-4}$$

式中，$n(i)$ 为节点 i 所有邻居节点的集合，$n(i) = \left\{j \mid w_{ij} > 0\right\}$；$k_i$ 为节点 i 所有邻居节点的个数，$k_i = |n(i)|$；w_{ij} 为节点 i 和节点 j 的连边 e_{ij} 的权重；δ_{ij} 为权重系数，

当 $i=j$ 时，$\delta_{ij}=1$，当 $i \neq j$ 时，$\delta_{ij}=0$。

采用 Tanimoto 系数计算连边对 e_{ik} 和 e_{jk} 之间的相似度：

$$S\left(e_{ik},e_{jk}\right)=\frac{a_i \cdot a_j}{\left|a_i\right|^2+\left|a_j\right|^2-a_i \cdot a_j} \tag{2-5}$$

(2) 相似度排序。

根据步骤(1)中所得的相似度按降序排列这些连边对。

(3) 社团合并。

按照步骤(2)中所得的排列次序依次将连边对及其所属社团进行合并，并将合并过程以树图的形式记录下来，相似度相同的连边对在同一步进行合并。

(4) 确定社团合并的停止点。

确定最符合实际情况的树图分割位置，得到最终的单元分解结果。引入划分密度来表示社团内部的连边密度，假设一个包含 X 条连边的网络被划分为 f 个社团 $\left\{P_1,P_2,\cdots,P_f\right\}$，其中社团 P_f 包含 x_f 条连边和 y_f 个节点，则 P_f 的归一化密度 D_f 可按式(2-6)计算：

$$D_f=\frac{x_f-\left(y_f-1\right)}{y_f\left(y_f-1\right)/2-\left(y_f-1\right)} \tag{2-6}$$

式中，y_f-1 为使 y_f 个节点构成流通图所需的最少连边数；$y_f\left(y_f-1\right)/2$ 为 y_f 个节点之间可能存在的最大连边数。若 $y_f=2$，则定义 $D_f=0$。

定义整个网络的划分密度 D 为各社团归一化密度 D_f 的加权和：

$$D=\frac{1}{X}\sum_f x_f D_f=\frac{2}{X}\sum_f x_f \frac{x_f-\left(y_f-1\right)}{\left(y_f-2\right)\left(y_f-1\right)} \tag{2-7}$$

式(2-7)可作为社团划分的参考，当划分密度最大时，可认为对应的社团划分是最优的。需要说明的是，不仅从最大划分密度所对应的最优分割线能得到有意义的社团结构，从连边树图的其他分割线也能得到有意义的社团结构。

2. 特征层级网络构建

特征层级网络构建需要明确各零部件参与装配过程的实际特征面，选取与各装配特征关联的质量要素，并根据零部件之间的关联关系构建复杂网络模型。对于一个同时存在多处特征面参与装配的零件，每个特征参与装配的工序、所接触的零件可能不同，对此将该零件参与装配的特征面分解为单个节点；对于仅一个特征面参与装配的零件，直接将零件作为节点。对于数量多、功能相同、同一工步装配的零件,如回转机械中同一位置沿径向安装的多个叶片,将其确定为同一个节点,避免其关联节点的度值过大,影响网络特性分析结果。

节点间的连接关系依据装配中零部件之间的关系来确定,各特征之间的关联关系主要包括配合关系、基准关系、间接关系等。其中,配合关系是指零件采用有向连接,由先装配特征指向后装配特征;基准关系是指零件的特征为另一特征的装配基准,且特征之间存在形位公差要求,采用有向连接,由基准特征指向有形位要求的特征。间接关系是指零件的两特征间接形成了某个影响装配质量的重要指标,如航空发动机静止部分和转动部分之间形成的通流间隙。

在零件层级的基础上,提取零件网络单元,若 $G_{\mathrm{p}} = \left\{ V_{\mathrm{p}}, E_{\mathrm{p}}, W_{\mathrm{p}} \right\}$ 为待研究的零件网络单元,根据装配工艺表将零件层级的节点 V_{p} 向特征层级映射,产生由装配特征组成的特征节点集 V_{F}。根据装配顺序,可得到特征网络的边集 E_{F}。用 W_{F} 表示特征网络连边权重集,则零件网络单元 G_{p} 所对应的装配特征层级网络模型可表示为

$$G_{\mathrm{F}} = \left\langle V_{\mathrm{F}}, E_{\mathrm{F}}, W_{\mathrm{F}} \right\rangle$$

复杂产品的零部件及特征众多,这些零部件及特征对整个产品的影响程度不同,辨识装配过程中的关键质量参数和控制特性,并对其进行重点控制,这对装配质量的保障具有重要作用。因此,将关键质量参数的辨识问题转化为装配网络中关键节点的识别问题。

目前,常见的节点重要度排序方法主要可分为基于节点邻居数量的排序方法、基于路径的排序方法、基于特征向量的排序方法等,如表 2-2 所示。

表 2-2　部分常用节点重要度排序方法特性总结

类别	名称	局域性	排序依据与含义
基于节点邻居数量的排序方法	度中心性	局部	节点邻居的数量(度)
	强度中心性	局部	节点邻居的权重和(强度)
	半局部中心性	半局部	考虑节点 4 阶邻居的度信息
	k-壳分解	全局	节点在网络中的位置
基于路径的排序方法	接近中心性	全局	节点与其他节点的平均距离
	介数中心性	全局	经过节点的最短路径数目
基于特征向量的排序方法	PageRank 算法	全局	节点重要度取决于指向该节点的其他节点的数量和质量
	LeaderRank 算法	全局	

基于节点邻居数量的排序方法是最简单直观的一类方法,以直接考虑节点数

量的度中心性最为经典，在此基础上，半局部中心性考虑了节点 4 阶邻居的度信息。作为度中心性的一种拓展，*k*-壳分解考虑了节点在网络中的位置。基于路径的排序方法大都考虑了网络的全局信息，以接近中心性和介数中心性最为常用，二者均是基于节点之间的最短路径计算出的。基于特征向量的排序方法与上述两种方法不同，其认为节点的重要度不仅取决于其邻居节点的数量，还与其邻居节点的重要度相关。例如，Google 搜索引擎中用于网页排序的 PageRank 算法等即基于这种思路。

可见，评价网络中节点重要度的指标繁多且含义不同。从排序指标选取的角度来看，网络的拓扑结构不同，评价的侧重点不同，因此适合的排序方法也不同。在实际应用中，经常出现单一指标难以满足评价要求的情况。通过对各排序方法的初步对比，选取强度中心性和接近中心性两个指标来衡量装配特性的重要程度。

1) 强度中心性

节点的度是指与其直接相连的节点数目，是节点最基本的静态特征。在有向网络中，节点的度包括出度和入度。其中，出度是指节点指向其他节点的连边数量，入度是指其他节点指向该节点的连边数量。节点的强度是指有权网络中考虑连边权重的节点的度，表示如下：

$$s_i = \sum_{j=1}^{n} w_{ij} \tag{2-8}$$

$$s_i^{\text{out}} = \sum_{j=1}^{n} w_{ij} \tag{2-9}$$

$$s_i^{\text{in}} = \sum_{j=1}^{n} w_{ji} \tag{2-10}$$

式中，s_i 为节点 v_i 的强度，对于有向网络，$s_i = s_i^{\text{out}} + s_i^{\text{in}}$；$s_i^{\text{out}}$、$s_i^{\text{in}}$ 分别为有向网络中节点 v_i 的出强度和入强度；n 为网络中的节点数量；w_{ij} 为节点 v_i 和 v_j 之间的连边权重，若无连边，则 $w_{ij} = 0$。

强度中心性是根据强度来确定节点的重要程度的，可表示如下：

$$\text{sc}_i = \frac{s_i}{\sum\limits_{j=1}^{n} s_j} \tag{2-11}$$

$$\text{sc}_i^{\text{out}} = \frac{s_i^{\text{out}}}{\sum\limits_{j=1}^{n} s_j^{\text{out}}} \tag{2-12}$$

$$\mathrm{sc}_i^{\mathrm{in}} = \frac{s_i^{\mathrm{in}}}{\sum\limits_{j=1}^{n} s_j^{\mathrm{in}}} \tag{2-13}$$

式中，sc_i 为无向网络中节点 v_i 的强度中心性；$\mathrm{sc}_i^{\mathrm{out}}$、$\mathrm{sc}_i^{\mathrm{in}}$ 分别为有向网络中节点 v_i 的出强度中心性和入强度中心性。

对于特征层级网络，节点的强度中心性越大，说明与其关联的特征数量和关联关系权重综合影响越大，因此该零件出现质量问题产生的直接影响越大；出强度中心性越大，则对其相邻特征的影响越大，入强度中心性及受相邻特征的影响也就越大。

2) 接近中心性

接近中心性是基于节点与其他节点最短距离的平均值而得到的。节点与其他节点最短距离的平均值越小，则该节点的接近中心性就越大。一般来说，接近中心性越大的节点对于网络中信息的流动具有更佳的观察视野。在有权网络中，可采用连边权重的倒数来衡量距离的长短，可表示如下：

$$d_{ij}^{\mathrm{w}} = \min\left(1/w_{ih} + \cdots + 1/w_{hj}\right) \tag{2-14}$$

式中，d_{ij}^{w} 为有权网络中节点 v_i 到节点 v_j 的最小距离；w_{ih} 为节点 v_i 和节点 v_h 之间的连边权重；w_{hj} 为节点 v_h 到节点 v_j 路径上的中间节点。

节点 v_i 的接近中心性可采用式(2-15)~式(2-17)计算：

$$\mathrm{cc}_i = \frac{n_i^{\mathrm{d}}}{\sum\limits_{j=1}^{n} d_{ij}^{\mathrm{w}}} \tag{2-15}$$

$$\mathrm{cc}_i^{\mathrm{out}} = \frac{n_i^{\mathrm{out}}}{\sum\limits_{j=1}^{n} d_{ij}^{\mathrm{w}}} \tag{2-16}$$

$$\mathrm{cc}_i^{\mathrm{in}} = \frac{n_i^{\mathrm{in}}}{\sum\limits_{j=1}^{n} d_{ji}^{\mathrm{w}}} \tag{2-17}$$

式中，cc_i 为无向网络中节点 v_i 的接近中心性；$\mathrm{cc}_i^{\mathrm{out}}$、$\mathrm{cc}_i^{\mathrm{in}}$ 分别为有向网络中节点 v_i 的出接近中心性和入接近中心性；n_i^{d} 为无向网络中节点 v_i 与其他节点之间存在的最短距离条数；n_i^{out} 为有向网络中节点 v_i 到其他节点的最短距离条数；n_i^{in} 为有向网络中其他节点到节点 v_i 的最短距离条数。

强度中心性和接近中心性两个指标分别从两个角度衡量模型中装配特征的重

要程度。强度中心性侧重于网络的局部信息，而接近中心性更加注重全局信息，采用单一指标往往会顾此失彼，较难全面衡量特性的重要程度。

为了更全面地衡量装配特性的重要程度，引入 Dempster-Shafer 证据理论(简称 D-S 证据理论)对强度中心性和接近中心性两个指标进行融合。目前，D-S 证据理论已广泛应用于各个领域的多源信息融合。图 2-6 为两个证据信息融合的流程，图中，BPA 为基本概率分配函数。

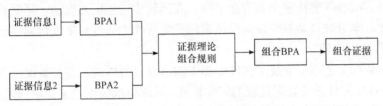

图 2-6　D-S 证据理论信息融合流程

在 D-S 证据理论中，将所要判决的问题所有可能结果称为识别框架，它是一个包含 N 个两两互斥元素的有限完备集合，可表示为 $\Theta = \{\theta_1, \theta_2, \cdots, \theta_N\}$，则其幂集可记为 $2^{\Theta} = \{\varnothing, \theta_1, \cdots, \theta_N, \theta_1 \cup \theta_2, \cdots, \theta_1 \cup \theta_2 \cup \theta_3, \cdots, \Theta\}$。

对于 $\forall A \subseteq 2^{\Theta}$，若函数 $m: 2^{\Theta} \to [0,1]$ 满足 $m(\varnothing) = 0$ 且 $\sum\limits_{A \subseteq \Theta} m(A) = 1$，则称 m 为基本概率分配函数，$m(A)$ 代表证据对 A 的支持程度。

在识别框架 Θ 中，若两个证据的 BPA 分别为 m_1 和 m_2，则组合后的新证据为 $m = m_1 \oplus m_2$，其组合具体规则如下：

$$m(A) = \begin{cases} \dfrac{1}{1-K} \sum\limits_{B_i \cap C_j = A} m_1(B_i) m_2(C_j), & A \neq \varnothing \\ 0, & A = \varnothing \end{cases} \tag{2-18}$$

式中，K 为冲突系数，$K = \sum\limits_{B_i \cap C_j = \varnothing} m_1(B_i) m_2(C_j)$，$K \neq 1$。当 $K = 1$ 时，两个 BPA 相互矛盾，无法组合。B_i、C_j 均为幂集 2^{Θ} 中的元素。

特征层级为有向网络，以各节点对其他节点的影响程度作为排序依据，选取强度中心性和出接近中心性两个指标作为证据源，将融合后的指标称为证据融合中心性(evidence fusion centrality，EFC)。节点的 EFC 越大，则节点越重要。

为了方便可视化及对比，对各排序方法的结果进行 min-max 标准化，即对计算结果进行如下变换：

$$y_i = \frac{x_i - \min X}{\max X - \min X} \tag{2-19}$$

式中，y_i 为标准化后节点 v_i 的重要度，$0 \leqslant y_i \leqslant 1$；$x_i$ 为节点 v_i 的原始重要度；$X = \{x_1, x_2, \cdots, x_n\}$ 为所有节点原始重要度所组成的序列。

3. 航空发动机风扇转子组件偏差传递建模

风扇转子作为航空发动机的核心部件之一，其装配质量对航空发动机整机组装后的服役质量具有重大影响。例如，风扇转子装配后的不平衡量过大会导致航空发动机整机的可靠性减小和寿命下降，在运转中产生剧烈振动，降低效率甚至引发事故。本节选择某航空发动机风扇转子组件作为研究对象进行建模分析。

1) 复杂网络建立

根据装配工艺规程等技术文件中提取的信息，可以确定参与装配过程的零部件，明确各零部件参与装配过程的实际特征，从而生成装配质量分析网络的节点。针对航空发动机风扇转子，主要关联关系为配合关系和基准关系。所研究的风扇转子组件包含的零件根据安装的级盘不同可以分为三个单元，即一级轮盘单元、二级轮盘单元、三级轮盘单元。网络模型节点及其对应特征如表 2-3 所示。

表 2-3　风扇转子组件节点及其对应特征

节点	代表零件特征	节点	代表零件特征
0	一级轮盘后螺栓	27	二级轮盘轴颈外圆面
1	二级轮盘后螺栓	28	一级轮盘轴向基准
2	十角自锁螺母 1	29	二级轮盘轴向基准
3	十角自锁螺母 2	30	一级轮盘止口端面
4	钢丝挡圈	31	二级轮盘止口端面
5	一级转子叶片	32	一级轮盘心孔
6	二级转子叶片	33	二级轮盘后止口端面
7	三级转子叶片	34	三级轮盘前端止口端面
8	一级卡圈组合件	35	三级轮盘后端面
9	级卡圈组合件	36	二级轮盘前端止口内径 F2
10	卡圈组合件	37	二级轮盘后止口内径 H2
⋮	⋮	⋮	⋮
23	二级轮盘前端止口内径	40	一级轮盘缘
24	二级轮盘后止口内径	41	二级轮盘缘
25	三级轮盘前端止口内径	42	三级轮盘缘
26	一级轮盘轴颈外圆面	43	压紧螺母

在对网络进行赋权时，若使用设计阶段的几何尺寸、尺寸公差、形位公差要求等作为输入，则可以通过蒙特卡罗法模拟其误差的分布，通过多次仿真计算雅可比旋量模型结果对连边赋权，统计平均权重考察整个装配过程中各个零部件产生误差的平均影响，为设计阶段对各特征的公差优化指出重点；若在装配阶段测量得到实际数据，则可以直接以实际误差输入雅可比旋量模型计算误差传递大小，连边权重反映此次装配中特征间误差传递的实际情况，用以分析本次装配中各特征产生误差的影响力。此处依据实际公差要求按照实测尺寸的分布情况生成仿真数据，实际生产中机床加工出的同批零件尺寸误差、等精度重复测量产生的测量误差均近似服从正态分布，因此假定各特征的旋量变动和尺寸变动参数均服从正态分布，分布均值和标准差表示如下：

$$\mu = \frac{V_U - V_L}{2} \tag{2-20}$$

$$\sigma = \frac{V_U - \mu}{Z} \tag{2-21}$$

式中，V_U、V_L 分别为各旋量分量的上界和下界；Z 为标准正态数，按照 3σ 标准，Z 应取为 3。利用蒙特卡罗法进行 10000 次仿真后求取其平均值，对网络连边赋权后所得到的网络模型如图 2-7 所示。

基于有相加权网络，通过对网络的统计特征进行分析，了解节点的局部性质。挖掘节点重要性的算法有很多。节点重要性度量指标包括节点的度中心性(基于节点近邻)、介数中心性(基于路径)、接近中心性(基于路径)、特征向量中心性(考虑节点近邻数量和质量)等，网络中各个指标前 10 的节点及其对应的数值如表 2-4 所示，这些度量标准能从各自的角度反映出节点在装配质量偏差传播中的范围、速度和影响程度等。度中心性大的节点处的关联节点多，在产生误差后会对较多节点产生影响。介数中心性大的节点处于多条传播路径上，当其误差

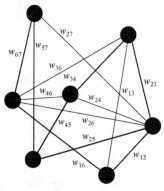

图 2-7　装配偏差网络模型

增大时，会对下游节点的误差产生影响。接近中心性考虑各节点到达其他节点的距离，距离其他节点更近的节点，其误差的传播不会因路径上传递环节多而削弱质量关系。特征向量中心性考虑各节点所关联节点的质量，关联节点质量越大，自身越重要，由此识别得到的节点在产生误差时造成的影响对装配质量的影响更为显著。

表 2-4　网络节点重要性度量

节点	度中心性	节点	介数中心性	节点	接近中心性	节点	特征向量中心性
27	0.357143	27	0.075784	24	0.122449	41	0.323474
26	0.333333	24	0.065621	41	0.118347	23	0.323474
24	0.166667	22	0.06417	23	0.118227	37	0.323463
22	0.142857	23	0.055168	31	0.117216	5	0.244195
33	0.142857	26	0.051103	37	0.103175	27	0.244184
40	0.142857	33	0.048877	40	0.100595	6	0.244173
28	0.119048	30	0.04849	25	0.098142	10	0.244173
41	0.119048	40	0.022648	5	0.097403	40	0.184343
23	0.095238	0	0.019164	6	0.097222	24	0.184332
42	0.095238	1	0.015679	10	0.097222	42	0.184332

根据装配过程信息确定每个工步参与的装配特征，将它代入概率传播模型模拟运行，风扇转子单次的装配误差传播过程如图 2-8 所示。单次概率传播过程包

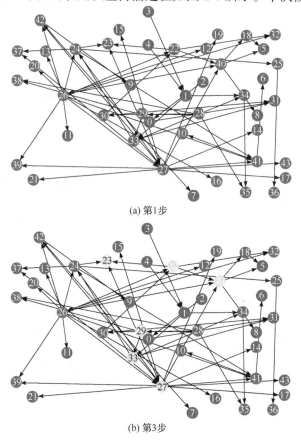

(a) 第1步

(b) 第3步

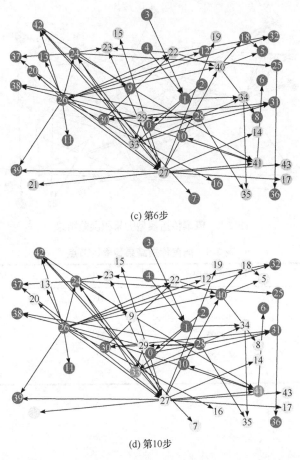

(c) 第6步

(d) 第10步

图 2-8　装配误差传播过程

含 11 步工序，仅选取其中的 4 步进行展示，其模拟运行 10000 次后的统计分析结果如图 2-9 所示，越接近白色代表累积接受误差越小。结果中节点的平均累积接受误差和平均累积传出误差情况如表 2-5 所示。通过将节点进行 k 均值聚类(k-means)，可以将节点分为 3 类。如前所述，其中平均累积传出误差最大的节点对应特征应作为质量优化的控制点，通过提高其质量要求、精度要求减少误差，通过监视其在装配过程中质量特性的变化，如跳动、同轴度等形位公差，可以判断当前装配过程的质量状态，当接近或超出公差要求时，应及时停止装配过程，通过修配等方法进行调整，以减少误差、提高质量。统计验证对象的平均累积传出误差与平均累积接受误差结果如表 2-5 所示。由表可以看出，不同节点的平均累积传出误差和平均累积接受误差数值差异明显，其 k-means 结果如图 2-10 所示。

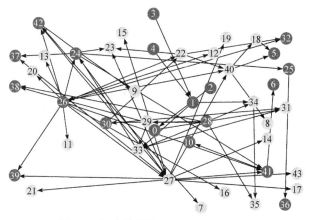

图 2-9　概率传播模型的累积误差结果

表 2-5　偏差传播结果显著的节点

节点	平均累积传出误差	节点	平均累积接受误差
27	54.1609	41	64.9708
33	24.5601	5	60.6456
24	22.9293	23	54.8656
26	22.1153	10	49.9614
41	21.7522	6	47.7217

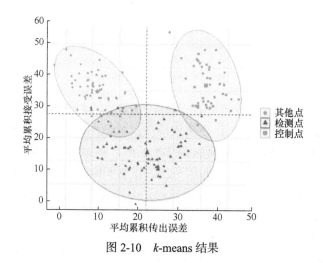

图 2-10　k-means 结果

2) 网络节点关系分析

在概率传播模型中得到的较高数值的节点，往往在重要节点挖掘算法的排序结果中也排名较高,将概率传播模型结果中传入和传出误差值前五的节点(共 9 个节点,节点 41 同时处于两个排名中)与表 2-4 中不同节点重要性指标前十的节点相对比,一致的节点数量分别为:度中心性为 6、介数中心性为 5、接近中心性为 6、特征向量中心性为 7,虽然传统节点重要性排序方法的结果能确定节点的重要性,但无法了解特征节点更进一步的性质,也无法确定节点应归为控制点还是优化点。

结合实际分析概率传播模型所得结果表 2-5,平均累积传出误差大的节点为验证转子的二级轮盘轴颈外圆面 27、二级轮盘后止口端面 33、二级轮盘后止口内径 24、一级轮盘轴颈外圆面 26、二级轮盘缘 41。二级轮盘轴颈外圆面 27 和一级轮盘轴颈外圆面 26 为转子装配过程中的重要基准面,许多零部件都是以这两个特征为基准进行装配和检查径向跳动,其误差影响零部件多,在网络中表现为度中心性大,且二者与转子装配后的同轴度大小有关,因此应作为质量优化的重要控制点。二级轮盘后止口端面 33、二级轮盘后止口内径 24、二级轮盘缘 41 为装配过程中重要的配合面,二级轮盘后止口端面 33 和二级轮盘后止口内径 24 共同影响二级轮盘后端与三级轮盘前端的止口配合效果,其误差会在三级轮盘后端不断放大和累积;二级轮盘缘 41 为二级轮盘与二级转子叶片的配合面,其误差会影响叶片安装后转子的质心和形心,进而导致转子的不平衡量和同轴度产生波动,因此其也应作为质量优化控制点,在装配前应确保其误差尽可能小。

平均累积接受误差大的节点为验证转子的二级轮盘缘 41、一级转子叶片 5、二级轮盘前端止口内径 23、卡圈组合件 10、二级转子叶片 6。这些节点都属于各自部件单元参与装配的靠后工序的特征,前序工序中关联特征所产生累积误差传递到这些特征上,如二级轮盘前端止口内径 23 为一、二级轮盘配合的止口面,其装配后的误差大小反映了一级轮盘传递到二级轮盘以及后续零部件装配中的误差量,具有类似作用的还有一级转子叶片 5,在网络中虽然邻居节点少,但邻居节点质量高,特征向量中心性大,其反映了一级轮盘上零部件装配后在径向的跳动误差大小,可以用来检验一级轮盘的同轴度。二级轮盘缘 41、卡圈组合件 10、二级转子叶片 6 为互相配合的三个特征,作为三级轮盘转子中最关键的一级,二级轮盘的叶片部分受到的误差来自二级轮盘的前后两端,在装配过程中在二级叶片装配工步设置质量检验工序,能够提前对产品的最终装配质量做出大致判断,在误差过大时可以提前停止装配,返工进行修配等调整操作来提高整体精度。

基于复杂网络对复杂产品装配过程进行建模分析的方法,将零部件及特征间的关联关系及拓扑结构通过复杂网络模型进行表达和分析,通过复杂网络的统计特性对复杂产品零部件的局部特征进行初步了解;在复杂网络的基础上提出一种客观反映零部件传递误差大小的复杂网络连边赋权方法,将装配特征间误差传递的大小和方向由节点之间连边的权重和方向进行表达;在所构建的装配质量网络基础上尽可能还原偏差的传递过程,依据节点平均累积接受误差和平均累积传出误差的统计结果识别网络中的重要节点。

　　复杂机械产品的装配过程是一个离散的、包含有限工步的过程，每个工步中仅部分零部件参与装配，装配过程中特征之间误差的传播和累积可以看成是装配过程中的"病毒"，为了研究装配质量偏差传播扩散行为在网络模型中的影响，可以结合复杂产品装配的实际过程，构建装配偏差传播模型。为了在装配网络模型中衡量特征间偏差的传递大小，需要准确表达偏差的形成和准确计算偏差的数值传递，下面对装配精度分析方面的研究进行描述。

2.2.2　基于雅可比-肤面的装配特征值演化模型

　　在生产制造过程中，零件实际几何特征受人员、设备、材料、方法、测量、环境等因素的影响，其实际几何特征会偏离名义位置。这种偏离可视为实际几何特征相对于名义几何特征的微小变动，它们是影响装配精度的主要源头。几何特征变动的范围受设计公差的约束，并在统计条件下呈现一定的分布规律。公差建模主要用于对公差进行准确无误的表述，并对其语义做出正确合理的解释[57]。其中，公差信息模型用于实现公差信息的全面描述，不仅应能够支持各类公差信息的完整表达，而且应能够表示信息之间的约束关系，确保公差信息表达的规范性[58]；公差数学模型用于按照工程语义对公差信息进行数学描述和解释，是实现公差表达处理以及在各阶段数据传递的关键[59]。肤面模型的实质是满足公差规范要求的非理想表面模型，是由无限个点构成的连续表面。它能够对设计、制造加工和测量检测阶段几何公差规范下产品的几何偏差和实际形状进行仿真，估计零件误差表面在尺寸、形位和表面质量上的变动范围[60,61]。

　　肤面模型使用零件表面离散点与对应理想位置离散点的相对变动来描述零件实际表面在公差范围内相对名义表面的偏离，能够处理不同公差原则中尺寸公差与几何公差的相互影响，确保公差信息表达的完整性与规范性。肤面模型采用离散几何模拟零件的误差表面，该模型的建立包含多个步骤：①建立具有理想表面的计算机辅助设计(computer aided design，CAD)模型；②提取参与误差传递的特征表面；③对所提取的特征表面进行离散操作获得其点云信息，点云数量很大程度上决定肤面模型与实际表面的相似度，因此根据各特征的不同重要度，规范不同的精度层，对其进行网格细分，实现表面多尺度仿真[62]；④按照公差要求生成尺寸、形状、位置和方向误差，并将其添加至原始名义表面即可得到肤面模型。其中，尺寸公差和几何公差生成是肤面模型生成流程中最重要的步骤，下面对其进行详细论述。

　　公差原则为规定了确定尺寸(线性尺寸和角度尺寸)公差和几何公差之间相互关系的原则。保证零件仿真的精度需要充分考虑尺寸公差、几何公差以及两者之间的约束关系。

　　平面和圆柱特征是最为常见的零件几何特征，除了单一的尺寸公差，平面和圆柱特征还常受到组合公差的约束作用。本节详细介绍尺寸公差、位置公差、定向公差以及形状公差组合下的平面特征肤面模型与圆柱特征肤面模型的构建过程。

1. 平面特征肤面模型

平面特征的公差域是距离为公差值的两平行平面间的空间区域。某矩形平面特征的相关尺寸和公差信息如图 2-11(a)所示，图中 S_0 为名义尺寸下的理想平面特征(名义平面特征)，S_1 为实际平面特征，尺寸 D 为零件上方表面的定位尺寸，T_U、T_L 分别为尺寸的上下偏差，且有 $T_U - T_L = T$，T_P 为以平面 A 为基准的位置公差或定向公差，T_S 为平面的形状公差，根据公差标准有 $T_S < T_P < T$。

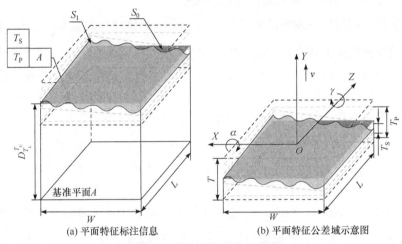

(a) 平面特征标注信息　　　　　(b) 平面特征公差域示意图

图 2-11　平面特征的肤面模型

将平面特征在公差域内的变动划分为两类，一类是由尺寸误差、位置误差、方向误差导致的平面特征在公差域内的整体平动及转动；另一类是由形状误差导致的平面特征离散点在公差域内的独立变动。首先根据尺寸公差、位置公差和定向公差定义平面特征的整体平动及转动。

1) 尺寸、位置和定向公差域

在名义平面特征 S_0 几何中心建立三维坐标系，将平面特征法线方向定义为 Y 轴方向，X 轴、Z 轴方向与该矩形平面两条边所在直线的方向一致，建立右手坐标系如图 2-11(b)所示。尺寸公差 T 以及位置公差或定向公差 T_P 的平面特征的公差域边界面方程如下：

$$\begin{cases} y = T_L, & F_1 \text{边界面} \\ y = T_U, & F_2 \text{边界面} \\ y = v - T_P / 2, & F_3 \text{边界面} \\ y = v + T_P / 2, & F_4 \text{边界面} \end{cases} \quad (2\text{-}22)$$

2) 平面特征整体平动和转动的变动范围

如图 2-12(b)所示，平面特征具有三个自由度，分别为沿 Y 轴的平动自由度 v、绕 X 轴的转动自由度 α 和绕 Z 轴的转动自由度 γ。矩形平面的 X 轴方向的长度为 W，Z 轴方向的长度为 L，在公差域内根据几何关系可以计算得到特征整体平动和转动的变动范围，如式(2-23)所示：

$$\begin{cases} T_{\mathrm{L}} \leqslant v \leqslant T_{\mathrm{U}} \\ -T_{\mathrm{P}}/2 \leqslant \alpha \leqslant T_{\mathrm{P}}/2 \\ -T_{\mathrm{P}}/2 \leqslant \gamma \leqslant T_{\mathrm{P}}/2 \end{cases} \tag{2-23}$$

3) 平面特征整体平动和转动的约束关系

设实际平面特征整体平动矢量为 $[u \ \ v \ \ w]^{\mathrm{T}}$，整体转动矢量为 $[\alpha \ \ \beta \ \ \gamma]^{\mathrm{T}}$。在变动后的几何特征上建立几何实际坐标系 $\{O'\}$，使用位置矢量 $[x' \ \ y' \ \ z']^{\mathrm{T}}$ 表示变动后平面特征上的任意一点 P 在几何实际坐标系 $\{O'\}$ 内的位置。根据小变动假设，特征在公差域内的变动都视为微小变动，利用微分变换原理，变动后的几何特征上任意一点在几何名义坐标系 $\{O\}$ 中的位置均可以用式(2-24)进行简化计算：

$$\begin{bmatrix} x \\ y \\ z \end{bmatrix} = \begin{bmatrix} u \\ v \\ w \end{bmatrix} + \begin{bmatrix} 1 & -\gamma & \beta \\ \gamma & 1 & -\alpha \\ -\beta & \alpha & 1 \end{bmatrix} \begin{bmatrix} x' \\ y' \\ z' \end{bmatrix} = \begin{bmatrix} u + x' - \gamma \cdot y' + \beta \cdot z' \\ v + y' + \gamma \cdot x' - \alpha \cdot z' \\ w + z' - \beta \cdot x' + \alpha \cdot y' \end{bmatrix} \tag{2-24}$$

对于图 2-12(b)中的平面特征，整体平动和转动后的平面特征上任意一点的位置矢量为 $[x' \ \ 0 \ \ z']^{\mathrm{T}}$，且该位置矢量满足 $x' \in [-W/2, W/2]$、$z' \in [-L/2, L/2]$。经过整体平动和转动的平面特征上的点 P 在几何名义坐标系 $\{O\}$ 中的位置可以用式(2-25)进行计算：

$$\begin{bmatrix} x \\ y \\ z \end{bmatrix} = \begin{bmatrix} 0 \\ v \\ 0 \end{bmatrix} + \begin{bmatrix} 1 & -\gamma & 0 \\ \gamma & 1 & -\alpha \\ 0 & \alpha & 1 \end{bmatrix} \begin{bmatrix} x' \\ 0 \\ z' \end{bmatrix} = \begin{bmatrix} x' \\ v + \gamma \cdot x' - \alpha \cdot z' \\ y' \end{bmatrix} \tag{2-25}$$

式中，$(x', y', 0)$ 为平面特征上任意一点在整体平动和转动后的几何实际坐标系 $\{O'\}$ 中的坐标，$x' \in [-W/2, W/2]$，$z' \in [-L/2, L/2]$；v、α、γ 分别为平面特征沿 Y 轴的平动自由度、沿 X 轴的转动自由度、沿 Z 轴的转动自由度。

整体平动和转动后的平面特征上的任意一点均不能超出公差域范围，在公差域边界 F_1、F_2 和 F_3、F_4 的约束下，根据式(2-23)和式(2-25)，平面特征的整体平动自由度 v 和转动自由度 α、γ 均需要满足式(2-26)所示的约束关系：

$$\begin{cases} T_{\mathrm{L}} \leqslant v + \gamma \cdot x' - \alpha \cdot z' \leqslant T_{\mathrm{U}} \\ -T_{\mathrm{P}}/2 \leqslant \gamma \cdot x' - \alpha \cdot z' \leqslant T_{\mathrm{P}}/2 \end{cases} \tag{2-26}$$

式中，$(x',0,z')$ 为平面特征的四个顶点在平动和转动后的几何实际坐标系 $\{O'\}$ 中的坐标，$(x',0,z')\in\{(-W/2,0,-L/2),(W/2,0,-L/2),(W/2,0,L/2),(-W/2,0,L/2)\}$。当整体平动和转动后平面特征上的四个顶点同时满足不等式(2-26)时，说明四个顶点均不超出公差域，此时可认为变动后的平面特征满足由尺寸公差、位置公差和定向公差的构成组合公差。

4) 形状公差域

平面特征在尺寸公差、位置公差和定向公差引起的特征整体的平动和转动确定后，在此基础上，平面特征的形状公差域的边界面方程如下：

$$\begin{cases} z = v + \gamma \cdot x' - \alpha \cdot z' - T_{\mathrm{F}}/2, & F_5 边界面 \\ z = v + \gamma \cdot x' - \alpha \cdot z' + T_{\mathrm{F}}/2, & F_6 边界面 \end{cases} \tag{2-27}$$

5) 平面特征离散点的独立变动范围

离散点在形状公差域下的独立变动范围如下：

$$-T_{\mathrm{F}}/2 \leqslant v_i \leqslant T_{\mathrm{F}}/2, \quad \forall i,\ 1 \leqslant i \leqslant n \tag{2-28}$$

式中，v_i 为特征上任意一点 i 沿 Y 轴的平动自由度；n 为特征经过离散、细分后的点云数量。

6) 离散点独立变动的约束

离散点在经由形状误差引起的独立变动后，不能超出由尺寸公差定义的公差域，如下所示：

$$T_{\mathrm{L}} \leqslant v_i + v + \gamma \cdot x_i' - \alpha \cdot z_i' \leqslant T_{\mathrm{U}} \tag{2-29}$$

在进行基于统计方法的公差分析及装配精度预测时，首先需要根据公差模型结合实测尺寸的分布情况进行肤面模型仿真数据的生成。常见的零件实际尺寸分布类型有正态分布、均匀分布、三角分布、瑞利分布等。在实际生产过程中，很多随机量都表现为正态分布，如机床经调整后加工出的同批零件的尺寸误差、重复测量产生的测量误差等，均近似服从正态分布。假定航空发动机转子各零件几何特征的加工误差服从正态分布[63]，分布均值 μ 和标准差 σ 计算公式如下：

$$\mu = (V_{\mathrm{U}} - V_{\mathrm{L}})/2 \tag{2-30}$$

$$\sigma = (V_{\mathrm{U}} - \mu)/Z \tag{2-31}$$

式中，V_{U}、V_{L} 分别为各公差的上边界值和下边界值；Z 为标准化正态数，根据 3σ 准则，Z 取为 3，生成的随机数有 99.73% 的概率落入区间 $[\mu-3\sigma,\mu+3\sigma]$。

2. 圆柱特征肤面模型

圆柱特征由中心要素和轮廓要素构成，中心要素是圆柱轴线特征，轮廓要素是圆柱面特征。某圆柱特征的相关尺寸和公差信息如图 2-12(a)所示。圆柱轴线特征通常受同轴度等位置公差或垂直度等定向公差的约束，其公差域是以名义轴线特征为轴，以定位或定向公差 T_P 为直径的圆柱面内的区域；圆柱面特征通常受圆度公差等形状公差的约束，其公差域是两圆柱面间的区域，且以名义圆柱面特征的轴线同轴，两圆柱面的直径分别为 $D - T_F / 2$ 和 $D + T_F / 2$。尺寸公差将同时约束圆柱轴线特征和圆柱面特征。图 2-12(b)中 S_1 是该组合公差域内某一实际圆柱特征。

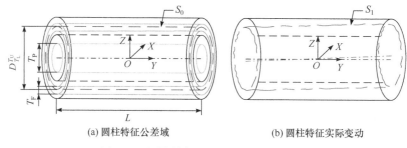

(a) 圆柱特征公差域　　　　　　　　　　　(b) 圆柱特征实际变动

图 2-12　圆柱特征的公差域及变动示意图

1) 形状公差域

在圆柱特征的名义轴线的几何中心建立三维坐标系，将轴线所在中心线的方向定义为 Y 轴方向，X 轴、Z 轴均与 Y 轴相垂直，建立右手坐标系。圆柱特征的形状公差域边界面是以名义圆柱特征的轴线为同轴的内外两圆柱面，可表示为

$$\begin{cases} x^2 + z^2 = (D / 2 + T_F / 2)^2, & F_1\text{边界面} \\ x^2 + z^2 = (D / 2 + T_F / 2)^2, & F_2\text{边界面} \end{cases} \tag{2-32}$$

2) 离散点沿半径方向的变动参数

为了表达圆柱特征的形状误差，即圆柱面离散点沿圆柱特征半径方向的独立变动，增加圆柱面离散点半径变动参数 r_i，r_i 为有符号的代数值。根据圆柱特征的形状公差，r_i 的变动范围计算公式如下：

$$-T_F / 2 \leqslant r_i \leqslant T_F / 2, \quad 1 \leqslant i \leqslant n \tag{2-33}$$

式中，r_i 为第 i 离散点沿圆柱特征半径方向的独立变动值；n 为圆柱面的离散点数。

3) 尺寸公差域

由形状误差导致的圆柱面离散点的半径变动参数 r_i 确定后，定义圆柱特征的尺寸公差域。圆柱特征的尺寸公差域边界面同样是以名义圆柱特征的轴线为同轴的内外两圆柱面，其方程如下：

$$
\begin{cases}
x^2 + z^2 = \left(D/2 + T_\mathrm{L}/2\right)^2, & F_3 边界面 \\
x^2 + z^2 = \left(D/2 + T_\mathrm{U}/2\right)^2, & F_4 边界面
\end{cases}
\tag{2-34}
$$

4) 圆柱面半径变动参数

为了表达圆柱特征的尺寸误差，即圆柱面半径的整体变动值，增加圆柱面半径变动参数 r，r 为有符号的代数值。根据圆柱特征的尺寸公差以及圆柱面离散点半径变动参数 r_i，计算圆柱面半径变动参数 r 的变动范围如下：

$$
r \in \left[\frac{T_\mathrm{L}}{2} - \min(r_i),\ 0\right] \cup \left[0,\ \frac{T_\mathrm{U}}{2} - \max(r_i)\right]
\tag{2-35}
$$

5) 公差域转化

在圆柱面离散点的半径变动参数 r_i 及圆柱面半径变动参数 r 确定后，可以计算得到圆柱面上最大最小外接圆的半径 r_U 和最小最大内切圆的半径 r_L，圆柱面的整体平动和转动范围也随之确定。图 2-13(a)为前述圆柱面特征在 XOZ 平面上的投影，其中 S_0 为名义圆柱特征在 XOZ 平面上的投影，S_1 为半径变动量为 $r + r_i$、整体变动量为 0 的实际圆柱面特征在 XOZ 平面上的投影，该圆柱特征的整体变动范围如图 2-13(b)中的阴影区域所示。

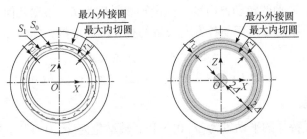

(a) 半径变动量为 $r + r_i$ 的圆柱面　　(b) 圆柱面整体变动到轴线变动的转化

图 2-13　半径变动量为 $r + r_i$ 的圆柱面整体变动范围示意图

圆柱特征整体变动的公差域边界面同样是以名义圆柱特征轴线为轴的两同轴圆柱面之间的区域。依据几何关系，两边界圆柱面中至少有一个会与式(2-34)中的圆柱面 F_3 或者 F_4 重合，具体是与 F_3 重合还是与 F_4 重合取决于哪个圆柱面与 S_1 半径差的绝对值更小。因为两边界圆柱面与 S_1 半径差的绝对值相同，所以不与 F_3、F_4 重合的边界圆柱面也随之确定。

定义参数 Δ 为半径变动量为 $r + r_i$ 的圆柱面 S_1 的整体变动范围大小，Δ 的计算公式为

$$
\Delta = \min\left(r_\mathrm{L} - T_\mathrm{L}/2,\ T_\mathrm{U}/2 - r_\mathrm{U}\right)
\tag{2-36}
$$

分别计算半径变动量为 $r + r_i$ 的圆柱面 S_1 的最大/最小外接圆的半径 r_U 以及最小/最

大内切圆的半径 r_L 与两边界圆柱面 F_3、F_4 的半径差，Δ 等于两半径差之间的最小值，为非负数。圆柱特征整体变动范围的两边界圆柱面的方程如下：

$$\begin{cases} x^2 + z^2 = (D/2 + r_i + r - \Delta)^2, & F_5 \text{边界面} \\ x^2 + z^2 = (D/2 + r_i + r + \Delta)^2, & F_6 \text{边界面} \end{cases} \tag{2-37}$$

在 $r + r_i$ 确定后，圆柱面特征 S_1 在两边界圆柱面 F_5、F_6 区域内的整体变动可以转化为其轴线的变动。该圆柱轴线特征的公差域边界面是一圆柱面 F_7，其方程如下：

$$x^2 + z^2 = \Delta^2 \tag{2-38}$$

在公差设计中，常同时给出圆柱特征中心要素和轮廓要素的公差。当上述圆柱特征具有同轴度等位置度公差 T_P 时，圆柱面的整体平动和转动范围，即圆柱轴线的变动范围将可能进一步缩小，用来表达圆柱面特征 S_1 整体变动范围的参数 Δ 的计算式变为式(2-39)，其余计算式不用修改。

$$\Delta = \min\left(r_L - T_L/2, T_U/2 - r_U, T_P/2\right) \tag{2-39}$$

6) 圆柱特征整体变动范围

圆柱面特征 S_1 与其轴线特征具有四个自由度，分别为沿 X 轴、Z 轴的平动自由度和绕 X 轴、Z 轴的转动自由度。假设轴线长度为 L，根据几何关系可以计算圆柱特征在公差域内整体变动各方向矢量的独立变动范围，如式(2-40)所示：

$$\begin{aligned} -\Delta \leqslant u \leqslant \Delta, \quad -\Delta \leqslant w \leqslant \Delta \\ -2\Delta/L \leqslant \alpha \leqslant 2\Delta/L, \quad -2\Delta/L \leqslant \gamma \leqslant 2\Delta/L \end{aligned} \tag{2-40}$$

7) 约束关系

设圆柱轴线特征的平动量为 $[u \ \ 0 \ \ w]^T$，转动量为 $[\alpha \ \ 0 \ \ \gamma]^T$。使用前述方式在变动后的圆柱轴线特征上建立几何实际坐标系 $\{O'\}$，设位置矢量 $[0 \ \ y' \ \ 0]^T$ 表示变动后的圆柱轴线特征上的任意一点 P 在几何实际坐标系 $\{O'\}$ 内的位置，容易得到该位置矢量满足 $y' \in [-L/2, L/2]$。由式(2-24)可知，变动后圆柱轴线特征上的任意一点 P 在几何名义坐标系 $\{O\}$ 上的位置能够简化为

$$\begin{bmatrix} x \\ y \\ z \end{bmatrix} = \begin{bmatrix} u \\ 0 \\ w \end{bmatrix} + \begin{bmatrix} 1 & -\gamma & 0 \\ \gamma & 1 & -\alpha \\ 0 & \alpha & 1 \end{bmatrix} \begin{bmatrix} 0 \\ y' \\ 0 \end{bmatrix} = \begin{bmatrix} u - \gamma \cdot y' \\ y' \\ w + \alpha \cdot y' \end{bmatrix} \tag{2-41}$$

式中，$(y', 0, 0)$ 为变动后的圆柱轴线特征上的任意一点在变动后的几何实际坐标系 $\{O'\}$ 内的坐标，$y' \in [-L/2, L/2]$；u、w、α、γ 分别为该轴线沿 X 轴、Z 轴的平动量和绕 X 轴、Z 轴的转动量。

在公差域边界面 F_7 的约束下，圆柱特征轴线的整体变动的各方向矢量需要满

足式(2-42)所示的约束关系:

$$(u+x'-\gamma \cdot y')^2 + (w+z'+\alpha \cdot y')^2 \leqslant \Delta^2 \qquad (2\text{-}42)$$

式中, $(y',0,0)$ 为变动后圆柱轴线特征的两个顶点, $(y',0,0) \in \{(0,-L/2,0), (0,L/2,0)\}$ 。

由于零件制造过程具有不确定性,零件尺寸与几何形状不可避免地存在误差,这些误差随着零部件间的装配过程不断累积,并最终对产品的性能产生影响。装配精度预测的过程是对零件误差传递路径构建、传递机理分析的过程。装配精度预测的主要步骤有装配体结构分析、误差传递和累积路径构建、相关结合特征公差模型构建、误差累积结果计算模型构建、预测结果计算与分析。

3. 雅可比旋量方法

本节基于雅可比-肤面的装配特征值演化模型对航空发动机转子零件之间的误差传递模型进行构建,基于多色集合对转子同轴度的误差传递路径进行搜索,并建立航空发动机转子同轴度的预测模型,对模型的预测结果进行计算与分析。

在误差传递累积计算过程中,雅可比矩阵与旋量配合使用,采用成对的功能要素(functional elements, FE)来表示装配变动,最早由 Laperrière 等[64]提出。旋量可用来描述实际几何特征在三维空间中相对于名义特征的变动,将这些变动视为虚拟关节在三维空间中的微小平动和微小转动,使用雅可比矩阵计算实际几何特征间的空间关系,可容易地推导出装配体功能要求(functional requirements, FR)的微小平动和微小转动在全局坐标系中的表达,如式(2-43)所示:

$$
\begin{bmatrix} u \\ v \\ w \\ \alpha \\ \beta \\ \gamma \end{bmatrix}_{F_R}
= \begin{bmatrix} J_1^n & J_2^n & \cdots & J_n^n \end{bmatrix} \cdot
\begin{bmatrix}
\begin{bmatrix} u \\ v \\ w \\ \alpha \\ \beta \\ \gamma \end{bmatrix}_{F_{E_1}} \\[2pt]
\vdots \\[2pt]
\begin{bmatrix} u \\ v \\ w \\ \alpha \\ \beta \\ \gamma \end{bmatrix}_{F_{E_n}}
\end{bmatrix}
\qquad (2\text{-}43)
$$

式中，F_E 为功能要素，即装配体中各零件上的点、线、面等几何特征；F_R 为功能要求，即功能要素的变动累积结果；u、v、w 分别为功能要素或功能要求在三维空间中的 3 个平动矢量；α、β、γ 分别为功能要素或功能要求在三维空间中的 3 个转动矢量；J_i^n 为功能要素 i 到目标功能要素 n 变换的 6×6 雅可比矩阵。

在机器人学中，雅可比矩阵 J 是从关节运动空间到操作空间的线性映射，下面说明雅可比矩阵的作用原理。

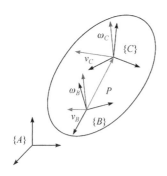

图 2-14　坐标系微分运动关系示意图

几何特征局部坐标系在全局坐标系中的微分运动关系示意图如图 2-14 所示，$\{A\}$ 为固定的全局名义坐标系，局部名义坐标系 $\{B\}$、$\{C\}$ 保持相对位姿不变，^BP_C 为参考点 C 在坐标系 $\{B\}$ 中的位置矢量。

坐标系 $\{B\}$ 发生运动，坐标系 $\{C\}$ 将随之运动，设坐标系 $\{B\}$ 相对于自身的微分运动线速度为 v_B、角速度为 ω_B，坐标系 $\{C\}$ 相对于坐标系 $\{B\}$ 的线速度与角速度如式(2-44)和式 (2-45)所示：

$$^Bv_C = v_B + \omega_B \times {}^BP_C \tag{2-44}$$

$$^B\omega_C = \omega_B \tag{2-45}$$

此时，坐标系 $\{C\}$ 相对于固定的全局名义坐标系 $\{A\}$ 的线速度与角速度如式(2-46)和式(2-47)所示：

$$^Av_C = R_B^A \cdot v_B + \left(R_B^A \cdot \omega_B\right) \times {}^AP_{BC} \tag{2-46}$$

$$^A\omega_C = R_B^A \cdot \omega_A \tag{2-47}$$

式中，R_B^A 为坐标系 $\{B\}$ 到坐标系 $\{A\}$ 的 3×3 坐标变换矩阵，由坐标系 $\{B\}$ 三个坐标轴方向的单位矢量在坐标系 $\{A\}$ 中的投影构成；$^AP_{BC}$ 为 ^BP_C 在坐标系 $\{A\}$ 中的投影，$^AP_{BC} = {}^AP_C - {}^AP_B$。

利用向量叉乘的反交换律改变式(2-46)中 $^AP_{BC}$ 的位置，坐标系 $\{C\}$ 的线速度可以简化为

$$^Av_C = R_B^A \cdot v_B + \left(W_{BC} \cdot R_B^A\right) \cdot \omega_B \tag{2-48}$$

式中，W_{BC} 为向量 $^AP_{BC}$ 的斜对称矩阵。

使用矩阵对式(2-47)和式(2-48)进行统一表示，如式(2-49)所示：

$$\begin{bmatrix} {}^A v_C \\ {}^A \omega_C \end{bmatrix} = \begin{bmatrix} R_B^A & W_{BC} \cdot R_B^A \\ 0_3 & R_B^A \end{bmatrix} \cdot \begin{bmatrix} v_B \\ \omega_B \end{bmatrix} \tag{2-49}$$

式中，0_3 为 3 阶零矩阵。

因此，由局部名义坐标系 $\{B\}$ 相对于自身的运动所导致的坐标系 $\{C\}$ 相对于全局名义坐标系的运动可用式(2-49)进行计算，式中坐标系 $\{B\}$ 中运动速度 $[v_B \quad \omega_B]^T$ 左侧相乘的矩阵即为该变换的雅可比矩阵。

在装配体中建立固定不动的全局实际坐标系 $\{O\}$，并在各功能要素 i 上建立局部实际坐标系，将功能要素 i 的变动转化为目标功能要素 n 的变动，其雅可比矩阵如式(2-50)所示：

$$J_i^n = \left[\begin{array}{c|c} \left[R_i^O \right]_{3\times3} & \left[W_i^n \right]_{3\times3} \cdot \left[R_i^O \right]_{3\times3} \\ \hline 0_3 & \left[R_i^O \right]_{3\times3} \end{array} \right] \tag{2-50}$$

式中，J_i^n 为功能要素 i 到目标功能要素 n 的雅可比矩阵；R_i^O 为局部实际坐标系 $\{i\}$ 到全局实际坐标系 $\{O\}$ 的 3×3 坐标变换矩阵，由局部坐标系 $\{i\}$ 三个坐标轴方向的单位矢量在全局坐标系 $\{O\}$ 中的投影构成；W_i^n 为与 $d_n - d_i$ 相关的斜对称矩阵，

$$W_i^n = \begin{bmatrix} 0 & dz_i^n & -dy_i^n \\ -dz_i^n & 0 & dx_i^n \\ dy_i^n & -dx_i^n & 0 \end{bmatrix} \tag{2-51}$$

其中，$[dx_i^n \quad dy_i^n \quad dz_i^n]^T$ 为全局坐标系 $\{O\}$ 中局部坐标系 $\{i\}$ 原点到坐标系 $\{n\}$ 原点的矢量，$dx_i^n = dx_n - dx_i$，$dy_i^n = dy_n - dy_i$，$dz_i^n = dz_n - dz_i$；$[dx_i \quad dy_i \quad dz_i]^T$、$[dx_n \quad dy_n \quad dz_n]^T$ 为局部坐标系 $\{i\}$、$\{n\}$ 的坐标原点在全局实际坐标系 $\{O\}$ 中的位置矢量。

当局部实际坐标系 $\{i\}$ 的方向与公差分析方向不一致时，若功能要素 i 为倾斜平面，则需要将上述的雅可比矩阵(式(2-50))修改为式(2-52)：

$$J_i^n = \left[\begin{array}{c|c} \left[R_i^O \right]_{3\times3} \cdot \left[R_{PTi} \right]_{3\times3} & \left[W_i^n \right]_{3\times3} \cdot \left(\left[R_i^O \right]_{3\times3} \cdot \left[R_{PTi} \right]_{3\times3} \right) \\ \hline 0_3 & \left[R_i^O \right]_{3\times3} \cdot \left[R_{PTi} \right]_{3\times3} \end{array} \right] \tag{2-52}$$

式中，R_{PTi} 为投影矩阵，由公差分析方向的单位矢量在局部实际坐标系 $\{i\}$ 中的投影构成。

4. 基于雅可比-肤面模型的公差分析及优化

将雅可比矩阵与肤面模型相结合，能够解决肤面模型在偏差传递计算中需要为零件所有表面建模以及特征要素的点对之间距离的测量而导致计算复杂且效率低下的问题。雅可比矩阵在公差分析中是与旋量模型配合使用的，装配体的功能要素对可分为两种类型，即内部副和接触副。将所有的功能要素先用肤面模型表示，再采用相对位置法计算得到实际误差表面的小位移旋量，用此值替换雅可比旋量模型中的旋量值即可计算出功能要求。雅可比-肤面模型可通用地分析串行装配体与具有局部并行结构的装配体。

目前的公差分析主要集中于对串行装配体的研究，局部并行结构会导致多个路径同时参与偏差传递，加剧分析难度。本节考虑只含有串行结构的装配体分析。几种常见的串行结构如图 2-15 所示。

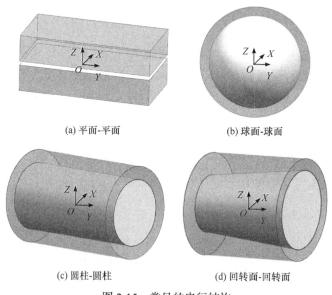

(a) 平面-平面　　　　　　　　　　　　(b) 球面-球面

(c) 圆柱-圆柱　　　　　　　　　　　　(d) 回转面-回转面

图 2-15　常见的串行结构

假设 $A = \left\{ A_i \in \mathbf{R}^3, i = 1, 2, \cdots, N \right\}$ 和 $B = \left\{ B_i \in \mathbf{R}^3, i = 1, 2, \cdots, M \right\}$ 为装配体串行结构的两个功能要素表面，B 为基准，N 和 M 分别为两功能要素表面肤面模型的离散点数量。当功能要素表面 A 与功能要素表面 B 均为理想表面，并且二者具有相反(或相同)的法向(图 2-16(a))时，从功能要素表面 A 到功能要素表面 B 的转换，功能要素表面 A 在其局部坐标系内不会产生任何的转动和平动(图 2-16(b))。

当功能要素表面 A 与功能要素表面 B 为非理想表面(图 2-17(a))时，功能要素表面 A 到功能要素表面 B 的转换会导致功能要素表面 A 在其局部坐标系内产生相应的转动和平动，如图 2-17(b)所示。

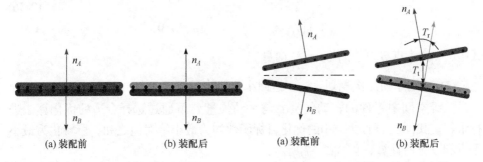

(a) 装配前　　　　　　(b) 装配后　　　　　　(a) 装配前　　　　　　(b) 装配后

图 2-16　理想表面装配示意图　　　　　图 2-17　非理想表面装备示意图

根据刚体运动的小位移变换理论可得，从功能要素表面 A 到功能要素表面 B 的转换可用式(2-53)计算：

$$B = T_r \cdot A + T_t \tag{2-53}$$

式中，T_r 为三维空间转动矢量；T_t 为三维空间平动矢量。

采用相对位置分析将肤面模型转换为小位移旋量，具体步骤如下。

(1) 辨别功能要素对的表面对应点。

对于功能要素表面 A 上的任意一点 A_i，若 B_j 为 B 所有的点中与 A_i 之间的欧几里得距离最短的点，则称 B_j 为 A_i 的对应点，可表示为

$$B_{A_i} = B_j, \quad j = \arg\min \left\| A_i - B_j \right\| \tag{2-54}$$

式中，B_{A_i} 为功能要素表面 B 上与功能要素表面 A 上的点 A_i 的对应点。

(2) 定义目标函数与约束。

对于内部副，组成内部副的两个表面来自同一零件，表示实际误差表面相对于其名义表面的位置变动，因此优化目标是组成内部副的两个表面最大程度相近，用函数可定义为 A_i 与其对应点 B_{A_i} 在装配方向上投影距离的绝对值之和的最小值：

$$\min f = \sum_{i=1}^{N} \left| \left[\left(T_r \cdot A_i + T_t \right) - B_{A_i} \right] \cdot n \right| \tag{2-55}$$

式中，n 为装配方向的单位向量。

对于接触副，组成接触副的两个表面来自不同零件，不同零件间不能存在干涉，即组成接触副的两个表面对应点之间的法向距离应大于或等于零。因此，在式(2-55)优化目标函数的基础上应添加约束条件来限制表面对应点之间的法向距离，以避免表面间点云的互渗，如式(2-56)所示：

$$\min f = \sum_{i=1}^{N}\left|\left[\left(T_{\mathrm{r}} \cdot A_i + T_{\mathrm{t}}\right) - B_{A_i}\right] \cdot n\right|$$

$$\text{s.t. } \left[\left(T_{\mathrm{r}} \cdot A_i + T_{\mathrm{t}}\right) - B_{A_i}\right] \cdot n_{B_{A_i}} \geqslant 0 \tag{2-56}$$

式中，$n_{B_{A_i}}$ 为点 B_{A_i} 的单位顶点法向量。

(3) 使用序列二次规划算法，返回小位移旋量 $\begin{bmatrix} T_{\mathrm{r}} & T_{\mathrm{t}} \end{bmatrix}^{\mathrm{T}}$。

三维空间中零件的转动矢量 T_{r} 与平动矢量 T_{t} 可通过选择合适的优化算法进行求解。式(2-55)和式(2-56)的优化目标函数均为最小绝对值之和，可转化为最小平方和以方便计算，如式(2-57)所示：

$$\min f = \sum_{i=1}^{N}\left[\left(T_{\mathrm{r}} \cdot A_i + T_{\mathrm{t}}\right) - B_{A_i}\right]^2 \tag{2-57}$$

有许多算法可用来求解上述非线性优化问题，如 iHLRF 法[65]、内点法、有效集法、序列二次规划法(sequential quadratic programming，SQP)等[66]。本节选择 SQP 求解非线性优化问题，因为 SQP 能够将复杂非线性约束最优化问题转换为二次规划(quadratic programming，QP)问题，从而求解较为简单的线性约束最优化问题，优化目标函数为二次函数。SQP 基本原理是对拉格朗日函数的二次近似求解。对于式(2-57)，令 $x = \begin{bmatrix} T_r & T_t \end{bmatrix} = \begin{bmatrix} \alpha & \beta & \gamma & \mu & \nu & \omega \end{bmatrix}$，$f(x)$ 为目标函数，$g(x)$ 为约束函数，拉格朗日函数 $L(x, \lambda)$ 如式(2-58)所示：

$$L(x, \lambda) = f(x) - \sum_{i=1}^{m} \lambda_i g_i(x) \tag{2-58}$$

QP 的子问题可以表示为

$$\min f = \frac{1}{2} x^{\mathrm{T}} H x + p^{\mathrm{T}} x + q$$

$$\text{s.t. } Cx \geqslant b \tag{2-59}$$

式(2-59)中的 H、p、q、C、b 分别用式(2-60)~式(2-64)进行计算：

$$H = \sum_{i=1}^{N} \begin{bmatrix} 2(A_y^i)^2 + 2(A_z^i)^2 & -2A_x^i A_y^i & -2A_x^i A_z^i & 0 & -2A_z^i & 2A_y^i \\ -2A_x^i A_y^i & 2(A_x^i)^2 + 2(A_z^i)^2 & -2A_y^i A_z^i & 2A_z^i & 0 & -2A_x^i \\ -2A_x^i A_z^i & -2A_y^i A_z^i & 2(A_x^i)^2 + 2(A_y^i)^2 & -2A_y^i & 2A_x^i & 0 \\ 0 & 2A_z^i & -2A_y^i & 2 & 0 & 0 \\ -2A_z^i & 0 & 2A_x^i & 0 & 2 & 0 \\ 2A_y^i & -2A_x^i & 0 & 0 & 0 & 2 \end{bmatrix}$$

$$\tag{2-60}$$

$$p = \sum_{i=1}^{N} \begin{bmatrix} 2\left(A_z^i B_y^{A_i} - A_y^i B_z^{A_i}\right) \\ 2\left(A_x^i B_z^{A_i} - A_z^i B_x^{A_i}\right) \\ 2\left(A_y^i B_x^{A_i} - A_x^i B_y^{A_i}\right) \\ 2\left(A_x^i - B_x^i\right) \\ 2\left(A_y^i - B_y^i\right) \\ 2\left(A_z^i - B_z^i\right) \end{bmatrix} \tag{2-61}$$

$$q = \sum_{i=1}^{N} \left[\left(A_x^i - B_x^{A_i}\right)^2 + \left(A_y^i - B_y^{A_i}\right)^2 + \left(A_z^i - B_z^{A_i}\right)^2 \right] \tag{2-62}$$

$$C = \left[A_i^{\mathrm{T}} \times n_{B_{A_i}}, n_{B_{A_i}} \right] \tag{2-63}$$

$$b = \left(B_{A_i} - A_i\right) \cdot n_{B_{A_i}} \tag{2-64}$$

使用 SQP 进行优化问题求解的流程如图 2-18 所示。首先，选取合适的初始解 $x_0 = [\alpha_0 \quad \beta_0 \quad \gamma_0 \quad \mu_0 \quad \nu_0 \quad \omega_0]$，计算初始拉格朗日乘子 λ_0、海塞(Hessian)矩阵 H_0，选取允许误差 ε；然后对 QP 子问题进行求解得到 x_k，并计算新的拉格朗日乘子 λ_{k+1}；其次确定步长因子 α_k，计算得到新的迭代解 $x_{k+1} = x_k + \alpha_k \cdot x_k$；最后判断解是否收敛，若收敛，即满足 $|f(x_{k+1}) - f(x_k)| \leqslant \varepsilon$，则停止迭代，输出 x 的最优解，否则修正海塞矩阵 H_k，继续迭代上述步骤，直至解 x 收敛。

基于本节两功能要素表面肤面模型得到串行装配体中两个实际表面在三维空间中的相对转动和平动，即得到内部副和接触副的小位移旋量方法。该方法存在的问题是未考虑到装配体中可能存在的局部并行结构。在公差分析中常只考虑柱面之间的变动，而忽略了端面接触的影响，这种简化操作会影响偏差传递计算结果的可靠性，最终影响装配精度分析的准确性。

常见的局部并行结构可划分为两种类型：第一种类型为并联结果不受参与配合结构几何尺寸影响的局部并行结构；第二种类型为并联结果受参与配合结构几何尺寸影响的局部并行结构[67]。常见的装配体局部并行结构种类如图 2-19 所示，其中图 2-19(a)~(d)的局部并行结构属于第一种类型，图 2-19(e)和(f)的局部并行结构属于第二种类型。

为解决装配体局部并行结构的建模和计算问题，Chen 等[68]出了一种针对雅可比旋量模型局部并行结构的公差分析方法，根据对旋量参数的组合运算，建立了由平面接触副与圆柱接触副组成的局部并行结构的公差分析模型。Jin 等[69]利用雅可比矩阵对航空发动机转子进行了偏差分析，利用精密测量仪器确定了接触表

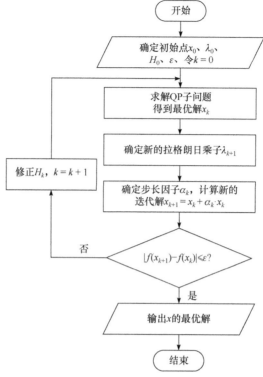

图 2-18　SQP 求解流程

面离散点云的偏差，结合定位基准的主次关系构建了偏差传递函数，最终获得了装配体的累积偏差。Zeng 等[70]将常见的局部并行结构分为两类，针对其中受到几何尺寸影响的局部并行结构类型，提出了基于分析线法和有接触影响的定位公差(localization tolerancing with contact influence，CLIC)的分析计算方法，但该方法获得的是极值形式的结果。本节采用的相对位置法能够考虑到航空发动机转子盘鼓配合过程中存在的局部并行结构的实际误差表面，并且使用如图 2-19 所示的局部并行结构。

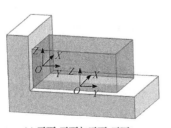
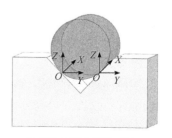

(a) 平面-平面与平面-平面1　　　　　　　　(b) 圆柱-平面与圆柱-平面

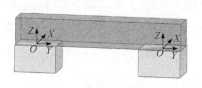
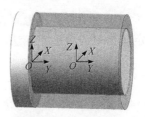

(c) 平面-平面与平面-平面2　　　　　　(d) 平面-平面与圆柱-圆柱

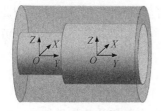
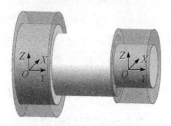

(e) 圆柱-圆柱与圆柱-圆柱1　　　　　　(f) 圆柱-圆柱与圆柱-圆柱2

图 2-19　常见的装配体局部并行结构

　　局部并行结构的多组功能要素特征接触会产生多组约束，因此用于串行装配体的小位移旋量求解的方法并不合适，需要全面考虑局部并行结构处所有功能要素特征实际接触表面的影响。对式(2-59)中的优化目标函数和约束进行调整，选用合适的优化算法计算返回所需要的变动旋量 $[T_r \quad T_t]^{\mathrm{T}}$，整个分析与计算过程如下。

　　(1) 辨别功能要素对的表面对应点。

　　(2) 设局部并行结构出处包含两对接触副，即 A 和 B，以及 C 和 D。根据最小欧几里得距离分别确定两对接触副表面的对应点，如式(2-65)所示：

$$\begin{cases} B_{A_i} = B_j, & j = \arg\min \left\| A_i - B_j \right\| \\ D_{C_s} = D_t, & t = \arg\min \left\| C_s - D_t \right\| \end{cases} \tag{2-65}$$

式中，B_{A_i} 为 A_i 在功能要素特征表面 B 上的对应点；D_{C_s} 为 C_s 在功能要素特征表面 D 上的对应点。

　　(3) 定义目标函数与约束。

　　目标函数为两对接触副表面在装配方向上投影距离的绝对值之和的最小值，即

$$\min f = \sum_{i=1}^{N} \left| \left[(T_r \cdot A_i + T_t) - B_{A_i} \right] \cdot n_1 \right| + \sum_{s=1}^{M} \left| \left[(T_r \cdot C_s + T_t) - D_{C_s} \right] \cdot n_2 \right| \tag{2-66}$$

式中，N 为功能要素特征表面 A 肤面模型的离散点数；M 为功能要素特征表面 C 肤面模型的离散点数；n_1 为 A 和 B 组成的接触副的装配方向；n_2 为 C 和 D 组成的接触副的装配方向。

对存在接触可能的两对接触副表面进行约束，使其满足零件表面的非干涉要求，约束可定义为对应点在表面法向上的投影距离不小于零，可表示为

$$\forall A_i \in A, C_s \in C : \left(T_r \cdot A_i + T_t - B_{A_i}\right) \cdot n_{B_{A_i}} \geqslant 0 \& \left(T_r \cdot C_s + T_t - D_{C_s}\right) \cdot n_{D_{C_s}} \geqslant 0 \quad (2\text{-}67)$$

式中，$n_{B_{A_i}}$ 为 B_{A_i} 的顶点法向量；$n_{D_{C_s}}$ 为 D_{C_s} 的顶点法向量。

(4) 使用序列二次规划算法，返回小位移旋量 $\begin{bmatrix} T_r & T_t \end{bmatrix}^{\mathrm{T}}$。

通过以上步骤，可有效计算出局部并行结构处的变动旋量，因此可将局部并行装配作为整体考虑，在分析全局装配关系时，局部并行装配体即可视为串行装配体以计算装配体的功能要求。

5. 雅可比-肤面模型公差优化方法

公差分析中，敏感度与贡献度经常用来表示相关几何特征的公差或配合对装配精度的影响。敏感度与贡献度的计算结果可作为容差分配的重要依据，同时对装配参数的优化具有一定的指导意义。

1) 雅可比-肤面模型的敏感度

敏感度是指功能要素变动到功能要求变动的传递系数。使用敏感度的高低来表示敏感度绝对值的相对大小，对于敏感度高的功能要素，其产生微小变动也会对功能要求产生较大的影响。一般来说，各功能要素的敏感度高低是由装配体结构与零件尺寸决定的，可通过对相关结构的设计进行优化以降低功能要素的敏感度。在公差设计阶段，可综合考虑加工成本，对敏感度较高的功能要素赋予较小的公差，以保证装配体的功能要求；在加工阶段，予以敏感度高的功能要素较高的加工精度；在装配阶段，需要保证敏感度高的功能要素的装配精度。

在公差分析中，功能要素(FE)和功能要求(FR)之间的关系可用式(2-68)所示的函数关系表示：

$$\mathrm{FR} = f(\mathrm{FE}_1, \mathrm{FE}_2, \cdots, \mathrm{FE}_n) \quad (2\text{-}68)$$

功能要求对各相关功能要素变动的全微分公式为

$$\mathrm{dFR} = \frac{\partial \mathrm{FR}}{\partial \mathrm{FE}_1} \mathrm{dFE}_1 + \frac{\partial \mathrm{FR}}{\partial \mathrm{FE}_2} \mathrm{dFE}_2 + \cdots + \frac{\partial \mathrm{FR}}{\partial \mathrm{FE}_n} \mathrm{dFE}_n \quad (2\text{-}69)$$

式中，$\dfrac{\partial \mathrm{FR}}{\partial \mathrm{FE}_i}$ 为相关功能要素 i 的变动对功能要求的传递系数，即功能要素 i 的敏感度；n 为相关功能要素的数目。

用 ξ_i 来表示相关功能要素 i 的敏感度，则功能要求的计算可采用下式：

$$\mathrm{FR} = \xi_1 \cdot \mathrm{FE}_1 + \xi_2 \cdot \mathrm{FE}_2 + \cdots + \xi_n \cdot \mathrm{FE}_n \quad (2\text{-}70)$$

在雅可比-肤面模型中，雅可比矩阵表示各功能要素的变动到目标功能要素变

动的映射，因此各功能要素 6×6 的雅可比矩阵可视为各功能要素的敏感度矩阵。在多数情况下，公差分析关注的是目标功能要素的某个平动量，这时功能要素的敏感度则为各功能要素的雅可比矩阵中的某一行矢量，矢量中的每个值代表该功能要素的敏感度。

2) 雅可比-肤面模型的贡献度

贡献度是公差信息和敏感度信息的综合结果。贡献度表示相关功能要素的变动对功能要求的影响程度。在公差设计阶段，应使各相关要素公差贡献度的大小相对均衡，公差贡献度较大的功能要素通常是公差优化的主要对象；在加工阶段，需要保证较大贡献度的功能要素的加工精度；在装配阶段，对具有较大贡献度的功能要素的装配参数进行优化，可能得到较好的装配结果。

在公差分析中，相关功能要素的贡献度可用式(2-71)计算：

$$PC_i = \frac{\xi_i^2 \cdot \sigma_{FE_i}^2}{\sigma_{FR}^2} \times 100\% \tag{2-71}$$

式中，PC_i 为相关功能要素 i 的贡献度；σ_{FE_i} 为相关功能要素 i 变动的标准差；σ_{FR} 为功能要求的标准差。

对于雅可比-肤面模型，目前没有相关公差贡献度计算的研究。本节将肤面模型转换为旋量模型，因此可用雅可比旋量模型的公差贡献度计算方法来计算雅可比-肤面模型相关功能要素的公差贡献度。Ghie 等最早提出了雅可比旋量模型公差贡献度的极值计算方法，在此基础上，Chen 等提出了雅可比旋量模型公差贡献度的统计计算方法[68]。与极值法相比，统计计算方法获得的公差贡献度更符合工程实际。

使用 C_{FE_i} 代表各功能要素变动旋量和雅可比矩阵的乘积，C_{FE_i} 的计算如式(2-72)所示，此时功能要求的计算如式(2-73)所示：

$$C_{FE_i} = [J]_i \cdot FE_i = \begin{bmatrix} u \\ v \\ w \\ \alpha \\ \beta \\ \gamma \end{bmatrix}_{C_{FE_i}} \tag{2-72}$$

$$FR = C_{FE_1} + C_{FE_2} + \cdots + C_{FE_n} \tag{2-73}$$

雅可比-肤面模型的公差贡献度是相关功能要素对目标功能要素指定的变动分量的贡献度。在使用统计计算方法对雅可比-肤面模型相关功能要素的贡献度进行计算时，首先需要根据式(2-72)计算得到各功能要素的贡献量，再根据式(2-74)

获得各功能要素的公差贡献度:

$$PC_{FE_i,k} = \frac{\sigma^2_{C_{FE_i,k}}}{\sigma^2_{FR,k}} \times 100\% \tag{2-74}$$

式中, $PC_{FE_i,k}$ 为相关功能要素 i 对功能要求变动分量 k 的贡献度; $\sigma_{C_{FE_i,k}}$ 为 C_{FE_i} 的变动分量 k 的标准差; $\sigma_{FR,k}$ 为功能要求的变动分量 k 的标准差, $k \in \{u,v,w,\alpha,\beta,\gamma\}$。

6. 基于肤面模型的航空发动机转子公差建模与公差优化

1) 航空发动机转子平面模型建模

止口端面是低压转子盘鼓组合件中盘与盘之间的轴向定位表面, 低压转子三级轮盘止口端面的相关尺寸和公差信息如图 2-20 所示, 在止口端面中心建立几何名义坐标系 $\{O\}$, 该坐标系即为名义平面特征的坐标系。

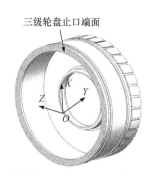
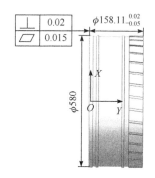

(a) 低压转子三级轮盘止口三维模型图　　　(b) 低压转子三级轮盘止口的尺寸和公差信息

图 2-20　低压转子三级轮盘止口端面的相关尺寸和公差信息(单位: mm)

图 2-20(b)中, 平面特征尺寸公差的上、下偏差分别为 0.02mm 和 -0.05mm, 垂直度公差为 0.02mm, 平面度公差为 0.015mm, Y 轴、Z 轴方向的长度均为 580mm。由式(2-23)、式(2-26)和式(2-28)、式(2-29)可得止口端面的整体平动、转动以及离散点的独立变动范围和三者之间的约束关系, 如式(2-75)和式(2-76)所示:

$$\begin{cases} -0.05 \leqslant v \leqslant 0.02 \\ -\dfrac{0.02}{580} \leqslant \alpha \leqslant \dfrac{0.02}{580} \\ -\dfrac{0.02}{580} \leqslant \gamma \leqslant \dfrac{0.02}{580} \\ -0.015 \leqslant v_i \leqslant 0.015 \end{cases} \tag{2-75}$$

$$\begin{cases} -0.05 \leqslant v + \gamma \cdot x' - \alpha \cdot z' \leqslant 0.02 \\ -0.01 \leqslant \gamma \cdot x' - \alpha \cdot z' \leqslant 0.01 \\ -0.05 \leqslant v_i + v + \gamma \cdot x_i' - \alpha \cdot z_i' \leqslant 0.02 \end{cases} \tag{2-76}$$

式中，$(x',0,z')$ 为变动后的平面特征四个顶点在变动后的坐标系 $\{O'\}$ 中的坐标值，$(x',0,z') \in \{(580/2,0,0),(0,0,580/2),(-580/2,0,0),(0,0,-580/2)\}$；$(x_i',0,z')$ 为变动后平面特征上的离散点在变动后的坐标系 $\{O'\}$ 中的坐标值。

在进行公差分析和装配结果预测时，需要依据建立的公差表达数学模型生成变动仿真数据。针对低压转子三级轮盘止口端面进行的一次仿真所生成的肤面模型如图 2-21(a)所示，沿 $x=0$ 进行剖面如图 2-21(b)所示，可以看出仿真生成的肤

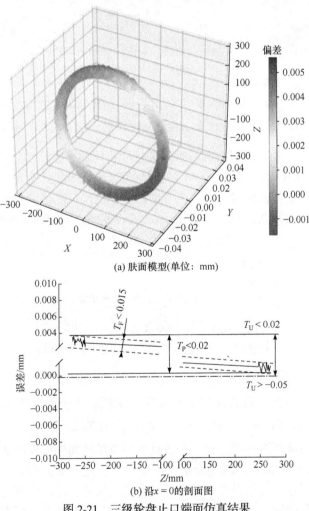

(a) 肤面模型(单位：mm)

(b) 沿 $x=0$ 的剖面图

图 2-21　三级轮盘止口端面仿真结果

面模型的尺寸误差、垂直度误差和平面度误差均满足尺寸公差、垂直度公差和平面度公差的设计要求，即肤面模型仿真数据满足设计公差要求。

2) 航空发动机转子圆柱模型建模

低压转子二级轮盘后轴颈是直径为 120mm 的圆柱面，其相关尺寸及公差信息如图 2-22 所示，在其轴线中点建立局部坐标系 $\{O\}$，该坐标系即为名义圆柱面特征的局部坐标系。

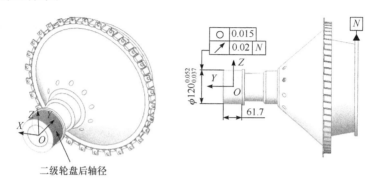

(a) 二级轮盘后轴颈三维模型   (b) 二级轮盘后轴颈的尺寸和公差信息

图 2-22   二级轮盘后轴颈的相关尺寸和公差信息(单位：mm)

由图 2-22(b)可见，二级轮盘后轴颈圆柱面特征的直径尺寸公差的上、下偏差分别为 0.052mm 和 0.037mm，跳动公差为 0.02mm，圆度公差为 0.015mm。由前述内容可得圆柱面特征离散点沿半径方向的变动范围、圆柱面半径变动范围以及整体的平动和转动范围，如式(2-77)所示；三者变动之间的约束关系，如式(2-78)所示：

$$\begin{cases} -0.015/2 \leqslant r_i \leqslant 0.015/2 \\ r \in \left[\dfrac{T_L}{2} - \min(r_i), 0 \right] \cup \left[0, \dfrac{T_U}{2} - \max(r_i) \right] \\ -\Delta \leqslant u \leqslant \Delta, \quad -\Delta \leqslant w \leqslant \Delta \\ -2\Delta/L \leqslant \alpha \leqslant 2\Delta/L, \quad -2\Delta/L \leqslant \gamma \leqslant 2\Delta/L \end{cases} \tag{2-77}$$

$$(u + x' - \gamma \cdot y')^2 + (w + z' + \alpha \cdot y')^2 \leqslant \Delta^2 \tag{2-78}$$

式中，$(x', y', 0)$ 为变动后圆柱特征的轴线两端顶点在变动后的几何实际坐标系 $\{O'\}$ 中的坐标值，$(x', y', 0) \in \{(0, 61.7/2, 0), (0, -61.7/2, 0)\}$。

二级轮盘后轴颈圆柱面进行一次仿真所生成的肤面模型如图 2-23(a)所示，对其沿 $x = 0$ 进行剖面如图 2-23(b)所示，可看出以上述步骤仿真生成的圆柱特征肤面模型的尺寸误差、跳动误差和圆度误差均满足尺寸公差、跳动公差和圆度公差的设计要求，即圆柱特征的肤面模型仿真数据满足设计公差的要求。

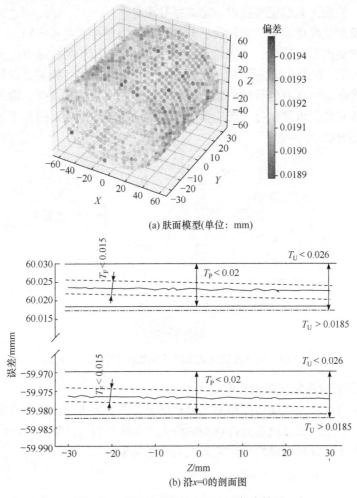

(a) 肤面模型(单位: mm)

(b) 沿*x*=0的剖面图

图 2-23　二级轮盘后轴颈圆柱面仿真结果

3) 基于雅可比-肤面模型的航空发动机转子公差优化

以航空发动机低压转子盘鼓组合件跳动为建模和预测对象,如图 2-24 所示,低压转子盘鼓组合件由一级、二级、三级轮盘堆叠而成,各级轮盘通过止口端面进行轴向定位,止口柱面进行径向定位。在装配过程中需要保证盘鼓组合件的同轴度,为方便测量,本节通过测量跳动来反映其同轴度。在实际装配过程中,二级轮盘后轴颈的跳动及三级轮盘盘缘跳动较难保证,因此以这两个跳动作为建模和预测对象。

通过建立转子二级轮盘后轴颈跳动与三级轮盘盘缘跳动的预测模型,在装配工作之前进行转子装配结果的仿真预测和分析,可以为航空发动机转子的设计容差再分配、装配工艺制定等提供一定的指导意见。

三级轮盘盘缘跳动与二级轮盘后轴颈跳动的偏差传递路径已知，三级轮盘盘缘跳动的预测模型已获取，二级轮盘后轴颈跳动预测模型的构建方法与三级轮盘盘缘跳动类似。根据肤面模型的仿真流程，先生成 2000 组各相关要素的肤面仿真数据，再将肤面仿真数据转换成装配仿真过程中的旋量仿真数据，输入预测模型中，对三级轮盘盘缘跳动与二级轮盘后轴颈跳动的装配结果采用基于蒙特卡罗法进行计算和分析。

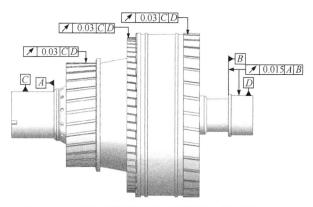

图 2-24　航空发动机低压转子盘鼓组合件(单位：mm)

4) 二级轮盘后轴颈跳动预测结果

二级轮盘后轴颈跳动预测结果的分布情况如图 2-25 所示，图中虚线代表设计要求中二级轮盘后轴颈跳动允许达到的最大值和最小值。表 2-6 给出了雅可比-肤面模型和基于二维尺寸链两种建模方案的预测结果。

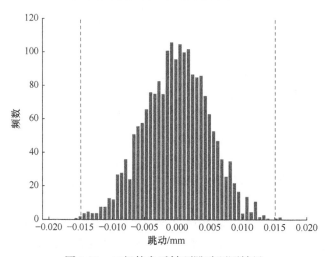

图 2-25　二级轮盘后轴颈跳动预测结果

表 2-6　二级轮盘后轴颈跳动的不同模型预测结果对比

建模方案	均值/mm	标准差/mm	$(\mu \pm 3\sigma)$/mm
二维尺寸链	0.00002	0.00591	[-0.01771, 0.01775]
雅可比-肤面模型	-0.00015	0.00506	[-0.01553, 0.01503]

由图 2-25 可以看出，二级轮盘后轴颈跳动预测结果的均值与设计要求的中值基本一致，跳动预测结果落于设计要求的中值周围，范围略超出设计要求范围。根据表 2-6 对比雅可比-肤面模型与二维尺寸链两种建模方案，由于雅可比-肤面模型引入了空间约束以及考虑了装配过程功能要素间的配合约束，模型计算得到的预测结果范围相对于二维尺寸链的预测结果范围小，预测结果的可靠性高。

基于二级轮盘后轴颈跳动的预测模型计算各功能要素的公差贡献度，结果如图 2-26 所示。

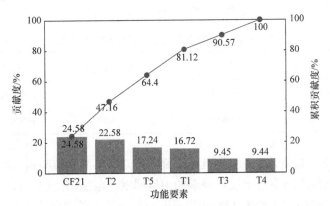

图 2-26　二级轮盘后轴颈跳动公差贡献度

一级轮盘和二级轮盘配合的接触副 CF21、二级轮盘止口端面 T2、二级轮盘止口柱面 T5、一级轮盘止口柱面 T1 到二级轮盘后轴颈中分面的水平距离相近，分别为 395.83mm、395.83mm、398.33mm、397.83mm，较大的尺寸杠杆效用使它们成为二级轮盘后轴颈跳动预测结果的主要变动来源。

转子作为一种轴径比大的装配体，尺寸的杠杆作用较大。在尺寸杠杆的作用下，远离二级轮盘后轴颈中分面的功能要素，其绕任意垂直与转子轴线方向的微小转动都会对二级轮盘后轴颈跳动的装配结果产生较大的影响，因此对应的功能要素会具有较大的公差贡献度，同时预测结果也会具有较大的标准差。

5) 三级轮盘盘缘跳动预测结果

三级轮盘盘缘跳动预测结果的分布情况如图 2-27 所示，图中虚线代表设计要求中三级轮盘盘缘跳动允许达到的最大值和最小值。表 2-7 给出了雅可比-肤面模型和基于二维尺寸链两种建模方案的预测结果。

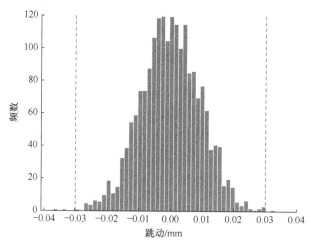

图 2-27　三级轮盘盘缘跳动预测结果

表 2-7　三级轮盘盘缘跳动不同模型的预测结果对比

建模方案	均值/mm	标准差/mm	$(\mu \pm 3\sigma)\,/\,\mathrm{mm}$
基于二维尺寸链	0.00008	0.00956	[−0.02860, 0.02876]
雅可比-肤面模型	−0.00009	0.00940	[−0.02829, 0.02811]

由图 2-27 可以看出，三级轮盘盘缘跳动预测结果的均值与设计要求的中值基本一致，跳动预测结果落于设计要求的中值周围，范围略超出设计要求范围。对于二级轮盘后轴颈，对比雅可比-肤面模型与二维尺寸链两种建模方案，由于雅可比-肤面模型引入了空间约束及考虑了装配过程功能要素间的配合约束，模型计算得到的预测结果范围相对于二维尺寸链的预测结果范围小，预测结果的可靠性高。

基于三级轮盘盘缘跳动的预测模型计算各功能要素的公差贡献度，结果如图 2-28 所示。

一级轮盘和二级轮盘配合的接触副 CF21、二级轮盘止口端面 T2、二级轮盘止口柱面 T5、一级轮盘止口柱面 T1 到三级轮盘盘缘中分面的水平距离相近，分别为 395.83mm、395.83mm、398.33mm、397.83mm，较大的尺寸杠杆效用使它们成为三级轮盘盘缘跳动预测结果的主要变动来源。

不平衡的公差贡献度以及预测结果较大的标准差，源于雅可比-肤面模型考虑了各功能要素在各自公差域内的微小转动。而尺寸杠杆效用放大了这些微小转动，导致其对目标功能要素产生了较大的影响。

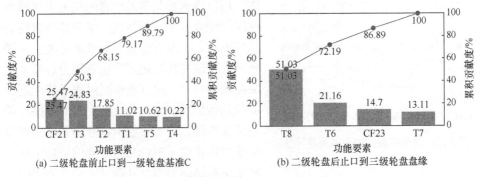

(a) 二级轮盘前止口到一级轮盘基准C　　　　　　(b) 二级轮盘后止口到三级轮盘盘缘

图 2-28　三级轮盘盘缘跳动公差贡献度

2.2.3　基于多色集合的装配偏差传播链建模方法

零件的制造偏差以及装配过程的装配偏差按照偏差传递路径进行累积，最终对装配体几何性能参数产生影响。装配精度预测的两个重点为：①对零件表面偏差及零件间偏差传递的准确表达；②对描述偏差传递路径的装配连接关系图的构建。多色集合具有丰富且逻辑性强的信息表达能力，目前普遍应用于工序优化、调度优化、公差分析等领域的信息建模中，进行信息及信息间关联关系的表达。

本节基于多色集合理论，提出反映装配多维信息的零件层偏差传递矩阵与特征层偏差传递矩阵，以及对应装配关系的计算方法；建立能够同时表示接触副的几何形状、方向与装配关系的零件层围道矩阵，并在零件层围道矩阵的基础上进一步构建特征层围道矩阵，用于搜索装配连接关系中的功能要素和内部副，然后合并搜索结果，构建完整的装配连接关系图；最终利用零件层偏差传递矩阵搜索参与偏差传递的相关零件及零件间的配合特征，利用特征层偏差传递矩阵搜索参与偏差传递的要素特征及特征间的尺寸与几何关系；综合两层的搜索结果，实现复杂装配体偏差传递路径搜索，为公差分析、装配精度预测等研究提供重要依据。

1. 多色集合建模方法

多色集合理论是一种描述系统的理论，也是具有信息处理手段的数学工具，其主要的思想是用相同形式的数学模型表达不同的对象，详细描述集合内各元素间的复杂层次关系[71]。多色集合能够表达集合与集合内元素之间的从属关系，也能够利用着色的方式表达集合与元素本身的性质。同时，多色集合理论具有结构简单、易于编程和拓展性强的特点，适用于解决对信息化、形式化以及逻辑要求高的问题，现已广泛应用于产品概念设计、零件制造工艺、产品装配工艺与公差信息建模等领域。

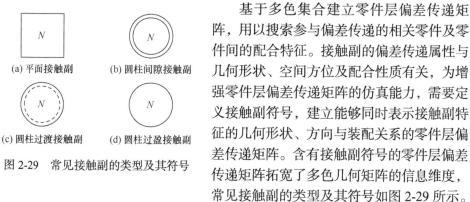

(a) 平面接触副　　　　　(b) 圆柱间隙接触副

(c) 圆柱过渡接触副　　　　(d) 圆柱过盈接触副

图 2-29　常见接触副的类型及其符号

基于多色集合建立零件层偏差传递矩阵，用以搜索参与偏差传递的相关零件及零件间的配合特征。接触副的偏差传递属性与几何形状、空间方位及配合性质有关，为增强零件层偏差传递矩阵的仿真能力，需要定义接触副符号，建立能够同时表示接触副特征的几何形状、方向与装配关系的零件层偏差传递矩阵。含有接触副符号的零件层偏差传递矩阵拓宽了多色几何矩阵的信息维度，常见接触副的类型及其符号如图 2-29 所示。

图中，N 表示平面特征的法线或圆柱特征的轴线。采用接触副符号的零件层偏差传递矩阵，以 C_n、P_n 表示装配过程中不同的零件，如图 2-30 所示。

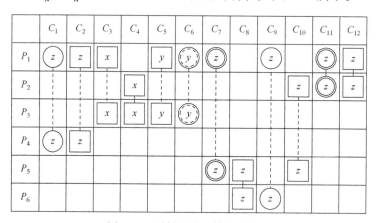

图 2-30　零件层偏差传递示意图

多色集合矩阵的布尔值只包含"有"或"无"两种信息，而零件层偏差传递矩阵的接触副符号能够表达接触副特征的几何形状、方向与装配关系，具有更详细的工程语义。接触副的偏差传递属性与接触副特征的局部坐标系有关，因此在建立零件层偏差传递矩阵时，需要统一接触副特征的局部坐标系坐标轴方向，即特征误差变动方向。零件层偏差传递矩阵在多色集合矩阵的基础上表达了更丰富的装配信息，如图 2-31 所示。

零件层偏差传递矩阵表达了装配体中零件和接触副的关系，在求解复杂装配关系时，需要对不同元素和属性之间的可达性进行分析，以获得元素和属性、元素和元素、属性和属性间的相关关系。在进行装配关系的分析计算时，将零件层偏差传递矩阵转换为只含1和0的多色集合矩阵 M_C。

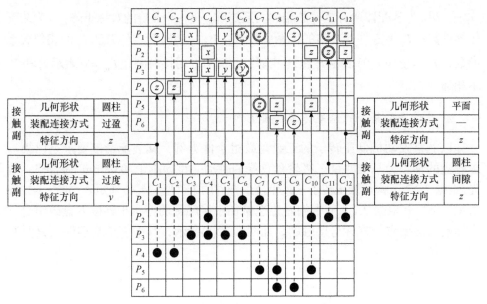

图 2-31　零件层偏差传递矩阵包含的装配信息

1) 装配体中任意两个零件的相邻关系计算

零件层偏差传递矩阵中任意两个零件 P_i 和 P_j 的相邻关系可用式(2-79)进行判断，相邻零件 P_i 和 P_j 之间接触副的数量可用式(2-80)进行计算：

$$N_{P_{ij}} = L_{P_i} \wedge L_{P_j} \tag{2-79}$$

式中，$N_{P_{ij}}$ 为表达零件 P_i 和 P_j 相邻关系的二进制数，若二进制数 $N_{P_{ij}}$ 存在 1，则 P_i 和 P_j 相邻；L_{P_i}、L_{P_j} 分别为零件层偏差传递矩阵第 i 行和第 j 行的二进制数，表达零件 P_i 和 P_j 包含的接触副。

零件 P_i 和 P_j 之间接触副的数量为

$$n_{P_{ij}} = g\left(N_{P_{ij}}\right) = \sum_{k=1}^{n} f_k \tag{2-80}$$

式中，f_k 为二进制数 $N_{P_{ij}}$ 的第 k 位；n 为二进制数 $N_{P_{ij}}$ 的位数。

2) 装配体中所有零件的相邻关系计算

零件层偏差传递矩阵中所有零件的相邻关系均可用式(2-81)进行判断：

$$M_P = M_C \times M_C^{\mathrm{T}} = \begin{bmatrix} P_{11} & \cdots & P_{1n} \\ \vdots & & \vdots \\ P_{n1} & \cdots & P_{nn} \end{bmatrix} \tag{2-81}$$

式中，M_P 为装配体所有零件的相邻关系矩阵，是一个 n 阶的对称矩阵；n 为装配体零件数；P_{ii} 为零件 P_i 参与的接触副数量；$P_{jk}(j \neq k)$ 为零件 P_i 和 P_j 的相邻关系参数，$P_{jk}=g(g \neq 0)$ 表示 P_i 和 P_j 相邻，之间有 g 对接触副，$P_{jk}=0$ 表示 P_i 和 P_j 不相邻。

2. 基于多色集合的偏差传递建模案例

以航空发动机低压转子的三级盘鼓组合件为例，其装配精度要求是以第一级轮盘的轴颈为基准测量三级轮盘盘缘的跳动，跳动小于 0.03mm 为合格。首先，根据 2.2.2 节构建低压转子三级盘鼓组合件的零件层偏差传递矩阵，如图 2-32(a) 所示；然后，根据 2.2.2 节中偏差传递路径中接触副的搜索步骤搜索盘鼓组合件中影响功能要求的零件与接触副，如图 2-32(b) 所示，其中 P_1 是基准件，P_3 是精度输出件。

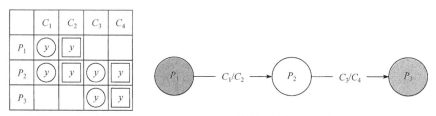

(a) 零件层偏差传递矩阵   (b) 偏差传递路径接触副搜索过程

图 2-32　三级盘鼓组合件零件层偏差传递矩阵及路径搜索过程

P_1-一级轮盘；P_2-二级轮盘；P_3-三级轮盘；C_1-一级轮盘和二级轮盘止口端面接触副；C_2-一级轮盘和二级轮盘止口柱面接触副；C_3-二级轮盘和三级轮盘止口端面接触副；C_4-二级轮盘和三级轮盘止口柱面接触副

对于偏差传递路径自动搜索，只根据零件层偏差传递矩阵搜索得到偏差传递路径上的零件与接触副显然是不足够的，因此在零件层偏差传递矩阵的基础上构建了特征层偏差传递矩阵，用来搜索偏差传递路径上的功能要素特征以及内部副，最后合并路径，形成完整明确的偏差传递路径。

根据图 2-32(b) 所示的三级盘鼓组合件的接触副传递路径搜索结果可以看出，三级盘鼓组合件只存在唯一的一条零件偏差传递路径：以一级轮盘为起点，经过二级转盘，一级轮盘和二级轮盘以其止口端面与柱面进行配合，最后到三级轮盘，二级轮盘和三级轮盘以其止口端面与柱面进行配合。在此基础上继续建立特征层偏差传递矩阵，进行内部副的搜索。

根据设计公差找出上述零件偏差传递路径上各个零件的所有特征和与特征相关联的尺寸和几何公差，并对所有的特征和公差进行编号，建立特征层偏差传递矩阵如图 2-33 所示。图中，F_i 表示特征，T_j 表示公差。

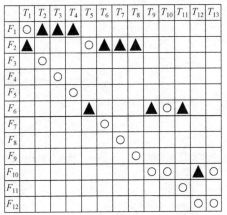

(a) 一级轮盘特征层偏差传递矩阵

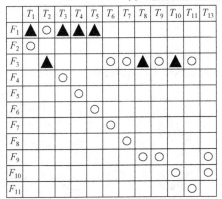

(b) 二级轮盘特征层偏差传递矩阵

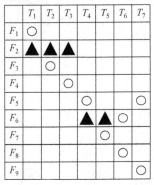

(c) 三级轮盘特征层偏差传递矩阵

图 2-33　特征层偏差传递矩阵

▲-基准特征；○-非基准特征

基于多色集合的偏差传递建模的步骤如下。

(1) 确定各零件的基准与精度输出特征，搜索偏差传递路径的内部副。

以各零件的基准特征或接触副作为起点，搜索与其有公差关联的特征(基准特征在箭头前，非基准特征在箭头后)，若搜索得到的路径包含该零件所有的基准特征和接触副，则该条路径的搜索结束，否则分别以所得的下一特征作为当前基准特征，继续搜索与其有公差关联的特征，直至当前基准特征没有下一与之有公差关联的特征时结束。一级轮盘、二级轮盘、三级轮盘的偏差传递路径内部副的搜索过程如图 2-34 所示。

(2) 确定各零件的主导偏差传递路径。

由图 2-34 可以看出，存在多条偏差传递路径，因此需要确定影响产品功能要求的主要偏差传递路径，以包含所有基准特征与接触副且最短的路径作为各个零件的主导偏差传递路径，如图 2-35 所示。

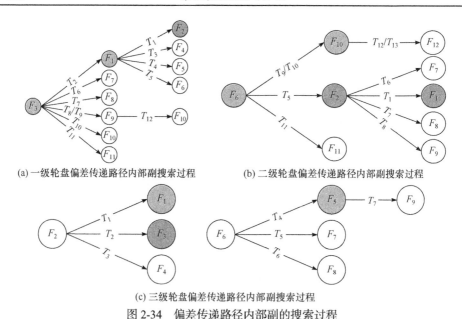

(a) 一级轮盘偏差传递路径内部副搜索过程　　　　(b) 二级轮盘偏差传递路径内部副搜索过程

(c) 三级轮盘偏差传递路径内部副搜索过程

图 2-34　偏差传递路径内部副的搜索过程

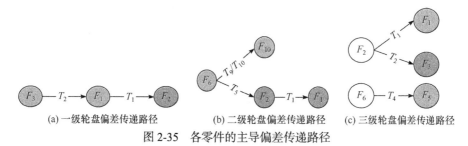

(a) 一级轮盘偏差传递路径　　　(b) 二级轮盘偏差传递路径　　　(c) 三级轮盘偏差传递路径

图 2-35　各零件的主导偏差传递路径

(3) 生成完整的偏差传递路径。

合并由零件层偏差传递矩阵搜索得到的零件级偏差传递路径与由特征层偏差传递矩阵搜索得到的特征级偏差传递路径, 生成完整的偏差传递路径, 如图 2-36 所示。

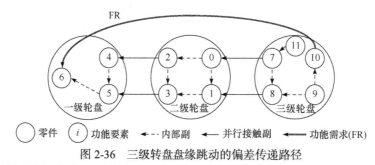

图 2-36　三级转盘盘缘跳动的偏差传递路径

0-二级轮盘后止口端面; 1-二级轮盘后止口柱面; 2-二级轮盘前止口端面; 3-二级轮盘前止口柱面;
4-一级轮盘止口端面; 5-一级轮盘止口柱面; 6-一级轮盘基准 C; 7-三级轮盘止口端面; 8-三级轮盘
止口柱面; 9-三级轮盘基准 B; 10-三级轮盘盘缘; 11-三级轮盘基准 A

本节基于多色集合理论，提出反映装配多维信息的零件层围道矩阵与特征层围道矩阵的构建方法，并对装配连接关系进行求解。利用零件层围道矩阵搜索参与偏差传递的相关接触副，利用特征层围道矩阵搜索参与偏差传递的内部副。综合两层的搜索结果，构建发动机转子跳动误差形成过程的装配连接关系图。

2.3 复杂产品装配过程的质量状态监控与预测

复杂产品装配涵盖从所有零件、成附件到各级组件、单元体、主单元体直至整体的全部过程，其突出的特点是装配过程数据繁多、装配关系复杂、关联要素众多等。装配过程中层级质量信息互联互通弱，不同阶段产生的质量数据在表达形式和表现特征上存在较大差异，缺乏针对全流程信息的有效表征手段，导致基于过程数据和信息的质量状态评估和预测不确定、不准确。

质量特征并非是确定性的，特征的产生源自设计、加工阶段，而在装配阶段，原始的特征随着装配工序的推进和装配行为的发生而变化。传统的质量评价方法依赖于装配完成后成品特定参数的检测，忽略了原始参数与质量评价参数之间的过程性演化关系，装配质量控制严重滞后。针对上述问题，本节研究能够反映装配全过程质量特征变化且具有遗传变异性能的质量基因建模方法及其演化机制，基于设计加工阶段的原始数据对装配基因的变化节点做出评价；结合装配质量偏差网络模型识别出的影响最终装配质量的关键零部件特征，构建质量状态评估集并对最终的装配质量进行预测；基于预测结果，对实装过程进行实时的监控和指导，提高装配质量预控能力。

2.3.1 装配过程质量基因建模方法

产品质量基因技术是基因工程在机械学科应用中的一种延伸[72]，目前产品质量基因理论还没有十分成熟，对其应用仅限于产品设计阶段和加工阶段的信息表征方面。本节以产品基因概念的发展为切入点，对比产品质量基因与生物基因间的相似性，进而对装配过程进行抽象拆分，基于设计—加工—装配过程质量数据级融合，建立全过程多因子质量状态表征体系；制定复杂产品质量基因的编码规则，构建反映产品质量设计预期的原生质量基因并基于该模型研究过程数据的演化机制，为装配过程的质量状态监控与预测方法研究提供数据和信息基础。

1. 机械领域"基因概念"的发展

质量基因是质量基因技术的基础，其表示方法是用结构化和非结构化的语言对其赋予特殊的含义，从而方便计算机的识别和处理。机械产品没有物理上的质量基因，因此挖掘出生物体与产品的相似性是采用类似描述生物基因的方法来表达机械产品质量信息的基础。不同阶段对质量基因的应用目的不同，因此挖掘出的质量信息内容也存在差异。目前关于机械产品质量基因的应用仅限于应用产品的设计阶段[73]和加工阶段，而装配阶段的原始数据和评价标准源于设计阶段和加工阶段，因此构建装配质量基因不仅要对设计阶段和加工阶段的建模内容进行研究，还要根据装配阶段的特性进行新的定义。

在设计阶段，产品基因主要应用于产品结构的概念设计。杨金勇等[74]将产品基因分为功能基因、结构基因、控制基因，如图 2-37 所示。其中，控制基因对应产品的功能、结构、公差、力学等各种信息，不仅要控制已表达基因的功能结构、公差和信息的传递，还要控制下一个结构基因的表达情况，在结构设计中起到信息流的作用。

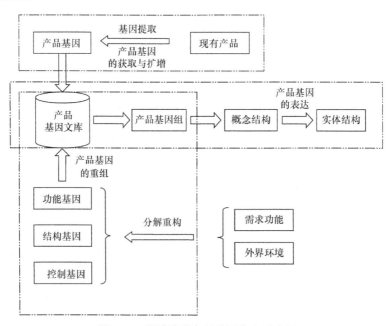

图 2-37　设计阶段产品基因定义及应用

基于产品基因的概念设计是从产品功能出发的，先逆推出实现功能需要的具体功能表面，再根据总功能需求寻求各功能表面之间的联系。完成某一功能可对应多种结构，根据生成的每一类产品数据结构进行计算、分析和判断，逐步得到尺寸链各个环节的组成，进而自动生成每一步尺寸链及全局尺寸链。针对机械产品加工阶段的建模方法规定了产品结构的基本特征及其自动生成的机制，在适合的外界环境条件下能够自动创成特定产品，并能与特定环境合作完成某些功能。

　　制造过程产品质量基因内容的确立从产品制造过程中的质量属性着手，其质量基因需要满足以下三个方面的要求：①通过质量基因能够跟踪产品质量特性；②质量基因能够被克隆和创造新的产品质量特性；③质量特性能够通过虚拟质量基因进化和改进[75]。基于上述要求，从产品质量控制的角度出发，对产品基因定义如下：产品基因是决定产品整体或其局部在各个制造阶段的质量状态、质量表现的综合信息集合，它是产品质量的信息描述单元和遗传单元，这些信息不仅包含直接影响产品质量、具有遗传效应的信息，还包含一些标准化的附属信息，以便于产品基因信息的跟踪、管理和应用，其具体结构如图 2-38 所示。

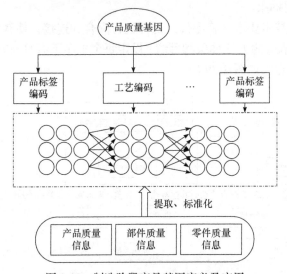

图 2-38　制造阶段产品基因定义及应用

　　制造过程的质量基因应用主要体现在制造过程质量诊断和制造过程质量预测两个方面。在制造过程质量诊断方面，基于质量基因的工序质量缺陷知识库，在已知质量信息的情况下，对信息进行处理得到质量基因元素，运用粒子群算法等比对当前质量基因与缺陷基因知识库中案例的相似度，从而找到最相似的实例，进而根据实例和相关信息找到质量问题的根源，并做出改进。在制造过程质量预测方面，在产品生产过程中，根据质量基因预测出潜在的问题，以保证产品的质量。根据最小质量基因元素导致质量缺陷的概率，以及当前零部件质量特性的实际检测值，分析可能引起故障的影响因素。

2. 装配过程融合建模

　　机械产品经历的每个阶段都有其特点，这使得很难用统一的一套建模方法来表述各个阶段质量基因的内容。基于机械产品的特性，可以抽象出机械产品的质量基因概念：在机械领域，若将机械产品看成生物个体，则在产品装配过程中挖掘出的具有遗传效应的产品质量信息即可对应为产品质量基因。

产品质量基因在机械领域的应用是建立在机械产品与生物体之间多维度相似性的基础上的，通过分析它们之间的相似性，能够挖掘出产品质量基因研究和应用的可行性和方向，从而构建合理的产品质量基因模型、描述规则以及应用方法等。在上述定义的基础上，对装配过程进行抽象并与生物体成长、进化的过程进行对比，挖掘该过程中对最终质量产生影响的内容及影响关系，即可确认装配质量基因的具体内容。

1) 装配过程抽象

根据规定的技术要求，将零件或部件进行配合和连接，使其成为半成品或成品的过程称为装配。为方便抽象和理解，设定每个工序下有且只有一个装配关系，产品装配过程示意图如图 2-39 所示。

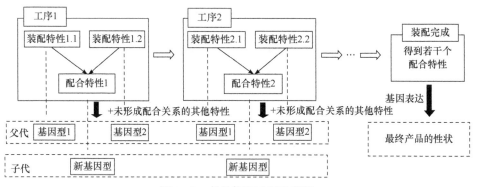

图 2-39　产品装配过程示意图

工序 1：具有装配特性 1.1 的零件与具有对应装配特性 1.2 的零件经过装配形成零部件组合 1。装配完成后的零部件组合 1 不仅具有一个新的配合特性(配合特性 1)，还继承了两个零件在该工序未形成配合关系的其他特性。

工序 2：在工序 1 结束后得到的零部件组合 1 上继续进行装配，将其在本工序下具备的装配特性 2.1 与待装配零件的装配特性 2.2 组合形成零部件组合 2。零部件组合 2 获得配合特性 2 以及本工序下两个待装配件上其他未形成配合关系的其他特性；

......

最终工序 n：得到零部件组合 n(成品)，该成品具有所有配合特性以及装配过程中未形成配合关系的其他特性。

经过上述产品装配过程，可以总结出装配过程的特点：

(1) 按工序进行的装配过程，每个工序下具有配合关系的装配特性都消失并生成新的配合特性；

(2) 每级装配完成后形成的新部件，不仅获得新的配合特性，还继承参与装配零件未形成配合关系的其他特性；

(3) 未参与装配的其他特性在整个装配过程中不会消失，但会随着装配过程发生变化。

2) 装配质量基因内容

基于上述产品装配过程以及装配过程的特点，从建模目的出发，要求装配质量基因模型不仅要包含装配过程中零件、工艺、人员的基本信息，还要能够描述零件的各种特征在装配过程中的演化情况，本节从产品装配过程中的质量特性着手，确定质量基因需要具有的内容。

装配过程中涉及的质量数据不仅包含该过程的过程性数据，还包含设计阶段和加工阶段的质量数据，其结构复杂且信息量大，因此本节在加工阶段和制造阶段质量基因模型的基础上对它的结构和内容进行更新，提出多级网络结构来表述产品质量基因，其内容架构如图 2-40 所示。

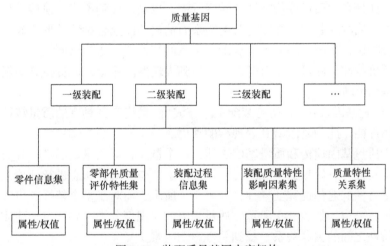

图 2-40　装配质量基因内容架构

根据复杂产品装配的质量特性，将装配质量基因的层次定为四层。第一层为总的产品质量基因，第二层是装配工序信息，第三层包含参与装配的零件信息集、零部件质量评价特性集、装配过程信息集、装配质量特性影响因素集以及质量特性关系集，第四层表示第三层的状态和属性。

第三层各集合包含的主要内容如下。

(1) 零件信息集，主要描述该工序下参与装配的零件的种类、编号及规格。

(2) 零部件质量评价特性集，包含该工序完成后，对当前工序的装配质量有评价作用的质量特性。一般情况下，装配完成后进行测量的特性都可作为该集合的元素。

(3) 装配过程信息集，特指装配过程中涉及的特殊工艺变量以及对本工序的装配质量评价参数产生影响的其他变量，如热装的温度、紧固件的拧紧力、孔轴零件的对接相位、工装夹具、装配人员等。

(4) 装配质量特性影响因素集，包含该工序完成前，参与装配的零部件具有的尺寸以及非尺寸特征。一般情况下，装配前进行测量的特性都可作为该集合的元素。

(5) 质量特性关系集，主要包含本工序从始至终涉及的质量特性之间的关联关系信息。

3. 装配质量基因分类

在生物学基因概念中，存在遗传、表达两个重要过程。其中，遗传过程解释了子代与母代之间存在的联系；表达过程则解释了生物体基因型与外在表现存在的联系。在装配中，这两种过程可解释如下。

(1) 质量基因遗传：每个工序完成的过程，都是待装配件具有的质量特性到装配后零部件具有的质量评价特性的转变过程，也是亲代到子代的遗传过程。在这一过程中，成对的装配特性因为装配关系而消失并以配合特性的形式成为零部件质量评价特性，在该工序未形成配合关系的其他特性依然以原始形式成为零部件质量评价特性。此过程没有突破基因型到表现型的界限，遗传得到的新的特性仍属于基因范畴。

(2) 质量基因表达：在所有装配工序完成后，最终产品具有的质量特性综合表现为产品性能，此为基因型到表现型的映射。

基于质量基因遗传和质量基因表达这两个概念，对质量基因进行分类。对于单个质量特性，可以根据实际情况与设计需求的差异对其状态进行评价，目的为表现质量特性的遗传性和变异性，如表 2-8 所示。而对于多个特性，可以按表现型对其进行分类，如表 2-9 所示。质量基因的表现型分类主要用以构建质量性状与质量特性之间的关联关系，找到关键影响因素。

表 2-8　质量基因分类(按质量特性分类)

基因类型	含义	符号表达
正常基因	质量特性值在精度范围内	AA、BB
亚正常基因	质量特性值接近精度范围上下限	Aa、Bb
非正常基因	质量特性值超出精度范围	aa、bb

表 2-9　质量基因分类(按表现型分类)

基因类型	含义
显性基因	与某一质量性状相关的特性基因为显性基因
隐性基因	与某一质量性状无关的特性基因为隐性基因

4. 质量基因内容获取

获取产品基因的相关信息并进行编码是产品基因模型构建、信息检索和存储的基础，装配质量基因具有四层架构，其中装配工序层、装配信息层、状态属性层的内容获取方式如下。

1) 装配工序层内容获取

装配过程中的各个工序可直接从装配工艺书等规范性文件中获取，但为了使整个装配过程更直观、更易于理解，在质量基因建模中只提取有实际装配行为的工序，并将其分为装配前、装配中、装配后三个阶段，与该实际装配工序有关的其他工序内容，如检验工序、吊装工序等都作为该工序的子内容按照实际情况并入三个阶段中。

2) 装配信息层内容获取

装配质量基因第三层的零件信息集、零部件质量评价特性集、装配过程信息集、装配质量特性影响因素集的元素可以直接从装配工艺书以及装配过程质量记录卡中提取，而质量特性关系集涉及不同质量特性之间的影响关系，它的获取相对于其他集合更复杂。

装配工序过程是产品质量形成的重要环节,在某一道装配工序进行的过程中,通常情况下是以上道工序的质量特性作为本道工序质量的关键影响因素。当特征因素过多，耦合关系比较复杂时，可以采用复杂网络、贝叶斯网络(Bayesian network，BN)等方法来描述不同工序间及质量特性间的关联性。

3) 状态属性层内容获取

基于装配信息层各信息集的具体内容，可以对装配质量基因的信息来源进行以下划分。

(1) 基础信息：主要为装配基因的获取提供原始信息，如工量夹具、人员、装配工艺书等。

(2) 设计信息：无论是质量特性状态的判定还是质量基因内容的确定，都离不开原始的设计信息，质量基因第三层各集合内具体元素的补充，也需要以设计信息为基础。

(3) 过程信息：装配质量基因的动态变化都源于装配过程信息，这些信息均与产品质量的形成有关或反映了产品的质量特征，因此会被提取出来作为装配质量基因的一部分，如零件各类实际参数、装配工艺等，过程信息是产品制造过程质量动态控制的主要依据。

在上述数据来源中，基础信息提供表示质量基因属性所需的通用信息，设计信息不受产品装配执行过程的影响，其属性状态为"静态"，过程信息是随着装配过程的进行而产生的或动态变化的，这类信息所对应的质量基因属性为"动态"。质量基因中具有动态属性的内容反映了装配过程质量状态的变化，因此在构建质量基因模型时，考虑的是对整个装配过程信息的标准化和规范化表达，以全面和统一为要求，但在评价装配过程质量或者对最终装配质量进行预测时，会更多地关注各级工序下质量数据的变化及工序间信息的传递和更新。

5. 编码方式

装配质量基因元素包含大量的信息，因此需要一个合理的编码系统来减少重复采集和存储的冗余性，最大限度地消除由名称、描述以及分类等不一致产生的误解，进而提高基因描述、检索、分类的能力。

目前，国内外许多学者对编码系统进行了大量的研究。顾新建等[76]提出了编码系统的原则，即标识的唯一性、分类性、开放性、可维护性、完整性以及智能性；汪焰恩等[77]提出了基于零件特征基因编码的零件设计算法。在以上研究的基础上，结合产品装配质量信息的特点，综合运用语义编码方法、分类编码方法和功能图像编码方法提出了一个面向复杂产品装配过程质量基因的编码系统。

根据产品质量基因的数据结构和编码方法，定义产品质量基因编码具有以下两种特性：

(1) 质量基因编码包含零件信息集、零部件质量评价特性集、装配过程信息集、装配质量特性影响因素集和质量特性关系集；

(2) 质量基因编码包含两层结构，第一层表示产品质量基因的主要信息，第二层采用结构化和半结构化语言表示第一层相关的属性、状态和相关信息。

产品的质量基因更多地关注质量特性以及各级质量特性之间的关系，因此在指定编码规则时，希望能直接通过编码直观获取相关关系，因此制定如表 2-10 所示的质量基因编码规则，并基于该规则给出如图 2-41 所示的模型总图。

表 2-10　质量基因编码规则

层次	所属工序	零件信息集	零部件质量评价特性集元素编号	装配过程信息集	装配质量特性影响因素集
第一层	Ⅰ，Ⅱ，Ⅲ，…	P1, P2, …	S1, S2, …	Q1, Q2, …	Pi-0/1-Tj(Pi 代表零件种类；0/1 代表是否为配合特性；Tj 代表质量特性)

层次	所属工序	零件信息集	零部件质量评价特性集元素编号	装配过程信息集	装配质量特性影响因素集
第二层	工序描述	零件种类-入厂编号-设计值	特性种类-特性值范围-特性实测值	装配过程操作-操作要求	特性对评价特性的影响系数值

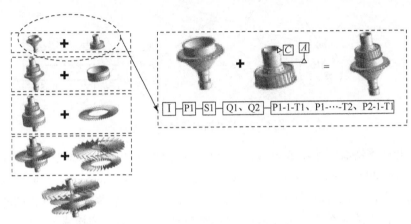

图 2-41　模型总图

Ⅰ-工序 1；P1—一级轮盘；S1-装后第一级轮盘 *C* 面跳动；Q1-人员；Q2-加热 100℃；P1-1-T1—一级轮盘上有配合关系的后轴颈外径；P2-1-T1-二级轮盘上有配合关系的前轴颈内径

2.3.2　基于贝叶斯网络的装配质量预测方法

装配过程质量评估、预测的传统方法大多是在检测设备大量应用的基础上，通过对在线检测数据的统计分析来达到装配过程中质量监控的目的。然而，在实际装配车间，由于设备、人员及生产效率等的影响，检测数据往往表现出小样本、不完备的特点，导致无法观测到装配过程中各类质量特性参数输入、传递与输出的完备信息。

综合来看，复杂的机械产品装配过程以及不完备检测条件下的装配质量评估、预测表现为不确定性问题，正确表达装配偏差的不确定性影响关系是解决装配质量状态评估预测问题的关键内容。因此，本节在质量基因模型的基础上，通过贝叶斯网络综合处理各类先验信息和检测数据来解决小数据集下网络模型学习困难的问题，以及先验信息的主观性使预测结果不精确的问题。

1. 贝叶斯网络概述

贝叶斯网络又称信念网络(belief network)，或有向无环图模型(directed acyclic graphical model)，它是一种概率图模型，于 1985 年由 Judea Pearl 首次提出。贝叶斯网络是一种模拟人类推理过程中因果关系的不确定性处理模型，其网络拓扑结构是一个有向无环图(directed acyclic graphical，DAG)，如图 2-42 所示。

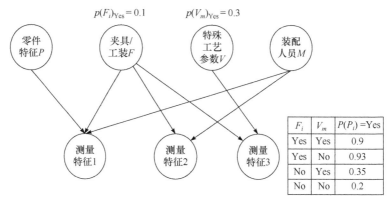

图 2-42　贝叶斯网络简单模型

贝叶斯网络有三个组成要素，即节点、有向连接线、条件概率表(conditional probability table，CPT)。其中，节点表示随机变量 $\{x_1, x_2, x_3, x_4, \cdots\}$，它们可以是可观察到的变量，也可以是隐变量、未知参数等；有向连接线表示被连接的两个节点之间存在因果关系或非条件独立，当两个节点被一个有向连接线连接在一起时，则表示箭头出发的节点是"因(parents)"，箭头指向的节点为"果(children)"，两节点间存在一个条件概率 P；条件概率主要度量贝叶斯网络中父节点与子节点的影响关系强度，对于没有父节点的根节点，其条件概率表示其各状态下的先验概率，假设节点 A 直接影响节点 B，即 $A \rightarrow B$，则采用从 A 指向 B 的有向连接线建立节点 A 到节点 B 的有向弧(A,B)，权值(连接强度)用条件概率 $P(A|B)$ 来表示。贝叶斯网络的组成三要素如图 2-43 所示。

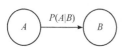

图 2-43　贝叶斯网络的组成三要素

综上所述，在对所研究系统中涉及的随机变量进行提取，并根据变量间是否存在因果关系将各个变量用有向连接线进行连接后，该系统的贝叶斯网络即搭建成功。其主要用来描述随机变量之间的条件依赖(conditional dependencies)，用圈表示随机变量，用箭头表示条件依赖。

令 $G = (I, E)$ 表示一个有向无环图，其中 I 代表网络中所有节点的集合，E 代表有向连接线段的集合，且令 $X = (X_i)$，$i \in I$ 为其有向无环图中的某一节点 i 所代表的随机变量，节点 X 的联合概率可以表示为

$$P(x) = \prod_{i \in I} P\left(x_i \mid x_{\mathrm{pa}(i)}\right) \tag{2-82}$$

式中，$x_{\mathrm{pa}(i)}$ 为节点 x_i 的"因"的集合。

对于任一节点，给定它的马尔可夫覆盖，该节点和网络中的所有其他节点都是条件独立的，这也是贝叶斯网络能将联合概率有效分解的原因。因此，对于任意的随机变量，其联合概率可由各自的局部条件概率分布相乘而得出，如式(2-83)所示：

$$p(x_1, x_2, \cdots, x_k) = \prod_{i=1}^{k} p\left(x_i \mid x_{\mathrm{pa}(i)}\right) \qquad (2-83)$$

根据机械产品在装配过程中存在的相关特点，构建基于贝叶斯网络的装配质量评估、预测方法，其构建流程如图 2-44 所示。

2. 基于质量基因的贝叶斯网络生成

由对贝叶斯网络的介绍可知，贝叶斯网络的建模需要获取三类信息，即节点、网络结构、各节点的条件概率表。在贝叶斯网络的发展初期，节点之间的连接结构和每个节点的条件概率主

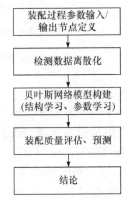

图 2-44　基于贝叶斯网络的装配质量评估、预测方法构建流程

要由各个研究领域专家的经验来确定。在问题相对比较简单时，这种方法建立的贝叶斯网络能够正确描述各个变量之间的因果关系，但是当问题比较复杂、各个变量之间的关系不明确时，如复杂产品各质量特性之间的耦合关系，仅依据专家知识建立起的网络是不完整、不准确的，此时条件概率表的数值也无法利用经验或专家知识获取。因此，贝叶斯网络研究领域的相关学者开始了模型学习的研究工作。

模型学习就是通过从数据中获取信息进而确定贝叶斯网络的结构和参数，对应的学习过程称为结构学习和参数学习，主要工作包括对节点间依赖关系的发现以及对各节点条件概率表的确定。其中，结构学习可以确定网络节点和网络结构，将多种网络结构与检测样本进行匹配，匹配结果最好的网络结构即为结构学习的结果；而参数学习是在已知网络结构的条件下，学习网络中各节点的概率分布表。随着模型学习算法的发展，参数学习方法已逐渐成熟，如极大似然估计、贝叶斯估计以及针对不完备数据的最大期望(expectation maximization，EM)法等。

无论是结构学习，还是参数学习，都对检测数据量的要求较高，数据量的大小也决定了模型学习结果与实际研究系统的差异大小。因此，在装配过程数据无法直接支撑模型学习的情况下，先基于设计信息及工艺信息构建原始的贝叶斯网络。

1) 节点获取

复杂产品的装配质量受零件、工艺、环境、人员等多方面的影响，前面已经在质量基因的装配信息层对装配过程中的各类质量特性进行了总结，质量特性参

数分类如图 2-45 所示。

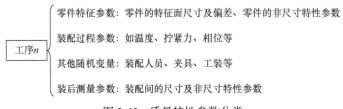

图 2-45　质量特性参数分类

　　基于质量基因第三层的各信息集,以装配前的零件特征参数、装配过程参数、其他随机变量为单级装配贝叶斯网络的输入,以装配后测量参数为单级装配贝叶斯网络的输出,可以直接获取贝叶斯网络的节点。

　　2) 初始网络结构确定

　　在实际装配制造过程中,由于零件的柔性特征、制造工艺以及人为操作等的影响,装配体的质量特性参数在每个阶段都会发生变化,最终导致实际生产得到的质量特征值与设计值存在一定的差异。零件特征参数、装配过程参数、其他随机变量对装配后测量的质量特性参数的影响作用不同,因此在构建网络输入节点到输出节点的映射关系时,选用的方法也存在区别。

　　机械装配中的特性可分为两大类,即制造或部件尺寸和装配尺寸或关键特性。零件的尺寸偏差和几何偏差是累积的,会直接影响机械系统的功能尺寸和装配尺寸。

　　基于贝叶斯概率容差模型的概率叠加模型进行容差可靠性分析。根据所提出的方法,首先需要建立堆叠函数的初始回归模型,然后根据后验实验观测结果,采用贝叶斯模型更新方法对其进行改进。一般来说,贝叶斯概率容差模型可以表示为

$$t_y = \theta_1 t_{x_1} + \theta_2 t_{x_2} + \cdots + \theta_n t_{x_n} + \varepsilon \tag{2-84}$$

式中,t_{x_i} 和 t_y 分别为独立尺寸 I 的公差和机械装配的公差;θ 为模型参数;ε 为模型误差;n 为参数个数。

　　在传统的方法中,回归模型的参数 u 被描述为常系数。但在贝叶斯方法中,回归模型的参数 u 被认为是概率参数[78]。为求得贝叶斯概率叠加模型的初始参数 u,可以通过以下方法建立初始叠加函数。

　　(1) 原有数据拟合。

　　在某些应用中(特别是在重新设计或逆向设计应用中),可以从物理和虚拟原型的检验以及产品的质量控制中收集先验实验数据,用于构建初始叠加功能。在这种情况下,可以根据现有的试验数据拟合线性回归模型,进而对设计

公差和功能或装配变量进行拟合。因此，所得模型可作为贝叶斯模型更新的初始叠加函数。

(2) 使用可用的叠加函数。

一般来说，机械装配体 y 的因变量(功能变量或装配变量)可以表示为独立(设计)变量 $x_i (i=1,2,\cdots,n)$ 的函数。这个函数通常称为装配函数，它可以用一般的显式形式描述：

$$y = f(x_1, x_2, \cdots, x_n) \tag{2-85}$$

通常，利用基于灵敏度系数的线性化方法将组合函数线性化，可以将叠加函数表示为线性形式。在某些应用中，机械系统的叠加函数可以写为显式解析形式。在一些复杂的非线性程序集中，推导出显式的叠加函数是困难的，甚至是不可能的。

在一些文献中，提出了几种有效的方法(向量环法[79]、T-Map 模型计算方法[80]、雅可比矩阵法[81]等)来建立机械装配件公差分析的叠加函数。已有的模型可用于该方法的第一步，在装配体的标称几何位置建立初始线性化叠加函数，然后通过基于后验实验观测的贝叶斯模型修正方法对其进行改进。

(3) 利用灵敏度系数估算模型参数。

由于构造一个合适的叠加函数通常是困难的或不可能的，初始贝叶斯概率容差模型可以通过使用线性模型中标称几何上的灵敏度系数来建立。在某些应用中，利用基于 CAD 的参数化模型计算灵敏度系数并不困难。通过在机械装配 CAD 模型中引入有效尺寸的变化来估计灵敏度因子，进而评估由此产生的装配尺寸变化。以影响关系较为复杂的夹具夹紧力对零件变形产生的影响为例，提出网络结构确定方法。

假设装配前零件上的制造偏差为 V_u，夹具将这个带有偏差的零件定位在名义位置上的力为 F_u，则夹紧力与零件制造偏差间的关系可以表示为

$$F_u = K_u \cdot V_u \tag{2-86}$$

式中，K_u 为零件刚度矩阵。

在装配工位上，夹具会将带有制造偏差的零件固定在名义位置上，由力学分析可知夹紧力 F_u 与焊接后装配体的刚度矩阵 K_u，则回弹力 F_w 和装配体上的回弹变形量 V_w 之间的关系可以表示为

$$F_w = K_w \cdot V_w \tag{2-87}$$

由于夹具施加在零件上的夹紧力与其释放后的回弹力相同，通过式(2-86)和式(2-87)的变量代换，可以获得零件制造偏差与装配偏差之间的线性关系，如式(2-88)所示：

$$V_{\mathrm{w}} = K_{\mathrm{w}}^{-1} \cdot K_{\mathrm{u}} \cdot V_{\mathrm{u}} = S \cdot V_{\mathrm{u}} \tag{2-88}$$

式中，S 为零件制造偏差与装配偏差的敏感度矩阵。

该偏差模型也称为力学偏差模型。从数学分析的角度来看，该力学偏差模型的关键就是要获得偏差源向量 V_{u} 与装配偏差 V_{w} 之间的线性映射矩阵 S，即夹紧前后零件的刚度矩阵。

对于装配偏差的贝叶斯网络模型，网络结构设为两层，输入层为偏差节点，用 F_i 表示第 i 个偏差源节点；输出层为总成件上的观测节点，用 S_j 来表示。除了装配过程检测数据，偏差仿真分析的敏感度矩阵是另一个解释偏差传递关系的信息源。设有 m 个偏差源节点和 n 个观测节点，根据有限元分析可以获得观测节点对偏差源节点的敏感度矩阵 S。敏感度矩阵中的元素 S_{ij} 表示观测节点对偏差源节点的敏感度系数，其意义为在其他偏差源不变的情况下，第 i 个偏差源每变化一个单位装配偏差的变形位移量。但由于各偏差源节点自身波动情况各不相同，无法仅根据敏感度矩阵来判定偏差源节点对观测节点偏差的贡献度大小。因此，可将敏感度参数与偏差源的均方差之积定义为广义敏感度因子，计算公式如式(2-89)所示：

$$s'_{ij} = s_{ij} \cdot \sigma_{F_i} \tag{2-89}$$

式中，σ_{F_i} 为第 i 个偏差源变量的均方差。

直接获取偏差源节点方差比较困难，可以通过估计的方法获得，当研究集中于装配过程的质量监控预测时，可以利用设计阶段已获得的质量特性的设计值来估计其方差。对于尺寸特性，其公差带宽度通常为该特征的 6 倍均方差，因此设偏差源节点的公差带宽度为 T_F，则可获得偏差源的均方差 σ_{F_i}。对于任一观测节点，都有 m 个潜在的偏差源节点，式(2-90)定义了第 i 个偏差源节点对第 j 个观测节点的贡献度因子：

$$\lambda_{ij} = \frac{\left|s'_{ij}\right|^2}{\sum_1^n \left|s'_{ij}\right|^2} \times 100\% \tag{2-90}$$

可见式(2-90)中的分母通过分解后即为各质量特性相互独立时观测变量的方差。也就是说，在各偏差源变量相互独立时，贡献度因子可以表示为

$$\lambda_{ij} = \frac{s_{ij}^2 \cdot \sigma_{F_i}^2}{\sigma_{S_j}^2} \times 100\% \tag{2-91}$$

由以上贡献度因子构成的矩阵为贡献度矩阵 $Q_{n \times m}$。对于观测节点 S_j，各偏差源对它的贡献度因子构成了贡献度矩阵的第 j 行。将对应的贡献度因子从小到大

排列，获得 $\lambda_{j(1)}, \lambda_{j(2)}, \cdots, \lambda_{j(m)}$。设贡献度因子的累积阈值为 λ_0，若前 q 个贡献度因子之和满足 $\sum_{k=1}^{q} \lambda_{i(k)} \geqslant \lambda_0$，则将对应的前 q 个偏差源节点作为观测节点 S_i 的初始父节点，添加从相应偏差源节点到 S_j 的有向边，观测节点 S_j 的所有父节点组合为 $\left\{\pi_j^m\right\}$。按照以上步骤，逐步搜索所有观测节点的初始父节点，并在网络结构中添加有向边，获得初始网络结构。

3) 先验条件概率表

对于小样本检测的装配过程，传统基于极大似然估计的贝叶斯网络参数学习难以获得较准确的结果，因此本节根据装配偏差的敏感度矩阵等信息通过映射的方法获得先验条件概率，并在获得一定数量的样本数据后利用贝叶斯估计对先验条件概率进行更新。基于偏差仿真关系映射的先验参数计算可分为偏差输入/输出关系映射、区间扩展以及条件概率计算三个步骤。在偏差关系映射前需要对偏差源变量和检测变量进行离散化。为了简便，可根据等间距法直接对偏差源变量进行离散化，将其离散化状态记为 l_1、l_2 等，将观测节点的偏差按照其公差要求定义为合格与不合格两种状态。对于偏差源节点，其先验条件概率可根据其统计分布直接获得；对于观测节点，其先验条件概率计算示意图如图 2-46 所示。图中，F_i 为某一偏差源；$-T_j \sim T_j$ 为公差范围；$S_j^{\min}$ 和 $S_j^{\max}$ 分别为偏差源与敏感度矩阵联合计算后的结果范围；W 为随机误差。

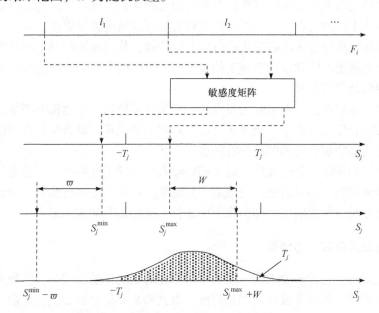

图 2-46　观测节点的先验条件概率计算示意图

3. 融合实测数据的贝叶斯网络更新

基于贝叶斯网络的装配质量预测模型根据设计阶段的装配偏差仿真结果以及在各节点的假设统计分布基础上获得了节点间先验的结构与条件概率,但由于装配偏差仿真考虑的偏差种类有限,同时经验指定的模型部分受到专家主观经验等因素的限制,装配偏差的先验模型一定程度上存在粗糙、不精确的特点,因此下面在先验模型基础上根据收集到的检测数据对网络结构和参数进行更新学习。与传统的批量学习算法相比,更新学习算法能够有效利用根据经验知识等获得的先验模型,避免对先前数据集的重复处理,缩短了学习时所用的运算时间,降低了学习的复杂度。

在装配制造的初期阶段,可根据先验信息对网络模型进行初始定义,在获得一定数量的新检测数据后,结合收集的新检测数据集,利用贝叶斯方法对节点的各条件概率进行融合计算;然后根据更新后的条件概率计算节点间的条件互信息,并利用提出的独立性检验算法对贝叶斯网络结构与参数进行更新调整,获取新的诊断模型;最后随着新一轮检测数据集的获取,将上次获取的新网络模型作为先验模型不断地循环学习,实现网络结构和参数的迭代更新,建立起越来越精确的偏差关系模型。

基于装配偏差仿真结果可以获得初始贝叶斯网络模型,但初始贝叶斯网络模型中的有向边是根据先验知识添加的,对装配偏差关系的考虑不够全面,且初始模型中设偏差源节点对装配偏差的影响是相互独立的,这就导致初始模型中可能存在冗余或未添加的有向边,因此需要对初始模型结构进行修正。

对初始结构中已有的有向边进行显著性检验,并判断装配偏差的观测节点与其马尔可夫覆盖外的偏差源节点集的独立性,对结构中冗余有向边进行删除,实现初始网络结构的精简。

针对网络中观测节点的非父节点,采用条件互信息来表达偏差源节点集对观测节点的交互作用,通过检验算法来获取对观测节点具有显著交互作用的偏差源节点,并将其添加到观测节点的有向边。

在贝叶斯网络更新完成后,确定网络输入节点即零件特征、工艺参数、过程变量的概率状态,即可对装配完成后产品的装配质量状态进行预测,经计算得到的测量参数符合要求的概率即为在当前条件下进行装配的成功率。

2.3.3　装配质量评估与预测

传统的符合性检验要求所有质量参数都在规定的阈值范围内,装配质量状态正常,否则将装配体下线进行调整修配,直到满足质量要求后重新装配。这样的检验方式能够保证装配体当前符合质量要求,但是合格产品并非都处于同一状态,一部分质量状态良好的装配体正常装配结束可以拥有稳定的性能，另一部分质量状态接近不及格的装配体正常装配结束后很有可能质量不合格，即使质量要求合格，产品性能也可能在服役过程中迅速下降，可靠性低。在充分考虑关键质量参数的基础上，将复杂产品装配质量状态划分为优秀、良好、中等、及格、不及格五个等级，如表 2-11 所示。

表 2-11　复杂产品装配质量状态等级划分

状态划分	含义
优秀	关键质量参数处于规定范围内，且接近标准值、远离阈值上下界
良好	关键质量参数处于规定范围内，某些参数有波动但依然距离阈值上下界较远
中等	关键质量参数处于规定范围内，某些参数有波动且距离阈值上下界较近
及格	关键质量参数处于规定范围内，某些参数有波动且即将超出阈值上下界
不及格	一个或以上关键质量参数超出规定范围

装配质量状态通过装配参数体现，然而优秀、良好、中等、及格四个状态等级之间不存在明确的划分界限，因此必须确定一个隶属度函数处理这种不确定性，以便装配技术人员根据产品质量状态等级划分采取相应的工艺调整措施。

由于装配质量参数包含几何尺寸、几何偏差、拧紧力矩、环境温度、工装夹具等多种特征参数，其量纲和取值范围有很大不同，为了避免不同取值范围和量纲对模型性能产生影响，需要对特征参数进行缩放处理，采用归一化结果对质量状态等级进行表示。对于不同属性类型的质量参数有不同的归一化处理方式，如效益型(属性值越大越好)、成本型(属性值越小越好)、固定型(属性值越接近某个固定值越好)等，公式如下：

$$\lambda_i = \begin{cases} \dfrac{x_i - x_l}{x_u - x_l}, & \text{效益型} \\[2mm] \dfrac{x_u - x_i}{x_u - x_l}, & \text{成本型} \\[2mm] 1 - \dfrac{x_i - x_s}{x_u - x_l}, & \text{固定型} \end{cases} \tag{2-92}$$

式中，x_i 为第 i 个质量参数的实测值；x_s 为固定标准值；x_u、x_l 分别为参数阈值的上界和下界。由式(2-92)可知，归一化后的 λ_i 越大，代表该参数质量状态越好。

由于质量参数与质量状态之间存在不确定性，采取模糊集合中隶属度函数的方法对质量状态进行表征。考虑到岭形分布隶属度函数具有主值区间宽、过渡带平缓的特征，且具有良好的稳定性和控制敏感度，可以较好地表征各质量状态之间的不确定性关系，因此选用岭形分布隶属度函数确定各质量状态等级的隶属度，如式(2-93)所示：

$$\mu(x) = \begin{cases} 1, & x \leqslant a \\ \dfrac{1}{2} - \dfrac{1}{2}\sin\left[\dfrac{\pi}{b-a}\left(x - \dfrac{a+b}{2}\right)\right], & a < x \leqslant b \\ 0, & x > b \end{cases} \tag{2-93}$$

由于质量状态划分为优秀、良好、中等、及格四个等级，相对比较详细，而式(2-93)的隶属度函数划分比较粗糙，无法充分表征各质量参数相对于质量状态等级的隶属度，且难以表达相邻状态之间的相关性。因此，结合质量状态等级划分方式，将各个质量状态对应的隶属度函数表示为式(2-94)～式(2-97)：

$$\mu_1(\lambda_i) = \begin{cases} 1, & \lambda_i \leqslant 0.2 \\ \dfrac{1}{2} - \dfrac{1}{2}\sin\left[\dfrac{\pi}{0.2}(\lambda_i - 0.3)\right], & 0.2 < \lambda_i \leqslant 0.4 \\ 0, & \lambda_i > 0.4 \end{cases} \tag{2-94}$$

$$\mu_2(\lambda_i) = \begin{cases} 0, & \lambda_i \leqslant 0.2, \lambda_i > 0.7 \\ \dfrac{1}{2} + \dfrac{1}{2}\sin\left[\dfrac{\pi}{0.2}(\lambda_i - 0.3)\right], & 0.2 < \lambda_i \leqslant 0.4 \\ \dfrac{1}{2} + \dfrac{1}{2}\sin\left[\dfrac{\pi}{0.3}(\lambda_i - 0.55)\right], & 0.4 < \lambda_i \leqslant 0.7 \end{cases} \tag{2-95}$$

$$\mu_3(\lambda_i) = \begin{cases} 0, & \lambda_i \leqslant 0.4, \lambda_i > 0.9 \\ \dfrac{1}{2} + \dfrac{1}{2}\sin\left[\dfrac{\pi}{0.3}(\lambda_i - 0.55)\right], & 0.4 < \lambda_i \leqslant 0.7 \\ \dfrac{1}{2} - \dfrac{1}{2}\sin\left[\dfrac{\pi}{0.2}(\lambda_i - 0.8)\right], & 0.7 < \lambda_i \leqslant 0.9 \end{cases} \tag{2-96}$$

$$\mu_4(\lambda_i) = \begin{cases} 0, & \lambda_i \leqslant 0.7 \\ \dfrac{1}{2} + \dfrac{1}{2}\sin\left[\dfrac{\pi}{0.2}(\lambda_i - 0.8)\right], & 0.7 < \lambda_i \leqslant 0.9 \\ 1, & \lambda_i > 0.9 \end{cases} \tag{2-97}$$

四种状态的隶属度函数曲线如图 2-47 所示。调整后的隶属度函数可以对相邻质量状态之间的不确定性进行量化表征；处于过渡区域的特征参数以不同的隶属度同时隶属于两个相邻的质量状态等级，且两个状态的隶属度之和为 1。

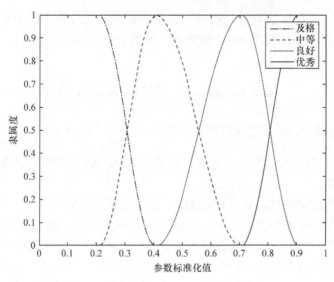

图 2-47　质量状态岭形分布隶属度函数

$\mu_1(\lambda_i)$、$\mu_2(\lambda_i)$、$\mu_3(\lambda_i)$、$\mu_4(\lambda_i)$ 分别为第 i 个质量参数标准化值 λ_i 隶属于优秀、良好、中等、及格质量状态的隶属度函数，具有 n 个质量参数的模糊关系矩阵如式(2-98)所示：

$$R = \begin{bmatrix} \mu_1(\lambda_1) & \mu_2(\lambda_1) & \mu_3(\lambda_1) & \mu_4(\lambda_1) \\ \mu_1(\lambda_2) & \mu_2(\lambda_2) & \mu_3(\lambda_2) & \mu_4(\lambda_2) \\ \vdots & \vdots & \vdots & \vdots \\ \mu_1(\lambda_n) & \mu_2(\lambda_n) & \mu_3(\lambda_n) & \mu_4(\lambda_n) \end{bmatrix} \tag{2-98}$$

在确定各特征参数的质量状态后，需要将各参数信息融合，进而对复杂产品的装配过程质量状态进行评估。贝叶斯网络(BN)模型是一种用点表示事件条件概率、用边表示事件依赖关系的有向无环图，能够表达场景内所有事件的联合概率分布，因此可以完成后续任何基于条件概率、边际概率的推理应用。BN 模型适用于复杂系统，即使是任意复杂的有向无环图，也能够融合各种不确定信息进行正向与反向推理，并确定整个系统中的敏感单元与薄弱环节。

在故障树分析法向 BN 模型转化的过程中，事件之间具有明确的串联、并联、2/3 表决等逻辑关系，建立的 BN 为简单的二元状态或者三元状态，CPT 可以通过串联和并联逻辑关系确定。随着二元状态向多元状态拓展，对于复杂系统的 BN，节点之间为非确定性逻辑关系。BN 参数学习过程复杂、新型装备数据缺乏，在进行质量状态评估或可靠性分析时，涉及专业知识、专家经验的随机变量引入，造成了一定程度上的不确定性。考虑到各个专家在专业技术领域、知识构成、认知程度等方面的不同，应用 DS(Dempster-Shafer)证据理论对专家的不完善信息进行分析与表达，对片面信息进行融合，以确定多元状态条件下的 BN 条件概率。对于识别框架 Θ 上的两个 mass 函数可以根据 Dempster 规则合成，具体公式如式(2-99)所示：

$$m_1 \oplus m_2(A) = \frac{1}{1-K} \sum_{B \cap C} \left[m_1(B) m_2(C) \right] \tag{2-99}$$

式中，K 表示融合的证据之间的冲突系数，$K = \sum_{B \cap C = \theta} \left[m_1(B) m_2(C) \right]$，$K$ 越大表示证据之间的冲突越大，当 $K = 1$ 时，无法采用 Dempster 规则进行合成，此时 B 和 C 为互斥集合。

当数据信息缺乏时，引入 DS/AHP 方法对专家信息进行融合，以降低认知不确定度，其判断标准如表 2-12 所示。相比于传统的层次分析法(analytic hierarchy process，AHP)，DS/AHP 方法在对备选方案进行评价时，不需要专家对所有方案两两比较，也不需要进行一致性检验，从而大大降低了工作量与计算量，并且专家可以只对确定的或者有把握的备选方案进行判断，对不确定的或者没有把握的备选方案放弃判断。

表 2-12　决策判断标准

合适程度	数值
极端合适	6
强烈到极端	5
强烈合适	4
一般强烈	3
一般合适	2

在 BN 条件概率赋值确定过程中，假设有 t 个专家，分别记为 $e_1, e_2, \cdots, e_t$，从 n 个 ($c_1, c_2, \cdots, c_n$) 属性角度对条件概率组合的 p 个对象 ($x_1, x_2, \cdots, x_p$) 做出相对于识别框架 Θ 的重要性评判，建立如表 2-13 所示的专家知识矩阵。

表 2-13　专家知识矩阵

c_j	s_1	s_2	$\cdots$	s_r	Θ
s_1	1	0	$\cdots$	0	$a_1 p_{ij}$
s_2	0	1	$\cdots$	0	$a_2 p_{ij}$
$\vdots$	$\vdots$	$\vdots$		$\vdots$	$\vdots$
s_r	0	0	$\cdots$	1	$a_r p_{ij}$
Θ	$1/(a_1 p_{ij})$	$1/(a_2 p_{ij})$	$\cdots$	$1/(a_r p_{ij})$	1

在表 2-13 中，1 表示与自身进行比较；0 表示不进行比较；s_k 表示属性 c_j 下的第 k 个焦元($k = 1, 2, \cdots, r$)；a_k 表示 s_k 与识别框架 Θ 的比较指数；p_{ij} 表示专家 e_i 在属性 c_j 下的权重。

求解知识矩阵的最大特征值，并将其特征向量正规化即可确定各焦元的基本信度分配值，知识矩阵的最大特征值为 $\lambda_{d+1}^L = 1 + \sqrt{d}$ (d 为知识矩阵维数)，对应的特征向量为 $(x_1, x_2, \cdots, x_d, x_{d+1})$，则

$$x_j = \frac{a_j p_{ij}}{\sum\limits_{i=1}^{d} a_j p_{ij} + \sqrt{d}}, \quad j = 1, 2, \cdots, d \tag{2-100}$$

$$x_{d+1} = \frac{\sqrt{d}}{\sum\limits_{i=1}^{d} a_j p_{ij} + \sqrt{d}} \tag{2-101}$$

装配质量状态评估从关键质量参数出发，对于某个或者某些超出规定范围的质量参数，直接判为不及格；对于质量参数处于规定范围内的特征参数，按上述方法进行处理，得到复杂产品装配过程中的综合质量状态，为装配技术人员的下一步工作是否需要调整提供判断依据，有效提高装配效率和装配可靠性。

2.4 复杂产品装配广义容差分配

2.4.1 基于博弈论的容差分配方法

博弈论是研究冲突环境下各博弈方之间行为决策及其结果均衡问题的理论。博弈过程中，各博弈决策方具有各自的优化目的，但享用共同的资源。博弈论就是从纷繁复杂的竞争环境中抽象出一些必要的元素，并将它们置于数学模型中，寻求各种均衡解[82]。从方法论的角度来看，博弈论就是使用严谨的数学模型研究冲突对抗条件下的最优决策问题，引申到工程中，其调和冲突与矛盾的内在本质与工程领域中多目标优化问题的求解有很大的相似性[83, 84]。在机械制造领域，分配公差时需要科学、合理地兼顾多个目标，对多个目标进行均衡协调、综合优化，而不是"偏爱"某一个性能指标。均衡协调、综合优化多个目标的公差分配需求，类似于资源的合理、均衡分配需求。因此，公差分配问题属于典型工程领域中的多目标优化问题。

1. 容差分配概念广义化

公差是指零部件或产品的实际参数值的允许变动量。对于机械制造，制定公

差的目的就是确定产品几何参数的许用波动范围，使其变动量控制在一定的范围内，以便达到互换和配合的要求。几何参数的公差主要包括尺寸公差、形状公差、位置公差和配合公差。

公差的设定需要满足以下几个要求[85]：

(1) 满足产品的制造工艺能力；

(2) 满足产品的装配、功能、外观和质量等性能指标的要求；

(3) 公差与产品的成本相关，公差要求越严格，产品成本就越高，在满足产品装配、功能、外观和质量等要求的前提下，公差要求越宽松越好。

机械零部件特征的容差是指机械零部件几何特征允许变动的范围[86]，容差类型主要有尺寸容差、形状容差、位置容差和配合容差[87]。因此，本书认为公差和容差的概念是等同的，对容差和公差不做区分。

1) 狭义容差分配

机械零部件的容差分配属于机械领域中公差设计理论的一个核心问题，其主要研究的是如何将封闭环的容差科学、合理地分配给各组成环[88]，在保证一定装配成功率的前提下，实现对产品加工成本、装配质量和装配稳健性等指标的均衡协调、综合优化。

2) 广义容差分配

广义容差是为了最大限度地逼近最优目标，根据实际客观条件，为对象特征参数设定的许用变动量。广义容差并没有改变容差对实际客观条件妥协、对最优目标逼近的本质，只是扩大了应用对象和应用领域，使容差不再只局限于机械零部件的尺寸容差、形状容差、位置容差、装配容差等制造容差。因此，不只机械零部件的尺寸容差、形状容差、位置容差、装配容差等制造容差可以称为容差，所有为逼近最优目标、妥协实际客观条件而设定的允许变动量，都可以称为容差。

容差分配问题属于多个目标之间存在矛盾和冲突的多目标优化问题。容差分配的关键问题是如何在存在矛盾与冲突的多个目标之间考虑各目标的相互影响和冲突，最终得出一个科学、合理、均衡、协调的容差分配优化方案。

广义容差是对容差概念的广义化，进一步丰富了容差的内容，使容差相关技术的研究和应用变得更加灵活和广泛，为更多工程问题的解决提供了借鉴和参考。

在多目标优化问题中，决策者是独立于两优化目标之外的第三方，决策者不只考虑各目标最优，还要通过各种权衡来达到多个目标的某种"均衡"，从而达到协调和平衡多个目标冲突的目的，因此利用博弈论解决存在矛盾与冲突的多目标优化问题。从集体理性的角度出发，以 Shapley 值理论为代表的合作博弈论更加适用于求解工程领域的多目标优化问题。

2. 基于博弈论的容差分配模型构建

装配容差分配问题是一个多约束、多目标优化问题。在分配装配容差时，多个装配性能指标之间总是存在矛盾与冲突，如装配质量和装配成本，这就是一对典型的存在矛盾与冲突的装配性能指标，因此如何均衡与协调多个装配性能指标之间的矛盾与冲突，成为分配装配容差时不得不面临和解决的难题。

因此，在解决容差分配问题时，传统的容差分配方法难以合理、有效地考量不同装配性能指标之间相互影响和冲突的关系，难以对多个装配性能指标进行综合优化和均衡协调存在的缺陷。博弈论具有平衡、协调冲突的特性，以及灵活、便捷的建模特点。因此，本节采用博弈论研究解决转子装配容差分配中，多个装配性能指标难以综合优化、均衡协调的问难题。

1) 博弈模型的基本要素

求解多目标优化问题时，无论是采用非合作博弈论还是采用合作博弈论，均要先建立博弈模型。一个博弈模型由以下三个基本要素组成。

(1) 博弈决策主体。

博弈决策主体又称博弈方，可记为 $i \in N, N = \{1, 2, \cdots, n\}$，也可记为 $P_i \in P, P = \{P_1, P_2, \cdots, P_n\}$。

(2) 隶属于各博弈方的策略。

对于每个博弈方 $P_i \in P$，都存在 $s_i \in S_i$。其中，s_i 代表博弈方 P_i 的策略，S_i 代表由 P_i 的所有策略组成的集合，也称策略空间。特别地，当每个博弈方都拥有多个策略分量时，有

$$s_i = (s_{i,1}, s_{i,2}, \cdots, s_{i,k_i}) \in S_{i,1} \times S_{i,2} \times \cdots \times S_{i,k_i} \tag{2-102}$$

式中，$s_{i,j}$ 和 $S_{i,j}$ ($i = 1, 2, \cdots, n; j = 1, 2, \cdots, k_i; k_i$ 为策略分量的数目)分别为 P_i 的策略分量和策略分量空间。

(3) 隶属于各博弈方的效用。

隶属于各博弈方 P_i 的效用 u_i 对每种策略组合 $s = (s_1, s_2, \cdots, s_n)$ 给出博弈方 P_i 的 von Neumann-Morgenstern 函数 $u_i(s)$。在博弈过程中，每个博弈方都会选择有利于自身的策略 s_i，从而最优化自身的效用 $u_i(s)$。注意到每个博弈方的效用不仅取决于它本身的策略选择，还会受到其余博弈方策略的影响。由于各目标的属性不同，为了正确地比较分析，还经常需要将各目标值进行量纲统一。

由博弈方、博弈方策略和博弈方效用组成的一个完整的博弈模型可表示为 $G = \{P_i; S_i; u_i(i = 1, 2, \cdots, n)\}$。另外，博弈模型还可以用一种博弈效用矩阵来表示，

以两博弈方为例，用 $\alpha_i \in S_1 (i = 1, 2, \cdots, p)$ 和 $\beta_j \in S_2 (j = 1, 2, \cdots, q)$ 代表各博弈方的策略选择，对于每一对策略组合 (α_i, β_j)，各博弈方的效用分别为 $u_1(\alpha_i, \beta_j)$ 和 $u_2(\alpha_i, \beta_j)$。博弈效用矩阵为

$$
A = \begin{array}{c} \\ \alpha_1 \\ \alpha_2 \\ \vdots \\ \alpha_p \end{array}
\begin{array}{cccc} \beta_1 & \beta_2 & \cdots & \beta_q \\
\left[\begin{array}{cccc}
u_1(\alpha_1, \beta_1), u_2(\alpha_1, \beta_1) & u_1(\alpha_1, \beta_2), u_2(\alpha_1, \beta_2) & \cdots & u_1(\alpha_1, \beta_q), u_2(\alpha_1, \beta_q) \\
u_1(\alpha_2, \beta_1), u_2(\alpha_2, \beta_1) & u_1(\alpha_2, \beta_2), u_2(\alpha_2, \beta_2) & \cdots & u_1(\alpha_2, \beta_q), u_2(\alpha_2, \beta_q) \\
\vdots & \vdots & & \vdots \\
u_1(\alpha_p, \beta_1), u_2(\alpha_p, \beta_1) & u_1(\alpha_p, \beta_2), u_2(\alpha_p, \beta_2) & \cdots & u_1(\alpha_p, \beta_q), u_2(\alpha_p, \beta_q)
\end{array} \right]
\end{array}
$$

$$(2\text{-}103)$$

2) 基于 Shapley 值理论的联盟博弈求解方法

Nash 均衡属于非合作博弈，每个博弈方不考虑其余博弈方利益，只考虑个体效用最优化。Nash 均衡解是局部最优的，但可能不属于 Pareto 最优解。合作博弈是非合作博弈的对称，强调集体效用最优，其结果是一个 Pareto 改进，联盟中各博弈方的效用均得到优化，或者至少优化一方的效用，而没有损害其余博弈方的效用。

联盟和分配是合作博弈过程中的两个关键因素。每个博弈方从联盟中分配的效用之和为联盟的最优效用，每个博弈方从联盟中分配到的效用不劣于脱离联盟的效用。在合作博弈过程中，不单考虑个体效用，而是协调均衡各优化目标矛盾，获得集体效用最优，且个体效用至少不受损害。因此，合作博弈论更加适用于解决实际工程的多目标优化问题。使用基于 Shapley 值理论的合作博弈求解方法对航空发动机转子容差优化博弈模型进行求解。

在 n 个博弈方的博弈过程中，合作博弈可用一个二元组 $G = (N, v)$ 来表示，$N = \{1, 2, \cdots, n\}$ 表示博弈方集，v 表示特征函数，是 2^N 上的实值映射。定义 N 的任意子集 S 为一个联盟，$v(S)$ 为 S 和 $N - S = \{i \mid i \in N, i \notin S\}$ 的双方博弈中 S 的最优效用，$v(S)$ 称为联盟 S 的特征函数。对于特征函数 v，规定 $v(\varnothing) = 0$，且其具有超可加性，如式(2-104)所示：

$$v(S_1 \cup S_2) \geqslant v(S_1) + v(S_2), \quad S_1 \cap S_2 = \varnothing \tag{2-104}$$

$v(S)$ 满足式(2-104)的超可加性，才有必要建立新联盟，若 $v(S)$ 不满足超可加性，则子集 S 中各博弈方不具备建立新联盟的动因。特征函数 $v(S)$ 为合作博弈的基础，确定特征函数的过程实质上就是建立合作博弈模型的过程。对于零和博弈，

博弈方 P_1 组成的联盟 $\{P_1\}$ 的博弈效用矩阵 U 可表示为

$$
U = \begin{array}{c} \\ \alpha_1 \\ \alpha_2 \\ \vdots \\ \alpha_m \end{array}
\begin{array}{cccc} \beta_1 & \beta_2 & \cdots & \beta_n \end{array}
\left[\begin{array}{cccc}
u_1(\alpha_1,\beta_1) & u_1(\alpha_1,\beta_2) & \cdots & u_1(\alpha_1,\beta_n) \\
u_1(\alpha_2,\beta_1) & u_1(\alpha_2,\beta_2) & \cdots & u_1(\alpha_2,\beta_n) \\
u_1(\alpha_3,\beta_1) & u_1(\alpha_3,\beta_2) & \cdots & u_1(\alpha_3,\beta_n) \\
u_1(\alpha_m,\beta_1) & u_1(\alpha_m,\beta_2) & \cdots & u_1(\alpha_m,\beta_n)
\end{array}\right] \tag{2-105}
$$

根据 von Neumann 的极小极大值定理，当存在 $(i^*,j^*), 1 \leqslant i^* \leqslant m, 1 \leqslant j^* \leqslant n$，使得式(2-106)成立时，则称 $u(\alpha_{i^*},\beta_{j^*})$ 为鞍点：

$$
\min_i \max_j u(\alpha_i,\beta_j) = \max_j \min_i u(\alpha_i,\beta_j) = u(\alpha_{i^*},\beta_{j^*}) \tag{2-106}
$$

联盟 S 的特征函数 $v(S)$ 是 S 中所有成员互相协作以及和 $N-S=\{i\,|\,i\in N, i\notin S\}$ 的互相博弈下所能保证的最优效用，其蕴含的数学本质和鞍点一致，因此分别使用质量博弈方 P_1 和成本博弈方 P_2 的零和效用矩阵的鞍点来表示其对应的特征函数，即 $v(\{P_i\}) = u_i(\alpha_{i^*},\beta_{j^*})$。对于由质量博弈方 P_1 和成本博弈方 P_2 组成的联盟 $\{P_1, P_2\}$，其特征函数为 $v(\{P_1, P_2\}) = \min \sum_{i=1}^{2} u_i$，表示联盟 $\{P_1, P_2\}$ 所能保证的最优效用。

对于合作博弈 $G=(N,v)$，给定 $S \subseteq N$，若存在实数组 $(x_i)_{i\in S}$ 满足 $\sum_{i\in S} x_i = v(S)$，则称 $(x_i)_{i\in S}$ 为联盟 S 的可行效用向量。特别地，当 $S=N$ 时，若 $(x_i)_{i\in N}$ 满足式(2-107)和式(2-108)，则称 $(x_i)_{i\in N}$ 为分配：

$$
\sum_{i=1}^{N} x_i = v(N) \tag{2-107}
$$

$$
x_i \leqslant v(\{P_i\}) \tag{2-108}
$$

Shapley 值是合作博弈理论中一种重要的分配方式，其特点是能够协调均衡各博弈方之间的冲突，以进行合理的综合优化，得到唯一的 Pareto 最优解。Shapley 值源于一种概论解释，它按照各博弈方对联盟的边际贡献率进行效用分配，即博弈方 P_i 所分配到的效用等于 P_i 为它所参与的联盟创造的边际效用的平均值。

假定 $x=(x_1,x_2,\cdots,x_n)=(\varphi_1(v),\varphi_2(v),\cdots,\varphi_n(v))$ 是合作博弈的一个分配方案，其中 x_i 的计算方法如下：

$$x_i = \varphi_i(v) = \sum_{\substack{S \subseteq N \\ i \in S}} \frac{(|S|-1)!(n-|S|)!}{n!} \left[v(S) - v(S \setminus \{P_i\}) \right] \tag{2-109}$$

式中，S 为博弈方集 N 的任一子集；$|S|$ 为 S 的博弈方个数；$S \setminus \{P_i\}$ 为博弈方集 N 中删除博弈方 P_i 后的集合。

式(2-109)的数学意义为每次从博弈方集 N 中挑选一个博弈方，有 $n!$ 种排列方式，假设本次挑选的博弈方为 P_i，此前挑选的博弈方组成了联盟 S，P_i 也是 S 中的一员，则 $S \setminus \{P_i\}$、P_i、N / S 三组博弈方有 $(|S|-1)!(n-|S|)!$ 种排列方式，因此各种排列方式出现的概率为 $(|S|-1)!(n-|S|)!/n!$。博弈方 P_i 对联盟 S 的边际效用为 $v(S) - v(S \setminus \{P_i\})$，因此 P_i 的 Shapley 指数表示 P_i 加入联盟 S 时为联盟创造的边际效用，也可理解为 P_i 对全体联盟达到效用最优的贡献度。因此，基于 Shapley 值的合作博弈方法求得的解一定是 Pareto 最优解。

假定 Shapley 值向量为 $\phi = (\varphi_1, \varphi_2, \cdots, \varphi_n)$，任意效用组合向量为 $U = (u_1, u_2, \cdots, u_n)$，范数计算如下：

$$d = \| U - \phi \| \tag{2-110}$$

当存在 $U^* = (u_1^*, u_2^*, \cdots, u_n^*)$ 使得 $d(U^*) = d_{\min}$ 时，得到最优效用向量组合 U^* 与其对应的策略组合，即最优公差优化变量组合 $S^* = (s_1^*, s_2^*, \cdots, s_n^*)$。

设计基于 Shapley 值的航空发动机转子公差优化合作博弈求解方法流程如图 2-48 所示。使用 Shapley 值法先定义博弈方集和联盟，对联盟内各博弈方的特征函数进行计算。转子公差优化合作博弈的质量博弈方 P_1 与成本博弈方 P_2 形成单成员联盟 $\{P_1\}$ 与 $\{P_2\}$，其特征函数分别为 $v(\{P_1\})$ 和 $v(\{P_2\})$，$(v(\{P_1\}), v(\{P_2\}))$ 为特征函数重心，表示 P_1 和 P_2 在当前合作博弈形式下能够达到的最优效用。质量和成本存在冲突和矛盾，$(v(\{P_1\}), v(\{P_2\}))$ 是均衡 P_1 和 P_2 冲突后得到的一个初始解，体现了全体效用组合的综合情况。通过式(2-109)计算 Shapley 值向量，并将与 Shapley 值向量之间的范数最小的效用组合作为最优效用组合 $U^* = (u_1^*, u_2^*, \cdots, u_n^*)$，对应的最优策略组合 $S^* = (s_1^*, s_2^*, \cdots, s_n^*)$ 为优化后的公差方案。

结合 Shapley 值的数学意义可知，最优效用和最优策略方案是根据航空发动机转子容差优化问题中所有质量和成本的效用组合在合作博弈局势下求得的一个最能够反映和均衡二者之间的矛盾和冲突的方案，并能够反映质量博弈方和成本博弈方对"质量和成本综合效用最优"的影响程度。

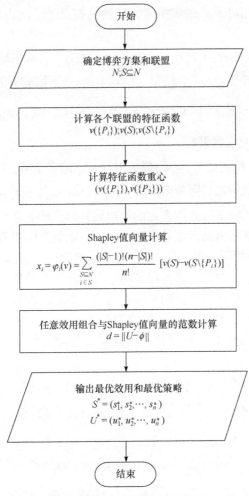

图 2-48　Shapley 值法求解流程

3. 基于 Nash 均衡理论的非合作博弈求解方法

在介绍 Nash 均衡概念之前,首先介绍严格劣和占优策略(dominant strategy)的概念。另外,需要注意的是,关于博弈理论的定义仍然采取"越小越优"的优化准则。

1) 严格劣策略

令 s_i' 和 s_i'' 为博弈方 P_i 的两个可选策略($s_i' \in S_i$,$s_i'' \in S_i$)。若对于其余博弈方任意的策略组合 s_{-i} 有

$$u_i(s_i', s_{-i}) > u_i(s_i'', s_{-i}) \tag{2-111}$$

则称策略 s_i' 严格劣于策略 s_i''。

通常，s_i' 称为相对于 s_i'' 的劣策略，s_i'' 称为相对于 s_i' 的占优策略。

2) 占优策略

有 n 个博弈方的博弈 $G = \{P_i; S_i; u_i (i = 1, 2, \cdots, n)\}$，若对于博弈方 P_i，s_i^* 是在其余博弈方任意策略组合 $s_{-i} = (s_1, s_2, \cdots, s_{i-1}, s_{i+1}, \cdots, s_n)$ 下博弈方 P_i 的最优策略，即

$$u_i\left(s_i^*, s_{-i}\right) < u_i\left(s_i', s_{-i}\right), \quad \forall s_i' \in S_i \text{且} s_i' \neq s_i^*, \forall s_{-i} \tag{2-112}$$

则称 s_i^* 为博弈方 P_i 的占优策略。

这里可以看到，所有的 s_i' $(\neq s_i^*)$ 都是相对于 s_i^* 的劣策略。进一步，若对于所有的 P_i，s_i^* 是 P_i 的占优策略，则策略组合 $s^* = \left(s_1^*, s_2^*, \cdots, s_i^*, \cdots, s_n^*\right)$ 称为占优策略均衡。

占优策略均衡反映了所有博弈方的绝对偏好，因此非常稳定，根据占优策略均衡可以对博弈结果做出最肯定的预测。然而，工程实际中各目标之间往往存在矛盾和冲突，理想的情况一般难以出现。非合作博弈的 Nash 均衡理论提出了解决此类问题的一种理念，即对于某博弈策略组合，若所有博弈方选择的策略都是针对其余博弈方策略的最佳对策，则系统就达到了 Nash 均衡。

如前所述，在非合作博弈中，每位博弈方选择一个对自己有益的策略，而不考虑其余博弈方的得失。在这种决策环境下的均衡解称为 Nash 均衡，其定义如下。

有 n 个博弈方的博弈 $G = \{P_i; S_i; u_i (i = 1, 2, \cdots, n)\}$，若对于每一个 i，s_i^* 是给定其余博弈方策略组合 $s_{-i}^* = \left(s_1^*, s_2^*, \cdots, s_{i-1}^*, s_{i+1}^*, \cdots, s_n^*\right)$ 的情况下博弈方 P_i 的最优策略，即

$$u_i\left(s_i^*, s_{-i}^*\right) \leqslant u_i\left(s_i, s_{-i}^*\right), \quad \forall i, \forall s_i \in S_i \tag{2-113}$$

则称策略组合 $s^* = \left(s_1^*, s_2^*, \cdots, s_i^*, \cdots, s_n^*\right)$ 是一个 Nash 均衡。其意义是，在均衡点位置任何博弈方都不愿意改变自己的策略选择，否则将会降低自身的得益。

2.4.2 基于博弈论的容差分配

1. 航空发动机装配容差优化博弈模型的构建流程

航空发动机装配容差优化问题可用一个多目标优化模型来表示。以航空发动机风扇转子为例，转子各组成零件的关键特征容差为优化变量，转子的质量和成本为优化目标。利用本章基于雅可比-肤面模型构建的航空发动机转子装配精度预测模型来表达质量水平，利用零件制造成本模型来表达成本水平，以质量与成本作为优化目标，建立质量与成本均衡的航空发动机转子容差优化模型，如式(2-114)所示：

$$\min \begin{cases} T_0 = T_0\left(T_1, T_2, \cdots, T_n\right) \\ C = C\left(T_1, T_2, \cdots, T_n\right) \end{cases}$$

$$\text{s.t.} \begin{cases} l_i \leqslant T_i \leqslant h_i, \quad 1 \leqslant i \leqslant n \\ l_0 \leqslant T_0 \leqslant h_0 \end{cases} \tag{2-114}$$

式中，T_i 为第 i 零件关键特征容差；T_0 为转子装配的功能要求；l_i 为 T_i 的下偏差；h_i 为 T_i 的上偏差。

利用博弈论进行航空发动机转子公差优化的关键步骤是将航空发动机转子公差优化工程问题转换为求解基于博弈论的数学模型。完整的博弈模型 $G = \left\{P_i; S_i; u_i(i=1,2,\cdots,n)\right\}$ 由博弈方 P_i、博弈方的策略 S_i 与博弈方的效用 u_i 构成，设计航空发动机转子容差优化博弈模型的构建流程如图 2-49 所示。选取转子的质量、成本作为博弈方；根据航空发动机转子装配精度预测模型构建质量博弈方效用函数，根据公差-成本函数构建成本博弈方效用函数；在多目标优化中，特征公差是以质量、成本为目标的优化函数的共同变量，但是在博弈模型中，要求质量与成本的策略为独立、互不影响的，因此基于模糊聚类方法进行航空发动机转子各零件关键特征公差的分组，并定义质量与成本的策略空间。

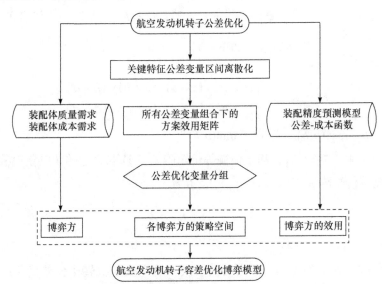

图 2-49　航空发动机转子容差优化博弈模型构建流程

对于航空发动机转子公差优化的博弈，博弈方可分为转子的质量需求 P_1 和成本需求 P_2，使用模糊聚类进行航空发动机转子公差优化变量分组。

(1) 确定被分类对象为全体公差优化变量 $T = \left\{T_1, T_2, \cdots, T_n\right\}$，并使用分组因子

$\left[T_{i,1}, T_{i,2}\right]$ 来表征 T_i，其中 $T_{i,1}$ 表示 T_i 对质量的影响程度，$T_{i,2}$ 表示 T_i 对成本的影响程度。

(2) 数据标准化。使用标准差变换方法进行数据标准化，以消除量纲影响，如式(2-115)所示：

$$T'_{i,j} = \frac{T_{i,j} - \overline{T_j}}{s_j}, \quad i = 1, 2, \cdots, n; j = 1, 2 \tag{2-115}$$

(3) 标定。对描述公差优化变量 $\{T_1, T_2, \cdots, T_n\}$ 之间相似程度的统计量进行标定，构建模糊相似矩阵 $R = [r_{i,j}]_{n \times n}$（$0 \leqslant r_{i,j} \leqslant 1$；$i, j = 1, 2, \cdots, n$），$r_{i,j}$ 表示优化变量 T_i 和 T_j 之间的相似程度，采用绝对值减数法对 $r_{i,j}$ 进行计算，如式(2-116)所示：

$$r_{i,j} = \begin{cases} 1, & i = j \\ 1 - M \sum_{k=1}^{2} \left| T'_{i,k} - T'_{j,k} \right|, & i \neq j \end{cases} \tag{2-116}$$

式中，M 为适当选取的系数，使 $r_{i,j}$ 在 $[0,1]$ 分散开。

(4) 计算模糊等价矩阵 R^*。使用平方自合成法计算模糊等价矩阵 R^*，以 R 为起点，计算 $R^2, R^4, \cdots, R^{2k}$，直到满足 $R^{2k} = R^k \circ R^k = R^k$，其中 "$\circ$" 代表布尔运算，假定 $R = \begin{bmatrix} a & b \\ c & d \end{bmatrix}$，布尔运算规律如下：

$$R^2 = R \circ R = \begin{bmatrix} (a \wedge a) \vee (b \wedge c) & (a \wedge b) \vee (b \wedge d) \\ (c \wedge a) \vee (d \wedge c) & (c \wedge b) \vee (d \wedge d) \end{bmatrix} \tag{2-117}$$

式中，$a \vee b = \max(a, b)$；$a \wedge b = \min(a, b)$。

(5) 计算截距矩阵 R_λ。基于模糊等价矩阵 R^*，选取合适的 λ 以获得截距矩阵 R_λ，模糊等价矩阵 R^* 中的元素 $r^*_{i,j}$ 可表示为

$$r^*_{i,j} = \begin{cases} 1, & r^*_{i,j} \geqslant \lambda \\ 0, & r^*_{i,j} < \lambda \end{cases} \tag{2-118}$$

R_λ 的一行或一列上为 1 的变量可分为一类。航空发动机转子公差优化中的博弈方有质量 P_1 和成本 P_2，选取合适的 λ，将全体公差优化变量 $\{T_1, T_2, \cdots, T_n\}$ 划分成两类。

(6) 根据博弈方的数目将所有公差优化变量划分为两组，依据每一组中的公差优化变量和质量、成本两博弈方之间的关系，将关系较密切的优化变量组和博弈方相联系。

基于上述的模糊聚类，质量博弈方和成本博弈方的策略可表示为

$$s_1 = \left(s_{1,1}, s_{1,2}, \cdots, s_{1,k_1}\right) \in S_{1,1} \times S_{1,2} \times \cdots \times S_{1,k_1}$$
$$s_2 = \left(s_{2,1}, s_{2,2}, \cdots, s_{2,k_2}\right) \in S_{2,1} \times S_{2,2} \times \cdots \times S_{2,k_2} \tag{2-119}$$

式中，s_1 为质量博弈方 P_1 的策略；$s_{1,j}\left(j=1,2,\cdots,k_1\right)$ 为 P_1 的策略分量；$S_{1,j}\left(j=1,\right.$ $\left. 2,\cdots,k_i\right)$ 为 P_1 的策略分量空间；s_2 为成本博弈方 P_2 的策略；$s_{2,m}\left(m=1,2,\cdots,k_2\right)$ 为 P_2 的策略分量；$S_{2,m}\left(m=1,2,\cdots,k_2\right)$ 为 P_2 的策略分量空间；$k_1+k_2=n$。

综上，根据质量博弈方 P_1 和成本博弈方 P_2、质量博弈方 P_1 的策略 s_1 和成本博弈方 P_2 的策略 s_2、质量博弈方 P_1 的效用 u_1 和成本博弈方 P_2 的效用 u_2，建立航空发动机转子公差优化博弈模型 $G=\left\{P_i;S_i;u_i(i=1,2)\right\}$，其中 $S_i = S_{i,1} \times S_{i,2} \times \cdots \times S_{i,k_i}$，$\sum_{i=1}^{2} k_i = n$。

以 $\alpha_i \in S_1 (i=1,2,\cdots,p)$ 表示质量博弈方 P_1 的策略选择，以 $\beta_j \in S_2 \left(j=1,2,\cdots,q\right)$ 表示成本博弈方 P_2 的策略选择，当 P_1 选择策略 α_i，P_2 选择策略 β_j，此时构成一个策略组合 $\left(\alpha_i, \beta_j\right)$，其对应的质量博弈方效用与成本博弈方效用分别以 $u_1\left(\alpha_i, \beta_j\right)$ 和 $u_2\left(\alpha_i, \beta_j\right)$ 来表示，如表 2-14 所示。

表 2-14　质量与成本博弈方效用

质量博弈方 P_1 的策略	成本博弈方 P_2 的策略			
	β_1	β_2	$\cdots$	β_q
α_1	$\left(u_1(\alpha_1,\beta_1), u_2(\alpha_1,\beta_1)\right)$	$\left(u_1(\alpha_1,\beta_2), u_2(\alpha_1,\beta_2)\right)$	$\cdots$	$\left(u_1(\alpha_1,\beta_q), u_2(\alpha_1,\beta_q)\right)$
α_2	$\left(u_1(\alpha_2,\beta_1), u_2(\alpha_2,\beta_1)\right)$	$\left(u_1(\alpha_2,\beta_2), u_2(\alpha_2,\beta_2)\right)$	$\cdots$	$\left(u_1(\alpha_2,\beta_q), u_2(\alpha_2,\beta_q)\right)$
$\vdots$	$\vdots$	$\vdots$		$\vdots$
α_p	$\left(u_1(\alpha_p,\beta_1), u_2(\alpha_p,\beta_1)\right)$	$\left(u_1(\alpha_p,\beta_2), u_2(\alpha_p,\beta_2)\right)$	$\cdots$	$\left(u_1(\alpha_p,\beta_q), u_2(\alpha_p,\beta_q)\right)$

2. 航空发动机转子容差优化博弈模型的建立

建立某企业的航空发动机低压转子一级轮盘和二级轮盘盘鼓组合件的公差优化博弈模型，如图 2-50 所示。一级轮盘和二级轮盘装配的关键质量要求之一是以 C 为基准测量二级轮盘后轴颈柱面 D 的跳动 T_0，要求 $T_0 \leqslant 0.015\text{mm}$。各公差优化变量为二级止口柱面跳动公差 T_1、二级轮盘 D 跳动公差 T_2、二级轮盘止口端面跳动公差 T_3、一级轮盘 C 跳动公差 T_4、一级轮盘止口柱面跳动公差 T_5。本节对各功

能要素的公差设计方案为 $T_1 = 0.02\text{mm}$，$T_2 = 0.02\text{mm}$，$T_3 = 0.02\text{mm}$，$T_4 = 0.015\text{mm}$，$T_5 = 0.015\text{mm}$。在实际装配过程中，二级轮盘后轴颈柱面 D 的跳动 $T_0 \leqslant 0.015\text{mm}$ 的质量要求难以保证，成为多装多调、装配效率低的主要原因。

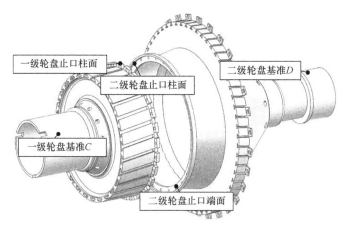

一级轮盘止口柱面
二级轮盘止口柱面
二级轮盘基准 D
一级轮盘基准 C
二级轮盘止口端面

图 2-50　转子一级轮盘和二级轮盘盘鼓组合件公差优化博弈模型

　　基于建立的二级轮盘后轴颈柱面跳动偏差预测模型，建立质量优化数学模型，具体步骤为：在每一次选定容差方案时，即确定各关键特征的容差时，先依据肤面模型生成 1000 组对应的偏差表面仿真数据，再基于雅可比-肤面模型构建偏差预测模型，最后基于蒙特卡罗方法对各组仿真数据下的装配结果进行计算，并对所有计算结果进行统计分析。1000 次仿真结果服从偏差均值接近于 0 的正态分布，因此二级轮盘后轴颈柱面跳动公差的 $\pm3\sigma$ 范围越小，表示质量越好。建立的质量-成本优化数学模型可表示为

$$\min \begin{cases} T_0 = T_0\left(T_1, T_2, T_3, T_4, T_5\right) \\ C = \sum_{i=1}^{5} 0.0373\text{e}^{-3.08T_i} \end{cases}$$

$$\text{s.t.} \begin{cases} 0 \leqslant T_i \leqslant 0.02, & 1 \leqslant i \leqslant 3 \\ 0 \leqslant T_i \leqslant 0.015, & 4 \leqslant i \leqslant 5 \\ 0 \leqslant T_0 \leqslant 0.015, & i = 0 \end{cases} \tag{2-120}$$

　　取装配体的质量需求和成本需求作为博弈方，分别记为 P_1 和 P_2；隶属于 P_1 和 P_2 的效用由式(2-120)的质量-成本优化数学模型的 T_0 和 C 通过量纲规范化后得到，分别记为 u_1 和 u_2，如式(2-121)所示：

$$u_1(T) = \frac{T_0(T)}{\min T_0(T)}, \quad u_2(T) = \frac{C(T)}{\min C(T)} \tag{2-121}$$

使用模糊聚类进行容差优化变量分组。

(1) 质量博弈方 P_1 的策略向量为

$$s_1 = (s_{11}, s_{12}, s_{13}) = (T_1, T_2, T_3) \in S_1$$

(2) 成本博弈方 P_2 的策略向量为

$$s_2 = (s_{21}, s_{22}) = (T_4, T_5) \in S_2$$

由质量博弈方 P_1 和成本博弈方 P_2、质量博弈方 P_1 的策略 s_1 和成本博弈方 P_2 的策略 s_2、质量博弈方 P_1 的效用 u_1 和成本博弈方 P_2 的效用 u_2，可构建航空发动机低压转子一级轮盘和二级轮盘盘鼓组合件的公差优化博弈模型 $G = \{P_i; S_i; u_i (i=1,2)\}$，对应的博弈模型如表 2-15 所示。

表 2-15　博弈模型

质量博弈方 P_1 的策略 s_1		成本博弈方 P_2 的策略 s_2				
		1 (0.010,0.010)	2 (0.010,0.011)	…	120 (0.020,0.019)	121 (0.020,0.020)
1	(0.015,0.015,0.015)	(1.000,1.031)	(1.085,1.031)	…	(1.329,1.019)	(1.436,1.019)
2	(0.015,0.015,0.016)	(1.070,1.031)	(1.088,1.030)	…	(1.394,1.019)	(1.471,1.018)
3	(0.015,0.015,0.017)	(1.165,1.030)	(1.136,1.029)	…	(1.463,1.018)	(1.512,1.017)
4	(0.015,0.015,0.018)	(1.200,1.029)	(1.159,1.029)	…	(1.512,1.017)	(1.575,1.017)
⋮	⋮	⋮	⋮	⋮	⋮	⋮
1328	(0.025,0.025,0.022)	(1.536,1.014)	(1.587,1.014)	…	(1.727,1.002)	(1.823,1.002)
1329	(0.025,0.025,0.023)	(1.576,1.014)	(1.637,1.013)	…	(1.743,1.002)	(1.842,1.001)
1330	(0.025,0.025,0.024)	(1.623,1.013)	(1.684,1.013)	…	(1.819,1.001)	(1.905,1.001)
1331	(0.025,0.025,0.025)	(1.723,1.013)	(1.758,1.012)	…	(1.857,1.001)	(1.981,1.000)

3. 航空发动机转子容差优化博弈模型求解

在转子公差优化博弈模型的基础上，针对公差优化过程中的质量与成本均衡问题，提出基于 Nash 均衡理论的航空发动机转子公差优化博弈模型的求解方法，对考虑博弈方个体利益最优的优化方案进行求解；提出基于 Shapley 值的航空发动机转子公差优化博弈模型的求解方法，对考虑博弈方联盟利益最优的优化方案进行求解。

利用基于 Nash 均衡理论的航空发动机转子公差优化方法计算得到质量和成本的最优效用组合，其相应的最优策略组合为 $S^* = \left(\left(s_1, s_2, s_3 \right), \left(s_4, s_5 \right) \right) = \left(\left(T_1, T_2, T_3 \right), \left(T_4, T_5 \right) \right) = \left(\left(0.015, 0.015, 0.015 \right), \left(0.02, 0.02 \right) \right)$。分析 Nash 均衡法计算得到的解，从质量博弈方 P_1 考虑，当成本博弈方 P_2 选择策略 $\left(T_4, T_5 \right) = \left(0.02, 0.02 \right)$ 时，若 P_1 偏离 $\left(T_1, T_2, T_3 \right) = \left(0.015, 0.015, 0.015 \right)$，而选择其余策略，则将导致质量博弈方的效用 u_1 增大，从而偏离最优值；从成本博弈方 P_2 考虑，当质量博弈方 P_1 选择策略 $\left(T_1, T_2, T_3 \right) = \left(0.015, 0.015, 0.015 \right)$ 时，若 P_2 偏离 $\left(T_4, T_5 \right) = \left(0.02, 0.02 \right)$，选择其余策略，同理，将导致成本博弈方的效用 u_2 增大。由以上分析可知，Nash 均衡法的特性使质量和成本两博弈方都不会单方面改变策略而得到较劣的效用，解具有"自我强制性"。由博弈效用矩阵可以看出，Nash 均衡法求得的解非 Pareto 最优解。

接下来利用基于 Shapley 值理论的转子公差优化方法进行求解。合作博弈过程有三个联盟，即 $\{P_1\}$、$\{P_2\}$ 和 $\{P_1, P_2\}$。其中，$\{P_1\}$ 的博弈效用矩阵如表 2-16 所示。

表 2-16　联盟 $\{P_1\}$ 的博弈效用矩阵

质量博弈方 P_1 的策略 s_1		成本博弈方 P_2 的策略 s_2				
		1 (0.010,0.010)	2 (0.010,0.011)	...	120 (0.020,0.019)	121 (0.020,0.020)
1	(0.015,0.015,0.015)	1.000	1.085	...	1.329	1.436
2	(0.015,0.015,0.016)	1.070	1.088	...	1.394	1.471
3	(0.015,0.015,0.017)	1.165	1.136	...	1.463	1.512
4	(0.015,0.015,0.018)	1.200	1.159	...	1.512	1.575
⋮	⋮	⋮	⋮		⋮	⋮
1328	(0.025,0.025,0.022)	1.536	1.587	...	1.727	1.823
1329	(0.025,0.025,0.023)	1.576	1.637	...	1.743	1.842
1330	(0.025,0.025,0.024)	1.623	1.684	...	1.819	1.905
1331	(0.025,0.025,0.025)	1.723	1.758	...	1.857	1.981

根据 von Neumann 的极小极大值定理，联盟 $\{P_1\}$ 的特征函数为 $v\left(\{P_1\} \right) = 1.0126$。同理可得联盟 $\{P_2\}$ 的特征函数为 $v\left(\{P_2\} \right) = 1.3263$，联盟 $\{P_1, P_2\}$ 的特征函数为 $v\left(\{P_1, P_2\} \right) = \min\{u_1 + u_2\} = 2.0288$。

使用式(2-109)计算得到 $x = \left(x_1, x_2 \right) = \left(\varphi_1(v), \varphi_2(v) \right) = \left(0.6420, 1.3868 \right)$，使用

式(2-109)计算全体效用组合和 Shapley 值的范数，得到最优效用向量组合和最优策略组合分别为

$$U^* = \left(u_1^*, \ u_2^* \right) = (1.0081, 1.3933)$$

$$S^* = \left((T_1, T_2, T_3)^*, (T_4, T_5)^* \right) = ((0.023, 0.017, 0.020), (0.018, 0.019))$$

对于 Shapley 值向量，质量博弈方和成本博弈方从联盟中分配到的效用不劣于脱离联盟的效用，即 $\varphi_1(v) < v(\{P_i\}) (i = 1, 2)$，因此质量博弈方和成本博弈方都会接受这样的效用分配。

将基于 Shapley 值理论的合作博弈理论和基于 Nash 均衡的非合作博弈理论所求得的结果与原公差设计方案下的结果进行比较，如表 2-17 所示。

表 2-17　公差优化结果对比

方法	成本效用	质量效用	6σ /mm
原方案	1.0155	1.5668	0.0304
Nash 均衡法优化后	1.7231	1.0130	0.0257
Shapley 值理论优化后	1.0081	1.3933	0.0270

分析表 2-17 可知，由非合作博弈的 Nash 均衡法优化后的成本效用增加了69.68%，质量效用降低了35.35%，6σ 为 0.0257mm，说明提高了装配精度的同时也大幅度提高了制造成本；由合作博弈的 Shapley 值理论优化后的成本效用降低了0.73%，质量效用降低了11.07%，6σ 为 0.0270mm，说明在成本基本不变的情况下提高了装配精度。

2.4.3　基于博弈论的广义容差分配

1. 风扇转子叶片选配容差分配博弈模型的建模流程

航空发动机风扇转子叶片均衡选配问题属于多阶段、多约束、多目标优化的组合优化问题。多阶段，即叶片优选和叶片优配，两个工艺阶段。多约束有两组约束条件，共四个约束条件，其中优选的约束条件为：发动机风扇转子叶片一阶弯曲频率离散度≤0.06，发动机风扇转子叶片一阶扭曲频率离散度≤0.08，最大最小叶片的重力矩差≤6000g·mm；优配的约束条件为装配序列中对顶角位置的两只叶片的重力矩差≤1500g·mm。多目标优化，即选配出叶片台份的数量和叶片台份的剩余不平衡量(叶片台份的静平衡质量)，共两个优化目标。

将选配出的发动机风扇转子叶片台份的数量模型和发动机风扇转子叶片台份的静平衡质量模型作为优化目标函数并联立，构建基于"选配叶片台份数量-选配叶片台份质量"均衡的选配容差分配优化模型，如式(2-122)所示：

$$\min \begin{cases} M_{\text{left}} = \sqrt{M_x^2 + M_y^2} \\ N_{\text{rb}} = R_o - R_s \end{cases}$$

$$\text{s.t.} \begin{cases} d_{1,\text{b}} = \dfrac{\max(b_1) - \min(b_1)}{\min(b_1)} \leqslant 0.06 \\ d_{1,\text{t}} = \dfrac{\max(t_1) - \min(t_1)}{\min(t_1)} \leqslant 0.08 \\ M_{\text{g,m}} = \max(M_g) - \min(M_g) \leqslant 6000 \\ M_{\text{v,a}} \leqslant M_v - M_a \leqslant 1500 \\ M_{\text{left}} = \sqrt{M_x^2 + M_y^2} \leqslant 100 \end{cases} \tag{2-122}$$

式中，M_{left} 为叶片装配序列的剩余不平衡量；N_{rb} 为叶片挑选完成后叶片库中剩余叶片的数量；R_o 为叶片挑选前叶片库中的叶片总数；R_s 为叶片挑选完成后被挑选出的叶片数量；b_1 为一阶弯曲频率；$d_{1,\text{b}}$ 为一阶弯曲频率离散度；t_1 为一阶扭转频率；$d_{1,\text{t}}$ 为一阶扭转频率离散度；M_g 为重力矩；$M_{\text{g,m}}$ 为一台份叶片中，重力矩最大的叶片和重力矩最小的叶片之间的重力矩差；$M_{\text{v,a}}$ 为叶片装配序列中对顶角位置的两只叶片的重力矩差；M_v 和 M_a 分别为对顶角位置两只叶片的重力矩。

利用博弈论解决叶片选配容差分配问题的关键是将叶片选配容差分配问题转换为基于博弈论的数学模型来求解。一个完整的博弈模型 $G = \{P_i;\ S_i;\ u_i(i=1, 2,\cdots,n)\}$ 由博弈方、博弈方策略和博弈方效用共同组成。另外，博弈模型还可以用博弈效用矩阵来表示。因此，对于叶片选配容差分配问题博弈模型的建立，关键是要提取和构建相应的博弈方及其策略与效用。

图 2-51 为面向叶片选配工艺信息的叶片选配容差分配博弈模型的构建流程。首先，将选配出的叶片台份数量和叶片台份质量(剩余不平衡量)作为对策环境中的博弈方，并根据选配叶片台份数量和选配叶片台份质量模型，建立相应的博弈方效用函数。其次，多目标优化问题的设计变量对各优化目标函数来说是共有的，而博弈模型中各决策主体的策略是独立且不受他方干扰的，因此需要根据博弈方及其策略之间的映射要求，对叶片选配容差分配问题的设计变量进行分组，从而形成隶属各博弈方的策略空间。通过以上构建博弈三要素的步骤建立面向叶片选配工艺信息的叶片选配容差分配博弈模型。

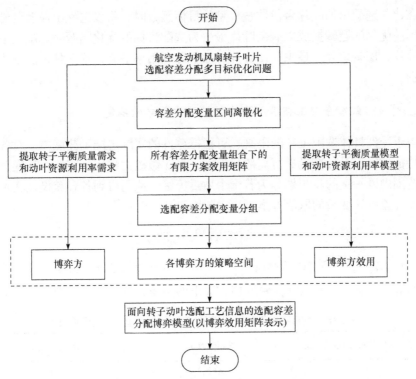

图 2-51　面向叶片选配工艺信息的叶片选配容差分配博弈模型的构建流程

2. 叶片选配容差分配博弈模型中博弈方及其效用的确定

在利用博弈论进行面向选配工艺信息的发动机风扇转子叶片选配容差分配时，博弈方可以视为选配出的发动机风扇转子叶片台份的静平衡质量和选配出的发动机风扇转子叶片台份的数量需求；设计者拥有详细的选配工艺信息，因此在博弈建模时，对于隶属于选配出的发动机风扇转子叶片台份的静平衡质量和选配出的发动机风扇转子叶片台份的数量需求的博弈方效用，可以分别采用表达选配出的叶片台份静平衡质量水平的静平衡质量模型以及表达选配出的叶片台份数量水平的数量模型来表达。需要注意的是，为了效用函数的可比性，将选配出的叶片质量模型和数量模型通过量纲规范化后，分别作为博弈方的效用 u_1 和 u_2。

在整个博弈过程中，不是优选的叶片台份的数量和优配的叶片台份的平衡质量在博弈，而是选配出的叶片台份的数量和选配出的叶片台份的平衡质量在博弈。若有 N 只叶片满足叶片优选优配的约束条件和目标，则选配出的叶片的数量为 N，选配出的叶片台份的数量为 $N/28$ 台(以第一级叶片为例，一台份第一级叶片的数量为 28)。

　　在建立选配出的叶片台份数量模型的目标函数时，将以选配出最多台份叶片为目标的优化问题转换成以剩余叶片最少为选配目标的优化问题。选配出最多台份的叶片，使剩余叶片最少，使叶片有效资源利用率最高，这三种说法本质上没有区别。

　　3. 叶片选配容差分配博弈模型中的博弈方策略的确定

　　由于受到具体选配工艺的限制，可根据零件的实际选配工艺能力，对各关键控制特征的容差设计变量进行离散化处理，具体做法为将每个容差设计变量在其取值范围内以一定的步长划分为若干个质量等级，从而得到各容差设计变量的离散值。容差设计变量的取值方案可以表示为

$$X_i = (T_1^{(i)}, T_2^{(i)}, \cdots, T_n^{(i)}) \tag{2-123}$$

式中，$i = 1, 2, \cdots, l$，l 为总方案数；$T_j^{(i)}$（$j = 1, 2, \cdots, n$）为在第 i 方案下，各容差设计变量的取值。所有容差设计变量取值方案下的两博弈方效用函数如表 2-18 所示。

表 2-18　　所有容差设计变量取值方案下的两博弈方效用函数

所有容差设计变量的取值方案	效用函数 u_1	效用函数 u_2
X_1	$u_1(X_1)$	$u_2(X_1)$
X_2	$u_1(X_2)$	$u_2(X_2)$
$\vdots$	$\vdots$	$\vdots$
X_l	$u_1(X_l)$	$u_2(X_l)$

　　多目标优化问题的设计变量对各优化目标函数来说是共有的，而博弈模型中各决策主体的策略是独立且不受他方干扰的，因此需要根据博弈方及其策略之间的映射要求，对叶片选配容差分配问题的设计变量进行分组，从而形成隶属于各个博弈方的策略空间。假设设计变量数目为 n，则第 i 个博弈方 P_i 的策略可以表示为

$$s_i = (s_{i,1}, s_{i,2}, \cdots, s_{i,k_i}) \in S_{i,1} \times S_{i,2} \times \cdots \times S_{i,k_i} \tag{2-124}$$

式中，s_i 代表博弈方 P_i 的策略；$s_{i,j}$ 和 $S_{i,j}$（$i = 1, 2; j = 1, 2, \cdots, k_i; \sum_{i=1}^{2} k_i = n$）分别为 P_i 的策略分量和策略分量空间。需要注意的是，$s_{i,j}$ 是和某个容差变 $T_i(i = 1, 2, \cdots, n)$ 相关联的。

　　通常的设计变量分组方法是根据优化问题本身的特点，将策略人为地分给不同的博弈方，从而进行求解。例如，在建立"囚徒困境"博弈模型时，人为地给两个囚徒(两个博弈方)分配策略，分配的策略均为坦白、抵赖。对于这种策略比较

简单、易于人为分配策略的博弈模型，人为地为各博弈方分配策略是最合适的确定博弈方策略的方法。否则，需要采用其他确定博弈方策略的方法，如利用模糊聚类理论进行设计变量的分组，为博弈方确定各自的博弈方策略等。

全部设计变量定义如下：一阶弯曲频率离散度 $d_{1,b} \leqslant 0.06$，记为 SD1，一阶扭转频率离散度 $d_{1,t} \leqslant 0.08$，记为 SD2；重力矩差 $M_{g,m} \leqslant 6000 g \cdot mm$，记为 SG1；对角叶片重力矩差 $M_{v,a} \leqslant 1500 g \cdot mm$，记为 MG2；剩余不平衡量 $M_{left} \leqslant 100 g \cdot mm$，记为 MD3，共五个设计变量。SD1、SD2、SG1 这三个设计变量属于叶片挑选工艺的容差(又称为工艺参数或约束条件)。MG2、MD3 这两个设计变量属于叶片优配工艺的容差(又称为工艺参数或约束条件)。叶片挑选工艺输出的目标是叶片台份数，叶片优配工艺输出的目标是叶片台份的平衡质量。

叶片选配容差分配博弈模型中的博弈方为 P_2 选配出的有效叶片台份数量、P_1 选配出的叶片台份的平衡质量。属于叶片优选工艺的三个设计变量 SD1、SD2、SG1 决定叶片的台份数(但不是有效的叶片台份数)，大多数叶片台份是在优选工艺中被挑选出来的，然后这些被挑选出来的叶片台份会进入优配工艺，在优配工艺中，会有少数叶片台份因不满足优配工艺的容差(MG2、MD3)而被退回叶片库中，只有满足优选优配工艺中所有容差(共五个容差)的叶片台份，才是选配出的有效叶片台份数量。因此，这五个设计变量共同决定博弈方 P_2，但博弈方 P_2 主要受优选工艺容差的影响(因为大多数叶片台份是在优选工艺中被挑选出来的)，优配工艺容差是博弈方 P_2 的次要因素(少数挑选出来的叶片因不满足优配工艺容差而被退回叶片库中)。对于博弈方 P_2，优选工艺的贡献度显著高于优配工艺，因此将优选工艺的三个容差全部划分给博弈方 P_2。博弈方 P_1 是选配出的叶片台份的平衡质量，叶片台份的平衡质量是经过优选和优配两个工艺过程、满足五个容差而得出的，因此这五个设计变量共同决定博弈方 P_1。但博弈方 P_1 主要受优配工艺容差的影响(优配工艺的优化目标是剩余不平衡量)，优选工艺容差是博弈方 P_1 的次要因素(为了使叶片台份在优配工艺中得到更好的平衡质量，首先要在优选工艺中进行叶片的筛选，优选是优配的辅助，优选工艺是为服务优配工艺而产生的)。对于博弈方 P_1，优配工艺的贡献度显著高于优选工艺，因此将优配工艺的两个容差全部划分给博弈方 P_1。

因此，叶片台份平衡质量博弈方 P_1 的策略为 MG2、MD3，其策略向量为 $s_1 = (s_{11}, s_{12}) \in S_1$。有效动叶台份数量博弈方 P_2 的策略为 SD1、SD2、SG1，其策略向量为 $s_2 = (s_{21}, s_{22}, s_{23}) \in S_2$。

4. 动叶选配容差分配博弈模型的建立

以航空发动机风扇转子的一级叶片的选配为例，从企业获得的一级叶片数据库如表 2-19 所示，共 666 只叶片的相关数据。

表 2-19　风扇转子一级动叶片数据库

叶片编号	一阶弯曲频率/Hz	一阶扭转频率/Hz	重力矩/(g·mm)	叶片编号	一阶弯曲频率/Hz	一阶扭转频率/Hz	重力矩/(g·mm)
1	127	616	276180	11	122	670	275320
2	128	603	275040	12	133	655	273820
3	130	613	276560	13	127	665	270440
4	129	624	281520	14	137	644	278460
5	136	616	275280	15	125	680	276120
6	129	624	280900	16	136	679	273660
7	124	661	272900	⋮	⋮	⋮	⋮
8	121	666	275820	664	133	677	277900
9	121	688	278380	665	131	686	277800
10	125	652	272860	666	131	672	279140

　　对于很多复杂的工程问题，有时难以获取输入和输出之间的详细函数表达形式，这时设计者只需要获取输入端和输出端的数据，就可以构建完整的博弈模型。目前，只能确定当选配容差严格时，选配出的叶片台份数量是逐渐减少的变化趋势，选配出的叶片台份平衡质量是逐渐增大的变化趋势，至于叶片台份数量、平衡质量和选配容差之间的函数关系并不确定。因此，根据输入端和输出端的数据，建立叶片选配容差分配的博弈模型并进行后续的求解工作。

　　以容差设计变量 SG1 为例，其离散化的取值分别为 6000，5000，4000，3000，2000，则在所有容差设计变量取值方案下的两博弈方效用如表 2-20 所示。两博弈方策略矩阵如表 2-21 所示。

表 2-20　在所有容差设计变量取值方案下的两博弈方效用(结合实例)

所有容差设计变量的取值方案	博弈方 P_1 的效用函数 u_1	博弈方 P_2 的效用函数 u_2
$X_1 = (1500, 1.5, 0.06, 0.08, 6000)$	$u_1(X_1)$	$u_2(X_1)$
$X_2 = (1500, 1.5, 0.06, 0.08, 5000)$	$u_1(X_2)$	$u_2(X_2)$
⋮	⋮	⋮
$X_{l-1} = (1500, 1.1, 0.06, 0.08, 2000)$	$u_1(X_{l-1})$	$u_2(X_{l-1})$
$X_l = (1500, 1.0, 0.06, 0.08, 2000)$	$u_1(X_l)$	$u_2(X_l)$

表 2-21　两博弈方策略矩阵

博弈方 P_2 的策略	博弈方 P_1 的策略					
	1	2	3	4	5	6
	(1500,1.5)	(1500,1.4)	(1500,1.3)	(1500,1.2)	(1500,1.1)	(1500,1.0)
1　(0.06,0.08, 6000)	(0.06,0.08, 6000,1500,1.5)	(0.06,0.08, 6000,1500,1.4)	(0.06,0.08, 6000,1500,1.3)	(0.06,0.08, 6000,1500,1.2)	(0.06,0.08, 6000,1500,1.1)	(0.06,0.08, 6000,1500,1.0)
2　(0.06,0.08, 5000)	(0.06,0.08, 5000,1500,1.5)	(0.06,0.08, 5000,1500,1.4)	(0.06,0.08, 5000,1500,1.3)	(0.06,0.08, 5000,1500,1.2)	(0.06,0.08, 5000,1500,1.1)	(0.06,0.08, 5000,1500,1.0)
3　(0.06,0.08, 4000)	(0.06,0.08, 4000,1500,1.5)	(0.06,0.08, 4000,1500,1.4)	(0.06,0.08, 4000,1500,1.3)	(0.06,0.08, 4000,1500,1.2)	(0.06,0.08, 4000,1500,1.1)	(0.06,0.08, 4000,1500,1.0)
4　(0.06,0.08, 3000)	(0.06,0.08, 3000,1500,1.5)	(0.06,0.08, 3000,1500,1.4)	(0.06,0.08, 3000,1500,1.3)	(0.06,0.08, 3000,1500,1.2)	(0.06,0.08, 3000,1500,1.1)	(0.06,0.08, 3000,1500,1.0)
5　(0.06,0.08, 2000)	(0.06,0.08, 2000,1500,1.5)	(0.06,0.08, 2000,1500,1.4)	(0.06,0.08, 2000,1500,1.3)	(0.06,0.08, 2000,1500,1.2)	(0.06,0.08, 2000,1500,1.1)	(0.06,0.08, 2000,1500,1.0)

采用动叶优选优配算法求解两博弈方效用。两博弈方效用指的是选配的动叶台份数量和选配的动叶台份平衡质量。与博弈策略矩阵对应的博弈效用矩阵如表 2-22～表 2-24 所示。表 2-22 中的效用组合代表的是选配出的叶片台份数量、选配出的叶片台份质量。例如，当两博弈方策略组合为(0.06, 0.08, 6000, 1500, 1.5)时，对应的效用组合为(23, 0.992)，23 代表的是选配出的叶片台份数，即选配出了 23 台份风扇转子叶片，0.992 代表的是选配出的 23 台份叶片的整体质量水平(剩余不平衡量的平均值)，其计算方法为

$$\bar{x} = \frac{x_1 + x_2 + \cdots + x_n}{n} = \frac{1}{n}\sum_{i=1}^{n} x_i \tag{2-125}$$

式中，$\bar{x}$ 为选配出的 n 台份的叶片整体质量水平剩余不平衡量的平均值；x_n 为选配出的第 n 台份叶片的剩余不平衡量水平，表达式为

$$x_n = \frac{a_1 + a_2 + \cdots + a_{10}}{10} = \frac{1}{10}\sum_{i=1}^{10} a_i \tag{2-126}$$

表 2-22　与博弈策略矩阵对应的博弈效用矩阵　(P_2 为选配出的叶片台份数量)

博弈方 P_2 的策略	博弈方 P_1 的策略					
	1	2	3	4	5	6
	(1500,1.5)	(1500,1.4)	(1500,1.3)	(1500,1.2)	(1500,1.1)	(1500,1.0)
1　(0.06,0.08,6000)	(23,0.992)	(23,0.933)	(23,0.913)	(23,0.869)	(22,0.803)	(21,0.733)
2　(0.06,0.08,5000)	(23,0.972)	(23,0.958)	(22,0.882)	(23,0.835)	(22,0.795)	(21,0.730)

续表

博弈方 P_2 的策略		博弈方 P_1 的策略					
		1	2	3	4	5	6
		(1500,1.5)	(1500,1.4)	(1500,1.3)	(1500,1.2)	(1500,1.1)	(1500,1.0)
3	(0.06,0.08,4000)	(23,1.015)	(23,0.910)	(23,0.850)	(23,0.807)	(23,0.747)	(23,0.670)
4	(0.06,0.08,3000)	(22,0.983)	(22,0.926)	(22,0.873)	(22,0.800)	(22,0.735)	(22,0.658)
5	(0.06,0.08,2000)	(17,0.972)	(17,0.936)	(17,0.890)	(17,0.794)	(17,0.715)	(17,0.692)

表 2-23　与博弈策略矩阵对应的博弈效用矩阵 （P_2 为叶片库中剩余叶片台份数量)

博弈方 P_2 的策略		博弈方 P_1 的策略					
		1	2	3	4	5	6
		(1500,1.5)	(1500,1.4)	(1500,1.3)	(1500,1.2)	(1500,1.1)	(1500,1.0)
1	(0.06,0.08,6000)	(22,0.992)	(22,0.933)	(22,0.913)	(22,0.869)	(50,0.803)	(78,0.733)
2	(0.06,0.08,5000)	(22,0.972)	(22,0.958)	(22,0.882)	(22,0.835)	(50,0.795)	(78,0.730)
3	(0.06,0.08,4000)	(22,1.015)	(22,0.910)	(22,0.850)	(22,0.807)	(22,0.747)	(22,0.670)
4	(0.06,0.08,3000)	(50,0.983)	(50,0.926)	(50,0.873)	(50,0.800)	(50,0.735)	(50,0.658)
5	(0.06,0.08,2000)	(190,0.972)	(190,0.936)	(190,0.890)	(190,0.794)	(190,0.715)	(190,0.692)

表 2-24　与博弈策略矩阵对应的量纲规范化的博弈效用矩阵(P_2 为选配出的叶片台份数量)

博弈方 P_2 的策略		博弈方 P_1 的策略					
		1	2	3	4	5	6
		(1500,1.5)	(1500,1.4)	(1500,1.3)	(1500,1.2)	(1500,1.1)	(1500,1.0)
1	(0.06,0.08,6000)	(0.000,0.936)	(0.000,0.770)	(0.000,0.714)	(0.000,0.591)	(0.167,0.406)	(0.333,0.210)
2	(0.06,0.08,5000)	(0.000,0.880)	(0.000,0.840)	(0.167,0.627)	(0.000,0.496)	(0.167,0.384)	(0.333,0.202)
3	(0.06,0.08,4000)	(0.000,1.000)	(0.000,0.706)	(0.000,0.538)	(0.000,0.417)	(0.000,0.249)	(0.000,0.034)
4	(0.06,0.08,3000)	(0.167,0.910)	(0.167,0.751)	(0.167,0.602)	(0.167,0.398)	(0.167,0.216)	(0.167,0.000)
5	(0.06,0.08,2000)	(1.000,0.880)	(1.000,0.779)	(1.000,0.650)	(1.000,0.381)	(1.000,0.160)	(1.000,0.095)

　　求解每台份叶片剩余不平衡量所用的算法是启发式算法。启发式算法每次求得的解都不相同，因此需要多次运行算法(本节运行了 10 次)，算法每次运行都会得到一个解 a_i 然后求取平均值 x_n，用 x_n 代表选配出的第 n 台份叶片的剩余不平

衡量水平。

表 2-23 中的效用组合代表的是叶片库中剩余叶片的数量、选配出的叶片台份质量。例如，表 2-22 中对应的效用组合为(23, 0.992)，则在表 2-23 中对应的效用组合为(22,0.992)，叶片库中共有 666 只叶片，选配出 23 台份叶片，每台份叶片数量是 28 只叶片，则剩余叶片为 666 − 23×28 = 22 只，使剩余叶片最小化，即可以实现选配叶片台份数量的最大化(最优化)。为了便于优化，对表 2-22 中的效用矩阵进行了转换，转换成了表 2-23 中的效用矩阵。对表 2-23 中的效用矩阵进行量纲规范化，即形成了表 2-24 中的效用矩阵，后续求解所用的效用矩阵即表 2-24 中的效用矩阵。

需要注意的是，表 2-22 中是采用选配出的叶片台份数量来表示选配经济博弈方 P_2 的效用，选配出的叶片台份数量越多，叶片库中的叶片资源利用率越高，经济效益越好，博弈方 P_2 的效用就越好；表 2-23 中是采用叶片库中剩余叶片的数量来表示选配经济博弈方 P_2 的效用，选配出的叶片台份数量越多，叶片库中的剩余叶片越少，经济效益越好，博弈方 P_2 的效用就越好。

表 2-24 中，u_2 为博弈方 P_2 的效用，u_1 为博弈方 P_1 的效用，博弈模型中，效用组合既可以是(u_1,u_2)，也可以是(u_2,u_1)，关键是求解时一定要对应上。

5. 基于 Shapley 值理论的叶片选配容差分配博弈模型的求解

采用联盟博弈中的 Shapley 值理论对建立的叶片选配容差分配博弈模型进行求解。对于该实例中的博弈模型，共有三个联盟，即$\{P_1\}$、$\{P_2\}$和$\{P_1,P_2\}$。对于联盟$\{P_1\}$，相应的效用矩阵如表 2-25 和表 2-26 所示；对于联盟$\{P_2\}$，其效用矩阵如表 2-27～表 2-29 所示。

表 2-25　未进行量纲规范化的联盟$\{P_1\}$的博弈效用矩阵

博弈方 P_2 的策略		博弈方 P_1 的策略					
		1	2	3	4	5	6
		(1500,1.5)	(1500,1.4)	(1500,1.3)	(1500,1.2)	(1500,1.1)	(1500,1.0)
1	(0.06,0.08,6000)	0.992	0.933	0.913	0.869	0.803	0.733
2	(0.06,0.08,5000)	0.972	0.958	0.882	0.835	0.795	0.730
3	(0.06,0.08,4000)	1.015	0.910	0.850	0.807	0.747	0.670
4	(0.06,0.08,3000)	0.983	0.926	0.873	0.800	0.735	0.658
5	(0.06,0.08,2000)	0.972	0.936	0.890	0.749	0.715	0.692

表 2-26　量纲规范化的联盟 $\{P_1\}$ 的博弈效用矩阵

博弈方 P_2 的策略		博弈方 P_1 的策略					
		1	2	3	4	5	6
		(1500,1.5)	(1500,1.4)	(1500,1.3)	(1500,1.2)	(1500,1.1)	(1500,1.0)
1	(0.06,0.08,6000)	0.936	0.770	0.714	0.590	0.406	0.210
2	(0.06,0.08,5000)	0.880	0.840	0.627	0.496	0.384	0.202
3	(0.06,0.08,4000)	1.000	0.706	0.538	0.417	0.249	0.034
4	(0.06,0.08,3000)	0.910	0.751	0.602	0.398	0.216	0.000
5	(0.06,0.08,2000)	0.880	0.779	0.650	0.381	0.160	0.095

表 2-27　联盟 $\{P_2\}$ 的博弈效用矩阵(P_2 为选配出的叶片台份数量)

博弈方 P_1 的策略		博弈方 P_2 的策略				
		1	2	3	4	5
		(0.06,0.08,6000)	(0.06,0.08,5000)	(0.06,0.08,4000)	(0.06,0.08,3000)	(0.06,0.08,2000)
1	(1500,1.5)	23	23	23	22	17
2	(1500,1.4)	23	23	23	22	17
3	(1500,1.3)	23	23	23	22	17
4	(1500,1.2)	23	23	23	22	17
5	(1500,1.1)	22	22	23	22	17
6	(1500,1.0)	21	21	23	22	17

根据 von Neumann 的极小极大值定理，联盟 $\{P_1\}$ 的特征函数 $v(\{P_1\})=0.210$，同理可得 $v(\{P_2\})=0$，$v(\{P_1,P_2\})=\min\{u_1+u_2\}=0+0.034=0.034$。

表 2-28　联盟 $\{P_2\}$ 的博弈效用矩阵(P_2 为叶片库中剩余叶片数量)

博弈方 P_1 的策略		博弈方 P_2 的策略				
		1	2	3	4	5
		(0.06,0.08,6000)	(0.06,0.08,5000)	(0.06,0.08,4000)	(0.06,0.08,3000)	(0.06,0.08,2000)
1	(1500,1.5)	22	22	22	50	190
2	(1500,1.4)	22	22	22	50	190
3	(1500,1.3)	22	50	22	50	190
4	(1500,1.2)	22	22	22	50	190
5	(1500,1.1)	50	50	22	50	190
6	(1500,1.0)	78	78	22	50	190

表 2-29　量纲规范化的联盟 $\{P_2\}$ 的博弈效用矩阵(P_2 为叶片库中剩余叶片数量)

博弈方 P_1 的策略		博弈方 P_2 的策略				
		1	2	3	4	5
		(0.06,0.08,6000)	(0.06,0.08,5000)	(0.06,0.08,4000)	(0.06,0.08,3000)	(0.06,0.08,2000)
1	(1500,1.5)	0.000	0.000	0.000	0.167	1.000
2	(1500,1.4)	0.000	0.000	0.000	0.167	1.000
3	(1500,1.3)	0.000	0.167	0.000	0.167	1.000
4	(1500,1.2)	0.000	0.000	0.000	0.167	1.000
5	(1500,1.1)	0.167	0.167	0.000	0.167	1.000
6	(1500,1.0)	0.333	0.333	0.000	0.167	1.000

x 是合作博弈的一个分配方案，x 是由 $x_1, x_2, \cdots, x_n$ 组成的，如式(2-109)所示。式(2-127)和式(2-128)用于求解合作博弈的分配方案：

$$\begin{cases} x_1 = \varphi_1(v) = \displaystyle\sum_{\substack{S \subseteq N \\ P_1 \in S}} \frac{(|S|-1)!(n-|S|)!}{n!} \left[v(S) - v(S \setminus \{P_1\}) \right] = 0.122 \\ x_2 = \varphi_2(v) = -0.088 \end{cases} \tag{2-127}$$

$$x = (x_1, x_2) = (\varphi_1(v), \varphi_2(v)) = (0.122, -0.088) \tag{2-128}$$

对于 Shapley 向量 x_i，每个博弈方都会接受这样的资源分配，因为各博弈方的效用都不劣于其独自努力所得的效用，即 $\varphi_i(v) < v(\{P_i\})(i=1,2)$。

(1) Shapley 值向量 $\phi = (\varphi_1, \varphi_2) = (0.122, -0.088)$。

(2) 效用组合构成的向量为 $U = (u_1, u_2)$。

(3) 计算所有效用组合与 Shapley 值向量的二范数 $d_{\min} = \| U - \phi \|$。

当 $\exists (u_1^*, u_2^*)$，使 $d(u_1^*, u_2^*) = d_{\min}$ 时，得到最优的效用向量 (u_1^*, u_2^*) 和对应的策略组合，即设计变量的最优组合 (s_1^*, s_2^*)。

$$d(u_1^*, u_2^*) = d(0.034, 0.000) = d_{\min} = 0.125 \tag{2-129}$$

最优的效用向量 $(u_1^*, u_2^*) = (0.034, 0.000)$，其对应的量纲规范化之前的效用组合为 $(u_1^*, u_2^*) = (23, 0.670)$。选出的叶片台份数是 23，产品批次整体质量水平为 $0.670 \mathrm{g \cdot mm}$ (反映产品整体质量水平高低)，产品批次质量标准差为 $0.690 \mathrm{g \cdot mm}$ (反映产品整体质量的波动程度或稳健性)。

最优效用向量对应的最优策略组合为 $(s_1^*, s_2^*) = ((1500,1.0), (0.06,0.08,4000))$，最优策略组合即是设计变量的最优组合，即一阶弯曲频率离散度 $d_{1,b} \leqslant 0.06$，一阶

扭曲频率离散度 $d_{1,t} \leqslant 0.08$ ，选配出的同一台份叶片中，最大、最小的两只叶片的重力矩差 $M_{g,m} \leqslant 4000 \mathrm{g \cdot mm}$ ，在动叶排序(规划动叶装配序列)时，对顶角位置的两只叶片的重力矩差的容差 $\leqslant 1500 \mathrm{g \cdot mm}$ ，剩余不平衡量的容差 $\leqslant 100 \mathrm{g \cdot mm}$ 。

基于合作博弈论的选配容差再分配，将优选优配两个独立的串联过程联合起来，成为一个协调、统一的整体，避免某些叶片台份被选出后进入优配环节，因为不满足优配的约束条件或优化目标而被退回叶片库，成为剩余叶片的情况，从根本上提高了叶片资源的有效利用率。

基于 Shapley 值理论的联盟博弈求解方法得出的新的叶片选配容差策略为 $\left(s_1^*, s_2^*\right) = ((1500,1.0),(0.06,0.08,4000))$ ，企业目前正在使用的选配容差策略为 $\left(s_1^*, s_2^*\right) = ((1500, 100),(0.06,0.08,6000))$ 。合作博弈求得的选配容差与企业当前所用的选配容差结果对比如表 2-30 所示。

表 2-30　合作博弈容差与企业当前容差选配结果对比　(单位：$\mathrm{g \cdot mm}$)

选配出的动叶台份质量特征	企业所用的选配容差	合作博弈求得的选配容差
选配的第 1 台份平衡质量	69.134	0.573
选配的第 2 台份平衡质量	62.695	0.578
选配的第 3 台份平衡质量	75.687	0.625
选配的第 4 台份平衡质量	54.614	0.668
选配的第 5 台份平衡质量	70.806	0.704
选配的第 6 台份平衡质量	69.219	0.735
选配的第 7 台份平衡质量	77.199	0.647
选配的第 8 台份平衡质量	71.369	0.631
选配的第 9 台份平衡质量	71.527	0.807
选配的第 10 台份平衡质量	60.957	0.712
选配的第 11 台份平衡质量	73.842	0.695
选配的第 12 台份平衡质量	67.448	0.683
选配的第 13 台份平衡质量	64.867	0.647
选配的第 14 台份平衡质量	56.211	0.707
选配的第 15 台份平衡质量	69.592	0.611
选配的第 16 台份平衡质量	48.518	0.637
选配的第 17 台份平衡质量	65.926	0.841
选配的第 18 台份平衡质量	67.802	0.653
选配的第 19 台份平衡质量	73.606	0.627
选配的第 20 台份平衡质量	77.122	0.762
选配的第 21 台份平衡质量	75.420	0.658

续表

选配出的动叶台份质量特征	企业所用的选配容差	合作博弈求得的选配容差
选配的第 22 台份平衡质量	61.153	0.558
选配的第 23 台份平衡质量	71.629	0.642
选配的 23 台份平衡质量最大值	77.199	0.841
选配的 23 台份平衡质量均值	67.667	0.670
选配的 23 台份平衡质量标准差	7.319	0.069

表 2-30 中，选配叶片所用的方法均是李丽丽等[47]研究的叶片优选优配技术。但是所用的容差策略不同，一个是企业当前正在使用的容差策略 $\left(s_1^*, s_2^*\right) =$ $((1500,1.00),(0.06,0.08,6000))$，另一个是基于 Shapley 值理论的联盟博弈求解方法得出的新的叶片选配容差策略 $\left(s_1^*, s_2^*\right) = ((1500,1.0),(0.06,0.08,4000))$。对比基于企业当前容差和基于合作博弈方法分配的容差选配出的叶片台份平衡质量的各项指标，前者各项指标均显著落后于后者，对比结果非常悬殊，说明，企业当前采用的选配容差已经不适用于新建立的选配技术了，即企业当前的选配容差和新研究出的叶片选配技术不匹配，企业不仅需要更新选配技术，还要更新选配容差。

合作博弈与非合作博弈方法求解结果对比如表 2-31 所示，非合作博弈方法的选配容差明显更宽松，叶片台份数量仍然减少了 2 台。这是因为非合作博弈的选配容差 $(0.06,0.08,6000)$ 虽然比合作博弈 $(0.06,0.08,4000)$ 更宽松，但在叶片挑选工艺中，两种方法均挑选出了 23 台分动叶。在叶片优配工艺环节，两种方法的优配容差虽然相同(均为 $(1500,1.0)$)，但前面挑选出的叶片容差不同，导致非合作博弈挑选出的叶片虽然满足 $(0.06,0.08,6000)$ 的容差，但不满足 $(1500,1.0)$，而使选配出的叶片台份数量减少了 2 台份，剩余 21 台份动叶。非合作博弈容差 $(0.06,0.08,6000)$ 更宽松，导致符合选配约束条件的这 21 台份叶片整体质量水平和质量波动情况均劣于合作博弈的求解结果。

表 2-31　合作博弈与非合作博弈方法求解结果对比

方法	选配容差	选配台份数量	选配台份质量均值/(g·mm)	选配台份质量标准差/(g·mm)
Shapley 值法	$((1500,1.0),(0.06,0.08,4000))$	23	0.670	0.069
非合作博弈方法	$((1500,1.0),(0.06,0.08,6000))$	21	0.733	0.081

基于合作博弈论的叶片选配容差分配，通过博弈模型的建立和求解，使选配

出的叶片台份数量和整体质量在竞争与合作中实现了选配叶片台份数量与质量的均衡协调和综合优化。采用合作博弈方法重新分配的选配容差 $\left(s_1^*, s_2^*\right)=((1500,1.0),$ $(0.06,0.08,4000))$ 进行叶片的选配，实现了叶片资源的充分利用(从叶片数据库中选配出了 23 台份叶片)，而且提高了叶片台份的整体质量水平(提高了选配出的叶片台份的平均质量水平，产品批次整体质量水平为 $0.670\mathrm{g \cdot mm}$)，大大改善了平衡质量的波动性(产品批次质量标准差为 $0.069\mathrm{g \cdot mm}$)，提高了选配出的叶片台份平衡质量的一致性和稳健性。相比于非合作博弈方法，合作博弈方法分配的容差不仅使选配工艺选配出了最多台份的叶片(23 台份叶片)，而且选配出的叶片台份的平衡质量水平也是最优的。

参 考 文 献

[1] Jin R, Shi J. Reconfigured piecewise linear regression tree for multistage manufacturing process control[J]. The Institution of Engineering and Technology transactions, 2012, 44(4): 249-261.

[2] Zhuang C B, Gong J C, Liu J H. Digital twin-based assembly data management and process traceability for complex products[J]. Journal of Manufacturing Systems, 2020, 58(3): 118-131.

[3] Thornton A C. A mathematical framework for the key characteristic process[J]. Research in Engineering Design, 1999, 11(3): 145-157.

[4] Whitney D. The role of key characteristics in the design of mechanical assemblies[J]. Assembly Automation, 2006, 26(4): 315-322.

[5] Han Z, Rong M, Chang Z, et al. Key assembly structure identification in complex mechanical assembly based on multi-source information[J]. Assembly Automation, 2017, 37(2): 208-218.

[6] Han X, Li R, Wang J, et al. Identification of key design characteristics for complex product adaptive design[J]. The International Journal of Advanced Manufacturing Technology, 2018, 95(1): 1215-1231.

[7] Li Y, Wang Z, Zhong X, et al. Identification of influential function modules within complex products and systems based on weighted and directed complex networks[J]. Journal of Intelligent Manufacturing, 2019, 30(6): 2375-2390.

[8] Lee K, Gossard D C. A hierarchical data structure for representing assemblies: Part 1[J]. Computer-Aided Design, 1985, 17(1): 15-19.

[9] Wang N, Ozsoy T M. Representation of assemblies for automatic tolerance chain generation[J]. Engineering with Computers, 1990, 6(2): 121-126.

[10] 王洋, 王春河, 高峰, 等. 基于特征的装配尺寸链自动生成及分析的研究[J]. 计算机辅助设计与图形学学报, 1998, (2): 43-49.

[11] 王恒, 宁汝新, 唐承统. 三维装配尺寸链的自动生成[J]. 机械工程学报, 2005, 41(6): 181-187.

[12] Desrochers A, Clément A. A dimensioning and tolerancing assistance model for CAD/CAM systems[J]. The International Journal of Advanced Manufacturing Technology, 1994, 9(6): 352-361.

[13] Clément A, Rivière A, Serré P, et al. The TTRSs: 13 Constraints for Dimensioning and Tolerancing[M]//ElMaraghy H A. Geometric Design Tolerancing: Theories, Standards and Application. Berlin: Springer, 1998.

[14] Mabire A, Serré P, Moinet M, et al. Computing clearances and deviations in over-constrained mechanisms[J]. Procedia CIRP, 2018, 75: 238-243.

[15] Qin Y, Lu W, Qi Q, et al. Towards a tolerance representation model for generating tolerance specification schemes and corresponding tolerance zones[J]. The International Journal of Advanced Manufacturing Technology, 2018, 97(5): 1801-1821.

[16] Shen Z, Shah J J, Davidson J K. Automation of linear tolerance charts and extension to statistical tolerance analysis[C]. International Design Engineering Technical Conferences and Computers and Information in Engineering Conference, 2003: 77-88.

[17] Wu Y, Shah J J, Davidson J K. Computer modeling of geometric variations in mechanical parts and assemblies[J]. Journal of Computing and Information Science in Engineering, 2003, 3(1): 54-63.

[18] Davidson J K, Mujezinovic A, Shah J J. A new mathematical model for geometric tolerances as applied to round faces[J]. Journal of Mechanical Design, 2002, 124(4): 609-622.

[19] Bhide S, Ameta G, Davidson J K, et al. Tolerance-maps applied to the straightness and orientation of an axis[J]. Models for Computer Aided Tolerancing in Design & Manufacturing, 2007, 6: 45-54.

[20] Davidson J K, Shah J J. Geometric tolerances: A new application for line geometry and screws[J]. Proceedings of the Institution of Mechanical Engineers, Part C: Journal of Mechanical Engineering Science, 2002, 216(1): 95-103.

[21] Ameta G, Davidson J K, Shah J J. The effects of different specifications on the tolerance-maps for an angled face[C]. International Design Engineering and Technical Conference, 2004.

[22] Ameta G, Davidson J K, Shah J J. Tolerance-maps applied to a point-line cluster of features[J]. Journal of Mechanical Design, 2006, 129(8): 782-792.

[23] Ameta G, Davidson J K, Shah J J. Using tolerance-maps to generate frequency distributions of clearance and allocate tolerances for pin-hole assemblies[J]. Journal of Computing and Information Science in Engineering, 2007, 7(4): 347-359.

[24] Ameta G, Singh G, Davidson J K, et al. Tolerance-maps to model composite positional tolerancing for patterns of features[J]. Journal of Computing and Information Science in Engineering, 2018, 18(3): 1-9.

[25] Clasen P J, Davidson J K, Shah J J. Modeling of geometric variations within a tolerance-zone for circular runout[C]. American Society of Mechanical Engineer 2009 International Design Engineering Technical Conferences and Computers and Information in Engineering Conference, 2009.

[26] Ameta G, Davidson J K, Shah J J. Statistical tolerance allocation for tab-slot assemblies utilizing tolerance-maps[J]. Journal of Computing and Information Science in Engineering, 2010, 10(1): 1-13.

[27] Ameta G, Davidson J K, Shah J J. Effects of size, orientation, and form tolerances on the frequency distributions of clearance between two planar faces[J]. Journal of Computing and Information

Science in Engineering, 2011, 11(1): 011002.

[28] Bourdet P, Ballot É. Geometrical behavior laws for computer-aided tolerancing[J]. Computer Aided Tolerancing, 1995, 125: 119-131.

[29] Bourdet P, Clement A. A study of optimal-criteria identification based on the small-displacement screw model[J]. CIRP Annals, 1988, 37(1): 503-506.

[30] Lafond P , Laperrière L. Jacobian-based modeling of dispersions affecting pre-defined functional requirements of mechanical assemblies[C]. Institute of Electrical and Electronics Engineers International Symposium on Assembly and Task Planning, 1999.

[31] Laperrière L, Lafond P. Modeling dispersions affecting pre-defined functional requirements of mechanical assemblies using Jacobian transforms[C]. Proceedings of the 2nd IDMME Conference, 1998.

[32] Desrochers A, Ghie W, Laperriere L. Application of a unified Jacobian-Torsor model for tolerance analysis[J]. Journal of Computing and Information Science in Engineering, 2003, 3(1): 2-14.

[33] Homri L, Dantan J, Levasseur G. Comparison of optimization techniques in a tolerance analysis approach considering form defects[J]. Procedia CIRP, 2016, 43: 184-189.

[34] Schleich B, Wartzack S. An approach to the sensitivity analysis in variation simulations considering form deviations[J]. Procedia CIRP, 2018, 75: 273-278.

[35] Zhang W, An L L, Sherar P, et al. Posture optimization algorithm for large structure assemblies based on skin model[J]. Mathematical Problems in Engineering, 2018, 13: 9680639.

[36] Schleich B, Wartzack S. Novel approaches for the assembly simulation of rigid Skin Model Shapes in tolerance analysis[J]. Computer-Aided Design, 2018, 101: 1-11.

[37] Liu J, Zhang Z, Ding X, et al. Integrating form errors and local surface deformations into tolerance analysis based on skin model shapes and a boundary element method[J]. Computer-Aided Design, 2018, 104: 45-59.

[38] Liu J H, Lin X Q, Liu J S, et al. Assembly workshop production planning & control technology based on workflow[J]. Computer Integrated Manufacturing Systems, 2010, 16(4): 755-762.

[39] Liu J H, Ding X F, Yuan D, et al. Computer aided assembly process control & management system for complex product[J]. Computer Integrated Manufacturing Systems, 2010, 16(8): 1622-1633.

[40] 张佳朋, 刘检华, 龚康, 等. 基于数字孪生的航天器装配质量监控与预测技术[J]. 计算机集成制造系统, 2021, 27(2): 605-616.

[41] 孙惠斌, 常智勇, 莫蓉. 基于 Agent 的装配执行过程监控方法[J]. 计算机集成制造系统, 2009, 15(10): 2045-2049.

[42] Kim C, Nam S Y, Park D J, et al. Product control system using RFID tag information and data mining[C]. International Conference on Ubiquitous Convergence Technology, 2006.

[43] Huang G Q, Zhang Y F, Jiang P. RFID-based wireless manufacturing for real-time management of job shop WIP inventories[J]. International Journal of Advanced Manufacturing Technology, 2008, 36(7): 752-764.

[44] Chiu C, Yao Y. Multiway elastic net (MEN) for final product quality prediction and quality-related analysis of batch processes[J]. Chemometrics and Intelligent Laboratory Systems, 2013, 125: 153-165.

[45] 常鹏, 王普, 高学金, 等. 基于统计量模式分析的 MKPLS 间歇过程监控与质量预报[J]. 仪器仪表学报, 2014, 35(6): 1409-1416.

[46] Zhao L P, Zhao C H, Gao F Y. Phase transition analysis based quality prediction for multi-phase batch processes[J]. Chinese Journal of Chemical Engineering, 2012, 20(6): 1191-1197.

[47] 刘明周, 吕旭泽, 王小巧. 发动机曲轴多工序装配的质量预测模型研究[J]. 汽车工程学报, 2016, 6(1): 22-28.

[48] 杨岚, 石宇强. 基于大数据的多工序产品质量预测[J]. 西南科技大学学报, 2020, 35(1): 81-89.

[49] 贾振元, 马建伟, 王福吉, 等. 多零件几何要素影响下的装配产品特性预测方法[J]. 机械工程学报, 2009, 45(7): 168-173.

[50] Wang X, Liu M, Ge M, et al. Research on assembly quality adaptive control system for complex mechanical products assembly process under uncertainty[J]. Computers in Industry, 2015, 74: 43-57.

[51] Schorr S, Möller M, Heib J, et al. Quality prediction of drilled and reamed bores based on torque measurements and the machine learning method of random forest[J]. Procedia Manufacturing, 2020, 48: 894-901.

[52] Karmakar S, Maiti J. A review on dimensional tolerance synthesis: Paradigm shift from product to process[J]. Assembly Automation, 2012, 32(4): 373-388.

[53] 乐英, 贾军, 段巍. 模拟退火算法在并行公差优化中的应用[J]. 华北电力大学学报, 2004, 31(5): 94-97.

[54] 荆涛, 田锡天. 基于蒙特卡洛-自适应差分进化算法的飞机容差分配多目标优化方法[J]. 航空学报, 2022, 43(3): 577-588.

[55] 肖人彬, 邹洪富, 陶振武. 公差设计多目标模型及其粒子群优化算法研究[J]. 计算机集成制造系统, 2006, 12(7): 976-980.

[56] Zheng C, Jin S, Lai X, et al. Assembly tolerance allocation using a coalitional game method[J]. Engineering Optimization, 2011, 43(7): 763-778.

[57] 刘检华, 孙清超, 程晖, 等. 产品装配技术的研究现状、技术内涵及发展趋势[J]. 机械工程学报, 2018, 54(11): 2-28.

[58] Qin Y, Qi Q, Lu W, et al. A review of representation models of tolerance information[J]. The International Journal of Advanced Manufacturing Technology, 2018, 95(5): 2193-2206.

[59] Chen H, Jin S, Li Z, et al. A comprehensive study of three dimensional tolerance analysis methods[J]. Computer-Aided Design, 2014, 53: 1-13.

[60] 刘婷. 基于肤面模型的装配误差分析方法研究[D]. 杭州: 浙江大学, 2019.

[61] Schleich B, Anwer N, Mathieu L, et al. Skin model shapes: A new paradigm shift for geometric variations modelling in mechanical engineering[J]. Computer-Aided Design, 2014, 50: 1-15.

[62] Li B, Cao Y, Ye X, et al. Multi-scale prediction of the geometrical deviations of the surface finished by five-axis ball-end milling[J]. Proceedings of the Institution of Mechanical Engineers, Part B: Journal of Engineering Manufacture, 2015, 231(10): 1685-1702.

[63] 吕程, 刘子建, 艾彦迪, 等. 多公差耦合装配结合面误差建模与公差优化设计[J]. 机械工程学报, 2015, 51(18): 108-118.

[64] Laperrière L, Ghie W, Desrochers A. Statistical and deterministic tolerance analysis and synthesis using a unified Jacobian-Torsor model[J]. CIRP Annals - Manufacturing Technology, 2002, 51(1): 417-420.

[65] Homri L, Goka E, Levasseur G, et al. Tolerance analysis—Form defects modeling and simulation by modal decomposition and optimization[J]. Computer-Aided Design, 2017, 91: 46-59.

[66] Liu T, Zhao Q, Cao Y, et al. A generic approach for analysis of mechanical assembly[J]. Precision Engineering, 2018, 54: 361-370.

[67] Zeng W, Rao Y, Wang P. An effective strategy for improving the precision and computational efficiency of statistical tolerance optimization[J]. The International Journal of Advanced Manufacturing Technology, 2017, 92(5): 1933-1944.

[68] Chen H, Jin S, Li Z M, et al. A solution of partial parallel connections for the unified Jacobian-Torsor model[J]. Mechanism and Machine Theory: Dynamics of Machine Systems Gears and Power Trandmissions Robots and Manipulator Systems Computer-Aided Design Methods, 2015, 91: 39-49.

[69] Jin S, Ding S Y, Li Z M, et al. Point-based solution using Jacobian-Torsor theory into partial parallel chains for revolving components assembly[J]. Journal of Manufacturing Systems, 2018, 46: 46-58.

[70] Zeng W, Rao Y, Peng W, et al. A solution of worst-case tolerance analysis for partial parallel chains based on the Unified Jacobian-Torsor model[J]. Precision Engineering, 2017, 47: 276-291.

[71] Li Z M. Polychromatic sets and its application in simulation of complex objects and systems[J]. Information and Control, 2001, 30(3): 204-208.

[72] 顾新建, 祁国宁, 谭建荣. 产品信息基因理论与先进制造系统—产品信息基因理论之一[J]. 中国标准化, 1996, 6(4): 4-6.

[73] 何斌, 冯培恩, 潘双夏. 基于产品生态学的概念设计研究[J]. 计算机集成制造系统, 2007, 13(7): 1249-1254.

[74] 杨金勇, 黄克正, 尚勇. 基于功能表面的产品基因建模方法研究[J]. 机械设计与研究, 2007, 23(2): 18-22.

[75] Xu W X, Guo C, Guo S S, et al. A novel quality defects diagnosis method for the manufacturing process of large equipment based on product gene theory[J]. Symmetry, 2019, 11(5): 685.

[76] 顾新建, 祁国宁, 夏振华, 等. 产品信息基因编码系统—产品信息基因理论之三[J]. 中国标准化, 1996, (8): 16-21.

[77] 汪焰恩, 魏生民, 杨晓强, 等. 基于零件特征基因编码的零件设计算法研究[J]. 机械科学与技术, 2005, 24(9): 1053-1057.

[78] Wakefield J. Bayesian and Frequentist Regression Methods[M]. Berlin: Springer, 2013.

[79] Chase K W, Jinsong G, Magleby S P. General 2-D tolerance analysis of mechanical assemblies with small kinematic adjustments[J]. Journal of Design and Manufacturing, 1995, 5(4): 263-274.

[80] Davidson J, Mujezinovic A, Shah J J. A new mathematical model for geometric tolerances as applied to polygonal faces[J]. Journal of Mechanical Design, 2004, 124(4): 609-622.

[81] Laperrière L, Lafond P. Tolerance analysis and synthesis using virtual joints[J]. Global Consistency of Tolerances, 1999, 6: 405-414.

[82] Osborne M J, Rubinstein A. A Course in Game Theory[M]. Cambridge: The MIT Press, 1994.

[83] 董雨, 胡兴祥, 陈景雄. 多目标决策问题的博弈论方法初探[J]. 运筹与管理, 2003, 12(6): 35-39.

[84] 席裕庚, 王长军. 控制、规划和调度问题中的博弈论应用[J]. 中国计量学院学报, 2005, 16(1): 6.

[85] 钟元. 面向制造和装配的产品设计指南[M]. 北京: 机械工业出版社, 2011.

[86] Yu J, Tang W, Li Y, et al. Dimensional variation propagation modeling and analysis for single-station assembly based on multiple constraints graph[J]. Assembly Automation, 2016, 36(3): 308-317.

[87] 张开富, 李原, 邵毅, 等. 一种集成装配过程信息的装配建模方法[J]. 西北工业大学学报, 2005, 23(2): 222-226.

[88] Jiang S, Wang P. Tolerance design based on green manufacturing[J]. Tool Engineering, 2010, 44(1): 56-59.

第3章 装配工艺-性能关联分析与优化调控

复杂产品的装配工艺及其执行程度决定产品的最终性能。然而，在工艺执行的过程中，影响装配性能的关联要素众多，且工艺参数和产品性能之间存在高维度、非线性、多重耦合的复杂关系，难以准确量化。当前，复杂产品装配依赖于人为经验进行边试边调，无法实现产品性能的精准调控，产品性能波动大，即使装试成功的操作经验也难以有效复用。因此，如何揭示装配工艺、装配质量、产品性能三者之间复杂的多因素关联作用规律，建立产品性能可调可控技术体系是保障复杂产品性能的关键技术问题。

目前，产品装配性能的分析是建立在大量假设条件和简化模型的基础上的，存在结果不准、应用场景固定等缺点，难以适应实际装配生产需要。随着自动控制、大数据分析、传感器等技术的发展，实时获取现场零部件装配状态成为可能。面向产品性能可调可控的需求，本章内容从以下三个方面展开：①研究基于复杂网络的工艺-性能关联，从海量质量数据和工艺数据中挖掘出影响装配性能的关键工艺参数和质量参数；②研究装配机理与数据融合的产品性能演化预测技术，建立质量-工艺-性能的定量预测模型，实现产品性能实时预测反馈；③研究多因素补偿优化的装配工艺参数迭代调控技术，基于性能预测结果实现工艺参数同步优化调整。具体地，以海量装配工艺数据为基础，将装配机理推理与大数据分析相结合，采用"关联分析—性能预测—参数优化"策略，通过分析产品性能关键影响因素，建立产品性能量化预测模型，基于预测结果进行参数迭代优化，实现产品性能的可调可控。装配工艺-性能关联分析与优化调控方法框架如图3-1所示。

本章以航空发动机风扇转子为应用对象进行分析。航空发动机风扇转子在高速转动时，其不平衡量过大会使得不平衡力升高，引起整机振动，甚至导致叶片发生碰磨，从而影响整机的振动响应，进而影响航空发动机的性能与使用寿命[1-3]及质量可靠性[4-6]。本章通过挖掘航空发动机风扇转子装配工艺与不平衡量之间的关联关系，建立航空发动机风扇转子装配不平衡量的可调可控体系，以保障航空发动机的装配性能。

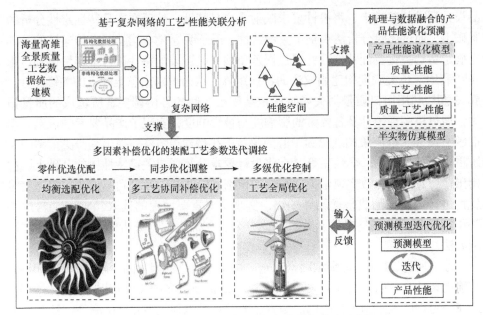

图 3-1　装配工艺-性能关联分析与优化调控方法框架

3.1　国内外研究进展

3.1.1　复杂产品装配工艺-性能关联分析

1. 装配关键影响因素识别方法

为实现不平衡量的高效控制，需要对关键影响因素进行识别。关键影响因素是指对产品性能、服役寿命以及可制造性影响最大的材料或零部件特征[7]，关键装配因素是指装配阶段对产品性能影响最大的因素。目前，常用的关键影响因素识别方法主要包括损失函数法、风险分析法、主成分分析法、模糊理论、贝叶斯网络、复杂网络等方法[8,9]。

唐文斌等[8]利用装配有向图建立关键特性备选集，基于田口质量损失方法计算了备选特性对上层关键特性的影响度，从而根据影响度的相对大小实现了关键特性的定义。赵爽等[10]先根据误差传递累积关系进行了关键特性定性的预识别，然后通过风险分析法实现了关键特性的识别。徐兰等[11]研究了基于贝叶斯网络的质量要素识别方法，该方法在构建贝叶斯网络产品质量关系的基础上，采用贝叶斯推理对关键质量要素进行了识别。Whitney[12]根据装配序列对特征进行分解，建立基准公差流链，通过基准公差流链的架构分析了关键特征的影响因素。Sun等[13]提出一种利用层次分析法原理识别关键技术要素的方法。魏丽等[14]在获取产品设计要求的基础上，将设计要求映射为产品特性，然后在产品特性定性分析的基础上，通过风险分析法识别了关键特性。冯子明等[15]在构建基准传递链的基础上确定备选关键装配特性，并通过误差预估对关键装配特性进行了定量识别。张飞[16]利用灰色关联度构建熵权法的特征矩阵，从而识别出悬架硬点的关键属性。郭飞燕[17]利用田口质量损失函数确定装配层次间的各协调要素所造成的质量损失，通过模糊理论计算各要素的影响度与被影响度，实现了产品要素的识别。李淑敏[18]研究了以决策图理论为中心的决策图扩展建模方法，提出基于决策图的系统重要度计算方法。李维亮等[19]在将设计要求分解形成关键特性树的基础上，利用田口质量损失函数实现了关键特性的识别。Gauthama 等[20]利用超图与粗糙集对属性进行约简，形成最优属性子集，实现了对重要属性的选取。Yang[21]对比了基于风险分析、质量损失函数、主成分分析、历史数据分析的关键质量特性识别方法。

综上所述，装配关键影响因素识别方法主要通过各因素的分解传递进行识别，其前提条件是各因素之间的关系相对明确，或需要较多的先验知识才能进行识别，这在一定程度上限制了其应用。该方法的优点是识别效率和准确率高。针对各因素间作用关系不明确、数据量少的问题，需要探索新的关键因素识别方法。

2. 关联关系挖掘方法

为实现复杂产品装配性能的精准调控，需要确定影响装配性能因素的作用范围，为装配工艺调整提供决策支持。常用的关联规则分析算法有 Apriori 算法[22,23]、频繁模式(frequent pattern，FP)树频繁项集算法[24]等。

Guo 等[25]引入聚类分析理论，从数据挖掘的角度建立光伏发电系统输出模型，并将其应用于含光伏发电的系统可靠性评估。Li 等[26]采用数据挖掘和典型场景模拟思想，提出一种新颖的基于混合聚类分析网损评估方法。Li 等[27]采用数据挖掘技术，研制出一套保护设备故障信息管理与分析系统，为继电保护装置的状态检修和电网故障的分析处理提供了决策支持。Xu 等[28]运用卡方检验、聚类和关联规则等分析事故驾驶员、车辆、道路等数据关系，从人、车、路三个方面提出事故预防的具体措施。陈申燕等[29]针对商业银行业务系统中海量数据的分析和研究问题，提出一种改进的频繁项集挖掘算法——频繁模式增长(frequent-pattern growth)，该方法是一种多层关联规则数据挖掘算法。

综上所述，当前对关联关系的挖掘主要是针对离散文字数据开展的，难以应对复杂产品装配过程中存在的多维连续数据。本节在关键因素识别的基础上，使用离散化算法对多维连续数据进行离散化，采用关联规则分析方法对复杂产品性能超差信息数据进行挖掘，进而对产品性能与特征量之间的可信度进行分析，以揭示产品性能与特征量的相关程度。

3.1.2 复杂产品性能演化预测

目前，针对转子不平衡量的预测主要包括基于堆叠模型的不平衡量预测和机器学习方法。基于堆叠模型的不平衡量预测主要是计算出各级盘鼓质心的偏移量，进而获得转子整体的不平衡量。机器学习方法是在分析出不平衡量相关影响因素的基础上，通过神经网络建立各因素与不平衡量之间的关系，以实现不平衡量的预测。目前机器学习方法应用较少。

李鹏飞等[3]基于坐标变换原理建立了转子不平衡量计算公式，以实现组件不平衡量的预测。刘鑫[2]建立了基于齐次坐标变换原理的转子装配精度预测堆叠模型，实现了转子装配定心与偏斜误差的预测。Chen 等[30]提出一种多级转子在装配过程中的不平衡优化方法，建立了考虑相邻转子螺孔的对准过程和螺孔分布的多级转子装配误差传播模型，以转子在不同阶段的几何参数为前提，预测装配前后每个转子内任意点的坐标值变化。罗振伟等[31]通过采集零件外形数据、提取关键尺寸数据进行预装配，实现了对装配质量的预估。Yang 等[32,33]为控制零件堆叠装配过程中的变形，提出基于堆叠优化理论的装配优化技术，控制了转子装配的跳动及不平衡量。孟祥海等[34]通过在公差传递模型中考虑各级盘安装角度建立同心度与公差、安装相位的计算模型，然后采用蒙特卡罗法对实际装配过程进行了预测。张子豪等[35]利用傅里叶级数和有限元模型生成模拟零件形位公差及装配偏心，进一步通过搭建 BP 网络模型实现了转子装配偏心的预测。周思杭[36]为解决精密产品小批量生产导致样本不充分的问题，研究了基于不完备样本多准则修正的装配性能预测方法，在对特征参数进行粗大误差处理后利用灰度熵关联筛选特征参数，进一步利用神经网络进行了装配性能预测。Lee 等[37]提出一种基于有限元法求解齿轮-转子-轴承系统不平衡响应轨道的通用方法。

3.1.3 装配工艺参数迭代调控

1. 零件选配方法

零件选配方法包括直接选配法、分组选配法和复合选配法三种。直接选配法是指装配工人根据经验从装配的零件中选择合适的零件，以确保装配精度，这种方法较为简单，但装配质量主要取决于工人的技术水平，选配效率低，仅适用于相对简单的装配情况。分组选配法是将零件的组成环公差按完全互换法求值放大倍数，先对零件进行加工，再对零件进行分组，最后对分好组的零件进行装配，以满足装配精度的要求，这种方法的优点为在零件加工精度要求不高的条件下可以获得较高的装配精度，而且可以将同一组零件互换，缺点是增加了零件的测量和分组工作，这使零件的存储和运输变得复杂，适用于匹配精度高、零件少的场合。复合选配法也称为组内选配法，它先将零件测量分组，然后在组内直接选配，这种方法使得配合件组内公差不相等，虽配合精度能达到很高，但同时继承了直接选配法和分组选配法的缺点，即装配效率低下[38]。

目前，国内外学者针对上述选配问题展开了研究。Kannan 等[39]提出一种新的模型，以获得规格范围内的最小装配间隙，并将田口质量损失函数的概念应用于选配方法中以评估均值的偏差，最后利用遗传算法得到间隙最小、损耗最少的最佳分组规模和分组组合。Asha 等[40]提出一种以装配间隙和剩余零件为双目标的分组选配优化方法。任水平等[41]针对机械产品在多质量要求下的选配问题，提出一种基于 Pareto 和遗传算法的选配方法，在多质量要求下建立了考虑装配成功率和装配精度的选配综合优化模型。杜海雷等[42]针对航空发动机转子零件选配问题，考虑装配要求和零件差异，提出面向止口和螺栓连接的转子零件选配方法，建立单级转子零件的误差模型和多级转子组合件的装配误差传递模型，利用非支配排序遗传算法 II (non-dominated sorting genetic algorithms-II，NSGA-II)优化了零件的匹配组合和各级转子零件的装配相位角。曹杰等[43]提出一种复杂机械产品在多种质量要求下的选配方法，以装配精度和装配成功率为评价指标，建立考虑几何公差和尺寸公差的装配质量综合优化模型，最后利用遗传算法对该问题进行了求解。丁司懿等[44]利用稳健特征值法(robust eigenvalue method，REM)构建了平面参数与航空发动机高压压气机转子零/组件同心度的误差传递模型，采用遗传算法求解得到了各级零件的最佳装配相位。

零件选配问题属于组合优化问题，选配问题的求解难度随着产品零件个数的增加呈几何级数增长的趋势，难以求得问题的最优解，需要研究高效的启发式算法。另外，零件选配不仅是单个零件的选配，还要考虑零件分组以及零件的互换操作。选配目标不仅要考虑零件剩余个数和装配精度，还要考虑各装配体之间的性能均衡。

2. 螺栓拧紧工艺优化方法

当紧固连接是由多个螺栓组成时，每一个螺栓的预紧力都会与设计值有一定的偏差。拧紧力矩参数优化不仅要考虑预紧力的误差，还要考虑螺栓之间的弹性相互作用。*Guidelines for Prossure Boundary Bolted Flange Joint Assembly*(ASME PCC-1-2019)文件规范[45]针对多螺栓连接提出了大量的拧紧顺序优化方案，其中，十字交叉方法应用最广泛。当使用十字交叉进行拧紧时，螺栓预紧力一般较为均匀，但这种拧紧方式不仅结构较为复杂，而且效率较低。与上述方法完全不同的拧紧方法有顺时针(clock wise，CW)方法，该方法要求先拧紧其中一部分螺栓，然后按照顺时针拧紧剩下的螺栓，并且通过一次性拧紧的方式达到目标预紧力。ASME 拧紧方法与 CW 拧紧方法不同，它为了得到均匀分布要求的预紧力和较高的同轴度，需要对称拧紧螺栓并且采用多轮次拧紧。Tsuji 等[46]使用 ASME 拧紧方法与 CW 拧紧方法进行螺栓拧紧实验，结果表明 CW 拧紧方法不仅能保证螺栓预紧力的均匀性，而且比 ASME 拧紧方法更为简单，ASME 拧紧方法中拧紧轮次增加到一定程度后对螺栓预紧力的均匀分布作用有限。Kumakura 等[47]表示，虽然 CW 拧紧方法在一定程度上能减少成本，简化拧紧工艺的规范，但是可能会使接触面产生不一致的空隙，在拧紧时会引起接触面倾斜从而导致拧紧力矩变化，使实际预紧力与设计值产生较大的偏差；在仅拧紧其中的部分螺栓时，使用该方法上下级接触面之间不会出现不一致的空隙。施刚等[48]利用仪器对螺栓进行变形的监测试验，分析变形随时间的变化规律；同时对 8 螺栓组进行了三类紧固顺序的实验，研究发现，从中间向两边对角线的紧固顺序最好。喻健良等[49]通过试验分析了 ASME PCC-1-2019 中的 LEGACY 方法和 JIS B 2251 拧紧方法在 DN100 法兰 8 螺栓结构中的加载规律，以及螺栓预紧力逐渐增加的顺序拧紧方法，结果表明，LEGACY 拧紧方法较为复杂，JIS B 2251 拧紧方法不仅效率高且较为简单；采用扭矩增量控制法顺序拧紧的方式也能实现预紧力较为均匀的结果；在拧紧轮次达到一定数量的情况下，无论选用何种拧紧方式均对螺栓最终预紧力的均匀程度影响不大，相反，采用顺序拧紧方法加载目标螺栓预紧力较为有效。叶永松[50]通过比较不同拧紧起点和不同紧固顺序下旋转轴端面形心偏移轨迹和拧紧完成后形心处的区域，研究存在平行度误差的条件下拧紧起点和紧固顺序对转子装配后偏心的影响规律，提出存在平行度误差的条件下，通过优化螺栓拧紧方法可提高转子同轴度的方法。

有限元技术的发展为螺栓预紧力与拧紧工艺之间关联规律的挖掘带来了新的使能技术。Takaki 等[51]采用有限元方法分析螺栓拧紧时的预紧力与时间的变化规律，并且根据仿真数据获得弹性相互作用矩阵，进而设定初始预紧力大小，实现了螺栓预紧力的均匀分布。张晓庆[52]以预紧力均匀分布作为评价指标，使用有限元方法对圆形螺栓组的拧紧过程进行仿真，并分别针对手工拧紧与自动拧紧设计了各自的拧紧工艺方法，结果显示，对角拧紧比顺序拧紧效果更好，所有螺栓同时拧紧比对角拧紧更好，采用多轮次拧紧能够有效地提高预紧力的均匀性。陈成军等[53]为在设计阶段设计出符合密封性能要求的螺栓拧紧工艺，提出一种面向接触面密封性能要求的螺栓拧紧工艺数字化设计方法，分析螺栓紧固顺序、预紧力大小与接触面连接性能的规律，建立预紧力大小与接触面压力间的关系模型，基于该模型根据密封性能的要求优化了螺栓拧紧工艺。孙衍山等[54]根据国内外相关研究，构建螺栓连接的有限元模型，从力学方面研究螺栓预紧力、螺栓数目对航空发动机机匣抗弯刚度和振动方面的影响，研究发现，螺栓连接结构会对整体结构刚度造成较大的影响；螺栓预紧力大小、分布和数目是造成机匣性能变化的主要原因之一。

在螺栓拧紧工艺方面，国内外学者提出了诸多拧紧工艺，但是拧紧工艺并不统一，甚至互相违背。例如，ASME 拧紧方法与 CW 拧紧方法的拧紧策略完全不同。另外，在当前的研究中，螺栓拧紧工艺对同轴度所造成的影响涉及较少，未见相对应的螺栓拧紧工艺优化方法。考虑到航空发动机风扇转子常工作在超高的转速下，同轴度这一重要指标占据至关重要的地位，因此本节在优化螺栓拧紧工艺时，同时考虑螺栓连接后的同轴度与刚度，以提高转子装配后的综合质量。

3.2　基于复杂网络的工艺-性能关联分析

复杂产品性能是多种工艺因素在装配过程中协同作用的结果，二者存在复杂不确定时变关系和因果关系，即当工艺因素自变量 x 取一定值时，产品性能因变量 y 可能有多个，这种变量之间非一一对应，不确定的关系导致产品装配性能不稳定。同时，由于产品具有复杂性，无法明确哪些工艺因素与产品性能之间存在相关性，需要从历史装配数据中挖掘出其中隐藏的关联，并以规则的形式表达出来，以便后续进行工艺精准调控。

具体地，首先，明确风扇转子各装配工序不平衡量的影响因素，形成风扇转子装配性能影响因素指标体系；其次，通过复杂网络建立各因素的关联关系，并基于熵权-优劣解距离法(technique for order preference by similarity to ideal solution，TOPSIS)模型对其中的关键影响因素进行识别；最后，采用关联规则分析方法对复杂产品性能数据进行挖掘，对复杂产品性能与特征量之间的可信度进行分析，揭示复杂产品性能与关键影响因素的相关程度。

3.2.1　风扇转子装配性能影响因素指标体系表征

风扇转子为典型的多级盘结构,每一级均是由盘鼓和一定数量的叶片组成的。在风扇转子装配的过程中，经常出现各级转子加工质量合格，但是各级转子装配误差累积导致装配偏差传递放大，进而导致不平衡量超差的现象。因此，为了在装配过程中对装配的关键特性进行精准识别和调控，需要明确影响风扇转子不平衡量的因素，量化表征影响装配质量、性能的要素。

参装零件的不同装配工序及装配工艺，使得各工序影响因素不同。最简单的三级风扇转子结构及装配工艺分别如图 3-2 及图 3-3 所示。三级风扇转子的装配工序主要包括一级、二级、三级盘鼓装配和一级、二级、三级叶片装配。本节依据产品的装配尺寸链，从人、机、料、法、环等五个方面分别对各工序装配质量的影响因素进行分析。

图 3-2 三级风扇转子结构

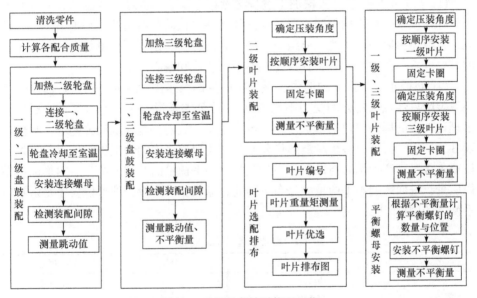

图 3-3 三级风扇转子装配工艺

1. 盘鼓装配工序中不平衡量关键影响因素备选集的构建

1) 一级、二级、三级盘鼓的加工质量影响因素

风扇转子为三级轮盘结构。盘鼓结构及连接方式如图 3-4 所示。各盘鼓之间通过法兰螺栓连接,即采用止口过盈配合实现转子的定位,在圆周方向均匀布置多个螺栓可以实现盘鼓的紧固[55]。

一级、二级、三级盘鼓加工质量的影响因素包括盘鼓不平衡量、盘鼓止口连接处的形位公差、盘鼓连接止口处的柱面和端面表面粗糙度以及旋转轴圆柱度等。

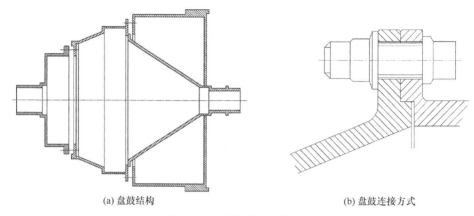

(a) 盘鼓结构　　　　　　　　　　　　　　(b) 盘鼓连接方式

图 3-4　盘鼓结构及连接方式

(1) 盘鼓不平衡量。机械加工过程必然存在误差，各级盘鼓在其成型过程中必然存在质量分布不均匀的情况，这就使得各级盘鼓存在初始不平衡量。显而易见，盘鼓作为风扇转子的主要组成部件，其自身的初始不平衡量是影响不平衡量的重要因素，此因素反映了其自身的不平衡质量和偏心距离。

(2) 盘鼓止口连接处的形位公差。在法兰螺栓连接盘鼓的结构中，形位公差导致装配后连接面各处的受力不均匀[2]。形位公差是指零件成型后实际要素相对于理论要素的偏差，包括形状公差、定位公差、定向公差和跳动公差等，具体如表 3-1 所示。另外，各级盘鼓形位公差随着止口连接面的装配进行传递与累积，使得各级盘鼓产生偏心与偏斜，在盘鼓初始不平衡量的基础上产生了附加的不平衡质量，进而影响不平衡量的分布。因此，盘鼓止口连接处的形位公差是影响不平衡量的因素[56]。

表 3-1　形位公差分类及特征项目

分类	特征项目	分类	特征项目
形状公差	直线度	定向公差	平行度
	平面度		垂直度
	圆度		倾斜度
	圆柱度	定位公差	同轴度
	线轮廓度		对称度
	面轮廓度		位置度
	—	跳动公差	圆跳动
	—		全跳动

柱面与端面形位公差是一项综合性误差，其内部存在互相包含与控制的关系。例如，柱面的径向全跳动公差，既能限制柱面某一截面的径向圆跳动误差，又能

限制柱面轴线的直线度与同轴度误差。因此，在设计时，除非盘鼓止口连接处所控制的公差有更高的精度要求，否则只需要对径向全跳动进行控制即可[57]。基于这种互相包含与控制的关系，在上述 14 项形位公差特征项目的基础上可对盘鼓止口连接处的柱面与端面的形位公差进行初筛。端面的形位公差包括端面的轴向圆跳动、端面相对于旋转轴线的跳动。轴向圆跳动可以表示整个止口端面上被测点沿轴向的形状误差；端面全跳动与端面垂直度控制要素完全相同，其可以表示止口整个端面对旋转轴线的垂直度，也可以表示端面的平面度误差。柱面的形位公差包括柱面的实际尺寸和径向全跳动。柱面的实际尺寸可以表示两止口配合处的过盈量；径向全跳动是一项综合误差，可以表示同时控制柱面对基准轴线的同轴度误差、某一截面的径向圆跳动误差及其自身的圆柱度误差。

(3) 盘鼓连接止口处的柱面和端面表面粗糙度。柱面和端面的表面是由许多凸峰和凹谷组成的，配合表面间的接触实际是凸峰的接触，进而影响配合零件止口连接处的接触刚度。特别地，粗糙度越小，相接触的凸峰越多，配合面的空隙越小，零件的接触刚度越好，变形程度也就越小[58,59]。

(4) 旋转轴圆柱度。风扇转子以一级和二级盘鼓的轴承安装部位作为转动的基准，轴承安装部位的形位公差也是影响风扇转子不平衡的重要因素。圆柱度用于表示该旋转轴实际圆柱面相对于理论圆柱面的变动量，限制旋转轴的轴线直线度、圆度等公差。

盘鼓装配工序中不平衡量的加工质量影响因素备选集可表示为：

$$F_{jg1} = (Q_{iubi}, Q_{pdi}, Q_{tdi}, Q_{asi}, Q_{atri}, Q_{csri}, Q_{tsri}, Q_{rcyi}, Q_{rsri}, Q_{rphi}, Q_{rhsi}) \tag{3-1}$$

式中，F_{jg1} 为盘鼓装配工序中不平衡量加工质量影响因素集；Q_{iubi} 为第 i 级盘鼓初始不平衡量；Q_{pdi} 为第 i 级盘鼓上下止口配合端面平行度；Q_{tdi} 为第 i 级盘鼓配合止口处端面相对于旋转轴跳动；Q_{asi} 为第 i 级盘鼓配合止口处柱面实际尺寸；Q_{atri} 为第 i 级盘鼓配合止口处柱面相对于旋转轴跳动；Q_{csri} 为第 i 级盘鼓配合止口处柱面表面粗糙度；Q_{tsri} 为第 i 级盘鼓配合止口处端面表面粗糙度；Q_{rcyi} 为第 i 级盘鼓旋转轴柱面的圆柱度；Q_{rsri} 为第 i 级盘鼓旋转轴柱面的表面粗糙度；Q_{rphi} 为第 i 级盘鼓旋转轴端面的平面度；Q_{rhsi} 为第 i 级盘鼓旋转轴端面的表面粗糙度。

2) 一级、二级、三级盘鼓的装配工艺影响因素

盘鼓装配分为相位调整、盘鼓加热、螺栓紧固三个阶段。盘鼓安装之前应根据盘鼓初始不平衡量及形位数据确定安装相位。在确定两个盘鼓之间的安装相位之后，由于盘鼓之间采用的是过盈配合，需要将孔加热后安装在轴上。盘鼓安装完成后，待被加热件冷却至室温，采用螺栓连接将各盘鼓连接为整体。

盘鼓装配工艺的影响因素包括盘鼓安装相位和螺栓拧紧工艺。盘鼓之间安装相位的不同会使得止口处接合面的配合情况不同，影响偏差的传递与累积过程，

进而影响盘鼓的质心偏心[60]。盘鼓过盈安装时受冷热温度的变化会产生变形，会使得轴线与理想装配相比产生偏心。拧紧螺栓组时，由于受结构与技术的限制难以同时对全部螺栓预紧，在拧紧过程中后预紧的螺栓会使得前序螺栓的预紧力发生改变，因为是靠人工进行预紧的，在螺栓组安装完成后，各螺栓的预紧力会不一致，使得盘鼓连接表面产生变形，影响转子的质心偏心，进而影响风扇转子的不平衡量[61]。螺栓一般采用拧紧力矩的方法进行预紧，因此螺栓的拧紧工艺因素又包括拧紧力矩及拧紧顺序。

综上所述，对不平衡量产生影响的装配工艺因素包括盘鼓之间的安装相位、加热温度、室温、螺栓拧紧力矩以及顺序，其形式化表达如下：

$$F_{gy1} = (T_{azi}, T_{jri}, T_{hji}, T_{lji}^j, T_{sxi}^j) \qquad (3\text{-}2)$$

式中，F_{gy1} 为盘鼓安装工序中不平衡量装配工艺影响因素集；T_{azi} 为第 i 级盘鼓安装相位；T_{jri} 为第 i 级盘鼓加热温度；T_{hji} 为第 i 级装配环境温度；T_{lji}^j 为第 i 级盘鼓装配中第 j 个螺栓拧紧力矩；T_{sxi}^j 为第 i 级盘鼓装配中第 j 个螺栓拧紧顺序。

3) 一级、二级、三级盘鼓的装配质量影响因素

衡量盘鼓装配质量的因素指标包括相对位置精度、相对运动精度、配合精度及运动参数精度。由于风扇转子无运动零件，因此风扇转子的装配质量仅包含相对位置精度和配合精度两种。

(1) 止口配合精度。配合精度是指两配合零件间实际的间隙量或过盈量。在风扇转子装配过程中存在配合精度的情况包括一级盘鼓、二级盘鼓、三级盘鼓的止口配合。配合精度会影响不平衡质量的偏心距，因此止口配合精度以及叶片与盘鼓的配合精度是不平衡量的影响因素。

(2) 同轴度和止口端面平行度。风扇转子通过多级盘鼓止口连接堆叠装配而成。单级盘鼓存在制造误差，使得各级盘鼓在装配完成后存在同轴度误差，同轴度误差的存在使盘鼓惯性轴与旋转轴存在偏差，即改变不平衡质量的偏心距[61,62]。此外，接触面间的平行度会导致螺栓的预紧力不一致，不一致的预紧力进一步使得盘鼓连接表面产生变形，影响转子的质心偏心。因此，各级盘鼓间的同轴度、止口端面的平行度均是盘鼓装配工序中不平衡量的影响因素。旋转轴作为转子的工作轴，其同轴度也是风扇转子整体同轴度与不平衡量测量的基准，不同轴会改变转子所有参装零件的不平衡质量的分布，因此旋转轴的同轴度也是盘鼓装配工序中不平衡量的影响因素。

综上所述，盘鼓装配过程中对不平衡量产生影响的装配质量因素包括旋转轴同轴度、盘鼓间同轴度、接触面不平行度、过盈配合的过盈量等，其形式化表达如下：

$$F_{jd1} = (Z_{raca}, Z_{dca}, Z_{cspl}, Z_{din}) \qquad (3\text{-}3)$$

式中，F_{jd1} 为盘鼓安装工序中不平衡量装配质量精度影响因素集；Z_{raca} 为旋转轴的同轴度；Z_{dca} 为盘鼓止口柱面间的同轴度；Z_{cspl} 为盘鼓止口端面的平行度；Z_{din} 为盘鼓过盈配合的过盈量。

通过前述分析，整理盘鼓装配工序中不平衡量关键影响因素，如表 3-2 所示。

表 3-2　盘鼓装配工序中不平衡量关键影响因素

序号	影响因素	序号	影响因素
1	一级盘鼓不平衡量	26	二级盘鼓下止口实际尺寸
2	一级盘鼓转轴柱面圆柱度	27	二、三级螺栓质量
3	一级盘鼓转轴柱面粗糙度	28	三级盘鼓不平衡量
4	一级盘鼓转轴端面相对于旋转轴平面度	29	三级盘鼓止口柱面径向跳动
5	一级盘鼓转轴端面粗糙度	30	三级盘鼓配合止口柱面粗糙度
6	一级盘鼓止口柱面相对于旋转轴跳动	31	三级盘鼓配合止口端面跳动
7	一级盘鼓止口柱面粗糙度	32	三级盘鼓止口端面粗糙度
8	一级盘鼓止口端面跳动	33	三级盘鼓止口实际尺寸
9	一级盘鼓止口端面粗糙度	34	一、二级盘鼓装配过程中螺栓拧紧力矩
10	一级盘鼓止口实际尺寸	35	一、二级盘鼓装配过程中螺栓拧紧顺序
11	一、二级螺栓质量	36	一、二级盘鼓装配过程中二级盘鼓加热温度
12	二级盘鼓不平衡量	37	室温
13	二级盘鼓转轴圆柱度	38	一、二级盘鼓安装相位
14	二级盘鼓转轴粗糙度	39	二、三级盘鼓装配过程中螺栓拧紧力矩
15	二级盘鼓转轴端面相对于旋转轴平面度	40	二、三级盘鼓装配过程中螺栓拧紧顺序
16	二级盘鼓转轴端面粗糙度	41	二、三级盘鼓安装相位
17	二级盘鼓上止口柱面相对于旋转轴跳动	42	旋转轴的同轴度
18	二级盘鼓上配合止口柱面粗糙度	43	一、二级盘鼓止口端面平行度
19	二级盘鼓上配合止口端面相对于旋转轴跳动	44	一、二级盘鼓止口柱面同轴度
20	二级盘鼓上止口端面粗糙度	45	一、二级盘鼓止口装配过盈量
21	二级盘鼓上止口实际尺寸	46	二、三级盘鼓止口端面平行度
22	二级盘鼓下配合止口柱面粗糙度	47	二、三级盘鼓止口柱面同轴度
23	二级盘鼓下配合止口柱面径向圆跳动	48	二、三级盘鼓止口装配过盈量
24	二级盘鼓下配合止口端面跳动	49	二、三级盘鼓装配过程中三级盘鼓加热温度
25	二级盘鼓下止口端面粗糙度	—	—

2. 叶片装配工序中不平衡量关键影响因素备选集的构建

1) 叶片的加工质量影响因素

(1) 叶片的弯矩和扭矩。风扇转子由多级叶片组成，每级叶片与盘鼓采用榫头-榫槽结构进行连接，在叶片安装完成后采用卡圈固定，其结构如图 3-5 所示。

图 3-5　风扇转子叶片结构与连接方式

根据不平衡量叠加定理可知，叶片装配完成后转子不平衡量为上一工序不平衡量与叶片组的不平衡量矢量和，各叶片的矢量和即为该级叶片组的静不平衡量[63]，则叶片装配完成后风扇转子的不平衡量如式(3-4)所示：

$$M_{\text{ub}i}=M_{\text{ub}(i-1)}+\sum_{k=1}^{N}m_k l_k \tag{3-4}$$

式中，$M_{\text{ub}i}$ 为叶片装配完成后风扇转子不平衡量；m_k 为第 k 片叶片的实际质量；l_k 为第 k 片叶片的重心与旋转轴的实际距离；N 为该级叶片总数。

将叶片组的静不平衡量按照 x 轴和 y 轴进行正交分解，可得

$$M_i=\sum_{k=1}^{N}m_k l_k = \sum_{k=1}^{N}m_k l_k \cos\theta_k \text{i} + \sum_{k=1}^{N}m_k l_k \sin\theta_k \text{j} \tag{3-5}$$

式中，M_i 为叶片组不平衡量；θ_k 为第 k 片叶片与 x 轴的夹角；i、j 分别为 x 轴和 y 轴的单位向量。

目前，针对叶片安装过程的不平衡量控制方法主要采用重力矩法，该方法在进行叶片选配时只考虑每一叶片重力矩对该工序不平衡量的影响。但叶片的扭矩与弯矩会引起叶片间的共振，加大风扇转子的振动，进而影响叶片的安装位置，因此需要考虑叶片弯矩与扭矩对该工序不平衡量的影响[64]。

(2) 叶片与盘鼓连接处的形位公差。由于叶片与盘鼓是通过榫槽相连接的，叶片与盘鼓连接处的形位公差会影响连接处的装配质量，这也是该工序不平衡量的影响因素。叶片与盘鼓连接处的误差包含叶片榫头和盘鼓榫槽的实际尺寸、粗

糙度以及直线度。

叶片装配工序中不平衡量的加工质量影响因素集可表达如下：

$$F_{jg2,3} = (M_{ub}, M_{wdi}^j, M_{bmi}^j, M_{tqi}^j, M_{bsi}^j, M_{bsri}^j, M_{bldi}^j, M_{dsi}^j, M_{dsri}^j, M_{dldi}^j, M_i) \qquad (3\text{-}6)$$

式中，$F_{jg2,3}$ 为叶片安装工序中不平衡量加工质量影响因素；M_{ub} 为该工序前一工序装配完成后形成的不平衡量；M_{wdi}^j 为第 i 级盘鼓第 j 个叶片重力矩；M_{bmi}^j 为第 i 级盘鼓第 j 个叶片弯矩；M_{tqi}^j 为第 i 级盘鼓第 j 个叶片扭矩；M_{bsi}^j 为第 i 级盘鼓第 j 个叶片实际尺寸；M_{bsri}^j 为榫头表面粗糙度；M_{bldi}^j 为榫头直线度；M_{dsi}^j 为榫槽实际尺寸；M_{dsri}^j 为榫槽表面粗糙度；M_{dldi}^j 为榫槽直线度；M_i 为第 i 级叶片组不平衡量。

2) 叶片的装配工艺影响因素

叶片的装配分为叶片的选配排序以及叶片安装两个阶段。由于风扇转子叶片的重量、频率等加工质量存在波动性，安装前需要按工艺要求重新排序，以确定最佳叶片排列次序，如图 3-6 所示，并需要将单级及多级叶片质量分布的偏心或重力矩矢量和的绝对值控制在规定的量值范围内。因此，正确的叶片选配排序不仅是降低叶片组初始不平衡量的有效方式，也是叶片安装的关键工序。在叶片排序确定后，在叶片安装到盘鼓榫槽时采用人工手动敲击的装配方式，这会影响榫头与榫槽的装配质量[65]。

因此，叶片装配工序中对不平衡量产生影响的装配工艺因素包括叶片与盘鼓之间

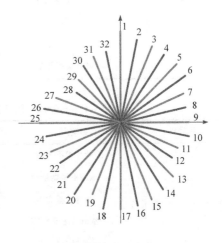

图 3-6　叶片排布

的叶片的安装位置、安装力。叶片装配工序中不平衡量的装配工艺影响因素集可表示为

$$F_{gy2,3} = (T_{bsei}^j, T_{binai}^j) \qquad (3\text{-}7)$$

式中，$F_{gy2,3}$ 为叶片安装工序不平衡量装配工艺影响因素集；T_{bsei}^j 为第 i 级盘鼓第 j 个叶片安装位置；T_{binai}^j 为第 i 级盘鼓第 j 个叶片安装力。

3) 叶片的装配质量影响因素

在叶片装配过程中，叶片与盘鼓的间隙配合会影响不平衡质量的偏心距，因此止口配合以及叶片与盘鼓的配合精度是不平衡量的装配质量影响因素。

$$F_{jd2,3} = (Z_{pcli}^{j}) \qquad (3\text{-}8)$$

式中，$F_{jd2,3}$ 为风扇转子不平衡量叶片安装工序不平衡量装配质量影响因素集；Z_{pcli}^{j} 为第 i 级盘鼓第 j 个叶片的装配间隙。

通过前述分析，整理二级以及一级和三级叶片装配工序中不平衡量关键影响因素，分别如表 3-3 和表 3-4 所示。

表 3-3　二级叶片装配不平衡量关键影响因素

序号	影响因素	序号	影响因素
1	叶片组不平衡量	8	叶片安装力
2	盘鼓初始不平衡量	9	榫头直线度
3	叶片重力矩	10	榫头粗糙度
4	叶片安装位置	11	燕尾槽粗糙度
5	叶片扭矩	12	燕尾槽实际尺寸
6	叶片弯矩	13	榫头实际尺寸
7	叶片装配间隙	14	燕尾槽直线度

表 3-4　一级和三级叶片装配不平衡量关键影响因素

序号	影响因素	序号	影响因素
1	一级叶片组不平衡量	15	一级叶片榫头粗糙度
2	盘鼓不平衡量	16	一级盘鼓燕尾槽粗糙度
3	一级叶片重力矩	17	一级盘鼓燕尾槽实际尺寸
4	一级叶片安装顺序	18	一级叶片榫头实际尺寸
5	一级叶片扭矩	19	一级盘鼓燕尾槽直线度
6	一级叶片弯矩	20	三级叶片装配间隙
7	三级叶片组不平衡量	21	三级叶片安装力
8	三级叶片重力矩	22	三级叶片榫头直线度
9	三级叶片安装顺序	23	三级叶片榫头粗糙度
10	三级叶片扭矩	24	三级盘鼓燕尾槽粗糙度
11	三级叶片弯矩	25	三级盘鼓燕尾槽实际尺寸
12	一级叶片装配间隙	26	三级叶片榫头实际尺寸
13	一级叶片安装力	27	三级盘鼓燕尾槽直线度
14	一级叶片榫头直线度	—	—

3. 校正工序中不平衡量关键影响因素备选集的构建

不平衡量的校正是保证风扇转子正常运行必备的工艺，用于降低风扇转子初始不平衡量。不平衡量的校正是在风扇转子两侧选择两个校正平面，将转子的初始不平衡量分解到这两个校正面上，进而得出这两个平面所需要增加平衡螺钉的相位、半径、校正量分布。风扇转子不平衡量校正示意图如图 3-7 所示。

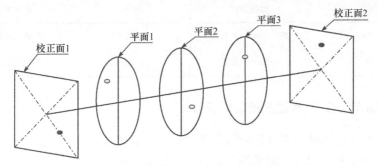

图 3-7　风扇转子不平衡量校正示意图

风扇转子经过平衡后的不平衡量为

$$M_{ub4} = M_{ub3} + \sum_{i=1}^{n} m_i r_i \tag{3-9}$$

式中，M_{ub4} 为风扇转子经过平衡后的不平衡量；M_{ub3} 为风扇转子平衡前的初始不平衡量；m_i 为第 i 个平衡螺钉的质量；r_i 为第 i 个平衡螺钉的安装半径；n 为平衡螺钉的总数。

在进行不平衡量校正时，两个校正面的位置及平衡螺钉安装的半径已在设计中指定，并且螺钉的安装位置也有一定角度的限制，该阶段对不平衡量产生影响的加工质量因素仅包含风扇转子平衡前的初始不平衡量，对风扇转子不平衡量具有影响的装配工艺因素包含螺钉的数量、质量及其安装位置。因此，校正工序中不平衡量的加工质量影响因素集形式化表达如下：

$$F_{jg4} = (M_{ub3}) \tag{3-10}$$

式中，F_{jg4} 为校正工序中不平衡量的加工质量影响因素；M_{ub3} 为风扇转子平衡前的初始不平衡量。校正工序中不平衡量的装配工艺影响因素集可表示为

$$F_{gy4} = (T_{bsn}, T_{bswi}, T_{bspi}) \tag{3-11}$$

式中，F_{gy4} 为校正工序中不平衡量的装配工艺影响因素集；T_{bsn} 为平衡螺钉的数量；T_{bswi} 为第 i 个平衡螺钉的质量；T_{bspi} 为第 i 个平衡螺钉的安装位置。

在不平衡量校正阶段，因为没有涉及装配质量，所以不考虑装配质量的影响。由于校正工序中的影响因素少，且影响因素之间互相影响，将上述因素均归类为关键影响因素，后续不再进行关键影响因素识别。

整理校正工序中不平衡量关键影响因素如表 3-5 所示。

表 3-5　校正工序中不平衡量关键影响因素

序号	影响因素	序号	影响因素
1	转子初始不平衡量	3	平衡螺钉数量
2	平衡螺钉质量	4	平衡螺钉安装位置

3.2.2　风扇转子工艺-性能关键因素识别

本节基于已构建的关键影响因素备选集与以复杂网络构建反映系统特征的关联关系网络模型，用复杂网络的节点属性构建节点重要度评价指标体系，并采用熵权-TOPSIS 模型对其中的关键影响因素进行识别。复杂网络中各节点连接关系不同，节点重要性不同。节点连接关系反映节点的固有属性信息，重要节点是指复杂网络中影响网络结构与功能的特殊节点[66-68]。本节选取各影响因素的度中心性、聚集系数、介数中心性、接近度中心性、离心度中心性、特征向量中心性、平均邻居度等七个属性信息，构建各工序影响因素重要度评价指标体系。

1. 不平衡量影响因素网络化特征分析

风扇转子不平衡量影响因素众多，各因素互相耦合，使得各工序不平衡量影响因素及其相互作用关系构成了一个相互关联的复杂网络，呈现出网络化特征，主要体现在以下方面。

(1) 影响因素众多。不平衡量是不平衡质量与其偏心距的乘积，在其形成过程中存在多种改变不平衡质量和偏心距的因素，进而对不平衡量产生影响。3.2.1 节分析结果表明，在转子的装配过程中零件加工质量、装配工艺、装配质量均能够影响不平衡量。

(2) 影响因素间互相影响。不平衡量影响因素间会相互影响和相互作用。零件的加工质量会随着装配工序进行传递与累积，使得各因素在工序之间相互影响。零件的加工质量也会影响装配工艺。例如，盘鼓的初始不平衡量会影响盘鼓安装相位，也会影响叶片的选择与排布顺序。装配质量是在零件加工质量及装配工艺的共同作用下形成的，因此装配质量的好坏由零件加工质量及装配工艺共同决定，并且后面工序的装配质量也会影响前面工序的装配质量。例如，转子的同轴度会同时受配合止口处的跳动公差、安装相位、螺栓拧紧工艺的影响，而拧紧螺栓会改变先拧紧螺栓的预紧力。此外，装配工艺之间也会相互影响，前道工序的装配工艺决定了后面工序的装配工艺。

经上述分析，不平衡量影响因素之间呈现出复杂网络的特征。将不平衡量关键影响因素备选集中的影响因素作为节点集合，因素间的作用关系作为边集合，将关键影响因素间的相互作用关系转化为具有复杂关系的网络，进而可以利用复杂网络的理论与方法进行分析。

2. 不平衡量影响因素作用关系模型构建

根据风扇转子不平衡量影响因素网络化特征的分析，基于复杂网络中的无向无权网络，构建影响因素间的作用关系模型，通过对网络中重要节点进行识别，进而实现对风扇转子装配工序中不平衡量关键影响因素的识别。

构建风扇转子装配工序中不平衡量影响因素作用关系模型的具体步骤如下：

(1) 根据 3.2.1 节中对工序中不平衡量影响因素的分析，以分析后的影响因素作为不平衡量影响因素作用关系模型的节点，$V_m = \{v_i^m\}$ ($m = 1,2,3,4; i = 1,2,\cdots,N$) 代表各工序中关键影响因素备选集，其中 v_i^m 代表第 m 个工序作用关系模型的第 i 个节点，m 为工序个数，N 为第 i 个工序影响因素的个数。

(2) 根据各元素间的相互作用影响关系建立作用关系模型的边，以 $E_m = \{e_{ij}^m\}$ ($m = 1,2,3,4; i,j = 1,2,\cdots,N$) 代表各工序影响因素间存在影响关系的集合，其中 e_{ij}^m 代表第 m 个工序作用关系模型中第 i 个节点和第 j 个节点存在的相互影响关系。

(3) 绘制复杂网络图。根据步骤(1)、(2)形成连接矩阵，根据连接矩阵绘制复杂网络图。

(4) 计算各节点固有属性。根据连接矩阵计算各节点局部信息与全局信息。

本节采用 Python 的开源软件库 NetworkX 对复杂网络进行建模，该开源软件库包含复杂网络的可视化及分析算法，能够对复杂网络进行可视化处理与数据分析。风扇转子装配工序中不平衡量影响因素关联关系模型如图 3-8 所示。

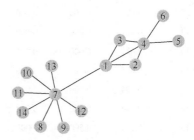

(a) 盘鼓装配工序中不平衡量影响因素
关联关系模型

(b) 二级叶片装配工序中不平衡量影响因素
关联关系模型

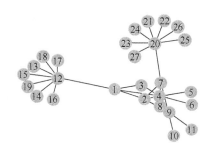

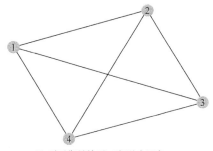

(c) 一级和三级叶片装配工序不平衡量影响因素
关联关系模型

(d) 不平衡量校正工序影响因素
关联关系模型

图 3-8　风扇转子装配工序中不平衡量影响因素关联关系模型

　　针对上述所建立的各工序中不平衡量影响因素关联关系模型，计算各节点的属性信息，其影响因素评价指标计算结果如表 3-6～表 3-8 所示。

表 3-6　盘鼓装配工序中影响因素评价指标值

影响因素序号	度中心性	聚集系数	介数中心性	接近度中心性	离心度中心性	特征向量中心性	平均邻居度
1	0.042	1.000	0.000	0.079	0.400	23.500	4.000
2	0.021	0.000	0.000	0.033	0.393	23.000	4.000
3	0.021	0.000	0.000	0.033	0.393	23.000	4.000
4	0.021	0.000	0.000	0.033	0.393	23.000	4.000
5	0.021	0.000	0.000	0.033	0.393	23.000	4.000
6	0.104	0.500	0.003	0.165	0.471	19.600	4.000
7	0.104	0.500	0.003	0.165	0.471	19.600	4.000
8	0.104	0.500	0.003	0.165	0.471	19.600	4.000
9	0.104	0.500	0.003	0.165	0.471	19.600	4.000
10	0.021	0.000	0.000	0.008	0.310	5.000	4.000
11	0.042	0.000	0.000	0.053	0.364	14.000	4.000
12	0.042	1.000	0.000	0.079	0.400	23.500	4.000
13	0.021	0.000	0.000	0.033	0.393	23.000	4.000
14	0.021	0.000	0.000	0.033	0.393	23.000	4.000
15	0.021	0.000	0.000	0.033	0.393	23.000	4.000
16	0.021	0.000	0.000	0.033	0.393	23.000	4.000
17	0.104	0.500	0.003	0.165	0.471	19.600	4.000
18	0.104	0.500	0.003	0.165	0.471	19.600	4.000
19	0.104	0.500	0.003	0.165	0.471	19.600	4.000
20	0.104	0.500	0.003	0.165	0.471	19.600	4.000
21	0.021	0.000	0.000	0.008	0.310	5.000	4.000

影响因素序号	度中心性	聚集系数	介数中心性	接近度中心性	离心度中心性	特征向量中心性	平均邻居度
22	0.083	0.500	0.001	0.117	0.436	18.750	4.000
23	0.083	0.500	0.001	0.117	0.436	18.750	4.000
24	0.083	0.500	0.001	0.117	0.436	18.750	4.000
25	0.083	0.500	0.001	0.117	0.436	18.750	4.000
26	0.021	0.000	0.000	0.004	0.293	4.000	4.000
27	0.042	0.000	0.000	0.038	0.372	14.000	4.000
28	0.042	1.000	0.000	0.079	0.400	23.500	4.000
29	0.083	0.500	0.001	0.117	0.436	18.750	4.000
30	0.083	0.500	0.001	0.117	0.436	18.750	4.000
31	0.042	0.000	0.000	0.038	0.372	14.000	4.000
32	0.083	0.500	0.001	0.117	0.436	18.750	4.000
33	0.021	0.000	0.000	0.004	0.293	4.000	4.000
34	0.104	0.800	0.001	0.143	0.457	16.000	4.000
35	0.104	0.800	0.001	0.143	0.457	16.000	4.000
36	0.021	0.000	0.000	0.015	0.350	9.000	4.000
37	0.188	0.139	0.171	0.139	0.533	10.000	3.000
38	0.500	0.181	0.183	0.402	0.578	6.583	4.000
39	0.083	0.833	0.000	0.084	0.417	13.750	4.000
40	0.083	0.833	0.000	0.084	0.417	13.750	4.000
41	0.479	0.146	0.134	0.348	0.527	5.826	4.000
42	0.479	0.103	0.390	0.311	0.640	5.478	3.000
43	0.271	0.141	0.041	0.231	0.485	6.538	3.000
44	0.313	0.238	0.075	0.272	0.552	7.533	3.000
45	0.104	0.300	0.082	0.078	0.444	9.800	3.000
46	0.271	0.128	0.054	0.163	0.490	5.538	3.000
47	0.313	0.114	0.197	0.200	0.571	6.600	3.000
48	0.083	0.167	0.082	0.036	0.410	6.500	3.000
49	0.021	0.000	0.000	0.015	0.350	9.000	4.000

表 3-7　二级叶片装配工序中影响因素评价指标值

影响因素序号	度中心性	聚集系数	介数中心性	接近度中心性	离心度中心性	特征向量中心性	平均邻居度
1	0.308	0.333	0.519	0.465	0.591	4.250	2.000
2	0.154	1.000	0.000	0.276	0.419	4.500	3.000

影响因素序号	度中心性	聚集系数	介数中心性	接近度中心性	离心度中心性	特征向量中心性	平均邻居度
3	0.154	1.000	0.000	0.276	0.419	4.500	3.000
4	0.385	0.200	0.301	0.405	0.464	2.000	3.000
5	0.077	0.000	0.000	0.129	0.325	5.000	4.000
6	0.077	0.000	0.000	0.129	0.325	5.000	4.000
7	0.615	0.000	0.808	0.504	0.650	1.375	3.000
8	0.077	0.000	0.000	0.160	0.406	8.000	4.000
9	0.077	0.000	0.000	0.160	0.406	8.000	4.000
10	0.077	0.000	0.000	0.160	0.406	8.000	4.000
11	0.077	0.000	0.000	0.160	0.406	8.000	4.000
12	0.077	0.000	0.000	0.160	0.406	8.000	4.000
13	0.077	0.000	0.000	0.160	0.406	8.000	4.000
14	0.077	0.000	0.000	0.160	0.406	8.000	4.000

表 3-8 一级和三级叶片装配工序中影响因素评价指标值

影响因素序号	度中心性	聚集系数	介数中心性	接近度中心性	离心度中心性	特征向量中心性	平均邻居度
1	0.154	0.333	0.454	0.331	0.394	5.000	4.000
2	0.154	0.500	0.369	0.411	0.419	5.000	3.000
3	0.077	1.000	0.000	0.205	0.310	5.000	5.000
4	0.231	0.200	0.234	0.434	0.382	3.000	4.000
5	0.038	0.000	0.000	0.117	0.280	6.000	5.000
6	0.038	0.000	0.000	0.117	0.280	6.000	5.000
7	0.154	0.333	0.454	0.331	0.394	5.000	4.000
8	0.077	1.000	0.000	0.205	0.310	5.000	5.000
9	0.231	0.200	0.234	0.434	0.382	3.000	4.000
10	0.038	0.000	0.000	0.117	0.280	6.000	5.000
11	0.038	0.000	0.000	0.117	0.280	6.000	5.000
12	0.308	0.000	0.474	0.180	0.338	1.375	5.000
13	0.038	0.000	0.000	0.048	0.255	8.000	6.000
14	0.038	0.000	0.000	0.048	0.255	8.000	6.000
15	0.038	0.000	0.000	0.048	0.255	8.000	6.000
16	0.038	0.000	0.000	0.048	0.255	8.000	6.000
17	0.038	0.000	0.000	0.048	0.255	8.000	6.000
18	0.038	0.000	0.000	0.048	0.255	8.000	6.000

续表

影响因素序号	度中心性	聚集系数	介数中心性	接近度中心性	离心度中心性	特征向量中心性	平均邻居度
19	0.038	0.000	0.000	0.048	0.255	8.000	6.000
20	0.308	0.000	0.474	0.180	0.338	1.375	5.000
21	0.038	0.000	0.000	0.048	0.255	8.000	6.000
22	0.038	0.000	0.000	0.048	0.255	8.000	6.000
23	0.038	0.000	0.000	0.048	0.255	8.000	6.000
24	0.038	0.000	0.000	0.048	0.255	8.000	6.000
25	0.038	0.000	0.000	0.048	0.255	8.000	6.000
26	0.038	0.000	0.000	0.048	0.255	8.000	6.000
27	0.038	0.000	0.000	0.048	0.255	8.000	6.000

3. 基于熵权-TOPSIS 模型的不平衡量关键影响因素识别

本节采用熵权-TOPSIS 模型综合考虑网络的局部属性信息及全局属性信息进行节点重要度的评估，从而识别出复杂网络的重要节点。

熵权-TOPSIS 模型是熵权法与 TOPSIS 法的结合[69-72]。TOPSIS 法是一种多指标评价算法，它通过判断各目标与理想目标的距离进行排序。TOPSIS 法在运算时会涉及多个指标的权重，因此需要确定各指标的权重，否则会影响排序结果的准确性。熵权法作为一种客观赋权方法，不依赖人为经验。将熵权法与 TOPSIS 法相结合可实现对复杂网络重要节点的识别，其计算过程具体如下。

(1) 形成指标原始数据矩阵。假设具有 k 个指标 $X = \{X_1, X_2, \cdots, X_k\}$，其中 $X_i = \{x_{1i}, x_{2i}, \cdots, x_{ni}\}$，指标 X_i 有 n 组数据，即共有 n 个评价对象和 k 个评价指标，其原始数据矩阵 X 可表示为

$$X = \begin{bmatrix} x_{11} & x_{12} & \cdots & x_{1k} \\ x_{21} & x_{22} & \cdots & x_{2k} \\ \vdots & \vdots & & \vdots \\ x_{n1} & x_{n2} & \cdots & x_{nk} \end{bmatrix} \tag{3-12}$$

(2) 数据标准化。各指标含义不同，使得各指标量纲存在差异，影响评价结果，因此需要对原始数据矩阵进行标准化处理。在标准化处理时会存在正、负向指标。对于正向指标，其值越大，表明该指标越重要；对于负向指标，其值越小，则该指标越重要，因此不同指标数据的标准化处理方法不同。

正向指标标准化处理为

$$y_{ij} = \frac{x_{ij} - \min X_i}{\max X_i - \min X_i} \tag{3-13}$$

负向指标标准化处理为

$$y_{ij} = \frac{\max X_i - x_{ij}}{\max X_i - \min X_i} \tag{3-14}$$

数据标准化后形成新的矩阵 Y 如下：

$$Y = \begin{bmatrix} y_{11} & y_{12} & \cdots & y_{1k} \\ y_{21} & y_{22} & \cdots & y_{2k} \\ \vdots & \vdots & & \vdots \\ y_{n1} & y_{n2} & \cdots & y_{nk} \end{bmatrix} \tag{3-15}$$

(3) 计算各指标信息熵。根据信息论中信息熵的定义，一个指标的信息熵为

$$E_i = -\ln n^{-1} \sum_{i=1}^{n} p_{ij} \ln p_{ij} \tag{3-16}$$

式中，$p_{ij} = y_{ij} \Big/ \sum\limits_{j=1}^{n} y_{ij}$，若 $p_{ij} = 0$，则定义 $\lim\limits_{p_{ij} \to 0} p_{ij} \ln p_{ij} = 0$。

(4) 计算各指标权重。根据各个指标的信息熵 $E_1, E_2, \cdots, E_k$，各指标权重 W_i 为

$$W_i = \frac{1 - E_i}{k - \sum E_i}, \quad i = 1, 2, \cdots, k \tag{3-17}$$

(5) 确定正理想方案和负理想方案。在节点属性标准化的基础上，各指标数据中最大值是正理想方案 A^+，各指标数据中最小值是负理想方案 A^-，具体如下：

$$A^+ = \{y_1^+, y_2^+, \cdots, y_k^+\} \tag{3-18}$$

$$A^- = \{y_1^-, y_2^-, \cdots, y_k^-\} \tag{3-19}$$

式中，$y_i^+ = \max\limits_j y_{ij}$；$y_i^- = \min\limits_j y_{ij}$。

(6) 计算各节点距离理想方案的距离。各节点评价指标与正理想方案 A^+、负理想方案 A^- 的距离 D_i^+、D_i^- 分别定义如下：

$$\begin{aligned} D_i^+ &= \sqrt{\sum_{j=1}^{k} W_j (y_{ij} - y_j^+)^2} \\ D_i^- &= \sqrt{\sum_{j=1}^{k} W_j (y_{ij} - y_j^-)^2} \end{aligned} \tag{3-20}$$

(7) 计算各评估对象的综合评价指标。最终根据各评价对象与正理想方案、负理想方案的距离计算综合评价指标 S，其计算公式如下：

$$S_i = \frac{D_i^-}{D_i^+ + D_i^-} \tag{3-21}$$

4. 风扇转子工艺-性能关键因素识别应用验证

基于熵权-TOPSIS 模型的不平衡量关键影响因素识别的应用验证步骤如下：

(1) 根据各工序所建立的复杂网络计算各影响因素固有属性，并构建相应的原始矩阵。将所计算的七个属性信息转化为属性原始矩阵 $X^i(i=1,2,3,4)$，盘鼓装配工序中各影响因素的原始矩阵为 $X^1 = \{x_{ii}^1\}_{49 \times 7}$，二级叶片装配工序中各影响因素的原始矩阵为 $X^2 = \{x_{ii}^2\}_{14 \times 7}$，一级和三级叶片装配工序中各影响因素的原始矩阵为 $X^3 = \{x_{ii}^3\}_{27 \times 7}$，不平衡量校正工序中各影响因素的原始矩阵为 $X^4 = \{x_{ii}^4\}_{4 \times 7}$。

(2) 对各工序数据的原始矩阵进行数据标准化，其中度中心性、聚集系数、介数中心性、接近度中心性、特征向量中心性、平均邻居度均为正向指标，进行标准化处理，离心度中心性为负向指标，得到各指标标准化处理后的矩阵 $Y^i(i=1,2,3)$。

(3) 根据信息熵的计算公式计算不同工序各指标的信息熵。

(4) 根据指标权重计算公式计算各工序的指标权重 $W_k^i(i=1,2,3;k=1,2,\cdots,7)$，其结果如表 3-9 所示。

表 3-9　各工序的不同指标权重

工序	度中心性	聚集系数	介数中心性	接近度中心性	离心度中心性	特征向量中心性	平均邻居度
1	0.134	0.106	0.305	0.062	0.026	0.040	0.326
2	0.195	0.0.221	0.248	0.096	0.048	0.027	0.165
3	0.180	0.22	0.199	0.132	0.132	0.018	0.117

(5) 确定各工序的正理想方案 A_i^+ 和负理想方案 $A_i^-(i=1,2,3)$，各工序的正负理想方案如表 3-10 所示。

表 3-10　装配工序的正负理想方案

工序	理想方案	度中心性	聚集系数	介数中心性	接近度中心性	离心度中心性	特征向量中心性
1	正理想方案	1	1	1	1	1	1
	负理想方案	0	0	0	0	0	0
2	正理想方案	1	1	1	1	1	1
	负理想方案	0	0	0	0	0	0

工序	理想方案	度中心性	聚集系数	介数 中心性	接近度 中心性	离心度 中心性	特征向量 中心性
3	正理想方案	1	1	1	1	1	1
	负理想方案	0	0	0	0	0	0

(6) 计算各工序中各影响因素与正负理想方案的欧几里得距离。

(7) 计算各工序中各影响因素的综合评价指标,其结果如表3-11~表3-13所示。

表 3-11　盘鼓装配工序中不平衡量关键影响因素的重要性排序结果

序号	影响因素	重要性排序	权重/%
1	一级盘鼓不平衡量	11	2.447
2	一级盘鼓转轴柱面圆柱度	33	1.396
3	一级盘鼓转轴柱面粗糙度	34	1.396
4	一级盘鼓转轴端面相对于旋转轴平面度	35	1.396
5	一级盘鼓转轴端面粗糙度	36	1.396
6	一级盘鼓止口柱面相对于旋转轴跳动	18	1.906
7	一级盘鼓止口柱面粗糙度	19	1.906
8	一级盘鼓止口端面跳动	20	1.906
9	一级盘鼓止口端面粗糙度	21	1.906
10	一级盘鼓止口实际尺寸	46	0.107
11	一、二级螺栓质量	41	0.851
12	二级盘鼓不平衡量	12	2.447
13	二级盘鼓转轴圆柱度	37	1.396
14	二级盘鼓转轴粗糙度	38	1.396
15	二级盘鼓转轴端面相对于旋转轴平面度	39	1.396
16	二级盘鼓转轴端面粗糙度	40	1.396
17	二级盘鼓上止口柱面相对于旋转轴跳动	22	1.906
18	二级盘鼓上配合止口柱面粗糙度	23	1.906
19	二级盘鼓上配合止口端面相对于旋转轴跳动	24	1.906
20	二级盘鼓上止口端面粗糙度	25	1.906
21	二级盘鼓上止口实际尺寸	47	0.107

续表

序号	影响因素	重要性排序	权重/%
22	二级盘鼓下配合止口柱面粗糙度	26	1.756
23	二级盘鼓下配合止口柱面径向圆跳动	27	1.756
24	二级盘鼓下配合止口端面相对于旋转轴跳动	28	1.756
25	二级盘鼓下止口端面粗糙度	29	1.756
26	二级盘鼓下止口实际尺寸	48	0.000
27	二、三级螺栓质量	42	0.844
28	三级盘鼓不平衡量	13	2.447
29	三级盘鼓止口柱面径向跳动	30	1.756
30	三级盘鼓配合止口柱面粗糙度	31	1.756
31	三级盘鼓配合止口端面跳动	43	0.844
32	三级盘鼓止口端面粗糙度	32	1.756
33	三级盘鼓止口实际尺寸	49	0.000
34	一、二级盘鼓装配过程中螺栓拧紧力矩	14	2.156
35	一、二级盘鼓装配过程中螺栓拧紧顺序	15	2.156
36	一、二级盘鼓装配过程中二级盘鼓加热温度	44	0.454
37	室温	3	4.475
38	一、二级盘鼓安装相位	9	3.459
39	二、三级盘鼓装配过程中螺栓拧紧力矩	16	2.055
40	二、三级盘鼓装配过程中螺栓拧紧顺序	17	2.055
41	二、三级盘鼓安装相位	10	3.100
42	旋转轴的同轴度	1	5.838
43	一、二级盘鼓止口端面平行度	5	4.043
44	一、二级盘鼓止口柱面同轴度	4	4.382
45	一、二级盘鼓止口装配过盈量	7	3.951
46	二、三级盘鼓止口端面平行度	6	4.026
47	二、三级盘鼓止口柱面同轴度	2	4.824
48	二、三级盘鼓止口装配过盈量	8	3.775
49	二、三级盘鼓装配过程中三级盘鼓加热温度	45	0.454

表 3-12　二级叶片装配工序中不平衡量关键影响因素的重要性排序结果

序号	影响因素	重要性排序	权重/%
1	叶片组不平衡量	2	15.955
2	盘鼓初始不平衡量	3	11.602
3	叶片重力矩	4	11.602
4	叶片安装位置	5	11.595
5	叶片扭矩	13	2.237
6	叶片弯矩	14	2.237
7	叶片装配间隙	1	15.971
8	叶片安装力	6	4.115
9	榫头直线度	7	4.115
10	榫头粗糙度	8	4.115
11	燕尾槽粗糙度	9	4.115
12	燕尾槽实际尺寸	10	4.115
13	榫头实际尺寸	11	4.115
14	燕尾槽直线度	12	4.115

表 3-13　一级和三级叶片装配工序中不平衡量关键影响因素的重要性排序结果

序号	影响因素	重要性排序	权重/%
1	一级叶片组不平衡量	2	8.406
2	盘鼓不平衡量	1	9.353
3	一级叶片重力矩	8	5.907
4	一级叶片安装顺序	5	7.823
5	一级叶片扭矩	10	2.166
6	一级叶片弯矩	11	2.166
7	三级叶片组不平衡量	3	8.406
8	三级叶片重力矩	9	5.907
9	三级叶片安装顺序	4	7.823
10	三级叶片扭矩	12	2.166
11	三级叶片弯矩	13	2.166
12	一级叶片装配间隙	6	7.122
13	一级叶片安装力	14	1.676
14	一级叶片榫头直线度	15	1.676

续表

序号	影响因素	重要性排序	权重/%
15	一级叶片榫头粗糙度	16	1.676
16	一级盘鼓燕尾槽粗糙度	17	1.676
17	一级盘鼓燕尾槽实际尺寸	18	1.676
18	一级叶片榫头实际尺寸	19	1.676
19	一级盘鼓燕尾槽直线度	20	1.676
20	三级叶片装配间隙	7	7.122
21	三级叶片安装力	21	1.676
22	三级叶片榫头直线度	22	1.676
23	三级叶片榫头粗糙度	23	1.676
24	三级盘鼓燕尾槽粗糙度	24	1.676
25	三级盘鼓燕尾槽实际尺寸	25	1.676
26	三级叶片榫头实际尺寸	26	1.676
27	三级盘鼓燕尾槽直线度	27	1.676

　　根据各影响因素对不平衡量的影响权重进行关键影响因素的选取，当权重出现明显下降时，说明后序的影响因素相对于前面的影响因素的重要性存在明显下降，因此当出现权重明显下降时，将该权重作为选择关键影响因素的阈值，大于该阈值的因素为该工序不平衡量的关键影响因素，如图 3-9 所示。

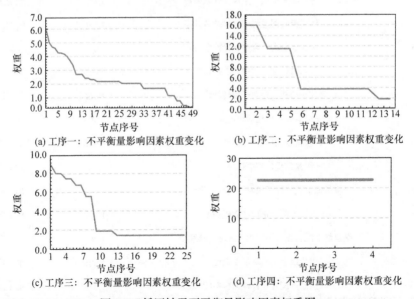

(a) 工序一：不平衡量影响因素权重变化　　(b) 工序二：不平衡量影响因素权重变化

(c) 工序三：不平衡量影响因素权重变化　　(d) 工序四：不平衡量影响因素权重变化

图 3-9　低压转子不平衡量影响因素权重图

根据图 3-9 可知,各工序阈值分别为 1.760、11.595、5.907、25,各工序中不平衡量关键影响因素的权重及分类如表 3-14~表 3-17 所示。

表 3-14　盘鼓装配工序中不平衡量关键影响因素的权重及分类

序号	影响因素	权重/%	分类
1	旋转轴的同轴度	5.838	装配质量
2	二级、三级盘鼓止口柱面同轴度	4.824	装配质量
3	室温	4.475	加工质量
4	一级、二级盘鼓止口柱面同轴度	4.382	装配质量
5	一级、二级盘鼓止口端面平行度	4.043	加工质量
6	二级、三级盘鼓止口端面平行度	4.026	加工质量
7	一级、二级盘鼓止口装配过盈量	3.951	装配质量
8	二级、三级盘鼓止口装配过盈量	3.775	装配质量
9	一级、二级盘鼓安装相位	3.459	装配工艺
10	二级、三级盘鼓安装相位	3.100	装配工艺
11	一级盘鼓不平衡量	2.447	加工质量
12	二级盘鼓不平衡量	2.447	加工质量
13	三级盘鼓不平衡量	2.447	加工质量
14	一级、二级盘鼓装配过程中螺栓拧紧力矩	2.156	装配工艺
15	一级、二级盘鼓装配过程中螺栓拧紧顺序	2.156	装配工艺
16	二级、三级盘鼓装配过程中螺栓拧紧力矩	2.055	装配工艺
17	二级、三级盘鼓装配过程中螺栓拧紧顺序	2.055	装配工艺
18	一级盘鼓止口柱面相对于旋转轴跳动	1.906	加工质量
19	一级盘鼓止口柱面粗糙度	1.906	加工质量
20	一级盘鼓止口端面跳动度	1.906	加工质量
21	一级盘鼓止口端面粗糙度	1.906	加工质量
22	二级盘鼓上止口柱面相对于旋转轴跳动	1.906	加工质量
23	二级盘鼓上配合止口柱面粗糙度	1.906	加工质量
24	二级盘鼓上配合止口端面相对于旋转轴跳动	1.906	加工质量
25	二级盘鼓上止口端面粗糙度	1.906	加工质量
26	二级盘鼓下配合止口柱面粗糙度	1.756	加工质量

续表

序号	影响因素	权重/%	分类
27	二级盘鼓下配合止口柱面径向圆跳动	1.756	加工质量
28	二级盘鼓下配合止口端面相对于旋转轴跳动	1.756	加工质量
29	二级盘鼓下止口端面粗糙度	1.756	加工质量
30	三级盘鼓止口柱面径向跳动	1.756	加工质量
31	三级盘鼓配合止口柱面粗糙度	1.756	加工质量
32	三级盘鼓止口端面粗糙度	1.756	加工质量

表 3-15　二级叶片装配工序中不平衡量关键影响因素的权重及分类

序号	影响因素	权重/%	分类
1	叶片装配间隙	15.971	装配质量
2	叶片组不平衡量	15.955	装配质量
3	盘鼓初始不平衡量	11.602	装配质量
4	叶片重力矩	11.602	加工质量
5	叶片安装位置	11.595	装配工艺

表 3-16　一级和三级叶片装配工序中不平衡量关键影响因素的权重及分类

序号	影响因素	权重/%	分类
1	盘鼓不平衡量	9.353	装配质量
2	一级叶片组不平衡量	8.406	装配质量
3	三级叶片组不平衡量	8.406	装配质量
4	三级叶片安装顺序	7.823	装配工艺
5	一级叶片安装顺序	7.823	装配工艺
6	一级叶片装配间隙	7.122	装配质量
7	三级叶片装配间隙	7.122	装配质量
8	一级叶片重力矩	5.907	加工质量
9	三级叶片重力矩	5.907	加工质量

表 3-17　　校正工序中不平衡量关键影响因素的权重及分类

序号	影响因素	权重/%	分类
1	转子初始不平衡量	25	装配质量
2	螺钉重量	25	装配工艺
3	螺钉个数	25	装配工艺
4	螺钉安装位置	25	装配工艺

3.2.3　产品工艺-质量-性能关联关系分析

根据关键因素识别结果，采集关键因素的相关数据。考虑到关键因素的数据多为连续数据，因此使用 ChiMerge 算法对多维连续数据进行离散化，采用 Apriori 算法对复杂产品性能超差信息数据进行分析，挖掘装配工艺与装配性能之间的关联关系，如图 3-10 所示。

1. 关联关系模型构建

关联规则的挖掘问题可形式化描述为以下内容[73]。

设 $I = \{i_1, i_2, \cdots, i_m\}$ 为所有项目的集合，D 为所有事物的集合(数据库)，每个事务 T 是某些项目的集合，T 包含于 I，每个事务可以用唯一的标识符 TID 来标识。设 X 为某些项目的集合，若 $X \subseteq T$，则称事务 T 包含 X，关联规则表示 $(X \subset T)X \rightarrow Y(Y \subset T)$ 的蕴含式，这里 $X \subset I, Y \subset I$，并且 $X \cap Y = \varnothing$。事务集 D 中的规则 $X \rightarrow Y$ 是由支持度 s(support)和确信度 c(confidence)来约束的。确信度表示规则的强度，支持度表示 X 在规则中出现的频度。数据项集 X 的支持度 $s(X)$ 是 D 中包含 X 的事务数量与 D 的总事务数量之比。规则 $X \rightarrow Y$ 的支持度 s 定义为在 D 中包含 $X \cup Y$ 的事务所占比例为 $s\%$，表示同时包含 X 和 Y 的事务数量与 D 的总事务数量之比；规则 $X \rightarrow Y$ 的确信度 c 定义为在 D 中，$c\%$ 的事务包含 X 的同时也包含 Y，表示 D 中包含 X 的事务中包含 Y 有多大的可能性。

关联规则的挖掘就是在事务数据库 D 中找出具有用户给定的最小支持度 minsup 和最小确信度 minconf 的关联规则。

关联规则挖掘问题可分解为以下两个子问题：

(1) 找出事务数据库 D 中所有大于等于用户指定最小支持度的项目集。具有最小支持度的项目集称为频繁项目集，项目集的支持度只包含该项目集的项目。

(2) 利用频繁项目集生成所需要的关联规则。对于每一个频繁项目集 A，找到 A 所有的非空子集 a，若比率 $s(A)/s(a) \geqslant$ minsup，则生成关联规则 $a \rightarrow (A-a)$，$s(A)/s(a)$ 即为规则 $a \rightarrow (A-a)$ 的确信度。

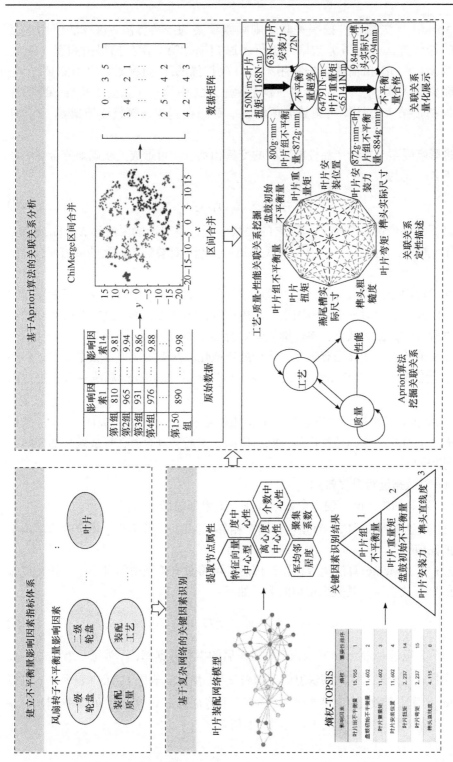

图3-10　复杂产品关联关系挖掘

Apriori 算法是一种挖掘关联规则频繁项集的经典算法。该算法使用逐层搜索的迭代方法，对事务数据库进行多遍扫描，第一次扫描得出频繁 1 项集 L_1，第 $k(k>1)$ 次扫描前首先利用第 $k-1$ 次扫描的结果(频繁 $k-1$ 项集)来产生候选频繁 k 项集 C_k，然后在扫描过程中确定 C_k 中第一元素的支持度，最后在每一遍扫描结束时计算出频繁 k 项集 L_k，算法在当候选频繁 k 项集 C_k 为空时结束。

将影响因素与复杂产品性能对应的变量相结合，可形成关联规则分析中的数据项集 Z，记为

$$Z = \{x_1, x_2, x_3, \cdots, x_m, y_1, y_2, \cdots, y_n\} \tag{3-22}$$

以下复杂产品性能与影响因素的关联分析，是对影响因素集 $X = \{x_1, x_2, \cdots, x_m\}$ 与性能集 $Y = \{y_1, y_2, \cdots, y_n\}$ 的相关性进行分析，计算影响因素的可信度，寻找 $X \to Y$。

关联规则分析算法都是针对离散的数据的，而 $x_1 \sim x_m$ 中有不少因素为连续的数值。因此，必须对各个影响因素数据进行数据预处理，即在进行关联规则挖掘之前将所有的数据离散化，将连续值映射为多个离散值。

连续值的离散化算法有很多，典型的离散化算法有等宽或等频率法[74]、C4.5 法[75]、熵值法[76]、ChiMerge 算法[77]等。本节采用 ChiMerge 算法对数据进行离散化。

ChiMerge 算法是一种基于卡方分布(用符号 χ^2 表示)监督的离散化方法。采用自底向上的策略，递归地找出最佳临近区间，然后将其合并，形成较大的区间，具体过程如下：

(1) 对数据进行升序排列；

(2) 定义初始区间，使每个数据都在一个单独的区间内；

(3) 重复步骤(1)和(2)，直至任何两个相邻区间的 χ^2 都不小于指定的置信水平确定的阈值。

经过 ChiMerge 算法离散化预处理后，可将具有连续值的事务库 Z 转化成布尔型的事务数据库，其数据项集的形式如下：

$$Z^* = \{z_1^{1*}, z_2^{1*}, \cdots z_1^{i*}, \cdots z_j^{i*}, \cdots, z_1^{n*}, \cdots\} \tag{3-23}$$

式中，Z^* 为经过 ChiMerge 算法离散化处理后的事务数据库；z_j^{i*} 为每一个 ChiMerge 算法离散化预处理后区间的映射值，如表 3-18 所示，表中 $F_{CM}(x_i)$ 表示对 x_i 进行 ChiMerge 算法离散化的映射结果；i^* 为第 i 个特征量 x_i 离散化后的区间映射值；j 为第 i 个特征量 x_i 离散化成 j 个区间映射值。

表 3-18　多值离散化后特征量

特征量	$F_{CM}(x_i)$	Z^* 元素
	0	z_1^{1*}
	1	z_2^{1*}
x_1	2	z_3^{1*}
	⋮	⋮
	0	z_1^{2*}
x_2	1	z_2^{2*}
	⋮	⋮
⋮	⋮	⋮
	0	z_1^{n*}
x_n	1	z_2^{n*}
	⋮	⋮

在经过 ChiMerge 算法离散化后，所有的连续属性都被离散化为离散值，并且作为项集参与到后续的关联规则挖掘中。

Apriori 算法关联规则挖掘算法试算过程如表 3-19～表 3-27 所示。假设有一数据库 Z，其中有 5 个事务记录，如表 3-19 中的标签 TID 所示。假设 $n=5$，即有 5 个特征量，每个特征量都离散化成 3 个区间，最小支持度为 40%。

表 3-19　数据库 Z

标签 TID	项集数据
合格	$z_1^{1*}, z_2^{2*}, z_1^{3*}, z_2^{4*}, z_3^{5*}$
不合格	$z_1^{1*}, z_1^{2*}, z_2^{3*}, z_2^{4*}, z_1^{5*}$
不合格	$z_1^{1*}, z_2^{2*}, z_2^{3*}, z_2^{4*}, z_1^{5*}$
合格	$z_3^{1*}, z_1^{2*}, z_1^{3*}, z_2^{4*}, z_3^{5*}$
合格	$z_2^{1*}, z_2^{2*}, z_3^{3*}, z_2^{4*}, z_3^{5*}$

表 3-20　扫描数据库 Z 获得频繁项集 L_1

项集数据	支持度/%	项集数据	支持度/%
z_1^{1*}	60	z_3^{3*}	20
z_2^{1*}	20	z_1^{4*}	0
z_3^{1*}	20	z_2^{4*}	100
z_1^{2*}	40	z_3^{4*}	0
z_2^{2*}	60	z_1^{5*}	40
z_3^{2*}	0	z_2^{5*}	0
z_1^{3*}	40	z_3^{5*}	60
z_2^{3*}	40		

表 3-21　剪枝获得频繁项集 L_2

项集数据	支持度/%	项集数据	支持度/%
z_1^{1*}	60	z_2^{3*}	40
z_1^{2*}	40	z_2^{4*}	100
z_2^{2*}	60	z_1^{5*}	40
z_1^{3*}	40	z_3^{5*}	60

表 3-22　扫描频繁项集 L_2 获得频繁项集 L_3

项集数据	支持度/%	项集数据	支持度/%
z_1^{1*}, z_1^{2*}	20	z_2^{2*}, z_2^{3*}	20
z_1^{1*}, z_1^{3*}	20	z_2^{2*}, z_2^{4*}	60
z_1^{1*}, z_2^{3*}	40	z_2^{2*}, z_1^{5*}	20
z_1^{1*}, z_2^{4*}	60	z_2^{2*}, z_3^{5*}	40
z_1^{1*}, z_1^{5*}	40	z_1^{3*}, z_2^{4*}	40
z_1^{1*}, z_3^{5*}	60	z_1^{3*}, z_1^{5*}	0
z_1^{2*}, z_1^{3*}	20	z_1^{3*}, z_3^{5*}	40
z_1^{2*}, z_2^{3*}	20	z_2^{3*}, z_2^{4*}	40
z_1^{2*}, z_2^{4*}	40	z_2^{3*}, z_1^{5*}	40

项集数据	支持度/%	项集数据	支持度/%
z_1^{2*}, z_1^{5*}	20	z_2^{3*}, z_3^{5*}	0
z_1^{2*}, z_3^{5*}	20	z_2^{4*}, z_1^{5*}	40
z_2^{2*}, z_1^{3*}	20	z_2^{4*}, z_3^{5*}	60

表 3-23　剪枝获得频繁项集 L_4

项集数据	支持度/%	项集数据	支持度/%
z_1^{1*}, z_2^{3*}	40	z_1^{3*}, z_2^{4*}	40
z_1^{1*}, z_2^{4*}	60	z_1^{3*}, z_3^{5*}	40
z_1^{1*}, z_1^{5*}	40	z_2^{3*}, z_2^{4*}	40
z_1^{1*}, z_3^{5*}	60	z_2^{3*}, z_1^{5*}	40
z_2^{2*}, z_2^{4*}	40	z_1^{4*}, z_1^{5*}	40
z_2^{2*}, z_2^{4*}	60	z_2^{4*}, z_3^{5*}	60
z_2^{2*}, z_3^{5*}	40	—	—

表 3-24　扫描频繁项集 L_4 获得频繁项集 L_5

项集数据	支持度/%	项集数据	支持度/%
$z_1^{1*}, z_2^{3*}, z_2^{4*}$	40	$z_2^{2*}, z_2^{4*}, z_1^{5*}$	20
$z_1^{1*}, z_2^{3*}, z_1^{5*}$	40	$z_2^{2*}, z_2^{4*}, z_3^{5*}$	40
$z_1^{1*}, z_2^{3*}, z_3^{5*}$	0	$z_1^{3*}, z_2^{4*}, z_1^{5*}$	0
$z_1^{1*}, z_2^{4*}, z_1^{5*}$	40	$z_1^{3*}, z_2^{4*}, z_3^{5*}$	40
$z_1^{1*}, z_2^{4*}, z_3^{5*}$	20	$z_2^{3*}, z_2^{4*}, z_1^{5*}$	40
$z_2^{2*}, z_2^{4*}, z_1^{5*}$	20	$z_2^{3*}, z_2^{4*}, z_3^{5*}$	0
$z_1^{2*}, z_2^{4*}, z_3^{5*}$	20	—	—

表 3-25　剪枝获得频繁项集 L_6

项集数据	支持度/%	项集数据	支持度/%
$z_1^{1*}, z_2^{3*}, z_2^{4*}$	40	$z_2^{2*}, z_2^{4*}, z_3^{5*}$	40
$z_1^{1*}, z_2^{3*}, z_3^{5*}$	40	$z_1^{3*}, z_2^{4*}, z_3^{5*}$	40
$z_1^{1*}, z_2^{4*}, z_1^{5*}$	40	$z_2^{2*}, z_2^{4*}, z_1^{5*}$	40

表 3-26　扫描频繁项集 L_6 获得频繁项集 L_7

项集数据	支持度/%	项集数据	支持度/%
$z_1^{1*}, z_2^{3*}, z_2^{4*}, z_1^{5*}$	40	$z_1^{1*}, z_2^{3*}, z_2^{4*}, z_3^{5*}$	0

表 3-27　剪枝获得频繁项集 L_8

项集数据	支持度/%
$z_1^{1*}, z_2^{3*}, z_2^{4*}, z_1^{5*}$	40

当通过 Apriori 算法再次扫描频繁项集 L_4 时，频繁项集 L_4 为空，结束算法试算过程。通过算法试算，获得关联规则及其支持度和置信度。设定最小支持度与置信度，将满足要求的关联规则进行保留，就得到了用于指导工厂进行工艺调整的关联规则库。

2. 产品工艺-质量-性能关联关系应用验证

不平衡量超差关键因素如表 3-28 所示。以盘鼓装配工序为例，根据关键因素识别方法提取 30 个与不平衡量超差相关的关键影响因素，对应的变量为 $x_1 \sim x_{30}$。根据关联规则的定义，它们都是表征风扇转子性能的重要参数，相互之间都有关联。

表 3-28　不平衡量超差关键因素

变量	关键因素	变量	关键因素
x_1	旋转轴的同轴度	x_{12}	二级盘鼓不平衡量
x_2	二、三级盘鼓止口柱面同轴度	x_{13}	三级盘鼓不平衡量
x_3	室温	x_{14}	一、二级盘鼓装配过程中螺栓拧紧力矩
x_4	一、二级盘鼓止口柱面同轴度	x_{15}	二、三级盘鼓装配过程中螺栓拧紧力矩
x_5	一、二级盘鼓止口端面平行度	x_{16}	一级盘鼓止口柱面相对于旋转轴跳动
x_6	二、三级盘鼓止口端面平行度	x_{17}	一级盘鼓止口柱面粗糙度
x_7	一、二级盘鼓装配过盈量	x_{18}	一级盘鼓止口端面跳动
x_8	二、三级盘鼓装配过盈量	x_{19}	一级盘鼓端面粗糙度
x_9	一、二级盘鼓安装相位	x_{20}	二级盘鼓上止口柱面相对于旋转轴跳动
x_{10}	二、三级盘鼓安装相位	x_{21}	二级盘鼓上配合止口柱面粗糙度
x_{11}	一级盘鼓不平衡量	x_{22}	二级盘鼓上配合止口端面相对于旋转轴跳动

变量	关键因素	变量	关键因素
x_{23}	二级盘鼓上止口端面粗糙度	x_{27}	二级盘鼓下止口端面粗糙度
x_{24}	二级盘鼓下配合止口柱面粗糙度	x_{28}	三级盘鼓止口柱面径向跳动
x_{25}	二级盘鼓下配合止口柱面径向圆跳动	x_{29}	三级盘鼓配合止口柱面粗糙度
x_{26}	二级盘鼓下配合止口端面相对于旋转轴跳动	x_{30}	三级盘鼓止口端面粗糙度

采集 150 组不平衡量超差的数据，使用 ChiMerge 算法对连续数据进行离散化，结果如表 3-29 所示。

表 3-29　多值连续属性的离散化结果

关键因素	区间范围	数量	映射值
旋转轴的同轴度 (x_1)	0.000~0.005	41	0
	0.005~0.007	13	1
	0.007~0.010	32	2
	0.010~0.012	25	3
	0.012~0.015	39	4
二、三级盘鼓止口柱面同轴度 (x_2)	0.000~0.008	23	0
	0.008~0.017	45	1
	0.017~0.019	18	2
	0.019~0.024	33	3
	0.024~0.030	31	4
...	...	...	...
三级盘鼓配合止口柱面粗糙度 (x_{29})	0.00~0.10	15	0
	0.10~0.35	47	1
	0.35~0.53	31	2
	0.53~0.72	36	3
	0.72~0.80	21	4
三级盘鼓止口端面粗糙度 (x_{30})	0.00~0.19	34	0
	0.19~0.31	26	1
	0.31~0.39	14	2
	0.39~0.62	43	3
	0.62~0.80	33	4

将离散后的数据作为新的项集，利用 Apriori 算法分析，可以得到更详细的关

联规则，这些规则可以用于装配过程中的工艺调整，表3-30为经过关联规则挖掘之后的部分可信度较高的关联规则。

表 3-30 不平衡量超差时的强关联规则

$F_{CM}(x_i)$	支持度为 0.2	置信度
$64791 < x_3 < 65141$		
$0.0044 < x_{10} < 0.0058$	不平衡量超差	0.9
$9.84 < x_{13} < 9.94$		
$0.0571 < x_{11} < 0.0852$		
$65151 < x_3 < 67177$	不平衡量超差	0.8
$9.84 < x_{13} < 9.94$		
...	...	...
$75 < x_{15} < 80$		
$64791 < x_3 < 65141$	不平衡量超差	0.7
$49.02 < x_4 < 50.00$		

显然，可以将得到的可信度较高的关联规则作为不平衡量是否超差的初步判断，并据此为工艺调整提供决策支持，以提高风扇转子的一次装配成功率。

3.3 机理与数据融合的产品性能演化预测

产品性能一般是在全部装配工序全部完成后才能进行精确测量，一旦出现不合格，则需要进行反复拆装，严重影响生产效率，因此需要一种机理与数据融合的产品性能演化预测方法。在装配前，通过物理仿真、数学建模等手段进行产品性能预测，确定装配工艺参数。在装配过程中，基于多粒度工艺、质量、性能的在线感知数据，采用深度学习与半实物仿真融合的方法建立工艺-性能的定量预测模型，对装配完成后的产品性能实现在线预测。本节以航空发动机风扇转子的叶片装配和盘鼓装配为例，分别提出叶片装配中的不平衡量预测方法和盘鼓装配中的同轴度预测方法。若最终产品性能在合格范围内，则按照原工艺方案进行装配；若不合格，则需要在后续工序中及时进行工艺参数的调整，从而提高一次装配合格率，形成装配前优选优配、装配中边装边调的双重性能管控模式。

3.3.1 产品性能半实物仿真预测原理

半实物仿真预测，就是在装配过程中将已完成的装配状态数据与未进行的工艺规划数据相融合，实现对产品最终性能的预测。基于半实物仿真的产品性能预测原理如图 3-11 所示，包括数据输入与数据预处理、数据融合、产品性能预测三部分。

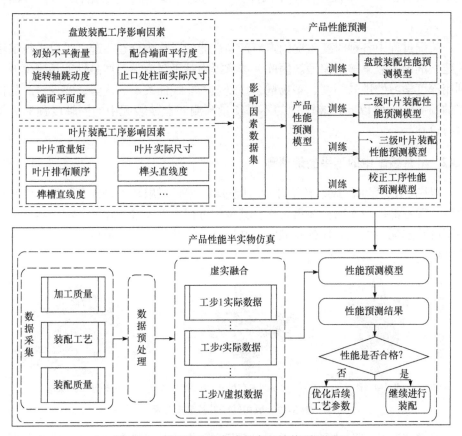

图 3-11　基于半实物仿真的产品性能预测原理

数据输入与预处理用于采集对产品性能有影响的关键因素的理论值和真实值，并对数据进行预处理。输入数据包括两部分，一部分是已经完成的装配状态数据，针对装配过程中的可观测量，通过多种手段进行在线测量；另一部分是未进行加工的理论工艺数据。例如，在盘鼓装配过程中，当安装三级盘鼓时，已完成了一级和二级盘鼓的安装，其安装相位角、螺栓拧紧力、实测同轴度等为实际装配状态数据，而未进行安装的三级盘鼓的相位角、螺栓拧紧力等为理论工艺数据。

数据融合用于将实际装配状态数据与理论工艺数据融合，以构建产品性能预测模型的输入。等待融合的数据可以分为三类，即参与装配零件的实际质量 $x_p^{(i)}$ (如叶片频率)、装配工艺参数 $x_t^{(i)}$ (如叶片安装位置)和可测量装配质量参数 $x_q^{(i)}$ (如转子振动频率)。设某一装配工序包含 N 个工步,当在第 t 个工步完成时,融合后的数据为 $X_t = (X_r^1, X_r^2, \cdots, X_r^t, \cdots, X_r^N)$,其中在第 t 个工步之前的数据 $X_r^1 \sim X_r^t$ 均为实际装配状态数据,即 $X_r^t = \{x_p^t, x_t^t, x_q^t\}$,后序 $X_v^{t+1} \sim X_v^N$ 为理论工艺数据,即 $X_r^{t+1} = \{X_p^t, X_{atv}^t, X_{aqv}^t\}$。

装配过程中各种时变工况因素对产品性能的影响耦合在一起,难以进行解耦并建立准确的数学解析模型。因此,本章提出基于深度学习产品性能预测模型,利用深度学习处理高纬度、多场耦合、复杂的非线性关系的优势,实现对产品性能的预测。下面以叶片装配中的不平衡量预测和盘鼓装配中的同轴度预测为例进行论述。

3.3.2　叶片装配中的不平衡量预测

以图 3-12 所示的风扇转子叶片装配过程为例,风扇转子是由盘鼓组合件和各级叶片等零部件组成的多级盘结构,其装配过程为首先进行盘鼓装配,然后进行单级叶片选配,确定叶片排布顺序,并进行单级叶片装配,最后进行多级叶片组合装配。

图 3-12　风扇转子叶片装配过程

在单级叶片装配过程中,需要根据预先确定的叶片排布顺序进行叶片装配。每个叶片装配后都会产生相应的不平衡量,即装配过程中的不平衡量不仅与当前的装配工艺有关,还与上一步的装配结果相关。为保证最终转子不平衡量满足设计要求,避免人为安装误差等造成装配不平衡量超差,需要对装配过程进行监测。本节构建单级叶片装配半实物虚拟模型,将已装配叶片的实测数据与未装配叶片的理论数据相结合,计算转子整体不平衡量,实现过程具体如下:

(1) 建立单级叶片排序优化模型。叶片排布顺序是叶片装配的主要依据,同时叶片组排序结果也是半实物虚拟模型的输入。以叶片质量矩为输入,以对角位置质量矩差为约束,以剩余不平衡量最小为目标建立单级叶片排序优化模型,基于改进模拟退火算法对各级叶片排布顺序进行优化,以降低叶片组的不平衡量。

(2) 装配过程中不平衡量的半实物仿真计算。单级叶片半实物仿真流程如图 3-13 所示，当装配到第 t 个叶片时，前面 $t-1$ 个工步已经装配完成，采用实测数据，剩余工步采用理论排布数据代替，采用风扇转子不平衡量预测模型可计算出最终不平衡量。

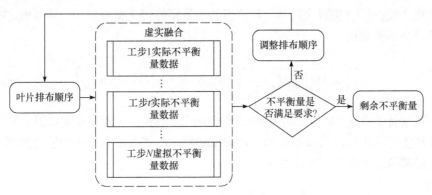

图 3-13　单级叶片半实物仿真流程

(3) 不平衡量优化。若预测出装配后的最终不平衡量结果超过设计要求，则返回步骤(1)重新进行未装配叶片的排序，优化第 $t+1$ 个工步到第 N 个工步之间的叶片顺序，直至满足设计要求。若装配过程中不平衡量计算结果符合设计要求，则直接按照原始叶片顺序继续装配。

1. 叶片不平衡量计算模型

叶片的装配顺序是影响转子不平衡量的主要因素，现有方法通常将盘鼓分为几个区域，控制区域之间的叶片质量矩差，使叶片组的不平衡量较小。叶片的安装排序应该考虑叶片质量分布，叶片通过质量矩对转子不平衡量产生影响。叶片质量矩由质量和质心到叶片榫头的距离构成[78]。叶片 i 的理论质量为 m_i，理论回转半径为 r_i，理论质量矩为

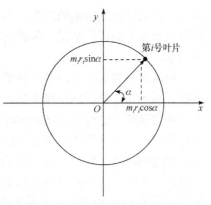

$$M_{li} = m_i \times r_i \qquad (3\text{-}24)$$

将叶片的质量矩进行正交分解，如图 3-14 所示，在理想状态下，所有叶片对旋转轴线质量矩的矢量和为零，叶片组的质心与原点重合，但叶片存在加工误差，使得叶片组的质心存在偏差，从而产生不平衡量。

图 3-14　叶片的质量矩正交分解

$$M_x = \sum_{i=1}^{n} M_i \cos\alpha_i, \quad M_y = \sum_{i=1}^{n} M_i \sin\alpha_i \qquad (3\text{-}25)$$

风扇转子每一级的叶片个数是固定的,因此 $\alpha_i = \dfrac{360°}{n} \times i (i=1,2,\cdots,n)$,其中 n 为叶片个数, i 代表第 i 个叶片。叶片组的质量矩经过正交分解后,即可确定叶片组的剩余不平衡量:

$$M_n = \sqrt{M_x^2 + M_y^2} = \sqrt{\left(\sum_{i=1}^{n} M_i \cos\alpha_i\right)^2 + \left(\sum_{i=1}^{n} M_i \sin\alpha_i\right)^2} \qquad (3\text{-}26)$$

风扇转子有 n 个叶片,叶片的排列方法就有 $n!$ 种。一般采用模拟退火算法、遗传算法等优化算法获取最优的叶片排序结果。本节考虑盘鼓初始量的影响,采用改进模拟退火算法实现叶片优化排序。

2. 基于 BRNN 的风扇转子不平衡量预测

航空发动机风扇转子一般是由一级、二级、三级等多级盘鼓,一级、二级、三级叶片等多级叶片组构成的。无论转子的级数高低,其装配工序的主要过程均分为盘鼓装配、叶片装配以及不平衡量校正等工序,具有如下特点:

(1) 装配工步的重复性。在盘鼓装配过程中确定安装相位后的主要工步是止口处螺栓的紧固,叶片装配工序的主要工步是每一片叶片的装配。不同装配工步参装零件具有相似性,零件、人员、设备、工艺、环境等装配参数类型也具有重复性。

(2) 不平衡量的双向时序相关性。转子的不平衡量是零部件相互配合的结果,是在每一工序装配完成后获得的,因此不平衡量预测具有一定的时序相关性。装配是一种前后相互影响的过程,不平衡量是先前装配工步的结果和未来装配零部件及装配工艺的累积结果,因此所构建的预测模型需要能够挖掘双向时序上的作用关系。

风扇转子各工序中的不平衡量与其关键影响因素作用关系复杂、作用机理不明确,很难建立数学解析模型描述各工序不平衡量与其关键影响因素间的映射关系。双向循环神经网络(bi-directional recurrent neural network,BRNN)[79]作为循环神经网络的一种,可以构建非线性复杂的映射关系,它所具有的向前和向后两层循环神经网络的结构,不仅可以关联历史信息,还可以关联未来信息,实现时序上的双向关联,能够同时捕获历史和未来两个方向的装配工步信息。因此,本节提出基于 BRNN 的风扇转子不平衡量预测模型。利用该模型实现不平衡量预测主要分为三个步骤:①基于对抗自编码器(adversarial autoencoder,AAE)的不平衡量数据增强; ②基于 BRNN 的不平衡量预测模型训练; ③将数据融合后的数据 X^t 输入训练好的模型, 实现该工步完成后工序不平衡量的预测。

1) 实现基于 AAE 的风扇转子装配不平衡量数据增强

低压转子是典型的单件小批量生产模式, 生产数量有限, 相应的装配数据样本量少, 在进行关键影响因素识别后其所具有的数据量仍然难以满足建立不平衡量预测模型的要求。BRNN 作为深度学习模型的一种, 所需的样本量较大, 若样本量不足, 则容易导致模型过拟合, 预测效果差。因此, 需要对现有的小样本装配数据进行增强, 以解决模型训练数据量少的问题。本节采用 AAE 作为数据增强模型, 以解决风扇转子装配数据量小引起的预测模型精度低、泛化能力差等问题。

(1) 基于 AAE 的不平衡量数据增强网络参数设计。

AAE 是一种可将解码器作为生成模型的自编码器(auto-encoder, AE)[80]。AAE 的生成对抗网络(generative adversarial network, GAN)使得 AE 中的隐编码符合预设的先验分布, 使解码器学会生成深度模型, 将预设的先验分布映射到数据分布中。AAE 模型由自编码器及对抗网络两部分组成, 其基础结构如图 3-15 所示。图中, x 表示真实的样本, z 表示 AE 的隐编码, $p(z)$ 为预设的先验分布。AAE 中, 每一批次的训练分为样本重构和正则化两阶段。在样本重构阶段, AE 更新编码器与解码器以减小输入的重构误差; 在正则化阶段, 在对抗网络更新判别网络区分真实样本与生成样本的基础上, 更新其生成网络以混淆辨别网络。在训练完成后, AE 的解码器可作为生成模型实现样本的增强[81]。

对 AAE 网络的深度、输入维数、隐编码维数、先验分布等参数进行设置, 将各工序不平衡量关键影响因素的识别结果及各工序不平衡量所组成的序列作为 AAE 模型的输入, 因此 AAE 模型的输入维数为该工序所包含的关键影响因素的个数与不平衡量之和。

模型的层数及神经元个数越多, 模型的参数越复杂, 预测效果就越好。但随着参数的复杂化, 样本的需求量及模型的复杂度也逐渐增加, 因此需要对模型的层数进行合适的选择, 本节通过多次模型训练获得最佳模型深度和各层神经元的个数。

在 AAE 网络中, 先验分布 $p(z)$ 可以进行任意预设, 考虑到关键影响因素包含的形位公差、装配工艺以及装配质量等的分布符合高斯分布, 可以选用高斯分布作为模型所需的先验分布 $p(z)$。此外, 在模型训练阶段, 先验分布 $p(z)$ 的采样数据 z' 的维数需要和 AE 的隐编码 z 同时输入辨别器中进行对抗训练; 在应用阶段, 需要使用预设的采样数据 z' 作为解码器的输入以生成新的样本, 因此采样数据 z' 的维数需要与 AE 的隐编码 z 的维数相同。

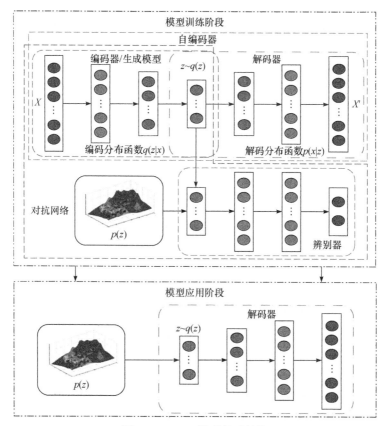

图 3-15　AAE 模型基础结构

(2) 基于 AAE 的不平衡量数据增强网络实现。

利用 Python 的机器学习开源平台 TensorFlow 实现基于 AAE 的不平衡量数据增强网络。各工序关键影响因素包含零件的形位公差、装配工艺等数据，这些数据具有不同的量纲及数量级，当数据之间水平相差较大时，需要进行数据标准化来保证后续网络的准确性及可靠性。目前常用的数据标准化的方法包括 min-max 标准化、log 函数转化、Z-score(Z 分数)标准化、atan 函数转换等多种归一化方法。零件的形位公差、表面质量、装配工艺等数据在风扇转子设计与工艺规划时具有设计要求，要求其在一个理论值范围内变化，并且分布在一定程度上服从高斯分布，因此可采用 Z-score 标准化方法对装配数据进行标准处理。

如图 3-15 所示，基于 AAE 的不平衡量数据增强网络的实现分为模型训练阶段及模型应用阶段。在模型训练阶段，对双重目标的训练使 AE 的隐编码与先验分布匹配；在模型应用阶段，以先验分布 $p(z)$ 中的采样数据为输入，以训练完成的解码器为生成模型，生成与原数据集同分布的新数据。

针对风扇转子的每一道装配工序，经过训练均可以得到各装配工序数据生成模型的解码器权重 W^{T} 和偏置 b^{T}，然后从预设的先验分布进行采样输入到解码器中，以此来获取每一装配工序新的样本数据，实现对风扇转子各装配工序数据的扩充，为建立工序不平衡量预测奠定基础。

2) 基于 BRNN 的不平衡量预测模型训练

(1) 定义模型。

针对某一装配工序，构建一个不平衡量预测模型 f_i，将工序所包含的工步数作为模型的时间步长 t_{step}，以零件加工质量 $F_{\mathrm{j}gi}$、装配工艺 $F_{\mathrm{g}yi}$、装配质量 $F_{\mathrm{j}di}$ 作为输入，将该工序的实际不平衡量值 $M_{\mathrm{ub}i}$ 作为目标输出，输入到构建的预测模型中进行训练，得到该工序中的不平衡量预测模型 f_i，可表示为

$$f_i = \varphi_{\mathrm{train}}(F_{\mathrm{j}gi}, F_{\mathrm{g}yi}, F_{\mathrm{j}di}, t_{\mathrm{step}}, M_{\mathrm{ub}i}, \theta) \tag{3-27}$$

式中，φ_{train} 为预测模型的训练过程；t_{step} 为输入时间步长；$M_{\mathrm{ub}i}$ 为该工序实际不平衡量；θ 为模型训练获得的参数集。

以训练完成的不平衡量预测模型 f_i 为基础，输入采用机理与数据融合的方式对该工序的不平衡量进行预测，即已装配的工步采用实际输入，而后序未进行工步的数据用理论值替代，然后输入到预测模型中以实现该工序不平衡量的预测，如式(3-28)所示：

$$M_{\mathrm{ub}i} = M(f_i, X_i^t) \tag{3-28}$$

式中，$M_{\mathrm{ub}i}$ 为第 i 个工序经过 BRNN 预测得到的工序不平衡量；M 为低压转子半实物虚拟模型；f_i 为第 i 个工序训练得到的工序不平衡量预测模型；X_i^t 为机理与数据融合后的第 i 个工序第 t 个工步完成后的输入。

以最简单的三级风扇转子为例，其装配分为四个工序，各工序具有不平衡量要求，每一工序不平衡量是以上一工序不平衡量为基础形成的。风扇转子不平衡量分为盘鼓装配完成后风扇转子不平衡量、二级叶片装配完成后风扇转子不平衡量、一级和三级叶片装配完成后风扇转子不平衡量、平衡螺钉安装后风扇转子不平衡量四个部分：

$$M_{\mathrm{ub}} = \{M_{\mathrm{ub}1}, M_{\mathrm{ub}2}, M_{\mathrm{ub}3}, M_{\mathrm{ub}4}\} \tag{3-29}$$

式中，M_{ub} 为风扇转子不平衡量；$M_{\mathrm{ub}1}$ 为盘鼓装配完成后风扇转子不平衡量；$M_{\mathrm{ub}2}$ 为二级叶片装配完成后风扇转子不平衡量；$M_{\mathrm{ub}3}$ 为一级和三级叶片装配完成后风扇转子不平衡量；$M_{\mathrm{ub}4}$ 为平衡螺钉安装后风扇转子不平衡量。

基于上述分析，装配过程中的风扇转子不平衡量预测问题的形式化描述如下。

输入：与风扇转子第 i 个工序不平衡量有关的各种信息 $\{M_{\mathrm{ub}(i-1)}, F_{\mathrm{j}gi}, F_{\mathrm{g}yi},$

$F_{jdi}\}$，其中，$M_{ub(i-1)}$ 为上一工序的不平衡量，M_{ub0} 指零件的初始不平衡量。

输出：以上述信息为各工序不平衡量预测模型的输入，预测该工序装配完成后的工序不平衡量为 $M_{ub} = \{M_{ub1}, M_{ub2}, M_{ub3}, M_{ub4}\}$。预测过程如下：

$$M_{ub} \rightarrow \begin{cases} M_{ub1} = f_1(M_{ub0}, F_{jg1}, F_{gy1}, F_{jd1}) \\ M_{ub2} = f_2(M_{ub1}, F_{jg2}, F_{gy2}, F_{jd2}) \\ M_{ub3} = f_3(M_{ub2}, F_{jg3}, F_{gy3}, F_{jd3}) \\ M_{ub4} = f_4(M_{ub3}, F_{jg4}, F_{gy4}, F_{jd4}) \end{cases} \tag{3-30}$$

不平衡量预测模型建立流程如图 3-16 所示。

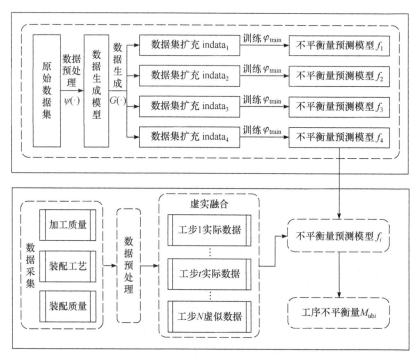

图 3-16   不平衡量预测模型建立流程

(2) 设计模型参数。

由于风扇转子各工序参装零件较多，装配工艺链长、装配时序较长，这就要求所使用的循环神经网络(recurrent neural network，RNN)可以关联较长的时序。普通 RNN 单元随着时间的变长可能会出现梯度爆炸或者梯度消失，无法实现长时序的装配工步关联。长短期记忆(long short-term memory，LSTM)神经网络具有特殊的单元结构，可以实现长期输入信息的关联，因此本节基于 LSTM 单元构建各工序的不平衡量预测模型。双向 LSTM 神经网络的结构如图 3-17 所示。

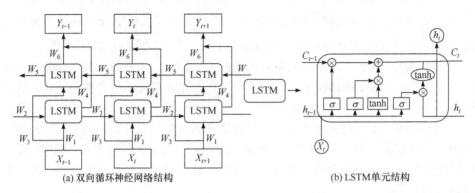

(a) 双向循环神经网络结构　　　　　　　　　(b) LSTM单元结构

图 3-17　双向 LSTM 神经网络的结构

图 3-17 中，W_i 为双向 LSTM 神经网络的权重；X_t 为双向 LSTM 神经网络的输入；Y_t 为双向 LSTM 神经网络的输出；h 为 LSTM 单元隐藏层状态；C_t 为 LSTM 单元长期状态。

根据关键影响因素随工步的变化情况分为随工序变化和随工步变化两类的关键影响因素。随工序变化的关键影响因素是指在某一装配工序不会发生变化的因素，如在盘鼓装配工序中各级盘鼓的初始不平衡量及其安装相位；随工步变化的关键影响因素是指在某一装配工序中重复进行且会随着装配工步改变的因素，如在叶片装配工序中各级叶片的重力矩及其安装位置。在对关键影响因素分类的基础上，明确各装配工序不平衡量预测模型每一时刻的输入 X_t^i，每一个 X_t^i 均是由随工序变化的关键影响因素及随工步变化的关键影响因素拼接而成的，输入的维数就是随工序变化及随工步变化的关键影响因素个数。

构建各工序不平衡量预测模型时，将各装配工序所包含重复工步数作为双向 LSTM 神经网络的时间步。特别地，在不平衡量校正阶段中，平衡螺钉的数量、质量以及安装位置是由风扇转子的初始不平衡量决定的，这使得该工序的工步数是变化的，进而该工序不平衡量预测模型也会发生变化，这种变化给建立相应的不平衡量预测模型带来了一定的困难。但在风扇转子的实际安装过程中，在利用平衡螺钉对不平衡量进行校正时，对平衡螺钉有数量要求，其个数一般不能超过三个。因此，在该工序，可将不平衡量预测模型的时间步设为最大平衡螺钉的个数，当平衡后平衡螺钉的个数小于最大个数时，后序平衡螺钉的相关参数设置为 0。

每一个 LSTM 单元所包含神经元的个数与所具有的样本量以及参数数量相关，双向 LSTM 神经网络的参数数量计算如下：

$$N_p = 8[N_u \times (N_f + N_u) + N_u] \tag{3-31}$$

$$N_s = 10N_p \tag{3-32}$$

式中，N_p 为不平衡预测模型的参数数量；N_u 为每一个 LSTM 单元所包含神经元的个数；N_f 为不平衡预测模型输出特征的个数；N_s 为所具有的样本个数。

虽然 AAE 对各工序不平衡量数据进行了增强，但生成的数据仍然具有一定的误差，因此为减小数据误差的影响，每一个 LSTM 单元所包含神经元的个数取较小的值。

综上所述，本节已完成各工序不平衡量预测模型的设计，该模型的输入神经元为 LSTM 单元，每一个 LSTM 单元包含的单元个数根据不同工序来确定，模型的时间步为各工序所包含的工步数，时间窗维数为随工序变化及随工步变化的关键影响因素个数。

(3) 预测模型的实现。

利用基于 Python 的机器学习开源平台 TensorFlow 实现双向 LSTM 神经网络的不平衡量模型预测。针对构建的双向 LSTM 神经网络进行训练，以得到网络相应的权重和偏差。

将上述经过 AAE 网络增强后的数据集输入所构建的双向 LSTM 神经网络中，采用 Adam 优化算法对网络权重及偏置进行不断更新优化，使预测结果与相应实测值的均方差最小。

基于双向 LSTM 神经网络的不平衡量预测模型的实现过程如图 3-18 所示。输入某一装配工序 i 的工步序列 $X_i^t = \left\{ X_i^1, X_i^2, \cdots, X_i^N \right\}$ 以及相应实际不平衡量 UB_i，可输出双向长短时记忆网络的权重 W 以及偏置 b。双向 LSTM 神经网络训练步骤如下。

① 设置网络超参数，包括设置网络学习率、批大小，初始化网络权重 W 以及偏重 b。

② 将随工序变化以及随工步变化的关键影响因素拼接形成每一时间步的输入。

③ 计算网络前向预测不平衡量 U_i^t：

$$h_t = f(W_1 X_i^t + W_2 h_{t-1}), \quad h_t' = f(W_3 X_i^t + W_4 h_{t-1}'), \quad U_i^t = g(W_5 h_t + W_6 h_t')$$

④ 计算实际不平衡量 UB^i 以及预测值 U^i 的均方根误差 L：

$$L = \frac{1}{m} \sum_{i=1}^{m} \frac{1}{2} \left\| UB_i - U_i^t \right\|^2$$

⑤ 根据 L 采用 Adam 算法对网络权重 W 以及偏置 b 进行优化更新。

⑥ 重复步骤③～⑤，直至 L 收敛。

⑦ 保存网络权重 W 以及偏置 b 。

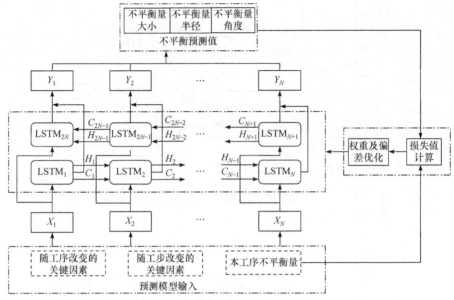

图 3-18　基于双向 LSTM 神经网络的不平衡量预测模型的实现过程

X_i -输入；　Y_i -输出；　H_i -隐藏状态；　C_i -记忆状态

3. 实例验证

1) 基于 AAE 的不平衡量数据增强实例验证

以二级叶片装配工序为例，将二级叶片实际装配过程的数据作为原始样本，输入 AAE 模型中，并通过 Adam 优化算法对各部分网络权重及偏差进行优化更新，降低模型的重构误差、辨别误差以及生成误差，其训练过程中误差随迭代次数的变化趋势(AAE 损失函数变化曲线)如图 3-19 所示。

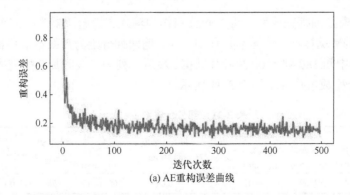

(a) AE重构误差曲线

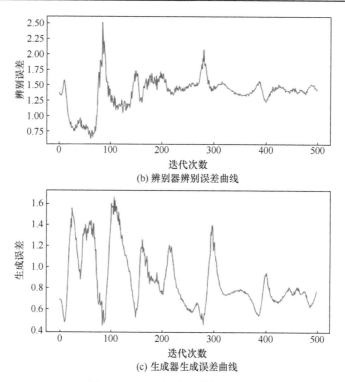

(b) 辨别器辨别误差曲线

(c) 生成器生成误差曲线

图 3-19　AAE 损失函数变化曲线

由图 3-19 可知，AE 重构误差在迭代 100 次后收敛于 0.19；辨别器的辨别误差为辨别真实样本与生成样本的训练误差之和，其值随着网络训练次数的增加逐渐变大，在经过 300 次迭代后收敛于 1.49；生成器生成误差在迭代 400 次后收敛于 0.8。重构误差越小，说明 AE 对特征的拟合程度越高，解码器可以很好地重构原始数据。辨别器辨别误差的增大与生成器生成误差的减小表明随着训练次数的增加，生成数据与真实数据之间的差别逐渐减小，在收敛后说明模型已经达到平衡。

AAE 模型训练完成后，将先验分布作为输入，以解码器为生成模型，生成 1000 组新的数据样本，该样本共有 183 列，前两列分别为盘鼓不平衡量、叶片组不平衡量，中间 180 列为 60 片叶片数据，最后一列为二级叶片装配完成后的不平衡量。部分生成数据样本如表 3-31 所示。

表 3-31　部分生成数据样本

序号	盘鼓不平衡量/(g·mm)	叶片组不平衡量/(g·mm)	叶片 1 重力矩/(g·mm)	叶片 1 安装位置	叶片 1 装配间隙/mm	…	叶片 60 重力矩/(g·mm)	叶片 60 安装位置	叶片 60 装配间隙/mm	工序不平衡量/(g·mm)
1	1154.34	3200	65754.01	41	0.09	…	65514.17	56	0.11	654.575

续表

序号	盘鼓 不平衡量 /(g·mm)	叶片组 不平衡量 /(g·mm)	叶片 1 重力矩 /(g·mm)	叶片 1 安装位置	叶片 1 装配 间隙/mm	…	叶片 60 重力矩 /(g·mm)	叶片 60 安装位置	叶片 60 装配间隙 /mm	工序 不平衡量 /(g·mm)
2	1182.16	3349.41	65510.354	11	0.1		65496.28	49	0.20	993.479
3	1458.55	3114.59	65467.67	48	0.16		65532.05	39	0.18	805.35
4	1423.65	3395.08	65564.01	36	0.15		65587.37	18	0.15	620.321
5	1193.25	3212.92	65487.86	19	0.18		65538.48	29	0.5	741.677
6	1167.26	3184.96	65792.56	26	0.04		65571.05	17	0.17	885.119
7	1167.262	3237.32	65716.85	12	0.11		65518.22	19	0.13	915.048
8	1207.559	3215.63	65546.92	15	0.05		65650.04	3	0.08	695.812

　　将模型生成的 1000 组样本数据输入 BRNN 中进行训练，训练完成后将 20 组原始数据输入训练好的模型中观察不平衡量的真实值与预测值之间的误差。其训练过程的损失函数曲线及预测结果如图 3-20 所示。

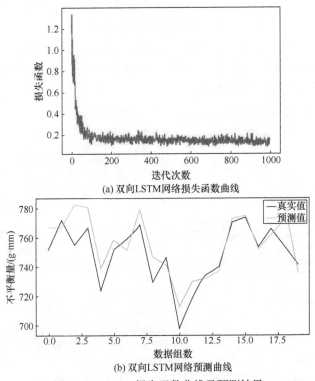

(a) 双向LSTM网络损失函数曲线

(b) 双向LSTM网络预测曲线

图 3-20　BRNN 损失函数曲线及预测结果

　　所训练的 BRNN 在迭代 150 次后收敛于 0.14，预测结果表明所构建的预测网络能够较好地预测装配工序不平衡量，同时表明生成模型所生成的样本数据与原始数据同分布，具有一定的有效性。

2) 基于 BRNN 的不平衡量预测实例验证

以二级叶片装配工序为例，该工序有 60 个叶片，因此该工序预测模型的时间步为 60，每一时间步的输入均为盘鼓不平衡量、二级叶片组不平衡量、叶片重力矩、叶片安装位置、叶片与盘鼓装配间隙。为便于数据读取与训练，将生成后的 1000×183 数据存储格式变为 60000×5 数据存储格式，每 60 行为一组装配数据，一行为一个时间步数据，其中的一组数据如下：

$$
\begin{cases}
X_1^2 = (1154.34, 967.09, 41, 65754.01, 0.09) \\
X_2^2 = (1154.34, 967.09, 16, 65617.62, 0.16) \\
\quad\quad\quad\quad\quad\vdots \\
X_{60}^2 = (1154.34, 967.09, 56, 65514.17, 0.11)
\end{cases}
\tag{3-33}
$$

为了评价所建立的不平衡量预测模型，将 BRNN 与 LSTM 神经网络以及 BP 神经网络的预测结果进行对比，并选用均方根误差(RMSE)、平均绝对误差(MAE)、R 平方(R^2)作为评价指标，比较各算法的精度和鲁棒性。

采用 K 折交叉验证法进行验证。将 1000 组数据按顺序分为 5 份，每份 200 组，每次取其中 4 组进行训练，1 组进行测试。各模型训练过程的损失函数曲线及测试样本预测曲线如图 3-21 所示。

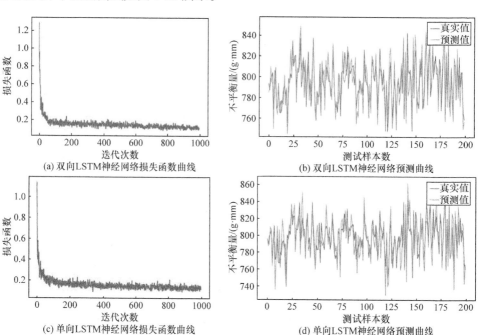

(a) 双向LSTM神经网络损失函数曲线　　　　(b) 双向LSTM神经网络预测曲线

(c) 单向LSTM神经网络损失函数曲线　　　　(d) 单向LSTM神经网络预测曲线

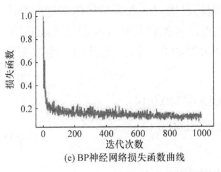

(e) BP神经网络损失函数曲线

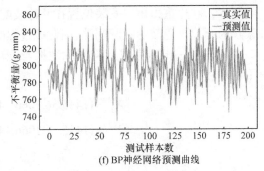

(f) BP神经网络预测曲线

图 3-21　不平衡量预测结果(彩图请扫封底二维码)

各预测模型的 RMSE、MAE、R^2 如表 3-32 所示。

表 3-32　不同模型评估结果

模型	RMSE	MAE	R^2
双向 LSTM 神经网络	11.798	9.6718	0.664
单向 LSTM 神经网络	14.939	11.704	0.462
BP 神经网络	19.163	15.442	0.114

由图 3-21 可知，双向 LSTM 神经网络在经过 150 次迭代后收敛于 0.12，单向 LSTM 神经网络在经过 200 次迭代后收敛于 0.16，BP 神经网络在经过 250 次迭代后收敛于 0.18，说明双向 LSTM 神经网络能够更好、更快地拟合。通过对比表 3-32 中各模型的 RMSE、MAE、R^2 可以得出，双向 LSTM 神经网络的 RMSE 和 MAE 最小，R^2 最大，说明本节所提出的双向 LSTM 神经网络在不平衡量预测方面有更好的有效性和精确度。

经过上述训练及验证过程,得到了第二级叶片装配工序的不平衡量预测模型，为了验证采用半实物思想的不平衡量预测模型，以航空发动机装配企业提供的真实装配数据集为测试集，将已经装配完成工步的实际数据与未装配完成工步的理论数据融合，对形成的 50×60 组数据进行测试，其中盘鼓不平衡量、二级叶片组不平衡量、叶片重力矩、叶片与盘鼓装配间隙的理论值如表 3-33 所示。

表 3-33　二级叶片装配工序关键影响因素理论值

关键影响因素	理论值	关键影响因素	理论值
盘鼓不平衡量/(g · mm)	1300	叶片重力矩/(g · mm)	65500
二级叶片组不平衡量/(g · mm)	800	叶片与盘鼓装配间隙/mm	0.12

上述影响因素中盘鼓初始不平衡量、二级叶片组不平衡量为随工序改变的影

响因素，叶片重力矩、安装位置在叶片装配前均已确定，而未确定的关键影响因素仅为叶片与盘鼓的装配间隙,因此该过程的理论数据仅为叶片与盘鼓装配间隙。该工序在第一工步完成后将实际数据与理论数据融合，形成的其中一组数据如下所示：

$$\begin{cases} X_1^2 = (1435.36,1066.14,32,67340,0.14) \\ X_2^2 = (1435.36,1066.14,5,68860,0.12) \\ \quad\quad\vdots \\ X_{60}^2 = (1435.36,1066.14,6,66960,0.12) \end{cases} \tag{3-34}$$

然后每一步均会替换输入中对应的工序数据，将上述数据输入模型中进行不平衡量预测，部分具体预测结果如表 3-34 所示。

表 3-34　半实物虚拟模型预测结果

样本序号	真实值	预测值	相对误差/%
1	828.33	871.23	5.18
5	805.94	866.34	7.49
10	811.45	702.68	13.40
20	783.13	801.56	2.35
25	791.22	806.31	1.91
30	803.84	730.69	9.10
35	788.27	832.68	5.63
40	797.23	876.49	9.94
45	792.04	755.82	4.57
50	836.79	801.45	4.22

上述预测结果表明，该二级叶片装配工序的不平衡量预测模型可以实现装配过程中不平衡量的预测，最大相对误差为 13.40%，最小相对误差为 1.91%。

为验证半实物虚拟模型的有效性，通过实验对模型进行验证，按照已经排好的叶片安装顺序 4-3-13-32-15-17-5-2-1-27-19-9-21-16-18-11-7-24-23-28-8-6-14-31-10-22-33-25-26-20-12-29-30 提前装配 14 个叶片，在安装编号为 16 的叶片时，错装为 12 号叶片，如图 3-22 所示。

在叶片装配前，首先需要计算盘鼓自身的初始不平衡量。初始不平衡量无法直接测量，因此本节通过测量盘鼓位移变化间接计算初始不平衡量，测量方法如下：

(1) 通过激光位移传感器测量转子在旋转过程中盘鼓圆周的位移变化，记录其数值。

(2) 利用最小二乘法拟合出转子实际的质心位置，得出盘鼓的偏心距，如

图 3-23 所示。

图 3-22　叶片装配图

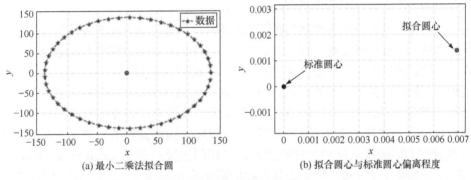

(a) 最小二乘法拟合圆　　　　　　(b) 拟合圆心与标准圆心偏离程度

图 3-23　最小二乘法圆心拟合

(3) 已知偏心距后,通过式(3-35)计算出盘鼓的初始不平衡量,结果如表 3-35 所示。

$$M' = m'e' \tag{3-35}$$

式中,M' 为盘鼓的初始不平衡量;m' 为盘鼓的质量;e' 为盘鼓的偏心距,即盘鼓质心与旋转轴线的距离。

表 3-35　盘鼓数据

参数	盘鼓质量/g	偏心距/mm	初始不平衡量/(g·mm)
数值	5035.2	0.005422	27.30

在将编号为 16 的叶片错装为 12 号叶片时，通过半实物虚拟模型计算出整体的剩余不平衡量为 549.2g·mm，已经超过许用不平衡量。为避免叶片反复拆装，通过优化后面的顺序来调整叶片装配序列，叶片顺序调整前后如表 3-36 所示。

表 3-36　叶片排布顺序

	叶片顺序
调整前	4-3-13-32-15-17-5-2-1-27-19-9-21-16-18-11-7-24-23-28-8-6-14-31-10-22-33-25-26-20-12-29-30
调整后	4-3-13-32-15-17-5-2-1-27-19-9-21-12-18-11-7-24-22-28-8-14-16-10-33-23-31-29-25-20-6-26-30

经过计算，按照原始叶片顺序所得的不平衡量为 7.76g·mm，叶片装错调整顺序后的不平衡量为 17.71g·mm，均满足不平衡量要求，表明所构建的半实物虚拟模型可实现叶片装配过程不平衡量的监测。

3.3.3　盘鼓装配中的同轴度预测

螺栓连接是航空发动机风扇转子盘鼓连接的主要方式。由于弹性相互作用关系的影响，后拧紧的螺栓会对先拧紧的螺栓产生影响，造成螺栓组预紧力分布不均，导致盘鼓空间相对位姿发生偏转，从而引起同轴度超差。为了减小转子装配过程中的同轴度误差，实现拧紧过程中对转子同轴度的边装边预测，首先，研究螺栓间的弹性相互作用机理，基于有限元仿真数据建立弹性相互作用模型，实现拧紧过程中螺栓预紧力的动态计算，为同轴度预测提供数据基础；其次，针对预紧力和同轴度之间的时序相关性，采用门控循环单元(gated recurrent unit, GRU)神经网络构建面向螺栓拧紧过程的同轴度预测模型，进而利用模型的"长时记忆"功能实现同轴度的准确预测；最后，通过实验对本节提出的方法进行验证。

1. 螺栓预紧力有限元仿真

1) 风扇转子模型结构的简化

为了便于有限元的前处理和计算求解以及试验件的加工，对风扇转子原模型中的一些结构进行相应的简化处理，简化后的模型如图 3-24 所示。

具体简化内容如下：

(1) 多级转子一般为长轴结构，以三级风扇转子为例，其长轴结构主要由一级盘鼓与二级盘鼓装配组成，而三级盘鼓嵌套在二级盘鼓外围，对于转子整体的同轴度并没有过多的影响，因此选择风扇转子一级和二级盘鼓的螺栓连接结构进行局部建模，并作为分析的对象，三级盘鼓不作为分析对象从原模型中去除。同时，由于原模型尺寸过大，本节按照 1 : 3 的比例对模型进行缩放。

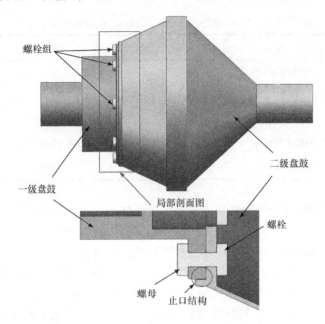

图 3-24　转子三维简化模型与止口螺栓连接局部几何模型

(2) 一级盘鼓与二级盘鼓之间的螺栓连接在转子结构中最为关键，是承受外部载荷和导致同轴度超差的主要部位。原模型中一级和二级盘鼓使用 28 个公称直径为 10mm 的螺栓进行连接，在简化模型中采用 8 个公称直径为 4mm 的螺栓进行连接，其中螺栓与二级盘鼓固连，一级盘鼓与二级盘鼓的紧固连接通过螺栓与螺母的螺纹部分实现。采用梁结构来模拟螺栓螺杆，该部分的局部几何图如图 3-24 所示。

(3) 在多级转子配合中为了实现定心和定位，常采用止口过盈配合结构。实际模型中止口过盈量误差范围为 0.08~0.13mm，为了更好地实现配合装配，取过盈量为 0.08mm。

(4) 多级转子中的篦齿和排气孔等结构的主要功能是封严，对装配后的同轴度几乎没有影响，因此对该结构进行简化删除。原模型中的一些倒圆角及凸台等结构也进行了相应的简化删除。

2) 有限元参数的设置

风扇转子模型涉及的材料较少，在实际生产中主要使用的是钛合金，因为后续会对模型进行等比例的生产加工，考虑到钛合金的成本、研究理论的可行性，以及铸造铝合金(AlSi10Mg)良好的物理特性，在有限元仿真中将材料属性定义为铸造铝合金的相关参数。根据工程实际及查阅相关文献得到铸造铝合金的属性特征如表 3-37 所示[82]。

表 3-37　铸造铝合金(AlSi10Mg)相关属性特征

属性	参数
密度/(10^3kg/m^3)	2.78
弹性模量/10^{11}Pa	1.84
泊松比	0.32
屈服强度/MPa	225(300℃时)
极限强度/MPa	500

两级转子间的螺栓连接部位为模型分析的核心位置。螺栓连接中的螺栓、螺母采用线尺寸进行网格控制,采用扫掠网格划分为规则的有限元单元;一级盘鼓与二级盘鼓均采用扫掠网格中心轴方法进行网格划分;对于止口配合等关键部位采用细网格划分,其余非关键位置均采用粗网格划分,以便于提高求解效率。

图 3-25(a)为螺栓螺母有限元模型,单元总数为 2880;图 3-25(b)为一级盘鼓有限元模型,单元总数为 11780;图 3-25(c)为二级盘鼓有限元模型,单元总数为14085。

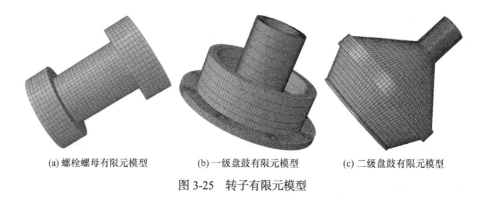

(a) 螺栓螺母有限元模型　　　　(b) 一级盘鼓有限元模型　　　　(c) 二级盘鼓有限元模型

图 3-25　转子有限元模型

螺栓与螺母之间为普通滑动摩擦,查阅常用材料摩擦系数表后,材料摩擦系数设置为 0.15。对于一级盘鼓与二级盘鼓为过盈配合结构,国内机械设计手册对比的推荐值为 0.12~0.2,因此设置摩擦系数为 0.2。将一级盘鼓非接触面一侧固定为参考平面。

在实际装配中,一般使用拧紧力矩来代替预紧力,具体的操作方法是在扭矩扳手中设置好参数,使用扭矩扳手对螺栓进行拧紧,从而控制预紧力的大小。

螺栓拧紧力矩 T 与预紧力 F_f 之间的关系如式(3-36)所示[83]:

$$T = 0.2dF_f \tag{3-36}$$

考虑公称直径 d 为 4mm 的螺栓所能承受的最大拧紧力矩,选取螺栓拧紧力矩为 2N·m,计算得到的最大预紧力为 2500N。由于现有装配技术的限制,螺栓加载只能单个进行,需要按照拧紧顺序设置 8 个分析步对加载过程进行分析。

3) 弹性相互作用矩阵的建立

螺栓的拧紧方式有顺时针拧紧、十字交叉拧紧、多边形拧紧等,如 3-26 所示。因此,在 Abaqus 仿真软件中对上述三种拧紧方式进行了 11 组仿真实验,预紧力参数按照 100N 的增量从 1500N 增加到 2500N,并根据螺栓剩余预紧力建立弹性相互作用矩阵。

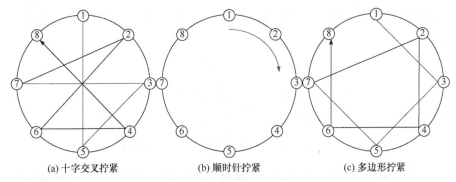

(a) 十字交叉拧紧　　　(b) 顺时针拧紧　　　(c) 多边形拧紧

图 3-26　螺栓拧紧方式

三种拧紧方式下 X、Z 方向位移与总位移如表 3-38 所示。

表 3-38　三种拧紧方式下 X、Z 方向位移与总位移　　　　(单位:mm)

拧紧方式	Z 方向位移	X 方向位移	总位移
顺时针	5.93	1.42	7.8
十字交叉	2.89	1.14	7.77
多边形	3.63	1.29	7.79

Y 方向为盘鼓组合件的轴线方向,在此方向上的位移变化并不会影响转子的同轴度,因此只针对 X、Z 方向上的位移进行记录。由表 3-38 可以看出,十字交叉拧紧方式可以有效减小在 X 与 Z 方向上的位移,三种拧紧方式表现最差的是顺时针拧紧方式。同时,盘鼓装配为止口过盈配合,因此装配时在 Y 方向上设置了一定的间隙,从三种拧紧方式的总位移来看区别不大,产生这一结果的主要原因

是在螺栓组的压紧作用下两级盘鼓发生了轴向上的相对位移，远大于在其他方向上的位移。

从上述分析中可以看出，在三种拧紧方式中，十字交叉拧紧方式是三者中较为优秀的，同时也是工厂中实际使用较多的一种拧紧方式。因此，针对十字交叉拧紧方式建立弹性相互作用矩阵。

螺栓组在加载时的弹性相互作用可以表示为[84]

$$F_0 + A\Delta F = F_f \tag{3-37}$$

式中，F_0 为每个加载步前螺栓的初始预紧力 $(n \times 1)$；A 为弹性相互作用矩阵 $(n \times n)$；ΔF 为每个加载步螺栓预紧力增量 $(n \times 1)$；F_f 为每个加载步后螺栓的残余预紧力 $(n \times 1)$；n 为螺栓组中的螺栓数目。

初始预紧力 F_0、每个加载步螺栓预紧力增量 ΔF 和残余预紧力 F_f 表达式分别为

$$F_0 = \begin{Bmatrix} f_1^0 \\ f_2^0 \\ \vdots \\ f_8^0 \end{Bmatrix}, \quad \Delta F = \begin{Bmatrix} \Delta f_1 \\ \Delta f_2 \\ \vdots \\ \Delta f_8 \end{Bmatrix}, \quad F_f = \begin{Bmatrix} f_1^f \\ f_2^f \\ \vdots \\ f_8^f \end{Bmatrix} \tag{3-38}$$

式中，f_i^0、Δf_i 和 f_i^f 分别为在前一次加载结束时的剩余预紧力、螺栓 i 的预紧力增量以及在加载结束后的最终剩余预紧力。

弹性相互作用矩阵 A 表达式为

$$A = \begin{bmatrix} a_{11} & a_{12} & \cdots & a_{1n} \\ a_{21} & a_{22} & \cdots & a_{2n} \\ \vdots & \vdots & & \vdots \\ a_{n1} & a_{n2} & \cdots & a_{nn} \end{bmatrix} \tag{3-39}$$

式中，a_{ij} 为弹性相互作用矩阵系数，表达式为

$$a_{ij} = \frac{f_{ij} - f_{i(j-1)}}{\Delta f_i} \tag{3-40}$$

f_{ij} 为螺栓 j 拧紧后第 i 个螺栓的剩余预紧力；Δf_i 为螺栓 j 拧紧时第 j 个螺栓预紧力的变化量。

上述有限元仿真中十字交叉拧紧方式的螺栓残余预紧力变化如表 3-39 所示。

表 3-39　不同加载步下螺栓残余预紧力　　　　　　(单位：N)

加载步数	螺栓号							
	1	2	3	4	5	6	7	8
1	2500	105	130	130	0	122.5	122.5	0
2	2510	2500	212.2	212.2	5	4.8	4.8	5
3	2560	2550	2500	280	0	12.6	0	12.6
4	2617.4	2610	2512.6	2500	0	0	0	0
5	2460	2620	2357.6	2510	2500	0	0	0
6	2472.6	2462.6	2370	2357.6	2505	2500	0	2.6
7	2482.6	2300	2205	2367.6	2555	2547.6	2500	2.6
8	2317.6	2307.6	2212.6	2602.6	2602.6	2597.6	2510	2500

使用式(3-39)计算可以得到弹性相互作用矩阵 A：

$$A = \begin{bmatrix} 1.0000 & 0.0042 & 0.0219 & 0.0259 & -0.063 & 0.0050 & 0.0040 & -0.066 \\ 0.0420 & 1.0000 & -1.071 & 1.1532 & 0.0040 & -0.063 & -0.065 & 0.0030 \\ 0.0520 & 0.0344 & 1.0000 & 0.0056 & -0.062 & 0.0050 & -0.066 & 0.0030 \\ 0.0520 & 0.0344 & 0.0295 & 1.0000 & 0.0040 & -0.061 & 0.0040 & -0.066 \\ 0 & 0.0021 & -0.002 & 0 & 1.0000 & 0.0020 & 0.0200 & 0.0190 \\ 0.0490 & -0.049 & 0.0033 & -0.005 & 0 & 1.0000 & 0.0190 & 0.0200 \\ 0.0490 & -0.049 & -0.002 & 0 & 0 & 0 & 1.0000 & 0.0040 \\ 0 & 0.0021 & 0.0033 & -0.005 & 0 & 0 & 0 & 1.0000 \end{bmatrix}$$

2. 基于 GRU 的风扇转子同轴度预测

1) 风扇转子同轴度预测模型实现框架

风扇转子的上下级盘鼓使用止口过盈配合进行定位，再通过螺栓的压紧作用进行连接。螺栓预紧力不均匀使转子的接触面发生不同变形，进而导致上下级转子发生偏转，对转子装配后的同轴度产生显著影响[85]。每进行一次螺栓拧紧的操作都会改变所有螺栓的剩余预紧力，由此引起同轴度产生相应的变化。因此，本节将弹性相互作用矩阵动态计算的所有螺栓的剩余预紧力以及其他装配因素作为输入，同轴度的变化值作为输出进行训练学习，建立风扇转子同轴度预测模型，实现同轴度的实时预测。风扇转子同轴度预测模型实现框架如图 3-27 所示，包括数据输入与处理、预紧力计算、同轴度预测三部分。

数据输入与处理这一部分的主要作用是采集同轴度相关影响因素数据，并对数据进行标准化，所采集的数据包括装配工艺、加工质量、材料属性、装配精度、环境参数等。

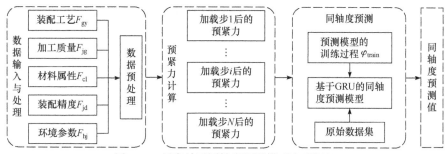

图 3-27　风扇转子同轴度预测模型实现框架

预紧力计算主要基于仿真获得的弹性相互计算模型计算螺栓组中所有螺栓的剩余预紧力。拧紧工艺中的拧紧顺序、拧紧起点、拧紧轮次等作为影响转子同轴度的重要因素，往往以文字形式来表述和记录，不便于网络的输入，因此通过有限元仿真建立弹性相互作用矩阵，将上述拧紧工艺的综合作用转化为预紧力的变化，完整表征不同拧紧工艺的同时也体现出了预紧力始终变化的特点。在第 i 个加载步开始前，螺栓组预紧力为 $F_t(n\times1)$，该加载步的预紧力增量为 $\Delta F(n\times1)$，通过弹性相互作用矩阵 $A(n\times n)$ 计算后，得到该加载步完成后各个螺栓的剩余预紧力 $F_f(n\times1)$。

同轴度预测这一部分会根据螺栓数量划分为 N 个时间步 t_{step}，以前一个时间步的螺栓预紧力与其他装配因素作为输入，以下一个时间步的同轴度预测值作为输出，以同轴度的实际测量值作为标签数据，经过模型训练获得风扇转子的同轴度预测模型 y_{tz}。

2) 风扇转子同轴度预测建模

转子装配过程中影响同轴度的装配工艺因素众多，可以划分为五大类。五类因素进行形式化表达后如下：

$$F = (F_{gy}, F_{jg}, F_{cl}, F_{jd}, F_{hj}) \tag{3-41}$$

式中，F 为影响因素；F_{gy} 为装配工艺参数；F_{jg} 为加工质量参数；F_{cl} 为材料属性参数；F_{jd} 为装配精度参数；F_{hj} 为环境参数。

每一类影响因素用向量形式表示如下(本节为方便表述，暂且将数据类型不同因素进行混合表达)。

(1) 装配工艺参数。转子装配过程中不同的装配工艺参数会引起螺栓预紧力的变化，进而引起同轴度的变化，该过程中主要的工艺参数包括螺栓拧紧力矩、螺栓拧紧顺序、螺栓拧紧轮次、螺栓拧紧起点以及盘鼓安装相位，上述五种装配工艺参数进行形式化表达如下：

$$F_{gy} = (T_{lj}, T_{sx}, T_{bs}, T_{qd}, P_{az}) \tag{3-42}$$

式中，F_{gy} 为装配工艺参数；T_{lj} 为螺栓拧紧力矩；T_{sx} 为螺栓拧紧顺序；T_{bs} 为螺栓拧紧轮次；T_{qd} 为螺栓拧紧起点；P_{az} 为盘鼓安装相位。

(2) 加工质量参数。装配两级盘鼓的加工质量不同会引起初始同轴度不同，进而导致装配后的同轴度发生变化。加工质量影响因素主要包括平面度、跳动、粗糙度、直线度、圆度、垂直度、同轴度，此处所描述的同轴度指的是单级盘鼓自身的同轴度，并非指装配后的整体同轴度。上述七种加工质量影响因素进行形式化表达后如下：

$$F_{jg} = (Q_{pm}, Q_{td}, Q_{cc}, Q_{zx}, Q_{y}, Q_{cz}, Q_{tz}) \tag{3-43}$$

式中，F_{jg} 为加工质量参数；Q_{pm} 为盘鼓上下止口配合平面度；Q_{td} 为盘鼓配合止口处相对于旋转轴的跳动；Q_{cc} 为盘鼓止口配合处的表面粗糙度；Q_{zx} 为盘鼓中心轴线直线度；Q_{y} 为盘鼓外圆与内圆圆度；Q_{cz} 为盘鼓端面与轴线位置垂直度；Q_{tz} 为盘鼓自身同轴度。

(3) 材料属性参数。盘鼓自身的材料属性参数会影响所受摩擦力及其变形程度，进而影响同轴度的变化。材料属性主要有弹性模量、泊松比、密度、摩擦系数。上述四种材料属性进行形式化表达后如下：

$$F_{cl} = (E, \nu, \rho, \mu) \tag{3-44}$$

式中，F_{cl} 为材料属性；E 为弹性模量；ν 为泊松比；ρ 为密度；μ 为摩擦系数。

(4) 装配精度参数。当上下级盘鼓之间存在平行度误差时，因为存在止口配合，两接触面贴合之后，预紧力不均会引起上下级盘鼓偏转，最终影响转子装配后的同轴度。其中，装配精度参数主要包括平行度、过盈量。上述两种装配精度进行形式化表达后如下：

$$F_{jd} = (Z_{csp1}, Z_{din}) \tag{3-45}$$

式中，F_{jd} 为装配精度；Z_{csp1} 为盘鼓止口上下端面装配的平行度；Z_{din} 为盘鼓止口装配的过盈量。

(5) 环境参数。装配时的环境参数会在一定程度上影响装配同轴度。其中，环境参数主要包括温度、湿度。这两种环境参数进行形式化表达后如下：

$$F_{hj} = (T_{hj}, T_{RH}) \tag{3-46}$$

式中，F_{hj} 为环境参数；T_{hj} 为进行转子装配时的环境温度；T_{RH} 为进行转子装配时的环境湿度。

受限于数据采集手段及采集环境，采集到的数据存在缺失或包含噪声，这会大大降低预测模型的准确度。因此，为了提高原始数据的质量，首先对原始数据进行预处理 $\phi(\cdot)$，进而为后续同轴度预测模型的构建奠定基础。针对每一加载步

后的原始数据集 data_{ior} ，其数据预处理过程可抽象为

$$\mathrm{data}_i = \phi(\mathrm{data}_{ior}) \tag{3-47}$$

式中， data_{ior} 为第 i 个加载步的原始数据； $\phi(\cdot)$ 表示第 i 个加载步的数据预处理过程； data_i 为经过预处理后第 i 个加载步的数据。

基于上述内容构建同轴度预测模型 y_{tz} ，将装配过程包含的加载步数作为模型的时间步长 T_{step} ，以该时间步长内的装配工艺 F_{gy} 、加工质量 F_{jg} 、材料属性 F_{cl} 、装配精度 F_{jd} 、环境参数 F_{hj} 作为输入，将该时间步内的同轴度 C_{oa} 作为目标输出，输入到建立的预测模型中进行训练 φ_{train} ，得到同轴度预测模型 y_{tz} 。同轴度预测模型的表达式为

$$y_{tz} = \varphi_{train}(F, T_{step}, C_{oa}, \theta) \tag{3-48}$$

式中， y_{tz} 为转子装配同轴度预测模型； φ_{train} 为预测模型的训练过程； T_{step} 为输入时间步长度； C_{oa} 为该时间步内的同轴度； θ 为模型训练获得的参数集。

3) 基于 GRU 的风扇转子同轴度预测模型建立

风扇转子的装配涉及上百个零件，装配路径较长，而且每个装配工步都具有较强的耦合关系，即装配序列中的每一个装配工步都会对前后工步的装配结果产生影响[86]。对于这种装配情况，必须使用能够处理时序特征的预测网络对有用的信息选择记忆。传统的 RNN 同轴度的预测具备处理时序特征数据的能力，但是由于装配路径过长，很容易会出现梯度爆炸或者梯度消失的情况。作为 RNN 变体的 GRU 神经网络与 LSTM 神经网络，引入"门"机制有效地解决了梯度爆炸与梯度消失的问题，对装配路径较长的情况具有更好的效果[87]。但是 LSTM 神经网络结构较为复杂，在进行同轴度预测时需要耗费更长的时间，而 GRU 神经网络具有结构简单的优势，能够在很大程度上提升装配效率。因此，GRU 神经网络相比于 RNN、LSTM 神经网络更符合本节的应用场景，即更适用于风扇转子装配同轴度的预测。

基于 GRU 的转子同轴度预测模型分为三个部分，如图 3-28 所示，分别为预测模型输入、预测模型前向计算和预测模型反向调优。本节以一个预测样本为例对基于 GRU 的转子同轴度预测模型进行介绍。

(1) 预测模型输入部分，主要将当前时间段各时间窗对应的其他装配因素特征向量、预紧力特征向量、转子同轴度(每一时间窗内最后时刻对应的数据值)向量进行融合，以此作为预测模型的输入。

(2) 预测模型前向计算部分，主要将该时间段内的融合特征向量作为输入，然后按照 GRU 神经网络前向计算公式进行计算，经 GRU 神经网络前向计算后输出未来某一时刻转子同轴度预测值。

(3) 预测模型反向调优部分，主要基于误差反向传播原理针对 GRU 神经网络中各神经元的权重与偏置迭代更新，然后提高预测模型的准确性。本节将均方误差(mean-square error，MSE)当作这一部分的损失函数，然后使用 Adam 算法对梯度下降进行寻优。

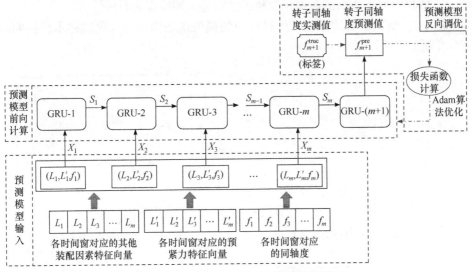

图 3-28 基于 GRU 的转子同轴度预测模型

图 3-28 中，L 为影响因素输入；f 为各时间窗对应的同轴度；S 为 GRU 神经网络隐藏层信息；f_{m+1}^{true} 为转子同轴度实测值；f_{m+1}^{pre} 为转子同轴度预测值。

为了解决具有时序特征的预测问题，一般采用滚动预测的方法[88,89]。表 3-40 给出了滚动预测中输入与输出的对应关系，即通过输入前 m 个时间窗内的真实预紧力数据及转子同轴度预测第 $m+1$ 个时间窗内的转子同轴度，然后依次滚动迭代，直至训练集数据全部覆盖，其中 m 取值为 20。

表 3-40 滚动预测中输入与输出的对应关系

输入	输出
$X_1, X_2, X_3, \cdots, X_i, \cdots, X_{m-1}, X_m$	f_{m+1}^{pre}
$X_2, X_3, X_4, \cdots, X_{i+1}, \cdots, X_m, X_{m+1}$	f_{m+2}^{pre}
$X_3, X_4, X_5, \cdots, X_{i+2}, \cdots, X_{m+1}, X_{m+2}$	f_{m+3}^{pre}
$\vdots$	$\vdots$

为了实现梯度下降过程的优化，本节采用 Adam 优化算法为各参数适配不同的学习速率；为了对基于 GRU 的转子同轴度预测模型的预测效果进行评估，在

保证数据相同的前提下,对比分析多种同轴度预测方法(GRU 神经网络、LSTM 神经网络、BP 神经网络)的预测效果。

以某航空发动机风扇转子装配数据为验证对象,选择其中数据的 80%作为训练集分别对 GRU 神经网络模型、LSTM 神经网络模型、BP 神经网络模型进行训练,然后利用另外 20%的数据作为测试集对各模型性能进行评估。

图 3-29 给出了各模型在训练过程中的损失函数曲线以及测试样本预测曲线变化情况。

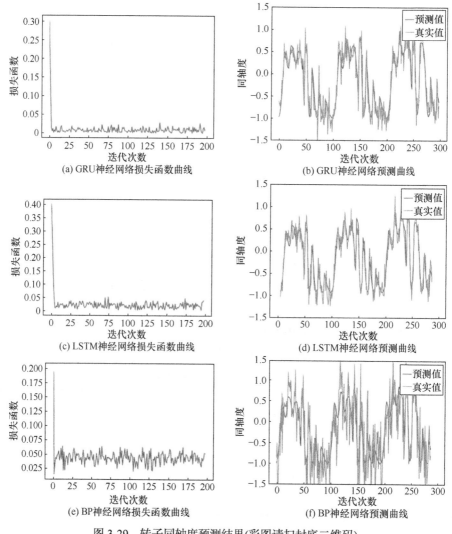

图 3-29　转子同轴度预测结果(彩图请扫封底二维码)

由图 3-29 可以看出,GRU 神经网络和 LSTM 神经网络的预测值与真实值都十分接近,难以直观地看出二者谁的预测效果更好。因此,本节处理时除了比较损失函数,还选择了四种评价指标对模型的预测效果进行定量评估,分别为均方根误差(RMSE)、平均绝对误差(MAE)、相关系数(correlation coefficient,CC)、纳什效率系数(Nash-Sutcliffe efficiency coefficient,NSEC)。经计算,各模型的评估指标结果如表 3-41 所示。

表 3-41 三种模型的评估指标结果

评价指标	三种模型		
	GRU	LSTM	BP
RMSE	0.1683	0.2215	0.6246
MAE	0.1437	0.1523	0.5641
CC	0.9286	0.9187	0.7352
NSEC	0.9431	0.9348	0.7636

由表 3-41 可知,GRU 模型的 RMSE 与 MAE 最小,分别为 0.1683 和 0.1437;GRU 模型的 CC 与 NSEC 也更靠近 1,分别为 0.9286 和 0.9431,即与 LSTM 模型和 BP 模型相比,GRU 模型的预测能力更强。

然后,从网络训练效率的角度对 LSTM 模型与 GRU 模型进行比较,两种预测模型的平均训练时间如表 3-42 所示。由表中的数据可以看出,同样的学习速率与训练批次条件下,GRU 模型的平均训练时间更短、计算效率更高。这也进一步验证了 GRU 模型的优越性。

表 3-42 GRU 模型与 LSTM 模型训练时间对比

模型名称	批大小/组	初始学习速率 η	训练批次/次	平均训练时间/s
GRU	32	0.001	200	2.105
LSTM	32	0.001	200	2.330

通过上述对比分析,GRU 模型在处理时序相关问题方面有很大的优势,因此当使用弹性相互作用矩阵计算出在每一步装配完成后各个螺栓的实际预紧力后,通过 GRU 模型可以更好地实现风扇转子同轴度预测。

3. 同轴度预测实例验证

为了验证基于 GRU 的转子同轴度预测方法的有效性,采用转子简化模型按照 1:1 加工的实体模型装配后同轴度预测准确性进行验证。

同轴度测试采用如图 3-30 所示的激光传感器,型号为松下 HG-C1030 微型激光位移传感器,精度为 10nm,采样频率为 800Hz,普通车床为测量提供回转基准,型号为宝鸡机床厂的 CS6150 型，主轴转速为 9～1600r/min，主轴功率为 7.5kW；三爪定心卡盘用于卡紧被测件。

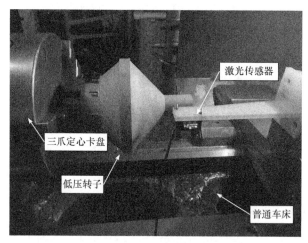

图 3-30　风扇转子同轴度测量装置

风扇转子简化实体模型的几何参数如表 3-43 所示，材料选用铸造铝合金 (AlSi10Mg)。

表 3-43　实体模型几何参数

参数	数值	参数	数值
螺栓数目	8	连接面厚度/mm	13
螺栓直径/mm	4	止口过盈量/mm	0.08
表面粗糙度/μm	1.6	最大直径/mm	200
壁厚/mm	3	最小直径/mm	50
长度/mm	300	—	—

在试验过程中，螺栓拧紧顺序采用十字交叉方式拧紧，以标号为螺栓 1 的螺栓作为拧紧起点。其他与同轴度相关的装配影响因素参数如表 3-44 所示。

表 3-44　装配影响因素参数

参数	数值	分类	参数	数值	分类
拧紧力矩/(N·m)	1.5～2.0	装配工艺	跳动/mm	0.02	加工质量
拧紧轮次	1	装配工艺	装配平行度/(°)	0	装配精度
装配相位/(°)	0	装配工艺	环境温度/℃	8	环境参数

续表

参数	数值	分类	参数	数值	分类
初始同轴度/mm	0.013	加工质量	环境湿度/%	30	环境参数
端面平面度/mm	0.01	加工质量	刚度/(10^8N/m)	1	装配要求
轴线垂直度/mm	0.01	加工质量	同轴度/mm	0.03	装配要求

转子螺栓组预紧力的施加采用如图 3-31 所示的雅瑞克数显电子扭力扳手, 其报警范围为 1.5～30N·m, 精度为±2%。实验过程中, 将所要施加的预紧力换算为拧紧力矩, 在施力之前设置好所要施加的拧紧力矩, 在拧紧过程中达到设定值后扭力扳手会发出蜂鸣声并停止施力。

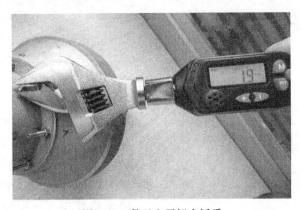

图 3-31　数显电子扭力扳手

为了验证基于 GRU 的转子装配后同轴度预测方法的有效性, 基于某航空发动机三维转子实体模型进行实验, 螺栓拧紧力矩变化范围为 1.5～2.0N·m, 具体装配工艺参数如表 3-45 所示。

表 3-45　螺栓拧紧力矩参数　　　　　(单位: N·m)

实验编号	螺栓 1	螺栓 2	螺栓 3	螺栓 4	螺栓 5	螺栓 6	螺栓 7	螺栓 8
1	1.5	1.5	1.5	1.5	1.5	1.5	1.5	1.5
2	1.5	1.6	1.6	1.6	1.6	1.6	1.6	1.6
3	1.5	1.7	1.7	1.7	1.7	1.7	1.7	1.7
4	1.5	1.8	1.8	1.8	1.8	1.8	1.8	1.8
5	1.5	1.9	1.9	1.9	1.9	1.9	1.9	1.9
6	1.5	2.0	2.0	2.0	2.0	2.0	2.0	2.0
⋮	⋮	⋮	⋮	⋮	⋮	⋮	⋮	⋮
31	2.0	1.5	2.0	1.9	1.8	1.7	1.6	1.5

续表

实验编号	螺栓1	螺栓2	螺栓3	螺栓4	螺栓5	螺栓6	螺栓7	螺栓8
32	2.0	1.6	1.5	2.0	1.9	1.8	1.7	1.6
33	2.0	1.7	1.6	1.5	2.0	1.9	1.8	1.7
34	2.0	1.8	1.7	1.6	1.5	2.0	1.9	1.8
35	2.0	1.9	1.8	1.7	1.6	1.5	2.0	1.9
36	2.0	2.0	1.9	1.8	1.7	1.6	1.5	2.0

　　螺栓拧紧后使用激光传感器测量盘鼓旋转轴位置处的跳动值，使用最小二乘法公式

$$f = \sum \left[\left(x_i - x_c \right)^2 + \left(y_i - y_c \right)^2 - R^2 \right]^2 \quad (3\text{-}49)$$

将采集到的两个圆周上若干点的跳动值拟合为两个圆，将圆上所有点横纵坐标的平均值定义为该圆的圆心，以两个圆心位置的偏移作为转子装配后的同轴度。使用最小二乘法拟合出的圆如图 3-32 所示。式 (3-49)中，x_i、y_i 分别为采集点的横坐标和纵坐标；(x_c, y_c) 为盘鼓圆心位置，定义为标准圆圆心位置；R 为盘鼓半径。

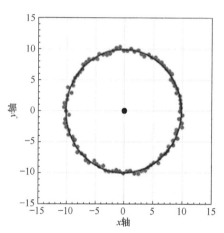

图 3-32　使用最小二乘法拟合出的圆

　　使用弹性相互作用矩阵对螺栓预紧力进行相应的处理计算，可以得到在拧紧过程中的预紧力变化值，以实验编号 1 的数据为例，装配过程中螺栓预紧力变化如表 3-46 所示。

表 3-46　装配过程中螺栓预紧力变化　　　　　　（单位：N）

加载步	螺栓1	螺栓2	螺栓3	螺栓4	螺栓5	螺栓6	螺栓7	螺栓8
Step 1	2323	97.6	120.8	120.8	0	113.8	113.8	0
Step 2	2332.3	2323	197.2	197.2	4.6	4.5	4.5	4.6
Step 3	2378.8	2369.5	2323	260.2	0	11.7	0	11.7
Step 4	2432.1	2425.2	2334.8	2323	0	0	0	0
Step 5	2285.8	2434.5	2190.7	2332.3	2323	0	0	0
Step 6	2297.5	2288.2	2202.2	2190.7	2327.6	2323	0	2.4
Step 7	2306.8	2137.2	2048.9	2200.0	2374.1	2367.2	2323	2.4
Step 8	2153.5	2144.2	2055.9	2418.3	2418.3	2413.7	2332.3	2323

根据本节建立的同轴度预测网络，利用 K 折交叉验证法将 36 组样本数据划分为同轴度预测网络训练样本 18 组、同轴度预测网络交叉验证样本 6 组及同轴度预测网络测试样本 12 组，将训练样本与交叉验证样本(共 24 组)均分为 4 份，每次将其中的 3 份作为训练样本，一份作为交叉验证样本，样本归一化后，计算 4 次训练得到的网络交叉验证损失函数的均值，作为同轴度预测网络泛化能力的评价指标。模型训练过程设置学习率为 0.001，批大小为 32，训练迭代次数为 200，并利用 Adam 优化算法对梯度下降过程进行优化，预测结果如图 3-33 所示。

其中，在 12 组测试方案中抽取 6 组测试样本预测数值结果如表 3-47 所示。

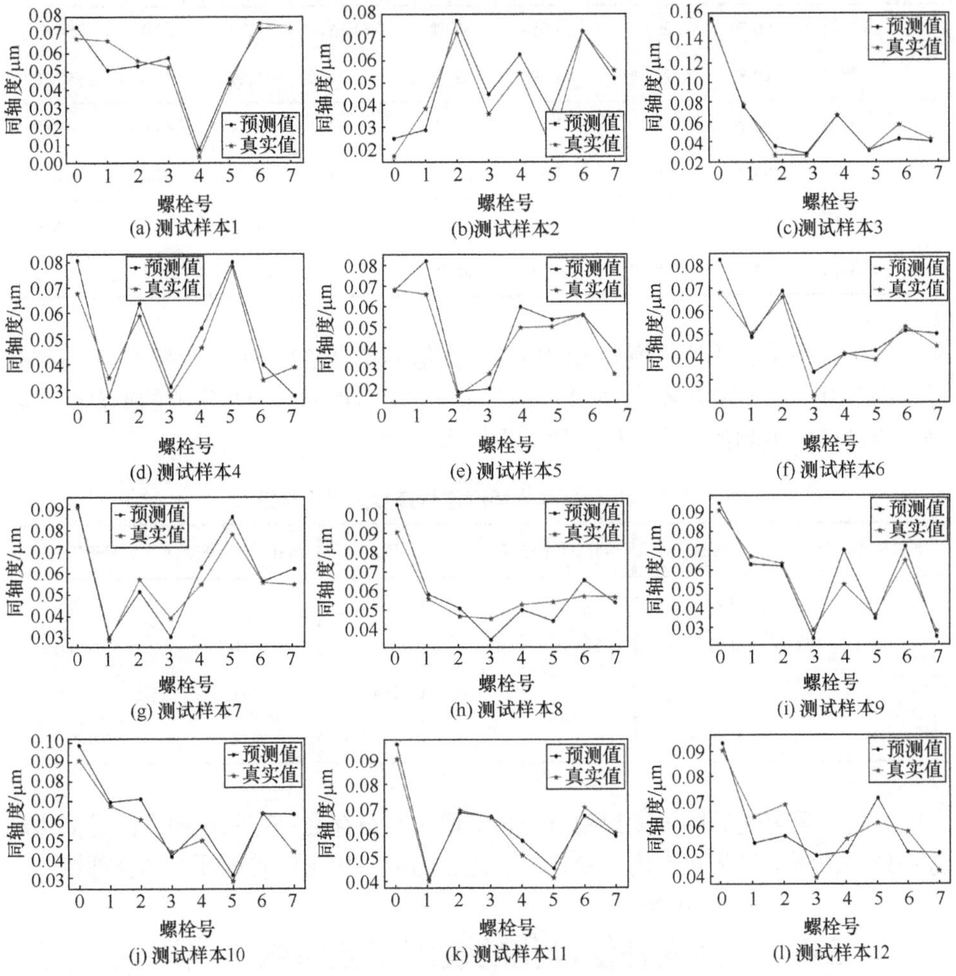

图 3-33 同轴度预测网络预测结果

表 3-47　不同加载步对应的同轴度测试样本预测值与真实值对比结果　　　（单位：μm）

序号	结果对比	Step1	Step2	Step3	Step4	Step5	Step6	Step7	Step8
1	真实值	67.96	66.65	55.58	52.15	2.98	42.75	76.52	73.79
	预测值	59.57	78.09	63.75	53.72	18.89	41.75	77.55	85.69
3	真实值	161.88	76.33	25.30	25.06	65.84	30.18	56.36	41.18
	预测值	150.21	74.92	24.65	29.12	61.13	28.46	64.31	42.87
5	真实值	67.96	65.67	16.45	26.97	49.35	49.68	55.53	26.77
	预测值	82.43	51.61	20.67	23.46	48.37	58.41	50.21	28.69
7	真实值	90.70	29.02	57.05	39.22	54.76	77.90	55.49	54.53
	预测值	99.87	23.04	41.89	43.21	57.73	76.69	51.08	50.10
9	真实值	90.70	66.96	63.12	28.29	52.10	35.91	64.49	27.87
	预测值	83.01	80.01	59.74	21.49	38.79	25.89	54.85	13.54
11	真实值	90.70	40.51	69.63	66.70	50.90	41.72	90.77	60.36
	预测值	84.73	38.89	64.53	61.19	46.96	53.58	66.35	56.30

为了进一步量化评估模型预测值与真实值的拟合情况,本节计算了 12 组测试样本的 NSEC。通常情况下，NSEC 越接近 1，说明预测值与真实值的拟合效果越好。测试样本预测值与真实值对比结果如表 3-48 所示。

表 3-48　测试样本预测值与真实值对比结果

测试样本序号	NSEC	测试样本序号	NSEC	测试样本序号	NSEC
1	0.9532	5	0.9176	9	0.9268
2	0.9255	6	0.9894	10	0.9641
3	0.9568	7	0.9364	11	0.9632
4	0.9458	8	0.9248	12	0.9257

风扇转子装配后同轴度预测值与真实值之间虽存在一定的误差，但是变化趋势一致，预测结果相对准确，验证了所构建的网络用于同轴度预测的合理性。

3.4　多因素补偿优化的装配工艺参数迭代调控

传统的复杂产品装配工艺参数规划很大程度上取决于工艺人员的个人经验，

复杂产品装配所需的夹具、工装数量多，结构复杂，导致工艺设计的效率比较低，准确性也难以保证，很多装配问题在生产现场才被发现，这导致装配工艺参数更改工作量大，复杂产品生产周期延长，生产成本增加。

本节以航空发动机风扇转子装配工艺参数迭代调控为例，提出多因素补偿优化的装配工艺参数迭代调控方法，基于 3.3 节所述方法实现装配过程中对复杂产品装配性能的预测，通过优化算法实现复杂产品装配工艺参数迭代调控，从而为传统的人工经验及试错法优化工艺的方式向基于数据建模、物理仿真和测量感知技术的优化工艺的方式转变提供有力支撑。

3.4.1　单台份风扇转子不平衡量优化方法

风扇转子叶片质量、振动频率等参数存在差别，安装时需要按工艺要求规划转子叶片的装配序列，使转子叶片在轮盘上的质量分布尽可能均匀，转子转动时离心力系尽可能平衡，减轻有害的机械振动。合理的叶片排布顺序及装配相位组合是调整转子整体质量分布的关键[90]。由于叶片数量大且各叶片之间相差甚微，其排序过程很难通过手工完成。本节首先提出以 180° 对角位置上两只叶片的重力矩差为约束，以剩余不平衡量最小为优化目标，采用改进模拟退火算法确定最佳的叶片排列次序；其次，分析各级叶片的剩余不平衡量空间合成时产生的不平衡力和力矩对转子平衡的影响，以各级叶片的剩余不平衡力为输入，以不平衡力和力矩最小为目标，建立考虑盘鼓组合件初始不平衡力的转子多级叶片装配相位优化模型，利用强化学习算法对盘鼓组合件和各级叶片组的装配相位角进行优化，以保证单台份转子整体剩余不平衡量满足装配性能要求；最后，针对风扇转子装配过程中的多装多调问题，以减少转子装配中的调整次数，为叶片的调控提供理论指导，实现转子的精准调控和高效装配为目标，研究风扇转子装配中的优装优调技术。

1. 单级叶片装配序列规划

1) 基于模拟退火算法的单级叶片选配
叶片质量矩的差异造成转子存在一定的初始不平衡量，为了尽可能减少初始不平衡量，要求单级叶片在安装过程中剩余不平衡量不超过设计指标的前提下，最优化转子的剩余不平衡量，进一步提高转子的平衡精度。以某级转子叶片的装配序列规划为例，该级转子叶片有 28 只，其剩余不平衡量的计算公式为

$$M_x = \sum_{i=1}^{28} M_i \cos \theta_i \tag{3-50}$$

$$M_y = \sum_{i=1}^{28} M_i \sin \theta_i \qquad (3\text{-}51)$$

$$M_{\text{left}} = \sqrt{M_x^2 + M_y^2} \qquad (3\text{-}52)$$

$$\alpha = \arctan \frac{M_y}{M_x} \qquad (3\text{-}53)$$

式中，M_x、M_y 分别为参与排序叶片的重力矩在 x 方向和 y 方向的分量和；M_i 为第 i 片叶片的重力矩；θ_i 为第 i 片叶片的重力矩向量与 x 轴的夹角；M_{left} 为剩余不平衡量；α 为剩余不平衡量的角度。

以剩余不平衡量最小为目标，以 180° 对角位置上两只叶片的重力矩差不超过设计值 M 为约束，建立叶片装配序列规划优化模型：

$$\min M_{\text{left}} = \min \sqrt{M_x^2 + M_y^2} \qquad (3\text{-}54)$$

$$\text{s.t.} \quad M_a - M_a' \leqslant 1500\text{g} \cdot \text{mm} \qquad (3\text{-}55)$$

式中，M_a 和 M_a' 分别为 180° 对角位置上两只叶片的重力矩。

采用基于模拟退火算法对上述优化模型进行求解，模拟退火算法流程如图 3-34 所示。图中，$\Delta E = f_{\text{new}} - f_{\text{old}}$，即评价函数的增量 ΔE 为剩余不平衡量新解 f_{new} 与旧解 f_{old} 的差，$f = M_{\text{left}} = \sqrt{M_x^2 + M_y^2}$。

以风扇转子的第一级叶片为例，表 3-49 对比了目前常用的 6 种叶片装配序列规划方法和模拟退火算法取得的剩余不平衡量。可以看出，本节所求得的剩余不平衡量可达 0.52g · mm，远低于设计值。

模拟退火算法规划的装配序列如表 3-50 所示。

模拟退火所求得的风扇转子叶片装配序列图如图 3-35 所示。图中，圆心处的小箭头表示叶片的重点位置，即叶片装配序列的剩余不平衡量所在的位置。在进行叶片装配时，为了更好地保证转子的静平衡，叶片序列的重点位置要和转子轮盘的轻点位置装配在一起。图中最外面的一圈数字是叶片的编号，三角形代表叶片，三角形的面积与三角形所代表的叶片的重力矩成正比。

图 3-36 为模拟退火算法的收敛图。由图可以看出，在迭代 400 次后算法已经收敛。表 3-51 为多次运行模拟退火算法所得的求解精度和求解时间。

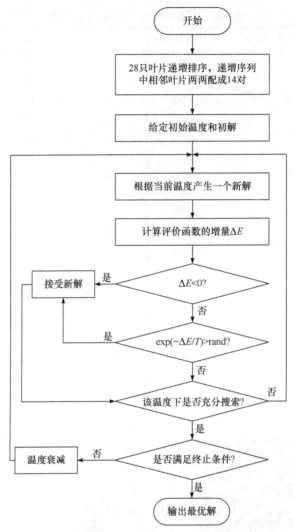

图 3-34　模拟退火算法流程

rand 为随机生成的 0~1 的一个随机数

表 3-49　常用的 6 种叶片装配序列规划方法所得的剩余不平衡量与设计值的对比结果

方法	剩余不平衡量/(g·mm)	方法	剩余不平衡量/(g·mm)
3-Single Beam H/L	48.00	6-Triple Beam H/L	37.00
3-Double Beam H/L	32.00	7-Sequence Beam H/L	83.00
4-Quadr Beam H/L	40.00	本节方法	0.52
5-Quadr Beam H/L	52.00	设计值	100.00

表 3-50　模拟退火算法规划的装配序列

装配顺序	叶片编号	重力矩/(g · mm)	装配顺序	叶片编号	重力矩/(g · mm)
1	22	272860	15	1	273380
2	2	274780	16	12	274300
3	6	276120	17	20	276120
4	13	275840	18	16	275760
5	23	276460	19	27	276460
6	24	275080	20	4	275040
7	9	274960	21	21	274840
8	18	275880	22	5	276100
9	7	275660	23	17	275760
10	15	274100	24	28	274120
11	3	276260	25	14	276180
12	8	275140	26	19	275180
13	11	275300	27	10	275420
14	25	273760	28	26	273580

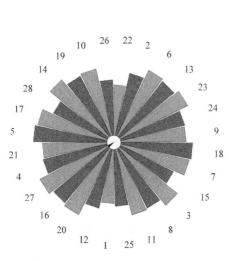

图 3-35　风扇转子叶片装配序列图

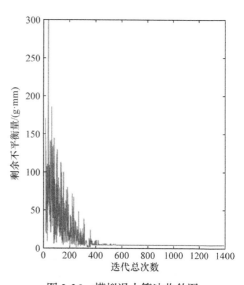

图 3-36　模拟退火算法收敛图

　　根据表 3-51 中模拟退火算法的求解精度和求解时间，所求得的剩余不平衡量最大为 7.5136g · mm，小于 8g · mm，明显优于企业目前所求的 32～83g · mm，也远小于设计部门给定的设计值 100g · mm；单次运行时间在 6～10s，求解效率非常高。

表 3-51 模拟退火算法的求解精度和求解时间

求解次数	剩余不平衡量/(g · mm)	求解时间/s
1	7.5136	6.7
2	4.8085	7.0
3	1.2489	7.7
4	3.0021	7.9
5	3.6258	7.7
6	3.9605	8.4
7	2.1807	7.7
8	0.5167	8.0
9	5.2461	7.9
10	2.2411	8.2
11	1.4973	8.2
12	2.0729	8.7
13	0.8101	8.3
14	1.3454	8.7
15	5.2870	8.8
16	0.9607	8.2
17	2.7070	9.1
18	3.0004	8.7
19	1.5992	9.5
20	1.1585	8.7

2) 基于改进模拟退火算法的风扇转子叶片装配序列优化方法

模拟退火算法通过概率接受劣解，实现全局搜索，从而达到求解全局优化问题的目的，但与此同时，在搜索过程中执行了概率接受劣解的环节，导致算法可能出现错失当前遇到的最优解的情况，即最优解可能在模拟退火算法执行概率接受劣解的环节被抛弃，算法最终输出的最优解并不是真正的最优解。当 $\Delta E = f_{new} - f_{old} < 0$ 时，f_{new} 为优解，劣解 f_{old} 被直接抛弃；当 $\Delta E = f_{new} - f_{old} > 0$ 时，f_{new} 为劣解，这就到了概率接受劣解的环节，若 f_{new} 作为劣解被接受，则此时的优解 f_{old} 就会被抛弃，若作为劣解的 f_{new} 没有被接受，则被抛弃的是劣解 f_{new}。算法在每一次的优解和劣解的较量中，总有解被抛弃，多数被抛弃的是劣解，但在概率接受劣解时，优解也可能被抛弃。因此，在概率接受劣解的环节，很可能会导致算法错失当前遇到的最优解的情况。为了避免这种情况的发生，对模拟退火算法增加记忆单元。在每一次优解和劣解较量后，将被抛弃的旧解存入记忆单元中。最后，记忆单元中也会产生一个最优解，记为 M，这个最优解 M 和模拟退火算法正常运行时得出的最优解(记为 S)进行最后的比较，若记忆单元中的最优解 M 优于 S，则改进模拟退火算法输出的最优解为 M，否则输出的是 S。改进模拟退火算法的流程如图 3-37 所示。

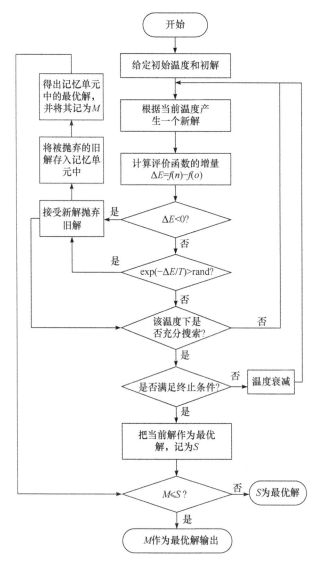

图 3-37　改进模拟退火算法的流程

模拟退火算法改进前后的求解精度和求解时间如图 3-38 所示。由图可以看出，改进后的模拟退火算法的求解精度明显优于改进前的模拟退火算法，但其求解时间略长于改进前的模拟退火算法。

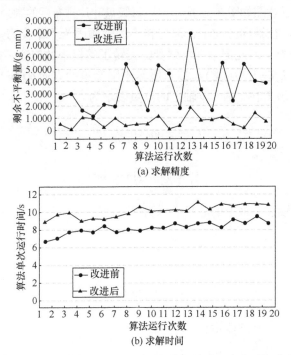

(a) 求解精度

(b) 求解时间

图 3-38　模拟退火算法改进前后的求解精度和求解时间曲线

由图 3-38(a)可知，改进前的模拟退火算法求解精度的均值和标准偏差分别为 3.4682g·mm、1.7538g·mm，改进后为 0.6950g·mm、0.4412g·mm；通过增加记忆单元，改进的模拟退火算法可以得到精度较高的求解结果，消除了传统模拟退火算法在求解过程中由于概率接受恶化解而错失当前遇到的最优解的情况。由图 3-38(b)可知，改进前的模拟退火算法求解时间的均值和标准偏差分别为 8.2s、0.6546s，改进后为 10.1s、0.6641s；算法改进优化后，平均运行时间只增加了不到 2s。综合分析可知，改进的模拟退火算法在提高了求解精度和稳健性的同时，求解效率依然很高。

2. 多级叶片装配相位角优化

目前在多级转子现场装配中，基于盘鼓自身不平衡量、叶片组不平衡量等因素，主要依据工人装配经验采用"轻重点"配合方法进行逐级装配，在装配后通过在校正面上加装质量块对转子进行平衡。

航空发动机风扇转子产生的整体不平衡量是每一级叶片装配后剩余不平衡量累积的结果[91]。通过旋转各级叶片、改变叶片装配相位的方法可有效调整多级盘转子装配后整体不平衡量，因此本节通过对各级叶片相对盘鼓的安装相位进行建模，以寻求不平衡力和力矩的相对最优解。

离心力叠加示意图如图 3-39 所示，设每级盘叶片排布后的剩余不平衡量大小为 $q_i(i=1,2,\cdots,Z)$。在轴向方向上，风扇转子的轴颈因为不平衡力矩的作用会对轴向产生一个形变力，因此记录下轴颈受力在转子整机中的位置，并定义其他盘与受力点的距离为 $l_i(i=1,2,\cdots,Z)$，以每级盘不平衡量的方向 $\theta_i(i=1,2,\cdots,Z)$ 作为设计变量，则不平衡力在 x 轴、y 轴上的分量表示为

$$F_x = \sum_{i=1}^{z} q_i \cdot \cos\theta_i \cdot \omega^2 \tag{3-56}$$

$$F_y = \sum_{i=1}^{z} q_i \cdot \sin\theta_i \cdot \omega^2 \tag{3-57}$$

不平衡力矩绕 x 轴、y 轴上的分量表示为

$$R_x = \sum_{i=1}^{z} q_i \cdot \sin\theta_i \cdot \omega^2 l_i \tag{3-58}$$

$$R_y = \sum_{i=1}^{z} q_i \cdot \cos\theta_i \cdot \omega^2 l_i \tag{3-59}$$

式中，z 为风扇转子叶片级数；ω 为角速度。

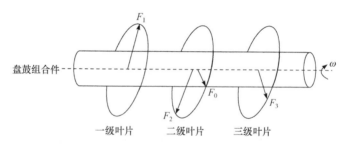

图 3-39　离心力叠加示意图

因此，不平衡力和不平衡力矩的优化目标函数为

$$\min Q_F = \min \sqrt{F_x^2 + F_y^2} \tag{3-60}$$

$$\min Q_R = \min \sqrt{R_x^2 + R_y^2} \tag{3-61}$$

本节采用强化学习算法，以求解多级叶片装配相位角优化模型。强化学习具有全局性，能够避免陷入局部最优，而且得益于其特有的经验学习模型，在经过多次训练后，可以更快收敛。多级叶片装配相位角优化进行强化学习的目的是能够找到一个最小化整体不平衡量的装配相位组合。以三级叶片为例，本节假设盘鼓初始不平衡力所在的基准面与第二级叶片所在平面重合，且认为第一级叶片与

第三级叶片到基准面的距离相等。在基准面上建立坐标系,设定盘鼓不平衡力 F_0 与 x 轴重合,则不平衡力在 x 轴、y 轴上的分量可以简化为

$$F_x = F_0 + \sum_{i=1}^{3} q_i \cdot \cos\theta_i \cdot \omega^2 \tag{3-62}$$

$$F_y = \sum_{i=1}^{3} q_i \cdot \sin\theta_i \cdot \omega^2 \tag{3-63}$$

绕 x 轴和 y 轴的不平衡力矩的公式简化为

$$R_x = (q_1 \sin\theta_1 + q_3 \sin\theta_3)\omega^2 l \tag{3-64}$$

$$R_y = (q_1 \cos\theta_1 + q_3 \cos\theta_3)\omega^2 l \tag{3-65}$$

优化目标是最小化多级叶片装配后的不平衡量,也就是使不平衡力和力矩最小,因此 Q 学习奖惩函数设定为

$$R = -(\eta_1 Q_F + \eta_2 Q_R) \tag{3-66}$$

式中,η_1、η_2 均为奖赏因子的权值。

R 为模型每个动作的即时奖励,考虑到每个动作的长期影响,设定矩阵 $Q_{h\times h}$ 为从经验学习到的知识,h 代表叶片的个数,矩阵 Q 的行代表当前的状态,列代表到达下一个状态可能的动作,矩阵 Q 初始化为 0。

每训练一次,模型就会对矩阵 Q 中的元素进行更新,更新的公式如下:

$$Q(s,a) = R(s,a) + \gamma \max(Q[\text{next } s, \text{all } a]) \tag{3-67}$$

式中,s 为当前状态;a 为动作;R 为即时奖励;γ 为学习变量;next s 表示下一个状态;all a 表示所有的动作。

矩阵 Q 中的元素值等于在当前状态 s 和动作 a 下即时奖励 R 与学习变量 γ 乘以到达下一个状态的所有可能动作的最大奖励值的总和。学习变量 γ 的取值为 [0,1]。若学习变量 γ 更接近于 0,则模型更趋向于仅考虑即时奖励;若学习变量 γ 更接近于 1,则模型将以更大的权重考虑整体的奖励。

多级叶片装配相位角优化模型利用上述算法从经验中学习,每一次经历等价于一次训练。在每一次训练中,模型不断选择相位,叠加质量矩,一旦到达目标状态,就获得奖励值。训练的目的是增强模型的经验,用矩阵 Q 来表示,更多的训练结果将获得更精确的矩阵 Q。若矩阵 Q 已经经过多次训练,则模型在叶片装配相位过程中就不会盲目探索,反而会最快到达目标状态。

以同一台份转子的一级、二级、三级叶片数据及所获得的一级、二级、三级叶片优化排布为基础,进行多级叶片装配相位角优化的实例验证。一级、二级、三级叶片优化排布如图 3-40 所示。

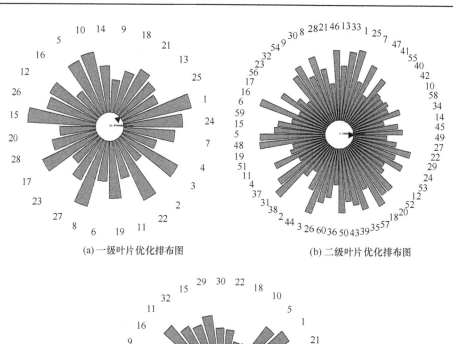

(a) 一级叶片优化排布图 (b) 二级叶片优化排布图

(c) 三级叶片优化排布图

图 3-40　一级、二级、三级叶片优化排布图

利用改进模拟退火算法优化的一、二、三级叶片排布顺序表(逆时针)如表 3-52 所示。

表 3-52　一、二、三级叶片排布顺序表

叶片级数	排布顺序
第一级叶片	17-3-11-28-27-6-7-16-13-1-19-5-3-13-24-8-9-15-25-23-14-18-10-26-4-23-20-21
第二级叶片	55-46-31-51-23-60-40-54-9-56-47-39-10-21-13-48-43-33-20-27-41-26-18-33-13-11-8-19-34-5-15-36-38-4-3-57-24-7-14-29-50-23-6-28-17-49-52-35-45-16-25-59-43-30-37-1-44-3-58-53
第三级叶片	9-10-5-27-33-14-30-18-15-29-26-11-23-8-3-19-20-24-28-1-13-4-21-7-25-23-3-31-13-33-6-16

在各级叶片排布完成后，通过强化学习优化盘鼓与各级叶片的装配相位角，将盘鼓的初始不平衡力及各级叶片的剩余不平衡力矢量叠加，直至整个转子的剩余不平衡力和力矩满足要求。对比优化前后的整体剩余不平衡力和不平衡力矩及各级叶片装配相位角，如表 3-53 所示。

表 3-53　优化前后结果对比

对比项	优化前	优化后
整体剩余不平衡力/N	1.3633	0.7008
整体剩余不平衡力矩/(N·m)	1.2523	0.0046
一、二、三级安装相位角/(°)	0/0/0	328/113/180

分析表 3-53 中的数据可知，优化前以一级、二级、三级叶片组安装相位角均为 0°计算出的最大剩余不平衡力为 1.3633N，不平衡力矩为 1.2523N·m，剩余不平衡量为 150.12g·mm，超过了设计值 100。优化后的一级叶片组安装相对于盘鼓的角度为 328°，二级叶片组安装相对于盘鼓的角度为 113°，三级叶片组安装相对于盘鼓的角度为 180°，剩余不平衡量为 77.17g·mm，满足单台份整体剩余不平衡量的要求。

3. 叶片装配的照配与调整

1) 基于轮盘剩余不平衡量的叶片装配序列照配优化方法

目前，在规划转子叶片装配序列时，普遍考虑的是如何使转子叶片的重力矩在 360°范围内的分布尽可能均匀，使达到优化转子剩余不平衡量的目的。但是，轮盘本身也会有剩余不平衡量，在规划转子叶片装配序列时，不考虑轮盘的剩余不平衡量，导致转子叶片安装到轮盘上后，轮盘和转子叶片的综合剩余不平衡量要首先达到初始剩余不平衡量的指标，然后通过添加和调整平衡螺钉，才能使轮盘和转子叶片的综合剩余不平衡量达到最终剩余不平衡量的指标。若在规划转子叶片装配序列时，将轮盘的剩余不平衡量作为初始不平衡量考虑进去，则叶片安装到轮盘上后，叶片和轮盘的综合剩余不平衡量即可直接达到最终的剩余不平衡量指标，从而省去添加和调整平衡螺钉的环节，缩短转子的装配工艺流程，实现转子装配工艺的优化。因此，为了实现转子的高效装配，本节提出基于轮盘剩余不平衡量的叶片装配序列照配优化方法，为转子的高效装配提供优化的转子叶片装配序列，以实现转子装配工艺的优化。

本节提出的基于轮盘剩余不平衡量的叶片装配序列照配优化方法，使轮盘和叶片的装配不再是各自独立的(轮盘的装配需要达到轮盘的设计要求 0～1000g·mm，叶片的装配需要达到叶片的设计要求 0～100g·mm，叶片和轮盘装配完成后，叶片和轮盘的综合剩余不平衡量要达到设计要求 0~100g·mm)，而是动态关联、前后照配的(轮盘的装配达到设计要求后，在规划叶片装配序列时，将轮盘的剩余不平衡矢量作为初始不平衡矢量考虑进去，得出包含轮盘的剩余不平衡量的叶片装配序列，然后根据该装配序列完成叶片的装配后，使叶片和轮盘的综合剩余不平衡量直接达到最终的静平衡质量要求 0~100g·mm)。装配序列照配优化是指在规划装配序列时，不能只考虑参与装配序列规划的零部件和特征的装配关联关系，还应该参照除了这些零部件和特征之外的上下游零部件和特征的装配质量指标，这样规划出的装配序列不仅可以兼顾装配流程的关联性，通过预先控制、动态关联来优化产品的装配质量，还可以减少产品装配中的装调次数，优化装配工艺，实现产品的高效装配。本节的叶片装配序列照配规划，参照的是轮盘的实测剩余不平衡矢量。

2) 基于叶片平衡差的转子叶片精准调控技术

针对叶片装配过程中静平衡超差，装调次数多，叶片调控依赖人工经验，缺乏理论指导，叶片多装多调等比较常见的工程难题，开展基于叶片平衡差的转子叶片精准调控技术研究。叶片优调的实质是智能调控、精准调控，目的是减少调整叶片的数量和调整次数，最好是一调到位。叶片精准调控的依据是被调整的叶片产生的静平衡差。叶片调整应满足的约束条件为 180°对角位置上两只叶片的重力矩差不超过 1500g·mm，以及剩余不平衡量在设计范围内。叶片优调的目标为调整的叶片越少越好(叶片调整至少调整两只叶片)，以及在不超过设计范围的前提下，剩余不平衡量越小越好。

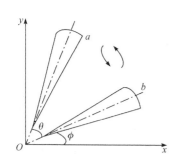

图 3-41 静平衡差计算原理示意图

对于给定的一台份叶片，不同的装配序列具有不同的剩余不平衡量，一旦在原叶片装配序列的基础上调整两只叶片，就会产生新的叶片装配序列，新旧动叶装配序列之间产生的剩余不平衡量的差值就是叶片序列的静平衡差。它是调整叶片的理论依据，静平衡差计算原理示意图如图 3-41 所示。

静平衡差公式如下：

$$\begin{cases} M_x = M_a \cos(\theta + \phi) + M_b \cos\phi \\ M_y = M_a \sin(\theta + \phi) + M_b \sin\phi \end{cases} \tag{3-68}$$

$$\begin{cases} M_{x'} = M_a \cos(\theta + \phi) + M_b \cos\phi \\ M_{y'} = M_a \sin(\theta + \phi) + M_b \sin\phi \end{cases} \tag{3-69}$$

$$
\begin{cases}
E_x = (M_x - M_{x'}) = (M_a - M_b)\big[\cos(\theta+\phi) - \cos\phi\big] \\
E_y = (M_y - M_{y'}) = (M_a - M_b)\big[\sin(\theta+\phi) - \sin\phi\big]
\end{cases}
\tag{3-70}
$$

$$
E_{ab} = \sqrt{E_x^2 + E_y^2} = \Delta M_{ab}\sqrt{2(1-\cos\theta)}
\tag{3-71}
$$

式中，M_x、$M_{x'}$、M_y、$M_{y'}$ 分别为叶片交换位置前后，叶片 a、b 的重力矩矢量和在水平方向 x、竖直方向 y 上的分量；E_x、E_y 分别为静平衡差在 x、y 方向上的分量；M_a、M_b 分别为叶片 a、b 的重力矩；θ 为叶片 a、b 的夹角；E_{ab} 为静平衡差。式(3-71)表明，两只叶片的静平衡差只与两只叶片的重力矩差 ΔM_{ab} 和两只叶片的夹角有关。

　　叶片装配序列得出的剩余不平衡量和剩余不平衡角度是转子静平衡的理论计算值。叶片在按照装配前规划的装配序列装配完成后，需要用平衡机测量转子的实际不平衡量和实际不平衡角度，这里的实际不平衡量和实际不平衡角度是转子静平衡的实测值。装配过程误差的存在，导致静平衡理论值和实测值不一致，在实测值超差时，就要对叶片进行调整，根据实测值和理论计算值，求出装配过程误差。在考虑装配过程误差的情况下，在原来序列的基础上，通过调整最少的叶片，保证叶片调换后，新序列的剩余不平衡量在设

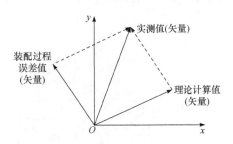

图 3-42　转子叶片装配误差求解示意图

计范围内，并且越小越好。转子叶片装配误差求解示意图如图 3-42 所示。

　　采用提出的叶片精准调控方法在求解调控方案时，借鉴了穷举搜索法，计算所有的调整方案，最后输出唯一的、最优的调整方案和求解结果。穷举搜索法是把所有可能的解都检查一遍，当解空间非常大时，复杂度也会相应变大，但本节的应用对象是转子叶片，转子叶片的数量往往是几十只或上百只，解空间不大，因此借鉴穷举搜索算法具有适用性和合理性。

　　3) 基于轮盘剩余不平衡量的叶片装配序列照配优化实例求解与分析

　　以第一级轮盘及叶片的装配为例。第一级轮盘剩余不平衡量的设计公差是 $0\sim1000\mathrm{g\cdot mm}$，在盘鼓装配完成后，利用不平衡机测得剩余不平衡量为 $653.2\mathrm{g\cdot mm}$，角度为 $100°$。规划叶片装配序列时分两种情况：第一种情况是基于轮盘的剩余不平衡量的实测矢量规划叶片的装配序列，如图 3-43(b)所示；第二种情况是不考虑轮盘的剩余不平衡量，只考虑如何均衡分布叶片的重力矩，以达到优化转子剩余不平衡量的目的，其装配序列图如图 3-43(a)所示。然后，按照规划的叶片装配序列，将叶片装配到轮盘上。第一种情况规划的装配序列完成叶片的

装配后，叶片和轮盘的综合剩余不平衡量的实测值为 50.274g·mm，小于最终不平衡量的设计值 100g·mm，达到了最终不平衡量的指标要求，因此不需要再添加和调整平衡螺钉。第二种情况规划的装配序列完成叶片的装配后，叶片和轮盘的综合剩余不平衡量的实测值为 950.2g·mm，达到了初始不平衡量的指标要求(不超过 1000g·mm)，但叶片和轮盘的综合剩余不平衡量的实测值未达到最终不平衡量的指标要求(不超过 100g·mm)，因此还需要添加和调整平衡螺钉。

　　以上实例表明，在规划叶片装配序列时，将轮盘的剩余不平衡量的实测矢量作为初始不平衡矢量考虑进去，能够省略添加和调整平衡螺钉的环节，缩短了转子的装配流程，优化了转子的装配工艺，实现了转子的高效装配。

　　4) 基于动叶平衡差的转子动叶精准调控实例求解与分析

　　在实际装配过程中，装配误差的存在会导致动叶装配完成后转子静平衡超差，此时，需要调整动叶的序列，补偿由装配误差引起的静平衡超差量。

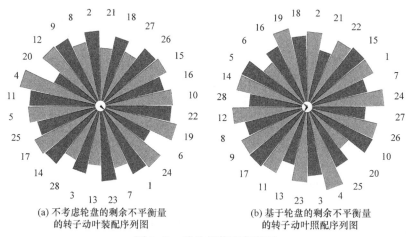

(a) 不考虑轮盘的剩余不平衡量　　　(b) 基于轮盘的剩余不平衡量
　　的转子动叶装配序列图　　　　　　的转子动叶照配序列图

图 3-43　叶片的装配序列图

　　调整前转子实测剩余不平衡量为 500g·mm，剩余不平衡角度为 100°，调整后实测剩余不平衡量为 88.17g·mm(小于给定的设计值 100g·mm)，剩余不平衡角度为 262.5°。

　　对比分析动叶调控前后的装配序列，发现在原来序列的基础上，调整了两只叶片，即 90 号叶片和 146 号叶片互换了位置。在动叶调控后，90 号叶片和对角 71 号叶片的重力矩差检验结果如式(3-72)所示，146 号叶片和对角 115 号叶片的重力矩差检验结果如式(3-73)所示：

$$\left|(90号叶片)275680 - (71号叶片)276100\right| = 420g·mm \tag{3-72}$$

$$\left|(146号叶片)275960 - (115号叶片)275700\right| = 260g·mm \tag{3-73}$$

检验结果表明,在动叶调控后,对角线上的叶片重力矩差未超过 1500g·mm,说明给出的动叶调整策略是可用的,调整的叶片数也是最少的(只调整了两只叶片),调整后的动叶装配序列如表 3-54 所示。由表 3-54 可知,在动叶调整后,所有对角叶片的重力矩差均未超过设计要求的 1500g·mm。调整前后动叶的装配序列图如图 3-44 所示。

表 3-54　调整后的动叶装配序列

对角叶片重力矩差 /(g·mm)	叶片编号	重力矩/(g·mm)	对角叶片编号	对角叶片重力矩 /(g·mm)
100	95	274960	64	274860
0	56	277020	302	277020
160	121	275200	257	275360
240	74	276620	109	276860
260	115	275700	146	275960
760	30	279580	35	278820
360	164	277080	63	277440
100	275	277940	85	278040
420	90	275680	71	276100
80	266	280280	182	280360
140	273	276300	293	276160
160	294	278220	23	278060
20	38	277620	119	277640
100	36	277520	289	277620

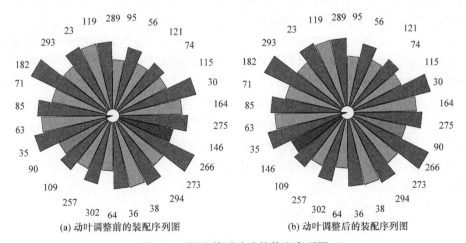

(a) 动叶调整前的装配序列图　　　　(b) 动叶调整后的装配序列图

图 3-44　调整前后动叶的装配序列图

　　动叶装配中精准调控的时间统计分析结果如图 3-45 所示。由图 3-45 可得，当调整两只叶片时，只需零点几秒；当实测剩余不平衡量超差太多，需要调整 4 只叶片时，也只需 2s 左右，说明本节提出的动叶调控方法，为动叶装配中的精准调控提供了智能、高效的决策。

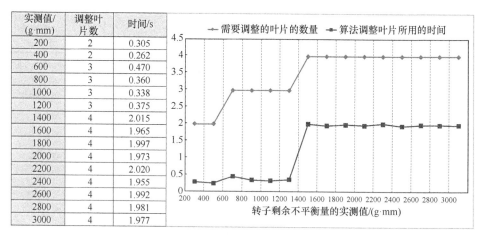

实测值/(g·mm)	调整叶片数	时间/s
200	2	0.305
400	2	0.262
600	3	0.470
800	3	0.360
1000	3	0.338
1200	3	0.375
1400	4	2.015
1600	4	1.965
1800	4	1.997
2000	4	1.973
2200	4	2.020
2400	4	1.955
2600	4	1.992
2800	4	1.981
3000	4	1.977

图 3-45　动叶装配中精准调控的时间统计分析结果

3.4.2　多台份风扇转子零件一体化选配优化方法

　　随着我国航空发动机生产能力的提升，多个台份发动机同时进行装配已成为常态，这不仅需要保证每个台份发动机的性能最优，还需要多个台份发动机之间的性能保持均衡。目前，多台份风扇转子的叶片分组过程中叶片组与盘鼓是随机组合的，在叶片安装于盘鼓上后，转子的整体不平衡量未必能达到最优并且均衡。同时，本组叶片是在叶片库中随机抽取的，未考虑其后续的序列规划要求，无法保证每个台份发动机的性能最优。因此，本节提出叶片分组与盘鼓装配一体化选配优化方法，将叶片分组和叶片排序同时考虑，在叶片分组时就将叶片排序的不平衡量考虑在内，分组完成即多台份转子叶片选配完成。首先，本节提出以剩余叶片最少、组成台份数最多的双目标优化模型，实现多台份风扇转子的叶片选配。在叶片选配完成后，在考虑盘鼓初始不平衡量的基础上，以多台份转子不平衡量之和最小为优化目标，以各台份转子剩余不平衡量满足要求为约束条件，建立多台份风扇转子性能均衡的零件选配模型，实现多台份风扇转子的性能均衡优化，如图 3-46 所示。

　　1. 多台份叶片分组优选方法

　　针对多台份叶片分组要求，将分组和排序同时考虑。叶片排序不仅需要保证重力矩差，还需要满足频率要求，两相邻叶片频率尽量大，频率差不能低于一定

的值。以某级叶片的挑选规则为例，根据设计要求，叶片频率的离散度和重力矩差的计算公式为

$$d_{1,b} = \frac{\max b_1 - \min b_1}{\min b_1} \leqslant 0.06 \tag{3-74}$$

$$d_{1,t} = \frac{\max t_1 - \min t_1}{\min t_1} \leqslant 0.08 \tag{3-75}$$

$$d_{g,m} = \max m_g - \min m_g \leqslant 6000 \tag{3-76}$$

式中，b_1 为一阶弯曲频率；$d_{1,b}$ 为一阶弯曲频率离散度；t_1 为一阶扭转频率；$d_{1,t}$ 为一阶扭转频率离散度；m_g 为转子叶片重力矩；$d_{g,m}$ 为重力矩差。

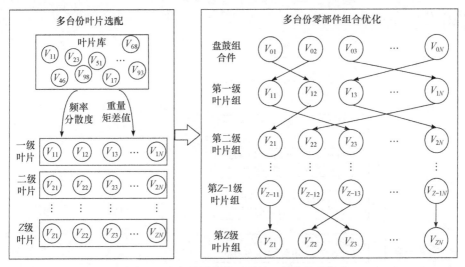

图 3-46 多台份风扇转子零件一体化选配优化

式(3-74)～式(3-76)是第一级叶片的挑选规则，作为约束条件。优选的优化目标是叶片数据库中剩余叶片越少越好，选出的叶片所能形成的风扇转子台份数越多越好，因此确定目标函数为

$$\min N_{rb} = \min(D - Ln) \tag{3-77}$$

式中，n 为台份数；N_{rb} 为剩余叶片数；n 为台份数；D 为叶片库中待选叶片的数量；L 为单台份所需叶片数量。

本节提出基于遗传算法的多台份叶片分组优选方法，兼顾叶片挑选效率，算法的流程如图 3-47 所示。

叶片分组优选算法具体步骤如下：

(1) 待选 D 只叶片两两组合，形成 $M = D \times (D-1)$ 对叶片，分别判断这 M 对叶片的一阶弯曲频率离散度、一阶扭转频率离散度和重力矩差是否符合叶片挑选

规则，若符合挑选规则，则将该对叶片标记为 1，否则记为 0。

(2) 建立叶片待选库和成品库，待选库中存放的是等待挑选的 D 只叶片，成品库中存放的是已经挑选完成的、符合挑选规则的叶片。

(3) 在待选的 D 只叶片中，每只叶片都能与其余叶片两两组合成 $D-1$ 对叶片，以第 i 只叶片为例，假设第 i 只叶片与其余叶片两两组合成的 $D-1$ 对叶片中，有 n_i 对叶片被标记为 1，则第 i 只叶片记为 n_i，即它能与其余叶片两两组合成 n_i 对被标记为 1 的叶片。以此类推，统计每只叶片与其余 $D-1$ 只叶片两两组合成的被标记为 1 的叶片对的数量，并分别记为 $n_1, n_2, n_3, \cdots, n_i, \cdots, n_{302}$，则第 i 只叶片被挑选出的概率为 $P_i = n_i \bigg/ \sum\limits_{a=1}^{302} n_a$。以此类推，得到每只叶片被挑选出的概率，分别记为 $P_1, P_2, P_3, \cdots, P_i, \cdots, P_{302}$。

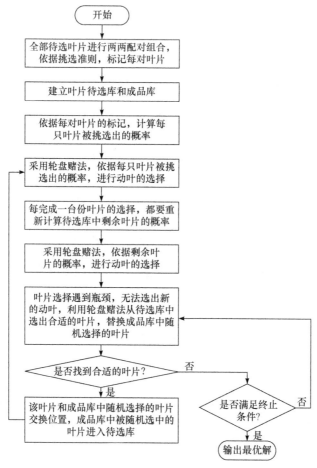

图 3-47 叶片分组优选算法流程

(4) 采用轮盘赌法，根据步骤(3)计算出的每只叶片被挑选的概率，选出第一台份叶片的第 1 只叶片，然后继续用轮盘赌法选出第 2 只叶片，检查第 2 只叶片与第 1 只叶片所形成的叶片对在步骤(1)中是否被标为 1，若是，则第 2 只叶片被选出，然后用同样的方法选出第 3 只叶片，检查第 3 只叶片与选出的前两只叶片所形成的 2 个叶片对是否全被标为 1，若是，则选出第 3 只叶片；否则，采用轮盘赌法，依据每只叶片被挑选出的概率，重新选第 3 只叶片。在选第 n 只叶片时，同样要检查它与选出的前 $n-1$ 只叶片所组成的叶片对在步骤(1)中是否全被标为 1，若是，则第 n 只叶片被选出，否则，重新选择第 n 只叶片。以此类推，直至选完第一台份的叶片。在选叶片时，每选出一只叶片，就应及时将选出的叶片放入成品库中，从成品库中选出 L 只叶片时，应重新计算待选库中剩余叶片被挑选出的概率。然后采用同样的方法，进行下一台份叶片的选择。

(5) 当叶片的选择进行到一定程度时，步骤(4)中叶片选择会遇到瓶颈，即无法再按步骤(4)中的方法选出新的叶片。此时，假设成品库中已经选出了 n 只叶片，分别记为 $T_1, T_2, \cdots, T_n$。从第 T_n 台份叶片中随机选择一只叶片，记为第 m 只叶片，利用轮盘赌法从待选库中选出一只叶片，检查该叶片能否替换第 T_n 台份中的第 m 只叶片，若能，则用该叶片替换第 m 只叶片，放入成品库中，同时将第 T_n 台份的第 m 只叶片放入待选库中；否则，继续从待选库中寻找能够替换第 m 只叶片的叶片。在完成了第 m 只叶片的替换工作后，进行步骤(4)，进行下一台份叶片的选择。

(6) 当算法满足终止条件时，程序运行结束，输出选出的台份数和每台份所对应的叶片。

本节以一级叶片的选配为例进行实例验证。根据调研整理，一级叶片待选库如表 3-55 所示，共 302 只叶片的相关数据。每台份转子第一级需要 28 只叶片，因此理论最大利用率就是选出 10 台份的叶片。

表 3-55　风扇转子一级叶片数据库

叶片编号	一阶弯曲频率/Hz	一阶扭转频率/Hz	重力矩/(g·mm)
1	127	616	276180
2	128	603	275040
3	130	613	276560
4	129	624	281520
5	136	616	275280
6	129	624	280900
7	124	661	272900
8	121	666	275820
9	121	688	278380
10	125	652	272860

叶片编号	一阶弯曲频率/Hz	一阶扭转频率/Hz	重力矩/(g·mm)
11	122	670	275320
12	133	655	273820
13	127	665	270440
14	137	644	278460
15	125	680	276120
16	136	679	273660
…	…	…	…
300	134	670	276340
301	136	656	276000
302	128	664	277020

按照上述方法,得到转子叶片分组优选结果,选出 10 台份符合挑选规则的叶片,如表 3-56 所示。

表 3-56　从一级叶片数据库中选出的 10 台份叶片

叶片序号	原叶片编号	一阶弯曲频率/Hz	一阶扭转频率/Hz	重力矩/(g·mm)	叶片序号	原叶片编号	一阶弯曲频率/Hz	一阶扭转频率/Hz	重力矩/(g·mm)
1	222	134	674	281280	19	262	129	662	278140
2	50	131	661	278100	20	44	134	676	277056
3	293	135	675	276160	21	185	134	653	279280
4	115	132	669	275700	22	52	135	661	277100
5	96	135	664	281080	23	285	136	661	276600
6	143	134	677	276440	24	93	130	673	277700
7	221	134	675	280220	25	195	129	673	277360
8	203	130	679	278560	26	116	134	677	275980
9	158	134	643	276460	27	149	130	677	275760
10	120	134	667	277300	28	234	135	659	279840
11	178	132	661	278760	…	…	…	…	…
12	237	135	662	281120	254	194	129	662	280920
13	238	129	676	276840	255	287	136	662	279360
14	174	134	662	278820	256	252	135	658	281140
15	265	129	660	276520	257	298	132	695	277460
16	171	131	667	276080	258	57	135	676	278620
17	213	131	671	281600	259	214	129	663	281260
18	142	136	676	278640	260	177	136	678	280620

续表

叶片序号	原叶片编号	一阶弯曲频率/Hz	一阶扭转频率/Hz	重力矩/(g·mm)	叶片序号	原叶片编号	一阶弯曲频率/Hz	一阶扭转频率/Hz	重力矩/(g·mm)
261	167	133	670	278520	271	51	131	661	278440
262	189	130	661	277000	272	85	132	661	278040
263	201	134	675	281200	273	289	132	690	277620
264	140	135	679	278300	274	279	130	677	275520
265	186	129	674	276800	275	183	129	663	277460
266	233	134	676	281080	276	235	133	662	275460
267	225	134	676	280760	277	263	136	673	277880
268	157	130	662	276080	278	256	132	645	275680
269	296	129	644	279540	279	133	134	679	276660
270	147	134	663	277120	280	137	131	673	278600

对挑选出的 10 台份叶片进行离散度和重力矩差计算，结果如表 3-57 所示。由表可以看出，这 10 台份叶片的离散度和重力矩差均在规定范围内，即智能优选算法达到最优的挑选目标，使剩余叶片达到了最少，叶片资源达到了最大程度的利用。

表 3-57 挑选出的 10 台份叶片的离散度和重力矩

挑选出的叶片台份编号	一阶弯曲频率离散度	一阶扭转频率离散度	叶片重力矩差/(g·mm)
1	0.054	0.056	5900
2	0.054	0.040	6000
3	0.055	0.047	5780
4	0.055	0.059	5640
5	0.054	0.078	5400
6	0.054	0.059	5980
7	0.054	0.059	5820
8	0.056	0.074	5940
9	0.053	0.064	5980
10	0.054	0.079	5800
设计值	0.060	0.080	6000

叶片分组优选算法的运行时间和求解结果的稳健性是衡量算法优劣的两个重要指标。因此，运行叶片分组优选算法 20 次，统计算法的运行时间和优选结果，如表 3-58 所示。由表可以看出，叶片分组优选算法运行 20 次，只有 3 次的优选

结果是 9 台份，平均叶片利用率可以达到 83%～93%，相较于企业目前分组技术所能达到的 65%～74%的叶片利用率，有了较大提升。叶片分组优选算法每次运行的时间最小可达 7.7s、最大为 28.7s，求解效率满足实际工程需要。

表 3-58 叶片分组优选算法的运行时间和优选结果

运行次数	挑选出的数量/台份	运行时间/s	运行次数	挑选出的数量/台份	运行时间/s
1	10	9.6	11	10	8.2
2	10	10.0	12	10	11.1
3	10	7.7	13	9	23.7
4	10	12.3	14	10	8.6
5	10	10.5	15	9	28.7
6	10	7.9	16	10	8.9
7	10	8.5	17	10	11.1
8	9	23.8	18	10	9.0
9	10	8.7	19	10	9.5
10	10	11.2	20	10	8.7

2. 多台份风扇转子性能均衡的零件选配模型

在完成叶片分组后，形成各级叶片组，对各级叶片组及盘鼓组合件进行组合装配，这属于组合优化问题。本节采用基于分段自然数编码的遗传算法解决叶片组和盘鼓组合件的组合优化问题。以多台份转子不平衡量之和最小为优化目标，以各台份转子剩余不平衡量满足要求为约束条件，建立多台份风扇转子性能均衡的零件选配模型。

假设一台份风扇转子装配时需要进行选配的零部件包括 1 个盘鼓组合件、Z 级叶片组，共有 $Z+1$ 种零部件。对于 N 台份风扇转子装配，总共有 $N \times (Z+1)$ 种零部件，将所有不同类型的零部件任意组合成转子装配体即构成一种装配组合方案。例如，$\{[V_{01}, V_{11}, V_{21}, \cdots, V_{Z1}], [V_{02}, V_{12}, V_{22}, \cdots, V_{Z2}], \cdots, [V_{0N}, V_{1N}, V_{2N}, \cdots, V_{ZN}]\}$ 就是其中一种最简单的装配组合方案。风扇转子零件装配组合方案示意图如图 3-48 所示。

将每一种装配组合方案输入单台份风扇转子不平衡量优化模型中，既包含满足装配性能要求的转子装配组合方案，又包含不满足装配性能要求的转子装配组合方案，这使得不同转子装配性能差异过大。从企业效益的角度来看，在满足装配性能要求的转子装配组合方案中,各台份转子装配性能均衡是最优的组合方案。因此，本节在上述组合优化问题的基础上建立转子零件选配模型。

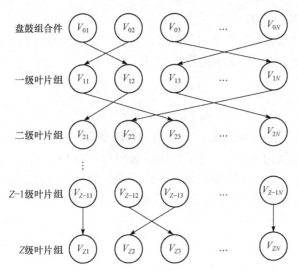

图 3-48　风扇转子零件装配组合方案示意图

对于 N 台份风扇转子的装配，N 台份盘鼓组合件剩余不平衡量表示为 $[V_{01}, V_{02}, \cdots, V_{0N}]$；一级叶片组的剩余不平衡量表示为 $[V_{11}, V_{12}, \cdots, V_{1N}]$，二级叶片组的剩余不平衡量表示为 $[V_{21}, V_{22}, \cdots, V_{2N}]$，依此类推，假设转子级数为 Z，则 Z 级叶片组的剩余不平衡量表示为 $[V_{Z1}, V_{Z2}, \cdots, V_{ZN}]$。各台份的剩余不平衡量表示为

$$\begin{cases} U_1 = V_{01} + V_{11} + \cdots + V_{Z1} \\ U_2 = V_{02} + V_{12} + \cdots + V_{Z2} \\ \qquad\qquad \vdots \\ U_N = V_{0N} + V_{1N} + \cdots + V_{ZN} \end{cases} \tag{3-78}$$

式中，U_i 为单台份风扇转子剩余不平衡量，$\mathrm{g \cdot mm}$。

本节以多台份转子性能均衡为目标，实现零件选配，因此定义目标函数和约束条件如下：

$$\min Z = U_1 + U_2 + U_3 + \cdots + U_i \cdots + U_N \tag{3-79}$$

$$\text{s.t.} \quad U_i \leqslant \mu, \quad i = 1, 2, \cdots, N \tag{3-80}$$

式中，Z 为 N 台份风扇转子剩余不平衡量之和，$\mathrm{g \cdot mm}$；μ 为单台份风扇转子许用不平衡量，$\mathrm{g \cdot mm}$。

采用分段自然数编码的遗传算法对优化模型式(3-79)进行求解，将每一种零件组合方案编码为一条染色体，计算各台份转子整体的剩余不平衡量，最终通过目标函数得到既可以满足装配性能要求，又可以实现各台份转子性能均衡的装配组合方案。

1) 染色体基因编码

采用分段自然数编码[92]，将每种装配组合方案记为矩阵 D ，每台份转子零件组合记为矩阵 d ，如式(3-81)和式(3-82)所示：

$$D = (d_1, d_2, d_3, \cdots, d_N) \tag{3-81}$$

$$d_i = (m_0, m_1, m_2, \cdots, m_Z) \tag{3-82}$$

式中，N 为要装配转子的台数；Z 为每台份转子所包含的零件数目。

若染色体长度为 $N \times Z$ ，则染色体的编码形式为 $\{m_{10}, m_{11}, \cdots, m_{1Z}, m_{20}, m_{21}, \cdots, m_{2Z}, \cdots, m_{N0}, m_{N1}, \cdots, m_{NZ}\}$ 。染色体每一段编码代表一台份转子装配体，一条染色体代表一种装配组合方案，染色体编码如图 3-49 所示。

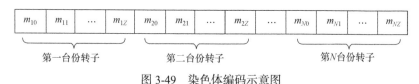

图 3-49　染色体编码示意图

2) 适应度函数的设计

群体中个体的差异通过适应度函数进行区分。本节算法的适应度函数如式(3-83)所示，在计算适应度时，每个 U_i 都通过调用单台份风扇转子不平衡量优化算法计算，适应度函数值越小，个体之间越均衡。

$$\text{Fitness} = \sum_{i=1}^{k} U_i \tag{3-83}$$

3) 遗传操作的设计

本节采用轮盘赌法选择算子，在计算得到各个个体的适应度后，找出其中适应度最大的个体，将其保存，并且复制直接进入下一代，其他的个体通过轮盘赌法选择算子进行选择，基本思想是各个个体被选中的概率与其适应度大小成正比，具体步骤如下：

(1) 计算出群体中每个个体的适应度；

(2) 计算出每个个体被遗传到下一代群体中的概率；

(3) 计算出每个个体的累积概率；

(4) 在[0,1]区间产生一个随机数 r ，若 $q[k-1] < r \leqslant q[k]$ ，则选择个体 k ，重复该步骤 M 次。

本节中交叉算子采用基于位置的交叉(position-based crossover，PBX)，如图 3-50 所示。首先在两个父代染色体上随机选择几个位置，位置可以不连续，将在父代染色体 1 上选中的位置的基因复制到子代染色体 1 相同的位置上，再在父代染色体 2 上将子代 1 中缺少的基因按照顺序填入。另一个子代以相同的方式得到。基于位置的交叉方式不会出现单台份转子存在相同类型零件的情况，且与顺序交叉方式不同之处为选取位置可以不连续，比顺序交叉方式更具随机性。

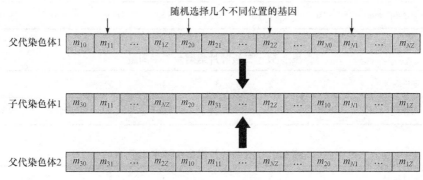

图 3-50 交叉算子示意图

本节变异算子采用两点交换变异算子，如图 3-51 所示，其中一个点 i 随机取值，另一个点采用等间隔 $i \pm nZ$ 的方式取点。

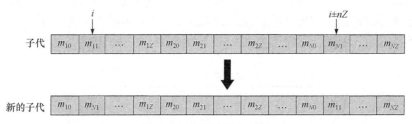

图 3-51 变异算子示意图

4) 算法终止条件

先假定一个最大的迭代次数，当算法的迭代次数超过最大迭代次数，最优结果的次数也连续超过某一个阈值时，在每次遗传操作后会记录适应度最高的个体，算法结束后，将其作为该问题的最终解，有利于提高其收敛速度。

随机选择 7 台份风扇转子装配体进行零件选配实例验证。转子零件包括盘鼓组合件、一级叶片组、二级叶片组、三级叶片组四种零件。在对各零件进行组合优化之后，要求多台份转子不平衡量均衡，即不平衡量之和最小的零件组合方案为最佳装配组合方案。在零件组合优化之前，先对各零部件的不平衡量数据进行记录并编号，数据如表 3-59~表 3-62 所示。

表 3-59 盘鼓组合件初始不平衡量

零件编号	1	2	3	4	5	6	7
不平衡量/(g·mm)	76.22	78.75	82.68	87.49	90.50	96.94	100.65

表 3-60　一级叶片组剩余不平衡量

零件编号	1	2	3	4	5	6	7
不平衡量/(g·mm)	3.56	4.07	4.93	5.52	6.08	6.41	7.38

表 3-61　二级叶片组剩余不平衡量

零件编号	1	2	3	4	5	6	7
不平衡量/(g·mm)	5.60	6.98	7.18	7.29	7.87	8.16	9.59

表 3-62　三级叶片组剩余不平衡量

零件编号	1	2	3	4	5	6	7
不平衡量/(g·mm)	4.05	5.67	6.99	7.76	7.98	8.49	10.21

根据表 3-59～表 3-62 中的数据,利用所提的基于分段自然数编码的遗传算法对转子各零部件进行选配优化。设定的算法参数为:种群大小为 1200,最大迭代次数为 300 次,弱者存活概率为 0.4,变异概率为 0.1。图 3-52 为遗传算法的收敛曲线。

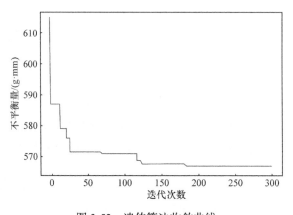

图 3-52　遗传算法收敛曲线

图 3-52 也是各台份风扇转子剩余不平衡量之和随着算法迭代次数的增加而变化的曲线。由图可以看出,随着迭代次数的增加,目标函数值变化很快,在迭代 180 次左右时目标函数值已经开始收敛,在迭代 300 次时目标函数值已经达到最小值 566.19g·mm。风扇转子零件最优装配组合方案如表 3-63 所示。

表 3-63　风扇转子零件最优装配组合方案

转子编号	盘鼓组合件	一级叶片组	二级叶片组	三级叶片组	剩余不平衡量/(g·mm)	装配相位角/(°)
1	4	5	2	4	77.92	225.00/206.94/225.07
2	6	1	4	7	70.81	189.82/276.49/313.37
3	3	4	1	5	92.02	246.13/167.50/203.69
4	2	3	3	6	81.07	225.00/234.09/225.00
5	1	7	6	2	69.42	199.39/146.96/242.04
6	5	2	7	3	68.76	359.29/253.34/179.99
7	7	6	5	1	105.99	225.07/208.43/224.99

表 3-63 为利用所提的基于分段自然数编码的遗传算法优化输出的最优转子零件装配组合方案。由表可以看出，除了第 7 台份，其余各台份转子的剩余不平衡量均小于 100g·mm，满足实际装配平衡要求。本节选择 RMSE 作为转子不平衡量均衡的评价指标，计算出 RMSE 为 12.75。为验证该方法的选配精度，在相同数据下，制订人工经验选配方式的转子零件组合方案，如表 3-64 所示。

表 3-64　人工经验选配方式的转子零件组合方案

转子编号	盘鼓组合件	一级叶片组	二级叶片组	三级叶片组	剩余不平衡量/(g·mm)	装配相位角/(°)
1	1	3	4	7	90.43	260.13/225.02/184.75
2	4	6	7	3	103.31	192.95/224.86/264.36
3	6	7	6	4	143.92	198.60/225.06/255.47
4	3	5	1	5	96.48	225.08/224.98/225.09
5	5	2	3	6	137.26	252.84/224.95/210.73
6	2	4	5	1	96.68	185.47/225.01/302.95
7	7	1	2	2	164.70	283.42/223.96/182.18

由表可以看出，第 1、4、6 台份转子的剩余不平衡量均小于 100g·mm，其余剩余不平衡量超差，因此总共有 3 台份转子满足装配平衡要求，该方法各台份转子不平衡量的 RMSE 为 27.02。图 3-53 为两种方法的各台份转子剩余不平衡量对比。

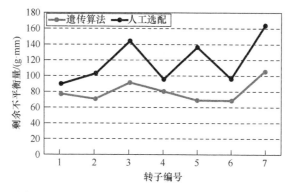

图 3-53　两种方法的各台份转子剩余不平衡量对比

3.4.3　螺栓拧紧参数优化方法

　　航空发动机风扇转子是由多级盘鼓通过螺栓连接堆叠而成，转子装配后的同轴度主要是螺栓预紧力导致上下两级转子在空间上的相对位姿发生改变，而转子装配后的刚度主要是由螺栓预紧力改变结合面压强所引起的。虽然同轴度与刚度都归因于螺栓预紧力，但是转子同轴度与刚度之间并无必然关联。带止口转子装配示意图如图 3-54 所示。在进行螺栓拧紧操作时，螺栓预紧力的不同导致上下级盘鼓发生偏转，进而导致装配同轴度发生变化，同时螺栓连接的刚度也会发生变化。因此，需要研究风扇转子同轴度与刚度双目标的螺栓拧紧参数优化方法，使得螺栓在拧紧操作过程中，盘鼓装配同轴度与刚度能够均衡且满足设计要求。

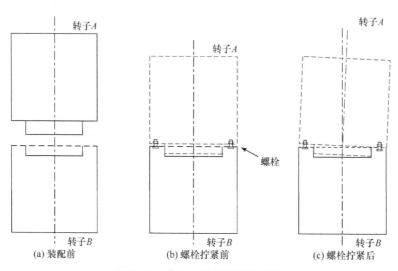

图 3-54　带止口转子装配示意图

1. 面向同轴度与刚度双目标的拧紧参数优化模型

1) 第一目标函数

根据 3.3.3 节所建立的风扇转子同轴度预测模型,可以实现转子在不同螺栓预紧力作用下同轴度的预测,以此作为第一目标函数,如式(3-84)所示:

$$F_1 = Y_{tz}(F_{gy}, F_{jg}, F_{cl}, F_{jd}, F_{hj}) \tag{3-84}$$

式中, F_1 为第一目标函数; Y_{tz} 为同轴度预测模型。

2) 第二目标函数

刚度作为衡量螺栓连接件性能好坏的重要指标之一,尤其对于风扇转子这种高速转动件,刚度越大所能承受的荷载也就越大,能够有效提高转子的可靠性。除了螺栓刚度、被连接件刚度,本节将结合面接触刚度加入螺栓连接刚度计算模型中。

螺栓连接刚度主要由螺栓刚度、被连接件刚度和结合面接触刚度三部分组成[93]。

$$\frac{1}{K} = \frac{1}{K_b} + \frac{1}{K_c} + \frac{1}{K_d} \tag{3-85}$$

式中, K 为螺栓连接刚度; K_b 为螺栓刚度; K_c 为被连接件刚度; K_d 为结合面接触刚度。

依据德国工程师协会标准,螺栓刚度一般将螺栓视为均匀的圆柱进行计算[94]:

$$K_b = \frac{\pi E_b d^2}{4T} \tag{3-86}$$

式中, E_b 为螺栓的材料弹性模量; d 为螺栓的直径; T 为被连接件总厚度。

假设被连接件在螺栓压紧下的应力沿径向呈现出均匀分布,则受压层的形状表现为圆锥体变化[95],如图 3-55 所示。

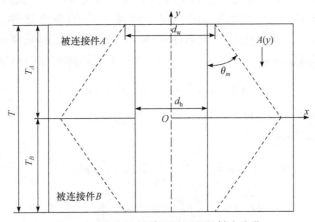

图 3-55　被连接件受压层面积的轴向变化

被连接件的刚度会随着受压层面积的变化而变化，受压层面积主要由材料的弹性模量和厚度对圆锥角 θ_m 的影响决定，因此参考文献[96]，建立材料弹性模量、材料厚度与圆锥角 θ_m 的关系式：

$$\frac{K_c}{E_m d} = \frac{-0.058 E_A}{E_B} + 1.309 \tag{3-87}$$

式中，E_m 为上下级被连接件材料的等效弹性模量[97]，

$$E_m = \frac{E_A E_B}{E_A + E_B} \tag{3-88}$$

$$\frac{K_c}{E_m d} = \frac{-0.031 E_A}{E_B} + 1.047 \tag{3-89}$$

$$\theta_m = \arctan\left[0.978\left(\frac{d}{10}\right)^{0.424} \mathrm{e}^{-\left(1.318 - 0.023\frac{E_A}{E_B}\right)\frac{T}{d}} + \left(0.664 - 0.023\frac{T_A}{T_B}\right) \right] \tag{3-90}$$

被连接件的受压层面积如式(3-91)所示：

$$A(y) = \pi\left[\left(T\tan\theta_m + \frac{d_w}{2}\right)^2 - \left(\frac{d_h}{2}\right)^2 \right] \tag{3-91}$$

式中，d_w 为螺栓的夹持外径；d_h 为螺纹孔(通孔)内径。

根据胡克定律，被连接件的刚度为

$$K_c = \frac{1}{\displaystyle\int_0^{T/2} \frac{A(y)}{E_m}\mathrm{d}y} \tag{3-92}$$

考虑到结合面刚度主要会受到接触压强的影响，因此需要在得到结合面的接触压强之后，才能计算结合面的刚度。对于厚度相同的被连接件，其外侧直径 $d_m \geqslant d_w + L\tan\theta$，若被连接件间不存在垫片，则接触压强的分布情况可认为是图 3-56 中有关半径 r 的 4 次多项式[98]，图中 θ 为圆柱体假设的半顶角，则

$$p_n(r) = c_4 r^4 + c_3 r^3 + c_2 r^2 + c_1 r + c_0 \tag{3-93}$$

式中，$c_i(i = 0,1,\cdots,4)$ 为待定系数。

结合面接触刚度[99]为

$$\begin{aligned}
K_d &= \int_{r_h}^{r_p} 2\pi r k(p_n)\mathrm{d}r = \int_{r_h}^{r_p} 2\pi r \alpha p_n^\beta(r)\mathrm{d}r \\
&= \int_{r_h}^{r_p} 2\pi r \alpha F_m^\beta \tilde{p}_n^\beta(r)\mathrm{d}r = \alpha F_m^\beta \int_{r_h}^{r_p} 2\pi r \tilde{p}_n^\beta(r)\mathrm{d}r
\end{aligned} \tag{3-94}$$

式中，F_m 为施加的预紧力；$\tilde{p}_n(r)$ 表示施加单位载荷后的压强分布情况。

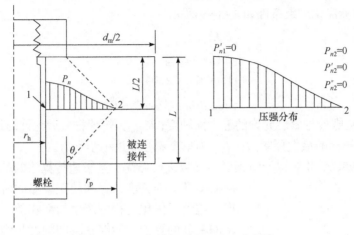

图 3-56 被连接件接触压强分布假设

令 $\tilde{K}_d = \int_{r_h}^{r_p} 2\pi r \tilde{p}_n^\beta(r)\mathrm{d}r$，则

$$K_d = \alpha F_m^\beta \tilde{K}_d \tag{3-95}$$

联合式(3-85)～式(3-95)，螺栓连接的刚度为

$$\frac{1}{K} = \frac{4T}{\pi E_b d^2} + \frac{2\ln\left[\dfrac{(d_w + T\tan\theta_m - d_h)(d_w + d_h)}{(d_w + T\tan\theta_m + d_h)(d_w - d_h)}\right]}{\pi E d_h \tan\theta_m} + \frac{1}{\alpha F_m^\beta \tilde{K}_d} \tag{3-96}$$

综合上述第一目标函数与第二目标函数，风扇转子装配后同轴度与刚度双目标优化目标函数如式(3-97)所示：

$$f(L) = \min\left[\lambda_1 c(L) + \lambda_2 \frac{1}{K(L)}\right], \quad L = (l_1, l_2, \cdots, l_i, \cdots, l_n) \tag{3-97}$$

式中，λ_i 为第 i 个目标函数的权重参数；c 为风扇转子装配后的同轴度；K 为风扇转子螺栓连接刚度；L 为螺栓预紧力向量；l_i 为第 i 个螺栓的预紧力。

由于螺栓的预紧力不是任意选取的，为了保证转子连接的稳固性并能承受一定的拉伸、扭转与弯曲，根据一般钢制连接螺栓预紧力公式：

$$F \leqslant (0.6\sim0.8) \times \delta_s \times A \tag{3-98}$$

式中，δ_s 为屈服极限，$\delta_s = 320\mathrm{MPa}$；$A$ 为螺纹小径横截面积。

将屈服极限和螺纹小径横截面面积代入式(3-98)中，通过计算得 $F_{\max} = 0.8 \times 3.14 \times 1.8^2 \times 320 = 2604\mathrm{N}$。通过计算得到最小预紧力为 1500N，则螺栓预紧力的取值范围为 1500～2600N。为了避免转子在螺栓拧紧后出现应力集中的问题，单个螺栓最大预紧力与最小预紧力之间的差值不能超过螺栓最小预紧力的20%。多级转子双目标优化约束条件如式(3-99)所示：

$$\text{s.t.} \begin{cases} c(L) \leqslant c_{\max} \\ K(L) \geqslant K_{\min} \\ 1500 \leqslant l_i \leqslant 2604 \\ (l_{\max} - l_{\min}) / l_{\min} \leqslant 20\% \end{cases} \tag{3-99}$$

式中，$c_{\max}$ 为螺栓拧紧后允许的最大同轴度；$K_{\min}$ 为螺栓拧紧后允许的最小刚度；$l_{\max}$ 为单个螺栓的最大预紧力；$l_{\min}$ 为单个螺栓的最小预紧力。

采用 NSGA-II 对螺栓组预紧力参数进行寻优。基于遗传算法的基本操作，NSGA-II 对拥挤度计算和精英策略同时进行了考虑，避免了优化过程中产生局部收敛。合理选择 NSGA-II 的算子，能够获得同轴度与刚度优化后的螺栓组预紧力非劣解，最终实现风扇转子同轴度与刚度的同时优化。螺栓拧紧工艺优化流程如图 3-57 所示。

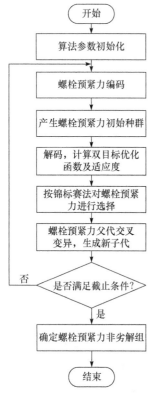

图 3-57　螺栓拧紧工艺优化流程

根据同轴度与刚度优化模型，对螺栓预紧力进行编码，设计适应度函数，选择算子与变异算子，采用 NSGA-II 对模型求解计算，寻找螺栓预紧力非劣解，算法求解步骤如下。

(1) 适应度函数设计。

航空发动机风扇转子装配目标是在尽量保证螺栓预紧力均匀的前提下，将同轴度降到最小的同时保持良好的刚度。因此，将式(3-97)作为 NSGA-II 算法的适应度函数。

(2) 选择算子。

螺栓预紧力在寻优时，选取该螺栓预紧力同轴度最优且刚度最大的组合作为算法的父本，并以此产生新种群。一般在选择算子时主要采用两种方法，即锦标赛法与轮盘赌法。

螺栓预紧力寻优中，使用锦标赛法一般是从生成的种群中选择一定数目的螺栓预紧力个体，挑选同轴度最优且刚度最大的螺栓预紧力参与到下一代螺栓预紧力种群中。上述过程分为以下三步：①选择每一次进行锦标赛的螺栓预紧力的数量 M；②在螺栓预紧力种群中随机选取 M 组螺栓预紧力，将同轴度最优且刚度最大的组挑选到下一代的螺栓预紧力种群中；③若现有种群中一共包括 N 组螺栓预紧力，则重复①和② N 遍。

螺栓预紧力在寻优时，轮盘赌法将每组预紧力的适应度函数作为判定该预紧力是否能够进入下一代样本的根据，该方法分为以下四步：①计算第 j 组螺栓预紧力 L_j 的被选择概率 $P(L_j)$ ，

$$P(L_j) = \frac{F(L_j)}{\sum\limits_{j=1}^{M} F(L_j)} \tag{3-100}$$

式中，M 为同轴度和刚度双目标优化群体规模大小；$F(L_j)$ 为第 j 组螺栓预紧力的适应度。②计算第 j 组螺栓预紧力 L_j 对应累积概率 $q(L_j)$ ，

$$q(L_j) = \sum\limits_{k=1}^{j} P(L_j) \tag{3-101}$$

③经过概率的比较，判定该螺栓预紧力是否为父本：

$$q(\theta_{j-1}) < b < q(\theta_j) \tag{3-102}$$

式中，b 为[0,1]区间随机选取的数。假设 b 刚好处于第 j 组螺栓预紧力累积概率范围内，则将第 j 组螺栓预紧力视为父本。④若下一代螺栓预紧力种群一共有 N 组，则重复②和③ N 遍。

通过比较两种方法可知，锦标赛法包含的步骤较少，具备较高的效率，因此本节优化模型的选择算子选择锦标赛法，每一次选择 10 个个体参与锦标赛。

(3) 交叉算子设计。

针对螺栓预紧力，采用线性交叉算子产生下一代螺栓预紧力个体 child：

$$\text{child} = \text{parent}_2 + 0.5(\text{parent}_1 - \text{parent}_2) \tag{3-103}$$

式中，parent_1 为第一个螺栓预紧力父本；parent_2 为第二个螺栓预紧力父本。经过父本螺栓预紧力的线性交叉获得下一代螺栓预紧力，令下一代螺栓预紧力个体具备遗传的多样性。

(4) 变异算子设计。

常见的变异算子主要包括高斯变异算子与自适应变异算子两类。高斯变异算子仅在应对无约束规划问题时较为合适，而自适应变异算子具有更好的适用性[100]。由于转子间的螺栓预紧力存在约束，为避免螺栓预紧力出现局部最优的情况，同时保证螺栓预紧力分布均匀，选择自适应变异算子，在螺栓预紧力获得充分变异的基础上，更加符合风扇转子螺栓连接的实际情况。

2. 实例验证

采用 3.3.3 节同轴度预测实例验证所使用的实验仪器和所获取的螺栓拧紧力数据进行验证。使用同轴度预测模型得到风扇转子装配后的同轴度，计算可得到

转子的螺栓连接等效刚度，采用 NSGA-Ⅱ求解计算，获得螺栓组预紧力非劣解，按照每组螺栓预紧力装配后的同轴度与刚度如表 3-65 所示。

表 3-65　同轴度和刚度双目标优化螺栓组预紧力非劣解组

非劣解编号	不同螺栓对应预紧力/N								同轴度/mm	刚度/(10^8N/m)
	螺栓 1	螺栓 2	螺栓 3	螺栓 4	螺栓 5	螺栓 6	螺栓 7	螺栓 8		
1	1598	1675	1684	1758	1562	1674	1659	1584	0.0248	1.57
2	1648	1758	1654	1754	1846	1654	1784	1723	0.0258	1.87
3	1754	1645	1789	1629	1794	1874	1634	1654	0.0221	1.61
4	1864	1865	1945	1965	2056	1856	1849	1967	0.0237	1.49
5	2469	2365	2265	2359	2268	2431	2298	2374	0.0232	1.55
6	1956	1645	1789	1629	1794	1874	1634	1654	0.0229	1.7
7	2078	1674	1659	1584	1645	1789	1629	1856	0.0253	1.37
8	2261	1654	1754	1846	1654	1645	1789	1629	0.0242	1.57

　　根据表 3-65 中非劣解螺栓组预紧力作用下的同轴度和刚度，计算得到双目标优化解同轴度和刚度分布如图 3-58 所示。由图可以看出，在转子同轴度极值小于 26 μm，刚度极值大于 $1.3×10^8$N/m 的约束下，同轴度与刚度双目标优化模型经过优化能够获得 8 组非劣解，对应 8 组螺栓组预紧力；在第 3 组螺栓预紧力作用下，使用拧紧力矩的反求结果，同轴度可以达到最小 22.1μm，即选用该组螺栓预紧力可使拧紧后的同轴度达到最小；在第 2 组螺栓预紧力作用下，刚度达到最大 $1.87×10^8$N/m，即选用该组螺栓预紧力可使装配后的刚度达到最高；在第 6 组螺栓预紧力作用下，同轴度与刚度都保持较为不错的值，分别为 22.9 μm 和 $1.7×10^8$N/m，选用该组螺栓预紧力可使同轴度与刚度都较为均衡。

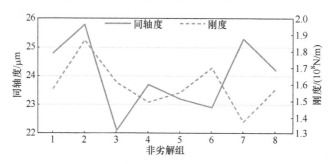

图 3-58　双目标优化解同轴度和刚度分布

参 考 文 献

[1] 石宏. 航空发动机装配工艺技术[M]. 北京: 北京航空航天大学出版社, 2015.

[2] 刘鑫. 航空发动机转子装配精度预测及堆叠[D]. 大连: 大连理工大学, 2020.

[3] 李鹏飞, 王娟, 赵洪丰. 航空发动机转子静、偶不平衡量控制方法研究[J]. 航空科学技术, 2019, 30(3): 13-18.

[4] 刘永泉, 王德友, 洪杰, 等. 航空发动机整机振动控制技术分析[J]. 航空发动机, 2013, 39(5): 1-8.

[5] 韩清凯, 王美令, 赵广, 等. 转子系统不对中问题的研究进展[J]. 动力学与控制学报, 2016, 14(1): 1-13.

[6] Zheng L, Luo Z M, Fu Y J, et al. Research on whole-body vibration of aero-engine[J]. Machine Building & Automation, 2016, 45(1): 199-201.

[7] 陈光. 航空发动机结构设计分析[M]. 北京: 北京航空航天大学出版社, 2014.

[8] 唐文斌, 余剑峰, 李原, 等. 产品关键特性量化鉴别与分解方法应用研究[J]. 计算机集成制造系统, 2011, 17(11): 2383-2388.

[9] Zheng L Y, McMahon C A, Li L, et al. Key characteristics management in product lifecycle management: A survey of methodologies and practices[J]. Proceedings of the Institution of Mechanical Engineers, Part B: Journal of Engineering Manufacture, 2008, 222(B8): 989-1008.

[10] 赵爽, 谢石林, 邓正平, 等. 基于装配过程的关键特性识别与控制方法研究[J]. 航空制造技术, 2016, 59(8): 56-59.

[11] 徐兰, 苏翔. 基于贝叶斯网络的复杂质量结构产品系统关键质量要素识别方法[J]. 江苏科技大学学报(自然科学版), 2015, 29(2): 193-198.

[12] Whitney D E. The role of key characteristics in the design of mechanical assemblies[J]. Assembly Automation, 2006, 26(4): 315-322.

[13] Sun L, Zhu L, Liu C, et al. Research on Critical Technical Elements Recognition Method Based on AHP[C]. IOP Conference Series: Materials Science and Engineering, 2019: 012110.

[14] 魏丽, 郑联语. 概要工艺规划中关键特性的识别过程及方法[J]. 计算机集成制造系统, 2007, 13(1): 147-152.

[15] 冯子明, 邹成, 刘继红. 飞机关键装配特性的识别与控制[J]. 计算机集成制造系统, 2010, 16(12): 2553-2556.

[16] 张飞. 基于灰色关联度-改进熵权法的麦弗逊悬架几何参数优化研究[D]. 合肥: 合肥工业大学, 2019.

[17] 郭飞燕. 飞机数字量装配协调技术研究[D]. 西安: 西北工业大学, 2015.

[18] 李淑敏. 决策图扩展方法及其在重要度计算中的应用[D]. 西安: 西北工业大学, 2014.

[19] 李维亮, 李西宁, 李卫平, 等. 飞机柔性装配型架关键特性的识别与控制[J]. 制造业自动化, 2013, 35(6): 19-22.

[20] Gauthama R M R, Kirthivasan K, Shankar S V S. Development of rough set–hypergraph technique for key feature identification in intrusion detection systems[J]. Computers & Electrical Engineering, 2017, 59: 189-200.

[21] Yang F. A key characteristics-based model for quality assurance in supply chain[C]. Institute of Electrical and Electronics Engineers International Conference on Industrial Engineering & Engineering Management, 2011: 1428-1432.

[22] Wang C X, Zheng X Y. Application of improved time series Apriori algorithm by frequent

itemsets in association rule data mining based on temporal constraint[J]. Evolutionary Intelligence, 2020, 13(1): 39-49.

[23] Singh S, Garg R, Mishra P K. Performance optimization of MapReduce-based Apriori algorithm on Hadoop cluster[J]. Computers & Electrical Engineering, 2018, 67: 348-364.

[24] 宋中山, 张广凯, 尹帆, 等. 基于频繁模式的长尾文本聚类算法[J]. 计算机系统应用, 2019, (4): 139-144.

[25] Guo Y F, Gao H L, Tian J. Photovoltaic output modeling by introducing clustering analysis and its application in reliability evaluation[J]. Automation of Electric Power Systems, 2016, 40(23): 93-100.

[26] Li Y H, Wang J X, Wang X L. A power system network loss evaluation method based on hybrid clustering analysis[J]. Automation of Electric Power Systems, 2016, 40(1): 60-65.

[27] Li X, Gong Q W, Yang Q Y, et al. Fault information management and analysis system based on data mining technology for relay protection devices[J]. Electric Power Automation Equipment, 2011, 31(9): 88-91.

[28] Xu X, Yan S, Wang Y. Researching on traffic accident based on relevance analysis[C]. Institute of Electrical and Electronics Engineers International Conference on Power, Intelligent Computing and Systems(ICPICS), 2019: 629-632.

[29] 陈申燕, 曹旻. 多层关联规则挖掘算法的研究及应用[J]. 计算机工程与设计, 2010, 31(4): 885-888.

[30] Chen Y, Cui J W, Sun X, et al. An unbalance optimization method for a multi-stage rotor based on an assembly error propagation model[J]. Applied Sciences, 2021, 11(2): 887.

[31] 罗振伟, 梅中义. 基于测量数据的飞机数字化预装配技术[J]. 航空制造技术, 2013, 56(20): 99-102.

[32] Yang Z, Hussain T, Popov A A, et al. Novel optimization technique for variation propagation control in an aero-engine assembly[J]. Proceedings of the Institution of Mechanical Engineers, Part B: Journal of Engineering Manufacture, 2010, 225(1): 100-111.

[33] Yang Z, Hussian T, Popov A A, et al. A comparison of different optimization techniques for variation propagation control in mechanical assembly[J]. Materials Science and Engineering, 2011, 26(1): 12-17.

[34] 孟祥海, 单福平. 航空发动机转子件装配质量预测[J]. 制造业自动化, 2016, 38(5): 61-65.

[35] 张子豪, 郭俊康, 洪军, 等. 航空发动机高压转子装配偏心预测和相位优化的智能算法应用研究[J]. 西安交通大学学报, 2021, 55(2): 47-54.

[36] 周思杭. 产品装配质量设计、预测与控制理论、方法及其应用[D]. 杭州: 浙江大学, 2012.

[37] Lee A S, Ha J W. Prediction of maximum unbalance responses of a gear-coupled two-shaft rotor-bearing system[J]. Journal of Sound & Vibration, 2005, 283(3-5): 507-523.

[38] 吴凯. RV 减速器装配中的选配优化技术研究[D]. 北京: 北方工业大学, 2017.

[39] Kannan S M, Jeevanantham A K, Jayabalan V. Modelling and analysis of selective assembly using Taguchi's loss function[J]. International Journal of Production Research, 2008, 46(15): 4309-4330.

[40] Asha A, Rajesh Babu J. Comparison of clearance variation using selective assembly and

metaheuristic approach[J]. International Journal of Latest Trends in Engineering and Technology, 2017, 8(3): 148-155.

[41] 任水平, 刘检华, 何永熹, 等. 机械产品多质量要求下的选择装配方法[J]. 计算机集成制造系统, 2014, 20(9): 1-10.

[42] 杜海雷, 孙惠斌, 黄健, 等. 面向装配精度的航空发动机转子零件选配优化[J]. 计算机集成制造系统, 2021, 27(5): 1-8.

[43] 曹杰, 高智勇, 高建民, 等. 基于制造公差的复杂机械产品精准选配方法[J]. 计算机集成制造系统, 2020, 26(7): 1-8.

[44] 丁司懿, 金隼, 李志敏, 等. 航空发动机转子装配同心度的偏差传递模型与优化[J]. 上海交通大学学报, 2018, 52(1): 54-62.

[45] American Society of Mechanical Engineers. Guidelines for pressure boundary bolted flange joint assembly[S]. ASME PCC-1-2019. New York: American Society of Mechanical Engineers, 2019.

[46] Tsuji H, Nakano M. Bolt preload control for bolted flange joint[C]. American Society of Mechanical Engineers Pressure Vessels and Piping Conference, 2002: 163-170.

[47] Kumakura S, Saito K. Tightening sequence for bolted flange joint assembly[C]. American Society of Mechanical Engineers Pressure Vessels and Piping Conference, 2003: 9-16.

[48] 施刚, 石永久, 王元清. 钢结构端板连接高强度螺栓几种施拧顺序的对比研究[J]. 四川建筑科学研究, 2005, 31(2): 1-3.

[49] 喻健良, 罗从仁, 张忠华, 等. 法兰密封系统螺栓加载方式试验研究[J]. 压力容器, 2012, 29(11): 1-6.

[50] 叶永松. 考虑实际接触的螺栓止口连接预紧力及其变形研究[D]. 大连: 大连理工大学, 2020.

[51] Takaki T, Fukuoka T. Effective bolting up procedure using finite element analysis and elastic interaction coefficient method[C]. American Society of Mechanical Engineers/Japanese Society of Mechanical Engineers Pressure Vessels and Piping Conference, 2004: 155-162.

[52] 张晓庆. 阀门环形螺栓组装配工艺优化及其实验研究[D]. 哈尔滨: 哈尔滨工业大学, 2013.

[53] 陈成军, 杨国庆, 常东方, 等. 面向结合面密封性能要求的装配连接工艺设计[J]. 西安交通大学学报, 2012, 46(3): 1-9.

[54] 孙衍山, 曾周末, 杨昊, 等. 航空发动机机匣螺栓连接结构力学特性影响因素[J]. 机械科学与技术, 2017, 36(12): 1-6.

[55] 张海艳, 张连锋. 航空发动机整体叶盘制造技术国内外发展概述[J]. 航空制造技术, 2013, 56(23/24): 38-41.

[56] 孟亮国. 航空发动机转子装配工艺优化方法研究[D]. 大连: 大连理工大学, 2019.

[57] 王文书. 同轴度公差与其他形位公差之间的关系及取代应用[J]. 金属加工: 冷加工, 2011, (1): 61-62.

[58] 沈婧芳. 机械结合部分形表征参数特性研究与统计检验[D]. 武汉: 华中科技大学, 2019.

[59] 李万钟. 粗糙表面循环微接触与摩擦学特性研究[D]. 西安: 西北工业大学, 2018.

[60] 刘君, 吴法勇, 王娟. 航空发动机转子装配优化技术[J]. 航空发动机, 2014, 40(3): 75-78.

[61] 刘泽伟. 航空发动机转子同轴度和不平衡量双目标优化装配方法[D]. 哈尔滨: 哈尔滨工业

大学, 2019.

[62] Liu Y M, Zhang M W, Sun C Z, et al. A method to minimize stage-by-stage initial unbalance in the aero engine assembly of multistage rotors[J]. Aerospace Science and Technology, 2019, 85: 270-276.

[63] 朱梅玉, 李梦奇, 文学, 等. 汽轮机转子动叶片装配序列智能优化[J]. 航空动力学报, 2017, 32(10): 2536-2543.

[64] 刘博遂, 曹立庭, 黄超, 等. 航空发动机转子叶片排序策略与静平衡技术[J]. 机电工程技术, 2019, 48(4): 113-115.

[65] 张渝, 李琳, 陈津, 等. 航空发动机重要装配工艺分析及研发展望[J]. 航空制造技术, 2019, 62(15): 14-21.

[66] Bian T, Deng Y. Identifying influential nodes in complex networks: A node information dimension approach[J]. Chaos: An Interdisciplinary Journal of Nonlinear Science, 2018, 28(4): 043109.

[67] Fei L, Zhang Q, Deng Y. Identifying influential nodes in complex networks based on the inverse-square law[J]. Physica A: Statistical Mechanics and its Applications, 2018, 512: 1044-1059.

[68] Tulu M M, Hou R, Younas T. Identifying influential nodes based on community structure to speed up the dissemination of information in complex network[J]. Institute of Electrical and Electronics Engineers Access, 2018, 6: 7390-7401.

[69] 文玉婷. 基于熵权 TOPSIS 法的 H 公司财务风险评价及防范措施[D]. 哈尔滨: 哈尔滨工业大学, 2020.

[70] Li X F. TOPSIS model with entropy weight for eco geological environmental carrying capacity assessment[J]. Microprocessors and Microsystems, 2021, 82: 103805.

[71] Guo Z. Evaluation of financial ability of port listed companies based on entropy weight TOPSIS model[J]. Journal of Coastal Research, 2020, 103(SI): 182-185.

[72] Wu H W, Li E, Sun Y, et al. Research on the operation safety evaluation of urban rail stations based on the improved TOPSIS method and entropy weight method[J]. Journal of Rail Transport Planning & Management, 2021, 20: 100262.

[73] 颜雪松, 蔡之华. 一种基于 Apriori 的高效关联规则挖掘算法的研究[J]. 计算机工程与应用, 2002, 38(10): 209-211.

[74] Hand D, Mannila H, Smyth P. Principles of Data Mining[D]. Cambridge: Massachusetts Institute of Technology, 2001.

[75] Liang H Q. Research on the discretization methods for numerical attributes[J]. Information Technology, 2008, 5: 99-101.

[76] Zhao J X, Ni C P, Zhan Y R, et al. Efficient discretization algorithm for continuous attributes[J]. Systems Engineering and Electronics, 2009, 31(1): 195-199.

[77] Safsaf A, Lounes N, Hidouci W K, et al. Big data stream discretization using chimerge algorithm[C]. World Conference on Information Systems and Technologies, 2021: 527-534.

[78] 刘浩. 基于半监督对抗自编码器的人脸自然演变研究[D]. 秦皇岛: 燕山大学, 2019.

[79] Schuster M, Paliwal K K. Bidirectional recurrent neural networks[J]. Institute of Electrical and

Electronics Engineers Transactions on Signal Processing, 2002, 45(11): 2673-2681.

[80] Cai F, Ozdagli A I, Potteiger N, et al. Inductive conformal out-of-distribution detection based on adversarial autoencoders[C]. Institute of Electrical and Electronics Engineers International Conference on Omni-Layer Intelligent Systems (COINS), 2021: 1-6.

[81] 赵鹏, 高杰超, 周彪, 等. 基于对抗自编码器的矢量草图生成方法[J]. 计算机辅助设计与图形学学报, 2020, 32(12): 1957-1966.

[82] 李鑫, 黄正华, 戚文军, 等. SLM 成形 AlSi10Mg 合金的组织与力学性能[J]. 材料科学, 2019, 9(6): 1-9.

[83] 郐光周. 导弹关键螺栓联接结构有限元分析与预紧力控制[D]. 西安: 西安电子科技大学, 2014.

[84] Takaki T, Fukuoka T. Effective bolt-up procedure of pipe flange connections: finite element analyses and elastic interaction coefficient methods[J]. Transactions of the Japan Society of Mechanical Engineers A, 2002, 68(668): 550-557.

[85] 李泽林. 基于轴向预载的转子装配方法研究[D]. 哈尔滨: 哈尔滨工业大学, 2018.

[86] 宾光富, 何立东, 高金吉, 等. 基于模态振型分析的大型汽轮机风扇转子高速动平衡方法[J]. 振动与冲击, 2013, 32(14): 1-6.

[87] Schmidhuber J. Gradient Flow in Recurrent Nets: The Difficulty of Learning Long-Term Dependencies[M]. New York: Wiley-IEEE Press, 2001.

[88] 刘辉, 田红旗, 李燕飞. 基于小波分析法与滚动式时间序列法的风电场风速短期预测优化算法[J]. 中南大学学报(自然科学版), 2010, 41(1): 370-375.

[89] 王继东, 宋智林, 冉冉. 基于改进支持向量机算法的光伏发电短期功率滚动预测[J]. 电力系统及其自动化学报, 2016, 28(11): 9-13.

[90] 琚奕鹏, 吴法勇, 金彬, 等. 基于转子跳动和初始不平衡量优化的多级盘转子结构装配工艺[J]. 航空发动机, 2018, 44(6): 83-90.

[91] Tang J Q, Liu B, Fang J C, et al. Suppression of vibration caused by residual unbalance of rotor for magnetically suspended flywheel[J]. Journal of Vibration & Control, 2013, 19(13): 1962-1979.

[92] 段黎明, 涂玉林, 李中明, 等. 基于密度的进化算法的机械产品选配方法[J]. 计算机集成制造系统, 2020, 26(2): 1-8.

[93] Liu F, Zhao L, Mehmood S, et al. A modified failure envelope method for failure prediction of multi-bolt composite joints[J]. Composites Science & Technology, 2013, 83: 54-63.

[94] Ingenieure V D. Systematic calculation of high duty bolted joints joints with one cylindrical bolt[S]. VDI—2230. Berlin: Verein Deutscher Ingenieure, 2003.

[95] Bickford J H. Introduction to the Design and Behavior of Bolted Joints[M]. Boca Raton: CRC Press, 2007.

[96] Cao J B, Zhang Z S. Finite element analysis and mathematical characterization of contact pressure distribution in bolted joints[J]. Journal of Mechanical Science and Technology, 2019, 33(10): 4715-4725.

[97] Budynas R, Nisbett K. Shigley's Mechanical Engineering Design[M]. Westlake Village: McGraw-Hill Education(Asia), 2014.

[98] Hu J W, Leon R T, Park T. Mechanical modeling of bolted T-stub connections under cyclic loads Part I: Stiffness modeling[J]. Journal of Constructional Steel Research, 2011, 67(11): 1710-1718.

[99] Greenwood J A, Williamson J. Contact of nominally flat surfaces[J]. Proceedings of the Royal Society of London, 1966, 295(1442): 300-319.

[100] 肖晓伟, 肖迪, 林锦国, 等. 多目标优化问题的研究概述[J]. 计算机应用研究, 2011, 28(3): 805-808, 827.

第4章　装配线管控决策与数字孪生系统

装配线是复杂产品研制的执行单位、生产组织的基本单位、企业效益的产生源头以及装配过程信息流、物料流与控制流的汇集中心，因此它成为企业管理的重点。从生产管理实践角度而言，追求装配线的均衡生产、高效产出、低成本运营，需要重点关注产线调度优化，持续关注系统性能评估。产线调度是保障产线有序、平稳、均衡、高效运转的神经中枢，是产线过程管控、产能提升的核心模块。系统性能评估是产线产能规划、产能损失分析、产线效益衡量的重要手段，也是产线产能提升、持续改进的重要依据。

复杂产品的结构复杂、零件众多、装配协调要素多、配套关系复杂、手工装配波动大，导致其装配周期长、装配效率低、装配稳定性差。在装配过程中，不仅需要大量的机器、夹具和专业设备，而且存在大量的手工装配；不仅存在设备故障、物料短缺、服务等级调整等实际变化，而且存在装调试错多变、返工返修频繁、质量波动突出等扰动，这些因素导致出现装配信息难以有效采集，仿真系统与硬件设备数据难以实时交互，装配过程难以优化决策等新型管控问题。数字孪生(digital twin，DT)通过基于实时数据和历史数据的虚实映射与数据融合分析，推动了复杂产品装配线的技术革新、装备升级，为复杂产品装配全生命周期实时化、精细化、透明化全景管控提供了使能支撑。

为实现复杂产品装配过程的高效管控，本章从以下几点展开研究：①复杂产品装配人机物协同调度；②复杂产品装配系统性能评估；③复杂产品装配在线感知与数字孪生系统。具体地，本章主要剖析装配线人与人、机器与机器、人与机器等不同类型资源的协同方式，建立人机协同装配资源调度模型，研究人机物装配资源调配策略，设计有效的人机装配资源分配方案，挖掘并提升人与机器协同潜能与效用，为装配作业的准时、高效完工提供保证；剖析装配线投入产出的非线性过程，构建两装配单元精确解析模型与多装配单元近似解析模型，揭示装配系统扰动耦合机理，建立系统状态转移模型，提出系统性能优化方法与系统性能评价体系，建立装配系统状态演化的马尔可夫过程，优化系统参数并改善系统性能；突破异构多源多模态数据的实时感知与采集技术，构建指令下行与信息上行通信通道；突破装备动作与在制品运动的近物理仿真，装备、模型、监控、系统多视图同步，装配线远程三维可视化操作等核心理论、方法与技术，开发柔性装配线仿真优化系统；通过装配运作过程的在线感知、主动调度、即时配送、透明管控等手段，提出虚实联动与主动决策新方法，实现被动响应向主动应对的转变，提升装配产线的运作效率。装配线管控决策与数字孪生系统研究方案如图 4-1 所示。

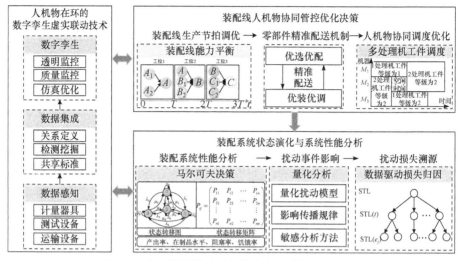

图 4-1　装配线管控决策与数字孪生系统研究方案

4.1　国内外研究进展

4.1.1　装配线作业调度

复杂产品装配具有工艺专业化程度高、高精尖技术密集、人机物交互频繁等特征。特定装配任务需要专业操作者使用专用的设备、工装、夹具完成，操作者的操作技能、操作等级、熟练程度以及人机协同方式均对装配时间、装配质量和装配精度有显著影响。具体地，单机器自动加工存在绝对定位精度低的问题，需要多机器配合通过精度补偿达到装配精度，采用机器与机器协同方式。飞机壁板-长桁-夹具存在 2000 多个定位点，需要通过数控调姿定位进行阵列式装配，采用工装夹具协同方式。发动机转子装配空间狭小，待加工型面可达性差，需要机器、技术员、操作员通力协作进行精密装配，采用人机协同方式。多个不同等级装配工、多个不同种类专用设备协同操作进行装配的过程就是典型的机器与工件多对一的加工方式，即多处理机工件方式。多处理机工件调度突破了经典调度中工件唯一性的限制，将经典调度中的工件排序一维问题拓展为机器分配及工件排序的二维问题。在复杂产品装配过程中，如何充分利用装配资源的协同柔性，优化生产调度水平，解决装配资源分配、工件排序的难题是复杂产品装配运作管控研究及应用亟待解决的挑战性课题。

Framinan 等[1]对确定性装配调度问题中的并发调度模型及求解做了综述，并提出了一种涵盖所有并发调度问题的统一表示法。Kaufman[2]研究了东芝压缩机装配线调度问题，为所有加工批次确定了适当的生产线和开工时间，目标是最小化误工时间，提出了整数规划模型并改进了拉格朗日松弛法。Allahverdi 等[3]在装配流水车间调度问题的基础上研究了两阶段分布式数据库装配调度问题，提出了三种启发式算法并进行了实验验证。对于两阶段分布式数据库装配调度问题，Potts 等[4]以最小化最大完工时间为研究目标，提出了一个近似算法，并用实验验证了算法的正确性；同样以最小化最大完工时间为目标，Hariri 等[5]在求解两机器流水车间问题的基础上，提出了一种分支定界算法，并用实验验证了算法的正确性；Allahverdi 等[6]证明了该问题的复杂性并提出了三种启发式算法；Lee[7]提出了一种分支定界算法并计算了六个下界，同时提出了四种启发式算法并进行了实验验证；Tozkapan 等[8]以最小化总加权时间为目标，提出了一种分支定界算法，并用实验验证了算法的正确性。对于两阶段装配流水车间调度问题，Seidgar 等[9]以最小化最大完工时间和平均完工时间的加权和为研究目标，提出了帝国竞争算法(imperialist competitive algorithm，ICA)，并进行了实验验证；同样以最小化最大完工时间和平均完工时间的加权和为目标，Mozdgir 等[10]提出了一种混合可变领域搜索算法，并进行了实验验证；Allahverdi 等[11]以最小化总延迟时间为研究目标，提出了多个启发式算法，并进行了相互对比验证；Al-Anzi 等[12]以最小化最大延迟时间为研究目标，提出了一种自适应差分进化启发式算法，并与禁忌算法和最早工期优先(earliest due date，EDD)算法进行了比较。Sung 等[13]研究了两阶段多机器装配调度问题，以最小化最大完工时间之和为目标，提出了一种分支定界算法和一种启发式算法；同样以最小化最大完工时间之和为目标，Al-Anzi 等[14]提出了一种人工免疫系统(artificial immune system，AIS)启发式算法，并进行了实验验证；Talens 等[15]以最小化最大完工时间为研究目标，提出了两种启发式算法，并进行了实验验证。

严洪森等[16]研究了以最小化最大完工时间、提前和延迟为优化目标的两阶段装配流水车间调度问题，提出了一种混合变邻域搜索-类电磁机制(variable neighborhood search-electromagnetism-like mechanism，VNS-EM)算法，并进行了实验验证。安玉伟等[17]研究了同步装配线中一段时间内的同步优化调度问题，将综合问题分解为若干子问题，采用动态搜索算法进行求解。苑明海等[18]研究了可重构装配线调度问题，以最小化空闲和未完工作业量、均衡零部件的使用速率及装配线调整成本为目标，提出了一种基于 Pareto 多目标遗传算法的可重构装配线优化调度方法。万峰等[19]针对航天复杂产品装配车间的装配过程，提出了基于启发式调度规则的调度算法和面向生产扰动的动态调度算法。朱宏伟等针对物料交付不确定的飞机移动装配线的主动调度问题，建立了双目标模型，提出了一种基于支持向量数据描述(support vector data description，SVDD)的响应式调度(responsive scheduling，

RS)(SVDD-RS)方法[20]。黎英杰等[21]针对多层级装配作业车间分批调度问题,以最小化工件最大完工时间为目标,提出了基于可行域搜索的遗传算法。王圣尧等针对最小化最大完工时间的分布式装配流水车间调度问题,首次提出了一种基于分部估计算法的模因算法,并对最知名的解决方案更新了 181 个实例[22]。邓瑾等研究了最小化最大完工时间的分布式两阶段装配流水车间调度问题,提出了一种竞争模因算法(competitive memetic algorithm,CMA),并研究了参数设置对 CMA 的影响[23]。张子强等提出了一种基于矩阵立方的分布估计算法(matrix cube estimation of distribution algorithm,MCEDA),用于同时求解以最小化最大完工时间和总碳排放量为目标的高效分布式装配排列流水车间调度问题,并验证了算法的有效性[24]。邓超等[25]研究了以最小化总完工时间为目标的带工件批量运输的加工、运输、装配三阶段装配集成调度问题。巴黎等[26]研究了一种考虑装配及运输环节的工艺规划与调度集成问题,以最小化最大完工时间为目标,提出了一种带优选策略的粒子群算法,并进行了实验验证。刘子文等研究了装配流水车间调度问题,以最小化最大完工时间和团队工作量不平衡度为目标,提出了三种改进多目标进化算法(multi-objective evolutionary algorithm,MOEA)的局部搜索策略[27]。饶运清等研究了准时制下混流装配线的车辆调度问题,以最小化总库存和运输成本为目标,提出了向后追溯算法和遗传算法与模拟退火混合算法,并进行了实验验证[28]。鲁建厦等[29]研究了混流汽车装配线调度问题,以最小化总调整时间和最小化超载时间与空闲时间为目标,提出了一种混合人工蜂群算法,并进行了对比实验验证。张子强等研究了两阶段装配流水车间调度问题,以最小化总完工时间和维护时间为目标,提出了两种启发式算法和一种基于预防性维护的迭代贪心(iterative greed for preventive maintenance,IGPM)算法,并进行了实验验证[30]。吕海利等[31]研究了装配作业车间调度问题,以最小化提前和延迟成本为目标,提出了一种三阶段调整的启发式算法,并进行了实验验证。

　　在产品装配过程中,将人机协作装配操作抽象为多处理机工件,将人的技能等级抽象为服务等级,将人机资源分配、协同作业问题抽象为考虑服务等级特征的多处理机工件调度问题。多处理机工件调度问题最早在 1975 年由 Garey 等[32]首次提出。Abdelmaguid[33]研究了多处理机开放车间调度问题,以最小化最大完工时间为研究目标,建立了整数规划模型,提出了一个基于散点搜索的领域搜索算法,并通过实验算例验证了算法的性能。Bukchin 等[34]研究了考虑连续多处理机工件(consecutive multiprocessor job)的调度问题,分别以最小化拖期工件数量、最小化拖期工件数量和总拖期时间的加权和为目标,建立了时间索引整数规划和约束规划两个模型,并通过数值实验验证了所建模型的适用性。考虑服务等级约束的机器调度问题最早由 Bar-Noy 等[35]提出。针对考虑并行机,以最小化最大完工时间为目标,Li 等[36]针对工件带有释放时间的问题,设计了多项式时间近似方案,并且对于机器数量固定的情况给出了全多项式时间近似方案。对于同样的问题，Glass 等[37]提出了近似比更小的近似算法，Ou 等[38]给出了近似算法和多项式时间近似方案。

当前研究面向飞机和车辆等的装配线，以最小化最大完工时间、误工时间以及机器的空闲时间和维护时间等为目标，开展针对单/多阶段的产品装配线调度问题的研究工作。不同于以上研究，复杂产品的装配需要多技能工种、多用途设备的配合，是典型的多处理机工件调度问题。如何利用人机物协同的柔性，满足加工资源与装配任务之间的等级约束，基于加工资源之间的配合关系，进行装配资源分配、装配工件排序，是一个亟须解决的问题。

4.1.2　装配线性能评估

生产系统性能评估与性能分析旨在利用数学模型刻画生产过程，分析系统演化性质和运行规律，以进行产能评估与持续改进。产线性能分析常用方法包括仿真方法和解析方法。

仿真方法[39-41]通过建立虚拟模型模拟生产系统实际运行过程，并分析系统性能指标。仿真方法擅长分析复杂问题，不足之处在于难以分析系统的运作机理、仿真效果，且依赖于所建虚拟模型等。Renna[42]研究了订货型生产(make to order, MTO)作业车间的负荷控制问题，利用仿真建模方法分析了不同订单投放策略对系统负荷的影响。Tan 等[43]利用离散事件仿真方法研究了木制品加工过程的产线布局和人员配置问题，结果表明相较于直接更换先进设备，通过产线布局和人员配置优化可以更高效地提升产能。Li 等[44]利用离散事件虚拟模型识别了生产系统的停机瓶颈单元，通过优化瓶颈的维修间隔时间(time between overhaul, TBO)、备件可用性以及预防性维护时机，减少了停机时间，提升了系统效率。Lin 等[45]综合利用虚拟模型实用性广和解析模型计算复杂度小的优势，提出了核回归方法，该方法将多种解析方法集成到虚拟模型中对生产系统进行性能分析，并在闭环柔性装配线中进行了有效性验证。

解析方法[46-48]利用随机过程等数学工具，刻画工件与机器状态和缓冲容量的交互关系，基于机器和缓冲区特征参数量化系统性能指标。解析方法不仅能够针对同一问题快速地提供一致的分析结果，而且能够分析影响因素之间的关联关系，不足之处在于需要对生产系统进行一定程度的简化。生产系统产能评估解析方法包括稳态分析方法和瞬态分析方法。稳态分析方法用于剖析机器故障率、缓冲区容量等系统参数与生产率、生产周期等性能指标之间的关系，刻画生产系统长期稳定运行行为；瞬态分析方法用于研究系统生产率、在制品水平等性能指标随时间的变化规律，刻画生产系统的实时运行状态。

在稳态分析方法方面，Li 等[49]利用马尔可夫链对机器具有劣化现象的流水线进行了性能分析,在此基础上研究了流水线瓶颈识别和持续改善问题。Wang 等[50]针对批处理机器和有限缓冲的流水线,分析了批处理方式下系统状态转移规则,在两机器批处理流水单元模型的基础上,研究了批处理流水线性能分析聚合方法,以及机器数量、批容量等系统参数对系统性能的影响。Tolio 等[51]针对考虑多故障模式的几何可靠性机器,提出了系统状态概率分布评估方法,证明了所提方法的计算效率仅与故障模式数量相关,利用所提方法量化了生产率、平均在制品水平等性能指标。Jacobs[52]对流水线的可改进性进行了研究,在产能评估模型基础上分析了性能指标关于机器和缓冲区参数的单调性、渐进性,给出了生产线的可改进性的定义及判定指标。

在瞬态分析方法方面,Li 等[53]针对由伯努利机器和有限缓冲区组成的装配系统,在系统投料有限的情况下研究了系统瞬态性能分析问题,并对系统单调性及可逆性等性质进行了讨论。Cui 等[54]利用实时生产数据,建立了串行生产线的瞬态分析框架,研究了停机事件对系统产出的影响,指出只有停机时间长度超过机会时间窗的阈值时才会导致系统生产损失。Wang 等[55]采用事件驱动的建模方法,分析了能耗控制事件造成的永久性生产损失,提出了一种基于遗传算法的能耗控制算法,实现了能耗与生产损失之间的均衡。在生产系统能耗优化方面,Yan 等[56]从生产系统建模入手,建立了一种定量的分析模型,计算节能控制和各种生产中断造成的产出损失,并提出了一种动态控制算法,以降低系统能耗并保持理想的生产效率。Wang 等[57]分析了流水线中机器节能停机对系统产出和能耗的影响,建立了系统能效分析模型,研究了流水线机器节能控制决策优化问题。Cui 等[58]针对具有预测性维护和产品质量缺陷的生产系统,采用数据驱动的方法分析了机器故障、预测性维护和产品质量缺陷对系统性能的影响,在此基础上,建立了维修决策模型,并基于近似动态规划(dynamic programming,DP)算法求解了最优维修策略。崔鹏浩等[59]针对考虑机器劣化过程的生产系统,基于马尔可夫链构建了系统瞬态性能评估模型,分析了系统运行过程中机器的维护时机,研究了流水线预测性维护决策问题。

综上所述,国内外学者在生产系统性能评估仿真和解析方法等方面已取得一系列研究成果,但仍存在以下问题:

(1) 解析方法能够深入地揭示系统运作机理,针对同一类问题快速提供较为一致的解决方案,故而成为学术界关注的重点,但它的研究主要集中于生产或物流结构简单的生产系统,针对复杂产品装配线以及加工和质量耦合影响的研究较少。

(2) 生产系统性能评估建模过程中多用基于概率的随机模型来预测系统动态,未充分利用车间中传感器收集到的实时数据。在数字孪生车间环境下,生产运行数据采集的便捷性和实时性大大提升,使得产线运行过程中机器劣化、质检返修等扰动事件的信息收集成为可能。

　　因此,如何利用复杂产品装配系统的实时生产数据为产线性能评估提供支持,为生产过程的稳定、有序、高效管控提供决策依据,是一个亟须解决的问题。

4.1.3　装配线数字孪生

　　数字孪生概念由 Grieves 教授于 2003 年在美国密歇根大学的产品全生命周期管理课程上提出,旨在以数字化的方式建立物理实体的多维、多时空尺度、多学科、多物理量的动态虚拟模型,基于数据模拟物理实体在现实环境中的行为,通过虚实交互反馈、数据融合分析、决策迭代优化等手段,为物理实体增加或扩展新的能力[60,61]。通过数字孪生技术建立复杂产品装配线的数字化模型与仿真环境,可实现物理空间和信息空间的双向映射和实时交互,支撑复杂产品装配过程的装配线布局、资源分配、物流调度等仿真分析,并根据仿真结果的各项性能指标剖析装配线存在的潜在问题,通过调整装配线设施布局、优化资源配置等方法提高复杂产品的装配效率和规范性。

　　数字孪生作为解决智能制造信息物理融合难题的关键使能技术,受到国内外学者、企业的高度关注和广泛应用。陶飞团队[61-70]长期致力于数字孪生研究,在数字孪生车间、数字孪生五维模型及应用、数字孪生使能技术与工具体系、数字孪生标准体系框架、数字孪生驱动的产品设计/制造/服务等方面开展了探索性理论研究与实践工作,推动了数字孪生的发展和落地应用。刘强团队[71-74]围绕个性化产线快速定制,突破了“模型-装备-监控-指令”虚实同步的核心关键技术,形成了“模型与装备同步集成、设计与执行迭代优化”的自动化生产线快速设计方法,提出了系列数字孪生车间的应用模式,并在中空玻璃、印制电路板(printed-circuit board,PCB)样品板等行业进行了应用实践。鲍劲松团队[75-77]针对数字孪生系统呈现的任务异构复杂等问题,研究了人机物环境共融的数字孪生协同技术,提出了数字孪生高保真建模方法,为提高数字孪生模型自适应能力提供了改进方案。王立翠团队[78,79]研究了数字孪生技术在复杂制造系统中的应用方法,有效提升了产品生产制造效率。徐匀团队[80,81]在数字孪生驱动的智能制造方面展开了相关研究,探索了数字孪生体与大规模个性化制造之间的关系,结合工业 4.0 技术提出了一种体系结构参考模型,为数字孪生的应用服务提供了参考指导。Söderberg 团队[82,83]主要将数字孪生应用于模拟加工策略,以保证最终产品的良好几何质量。

　　聚焦复杂产品装配领域,刘检华团队[84-92]面向复杂产品高精度、高稳定性的装配需求,对数字孪生模型驱动的产品装配质量优化-反馈-改进环机制进行了研究,提出了多种基于数字孪生技术的装配过程质量管控方法,为复杂产品装配性能预测和装配过程管控提供了可行的技术路线。郝博等[93]针对飞机机翼装配过程中装配累计误差大、返修率高和装配效率低等难题，提出了基于数字孪生的装配过程质量控制方法，构建了质量控制点关联模型和产品装配稳定性预测模型，实现了装配方案迭代优化和装配过程实时控制。孙惠斌等[94]为实现物理状态与虚拟模型的交互与共融，建立了数字孪生航空发动机装配的流程、工艺技术、装机物料和关联分析模型，并对数字孪生驱动的装配流程控制、零件选配、装配操作引导、装配间隙控制等关键技术进行了实例验证。胡秀琨等[95]针对复杂产品装配过程动态调控难题，提出了实作装配体模型的概念，基于数字孪生装配车间研究了以装配体修正模型为核心的装配过程调控方法。易扬等[96]面向复杂产品装配精度预测难题，提出了一种复杂产品数字孪生装配模型表达与精度预测方法，将数字孪生装配模型表达划分为装配对象模型与装配工艺模型，采用装配偏差传递更新迭代机制计算产品装配误差。李浩等[97]研究了基于数字孪生的复杂产品设计制造一体化开发中的关键技术，提出了基于数字孪生的复杂产品环形设计框架。

数字孪生可支撑分析、预测、决策等仿真分析相关应用。西门子公司发布了仿真软件和测试解决方案套件 Simcenter 产品组合，通过将仿真、物理测试、智能报告和数据分析技术相结合，利用工业物联网帮助用户创建孪生模型，以预测产品开发过程中各阶段的产品性能。Rosen 等[98]认为数字孪生技术在模型建立与仿真过程中可以对数据进行有效地诊断和优化，这将成为未来制造业的重要驱动力之一。Polini 等[99]研究了一种利用数字孪生工具支持复合材料组件的轻量化设计方法，基于产品制造特征构建高保真模型，实现产品从设计到装配的全流程信息的管控和产品服务性能的预测。Ali 等[100]提出了一种在虚拟环境中模拟人机协作装配过程的方法，将生产系统设计阶段开发的虚拟模型应用在实际装配中，实现了装配质量实时控制。田凌等[101]论述了数字孪生技术在生产线仿真分析领域的应用方向，分析了生产线数字孪生模型的构建方法和实现途径，指出了数字孪生在生产线仿真领域的发展趋势，建立了生产线物理空间与信息空间的交互与共融机制，为推进生产线全生命周期的数字化管理和智能化生产提供了参考。王鹏等[102]提出了一种面向数字孪生的动态数据驱动建模与仿真方法，实现了数字孪生机制下虚实结合的仿真运行和数据驱动的信息物理融合系统(cyber physical system，CPS)虚拟模型解算。郭东升等[103]基于数字孪生技术的虚实融合特性，对产品数字化定义、资源建模和工艺信息的数字化定义等问题进行了研究分析，构建了复杂多维时空下制造过程及数据建模方法。

基于数字孪生技术对装配线进行设施布局规划仿真，及时发现设计中工作流程及布局等方面存在的问题，结合定量仿真分析对装配线进行优化，是提高生产运作效率的重要策略[104]。有研究者指出，合理的布局可以减少近 50%的运营费用[105]。系统设施布置(systematic layout planning，SLP)方法由 Muther 提出，实现了设施布局从经验到定性与定量相结合的跨越，被广泛应用于各类工业设施的布置及物流规划中[106]。Yang 等[107]使用 SLP 方法作为基础架构来解决晶片厂布局设计问题，提出了一种多目标决策工具——层次分析法来评估设计方案。针对传统 SLP 方法在实际应用中需要大量烦琐的计算步骤以及设计结果稳定性差等问题，Chien[108]提出了分组、复合、假设距离等概念和算法，以改进该方法并增强其实用性。廖源泉等[109]针对车间设施布局的物流费用问题，采用遗传算法进行优化，并利用布置软件 visTABLE 对优化后的车间进行可视化仿真。陈希等[110]研究了数字孪生驱动的飞机装配生产线设计方法，实际应用验证结果表明，该方法可以提高生产效率。此外，针对多类型设备以及工作单元的车间系统布局，研究者建立了相应的数学规划模型，并设计了不同的算法进行有效求解，其中包括遗传算法、人工神经网络、动态规划等[111,112]。

国内外学者在复杂产品装配领域的数字孪生装配模型和车间布局等方面已取得一系列研究成果，但是针对复杂产品装配过程管控仍存在以下问题亟待解决：

(1) 装配过程信息孤岛严重，数字化信息利用率低、效果差、数据量大、种类繁多，现场装配信息难以有效采集与管理，当前研究在利用数字孪生技术实现复杂产品装配过程监控的实时性方面仍然不足；

(2) 目前针对装配过程的建模和数据分析已有不少研究成果，但是面向数字孪生车间复杂产品装配过程运行状态的高度仿真映射仍缺少有效的解决方法；

(3) 复杂产品装配车间各工作区域关系错综复杂，产品装配受制于空间和物流的影响，装配效率低，缺乏整体优化手段。

4.2　复杂产品装配人机物协同调度

复杂产品装配不仅需要大量的工业机器人、专用设备、专用工装夹具，还需要大量的技术员和装配工，通过人机物等协同装配来保证装配精度和装配效率。以风扇转子装配为例，转子叶片的优选、排布、调整等操作需要高技能员工，众多叶片装进榫槽需要中技能员工，叶片存取、叶片配送等任务可安排技能等级低的员工执行。多个不同等级装配工、多个不同种类专用设备协同操作进行装配的过程就是典型的机器与工件多对一的加工方式，即多处理机工件加工方式。本节将复杂产品装配过程中人机资源分配、协同作业问题抽象为考虑服务等级特征的多处理机工件调度问题，以最小化最大完工时间为调度目标。通过设计高效的动态规划算法及启发式算法，充分利用人机协同柔性，优化生产调度水平，解决装配资源如何分配、装配工件如何排序等难题，提高装配资源的利用率与装配效率。

4.2.1　考虑两种服务等级的多处理机工件调度

本节考虑两种服务等级、工件具有任意加工时间的多处理机工件调度问题。根据三参数法[113]，将问题记为 $Pm|m_j, \mathrm{GoS}_2|C_{\max}$，其中 Pm 表示 m 台并行机，m_j

表示加工工件 J_j 需要的机器台数，GoS_2 表示工件有两种服务等级，C_{max} 表示最大完工时间。本节从问题定义及模型构建、近似算法设计及最差性能分析等方面开展研究。

1. 问题定义及模型构建

1) 问题定义

机器集合表示为 $M = \{M_1, M_2, \cdots, M_m\}$，机器为并行同速机，工件集合表示为 $J = \{J_1, J_2, \cdots, J_n\}$，其中 n 表示工件的个数，$n \geqslant 1$。对于机器 M_i，服务等级记为 $g(M_i)$，对于工件 J_j，服务等级记为 $g(J_j)$。工件和机器均有高低两种服务等级，且只有当工件的服务等级不低于机器的服务等级时工件才能在此机器上进行加工。设机器 $M_1, M_2, \cdots, M_k$ 的服务等级为 1，即 $g(M_i) = 1(1 \leqslant i \leqslant k)$，$M_{k+1}, M_{k+2}, \cdots, M_m$ 的服务等级为 2，即 $g(M_i) = 2(k+1 \leqslant i \leqslant m)$，则工件的服务等级为 1 或 2，即 $g(J_j) = 1$ 或 $g(J_j) = 2$。多处理机工件 J_j 在同一时刻需要 m_j 个机器并行加工。该模型中多处理机工件为刚性工件，每个工件的加工时间为定值，不会因加工机器的不同而变化。所有工件均在零时刻到达，机器在零时刻开始加工，工件的加工过程不可中断。该多处理机工件调度问题可表示为 $Pm|m_j, GoS_2|C_{max}$。

2) 整数规划模型构建

多处理机工件调度问题 $Pm|m_j, GoS_2|C_{max}$ 的整数规划模型如下：

$$\min C_{max} = \max C_j \tag{4-1}$$

$$\text{s.t.} \quad \sum_{i=1}^{g_j} \sum_{h=1}^{n} x_{j,i,h} = m_j, \quad j = 1, 2, \cdots, n \tag{4-2}$$

$$\sum_{i=g_j+1}^{m} \sum_{h=1}^{n} x_{j,i,h} = 0, \quad j = 1, 2, \cdots, n \tag{4-3}$$

$$\sum_{j=1}^{n} x_{j,i,h} \leqslant 1, \quad i = 1, 2, \cdots, m; \ h = 1, 2, \cdots, n \tag{4-4}$$

$$S_j \geqslant C_{j'} - M\left(2 - x_{j,i,h} - x_{j',i,h-1}\right), \quad j \neq j'; \ i = 1, 2, \cdots, m; \ h = 1, 2, \cdots, n \tag{4-5}$$

$$C_j = S_j + p_j, \quad j = 1, 2, \cdots, n \tag{4-6}$$

$$C_{i,h} = S_{i,h} + \sum_{j=1}^{n} p_j \times x_{j,i,h}, \quad j = 1, 2, \cdots, n; \ i = 1, 2, \cdots, m; \ h = 1, 2, \cdots, n \tag{4-7}$$

$$S_{i,h} \geqslant C_{i,h-1}, \quad i = 1, 2, \cdots, m; \ h = 1, 2, \cdots, n \tag{4-8}$$

$$S_{i,h} \leqslant S_j + M\left(1 - x_{j,i,h}\right), \quad j = 1, 2, \cdots, n; \ i = 1, 2, \cdots, m; \ h = 1, 2, \cdots, n \tag{4-9}$$

$$S_{i,h} \geqslant S_j - M\left(1 - x_{j,i,h}\right), \quad j = 1, 2, \cdots, n; \ i = 1, 2, \cdots, m; \ h = 1, 2, \cdots, n \tag{4-10}$$

$$S_{i,h} \geqslant 0, \quad i = 1, 2, \cdots, m; \ h = 1, 2, \cdots, n \tag{4-11}$$

$$C_{\max} \geqslant C_j, \quad j = 1, 2, \cdots, n \tag{4-12}$$

$$x_{j,i,h} = \{0, 1\}, \quad j = 1, 2, \cdots, n; \ i = 1, 2, \cdots, m; \ h = 1, 2, \cdots, n \tag{4-13}$$

式中，C_j 为工件 J_j 的完工时间；g_j 为工件 J_j 的服务等级；$x_{j,i,h}$ 为工件 J_j 是否在机器 M_i 的位置 h 上加工的指示变量；S_j 为工件 J_j 的开工时间；p_j 为工件 J_j 的加工时间；$C_{i,h}$ 为机器 M_i 上第 h 个工件的完工时间；$S_{i,h}$ 为机器 M_i 上第 h 个位置上工件的开工时间。

式(4-1)表示优化的目标函数；式(4-2)和式(4-3)表示多处理机工件 J_j 需要 m_j 台机器加工，且只有当工件服务等级不低于机器服务等级时，工件才可在此机器上进行加工；式(4-4)～式(4-6)表示每台机器同一加工位置只能加工一个工件，其中 M 为一极大正数；式(4-8)～式(4-10)表示加工同一工件的机器同时开工，其中 M 为一极大正数；式(4-11)表示机器 M_i 上加工的第 h 个工件的开工时间为正数；式(4-12)表示最大完工时间为所有工件完工时间的最大值；式(4-13)表示 $x_{j,i,h}$ 为 0～1 变量，当工件 J_j 在第 i 个时刻在机器 M_h 上加工时，$x_{j,i,h} = 1$，否则 $x_{j,i,h} = 0$。

3) 问题复杂性分析

当所有的服务等级相同且工件加工所需机器数量为 1 时，该问题就是经典的 $Pm \| C_{\max}$ 问题。因为 $Pm \| C_{\max}$ 问题是非确定性多项式(non-deterministic polynomial, NP)问题，所以 $Pm|m_j, \mathrm{GoS}_2|C_{\max}$ 问题也是 NP 问题，即在多项式时间内无法得到问题的最优解。本节退而求其次，利用设计近似算法获得排产方案，并通过最差性能分析来衡量算法性能的优劣。

2. 近似算法设计及分析

1) 近似算法设计

Hwang 等[114]针对考虑服务等级的并行机调度问题 $Pm|\mathrm{GoS}|C_{\max}$，提出了最低等级-最长加工时间(lowest grade-longest processing time, LG-LPT)算法。LG-LPT 算法首先将所有工件按服务等级非减的顺序排列，同服务等级按其加工时间非增的顺序排列，其次按所得工件序列 $J_1 \leqslant J_2 \leqslant \cdots \leqslant J_n$ 将工件依次放在负载最小的机器上，若多个机器负载相同，则将工件安排在等级最大的机器上。本节将 LG-LPT 算法引入多处理机工件调度中，基于所需机器数量多的工件优先、低等级工件优先、加工时间长的工件优先的策略，提出最大尺寸-最低等级-最长加工时间(largest size-LG-

LPT，LS-LG-LPT)算法。

LS-LG-LPT 算法步骤如下：

(1) 将所有工件按照加工所需机器台数分为 $T^1, T^2, \cdots, T^k$ 共 k 个子集，其中 T^k 表示需要 k 个机器协同加工的工件集；

(2) 每个子集内的工件均按照 LG-LPT 的规则进行排列；

(3) 优先考虑 k 较大的子集，按子集内序列将 k-处理机工件依次安排在最先空闲的机器上加工；

(4) 重复步骤(1)~(3)，直至工件 $J_1, J_2, \cdots, J_n$ 全部安排加工。

2) 算法最差性能比分析

最差性能比是指在最差情况下算法得到的目标解与最优解的比值。令 I 表示实例，$\mathcal{I}$ 表示实例的集合 $I \in \mathcal{I}$。令 $V_H(I)$ 表示由算法 H 得到的实例 I 的目标函数值，$\text{OPT}(I)$ 表示实例 I 的最优目标值，对于任意一个实例 I，算法 H 的最差性能比 R_H 定义为

$$R_H = \sup_{I \in \mathcal{I}} \frac{V_H(I)}{\text{OPT}(I)} \tag{4-14}$$

(1) 对于问题 $P(1, m-1) \big| m_j = \{1, k\}, \text{GoS}_2 \big| C_{\max}$，LS-LG-LPT 算法的最差性能比。

记问题 $P(1, m-1) \big| m_j = \{1, k\}, \text{GoS}_2 \big| C_{\max}$ 为问题一，其中 $P(1, m-1)$ 表示机器 M_1 服务等级为 1，$M_2, M_3, \cdots, M_m$ 服务等级为 2；$m_j = \{1, k\}$ 表示工件加工机器数量需求为 1 或者 k。LS-LG-LPT 算法的最差性能比如定理 4-1 所述。

定理 4-1　针对问题 $P(1, m-1) \big| m_j = \{1, k\}, \text{GoS}_2 \big| C_{\max}$ (问题一)，LS-LG-LPT 算法的最差性能比小于等于 $\max \left\{ \dfrac{4}{3} - \dfrac{1}{3m}, 2 - \dfrac{1}{m-1} \right\}$，即

$$R_{\text{LS-LG-LPT}} \leqslant \max \left\{ \frac{4}{3} - \frac{1}{3m}, 2 - \frac{1}{m-1} \right\} \tag{4-15}$$

证明： 采用反证法证明上述结论。针对该问题构造一个工件个数最小的反例 (J, M)，J 为该反例的工件集合，M 为该反例的机器集合。因为 (J, M) 为最小反例，所以 LS-LG-LPT 算法得到的最大完工时间与实例 (J, M) 最优解的最大完工时间的比值大于 $\max \left\{ \dfrac{4}{3} - \dfrac{1}{3m}, 2 - \dfrac{1}{m-1} \right\}$。

对于实例 (J, M)，令 n 表示该实例中工件的数目，σ 表示 LS-LG-LPT 算法对于该实例的调度解，σ^* 表示该实例的最优解，$C_{\max}$ 表示 σ 中工件的最大完工时间，$C_{\max}^*$ 表示 σ^* 中工件的最大完工时间。

由 LS-LG-LPT 算法得到的实例 (J,M) 的最大完工时间等于工件 J_n 的完工时间。对应问题一的 LS-LG-LPT 算法的甘特图如图 4-2 所示。假设最大完工时间等于工件 J_j 的完工时间或等于工件 J_n 及工件 J_j 的完工时间。对于任意一种情形，删除实例 (J,M) 中的工件 J_n 得到一个新的实例 (J',M)。由 LS-LG-LPT 算法得到的实例 (J,M) 的最大完工时间等于实例 (J,M) 的最大完工时间，而实例 (J',M) 最优解的最大完工时间不超过实例 (J,M) 最优解的最大完工时间。因此，实例 (J,M) 是一个工件个数小于 n 的反例，这与前提假设矛盾。

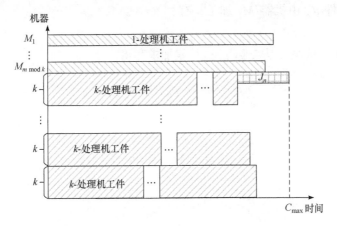

图 4-2　对应问题一的 LS-LG-LPT 算法的甘特图

对于问题最优目标值 $C_{\max}^*$ 的下界，有

$$C_{\max}^* \geqslant \frac{T_{\text{total}}}{m} \tag{4-16}$$

其中，

$$T_{\text{total}} = \sum p_j^1 + k \sum p_j^k \tag{4-17}$$

对于实例 (J,M)，由 LS-LG-LPT 算法得到的调度方案 σ 的最大完工时间由最后一个工件 J_n 决定。对于工件 J_n，分为三种情况讨论。

情况 1：工件 J_n 是等级为 1 的 1-处理机工件。

实例 (J,M) 不存在 2-处理机工件以及其他等级的 1-处理机工件，此时问题等价为经典的 $Pm \parallel C_{\max}$ 问题，最差性能比满足如下不等式：

$$\frac{C_{\max}}{C_{\max}^*} \leqslant \frac{4}{3} - \frac{1}{3b} \leqslant \frac{4}{3} - \frac{1}{3m}, \quad b = m \bmod k \tag{4-18}$$

情况 2：工件 J_n 是等级为 2 的 1-处理机工件。

令 F_i 表示安排工件 J_n 之前机器 M_i 的已加工长度，则有

$$F_i + p_n > \left(2 - \frac{1}{m-1}\right)C_{\max}^*, \quad 1 \leqslant i \leqslant m \tag{4-19}$$

机器 M_1 在 J_n 调度之前，至少已加工一个工件，否则存在以下不等式：

$$F_1 + p_n = p_n > \left(2 - \frac{1}{m-1}\right)C_{\max}^* \geqslant C_{\max}^* \tag{4-20}$$

与 $p_n \leqslant C_{\max}^*$ 矛盾。

假设工件 J_k 由机器 M_1 加工，有

$$F_1 \geqslant p_k \geqslant p_n \tag{4-21}$$

对于式(4-19)，按照 i 从 2 到 m 进行累加求和得

$$\sum_{i=2}^{m} F_i + (m-1)p_n > (2m-3)C_{\max}^* \tag{4-22}$$

调整得

$$\sum_{i=1}^{m} F_i + (m-2)p_n > (2m-3)C_{\max}^* \tag{4-23}$$

$$\sum_{i=1}^{m} F_i + p_n + (m-3)p_n > (2m-3)C_{\max}^* \tag{4-24}$$

因为 $\sum_{i=1}^{m} F_i + p_n = T_{\text{total}}$ ，又根据式(4-16)，有

$$mC_{\max}^* + (m-3)p_n > (2m-3)C_{\max}^* \tag{4-25}$$

进一步得到

$$p_n > C_{\max}^* \tag{4-26}$$

与 $p_n \leqslant C_{\max}^*$ 矛盾。

因此，有

$$\frac{C_{\max}}{C_{\max}^*} \leqslant 2 - \frac{1}{m-1} \tag{4-27}$$

情况 3：工件 J_n 是等级为 2 的 k-处理机工件。

实例 (J, M) 不存在 1-处理机工件，此时问题等价为经典的 $Pm|m_j = k|C_{\max}$ ，根据 Lin 等[115]的证明，最差性能比满足如下不等式：

$$\frac{C_{\max}}{C_{\max}^*} \leqslant \frac{4}{3} - \left(3\left\lfloor \frac{m}{k} \right\rfloor\right)^{-1} \tag{4-28}$$

综上所述，LS-LG-LPT 算法的最差性能比小于等于 $\max\left\{\dfrac{4}{3}-\dfrac{1}{3m},2-\dfrac{1}{m-1},\right.$

$\left.\dfrac{4}{3}-\left(3\left\lfloor\dfrac{m}{k}\right\rfloor\right)^{-1}\right\}=\max\left\{\dfrac{4}{3}-\dfrac{1}{3m},2-\dfrac{1}{m-1}\right\}$。证毕。

（2）对于问题 $P(m-1,1)\big|m_j=\{1,k\},\text{GoS}_2\big|C_{\max}$，LS-LG-LPT 算法的最差性能比。

记问题 $P(m-1,1)\big|m_j=\{1,k\},\text{GoS}_2\big|C_{\max}$ 为问题二，其中 $P(m-1,1)$ 表示机器 M_1，$M_2,\cdots,M_{m-1}$ 服务等级为 1，机器 M_m 服务等级为 2；$m_j=\{1,k\}$ 表示工件加工机器数量需求为 1 或者 k。LS-LG-LPT 算法的最差性能比如定理 4-2 所述。

定理 4-2　针对问题 $P(m-1,1)\big|m_j=\{1,k\},\text{GoS}_2\big|C_{\max}$，LS-LG-LPT 算法的最差性能比小于等于 2，即

$$R_{\text{LS-LG-LPT}}\leqslant 2 \tag{4-29}$$

证明：采用反证法证明上述结论。同问题一，也构造一个工件个数最小的反例 (J,M)，J 为该反例的工件集合，M 为该反例的机器集合。因为 (J,M) 为最小反例，所以 LS-LG-LPT 算法得到的最大完工时间与实例 (J,M) 最优解的最大完工时间的比值大于 2。

对于实例 (J,M)，令 n 表示该实例中工件的数目，σ 表示 LS-LG-LPT 算法对于该实例的调度解，σ^* 表示该实例的最优解，$C_{\max}$ 表示 σ 中工件的最大完工时间，$C_{\max}^*$ 表示 σ^* 中工件的最大完工时间。

根据 LS-LG-LPT 算法步骤可知，最后一个工件 J_n 决定最大完工时间。问题二 LS-LG-LPT 甘特图如图 4-3 所示。如若不然，去掉工件 J_n，得到一个工件个数小于 n 的实例，这与实例 (J,M) 是工件个数最小的反例相矛盾。针对工件 J_n，分三种情况进行讨论。

情况 1：工件 J_n 是等级为 1 的 1-处理机工件。

实例 (J,M) 不存在等级为 2 的 1-处理机工件，令 F_i 表示安排工件 J_n 之前机器 M_i 的已加工长度，有以下不等式：

$$F_i+p_n\geqslant C_{\max},\ \ i=1,2,\cdots,m-1 \tag{4-30}$$

对于式(4-30)，按照 i 从 1 到 $m-1$ 进行累加求和得

$$\sum_{i=1}^{m-1}F_i+(m-1)p_n\geqslant(m-1)C_{\max} \tag{4-31}$$

根据 $\sum_{i=1}^{m}F_i+p_n=T_{\text{total}}$，可得

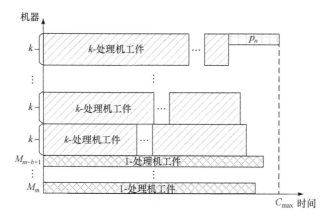

图 4-3　对应问题二的 LS-LG-LPT 算法甘特图

$$T_{\text{total}} + (m-2)p_n \geqslant (m-1)C_{\max} \tag{4-32}$$

又根据式(4-16)，可得

$$mC_{\max}^* + (m-2)p_n \geqslant (m-1)C_{\max} \tag{4-33}$$

$$mC_{\max}^* + (m-2)C_{\max}^* \geqslant (m-1)C_{\max} \tag{4-34}$$

因此，有

$$\frac{C_{\max}}{C_{\max}^*} \leqslant 2 \tag{4-35}$$

情况 2：工件 J_n 是等级为 2 的 1-处理机工件。

令 F_i 表示安排工件 J_n 之前机器 M_i 的已加工长度，则有

$$F_i + p_n > \left(2 - \frac{1}{m-1}\right)C_{\max}^*, \quad 1 \leqslant i \leqslant m$$

机器 M_m 在 J_n 调度之前，至少已加工一个工件，否则存在以下不等式：

$$F_m + p_n = p_n > \left(2 - \frac{1}{m-1}\right)C_{\max}^* \geqslant C_{\max}^* \tag{4-36}$$

与 $p_n \leqslant C_{\max}^*$ 矛盾。

假设工件 J_k 由机器 M_m 加工，有

$$F_m \geqslant p_k \geqslant p_n \tag{4-37}$$

对于式(4-19)，按照 i 从 1 到 $m-1$ 进行累加求和得

$$\sum_{i=1}^{m-1}F_i + (m-1)p_n > (2m-3)C_{\max}^* \tag{4-38}$$

调整得

$$\sum_{i=1}^{m}F_i + (m-2)p_n > (2m-3)C_{\max}^*$$

$$\sum_{i=1}^{m}F_i + p_n + (m-3)p_n > (2m-3)C_{\max}^*$$

因为 $\sum_{i=1}^{m}F_i + p_n = T_{\text{total}}$，根据式(4-16)，有以下不等式：

$$mC_{\max}^* + (m-3)p_n > (2m-3)C_{\max}^*$$

进一步得到

$$p_n > C_{\max}^*$$

与 $p_n \leqslant C_{\max}^*$ 矛盾。

情况 3：工件 J_n 为 k-处理机工件。

实例 (J,M) 不存在 1-处理机工件，此时问题等价为经典的 $Pm\big|m_j = k\big|C_{\max}$，根据 Lin 等[115]的研究，最差性能比满足如下不等式：

$$\frac{C_{\max}}{C_{\max}^*} \leqslant \frac{4}{3} - \left(3\left\lfloor\frac{m}{k}\right\rfloor\right)^{-1}$$

综上所述，LS-LG-LPT 算法的最差性能比小于等于 2。证毕。

(3) 对于问题 $Pm\big|m_j = \{1, 2^1, \cdots, 2^h\}, \mathrm{GoS}_2\big|C_{\max}$，LS-LG-LPT 算法的最差性能比。

记问题 $Pm\big|m_j = \{1, 2^1, \cdots, 2^h\}, \mathrm{GoS}_2\big|C_{\max}$ 为问题三，其中 $m_j = \{1, 2^1, \cdots, 2^h\}$ 表示机器数量和工件加工所需机器数量均为 2 的次方。LS-LG-LPT 算法的最差性能比如定理 4-3 所述。

定理 4-3　针对问题 $Pm\big|m_j = \{1, 2^1, \cdots, 2^h\}, \mathrm{GoS}_2\big|C_{\max}$，LS-LG-LPT 算法的最差性能比小于等于 $2 - 1/m$，即

$$R_{\text{LS-LG-LPT}} \leqslant 2 - \frac{1}{m} \tag{4-39}$$

证明：采用反证法证明上述结论。对于该问题，构造一个工件个数最小的反例 (J,M)，J 为该反例的工件集合，M 为该反例的机器集合。因为 (J,M) 为最小反例，所以 LS-LG-LPT 算法得到的最大完工时间与实例 (J,M) 最优解的最大完

工时间的比值大于 $2-1/m$。

对于实例 (J,M)，令 n 表示该实例中工件的数目，σ 表示 LS-LG-LPT 算法对于该实例的调度解，σ^* 表示该实例的最优解，$C_{\max}$ 表示 σ 中工件的最大完工时间，$C_{\max}^*$ 表示 σ^* 中工件的最大完工时间。

根据 LS-LG-LPT 算法步骤可知，最后一个工件 J_n 决定最大完工时间。问题三 LS-LG-LPT 甘特图如图 4-4 所示。如若不然，去掉工件 J_n，得到一个工件个数少于 n 的实例，这与实例 (J,M) 是工件个数最小的反例相矛盾。

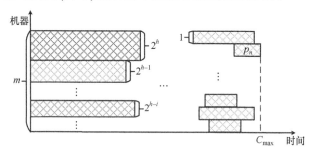

图 4-4　对应问题三的 LS-LG-LPT 算法甘特图

对于问题最优目标值 $C_{\max}^*$ 的下界，有

$$C_{\max}^* \geqslant \frac{T_{\text{total}}}{m}$$

其中，

$$T_{\text{total}} = \sum_{k=1}^{m} \sum_{i=1}^{n_k} k p_i^k \tag{4-40}$$

根据 LS-LG-LPT 算法可知，最后一个工件 J_n 决定最大完工时间。假设工件 J_n 为 q-处理机工件，其中 $q \leqslant m$，此时有

$$m C_{\max} \leqslant T_{\text{total}} + (m-1) p_n^q \tag{4-41}$$

调整得

$$C_{\max} \leqslant \frac{T_{\text{total}}}{m} + \frac{m-1}{m} p_n^q \tag{4-42}$$

根据式(4-16)，可得

$$C_{\max} \leqslant C_{\max}^* + \frac{m-1}{m} C_{\max}^* = \left(2 - \frac{1}{m}\right) C_{\max}^* \tag{4-43}$$

因此，有

$$\frac{C_{\max}}{C_{\max}^*} \leqslant 2 - \frac{1}{m} \tag{4-44}$$

综上所述，LS-LG-LPT 算法的最差性能比小于等于 $2 - \dfrac{1}{m}$。证毕。

4.2.2　考虑多种服务等级的多处理机工件调度

本节考虑多种服务等级、工件具有单位加工时间的多处理机工件调度问题。根据三参数法[113]，问题记为 $Pm\big|m_j, p_j = 1, \mathrm{GoS}\big|C_{\max}$。其中，$Pm$ 表示 m 台并行机，m_j 表示加工工件 J_j 需要的机器台数，$p_j = 1$ 表示工件具有单位加工时间，GoS 表示工件具有服务等级，$C_{\max}$ 表示最大完工时间。本节从问题定义及模型构建、启发式算法设计及分析和算例实验等方面开展研究。

1. 问题定义及模型构建

1) 问题定义

机器集合表示为 $M = \{M_1, M_2, \cdots, M_m\}$，工件集合表示为 $J = \{J_1, J_2, \cdots, J_n\}$，$n$ 表示工件的个数，$n \geqslant 1$，机器 M_i 的服务等级参数值为机器序号 i，记为 $g(M_i)$，工件 J_j 的服务等级记为 $g(J_j)$，只有当工件的服务等级不低于机器的服务等级时才能在此机器上进行加工。多处理机工件 J_j 在同一时刻需要 m_j 个机器并行加工。该模型中多处理机工件为刚性工件，每个工件的加工时间为定值，不会因加工机器的不同而变化。所有工件均在零时刻到达，机器在零时刻开始加工，工件在加工时不存在准备时间，工件的加工过程不可中断，所有工件为单位加工时间，即 $p_j = 1$。根据三参数法[113]，该多处理机工件调度问题表示为 $Pm\big|m_j, p_j = 1, \mathrm{GoS}\big|C_{\max}$。

2) 整数规划模型构建

多处理机工件调度问题 $Pm\big|m_j, p_j = 1, \mathrm{GoS}\big|C_{\max}$ 的整数规划模型如下：

$$\min C_{\max} = \sum_{i=1}^{n} l_i \tag{4-45}$$

$$\text{s.t.} \quad \sum_{i=1}^{g_j} \sum_{h=1}^{n} x_{j,i,h} = m_j, \quad j = 1, 2, \cdots, n \tag{4-46}$$

$$\sum_{h=1}^{g_j} x_{j,i,h} \geqslant m_j - M \times (1 - y_{j,i}), \quad i = 1, 2, \cdots, n;\ j = 1, 2, \cdots, n \tag{4-47}$$

$$m_j \geqslant \sum_{h=1}^{g_j} x_{j,i,h} - M \times \left(1 - y_{j,i}\right), \quad i = 1,2,\cdots,n; \quad j = 1,2,\cdots,n \tag{4-48}$$

$$\sum_{i=1}^{n} y_{j,i} = 1, \quad j = 1,2,\cdots,n \tag{4-49}$$

$$\sum_{j=1}^{n}\sum_{h=1}^{g_j} x_{j,i,h} \leqslant m \times l_i, \quad i = 1,2,\cdots,n \tag{4-50}$$

$$\sum_{j=1}^{n} x_{j,i,h} \leqslant 1, \quad i = 1,2,\cdots,n; \quad h = 1,2,\cdots,n \tag{4-51}$$

$$k = \frac{1}{m}\sum_{j=1}^{n} m_j \tag{4-52}$$

$$l_i = 1, \quad i = 1,2,\cdots,k \tag{4-53}$$

$$l_i \geqslant l_{i+1}, \quad i = k, k+1,\cdots,n-1 \tag{4-54}$$

$$l_i \leqslant \sum_{j=1}^{n}\sum_{h=1}^{g_j} x_{j,i,h} \leqslant M \times l_i, \quad i = 1,2,\cdots,n \tag{4-55}$$

$$x_{j,i,h} = \{0,1\}, \quad j = 1,2,\cdots,n; \quad i = 1,2,\cdots,n; \quad h = 1,2,\cdots,n \tag{4-56}$$

$$y_{j,i} = \{0,1\}, \quad j = 1,2,\cdots,n; \quad i = 1,2,\cdots,n \tag{4-57}$$

$$l_i = \{0,1\}, \quad i = 1,2,\cdots,n \tag{4-58}$$

式中，l_i 为第 i 个时刻是否有工件加工的指示变量；$y_{j,i}$ 为工件 J_j 是否在第 i 个时刻加工的指示变量；$x_{j,i,h}$ 为工件 J_j 在第 i 个时刻是否在机器 M_h 上加工的指示变量；k 为最大完工时间下界。

式(4-45)表示优化的目标函数；式(4-46)～式(4-48)表示多处理机工件 J_j 需要 m_j 台机器加工，且只有当工件服务等级大于机器服务等级时，工件才可在此机器上进行加工，其中 M 为一极大正数；式(4-49)表示加工同一工件的机器同时开工，同时结束；式(4-50)表示系统同一时刻加工工件数量不超过机器数量 m；式(4-51)表示每个机器同一时刻最多只能加工一个工件；其他约束为附加约束，式(4-52)～式(4-54)表示系统加工所有工件的最大完工时间下界；式(4-55)表示当 l_i 为正数时一定存在工件在第 i 时刻被加工；式(4-56)表示 $x_{j,i,h}$ 为 0～1 变量，当工件 J_j 在第 i 个时刻在机器 M_h 上加工时，$x_{j,i,h}=1$，否则 $x_{j,i,h}=0$；式(4-57)表示 $y_{j,i}$ 为 0～1 变量，当工件 J_j 在第 i 个时刻加工时，$y_{j,i}=1$，否则 $y_{j,i}=0$；式(4-58)表示 l_i 为 0～1 变量，当第 i 个时刻有工件加工时，$l_i=1$，否则 $l_i=0$。

3) 问题复杂性分析

定理 4-4 问题 $Pm|m_j, p_j = 1, \text{GoS}|C_{\max}$ 是 NP 困难问题。

证明： 当所有工件具有相同的服务等级 α 时，将所有服务等级超过 α 的机器删除，只需要考虑服务等级小于或等于 α 的机器。在这种特殊情况下，原问题等价于调度问题 $Pm|m_j, p_j = 1|C_{\max}$。对于问题 $Pm|m_j, p_j = 1|C_{\max}$，所有工件加工时间为 1，同一时刻最多可用机器数量为 m，每个工件有对应的加工机器数量 m_j。已知一维装箱问题为 NP 困难问题，将一维装箱问题归约到问题 $Pm|m_j, p_j = 1, \text{GoS}|C_{\max}$ 以证明该问题的复杂性。

对于任一单位时刻，m 台机器的加工资源可看成是箱子容量，每个工件加工所需的机器数量 m_j 可看成是物品的重量或大小，目标最小化最大完工时间可看成最小化所用箱子个数，单位加工时间的多处理机工件调度模型如图 4-5 所示。Garey 等[116]证明了一维装箱问题是强 NP 困难问题，因此原问题 $Pm|m_j, p_j = 1, \text{GoS}|C_{\max}$ 是 NP 困难问题。证毕。

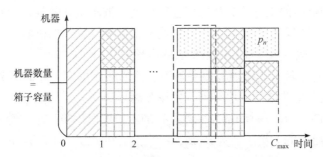

图 4-5 单位加工时间的多处理机工件调度模型

2. 启发式算法设计及分析

由定理 4-4 可知，问题 $Pm|m_j, p_j = 1, \text{GoS}|C_{\max}$ 是 NP 困难问题，随着问题规模扩大，所提整数规划模型无法在合理时间内求得问题最优解。Blazewicz 等[117]证明问题 $Pm|m_j, p_j = 1|C_{\max}$ 不存在最差性能比优于 $3/2$ 的近似算法，因此考虑到求解效率和实际生产需求，有必要设计求解速度快的启发式算法，从而获得较优可行解。本节针对 m 台机器问题 $Pm|m_j, p_j = 1, \text{GoS}|C_{\max}$，借鉴一维装箱问题首次适配(first fit, FF)算法[118]，设计了两个启发式算法，即最大尺寸-最低等级-首次适配优先(largest size-lowest grade-first fit，LS-LG-FF)算法和最低等级-最大尺寸-首次适配优先(lowest grade-largest size-first fit，LG-LS-FF)算法。

1) LS-LG-FF 算法

针对问题可归约到问题 $Pm|m_j,p_j=1|C_{\max}$，设计了 LS-LG-FF 算法，该算法的时间复杂度为 $O(n\log n)$。具体地，LS-LG-FF 算法的步骤如下：

(1) 将工件按照其所需处理机数量非增的顺序排列，同等数量下再按照服务等级非减的顺序排列，并按此编号 $J_1 \leqslant J_2 \leqslant \cdots \leqslant J_n$。

(2) 将工件 J_1 在 0 时刻选择机器进行加工，即启用第一个"箱子" B_1。

(3) 设已启用的"箱子"为 $B_1,B_2,\cdots,B_k$，工件 $J_1,J_2,\cdots,J_i(i\leqslant n)$ 已安排加工，现将工件 J_{i+1} 从 0 时刻 B_1 开始试加工，若有可用机器资源，则安排加工；若不能加工，则考虑下一时刻 B_2；若 $B_1,B_2,\cdots,B_k$ 都不可用，则启用 $k+1$ 时刻的机器资源 B_{k+1}。

(4) 重复步骤(1)~(3)，直至工件 $J_1,J_2,\cdots,J_n$ 全部安排加工。

2) LG-LS-FF 算法

相较于 LS-LG-FF 算法，LG-LS-FF 算法先考虑所需处理机数量，再考虑服务等级的工件排序方案。对于多处理机工件，LG-LS-FF 算法按照低服务等级工件优先、所需处理机多的工件优先的顺序进行排列，依次从 0 时刻开始判断适用加工机器，若同一时刻多台机器均可用，则选择服务等级较大的机器加工。算法的时间复杂度为 $O(n\log n)$。LG-LS-FF 算法的步骤如下。

(1) 将所有工件首先按照其服务等级非减的顺序排列，相同服务等级下再按照所需处理机数量非增的顺序排列，并按此编号 $J_1 \leqslant J_2 \leqslant \cdots \leqslant J_n$。

(2) 将工件 J_1 在 0 时刻选择机器进行加工，即启用第一个"箱子" B_1。

(3) 设已启用的"箱子"为 $B_1,B_2,\cdots,B_k$，工件 $J_1,J_2,\cdots,J_i(i\leqslant n)$ 已安排加工，现将工件 J_{i+1} 从 0 时刻 B_1 开始试加工，若有可用机器资源，则安排加工；若不能加工，则对下一时刻 B_2 试加工；若 $B_1,B_2,\cdots,B_k$ 都不可用，则启用 $k+1$ 时刻的机器资源 B_{k+1}。

(4) 重复步骤(1)~(3)，直至工件 $J_1,J_2,\cdots,J_n$ 全部安排加工。

3. 算例实验

针对问题 $Pm|m_j,p_j=1,\text{GoS}|C_{\max}$，通过小规模算例和大规模算例来验证启发式算法的性能。算例实验的程序运行环境为 Intel Core i5 3.10GHz，RAM 16.00GB，MATLAB R2020b，CPLEX 12.6.3，具体实验设计如下。

1) 实验设计

算例包含机器数量 m、机器服务等级 $g(M_i)$、工件等级 $g(J_j)$、工件加工所需机器数量 m_j、工件数量 n 五个参数。小规模算例参数设置如表 4-1 第二列所示，大规模算例参数设置如表 4-1 第三列所示。以小规模为例对参数设置进行解释：$m=3,5$ 表示机器台数为 3 台或者 5 台；$g(M_i)=i(i=1,2,\cdots,m)$ 表示机器的服务等级，机器 M_i 的等级为 i；$g(J_j)\sim U(1,m)$ 表示工件 J_j 的服务等级在区间 $(1,m)$ 上服从均匀分布；$m_j\sim U(1,g(J_j))$ 表示工件 J_j 所需的机器台数在区间 $(1,g(J_j))$ 上服从均匀分布；$n=[10:10:100]$ 表示工件数量从 $n=10$ 开始，每次递增 10，直到 $n=100$。对于小规模算例，根据机器数量和工件数量，设计 20 组参数组合，每组参数随机产生 50 个算例，因此共有 1000 个算例。对于大规模算例，根据机器数量和工件数量，设计 40 组参数组合，每组参数随机产生 100 个算例，因此共有 4000 个算例。

表 4-1　算例参数设置

参数	小规模算例参数设置水平	大规模算例参数设置水平
机器数量	$m=3,5$	$m=5,10,15,20$
机器服务等级	$g(M_i)=i$	$g(M_i)=i$
工件等级	$g(J_j)\sim U(1,m)$	$g(J_j)\sim U(1,m)$
工件加工所需机器数量	$m_j\sim U(1,g(J_j))$	$m_j\sim U(1,g(J_j))$
工件数量	$n=[10:10:100]$	$n=[100:100:1000]$

2）结果分析

（1）小规模算例。

小规模实验通过与 CPLEX 求得的最优解对比来衡量 LS-LG-FF 算法与 LG-LS-FF 算法的性能。本节设定求解器求解单个算例的最大运行时间为 3600s，若 3600s 内无法得到最优目标值，则中断搜索，返回当前目标值。针对算法 H，当 $\mathrm{dev}(H)$ 为正数时，表明启发式算法 H 求解结果劣于 CPLEX 结果；当 $\mathrm{dev}(H)$ 为负数时，表明启发式算法 H 求解结果优于 CPLEX 结果。进一步，本节按照以下分类统计各类别下两种启发式算法对应的算例个数，若 $H<\mathrm{CPLEX}$，则属于类别 1；若 $H=\mathrm{CPLEX}$，则属于类别 2；若 $H>\mathrm{CPLEX}$，则属于类别 3。

两种启发式算法以及 CPLEX 求解的中央处理器(central processing unit, CPU)运行时间如表 4-2 所示，每个数据表示当前算例规模下 50 个算例运行的平均时间。小规模实验的计算结果如表 4-3 所示，表中展现了算法 LS-LG-FF 和算法 LG-LS-FF 分别与 CPLEX 求解结果的相对偏差，包括最大相对偏差、平均相对偏差、最小相对偏差以及每个算例规模下两种启发式算法属于类别 1、类别 2 和类别 3 的算例个数。

表 4-2　小规模算例算法 CPU 运行时间

算例规模		平均运行时间/s		
工件个数	机器台数	LS-LG-FF 算法	LG-LS-FF 算法	CPLEX
10	3	0.0061	0.0041	2.3000
20	3	0.0076	0.0047	2.1113
30	3	0.0070	0.0044	3.3200
40	3	0.0057	0.0042	3.3300
50	3	0.0052	0.0054	8.3600
60	3	0.0055	0.0070	53.2110
70	3	0.0065	0.0054	43.2280
80	3	0.0061	0.0055	64.1210
90	3	0.0063	0.0101	59.6660
100	3	0.0075	0.0099	98.2630
10	5	0.0043	0.0038	2.6100
20	5	0.0072	0.0042	3.8000
30	5	0.0074	0.0041	4.0200
40	5	0.0050	0.0042	32.7500
50	5	0.0059	0.0043	69.9000
60	5	0.0054	0.0060	117.2550
70	5	0.0090	0.0085	665.7520
80	5	0.0065	0.0061	3600.0000
90	5	0.0071	0.0055	3600.0000
100	5	0.0102	0.0062	3600.0000

　　根据算例实验结果，当机器台数为 3 时，LS-LG-FF 算法与 CPLEX 求解的最大相对偏差为 1.92%，取得最优解的比例为 99%，LG-LS-FF 算法与 CPLEX 求解的最大相对偏差为 18.18%，取得最优解的比例为 78.6%；当机器台数为 5 时，LS-LG-FF 算法与 CPLEX 求解的最大相对偏差为 12.5%，LG-LS-FF 算法与 CPLEX 求解的最大相对偏差为 19.05%。当机器台数为 5、工件数量超过 80 时，CPLEX 不能在时间限制内求得最优解，并且两种算法均出现结果优于 CPLEX 的情况。小规模算例实验结果如表 4-3 所示。

表 4-3　小规模算例实验结果

算例规模		dev(LS-LG-FF)			算例个数			dev(LG-LS-FF)			算例个数		
工件	机器	最大值	平均值	最小值	类别1	类别2	类别3	最大值	平均值	最小值	类别1	类别2	类别3
10	3	0	0	0	0	50	0	0	0	0	0	50	0
20	3	0	0	0	0	50	0	0.1818	0.0579	0	0	41	9
30	3	0	0	0	0	50	0	0	0	0	0	50	0
40	3	0	0	0	0	50	0	0.0455	0.0089	0	0	46	4
50	3	0	0	0	0	50	0	0.0333	0.0033	0	0	46	4
60	3	0	0	0	0	50	0	0.0513	0.0111	0	0	44	6
70	3	0	0	0	0	50	0	0.0789	0.0217	0	0	28	22
80	3	0	0	0	0	50	0	0.0217	0.0042	0	0	20	30
90	3	0.0192	0.0037	0	0	45	5	0.0638	0.0101	0	0	35	15
100	3	0	0	0	0	50	0	0.0179	0.0051	0	0	33	17
10	5	0.0500	0.0250	0	0	45	5	0.1667	0.0167	0	0	44	6
20	5	0.1000	0.0100	0	0	45	5	0.1818	0.0589	0	0	25	25
30	5	0.1250	0.0588	0.0066	0	44	6	0.1538	0.0958	0	0	11	39
40	5	0.0476	0.0048	0	0	45	5	0.1905	0.0910	0	0	4	46
50	5	0.0370	0.0037	0	0	42	8	0.1429	0.0802	0	0	6	44
60	5	0.1111	0.0049	0	0	35	15	0.1724	0.0853	0	0	10	40
70	5	0.0789	0.0108	0	0	40	10	0.1212	0.0509	0	0	15	35
80	5	0.0270	0.0050	0	0	40	10	0.1622	0.0603	0	0	14	36
90	5	0.0256	0.0003	−0.0227	5	40	5	0.1860	0.0835	0	0	5	45
100	5	0.0217	−0.0052	−0.0741	4	41	5	0.1702	0.0552	−0.0185	1	17	32

由表 4-2 可知，CPLEX 求解问题最优解耗费较长的时间，随着工件数量增加，运行时间快速增长到 60min。相比之下，LS-LG-FF 算法和 LG-LS-FF 算法的运行时间非常短(不超过 0.1s)，且随着工件数量增加，运行时间变化不大。

综上，对于小规模实验，LS-LG-FF 算法和 LG-LS-FF 算法可以在非常短的时间内求得较优解，且 LS-LG-FF 算法性能较优。

(2) 大规模算例。

大规模实验通过与问题最优解的下界对比衡量 LS-LG-FF 算法与 LG-LS-FF 算法的性能。针对问题 $Pm|m_j, p_j = 1, \text{GoS}|C_{\max}$，最优解的一个下界可表示为

$$\text{LB}(I) = \sum_{j=1}^{n} m_j \Big/ m \tag{4-59}$$

对于任意一个算例 I，用 $V_H(I)$ 表示 LS-LG-FF 算法所求得的解，用 $\text{OPT}(I)$ 表示最优解，最优解的下界用 $\text{LB}(I)$ 表示。LS-LG-FF 算法的相对偏差 dev(H) 表达式如下：

$$\text{dev(H)} = \frac{V_H(I) - \text{LB}(I)}{\text{LB}(I)} \times 100\% \tag{4-60}$$

由于 $\text{LB}(I) \leqslant \text{OPT}(I)$ 均成立，因此算法 H 所得的解与最优解的相对偏差不超过 dev(H)，即

$$\frac{V_H(I) - \text{OPT}(I)}{\text{OPT}(I)} \leqslant \frac{V_H(I) - \text{LB}(I)}{\text{LB}(I)} \tag{4-61}$$

　　LS-LG-FF 算法的实验结果如图 4-6 所示。图 4-6(a)～(d)分别为机器数量 $m =$ 5、10、15、20 时的相对偏差变化情况。横轴表示工件的数量 n，纵轴表示启发式算法求解结果与最优解下界的相对偏差 dev。每个数据点是 100 个算例相对偏差的平均值，其中菱形数据点表示启发式算法求解结果与最优解下界的最大相对偏差，矩形数据点表示启发式算法求解结果与最优解下界的平均相对偏差，圆形数据点表示启发式算法求解结果与最优解下界的最小相对偏差。相对偏差越小，算法性能越好。

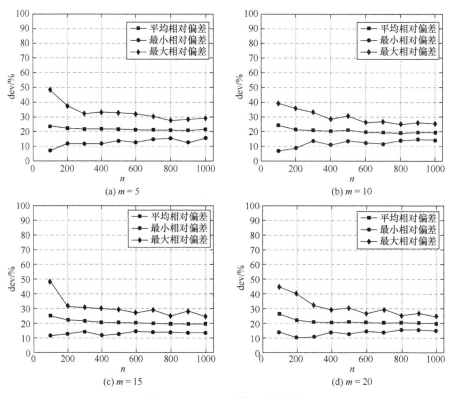

图 4-6　LS-LG-FF 算法实验结果

　　由图 4-6 可得如下结论：

（1）LS-LG-FF 算法与最优解的平均相对偏差最大不超过 0.26，且随着算例规模的增加，平均相对偏差呈下降趋势，并逐渐趋向于 0.20。

（2）当工件规模相同时，不同机器数量下的相对偏差浮动较小，算法性能比较稳定。

（3）在机器数量相同时，平均相对偏差随着算例规模的增加而逐渐减小。

LG-LS-FF 算法的实验结果如图 4-7 所示。由图 4-7 可得如下结论：

（1）LG-LS-FF 算法与最优解的平均相对偏差最大不超过 0.50，且平均相对偏差随着算例规模的增加呈下降趋势，并逐渐趋向于 0.40。

（2）当工件规模相同时，机器数量越大，相对偏差越大。

（3）在机器数量相同时，平均相对偏差随算例规模的增加而逐渐减小。

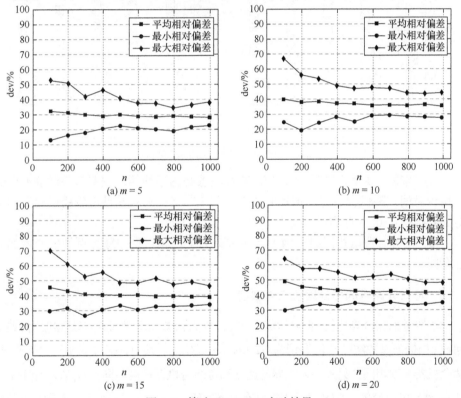

图 4-7　算法 LG-LS-FF 实验结果

LS-LG-FF 算法和 LG-LS-FF 算法的实验结果对比如图 4-8 所示。由图 4-8 可得如下结论：

（1）针对以上四种规模的算例问题，LS-LG-FF 算法求解的平均相对偏差小于 LG-LS-FF 算法，性能较优。

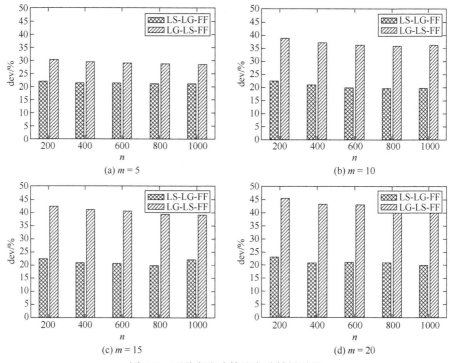

图 4-8　两种启发式算法实验结果对比

(2) 当算例规模相同时，LG-LS-FF 算法求解的平均相对偏差与最优解下界的平均相对偏差随机器数量的增加而变大，而 LS-LG-FF 算法性能较稳定，平均相对偏差维持在 0.20 左右。

(3) 在机器数量相同时，两种算法求解的平均相对偏差随算例规模的增加而逐渐减小。

4.2.3　考虑异速机的多处理机工件调度

本节考虑三台异速机、两种服务等级、工件为任意加工时间的多处理机工件调度问题。根据三参数法[113]，问题记为 $Q2,1|m_j,\mathrm{GoS}|C_{\max}$。其中，$Q2,1$ 表示三台异速机，两台机器速度相同，另外一台机器的速度和这两台机器速度不同，m_j 表示加工工件 J_j 需要的机器台数，GoS 表示工件具有服务等级，$C_{\max}$ 表示最大完工时间。本节从问题建模、动态规划算法设计、近似算法设计、最差性能比分析等方面开展研究。

1. 问题定义及模型构建

1) 问题定义

在并行异速机的机器环境下，不同服务等级的机器具有不同的加工速度，机

器 M_i 加工速度表示为 s_i。设机器 M_1 和 M_2 的服务等级记为 1，加工速度均设为 1，机器 M_3 的服务等级记为 2，加工速度 $s<1$。每一个多处理机工件 J_j 具有固定的加工时间 p_j，其在机器上的加工长度与机器加工速度负相关，定义为 $p_j m_j / \sum s_i$。各个工件的加工时间随加工机器不同而变化，假定在符合加工约束的前提下，1-处理机工件 J_j 在机器 M_1 和 M_2 上的加工时间均为 $p_j / 1$，在机器 M_3 上的加工时间为 p_j / s；2-处理机工件 J_j 在机器 M_1 和 M_2 上的加工时间均为 $p_j m_j / 2$，在机器 M_1、M_3 或 M_2、M_3 上的协同加工时间均为 $p_j m_j / (1+s)$。根据三参数法[113]，问题表示为 $Q2,1|m_j, \text{GoS}|C_{\max}$。

2) 整数规划模型构建

多处理机工件调度问题 $Q2,1|m_j, \text{GoS}|C_{\max}$ 的整数规划模型如下：

$$\min C_{\max} = \max C_i \tag{4-62}$$

$$\text{s.t.} \quad \sum_{i=1}^{3} x_{ji} = m_j, \quad j=1,2,\cdots,n \tag{4-63}$$

$$C_i = \sum_{j=1}^{n} p_j \cdot x_{ji}, \quad i=\{1,2,3\} \tag{4-64}$$

$$g(M_i) \cdot x_{ji} \leqslant g(J_j), \quad j=1,2,\cdots,n; \ i=\{1,2,3\} \tag{4-65}$$

$$g(J_j) \geqslant m_j, \quad j=1,2,\cdots,n \tag{4-66}$$

$$(C_j - p_j) \cdot x_{ji} = S_j, \quad j=1,2,\cdots,n; \ i=\{1,2,3\} \tag{4-67}$$

$$x_{ji} = \{0,1\}, \quad j=1,2,\cdots,n \tag{4-68}$$

式(4-62)表示优化的目标函数；式(4-63)表示多处理机工件需要多台机器协同加工；式(4-64)表示每个机器同一时刻只能加工一个工件；式(4-65)表示只有当工件服务等级大于机器服务等级时，才可在此机器上进行加工；式(4-66)表示每个工件的服务等级不小于该工件需要加工机器的数量；式(4-67)表示加工同一工件的所有机器必须同时开始，同时结束；式(4-68)表示 x_{ji} 为 0～1 变量，当工件 J_j 在机器 M_i 上加工时，$x_{ji}=1$，否则 $x_{ji}=0$。

3) 问题复杂性分析

当所有的服务等级相同且工件加工所需机器数量为 1 时，该问题就是经典的 $P3\|C_{\max}$ 问题，因此该问题是 NP 问题，即在多项式时间内无法得到问题最优解。本节退而求其次，设计伪多项式时间的动态规划算法及近似算法获得排产方案，分别通过分析算法时间复杂度和最差性能比来衡量算法性能的优劣。

2. 动态算法设计及分析

针对 $Q2,1|m_j,\mathrm{GoS}|C_{\max}$ 问题，证明最优调度的结构性质，设计伪多项式时间的动态规划算法。

1) 最优调度方案分析

令 σ^* 表示 $Q2,1|m_j,\mathrm{GoS}|C_{\max}$ 问题的最优调度方案，$C_{\max}^*$ 表示该调度方案中工件的最大完工时间。对于问题 $Q2,1|m_j,\mathrm{GoS}|C_{\max}$，机器和工件只存在两种服务等级，机器 M_1 和 M_2 服务等级定为 1，机器 M_3 服务等级定为 2。等级为 1 的 1-处理机工件可选择使用机器 M_1 或 M_2 加工；等级为 1 的 2-处理机工件只能由机器 M_1 和 M_2 共同加工；等级为 2 的 1-处理机工件可选择任意一台机器加工；等级为 2 的 2-处理机工件可选择任意两台机器加工。

在该问题的最优调度方案中，若等级为 2 的 2-处理机工件选择由两台等级不同的机器加工，即由机器 M_1 和 M_3 协同加工或者由机器 M_2 和 M_3 协同加工，则将其全部转为由机器 M_2 和 M_3 协同加工且安排到调度最前端，同时，将机器 M_1 和 M_2 加工的 2-处理机工件移到所有 1-处理机工件的最后。由于机器 M_1 和 M_2 服务等级和加工速度全部一致，位置的交换并不会影响 $C_{\max}$ 的大小。此异速机最优调度甘特图如图 4-9 所示。

由图 4-9 可知，问题 $Q2,1|m_j,\mathrm{GoS}|C_{\max}$ 的最优调度 σ^* 完全由参数 y、x_1、x_2、x_3 以及 x_4 决定，y 表示 2-处理机工件在机器 M_2 和 M_3 上的加工长度，x_1 表示 2-处理机工件在机器 M_1 和 M_2 上的加工长度，x_2 表示 1-处理机工件在 M_1 上的加工长度，x_3 表示 1-处理机工件在 M_2 上的加工长度，x_4 表示 1-处理机工件在 M_3 上的加工长度。

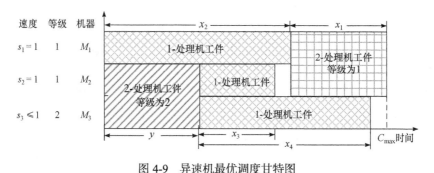

图 4-9　异速机最优调度甘特图

2) 动态规划算法

$Q2,1|m_j,\mathrm{GoS}|C_{\max}$ 问题的动态规划算法步骤如下。

(1) 构造价值函数。令 $F(j,x_1,x_2,x_3,x_4)$ 表示所有在机器 M_2 和 M_3 上加工的 2-处理机工件加工长度之和，$W = \sum_{j=1}^{n} p_j$，且对于 $1 \leqslant j \leqslant n$，有 $0 \leqslant x_1 + x_2 + x_3 + x_4 \leqslant W$。

(2) 确定边界条件：

$$F(0,x_1,x_2,x_3,x_4) = \begin{cases} 0, & x_1 = x_2 = x_3 = x_4 = 0 \\ \infty, & \text{其他} \end{cases} \tag{4-69}$$

(3) 设计迭代过程：

$$F(j,x_1,x_2,x_3,x_4) = \begin{cases} G_1(j,x_1,x_2,x_3,x_4), & g(J_j) = 1 \\ G_2(j,x_1,x_2,x_3,x_4), & g(J_j) = 2 \end{cases} \tag{4-70}$$

其中，

$$G_1(j,x_1,x_2,x_3,x_4) = \begin{cases} \min\{F(j-1,x_1,x_2-p_j,x_3,x_4),\ F(j-1,x_1,x_2,x_3-p_j,x_4)\}, & m_j = 1 \\ F(j-1,x_1-p_j,x_2,x_3,x_4), & m_j = 2 \end{cases}$$

$$\tag{4-71}$$

式(4-71)中三个式子分别表示工件 J_j 由机器 M_1 加工、工件 J_j 由机器 M_2 加工以及工件 J_j 由机器 M_1 和 M_2 协同加工。需要注意的是，当 $x_2 - p_j < 0$ 时，舍弃 $F(j-1,x_1,x_2-p_j,x_3,x_4)$；当 $x_3 - p_j < 0$ 时，舍弃 $F(j-1,x_1,x_2,x_3-p_j,x_4)$；当 $x_1 - p_j < 0$ 时，舍弃 $F(j-1,x_1-p_j,x_2,x_3,x_4)$。

$$G_2(j,x_1,x_2,x_3,x_4)$$
$$= \begin{cases} \min\{F(j-1,x_1,x_2-p_j,x_3,x_4),F(j-1,x_1,x_2,x_3-p_j,x_4),F(j-1,x_1,x_2,x_3,x_4-p_j)\}, & m_j = 1 \\ \min\{F(j-1,x_1-p_j,x_2,x_3,x_4),F(j,x_1,x_2,x_3,x_4)+p_j\times2/(1+s)\}, & m_j = 2 \end{cases}$$

$$\tag{4-72}$$

式(4-72)中五个式子分别表示工件 J_j 在机器 M_1 上加工、工件 J_j 在机器 M_2 上加工、工件 J_j 在机器 M_3 上加工、工件 J_j 在机器 M_1 和 M_2 上加工以及工件 J_j 在机器 M_2 和 M_3 上加工。注意，当 $x_2 - p_j < 0$ 时，舍弃 $F(j-1,x_1,x_2-p_j,x_3,x_4)$；当 $x_3 - p_j < 0$ 时，舍弃 $F(j-1,x_1,x_2,x_3-p_j,x_4)$；当 $x_4 - p_j < 0$ 时，舍弃 $F(j-1,x_1,x_2,x_3,x_4-p_j)$；当 $x_1 - p_j < 0$ 时，舍弃 $F(j-1,x_1-p_j,x_2,x_3,x_4)$。

(4) 求得最优解。最优目标为 $\min\{\max\{x_4 + F(n,x_1,x_2,x_3,x_4)，\ \max(x_2,F(n,x_1,x_2,x_3,x_4)+x_3)+x_1\}\}$，通过逆向回溯得到最优排序。

定理 4-5　针对 $Q2,1\big|m_j,\text{GoS}\big|C_{\max}$ 问题，动态规划算法可以在 $O\left(nW^4\right)$ 时间内得到最优解，其中 $W=\sum\limits_{j=1}^{n}p_j$。

证明： 动态规划算法利用了最优调度方案的结构性质，通过比较所有可能产生的状态空间得到一个最优调度，保证了算法的正确性。对于状态变量 j,x_1,x_2,x_3,x_4，由于 $1\leqslant j\leqslant n$，$0\leqslant x_1,x_2,x_3,x_4\leqslant W$，步骤(3)可以在 $O\left(nW^4\right)$ 时间内实现，同时计算价值函数需花费时间 $O(n)$。因此，动态规划算法的时间复杂度为 $O\left(nW^4\right)$。证毕。

3. 近似算法设计及分析

1) 近似算法设计

对于 $Q2,1\big|m_j,\text{GoS}\big|C_{\max}$ 问题，先安排 2-处理机工件再安排 1-处理机工件，即先将 m_j 大的工件安排加工来减少机器空闲时间，m_j 小的工件用来平衡负载；针对 1-处理机工件，采取低服务等级的工件优先、加工时间长的工件优先 LG-LPT 的列表规则。基于这种思想，首先将所有 2-处理机工件安排在机器 M_1 和 M_2 上加工，将 1-处理机工件按照其所需处理机数量非减的顺序排列，同等数量下再按照加工时间非增的顺序排列，并按此编号 $J_1\leqslant J_2\leqslant\cdots\leqslant J_n$，即若 $J_j\leqslant J_k$，需要满足 $g(J_j)<g(J_k)$ 或 $g(J_j)=g(J_k),p_j>p_k$。按照 LG-LPT 得到的编号顺序将工件依次安排在使其最早完工的可用机器上。LG-LPT 算法的步骤如下：

(1) 将所有 2-处理机工件安排在使其最早完工的机器上加工。

(2) 对于 1-处理机工件，按 LG-LPT 的规则进行排列，即将工件按服务等级非减的顺序排列，同服务等级再按加工时间非增的顺序排列。

(3) 按照所得序列将工件依次安排在使其最早完工的机器上，直至所有工件安排完毕。

2) 算法最差性能比分析

定理 4-6　针对 $Q2,1\big|m_j,\text{GoS}\big|C_{\max}$ 问题，LG-LPT 算法的最差性能比为 $\max\left\{1+\dfrac{2}{2+s},1+\dfrac{1+s}{2}\right\}$ 且 $s<1$，即

$$R_{\text{LG-LPT}}\leqslant\max\left(1+\frac{2}{2+s},1+\frac{1+s}{2}\right)\tag{4-73}$$

证明： 采用反证法证明上述结论。对于该问题，构造一个工件个数最小的反例 (J,M)，J 为该反例的工件集合，M 为该反例的机器集合。因为 (J,M) 为最小

反例，所以 LG-LPT 算法得到的最大完工时间与实例 (J,M) 最优解的最大完工时间的比值大于 $\max\left\{1+\dfrac{2}{2+s},1+\dfrac{1+s}{2}\right\}$。

对于实例 (J,M)，令 n 表示工件个数，σ 表示 LG-LPT 算法对于该实例的调度解，σ^* 表示该实例的最优解，$C_{\max}$ 表示 σ 中工件的最大完工时间，$C_{\max}^*$ 表示 σ^* 中工件的最大完工时间。

LG-LPT 算法得到的实例 (J,M) 的最大完工时间等于工件 J_n 的完工时间，LG-LPT 算法甘特图如图 4-10 所示。假设最大完工时间等于工件 J_j 的完工时间或等于工件 J_n 及工件 J_j 的完工时间，对于任意一种情形，删除实例 (J,M) 中的工件 J_n 得到一个新的实例 (J',M)。LG-LPT 算法得到的实例 (J',M) 的最大完工时间等于实例 (J,M) 的最大完工时间，而实例 (J',M) 最优解的最大完工时间不超过实例 (J,M) 最优解的最大完工时间。因此，实例 (J',M) 是一个工件个数小于 n 的反例，这与题设实例 (J,M) 为工件数最小的反例相矛盾。

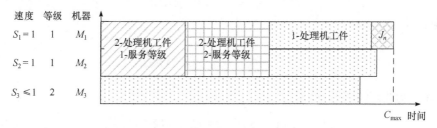

图 4-10　LG-LPT 算法甘特图

对于该问题最优目标值 $C_{\max}^*$ 的下界，有

$$C_{\max}^* \geqslant \frac{T_{\text{total}}}{2+s} \tag{4-74}$$

其中，

$$T_{\text{total}} = \sum_{m_j=1} p_j + 2\sum_{m_j=2} p_j \tag{4-75}$$

令 F_i 表示安排工件 J_n 之前机器 M_i 的已加工长度。根据最后一个工件 J_n 决定最大完工时间，有

$$F_i + \frac{p_n}{s_i} \geqslant C_{\max} \tag{4-76}$$

调整得

$$s_i C_{\max} - s_i F_i \leqslant p_n \tag{4-77}$$

针对工件 J_n，分两种情况进行讨论。

(1) 工件 J_n 为 2-处理机工件时，系统在同一时刻只能加工一个 2-处理机工件，此时有

$$C_{\max} = C_{\max}^* \tag{4-78}$$

(2) 工件 J_n 为 1-处理机工件时，针对工件 J_n 的服务等级，分为以下两种情况。

情况 1：若工件 J_n 服务等级为 1，则实例 (J,M) 不存在等级为 2 的 1-处理机工件，对于式(4-77)，按照 i 从 1 到 2 进行累加求和得

$$\sum_{i=1}^{2} s_i C_{\max} - \sum_{i=1}^{2} s_i F_i \leqslant 2 p_n \tag{4-79}$$

调整得

$$2 C_{\max} \leqslant 2 P_n + \sum_{i=1}^{2} s_i F_i \leqslant p_n + \sum_{i=1}^{2} s_i F_i + p_n \tag{4-80}$$

又由式(4-74)可得

$$\sum_{i=1}^{2} s_i F_i + p_n \leqslant T_{\text{total}} \leqslant (2+s) C_{\max}^* \tag{4-81}$$

由式(4-80)和式(4-81)，可得

$$2 f \leqslant p_n + (2+s) C_{\max}^* \leqslant C_{\max}^* + (2+s) C_{\max}^* \tag{4-82}$$

因此，有

$$\frac{C_{\max}}{C_{\max}^*} \leqslant 1 + \frac{1+s}{2} \tag{4-83}$$

情况 2：若工件 J_n 服务等级为 2，则对式(4-77)，按照 i 从 1 到 3 进行累加求和得

$$\sum_{i=1}^{3} s_i C_{\max} - \sum_{i=1}^{3} s_i F_i \leqslant 3 p_n \tag{4-84}$$

调整得

$$(2+s) C_{\max} \leqslant 3 p_n + \sum_{i=1}^{3} s_i F_i \leqslant 2 p_n + \sum_{i=1}^{3} s_i F_i + p_n \tag{4-85}$$

由式(4-74)可得

$$\sum_{i=1}^{3} s_i F_i + p_n \leqslant T_{\text{total}} \leqslant (2+s) C_{\max}^* \tag{4-86}$$

由式(4-85)和式(4-86)，可得

$$(2+s)C_{\max} \leqslant 2p_n + (2+s)C_{\max}^* \leqslant 2C_{\max}^* + (2+s)C_{\max}^* \qquad (4-87)$$

因此，有

$$\frac{C_{\max}}{C_{\max}^*} \leqslant 1 + \frac{2}{2+s} \qquad (4-88)$$

综上，$\dfrac{C_{\max}}{C_{\max}^*} \leqslant \max\left(1+\dfrac{2}{2+s}, 1+\dfrac{1+s}{2}\right)$。证毕。

4.3 复杂产品装配系统性能评估

复杂产品装配是典型的复杂装配，涉及的零部件、连接件、设备、工装、夹具等不仅结构复杂、种类繁多而且数量庞大，在生产准备过程中存在配送滞后、齐套缺件等问题。复杂产品装配是在离散固定工位的受限空间内进行集中作业，操作空间有限，操作开敞性差，操作交叉多，存在错装、漏装、误装等问题。复杂产品装配存在大量的手工装配过程，手工装配稳定性差，依赖于人为经验进行反复试错排故，返工返修频繁，装配质量波动突出，一次装配合格率低，属于典型的预装预配、多装多试。复杂产品装配过程中存在预装预配、错装漏装、机器故障、配套缺件等生产扰动，不可避免地打破系统原有的稳定状态，不仅影响机器的独立运行效率、装配单元自身的有效产出，而且会沿着上游和下游两个方向进行传播，进而影响上下游装配单元的投入产出，一定程度上造成系统的产能损失，使得装配系统的投入产出之间呈现出非线性转化关系，导致复杂产品装配过程呈现出系统产出无法获知、系统状态不可预知、系统产能难以评估、损失影响难以溯源等特性。

本节围绕复杂产品装配系统过程管控中解析建模和性能分析难题，基于马尔可夫过程和事件驱动建模方法，提出复杂产品装配系统稳态和瞬态性能评估模型，解决系统状态演化机理不清晰、随机扰动传播影响不明确、投入产出过程描述不准确等问题，为复杂产品装配过程的系统产能规划、产能损失分析、产线效益衡量提供理论与方法支撑。

4.3.1 多故障模式加工装配线性能评估

本节研究多故障情形下包含两条并行生产线的加工装配线性能评估问题，为方便叙述，简称为多故障模式加工装配线。针对多故障模式加工装配线分解建模问题，分析系统中资金流与物料流"流向"、"流速"以及机器故障和修复之间的影响关系，在物料流建模基础上引入资金流建模，提出"物料流 + 资金流"混合流建模方法，建立装配线构建块之间流失效方程、流修复方程、流加工方程，构建多故障模式加工装配线分解模型。针对多故障模式加工装配线模型中分解方程的求解问题，基于分解思想提出多故障模式加工装配线模型求解算法，通过 Plant Simulation 仿真验证模型及算法的有效性，揭示装配线缓冲区容量、瓶颈和非瓶颈机器故障率和修复率对系统平均产出和缓冲区平均缓冲水平的影响规律。

1. 多故障模式加工装配线描述

包含两条并行生产线的加工装配线如图 4-11 所示，加工装配线由 m 台机器和 $m-1$ 个缓冲区组成，机器 $M_i(i=1,2,\cdots,a,\cdots,m)$ 为加工机器，机器 M_a 为装配机器。机器具有多种类型的故障模式，每一种故障模式具有对应的故障率 p_{i,z_i} 和修复率 r_{i,z_i}。工件 A 和工件 B 分别由机器 M_1 和机器 M_M 进入加工装配线，依次经由加工机器和缓冲区，到达装配机器 M_a 后，按照装配比例完成装配作业，最终流出系统。

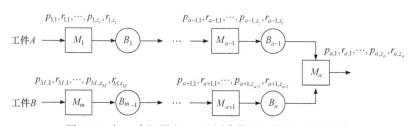

图 4-11　由 m 台机器和 $m-1$ 个缓冲区组成的加工装配线

模型相关假设如下：

(1) 工件 A 和工件 B 分别由两条并行的加工生产线加工，不同物料从相应加工生产线第一台机器进入制造系统，然后通过缓冲区流入第二台机器，直至最后一台机器加工完成后进入相应的装配缓冲区，直至装配完成后离开系统。

(2) 缓冲区 $B_i(1 \le i \le m-1)$ 具有有限的缓冲区容量，制造系统阻塞(block)机制采用服务前阻塞(blocking before service，BBS)的方式。

(3) 机器 $M_i(1 \le i \le m)$ 可以有多种故障模式(multiple failure modes)，不同的故障种类具有不同的故障率和修复率。

(4) 机器的故障是与操作相关的故障(operation dependent failure，ODF)，因此机器在没有加工操作的情况下(如饥饿(starve)或阻塞(block))不会发生故障，且一台机器在同一时刻只能发生一种故障。

(5) 假设机器无故障时间和修复前时间服从参数不同的指数分布，针对不同的故障模式，机器平均无故障时间(mean time to failure，MTTF)和机器平均修复时间(mean time to repair，MTTR)不同。

(6) 上游缓冲区为空的机器，称其处于饥饿状态，下游缓冲区饱和的机器，称其处于阻塞状态,装配线所包含的两条并行流水线中第一台机器均不会发生饥饿，装配机器不会发生阻塞。

实际生产中，设备故障、刀具的破损、人员缺勤等都可能导致机器故障。根据机器自身发生故障造成停工或者受其他机器故障影响造成减产或停工，将故障模式分为真实故障模式(real failure modes)和虚拟故障模式(virtual failure modes)。

(1) 真实故障模式即源于机器自身发生故障的故障类型、故障率及修复率，可分为单故障模式和多故障模式。其中，多故障模式是指同一机器可能存在多种真实故障模式，每种故障模式对应不同故障率和修复率。

(2) 虚拟故障模式是指机器本身并未故障，但受其他机器故障影响而造成的减产或停工等"故障"现象。虚拟故障模式包含两种情况，即上游机器故障影响导致下游机器饥饿和下游机器故障影响导致上游机器阻塞。

2. 多故障模式加工装配线分解原理

借鉴流水线分解思想将装配线分解为构建块，在物料流基础上引入资金流，分析构建块之间物料流和资金流的关系，以及多故障模式加工装配线分解建模基本思路。

1) 加工装配线物料流与资金流关系分析

分析加工装配线运作过程，除了存在物料流，同时还存在资金流，两者之间互为前提，互相依存。对物料流和资金流而言，两者都是单向流动，但是两者的方向相反。五机器加工装配线物料流和资金流流动如图4-12所示。

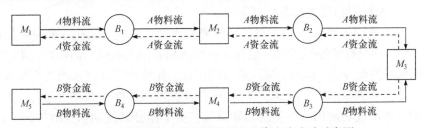

图4-12 五机器加工装配线物料流和资金流流动示意图

由于资金流与物料流的流动相匹配，在某种程度上，资金流与物料流在数量上可以相互替代。不失一般性，令单位资金等同于单位物料，机器对资金流处理速度等同于工件加工速度，且资金流处理过程伴随着物料流加工过程的发生而发生，物料流缓冲区容量等于资金流缓冲区容量。

(1) 加工机器物料流与资金流分析。

当上游缓冲区不为空且下游缓冲区未饱和时，机器才能进行正常加工。加工机器物料流和资金流分解流动示意图如图 4-13 所示，以 M_2 为例说明物料流和资金流之间的关系。

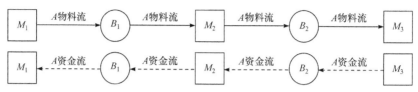

图 4-13　加工机器物料流和资金流分解流动示意图

资金流和物料流之间始终存在"流向"相反、"流速"相同的特征。当 B_1 不为空且 B_2 未饱和时，M_2 正常加工。此时物料流由 B_1 经过 M_2 加工后流入 B_2，相应地，资金流由 B_2 经过 M_2 加工后流入 B_1。

加工机器真实故障(修复)对物料流和资金流的影响表现在自身物料流与资金流的中断(恢复)以及上下游机器虚拟故障发生(修复)两方面。当 M_2 发生真实故障时，在物料流层面，M_1 因流入 M_2 的 A 物料流中断，B_1 饱和而发生阻塞现象；在资金流层面，M_1 因流出 M_2 的 A 资金流中断，B_1 用尽而发生饥饿现象。类似地，M_2 发生故障，下游机器在物料流层面产生饥饿现象，在资金流层面则产生阻塞现象。机器真实故障被修复时有类似的影响。

加工机器虚拟故障(修复)对物料流和资金流的影响表现为相应虚拟故障(修复)的直接传导。当 M_1 发生故障时，在物料流层面，M_2 发生饥饿现象并将饥饿传导至 M_3；在资金流层面，M_2 发生阻塞现象并将阻塞传导至 M_3。类似地，M_3 发生故障，物料流层面阻塞现象和资金流层面饥饿现象也会通过 M_2 传导至 M_1。机器虚拟故障被修复时有类似的影响。

(2) 装配机器物料流与资金流分析。

A 流水线和 B 流水线的物料流按照装配比例关系同时到达才能使装配机器正常工作，即只有装配机器同时收到 A 流水线和 B 流水线输出的物料，才能输出两条流水线的资金流。因此，装配机器的正常工作等价于 A 流水线的物料流成功流入以及 B 流水线的资金流成功流出，或者 B 流水线的物料流成功流入以及 A 流水线的资金流成功流出。装配机器物料流和资金流分解流动示意图如图 4-14 所示，以 M_3 为例分析装配机器的物料流与资金流之间的关系。

装配机器的流入物料流和流出资金流恰好组成一条"流向"不变、"流速"满足装配比 η，并且联系装配机器两侧加工机器的混合流。当 B_2 和 B_3 均不为空时，A、B 物料流按装配比流入装配机器 M_3 进行装配，相应地，资金流分别由装配机器 M_3 流入 B_2 和 B_3，且 A 资金流与 B 资金流、A 物料流与 B 资金流以及 A 资金流与 B 物料流"流速"关系分别满足装配比 η。

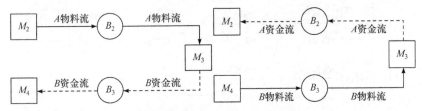

图 4-14 装配机器物料流和资金流分解流动示意图

装配机器真实故障(修复)对物料流和资金流的影响表现在自身物料流和资金流的中断(恢复)以及前端机器虚拟故障发生(修复)两方面。与加工机器不同,装配机器故障仅会导致前端两机器阻塞。当 M_3 发生故障时,在物料流层面,M_2、M_4 分别因流入 M_3 的 A、B 物料流中断,导致 B_2、B_3 饱和而发生阻塞现象;在资金流层面,M_2、M_4 分别因流出 M_3 的 A、B 资金流中断,导致 B_2、B_3 用尽而发生饥饿现象。真实故障被修复时有类似影响。

装配机器虚拟故障(修复)对物料流和资金流的影响表现为相应虚拟故障(修复)的转换传导。当 M_2 发生故障时,在物料流层面,装配机器 M_3 的 A 物料流发生饥饿,B 物料流发生阻塞;在资金流层面,装配机器 M_3 的 A 资金流发生阻塞,B 资金流发生饥饿。虚拟故障被修复时有类似影响。

2) 装配线"物料流 + 资金流"分解建模思路

(1) "物料流 + 资金流"分解建模。

由于装配线仅考虑物料流建立数学模型比较困难,故结合前述的资金流与物料流"流向"、"流速"以及故障和修复影响关系分析,采用"物料流 + 资金流"分解建模思路,将装配线一支流水线的物料流和另一支流水线资金流连接组合,构建一条虚拟的"物料流 + 资金流"混合流生产线,进行装配线分解建模。

具体地,将原始装配线按 A 物料流与 B 资金流进行混合或者按 B 物料流与 A 资金流进行混合,获得类似流水线分解相似的分解构建块形式,依据分解后相邻构建块的虚拟机器之间物料流和资金流的关联关系提取流失效方程、流修复方程、流加工方程。三机器装配线 A 物料流与 B 资金流分解关系示意图如图 4-15 所示,图中 $M^u(1)$ 和 $M^d(1)$ 分别为物料流构建块 $l(1)$ 上下游虚拟机器。

(2) 物料流和资金流构建块的关系。

将单位资金等同于单位物料,机器对资金流处理速度等同于工件加工速度,且处理过程伴随着工件加工而发生,物料流缓冲区容量等于资金流缓冲区容量,并且构建块中资金流和物料流方向相反,则有两机器物料流和资金流分解关系如图 4-16 所示,图中 $M^u(1)'$ 和 $M^d(1)'$ 分别为资金流构建块 $l(1)$ 上下游虚拟机器。

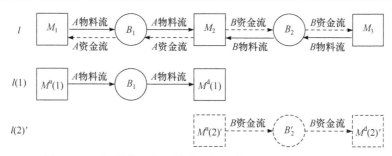

图 4-15　三机器装配线 A 物料流与 B 资金流分解关系示意图

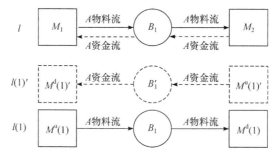

图 4-16　两机器物料流和资金流动分解示意图

对于阻塞机制采用 BBS 的连续两机器流水线,在上下游机器对调后,产生的物料流与原两机器流水线呈对偶关系,即稳态情况下机器平均产出相等,缓冲区平均缓冲水平之和等于缓冲区容量。根据本节加工装配线假设物料流和资金流关系分析可知,物料流和资金流构建块满足对偶的条件。

因此,为了求解资金流构建块的平均产出、缓冲区平均缓冲水平等性能指标,采用将对应物料流构建块上下游机器参数交换的方式,即 $M^u(1)' = M^d(1)$,$M^d(1)' = M^u(1)$,$B_1' = B_1$,然后利用物料流构建块求解方法来求解资金流两机器构建块。

3) 多故障模式加工装配线分解建模基本思路

多故障模式加工装配线分解建模的基本思路如图 4-17 所示。首先,在原始多故障模式加工装配线中的物料流建模基础上引入资金流建模,并且分析资金流和物料流之间的关系;其次,将装配机器前并行流水线中的一支按物料流进行分解,另一支则按资金流进行分解,提取物料流、资金流构建块之间的分解方程,即流失效方程、流修复方程、流加工方程;再次,对分解后的物料流、资金流构建块采用解析方法进行精确的性能分析,获得构建块平均产出、各机器效率等性能分析指标;最后,借鉴 Dallery-David-Xie(DDX)算法构建多故障模式加工装配线分解模型迭代求解算法,求解多故障模式加工装配线平均产出、平均缓冲水平等性能指标。

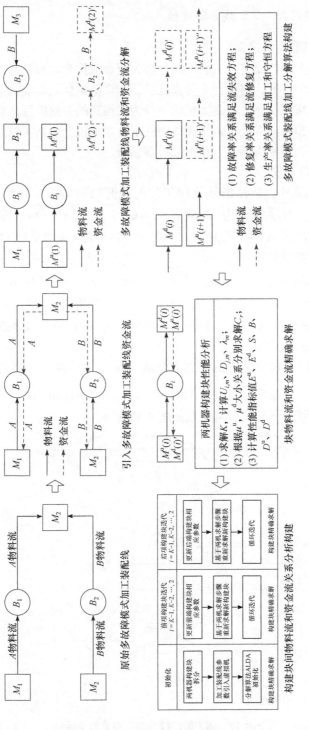

图4-17　多故障模式加工装配线分解建模的基本思路

3. 多故障模式加工装配线分解建模

1) 装配线机器参数定义

按照资金流和物料流将加工装配线分解为资金流构建块和物料流构建块。依据机器分解前后的特征，将机器分为真实机器和虚拟机器。真实机器为真实产线中的实体机器，虚拟机器为将真实机器一分为二得到的分解机器，对应于上游构建块中的上游虚拟机器以及下游构建块中的下游虚拟机器。真实机器和虚拟机器对应的参数分别为真实机器参数和虚拟机器参数。

(1) 真实机器参数。

令 i 为机器编号，机器编号从加工装配线开口方向顺时针编号，$i \in M = \{1, 2, \cdots, a, \cdots, m\}$，$M_i$ 为编号为 i 的机器，$i = 1, 2, \cdots, a, \cdots, m$；令 a 为装配机器的编号，机器 $M_i (1 \leqslant i \leqslant a-1)$ 生产工件 A，机器 $M_i (a+1 \leqslant i \leqslant m)$ 生产工件 B，A 和 B 的装配比为 η；针对机器 M_i，令 $z(1 \leqslant z \leqslant Z_i)$ 为真实故障模式号，$p_{i,z}(1 \leqslant z \leqslant Z_i)$ 为机器 M_i 在真实故障模式 z 下的故障率，$r_{i,z}(1 \leqslant z \leqslant Z_i)$ 为机器 M_i 在真实故障模式 z 下的修复率；令 μ_i 为机器 M_i 的最大加工速率，装配机器 M_a 的加工速率 μ_a 定义为装配过程中处理工件 A 的加工速率；B_i 为机器 M_i 与机器 M_{i+1} 之间的缓冲区，为方便表示，缓冲区容量也表示为 $B_i(1 \leqslant i \leqslant m-1)$。

将原流水线 l 按机器编号由小到大分解为 $m-1$ 对构建块，物料流构建块为 $l(i)(1 \leqslant i \leqslant m-1)$，资金流构建块为 $l(i)'(1 \leqslant i \leqslant m-1)$。$l(i)$ 和 $l(i)'$ 包含两个相同的机器。加工装配线分解模型分解关系如图 4-18 所示。

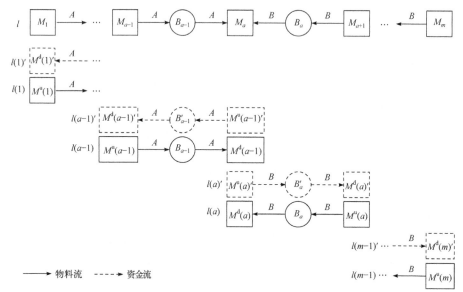

图 4-18 加工装配线分解模型分解关系

根据以上物料流与资金流的对称关系可知,采用 A 物料流与 B 资金流和 A 资金流与 B 物料流均可获得流水车间分解相关关系。本节中采用 A 物料流与 B 资金流之间的相关关系进行求解。

(2) 虚拟机器参数。

对工件 A 流经的机器 $M_i(1 \leqslant i \leqslant a)$ 按物料流进行分解。令 $M^{\mathrm{u}}(i)$ 为物料流上游虚拟机器, $\mu^{\mathrm{u}}(i)(1 \leqslant i \leqslant m-1)$ 为物料流的加工速率, $p_{i,z}^{\mathrm{u}}(i)$ 和 $r_{i,z}^{\mathrm{u}}(i)(1 \leqslant i \leqslant m-1, 1 \leqslant z \leqslant Z_i)$ 分别为 $l(i)$ 的上游机器 $M^{\mathrm{u}}(i)$ 在真实故障模式 z 下的故障率和修复率, $p_{k,z}^{\mathrm{u}}(i)$ 和 $r_{k,z}^{\mathrm{u}}(i)(1 \leqslant k \leqslant i-1, 1 \leqslant z \leqslant Z_k)$ 分别为 $l(i)$ 的上游机器 $M^{\mathrm{u}}(i)$ 在虚拟故障模式 z 下的故障率和修复率;类似地,令 $M^{\mathrm{d}}(i-1)$ 为物料流下游虚拟机器, $\mu^{\mathrm{d}}(i-1)$ $(2 \leqslant i \leqslant m)$ 为物料流的加工速率, $p_{i,z}^{\mathrm{d}}(i-1)$ 和 $r_{i,z}^{\mathrm{d}}(i-1)(2 \leqslant i \leqslant m, 1 \leqslant z \leqslant Z_i)$ 分别为 $l(i-1)$ 的下游机器 $M^{\mathrm{d}}(i-1)$ 在真实故障模式 z 下的故障率和修复率, $p_{k,z}^{\mathrm{d}}(i-1)$ 和 $r_{k,z}^{\mathrm{d}}(i-1)(i+1 \leqslant k \leqslant m, 1 \leqslant z \leqslant Z_k)$ 分别为 $l(i-1)$ 的下游机器 $M^{\mathrm{d}}(i-1)$ 在虚拟故障模式 z 下的故障率和修复率。

对工件 B 流经的机器 $M_i(a \leqslant i \leqslant m)$ 按资金流进行分解。令 $M^{\mathrm{u}}(i)'$ 为资金流上游虚拟机器, $\mu^{\mathrm{u}}(i)'(1 \leqslant i \leqslant m-1)$ 为资金流的加工速率, $p_{i,z}^{\mathrm{u}}(i)'$ 和 $r_{i,z}^{\mathrm{u}}(i)'(1 \leqslant i \leqslant m-1, 1 \leqslant z \leqslant Z_i)$ 分别为 $l(i)'$ 的上游机器 $M^{\mathrm{u}}(i)'$ 在真实故障模式 z 下的故障率和修复率, $p_{k,z}^{\mathrm{u}}(i)'$ 和 $r_{k,z}^{\mathrm{u}}(i)'(1 \leqslant k \leqslant i-1, 1 \leqslant z \leqslant Z_k)$ 分别为 $l(i)'$ 的上游机器 $M^{\mathrm{u}}(i)'$ 在虚拟故障模式 z 下的故障率和修复率,类似地,令 $M^{\mathrm{d}}(i-1)'$ 为下游虚拟机器, $\mu^{\mathrm{d}}(i-1)'(2 \leqslant i \leqslant m)$ 为资金流的加工速率, $p_{i,z}^{\mathrm{d}}(i-1)'$ 和 $r_{i,z}^{\mathrm{d}}(i-1)'(2 \leqslant i \leqslant m, 1 \leqslant z \leqslant Z_i)$ 分别为 $l(i-1)'$ 的下游机器 $M^{\mathrm{d}}(i-1)'$ 在真实故障模式 z 下的故障率和修复率, $p_{k,z}^{\mathrm{d}}(i-1)'$ 和 $r_{k,z}^{\mathrm{d}}(i-1)'(i+1 \leqslant k \leqslant m, 1 \leqslant z \leqslant Z_k)$ 分别为 $l(i-1)'$ 的下游机器 $M^{\mathrm{d}}(i-1)'$ 在虚拟故障模式 z 下的故障率和修复率。

对工件 A 流经的机器 $M_i(1 \leqslant i \leqslant a)$ 进行分解,得到物料流构建块状态参数如下:令 $E^{\mathrm{u}}(i)$ 为上游虚拟机器 $M^{\mathrm{u}}(i)$ 的效率, $D_z^{\mathrm{u}}(i)(1 \leqslant z \leqslant Z_i)$ 为上游虚拟机器发生真实故障的概率, $V_{k,z}^{\mathrm{u}}(i)(1 \leqslant k \leqslant i-1, 1 \leqslant z \leqslant Z_k)$ 为上游机器发生虚拟故障的概率, $\mathrm{Block}_{k,z}(i)$ $(i+1 \leqslant k \leqslant m, 1 \leqslant z \leqslant Z_k)$ 为上游机器因下游机器 $M^{\mathrm{d}}(i)$ 故障而导致的阻塞概率;令 $E^{\mathrm{d}}(i-1)$ 为下游虚拟机器 $M^{\mathrm{d}}(i-1)$ 的效率, $D_k^{\mathrm{d}}(i-1)(1 \leqslant k \leqslant Z_i)$ 为下游虚拟机器发生真实故障的概率, $V_{k,z}^{\mathrm{d}}(i-1)(1 \leqslant k \leqslant i-1, 1 \leqslant z \leqslant Z_k)$ 为下游机器发生虚拟故障的概率, $\mathrm{Starve}_{k,z}(i-1)(1 \leqslant k \leqslant i-1, 1 \leqslant z \leqslant Z_k)$ 为下游机器因上游机器 $M^{\mathrm{u}}(i-1)$ 故障而导致的饥饿概率。

类似地，对工件 B 流经的机器 $M_i(a \leqslant i \leqslant m)$ 进行分解，得到资金流构建块状态参数如下：令 $E^u(i)'$ 为上游虚拟机器 $M^u(i)'$ 的效率，$D_z^u(i)'(1 \leqslant z \leqslant Z_i)$ 为上游虚拟机器发生真实故障的概率，$V_{k,z}^u(i)'(1 \leqslant k \leqslant i-1, 1 \leqslant z \leqslant Z_k)$ 为上游机器发生虚拟故障的概率，$\text{Block}_{k,z}(i)'(i+1 \leqslant k \leqslant m, 1 \leqslant z \leqslant Z_k)$ 为上游机器因下游机器 $M^d(i)'$ 故障而导致的阻塞概率；令 $E^d(i-1)'$ 为下游虚拟机器 $M^d(i-1)'$ 的效率，$D_k^d(i-1)'(1 \leqslant k \leqslant Z_i)$ 为下游虚拟机器发生真实故障的概率，$V_{k,z}^d(i-1)'(1 \leqslant k \leqslant i-1, 1 \leqslant z \leqslant Z_k)$ 为下游机器发生虚拟故障的概率，$\text{Starve}_{k,z}(i-1)'(1 \leqslant k \leqslant i-1, 1 \leqslant z \leqslant Z_k)$ 为下游机器因上游机器 $M^u(i-1)'$ 故障而导致的饥饿概率。

2) 装配线分解关系方程建立

在分析多故障模式加工装配线分解后构建块之间物料流和资金流的关系后，可提取流修复方程、流失效方程和流加工方程等。

(1) 流修复方程。

流修复方程用于描述相邻构建块虚拟机器 $M^d(i-1)$ 和 $M^u(i)$ 在不同故障模式下修复率的关系。加工装配线分解后构建块中虚拟机器修复率即为原始加工装配线对应的机器修复率，虚拟机器的虚拟故障模式下的修复率则为引起虚拟故障的相应机器的修复率。

(2) 流失效方程。

流失效方程用于描述分解后相邻构建块虚拟机器 $M^d(i-1)$ 和 $M^u(i)$ 之间故障的传播关系。利用流失效方程可获得虚拟机器 $M^d(i-1)$ 和 $M^u(i)$ 在不同故障模式下的故障率。

在实际制造过程中，机器发生的故障一定会被修复，在多故障模式下同样有类似现象。因此，对于每种真实故障模式和虚拟故障模式，故障频率均等于修复频率。基于这种思路，构建流失效方程。

对于工件 A 流经的机器 $M_i(i=1,2,\cdots,a-1)$，通过分解形成物料流构建块 $l(i-1)$ 和 $l(i)$。对于机器 $M^u(i)$，在真实故障模式和虚拟故障模式下分别有

$$p_{i,z}^u(i)E^u(i) = r_{i,z}D_z^u(i), \quad z=1,2,\cdots,Z_i \tag{4-89}$$

$$p_{k,z}^u(i)E^u(i) = r_{k,z}V_{k,z}^u(i), \quad k=1,2,\cdots,i-1; \ z=1,2,\cdots,Z_k \tag{4-90}$$

相似地，对于机器 $M^d(i-1)$，在真实故障模式和虚拟故障模式下分别有

$$p_{i,z}^d(i-1)E^d(i-1) = r_{i,z}D_z^d(i-1), \quad z=1,2,\cdots,Z_i \tag{4-91}$$

$$p_{k,z}^d(i-1)E^d(i-1) = r_{k,z}V_{k,z}^d(i-1), \quad k=i+1,i+2,\cdots,m; \ z=1,2,\cdots,Z_k \tag{4-92}$$

对于工件 B 流经的机器 $M_i(i=a+1,a+2,\cdots,m)$，通过分解形成资金流构建块

$l(i-1)'$ 和 $l(i)'$。对于机器 $M^u(i)$ 和 $M^d(i-1)$，在真实故障模式和虚拟故障模式下分别有

$$p_{i,z}^u(i)'E^u(i)' = r_{i,z}D_z^u(i)', \quad z=1,2,\cdots,Z_i \tag{4-93}$$

$$p_{k,z}^u(i)'E^u(i)' = r_{k,z}V_{k,z}^u(i)', \quad k=1,2,\cdots,i-1; \ z=1,2,\cdots,Z_k \tag{4-94}$$

$$p_{i,z}^d(i-1)'E^d(i-1)' = r_{i,z}D_z^d(i-1)', \quad z=1,2,\cdots,Z_i \tag{4-95}$$

$$p_{k,z}^d(i-1)'E^d(i-1)' = r_{k,z}V_{k,z}^d(i-1)', \quad k=i+1,i+2,\cdots,m; \ z=1,2,\cdots,Z_k \tag{4-96}$$

装配机器 M_a 是构建块 $l(a-1)$ 和 $l(a)'$ 的纽带，连接物料流和资金流，由于 A 和 B 的装配比为 η，在真实故障模式和虚拟故障模式下分别有

$$p_{a,z}^u(a)'E^u(a)' = r_{a,z}D_z^u(a)', \quad z=1,2,\cdots,Z_a \tag{4-97}$$

$$p_{k,z}^u(a)'E^u(a)' = r_{k,z}V_{k,z}^u(a)', \quad k=1,2,\cdots,a-1; \ z=1,2,\cdots,Z_k \tag{4-98}$$

$$p_{a,z}^d(a-1)E^d(a-1) = r_{a,z}D_z^d(a-1), \quad z=1,2,\cdots,Z_a \tag{4-99}$$

$$p_{k,z}^d(a-1)E^d(a-1) = r_{k,z}V_{k,z}^d(a-1), \quad k=a+1,a+2,\cdots,m; \ z=1,2,\cdots,Z_k \tag{4-100}$$

(3) 故障率方程。

真实故障率方程：对于工件 A 流经的机器 $M_i(i=1,2,\cdots,a-1)$，分解后获得两机器物料流构建块 $l(i-1)$ 和 $l(i)$，其中虚拟机器 $M^u(i)$ 和 $M^d(i-1)$ 是由同一台机器分解得到的，虚拟机器 $M^u(i)$ 和 $M^d(i-1)$ 具有相同的真实故障模式并且各个真实故障模式下的故障率相同，因此有

$$D_z^u(i) = D_z^d(i-1), \quad z=1,2,\cdots,Z_i \tag{4-101}$$

将式(4-101)代入式(4-89)和式(4-91)，得到

$$p_{i,z}^u(i) = \frac{D_z^d(i-1)}{E^u(i)}r_{i,z}, \quad z=1,2,\cdots,Z_i \tag{4-102}$$

$$p_{i,z}^d(i-1) = \frac{D_z^u(i)}{E^d(i-1)}r_{i,z}, \quad z=1,2,\cdots,Z_i \tag{4-103}$$

相似地，对于工件 B 流经的机器 $M_i(i=a+1,a+2,\cdots,m)$，分解后获得资金流构建块 $l(i-1)'$ 和 $l(i)'$，其中虚拟机器 $M^u(i)'$ 和 $M^d(i-1)'$ 是由同一台机器分解得到的，虚拟机器 $M^u(i)'$ 和 $M^d(i-1)'$ 具有相同的真实故障模式并且各个真实故障模式下的故障率相同，因此有

$$D_z^u(i)' = D_z^d(i-1)', \quad z=1,2,\cdots,Z_i \tag{4-104}$$

$$p_{i,z}^u(i)' = \frac{D_z^d(i-1)'}{E^u(i)'}r_{i,z}, \quad z=1,2,\cdots,Z_i \tag{4-105}$$

$$p_{i,z}^{\mathrm{d}}(i-1)' = \frac{D_z^{\mathrm{u}}(i)'}{E^{\mathrm{d}}(i-1)'}r_{i,z}, \quad z=1,2,\cdots,Z_i \tag{4-106}$$

对于装配机 M_a，分解后分别获得物料流构建块 $l(a-1)$ 和资金流构建块 $l(a)'$。假设资金流等同于物料流，虚拟机器 $M^{\mathrm{u}}(a)'$ 和 $M^{\mathrm{d}}(a-1)'$ 具有相同的真实故障模式，并且各个真实故障模式下的故障率相同，因此同样存在类似的关系：

$$D_z^{\mathrm{u}}(a)' = D_z^{\mathrm{d}}(a-1)', \quad z=1,2,\cdots,Z_a \tag{4-107}$$

$$p_{a,z}^{\mathrm{u}}(a)' = \frac{D_z^{\mathrm{d}}(a-1)'}{E^{\mathrm{u}}(a)'}r_{a,z}, \quad z=1,2,\cdots,Z_a \tag{4-108}$$

$$p_{a,z}^{\mathrm{d}}(a-1) = \frac{D_z^{\mathrm{u}}(a)'}{\eta E^{\mathrm{d}}(a-1)'}r_{a,z}, \quad z=1,2,\cdots,Z_a \tag{4-109}$$

虚拟故障率方程：对于工件 A 流经的机器 $M_i(i=1,2,\cdots,a-1)$，分解后物料流构建块 $l(i-1)$ 和 $l(i)$，构建块 $l(i)$ 中的上游机器 $M^{\mathrm{u}}(i)$ 处于虚拟故障状态 $V_{k,z}^{\mathrm{u}}(i)$ 是由上一个构建块 $l(i-1)$ 下游机器饥饿的影响所导致的。因此，在稳态情况下，构建块 $l(i)$ 中，上游机器 $M^{\mathrm{u}}(i)$ 处于虚拟故障状态下的稳态概率 $V_{k,z}^{\mathrm{u}}(i)$ 等于构建块 $l(i-1)$ 饥饿的稳态概率 $\mathrm{Starve}_{k,z}(i-1)$，即

$$V_{k,z}^{\mathrm{u}}(i) = \mathrm{Starve}_{k,z}(i-1), \quad k=1,2,\cdots,i-1;\ z=1,2,\cdots,Z_k \tag{4-110}$$

将式(4-110)代入式(4-90)，得

$$p_{k,z}^{\mathrm{u}}(i) = \frac{\mathrm{Starve}_{k,z}(i-1)}{E^{\mathrm{u}}(i)}r_{k,z}, \quad k=1,2,\cdots,i-1;\ z=1,2,\cdots,Z_k \tag{4-111}$$

相似地，下游机器 $M^{\mathrm{d}}(i-1)$ 处于虚拟故障状态 $V_{k,z}^{\mathrm{d}}(i-1)$ 是由下一个构建块上游机器阻塞的影响所导致的。因此，下游机器 $M^{\mathrm{d}}(i-1)$ 处于虚拟故障状态下的稳态概率 $V_{k,z}^{\mathrm{d}}(i-1)$ 等于下一个构建块 $l(i)$ 阻塞的稳态概率 $\mathrm{Block}_{k,z}(i)$，即

$$V_{k,z}^{\mathrm{d}}(i-1) = \mathrm{Block}_{k,z}(i), \quad k=i+1,i+2,\cdots,m;\ z=1,2,\cdots,Z_k \tag{4-112}$$

将式(4-112)代入式(4-92)，得

$$p_{k,z}^{\mathrm{d}}(i-1) = \frac{\mathrm{Block}_{k,z}(i)}{E^{\mathrm{d}}(i-1)}r_{k,z}, \quad k=i+1,i+2,\cdots,m;\ z=1,2,\cdots,Z_k \tag{4-113}$$

类似地，对于工件 B 流经的机器 $M_i(i=a+1,a+2,\cdots,m)$，分解后资金流构建块 $l(i-1)'$ 和 $l(i)'$，有

$$p_{k,z}^{\mathrm{u}}(i)' = \frac{\mathrm{Starve}_{k,z}(i-1)'}{E^{\mathrm{u}}(i)'}r_{k,z}, \quad k=1,2,\cdots,i-1;\ z=1,2,\cdots,Z_k \tag{4-114}$$

$$p_{k,z}^{\mathrm{d}}(i-1)' = \frac{\mathrm{Block}_{k,z}(i)'}{E^{\mathrm{d}}(i-1)'} r_{k,z}, \quad k=i+1,i+2,\cdots,m; \ z=1,2,\cdots,Z_k \qquad (4\text{-}115)$$

对于装配机器 M_a，分解后分别获得物料流构建块 $l(a-1)$ 和资金流构建块 $l(a)'$，同样存在类似关系：

$$p_{k,z}^{\mathrm{u}}(a)' = \frac{\mathrm{Starve}_{k,z}(a-1)}{E^{\mathrm{u}}(a)'} r_{k,z}, \quad k=1,2,\cdots,a-1; \ z=1,2,\cdots,Z_k \qquad (4\text{-}116)$$

$$p_{k,z}^{\mathrm{d}}(a-1) = \frac{\mathrm{Block}_{k,z}(a)}{E^{\mathrm{d}}(a-1)} r_{k,z}, \quad k=a+1,a+2,\cdots,m; \ z=1,2,\cdots,Z_k \qquad (4\text{-}117)$$

(4) 流加工方程。

流加工方程用于描述虚拟机器 $M^{\mathrm{d}}(i-1)$ 和 $M^{\mathrm{u}}(i)$ 之间加工速率的关系，其中流守恒是分解方法的基本原则。流水线中存在饥饿和阻塞现象，因此虚拟机器加工速率一般不等于机器的额定速率。

对于工件 A 流经的机器 $M_i(i=1,2,\cdots,a-1)$，分解后获得物料流构建块 $l(i-1)$ 和 $l(i)$，由于构建块是由原流水线分解得到的，上一个构建块流出的物料流恒等于下一个构建块流入的物料流，即构建块之间物料流守恒，因此有

$$P(i) = \mu^{\mathrm{u}}(i) E^{\mathrm{u}}(i) = P(i-1) \qquad (4\text{-}118)$$

$$P(i-1) = \mu^{\mathrm{d}}(i-1) E^{\mathrm{d}}(i-1) = P(i) \qquad (4\text{-}119)$$

通过简单变换，得到 $M^{\mathrm{u}}(i)$ 和 $M^{\mathrm{d}}(i-1)$ 的加工速率如下：

$$\mu^{\mathrm{u}}(i) = \frac{P(i-1)}{E^{\mathrm{u}}(i)} \qquad (4\text{-}120)$$

$$\mu^{\mathrm{d}}(i-1) = \frac{P(i)}{E^{\mathrm{d}}(i-1)} \qquad (4\text{-}121)$$

相似地，对于工件 B 流经的机器 $M_i(i=a+1,a+2,\cdots,m)$，分解后资金流构建块 $l(i-1)'$ 和 $l(i)'$，不同的构建块之间同样存在资金流守恒，因此有

$$P(i)' = \mu^{\mathrm{u}}(i)' E^{\mathrm{u}}(i)' = P(i-1)'$$
$$P(i-1)' = \mu^{\mathrm{d}}(i-1)' E^{\mathrm{d}}(i-1)' = P(i)' \qquad (4\text{-}122)$$

通过简单变换，得到 $M^{\mathrm{u}}(i)'$ 和 $M^{\mathrm{d}}(i-1)'$ 的加工速率分别为

$$\mu^{\mathrm{u}}(i)' = \frac{P(i-1)'}{E^{\mathrm{u}}(i)'} \qquad (4\text{-}123)$$

$$\mu^{\mathrm{d}}(i-1)' = \frac{P(i)'}{E^{\mathrm{d}}(i-1)'} \qquad (4\text{-}124)$$

对于装配机 M_a，分解后分别获得物料流构建块 $l(a-1)$ 和资金流构建块 $l(a)'$，由于工件 A 和 B 的装配比为 η，$l(a-1)$ 中物料流与 $l(a)'$ 中资金流满足装配比例关系，因此有

$$P(a)' = \mu^{\mathrm{u}}(a)'E^{\mathrm{u}}(a)' = \frac{P(a-1)}{\eta} \tag{4-125}$$

$$P(a-1) = \mu^{\mathrm{d}}(a-1)E^{\mathrm{d}}(a-1) = \eta P(a)' \tag{4-126}$$

通过简单变换，得到 $M^{\mathrm{u}}(a)'$ 和 $M^{\mathrm{d}}(a-1)$ 的加工速率如下：

$$\mu^{\mathrm{u}}(a)' = \frac{P(a-1)}{\eta E^{\mathrm{u}}(a)'} \tag{4-127}$$

$$\mu^{\mathrm{d}}(a-1)' = \frac{\eta P(a)'}{E^{\mathrm{d}}(a-1)} \tag{4-128}$$

4. 多故障模式加工装配线构建块建模

针对多故障模式加工装配线分解产生的构建块建模求解问题，本节提出针对多故障模式、有限缓冲的两机器线性能分析的精确解析方法。

1) 构建块机器参数定义

令 M^{u} 为构建块上游机器，μ^{u} 为 M^{u} 加工速率，p^{u_e} 和 $r^{u_e}(e=1,2,\cdots,Z)$ 分别为上游机器 M^{u} 在 e 故障模式下的故障率和修复率；令 M^{d} 为构建块下游机器，μ^{d} 为 M^{d} 加工速率，p^{d_f} 和 $r^{d_f}(f=1,2,\cdots,Z')$ 分别为下游机器 M^{d} 在 f 故障模式下的故障率和修复率；令 B 表示构建块中缓冲区容量。

令 $(b,\alpha_{\mathrm{u}},\alpha_{\mathrm{d}})$ 表示构建块系统的状态，其中 $b(0\leqslant b\leqslant B)$ 表示缓冲区中工件数量，构建块中工件是连续的，因此 b 为实数；$\alpha_{\mathrm{u}},\alpha_{\mathrm{d}}$ 分别表示上游机器 M^{u} 和下游机器 M^{d} 的工作情况，当上游机器 M^{u} 正常工作时，$\alpha_{\mathrm{u}}=1$，当上游机器 M^{u} 故障时，$\alpha_{\mathrm{u}}=u_e(e=1,2,\cdots,Z)$，表示上游机器 M^{u} 处于 e 故障模式。类似地，当下游机器 M^{d} 正常工作时，$\alpha_{\mathrm{d}}=1$，当下游机器 M^{d} 故障时，$\alpha_{\mathrm{d}}=u_f(f=1,2,\cdots,Z')$。根据 x 的值，将系统状态分为内部状态 $(0\leqslant b\leqslant B)$ 和边界状态 $(b=0$ 和 $b=B)$，内部状态采用概率密度函数 $f(b,\alpha_{\mathrm{u}},\alpha_{\mathrm{d}})$ 来表示，边界状态采用概率质量函数 $p(0,\alpha_{\mathrm{u}},\alpha_{\mathrm{d}})$ 和 $p(B,\alpha_{\mathrm{u}},\alpha_{\mathrm{d}})$ 来表示。

2) 构建块状态方程求解

本部分仅对内部和边界方程分析过程及适用性条件进行必要的说明。

(1) 内部方程分析。

构建块内部状态概率密度方程形式为

$$f\left(b,\alpha_{\mathrm{u}},\alpha_{\mathrm{d}}\right)=Ce^{\lambda b}\varPhi_{\mathrm{u}}\varPhi_{\mathrm{d}}, \quad 0\leqslant b\leqslant B \tag{4-129}$$

式中，$\varPhi_{\mathrm{u}}$ 和 $\varPhi_{\mathrm{d}}$ 分别为与上游和机器状态相关联的常数。当机器正常加工时，$\varPhi_{\mathrm{u}}$ 和 $\varPhi_{\mathrm{d}}$ 均等于 1。若机器处于故障模式 $e(f)$ 下，则 $\varPhi_{\mathrm{u}}$ 和 $\varPhi_{\mathrm{d}}$ 取值分别为 U_e 和 D_f，其中 $e=1,2,\cdots,Z$，$f=1,2,\cdots,Z'$。将式(4-129)代入内部状态平衡方程并化简后得

$$\frac{p^{u_e}}{U_e}-r^{u_e}=-\left(\frac{p^{d_f}}{D_f}-r^{d_f}\right), \quad e=1,2,\cdots,Z; f=1,2,\cdots,Z' \tag{4-130}$$

$$\mu^{\mathrm{d}}\lambda+\frac{p^{u_e}}{U_e}-r^{u_e}+\sum_{f=1}^{b}\left(D_f r^{d_f}-p^{d_f}\right)=0, \quad e=1,2,\cdots,Z \tag{4-131}$$

$$-\mu^{\mathrm{u}}\lambda+\frac{p^{d_f}}{D_f}-r^{d_f}+\sum_{e=1}^{a}\left(U_e r^{u_e}-p^{u_e}\right)=0, \quad f=1,2,\cdots,Z' \tag{4-132}$$

$$\left(\mu^{\mathrm{d}}-\mu^{\mathrm{u}}\right)\lambda+\sum_{e=1}^{Z}\left(U_e r^{u_e}-p^{u_e}\right)+\sum_{f=1}^{Z'}\left(D_f r^{d_f}-p^{d_f}\right)=0 \tag{4-133}$$

可见，式(4-130)是式(4-131)~式(4-133)的线性组合。式(4-130)左右两边分别只包含上游或下游机器相关参数，因此可令

$$\frac{p^{u_e}}{U_e}-r^{u_e}=-\left(\frac{p^{d_f}}{D_f}-r^{d_f}\right)=Y, \quad e=1,2,\cdots,Z; f=1,2,\cdots,Z' \tag{4-134}$$

将 U_e 和 D_f 用 Y 来表示，即

$$U_e=\frac{p^{u_e}}{Y+r^{u_e}}, \quad e=1,2,\cdots,Z \tag{4-135}$$

$$D_f=\frac{p^{d_f}}{r^{d_f}-Y}, \quad f=1,2,\cdots,Z' \tag{4-136}$$

将式(4-135)和式(4-136)分别代入式(4-131)和式(4-132)，联立后消去 λ，得

$$\mu^{\mathrm{u}}Y\left(1+\sum_{f=1}^{Z'}\frac{p^{d_f}}{r^{d_f}-Y}\right)=\mu^{\mathrm{d}}Y\left(1+\sum_{e=1}^{Z}\frac{p^{u_e}}{Y+r^{u_e}}\right) \tag{4-137}$$

令 $R=Z+Z'+1$，此时式(4-139)为关于 Y_y 的最多 R 次的多项式方程，令 Y_y（$y=1,2,\cdots,R$）为多项式方程的实根，将 Y_y 分别代入式(4-135)、式(4-136)和式(4-131)，计算 U_e、D_f 和 λ 的值为

$$U_{e,y}=\frac{p^{u_e}}{Y_y+r^{u_e}}, \quad e=1,2,\cdots,Z \tag{4-138}$$

$$D_{f,y}=\frac{p^{d_f}}{r^{d_f}-Y_y}, \quad f=1,2,\cdots,Z' \tag{4-139}$$

$$\lambda_y = \frac{-Y_y}{\mu^{\mathrm{d}}}\left(1 + \sum_{f=1}^{Z'}\frac{p^{d_f}}{r^{d_f} - Y_y}\right) \tag{4-140}$$

对推导过程进行分析发现，求解 Y 的公式在一定的适用条件下才能够使用，并存在一些特殊情况。两机器模型中上下游机器的加工速率不等，即 $\mu^{\mathrm{u}} \neq \mu^{\mathrm{d}}$ 时，在 $\mu^{\mathrm{u}} = \mu^{\mathrm{d}}$ 情况下方程无法得到 R 个根，因此无法使用本方法求解两机器模型，简要说明如下。

令 $\mu^{\mathrm{u}} = \mu^{\mathrm{d}}$，式(4-137)可以变换为

$$Y\left(\sum_{e=1}^{Z}\frac{p^{u_e}}{Y + r^{u_e}} - \sum_{f=1}^{Z'}\frac{p^{d_f}}{r^{d_f} - Y}\right) = 0 \tag{4-141}$$

当 $\displaystyle\sum_{e=1}^{Z}\frac{p^{u_e}}{Y + r^{u_e}} \neq \sum_{f=1}^{Z'}\frac{p^{d_f}}{r^{d_f} - Y}$ 时，易知 Y 必定存在一个根为 0。当 $\displaystyle\sum_{e=1}^{Z}\frac{p^{u_e}}{Y + r^{u_e}} = \sum_{f=1}^{Z'}\frac{p^{d_f}}{r^{d_f} - Y}$

时，求方程的根即求方程 $F(Y) = \displaystyle\sum_{e=1}^{Z}\frac{p^{u_e}}{Y + r^{u_e}} - \sum_{f=1}^{Z'}\frac{p^{d_f}}{r^{d_f} - Y}$ 零点的个数。$F(Y)$ 存在

$R-1$ 个极点 $Y = -r^{u_e}$，$Y = r^{d_f}$，极点附近方程 $F(Y)$ 值为

$$\lim_{Y \to -r^{u_e+}} F(Y) = +\infty, \qquad \lim_{Y \to -r^{u_e-}} F(Y) = +\infty$$

$$\lim_{Y \to r^{d_f+}} F(Y) = +\infty, \qquad \lim_{Y \to r^{d_f-}} F(Y) = +\infty$$

$$\lim_{Y \to -\infty} F(Y) = +\infty, \qquad \lim_{Y \to +\infty} F(Y) = +\infty$$

$$F(Y)' = -\left[\sum_{e=1}^{Z}\frac{p^{u_e}}{(Y + r^{u_e})^2} + \sum_{f=1}^{Z'}\frac{p^{d_f}}{(r^{d_f} - Y)^2}\right], \quad Y \neq -r^{u_e}, Y \neq r^{d_f} \tag{4-142}$$

$F(Y)$ 导数 $F(Y)'$ 在各极点间的导数为负，因此在每两个极值点之间有且仅有一个实根，共有 $R-2$ 个实根。综上，式(4-137)在 $\mu^{\mathrm{u}} \neq \mu^{\mathrm{d}}$ 情况下最多有 $R-1$ 个根。因此，实际上采用该两机器模型建模必须首先保证 $\mu^{\mathrm{u}} \neq \mu^{\mathrm{d}}$。

两机器模型中上下游机器的不同故障模式的故障率不同，即 $r^{u_e} \neq r^{u_{e'}}$ $(e, e' = 1, 2, \cdots, Z)$ 且 $r^{d_f} \neq r^{d_{f'}}$ $(f, f' = 1, 2, \cdots, Z')$。在 $r^{u_e} = r^{u_{e'}}$ 或 $r^{d_f} = r^{d_{f'}}$ 的情况下，式(4-53)在计算前应对本情况进行前期处理，保留合并后的故障模式，删除参与合并的故障模式。

对于上游机器，有

$$\begin{cases} r^{u_{\mathrm{new}}} = r^{u_e} \text{ 或 } r^{u_{e'}} \\ p^{u_{\mathrm{new}}} = p^{u_e} + p^{u_{e'}} \end{cases} \tag{4-143}$$

对于下游机器，有

$$\begin{cases} r^{d_{new}} = r^{d_f} \text{ 或 } r^{d_{f'}} \\ p^{d_{new}} = p^{d_f} + p^{d_{f'}} \end{cases} \tag{4-144}$$

（2）边界方程分析。

通过对内部方程分析，构建块内部状态概率密度方程形式改写为

$$f(b, u_e, d_f) = \sum_{r=1}^{R} C_r e^{\lambda_r b} U_{e,r} D_{f,r}, \quad r=1,2,\cdots,R; e=1,2,\cdots,Z; f=1,2,\cdots,Z' \tag{4-145}$$

此时需要确定待定参数 C_r 是否存在一组实数解使内部状态概率密度方程的线性组合满足边界条件，并求解出相应实数解。

构建块边界状态共有 8 种，根据模型假设可知，稳态情况下 $p(0,1,d_f)$、$p(0,u_e,d_f)$、$p(B,u_e,d_f)$、$p(B,u_e,1)(e=1,2,\cdots,Z; f=1,2,\cdots,Z')$ 四种边界状态概率质量函数均为 0；$p(0,1,1)$、$p(0,u_e,1)$、$p(B,1,1)$、$p(B,1,d_f)(e=1,2,\cdots,Z; f=1,2,\cdots, Z')$ 四种边界状态则依据 μ^u 和 μ^d 的大小情况，分别利用边界状态平衡方程变换为两机器构建块已知参数的函数表达式，进而构建关于 C_r 的 R 元一次方程组并求解 C_r。由于 $\mu^u \neq \mu^d$，只需要考虑 $\mu^u > \mu^d$ 和 $\mu^u < \mu^d$ 两种情况。

当构建块 $\mu^u > \mu^d$ 时，边界状态稳态概率为

$$p(0,1,1) = 0 \tag{4-146}$$

$$p(0,u_e,1) = \frac{\mu^d}{r^{u_e}} f(0,u_e,1) = \frac{\mu^d}{r^{u_e}} \sum_{r=1}^{R} C_r U_{e,r}, \quad e=1,2,\cdots,Z \tag{4-147}$$

$$p(B,1,1) = \frac{\mu^u}{p^{u_e}} f(B,u_e,1) = \frac{\mu^u}{p^{u_e}} \sum_{r=1}^{R} C_r e^{\lambda_r B} U_{e,r}, \quad e=1,2,\cdots,Z \tag{4-148}$$

$$p(B,1,d_f) = \frac{\mu^u}{r^{d_f}} \sum_{r=1}^{R} C_r e^{\lambda_r B} \left(\frac{p^{d_f}}{p^{u_e}} U_{e,r} + D_{f,r} \right), \quad e=1,2,\cdots,Z; f=1,2,\cdots,Z' \tag{4-149}$$

通过边界状态分析结果与归一化方程联立，得到关于 C_r 的 R 元一次方程组为

$$\begin{cases} \sum_{r=1}^{R} C_r D_{f,r} = 0, \quad f=1,2,\cdots,Z' \\ \sum_{r=1}^{R} C_r e^{\lambda_r N} \left[\mu^u \left(1 + \sum_{f=1}^{Z'} D_{f,r}\right) - \mu^d \left(1 + \frac{p^U}{p^{ue}} U_{e,r}\right) \right] = 0, \quad e=1,2,\cdots,Z \\ p(0,1,1) + \sum_{e=1}^{Z} p(0,u_e,1) + \sum_{f=1}^{Z'} p(B,1,1) + \sum_{e=1}^{Z}\sum_{f=1}^{Z'} p(B,1,d_f) \\ \quad + \int_1^B \left[\sum_{e=1}^{Z}\sum_{f=1}^{Z'} f(b,u_e,u_f) + \sum_{e=1}^{Z} f(b,u_e,1) + \sum_{f=1}^{Z'} f(b,1,u_f) + f(b,1,1) \right] db = 1 \end{cases} \tag{4-150}$$

当两机器构建块 $\mu^{\mathrm{u}} < \mu^{\mathrm{d}}$ 时，边界状态稳态概率为

$$p(B,1,1) = 0 \tag{4-151}$$

$$p(B,1,d_f) = \frac{\mu^{\mathrm{u}}}{r^{d_f}} f(B,1,d_f) = \frac{\mu^{\mathrm{u}}}{r^{d_f}} \sum_{r=1}^{R} C_r \mathrm{e}^{\lambda_r B} D_{f,r}, \quad f = 1,2,\cdots,Z' \tag{4-152}$$

$$p(0,1,1) = \frac{\mu^{\mathrm{d}}}{p^{d_f}} f(0,1,d_f) = \frac{\mu^{\mathrm{d}}}{p^{d_f}} \sum_{r=1}^{R} C_r D_{f,r}, \quad f = 1,2,\cdots,Z' \tag{4-153}$$

$$p(0,u_e,1) = \frac{\mu^{\mathrm{d}}}{r^{u_e}} \sum_{r=1}^{R} C_r \left(\frac{p^{u_e}}{p^{d_f}} D_{f,r} + U_{e,r} \right), \quad e = 1,2,\cdots,Z; f = 1,2,\cdots,Z' \tag{4-154}$$

相似地，通过边界状态分析结果与归一化方程联立，得到关于 C_r 的 R 元一次方程组为

$$\begin{cases} \sum_{r=1}^{R} C_r \mathrm{e}^{\lambda_r B} U_{e,r} = 0, \quad e = 1,2,\cdots,Z \\ \sum_{r=1}^{R} C_r \left[u^{\mathrm{d}} \left(1 + \sum_{e=1}^{Z} U_{e,r} \right) - \mu^{\mathrm{u}} \left(1 + \frac{p^D}{p^{df}} D_{f,r} \right) \right] = 0, \quad f = 1,2,\cdots,Z' \\ p(0,1,1) + \sum_{e=1}^{Z} p(0,u_e,1) + \sum_{f=1}^{Z'} p(B,1,1) + \sum_{e=1}^{Z} \sum_{f=1}^{Z'} p(B,1,d_f) \\ + \int_{1}^{B} \left[\sum_{e=1}^{Z} \sum_{f=1}^{Z'} f(b,u_e,u_f) + \sum_{e=1}^{Z} f(b,u_e,1) + \sum_{f=1}^{Z'} f(b,1,u_f) + f(b,1,1) \right] \mathrm{d}b = 1 \end{cases} \tag{4-155}$$

综上所述，求解出 C_r 实数解即可得到构建块内部状态概率密度方程和边界状态概率质量方程。

3) 性能指标计算

通过构建块的求解，获得内部状态概率密度方程和边界状态概率质量方程，求解出构建块处于任意状态的稳态概率，进而得到本节分解算法中所需的构建块稳态的性能指标。

(1) 机器效率和生产率。

上游机器和下游机器的效率可以分别表示为

$$E^{\mathrm{u}} = \mathrm{prob}\left[a^{\mathrm{u}} = 1, b < B \right] + \frac{\mu^{\mathrm{d}}}{\mu^{\mathrm{u}}} \mathrm{prob}\left[a^{\mathrm{u}} = 1, a^{\mathrm{d}} = 1, b = B \right] \tag{4-156}$$

$$E^{\mathrm{d}} = \mathrm{prob}\left[a^{\mathrm{d}} = 1, b > 0 \right] + \frac{\mu^{\mathrm{u}}}{\mu^{\mathrm{d}}} \mathrm{prob}\left[a^{\mathrm{u}} = 1, a^{\mathrm{d}} = 1, B = 0 \right] \tag{4-157}$$

模型中在制品不会出现损坏的情况，因此物料在两机器生产线中是守恒的（$P^{\mathrm{u}} = P^{\mathrm{d}}$），上下游两机器生产率速率为

$$P^{\mathrm{d}} = \mu^{\mathrm{d}} E^{\mathrm{d}}$$
$$P^{\mathrm{u}} = \mu^{\mathrm{u}} E^{\mathrm{u}}$$

(4-158)

(2) 系统在制品水平。

两机器模型中，缓冲区中在制品数量为

$$
\begin{aligned}
b = \int_0^B b \Bigg[\sum_{e=1}^Z f(b, u_e, 1) + \sum_{f=1}^{Z'} f(b, 1, d_f) + \sum_{e=1}^Z \sum_{f=1}^{Z'} f(b, u_e, d_f) \Bigg] \mathrm{d}b \\
+ \int_0^B b \big[f(b, 1, 1) \big] \mathrm{d}b + B \Bigg[p(B, 1, 1) + \sum_{e=1}^Z p(B, u_e, 1) \Bigg] \\
+ B \Bigg[\sum_{f=1}^{Z'} p(B, 1, d_f) + \sum_{e=1}^Z \sum_{f=1}^{Z'} p(B, u_e, d_f) \Bigg]
\end{aligned}
$$

(4-159)

(3) 机器阻塞和饥饿概率。

上游机器因下游机器故障而导致阻塞的概率和下游机器因上游机器故障而导致饥饿的概率分别为

$$\mathrm{Block} = \sum_{f=1}^{Z'} p(B, 1, d_f) + \left(1 - \frac{\mu^{\mathrm{d}}}{\mu^{\mathrm{u}}} \right) p(B, 1, 1)$$

(4-160)

$$\mathrm{Starve} = \sum_{e=1}^{Z} p(0, u_e, 1) + \left(1 - \frac{\mu^{\mathrm{u}}}{\mu^{\mathrm{d}}} \right) p(0, 1, 1)$$

(4-161)

(4) 上游机器和下游机器的真实故障率。

上游机器和下游机器的真实故障率分别为

$$D_e^{\mathrm{u}} = \sum_{f=1}^{Z'} \big[p(0, u_e, d_f) + f(u_e, d_f) \big] + p(0, u_e, 1) + f(u_e, 1), \quad e = 1, 2, \cdots, Z$$

(4-162)

$$D_f^{\mathrm{d}} = \sum_{e=1}^{Z} \big[p(X, u_e, d_f) + f(u_e, d_f) \big] + p(B, 1, d_f) + f(1, d_f), \quad f = 1, 2, \cdots, Z'$$

(4-163)

5. 多故障模式加工装配线分解模型求解算法

为了对所提加工装配线分解模型进行求解，本节提出与 DDX 算法相似的加工装配线分解算法(assembly lines decomposition algorithm，ALDA)。

1) 加工装配线分解算法步骤

加工装配线分解算法步骤如下。

(1) 分解算法初始化。将加工装配线分解为资金流和物料流构建块，将加工装配线参数引入构建块的虚拟机器中，并调用构建块求解步骤，求解物料流和资金流构建块的各项性能指标值。

对于机器 $M_i(i=1,2,\cdots,a)$ 分解后得到的物料流构建块 $l(i)(i=1,2,\cdots,\ a-1)$，有

$$\mu^{\mathrm{u}}(i)=\mu_i$$

$$p_{i,z}^{\mathrm{u}}(i)=p_{i,z},\quad z=1,2,\cdots,Z_i$$

$$p_{k,z}^{\mathrm{u}}(i)=p_{k,z},\quad k=1,2,\cdots,i-1;\ z=1,2,\cdots,Z_k$$

$$\mu^{\mathrm{d}}(i)=\mu_{i+1}$$

$$p_{i+1,z}^{\mathrm{d}}(i)=p_{i+1,z},\quad z=1,2,\cdots,Z_{i+1}$$

$$p_{k,z}^{\mathrm{d}}(i)=p_{k,z},\quad k=i+2,i+3,\cdots,m;\ z=1,2,\cdots,Z_k$$

对于机器 $M_i(i=a,a+1,\cdots,m)$ 分解后得到的资金流构建块 $l(i)'(i=a, a+1,\cdots,m-1)$，有

$$\mu^{\mathrm{u}}(i)'=\mu_i$$

$$p_{i,z}^{\mathrm{u}}(i)'=p_{i,z},\quad z=1,2,\cdots,Z_i$$

$$p_{k,z}^{\mathrm{u}}(i)'=p_{k,z},\quad k=1,2,\cdots,i-1;\ z=1,2,\cdots,Z_k$$

$$\mu^{\mathrm{d}}(i)'=\mu_{i+1}$$

$$p_{i+1,z}^{\mathrm{d}}(i)'=p_{i+1,z},\quad z=1,2,\cdots,Z_{i+1}$$

$$p_{k,z}^{\mathrm{d}}(i)'=p_{k,z},\quad k=i+2,i+3,\cdots,m;\ z=1,2,\cdots,Z_k$$

(2) 利用步骤(1)的计算结果更新后端构建块相应参数，并调用构建块求解步骤，重新求解新的加工装配线构建块。

对于 $i=2,3,\cdots,a-1$，利用计算得到的 $l(i-1)$ 中 $M^{\mathrm{d}}(i-1)$ 的 $P(i-1)$、$D_z^{\mathrm{d}}(i-1)$、$\mathrm{Starve}_{k,z}(i-1)$ 分别更新 $l(i)$ 中 $M^{\mathrm{u}}(i)$ 的 $\mu^{\mathrm{u}}(i)$、$p_{k,z}^{\mathrm{u}}(i)$、$p_{k,z}^{\mathrm{u}}(i)$，有

$$\mu^{\mathrm{u}}(i)=\frac{P(i-1)}{E^{\mathrm{u}}(i)}$$

$$p_{i,z}^{\mathrm{u}}(i)=\frac{D_z^{\mathrm{d}}(i-1)}{E^{\mathrm{u}}(i)}r_{i,z},\quad z=1,2,\cdots,Z_i$$

$$p_{k,z}^{\mathrm{u}}(i)=\frac{\mathrm{Starve}_{k,z}(i-1)}{E^{\mathrm{u}}(i)}r_{k,z},\quad k=1,2,\cdots,i-1;\ z=1,2,\cdots,Z_k$$

对于 $i=a$，利用计算得到的 $l(a-1)$ 中 $M^{\mathrm{d}}(a-1)$ 的 $P(a-1)$、$D_z^{\mathrm{d}}(a-1)$、$\mathrm{Starve}_{k,z}(a-1)$ 分别更新 $l(a)'$ 中 $M^{\mathrm{u}}(a)'$ 的 $\mu^{\mathrm{u}}(a)'$、$p_{a,z}^{\mathrm{u}}(a)'$、$p_{k,z}^{\mathrm{u}}(a)'$，有

$$\mu^{\mathrm{u}}(a)' = \frac{P(a-1)}{\eta E^{\mathrm{u}}(a)'}$$

$$p^{\mathrm{u}}_{a,z}(a)' = \frac{D^{\mathrm{d}}_z(a-1)'}{E^{\mathrm{u}}(a)'} r_{a,z}, \quad z=1,2,\cdots,Z_a$$

$$p^{\mathrm{u}}_{k,z}(a)' = \frac{\mathrm{Starve}_{k,z}(a-1)}{E^{\mathrm{u}}(a)'} r_{k,z}, \quad k=1,2,\cdots,a-1;\ z=1,2,\cdots,Z_k$$

对于 $i=a+1,a+2,\cdots,m-1$，利用计算得到的 $l(i-1)'$ 中 $M^{\mathrm{d}}(i-1)'$ 的 $P(i-1)'$、$D^{\mathrm{d}}_z(i-1)'$、$\mathrm{Starve}_{k,z}(i-1)'$ 分别更新 $l(i)'$ 中 $M^{\mathrm{u}}(i)'$ 的 $\mu^{\mathrm{u}}(i)'$、$p^{\mathrm{u}}_{i,z}(i)'$、$p^{\mathrm{u}}_{k,z}(i)'$，有

$$\mu^{\mathrm{u}}(i)' = \frac{P(i-1)'}{E^{\mathrm{u}}(i)'}$$

$$p^{\mathrm{u}}_{i,z}(i)' = \frac{D^{\mathrm{d}}_z(i-1)'}{E^{\mathrm{u}}(i)'} r_{i,z}, \quad z=1,2,\cdots,Z_i$$

$$p^{\mathrm{u}}_{k,z}(i)' = \frac{\mathrm{Starve}_{k,z}(i-1)'}{E^{\mathrm{u}}(i)'} r_{k,z}, \quad k=1,2,\cdots,i-1;\ z=1,2,\cdots,Z_k$$

(3) 利用步骤(2)的计算结果更新前端构建块相应参数，并调用构建块求解步骤，重新求解新的加工装配线构建块。

对于 $i=m-1,m,\cdots,a+1$，利用前期计算得到的 $l(i)'$ 中 $M^{\mathrm{u}}(i)'$ 的 $P(i)'$、$D^{\mathrm{u}}_z(i)'$、$\mathrm{Block}_{k,z}(i)'$ 分别更新 $l(i-1)'$ 中 $M^{\mathrm{d}}(i-1)'$ 的 $\mu^{\mathrm{d}}(i-1)'$、$p^{\mathrm{d}}_{i,z}(i-1)'$、$p^{\mathrm{d}}_{k,z}(i-1)'$，有

$$\mu^{\mathrm{d}}(i-1)' = \frac{P(i)'}{E^{\mathrm{d}}(i-1)'}$$

$$p^{\mathrm{d}}_{i,z}(i-1)' = \frac{D^{\mathrm{u}}_z(i)'}{E^{\mathrm{d}}(i-1)'} r_{i,z}, \quad z=1,2,\cdots,Z_i$$

$$p^{\mathrm{d}}_{k,z}(i-1)' = \frac{\mathrm{Block}_{k,z}(i)'}{E^{\mathrm{d}}(i-1)'} r_{k,z}, \quad k=i+1,i+2,\cdots,m;\ z=1,2,\cdots,Z_k$$

对于 $i=a$，利用计算得到的 $l(a)'$ 中 $M^{\mathrm{u}}(a)'$ 的 $P(a)'$、$D^{\mathrm{u}}_z(a)$ 更新 $l(a-1)$ 中 $M^{\mathrm{d}}(a-1)$ 的 $P(a)'$、$D^{\mathrm{u}}_z(a)$、$\mathrm{Block}_{k,z}(a)$，有

$$\mu^{\mathrm{d}}(a-1) = \frac{\eta P(a)'}{E^{\mathrm{d}}(a-1)}$$

$$p^{\mathrm{d}}_{a,z}(a-1) = \frac{D^{\mathrm{u}}_z(a)'}{\eta E^{\mathrm{d}}(a-1)} r_{a,z}, \quad z=1,2,\cdots,Z_a$$

$$p_{k,z}^{\mathrm{d}}(a-1)=\frac{\mathrm{Block}_{k,z}(a)'}{\eta E^{\mathrm{d}}(a-1)}r_{k,z}, \quad k=a+1,a+2,\cdots,m; \ z=1,2,\cdots,Z_k$$

对于 $i=a-1,a,\cdots,2$ ，利用计算得到的 $l(i)$ 中 $M^{\mathrm{u}}(i)$ 的 $P(i)$ 、 $D_z^{\mathrm{u}}(i)$ 、 $\mathrm{Block}_{k,z}(i)$ 分别更新 $l(i-1)$ 中 $M^{\mathrm{d}}(i-1)$ 的 $\mu^{\mathrm{d}}(i-1)$ 、 $p_{i,z}^{\mathrm{d}}(i-1)$ 、 $p_{k,z}^{\mathrm{d}}(i-1)$ ，有

$$\mu^{\mathrm{d}}(i-1)=\frac{P(i)}{E^{\mathrm{d}}(i-1)}$$

$$p_{i,z}^{\mathrm{d}}(i-1)=\frac{D_z^{\mathrm{d}}(i)}{E^{\mathrm{d}}(i-1)}r_{i,z}, \quad z=1,2,\cdots,Z_i$$

$$p_{k,z}^{\mathrm{d}}(i-1)=\frac{\mathrm{Block}_{k,z}(i)}{E^{\mathrm{d}}(i-1)}r_{k,z}, \quad k=i+1,i+2,\cdots,m; \ z=1,2,\cdots,Z_k$$

(4) 算法迭代收敛条件。重复步骤(3)，直至迭代结果收敛，输出加工装配线平均产出和缓冲区平均缓冲水平等性能指标值。收敛度量标准为 ε ，本节中 $\varepsilon=\max\left[P(i)-P(i-1)\right](i=1,2,\cdots,m-1)$ 。当 $\varepsilon<10^{-5}$ 时，迭代算法终止。

2) 构建块求解步骤

针对原流水线分解后得到的物料流和资金流构建块，采用两机器构建块求解算法，计算构建块性能指标值，构建块求解步骤如下。

(1) 采用公式(4-137)求解 Y_y 。

(2) 采用步骤(1)获得的 R 个 Y_y 值分别计算 $U_{e,y}$ 、 $D_{f,y}$ 、 λ_y ，见式(4-138)～式(4-140)。

(3) 针对 μ^{u} 和 μ^{d} 的大小关系，分别采用不同的求解方式求解 C_r 。当 $\mu^{\mathrm{u}}>\mu^{\mathrm{d}}$ 时，得到公式(4-150)；当 $\mu^{\mathrm{u}}<\mu^{\mathrm{d}}$ 时，得到公式(4-155)。

(4) 计算构建块性能评价指标 E^{u} 、 E^{d} 、 Starve 、 Block 、 D_e^{u} 、 D_f^{d} ，求解公式分别见式(4-156)、式(4-157)、式(4-160)、式(4-161)、式(4-162)和式(4-163)。

6. 实验验证

本节将加工装配线分解模型性能分析结果与 Plant Simulation 软件虚拟模型仿真结果进行对比，以验证加工装配线分解模型的有效性。

具体地，针对同一加工装配线分别采用加工装配线分解模型、Plant Simulation 软件虚拟模型获得加工装配线系统平均产出、各缓冲区平均缓冲水平等性能指标值，并以仿真结果为基准，计算加工装配线分解模型的系统性能指标偏差百分比，作为加工装配线分解模型有效性的评价指标。系统性能指标偏差百分比计算公式为

$$\text{error} = \left(\frac{V_{\text{ALDA}} - V_{\text{Simulation}}}{V_{\text{Simulation}}} \right) \times 100\% \tag{4-164}$$

对五机器加工装配线在不同装配比条件下的性能分析结果进行对比。在五机器加工装配线中，M_1、M_2 生产工件 A，M_4、M_5 生产工件 B，M_3 为装配机器，在装配比 $\eta = 2$ 的情况下分别对工件 A 和工件 B 进行性能分析和对比验证。五机器加工装配线各机器参数如表 4-4 所示。

表 4-4　五机器加工装配线各机器参数

参数	M_1	M_2	M_3	M_4	M_5
机器故障率 p	0.0125	0.0050	0.0200	0.01	0.01
机器修复率 r	0.0600	0.0500	0.2000	0.1	0.08
缓冲区最大缓冲容量 B /个	15	20	10	15	—
机器加工速率 μ /(个/周期)	1.1111	1.6667	1.000	128	1.25

加工装配线分解模型采用 MATLAB 软件编程实现，计算机虚拟模型采用 Plant Simulation8.2 仿真软件建模实现。运行平台均采用 Windows7 操作系统，Pentium G640、主频 2.8GHz CPU，2GB 内存。五机器加工装配线 Plant Simulation 软件虚拟模型分别如图 4-19 所示。

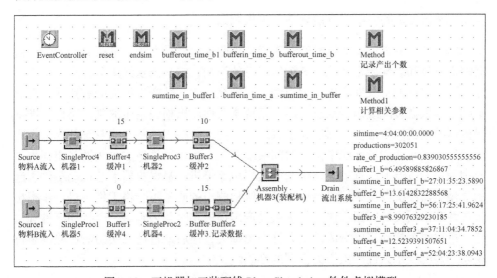

图 4-19　五机器加工装配线 Plant Simulation 软件虚拟模型

针对每组实验，加工装配线分解模型运行至收敛，计算各缓冲区平均缓冲水平和系统平均产出；加工装配线 Plant Simulation 软件虚拟模型运行$100h$，统计各缓冲区平均缓冲水平和系统平均产出。五机器装配模型结果与虚拟模型结果对比如表 4-5 所示。

表 4-5　五机器装配模型结果与虚拟模型结果对比

指标名称	实验 10 ($\eta=1$)			实验 11 ($\eta=2$)		
	Plant Simulation 软件	ALDA	偏差/%	Plant Simulation 软件	ALDA	偏差/%
B_1 平均缓冲水平	6.4958999	8.7047577	34.003885	6.173577	1.137589	81.573260
B_2 平均缓冲水平	13.6142833	17.215579	26.452337	13.258409	13.925510	5.031531
B_3 平均缓冲水平	8.9907633	8.814721	−1.958032	9.868334	9.714562	−1.558237
B_4 平均缓冲水平	12.5239399	13.056367	4.251282	14.725621	14.619556	−0.720275
系统平均产出 P	0.8390311	0.827890	−1.327841	0.425761	0.444347	4.365360

　　根据五机器在不同的装配比情况下获得的缓冲区平均缓冲水平和系统平均产出与仿真数据的对比表明，本节所提方法获得的系统平均产出精度高；对于平均缓冲水平较大的缓冲区，加工装配线分解方法对缓冲区平均缓冲水平的计算结果较为准确；对于平均缓冲水平较小的缓冲区，加工装配线分解方法获得的缓冲区平均缓冲水平结果准确性较低。

4.3.2　考虑返工的装配线性能评估及损失归因

　　本节针对考虑返工的装配线，采用事件驱动的建模方法，分析装配过程中机器随机故障和装配质量缺陷对装配线运行的影响，定义流水线永久性产出损失，建立事件驱动的永久性产出损失模型，得到系统永久性产出损失的表达式；在此基础上，根据装配线运行状态，研究系统永久性产出损失发生的判定条件，即最慢机器的停机以及最慢机器所在子系统产生的不合格工件将造成系统的永久性产出损失；同时证明流水线中同一时间最多有三个扰动事件造成永久性产出损失，分别为最慢机器上游扰动事件引起的最慢机器停机、最慢机器下游扰动事件引起的最慢机器停机以及最慢机器所在子系统检测出的质量不合格工件；进一步提出永久性产出损失的归因方法，将永久性产出损失实时归因到每一个扰动事件和机器，量化每个扰动事件造成的永久性产出损失；最后通过仿真实验对比验证事件驱动的装配线永久性产出损失模型的准确性。

1. 考虑工件返工的装配线描述

　　考虑一条具有质量检测和返工的不可靠装配线，如图 4-20 所示。图中，圆形表示缓冲区，矩形表示机器；装配线中的机器分为两类，空白矩形表示装配机器(assembly only, AO)，仅具有加工功能；带阴影的矩形表示质量检测机器(assembly with quality inspection, AQI)，同时具有加工和检测功能。本节采用连续流模型。在连续流模型中生产动态用积分形式表示，缓冲区中的缓冲区水平在 0 到缓冲容量之间连续变化。

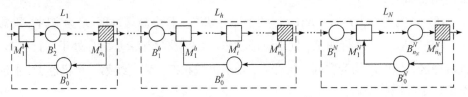

图 4-20 考虑工件返工的装配线

模型相关假设如下：

(1) 装配线包括一系列子系统 $L_1, L_2, \cdots, L_N (N \geqslant 1)$。子系统 L_1 包含 n_1 个机器和 n_1 个缓冲区；子系统 $L_h(h = 2, 3, \cdots, N)$ 包含 n_h 个机器和 $n_h + 1$ 个缓冲区。用 $M_i^h(i = 1, 2, \cdots, n_h)$ 表示第 h 个子系统中第 i 个机器；$B_i^h(i = 0, 2, \cdots, n_h)$ 表示第 h 个子系统中第 i 个缓冲区，其中 B_0^h 表示子系统 L_h 的返工缓冲区。

(2) 每个子系统 L_h 的最后一个机器 $M_{n_h}^h$ 为质量检测机器，其他机器 $M_i^h(i = 1, 2, \cdots, n_{h-1})$ 为装配机器(AO)。

(3) 经质量检测机器 $M_{n_h}^h$ 检测合格的工件流入下一子系统的缓冲区 B_1^{h+1} 中，检测不合格的工件流经缓冲区 B_0^h，返回至该子系统第一个机器 M_1^h 进行返工。

(4) 对于每个缓冲区 $B_i^h(h = 1, 2, \cdots, N; i = 0, 1, \cdots, n_h)$，依旧使用 B_i^h 表示缓冲区容量，$b_i^h(t)$ 表示 t 时刻该缓冲区的在制品数量。对于缓冲区 $B_i^h(i > 0)$，其缓冲容量有限，即 $B_i^h < \infty$；对于缓冲区 B_0^h，为防止死锁现象发生，缓冲区 B_0^h 的容量设为无限大，即 $B_0^h \to \infty$。

(5) 在每个子系统 L_h 中，缓冲区 B_0^h 的优先级高于 B_1^h，即当 $b_0^h(t) > 0$ 时，第一个机器 M_1^h 优先从缓冲区 B_0^h 中提取工件进行加工，当且仅当 $b_0^h(t) = 0$ 时，机器 M_1^h 从缓冲区 B_1^h 中提取工件进行加工。

(6) 对于每一个机器 $M_i^h(h = 1, 2, \cdots, N; i = 1, 2, \cdots, n_h)$，$v_i^h$ 和 $v_i^h(t)$ 分别表示其额定加工速率和在 t 时刻的瞬时加工速率。$M_m^{h^*}$ 为额定加工速率最小的机器，$(h^*, m^*) = \arg\min_{h,i}(v_i^h)$。若装配线中只有一个额定速率最小的机器，则 $M_m^{h^*}$ 表示该机器；若流水线中存在多个额定速率最小的机器，则 $M_m^{h^*}$ 表示靠近流水线尾端的最后一个额定速率最小的机器。假设所研究的流水线中只有一个额定速率最小机器。

(7) $\alpha_i^h(t)$ 表示机器 M_i^h 在 t 时刻的状态，$\alpha_i^h(t) \in \{0,1\}$。当 $\alpha_i^h(t) = 1$ 时，表示机器 M_i^h 处于运行状态，能够加工工件；当 $\alpha_i^h(t) = 0$ 时，表示机器 M_i^h 处于故障状态，不能加工工件。

(8) 当机器 $M_i^h (1 \leq h \leq N; i \neq 1)$ 处于运行状态，且上游缓冲区 B_i^h 为空时，机器 M_i^h 无法提取工件进行加工，处于饥饿状态。当机器 $M_1^h (1 < h \leq N)$ 处于运行状态，且缓冲区 B_0^h 和 B_1^h 均为空时，机器 M_1^h 处于饥饿状态。装配线第一个机器 M_1^1 永远不会处于饥饿状态。

(9) 当机器 $M_i^h (1 \leq h \leq N; i \neq n_h)$ 处于运行状态，下游缓冲区 B_{i+1}^h 为满，且下游机器 M_{i+1}^h 无法从 B_{i+1}^h 中提取工件时，机器 M_i^h 处于阻塞状态；当机器 $M_{n_h}^h (1 \leq h < N)$ 处于工作状态，缓冲区 B_1^{h+1} 为满，且下游机器 M_1^{h+1} 无法从 B_1^{h+1} 中提取工件时，机器 $M_{n_h}^h$ 处于阻塞状态。装配线最后一个机器 $M_{n_N}^N$ 永远不会处于阻塞状态。

(10) 机器故障模式为操作相关故障(ODF)。

针对考虑工件返工的不可靠装配线，定义两类扰动事件，即机器故障事件和工件不合格事件。

(1) 在装配线运行过程中，机器会因为机器部件老化、磨损以及停电等随机因素发生故障而被迫停机，将此类事件定义为机器故障事件。使用 $\vartheta_k = \left(M_i^h, t_k, d_k \right)$ 表示第 k 个机器故障事件，该事件导致机器 M_i^h 从 t_k 时刻开始停机，在 $t_k + d_k$ 时刻恢复运行，停机时长为 d_k。在机器停机期间，机器状态 $\alpha_i^h(t) = 0$，机器瞬时加工速率 $v_i^h(t) = 0$。假设在 $(0, T)$，装配线共发生 K 次机器故障事件，$\Theta = [\vartheta_1, \vartheta_2, \cdots, \vartheta_K]$ 为机器故障事件的集合，其中 $0 < t_1 \leq t_2 \leq \cdots \leq t_K < T$，$\max\limits_{1 \leq k \leq K} \{t_k + d_k\} \leq T$。

(2) 由于被检测出的不合格工件需要进行返工处理，不计入机器的有效产出，可以认为这段时间内发生了一个扰动事件，使得质量检测机器的有效产出为零。将质量检测机器检测出不合格工件的过程定义为工件不合格事件。使用 $\varsigma_r = (L_h, t_r, d_r)$ 表示第 r 个工件不合格事件，该事件表示在时间段 $(t_r, t_r + d_r]$，子系统 L_h 中的质量检测机器 $M_{n_h}^h$ 检测的所有工件均为不合格工件，流入缓冲区 B_0^h 中等待返工。工件不合格事件不改变机器的加工状态，即机器状态 $\alpha_{n_h}^h(t) = 1$。机器 $M_{n_h}^h$ 在该段时间内的瞬时速率始终大于零，即 $v_{n_h}^h(t) > 0, t \in (t_r, t_r + d_r]$。设在 $(0, T)$，装配线共发生 R 次工件不合格事件，$\sigma = [\varsigma_1, \varsigma_2, \cdots, \varsigma_R]$ 表示工件不合格事件的集合，其中

$0 < t_1 \leqslant t_2 \leqslant \cdots \leqslant t_R < T$ ，$\max\limits_{1 \leqslant r \leqslant R}\{t_r + d_r\} \leqslant T$ 。使用 $\sigma^{h^*} = \left[\varsigma_1^{h^*}, \varsigma_2^{h^*}, \cdots, \varsigma_w^{h^*} \right] (1 \leqslant w \leqslant R)$ 表示在 $(0,T]$ 额定速率最小的机器 $M_m^{h^*}$ 所在的子系统 L_{h^*} 所发生工件不合格事件的集合。

2. 事件驱动的永久性产出损失建模

针对考虑工件返工的装配线，采用事件驱动的生产系统建模方法，研究装配线中各类扰动事件对系统动态的影响，建立考虑工件返工的装配线永久性产出损失模型。

在理想情况下，每个机器都是可靠机器，且每个机器加工出的产品都是合格品，无需检测机器的存在。这样的生产线定义为理想装配线，理想装配线的产量为设计产量，记为 PC^* 。

装配线在实际运行过程中会发生各类扰动事件，这些扰动事件会阻碍机器的正常运行，造成产出损失，使装配流水无法达到设计产量。有些扰动事件仅暂时会导致几个机器产生产出损失，由于缓冲区的存在，这些损失在后续的生产中可以恢复；而有些扰动事件造成的机器产出损失无法在后续的生产中恢复，从而成为整条装配线的产出损失，称为系统产出损失。永久性产出损失代表装配线设计产量和实际产量之间的差值记为 STL。将装配线的实际产量记为 PC，则永久性产出损失表示如下：

$$\mathrm{STL} = \mathrm{PC}^* - \mathrm{PC} \tag{4-165}$$

定义装配线最后一个机器的有效产出为系统产出。命题 4-1 给出考虑工件返工的不可靠装配线永久性产出损失的量化方法。

命题 4-1　对于满足假设(1)～(11)的不可靠装配线，若生产过程发生一系列机器故障事件 $\Theta = [\vartheta_1, \vartheta_2, \cdots, \vartheta_K]$ 和工件不合格事件 $\sigma = [\varsigma_1, \varsigma_2, \cdots, \varsigma_R]$ ，且 $\max\limits_{1 \leqslant k \leqslant K}\{t_k + d_k\} \leqslant T$ ，$\max\limits_{1 \leqslant r \leqslant R}\{t_r + d_r\} \leqslant T$ ，则 $\exists T^* > T$ ，满足：

$$\mathrm{STL}(T) = v_m^{h^*} \times D_m^{h^*} + \sum_{r=1}^{w} \int_{t_r^{h^*}}^{t_r^{h^*}+d_r^{h^*}} v_{n_h^*}^{h^*}(\tau, \Theta, \sigma)\mathrm{d}\tau, \quad \forall T' > T^* \tag{4-166}$$

式中，$D_m^{h^*}$ 为最慢机器 $M_m^{h^*}$ 在 $(0,T']$ 的停机时长；$\sum\limits_{r=1}^{w} \int_{t_r^{h^*}}^{t_r^{h^*}+d_r^{h^*}} v_{n_h^*}^{h^*}(\tau, \Theta, \sigma)\mathrm{d}\tau$ 表示子系统 L_{h^*} 在 $(0,T]$ 检测出的不合格工件数量，该部分不合格工件通过返工缓冲区 $B_0^{h^*}$ 回到机器 $M_1^{h^*}$ 进行返工。

证明：设额定速率最小的机器 $M_m^{h^*}$ 位于子系统 L_{h^*} 中，使用缓冲区工件占用量表示系统状态，针对额定速率最小的机器 $M_m^{h^*}$ 至最后一台机器 $M_{n_N}^N$ 之间的流水线，根据物料流守恒原理分析工件的流入流出关系。

当装配线在 $(0,T']$ 无扰动事件发生时，机器 $M_m^{h^*}$ 和 $M_{n_N}^N$ 之间工件的流入流出关系如下：

(1) 流入工件数量为 $X_m^{h^*}(T')$；

(2) 流出工件数量为 $X_{n_N}^N(T')$；

(3) 0 时刻缓冲区状态为 $\sum\limits_{i=m^*+1}^{n_{h^*}} b_i^{h^*}(0) + \sum\limits_{j=h^*+1}^{N}\sum\limits_{i=0}^{n_j} b_i^j(0)$；

(4) T' 时刻缓冲区状态为 $\sum\limits_{i=m^*+1}^{n_{h^*}} b_i^{h^*}(T') + \sum\limits_{j=h^*+1}^{N}\sum\limits_{i=0}^{n_j} b_i^j(T')$。

根据物料流守恒原理，可得到流入流出关系为

$$
\begin{aligned}
X_m^{h^*}(T') - X_{n_N}^N(T') = & \sum_{i=m^*+1}^{n_{h^*}} b_i^{h^*}(T') + \sum_{j=h^*+1}^{N}\sum_{i=0}^{n_j} b_i^j(T') \\
& - \sum_{i=m^*+1}^{n_{h^*}} b_i^{h^*}(0) - \sum_{j=h^*+1}^{N}\sum_{i=0}^{n_j} b_i^j(0)
\end{aligned}
\tag{4-167}
$$

当装配线在 $(0,T']$ 存在机器故障事件 $\Theta = [\vartheta_1, \vartheta_2, \cdots, \vartheta_K]$ 和工件不合格事件 $\sigma = [\varsigma_1, \varsigma_2, \cdots, \varsigma_R]$ 时，机器 $M_m^{h^*}$ 和 $M_{n_N}^N$ 之间工件的流入流出关系如下：

(1) 流入工件数量为 $X_m^{h^*}(T',\Theta,\sigma)$；

(2) 流出工件数量为 $X_{n_N}^N(T',\Theta,\sigma) + \sum\limits_{r=1}^{w}\int_{t_r^{h^*}}^{t_r^{h^*}+d_r^{h^*}} v_{n_{h^*}}^{h^*}(\tau,\Theta,\sigma)\mathrm{d}\tau$；

(3) 0 时刻缓冲区状态为 $\sum\limits_{i=m^*+1}^{n_{h^*}} b_i^{h^*}(0,\Theta,\sigma) + \sum\limits_{j=h^*+1}^{N}\sum\limits_{i=0}^{n_j} b_i^j(0,\Theta,\sigma)$；

(4) T' 时段缓冲区状态为 $\sum\limits_{i=m^*+1}^{n_{h^*}} \omega_i^{h^*}(T',\Theta,\sigma) + \sum\limits_{j=h^*+1}^{N}\sum\limits_{i=0}^{n_j} \omega_i^j(T',\Theta,\sigma)$。

根据物料流守恒原理，可得到如下流入流出关系：

$$
X_m^{h^*}(T',\Theta,\sigma) + X_{n_N}^N(T',\Theta,\sigma) + \sum_{r=1}^{w}\int_{t_r^{h^*}}^{t_r^{h^*}+d_r^{h^*}} v_{n_{h^*}}^{h^*}(\tau,\Theta,\sigma)\mathrm{d}\tau
$$

$$
= \sum_{i=m^*+1}^{n_{h^*}} b_i^{h^*}(T',\Theta,\sigma) + \sum_{j=h^*+1}^{N}\sum_{i=0}^{n_j} b_i^j(T',\Theta,\sigma) - \sum_{i=m^*+1}^{n_{h^*}} b_i^{h^*}(0,\Theta,\sigma) - \sum_{j=h^*+1}^{N}\sum_{i=0}^{n_j} b_i^j(0,\Theta,\sigma)
$$

$$
\tag{4-168}
$$

当装配线运行过程中无任何扰动事件发生时，所有机器均以额定速率生产，由于额定速率最小的机器 $M_m^{h^*}$ 是机器 $M_m^{h^*} \sim M_{n_N}^N$ 唯一额定速率最小的机器，其产出总是小于其他机器的产出，即 $X_m^{h^*}(T') < \min\left\{X_{m^*+1}^{h^*}(T'), X_{m^*+2}^{h^*}(T'), \cdots, X_{n_N}^N(T')\right\}$，因此机器 $M_m^{h^*}$ 和 $M_{n_N}^N$ 之间的缓冲区中工件数量随时间逐渐减少。必然存在一个时间阈值 T_1^*，使得 $\forall T' > T_1^*$，机器 $M_m^{h^*}$ 和 $M_{n_N}^N$ 之间的缓冲区均为空，即 $\sum\limits_{i=m^*+1}^{n_{h^*}} b_i^{h^*}(T') +$ $\sum\limits_{j=h^*+1}^{N}\sum\limits_{i=0}^{n_j} b_i^j(T') = 0$。因此，式(4-167)可写为

$$X_{n_N}^N(T') = X_m^{h^*}(T) + \sum_{i=m^*+1}^{n_{h^*}} b_i^{h^*}(0) + \sum_{j=h^*+1}^{N}\sum_{i=0}^{n_j} b_i^j(0) \tag{4-169}$$

当装配线运行过程中有扰动事件发生时，由于扰动事件均在 T 时刻之前结束，在时刻 T 之后系统中无任何扰动事件发生，机器 $M_m^{h^*}$ 和 $M_{n_N}^N$ 之间的缓冲区中工件数量随时间逐渐减少，因此必然存在一个时间阈值 T_2^*，$T_2^* > T$，使得 $\forall T' > T_2^*$，机器 $M_m^{h^*}$ 和 $M_{n_N}^N$ 之间的缓冲区均为空。因此，式(4-168)可写为

$$\begin{aligned} X_{n_N}^N(T',\Theta,\sigma) = {} & X_m^{h^*}(T',\Theta,\sigma) - \sum_{r=1}^{w}\int_{t_r^{h^*}}^{t_r^{h^*}+d_r^{h^*}} v_{n_{h^*}}^{h^*}(\tau,\Theta,\sigma)\mathrm{d}\tau \\ & + \sum_{i=m^*+1}^{n_{h^*}} b_i^{h^*}(0,\Theta,\sigma) + \sum_{j=h^*+1}^{N}\sum_{i=0}^{n_j} b_i^j(0,\Theta,\sigma) \end{aligned} \tag{4-170}$$

若装配线运行过程中不发生扰动事件，额定速率最小的机器 $M_m^{h^*}$ 总是以额定速率 $v_m^{h^*}$ 运行，则式(4-169)中额定速率最小的机器在 $(0,T']$ 的产量可表示为

$$X_m^{h^*}(T') = \int_0^{T'} v_m^{h^*}(t)\mathrm{d}t = v_m^{h^*} \times T'$$

若装配线运行中有扰动事件发生，额定速率最小的机器 $M_m^{h^*}$ 有两个可能的瞬时速率，即 0 和额定速率 $v_m^{h^*}$，则式(4-170)中额定速率最小的机器在 $(0,T']$ 的产量可表示为

$$X_m^{h^*}(T',\Theta,\sigma) = \int_0^{T'} v_m^{h^*}(t,\Theta,\sigma)\mathrm{d}t = v_m^{h^*} \times \left(T' - D_m^{h^*}\right)$$

$D_m^{h^*}$ 为在 $(0,T']$ 额定速率最小的机器 $M_m^{h^*}$ 的停机时长。

因为初始时刻相应缓冲区中的工件数量相同，有

$$\sum_{i=m^*+1}^{n_{h^*}} b_i^{h^*}(0) + \sum_{j=h^*+1}^{N} \sum_{i=0}^{n_j} b_i^j(0) = \sum_{i=m^*+1}^{n_{h^*}} b_i^{h^*}(0,\Theta,\sigma) + \sum_{j=h^*+1}^{N} \sum_{i=0}^{n_j} b_i^j(0,\Theta,\sigma)$$

由扰动事件的定义可知，T 时刻之后装配线中无任何扰动事件发生。因此，在 $[T,T')$ 装配线产生的永久性产出损失为零，则 $\mathrm{STL}(T) = \mathrm{STL}(T')$。结合式(4-169)和式(4-170)，$\forall T' > T^*, T^* = \max(T_1^*, T_2^*)$，有

$$\mathrm{STL}(T) = \mathrm{STL}(T') = X_{n_N}^N(T') - X_{n_N}^N(T',\Theta,\sigma) = v_m^{h^*} \times D_m^{h^*} + \sum_{r=1}^{w} \int_{t_r^{h^*}}^{t_r^{h^*}+d_r^{h^*}} v_{n_{h^*}}^{h^*}(\tau,\Theta,\sigma)\mathrm{d}\tau$$

$$\tag{4-171}$$

观察式(4-166)可知，系统永久性产出损失由两部分组成：①扰动事件造成额定速率最小的机器 $M_m^{h^*}$ 停机而产生的永久性产出损失 STL_S，$\mathrm{STL}_S(T) = v_m^{h^*} \times D_m^{h^*}$；②额定速率最小的机器 $M_m^{h^*}$ 所在子系统 L_{h^*} 产生的质量不合格工件总数 $\sum_{r=1}^{w} \int_{t_r^{h^*}}^{t_r^{h^*}+d_r^{h^*}} v_{n_{h^*}}^{h^*}(\tau,\Theta,\sigma)\mathrm{d}\tau$，记为 STL_{QF}，$\mathrm{STL}_{QF}(T) = \sum_{r=1}^{w} \int_{t_r^{h^*}}^{t_r^{h^*}+d_r^{h^*}} v_{n_{h^*}}^{h^*}(\tau,\Theta,\sigma)\mathrm{d}\tau$。因此，在 $(0,T]$ 机器故障事件 $\Theta = [\vartheta_1, \vartheta_2, \cdots, \vartheta_K]$ 和工件不合格事件 $\sigma = [\varsigma_1, \varsigma_2, \cdots, \varsigma_R]$ 造成的系统永久性产出损失可表示为

$$\mathrm{STL}(T) = \mathrm{STL}_S(T) + \mathrm{STL}_{QF}(T) \tag{4-172}$$

证毕。

3. 系统永久性产出损失量化分析

本节对系统永久性产出损失进行分析，研究不同类型事件造成系统永久性产出损失的触发条件，并进一步给出使用生产数据量化系统永久性产出损失的计算方法，为车间生产数据的有效利用提供可行的方法。

1) 永久性产出损失判定条件

工件不合格事件 ς_r 不仅可以造成额定速率最小的机器 $M_m^{h^*}$ 因饥饿或阻塞产生永久性产出损失 STL_S，还可以造成额定速率最小的机器 $M_m^{h^*}$ 所在子系统 L_{h^*} 检测出质量不合格工件而直接产生永久性产出损失 STL_{QF}。机器故障事件 ϑ_k 只能通过额定速率最小的机器 $M_m^{h^*}$ 因饥饿、阻塞或故障停机等造成永久性产出损失 STL_S。

针对两种永久性产出损失 STL_{QF} 和 STL_S，分别分析它们产生的充分必要条件。

(1) STL_{QF} 产生的充分必要条件。

机器故障事件 $\Theta = [\vartheta_1, \vartheta_2, \cdots, \vartheta_K]$ 与工件质量无关，因此不会导致系统产生永

久性产出损失 STL_{QF}。只有工件不合格事件 $\sigma = [\varsigma_1, \varsigma_2, \cdots, \varsigma_R]$ 才会产生永久性产出损失，且由命题 4-1 可知，只有发生在子系统 L_{h^*} 中的工件不合格事件 $\sigma^{h^*} = \left[\varsigma_1^{h^*}, \varsigma_2^{h^*}, \cdots, \varsigma_w^{h^*}\right]$，即质量检测机器 $M_{n_{h^*}}^{h^*}$ 检测出不合格工件并进行返工时，才会产生永久性产出损失 STL_{QF}。因此，只要额定速率最小的机器 $M_{m^*}^{h^*}$ 所在子系统 L_{h^*} 发生工件不合格事件，就会导致永久性产出损失 STL_{QF} 的产生，STL_{QF} 产生的充分必要条件是 $\sigma^{h^*} \neq \varnothing$。

(2) STL_{S} 产生的充分必要条件。

经上述讨论可知，机器故障事件 ϑ_k 和工件不合格事件 ς_r 均能导致额定速率最小的机器 $M_{m^*}^{h^*}$ 的停机，从而产生 STL_{S}。下面推论 4-1 和推论 4-2 分别讨论机器故障事件 ϑ_k 和工件不合格事件 ς_r 引起 STL_{S} 的充分必要条件。

推论 4-1　机器故障事件 $\vartheta_k = \left(M_i^h, t_k, d_k\right)$ 造成 STL_{S} 的充分必要条件根据故障机器 M_i^h 与额定速率最小的机器 $M_{m^*}^{h^*}$ 之间的位置关系分为以下三种情况。

情况 1：故障机器 M_i^h 位于额定速率最小的机器 $M_{m^*}^{h^*}$ 上游，即 $1 \leqslant h < h^*$ 或 $h = h^*, 1 \leqslant i < m^*$。

当且仅当额定速率最小的机器 $M_{m^*}^{h^*}$ 因故障机器 M_i^h 的停机而被饥饿时，停机事件 ϑ_k 造成永久性产出损失 STL_{S}。此时，STL_{S} 产生的充分必要条件为 $\exists t \in \left[t_k, t_k + d_k\right]$，使得

$$\begin{cases} b_{i+1}^h(t) = b_{i+2}^h(t) = \cdots = b_{n_h}^h(t) = 0 \\ b_0^{h+1}(t) = b_1^{h+1}(t) = \cdots = b_{n_{h+1}}^{h+1}(t) = 0, \cdots, b_0^{h^*}(t) = b_1^{h^*}(t) = \cdots = b_{m^*}^{h^*}(t) = 0 \\ \alpha_{i+1}^h(t) = \alpha_{i+2}^h(t) = \cdots = \alpha_{n_h}^h(t) = 1 \\ \alpha_1^{h+1}(t) = \alpha_2^{h+1}(t) = \cdots = \alpha_{n_{h+1}}^{h+1}(t) = 1, \cdots, \alpha_1^{h^*}(t) = \alpha_2^{h^*}(t) = \cdots = \alpha_{m^*}^{h^*}(t) = 1 \end{cases} \quad (4\text{-}173)$$

经上述分析，可以确定事件 ϑ_k 从发生到开始导致系统产生永久性产出损失的最短时间 d_k^*，数学表示如下：

$$\begin{aligned} d_k^* = \inf\{d \geqslant 0 : b_{i+1}^h(t_k + d) = b_{i+2}^h(t_k + d) = \cdots = b_{m^*}^{h^*}(t_k + d) = 0, \\ \text{and } \alpha_{i+1}^h(t_k + d) = \alpha_{i+2}^h(t_k + d) = \cdots = \alpha_{m^*}^{h^*}(t_k + d) = 1\} \end{aligned} \quad (4\text{-}174)$$

情况 2：故障机器 M_i^h 与额定速率最小的机器 $M_{m^*}^{h^*}$ 为同一个机器，即 $h = h^*$ 且 $i = m^*$。

当额定速率最小的机器 $M_{m^*}^{h^*}$ 发生机器故障事件时，该事件使得额定速率最小的机器停机，根据命题 4-1 可知，系统会立即产生永久性产出损失 $\mathrm{STL_S}$。此时，$\mathrm{STL_S}$ 产生的充分必要条件为 $\exists t \in [t_k, t_k + d_k]$，使得

$$\begin{cases} b_{m^*}^{h^*}(t) > 0 \\ b_{m^*+1}^{h^*}(t) < B_{m^*+1}^{h^*} \end{cases} \tag{4-175}$$

根据操作相关故障的假设，机器在饥饿和阻塞时不能故障，因此式(4-175)表示额定速率最小的机器 $M_{m^*}^{h^*}$ 在 $[t_k, t_k + d_k]$ 既不饥饿也不阻塞。

经上述分析，可以确定事件 ϑ_k 从发生到开始导致系统产生永久性产出损失的最短时间 d_k^*，数学表示如下：

$$d_k^* = \inf \left\{ d \geqslant 0 : b_{m^*}^{h^*}(t_k + d) > 0, \text{and } b_{m^*+1}^{h^*}(t_k + d) < B_{m^*+1}^{h^*} \right\} \tag{4-176}$$

情况 3：故障机器 M_i^h 位于额定速率最小的机器 $M_{m^*}^{h^*}$ 下游，即 $h^* < h \leqslant N$ 或 $h = h^*$，$m^* < i \leqslant n_{h^*}$。

当且仅当额定速率最小的机器 $M_{m^*}^{h^*}$ 因故障机器 M_i^h 的停机而被阻塞时，停机事件 ϑ_k 造成永久性产出损失 $\mathrm{STL_S}$。此时，$\mathrm{STL_S}$ 产生的充分必要条件为 $\exists t \in [t_k, t_k + d_k]$，使得

$$\begin{cases} \omega_{m^*+1}^{h^*}(t) = B_{m^*+1}^{h^*} \\ \omega_{m^*+2}^{h^*}(t) = B_{m^*+2}^{h^*}, \cdots, \omega_{n_{h^*}}^{h^*}(t) = B_{n_{h^*}}^{h^*} \\ \omega_1^{h^*+1}(t) = B_1^{h^*+1} \\ \omega_2^{h^*+1}(t) = B_2^{h^*+1}, \cdots, \omega_{n_{h^*+1}}^{h^*+1}(t) = B_{n_{h^*+1}}^{h^*+1}, \cdots, \omega_1^h(t) = B_1^h \\ \omega_2^h(t) = B_2^h, \cdots, \omega_j^h(t) = B_j^h \\ \alpha_{m^*}^{h^*}(t) = \alpha_{m^*+1}^{h^*}(t) = \cdots = \alpha_{n_{h^*}}^{h^*}(t) = 1 \\ \alpha_1^{h^*+1}(t) = \alpha_2^{h^*+1}(t) = \cdots = \alpha_{n_{h^*+1}}^{h^*+1}(t) = 1, \cdots, \alpha_1^h(t) = \alpha_2^h(t) = \cdots = \alpha_{j-1}^h(t) = 1 \end{cases} \tag{4-177}$$

经上述分析，可以确定事件 ϑ_k 从发生到开始导致系统产生永久性产出损失的最短时间 d_k^*，数学表示如下：

$$\begin{aligned} d_k^* = \inf \{ d \geqslant 0 : & \omega_{m^*+1}^{h^*}(t_k + d) = B_{m^*+1}^{h^*}, \omega_{m^*+2}^{h^*}(t_k + d) = B_{m^*+2}^{h^*}, \cdots, \omega_j^h(t_k + d) = B_j^h, \\ & \text{and } \alpha_{m^*}^{h^*}(t_k + d) = \alpha_{m^*+1}^{h^*}(t_k + d) = \cdots = \alpha_{j-1}^h(t_k + d) = 1 \} \end{aligned} \tag{4-178}$$

综上所述，机器故障事件 $\vartheta_k = \left(M_i^h, t_k, d_k \right)$ 导致额定速率最小的机器停机而开始产生永久性产出损失的最短时间 d_k^* 可表示为

$$
d_k^* = \begin{cases}
\inf\left\{ d \geqslant 0 : b_{i+1}^h\left(t_k+d\right) = \cdots = b_{m^*}^{h^*}\left(t_k+d\right) = 0, \text{and } \alpha_{i+1}^h\left(t_k+d\right) = \cdots = \alpha_{m^*}^{h^*}\left(t_k+d\right) = 1 \right\}, \\
\qquad\qquad\qquad\qquad\qquad\qquad\qquad\qquad 1 \leqslant h < h^* \text{ 或 } h = h^*, 1 \leqslant i < m^* \\
\inf\left\{ d \geqslant 0 : b_{m^*}^{h^*}\left(t_k+d\right) > 0, \text{and } b_{m^*+1}^{h^*}\left(t_k+d\right) < B_{m^*+1}^{h^*} \right\}, \quad h = h^*; i = m^* \\
\inf\left\{ d \geqslant 0 : \omega_{m^*+1}^{h^*}\left(t_k+d\right) = B_{m^*+1}^{h^*}, \cdots, \omega_j^h\left(t_k+d\right) = B_j^h, \text{and } \alpha_{m^*}^{h^*}\left(t_k+d\right) = \cdots \right. \\
\left. \qquad = \alpha_{j-1}^h\left(t_k+d\right) = 1 \right\}, \quad h^* < h \leqslant N \text{ 或 } h = h^*, m^* < i \leqslant n_{h^*}
\end{cases}
$$

$$(4\text{-}179)$$

引理 4-1　任何发生在子系统 L_{h^*} 中的工件不合格事件 $\varsigma_r^{h^*} = \left(L_{h^*}, t_r, d_r \right)$，$\varsigma_r^{h^*} \in \sigma^{h^*}$，均不会造成永久性产出损失 $\mathrm{STL_S}$。

证明：额定速率最小的机器与质量检测机器的位置关系分为以下两种：

① 额定速率最小的机器 $M_{m^*}^{h^*}$ 位于质量检测机器 $M_{n_{h^*}}^{h^*}$ 上游，$m^* < n_{h^*}$。若工件不合格事件 $\varsigma_r^{h^*}$ 造成永久性产出损失 $\mathrm{STL_S}$，则额定速率最小的机器 $M_{m^*}^{h^*}$ 被机器 $M_{n_{h^*}}^{h^*}$ 阻塞，额定速率最小的机器至机器 $M_{n_{h^*}}^{h^*}$ 之间的缓冲区处于充满状态，则机器 $M_{n_{h^*}}^{h^*}$ 无法从缓冲区 $B_{n_{h^*}}^{h^*}$ 中提取工件进行加工，即机器 $M_{n_{h^*}}^{h^*}$ 的瞬时加工速率为 0，$v_{n_{h^*}}^{h^*}(t) = 0$。该结论与工件不合格事件的定义相反。因此，当额定速率最小的机器位于质量检测机器上游时，检测事件 $\varsigma_r^{h^*} = \left(L_{h^*}, t_r, d_r \right)$ 不会造成永久性产出损失 $\mathrm{STL_S}$。

② 额定速率最小的机器 $M_{m^*}^{h^*}$ 与质量检测机器 $M_{n_{h^*}}^{h^*}$ 为同一个机器，$m^* = n_{h^*}$。由命题 4-1 可知，当检测事件 $\varsigma_r^{h^*}$ 造成永久性产出损失 $\mathrm{STL_S}$ 时，额定速率最小的机器 $M_{m^*}^{h^*}$ 停机，即机器 $M_{m^*}^{h^*}$ 的瞬时加工速率为 0，$v_{m^*}^{h^*}(t) = 0$。由工件不合格事件的定义可知，发生工件不合格事件的机器瞬时速率大于 0。因此，当额定速率最小的机器为质量检测机器时，工件不合格事件 $\varsigma_r^{h^*} = \left(L_{h^*}, t_r, d_r \right)$ 不会造成永久性产出损失 $\mathrm{STL_S}$。

综上所述，子系统 L_{h^*} 中的工件不合格事件 $\sigma^{h^*} = \left[\varsigma_1^{h^*}, \varsigma_2^{h^*}, \cdots, \varsigma_w^{h^*} \right]$ 不会造成永久性产出损失 $\mathrm{STL_S}$。

根据引理 4-1 可知，工件不合格事件 $\varsigma_r = \left(L_h, t_r, d_r \right)$ 只能通过饥饿和阻塞产生永久性产出损失 $\mathrm{PTL_S}$。因此，工件不合格事件 $\varsigma_r = \left(L_h, t_r, d_r \right)$ 造成永久性产出损

失 STL_S 的充分必要条件如推论 4-2。

推论 4-2　工件不合格事件 $\varsigma_r = (L_h, t_r, d_r)$ 造成永久性产出损失 STL_S 的充分必要条件可根据事件发生机器与额定速率最慢机器 $M_m^{h^*}$ 之间的位置关系分为以下两种情况：

① 工件不合格事件 $\varsigma_r = (L_h, t_r, d_r)$ 发生在子系统 L_{h^*} 上游，即 $1 \leqslant h < h^*$。

当且仅当质量检测机器 $M_{n_h}^{h^*}$ 检测出不合格工件的操作使得额定速率最小的机器 $M_m^{h^*}$ 饥饿时，工件不合格事件 ς_r 造成系统产生永久性产出损失 STL_S。此时，STL_S 产生的充分必要条件为 $\exists t \in [t_r, t_r + d_r]$，使得

$$
\begin{cases}
b_0^{h+1}(t) = \cdots = b_{n_{h+1}}^{h+1}(t) = 0, \cdots, b_0^{h^*}(t) = \cdots = b_m^{h^*}(t) = 0 \\
\alpha_1^{h+1}(t) = \cdots = \alpha_{n_{h+1}}^{h+1}(t) = 1, \cdots, \alpha_1^{h^*}(t) = \cdots = \alpha_m^{h^*}(t) = 1
\end{cases}
\tag{4-180}
$$

经上述分析，可以确定工件不合格事件 ς_r 从发生到开始导致系统产生永久性产出损失的最短时间 d_r^*，数学表示如下：

$$
d_r^* = \inf\left\{ d \geqslant 0 : b_0^{h+1}(t_r + d) = \cdots = b_m^{h^*}(t_r + d) = 0 \text{ and } \alpha_1^{h+1}(t_r + d) = \cdots = \alpha_m^{h^*}(t_r + d) = 1 \right\}
\tag{4-181}
$$

② 工件不合格事件 $\varsigma_r = (L_h, t_r, d_r)$ 发生在子系统 L_{h^*} 下游，即 $h^* < h \leqslant N$。

当且仅当工件不合格事件所在子系统的第一个机器 M_1^h 返工不合格工件而导致额定速率最小的机器 $M_m^{h^*}$ 阻塞时，工件不合格事件 ς_r 造成系统产生永久性产出损失 STL_S。此时，STL_S 产生的充分必要条件为 $\exists t \in [t_r, t_r + d_r]$，使得

$$
\begin{cases}
\omega_{m^*+1}^{h^*}(t) = \psi_{m^*+1}^{h^*}, \\
\omega_{m^*+2}^{h^*}(t) = \psi_{m^*+2}^{h^*}, \cdots, \omega_{n_{h^*}}^{h^*}(t) = \psi_{n_{h^*}}^{h^*}, \\
\omega_{n_{h^*}+1}^{h^*}(t) = \psi_{n_{h^*}+1}^{h^*}, \cdots, \omega_1^{h-1}(t) = \psi_1^{h-1}, \\
\omega_2^{h-1}(t) = \psi_2^{h-1}, \cdots, \omega_{n_{h-1}}^{h-1}(t) = \psi_{n_{h-1}}^{h-1}, \\
\omega_1^h(t) = \psi_1^h, \omega_0^h(t) > 0 \\
\alpha_m^{h^*}(t) = \alpha_{m^*+1}^{h^*}(t) = \cdots = \alpha_{n_{h^*}}^{h^*}(t) = 1, \cdots, \alpha_1^{h-1}(t) = \alpha_2^{h-1}(t) = \cdots = \alpha_{n_{h-1}}^{h-1}(t) = 1
\end{cases}
\tag{4-182}
$$

经上述分析，可以确定不合格事件 ς_r 从发生到开始导致系统产生永久性产出损失的最短时间 d_r^*，数学表示如下：

$$d_r^* = \inf\left\{ d \geqslant 0 : \omega_{m+1}^{h^*}\left(t_r + d\right) = B_{m+1}^{h^*}, \cdots, \omega_1^h\left(t_r + d\right) = B_1^h, \omega_0^h\left(t_r + d\right) > 0 \right.$$

$$\left. \text{and } \alpha_{m\cdot}^{h^*}\left(t_r + d\right) = \cdots = \alpha_{n_{h-1}}^{h-1}\left(t_r + d\right) = 1 \right\} \tag{4-183}$$

综上所述,工件不合格事件 $\varsigma_r = \left(L_h, t_r, d_r\right)$ 导致额定速率最小的机器停机而开始产生永久性产出损失的最短时间 d_r^* 可表示为

$$d_r^* = \begin{cases} \inf\left\{ d \geqslant 0 : b_0^{h+1}\left(t_r + d\right) = \cdots = b_m^{h^*}\left(t_r + d\right) = 0 \text{ and } \alpha_1^{h+1}\left(t_r + d\right) = \cdots \right. \\ \qquad \left. = \alpha_{m\cdot}^{h^*}\left(t_r + d\right) = 1 \right\}, \quad 1 \leqslant h < h^* \\ \inf\left\{ d \geqslant 0 : \omega_{m\cdot+1}^{h^*}\left(t_r + d\right) = B_{m\cdot+1}^{h^*}, \cdots, \omega_1^h\left(t_r + d\right) = B_1^h, \omega_0^h\left(t_r + d\right) > 0 \right. \\ \qquad \left. \text{and } \alpha_{m\cdot}^{h^*}\left(t_r + d\right) = \cdots = \alpha_{n_{h-1}}^{h-1}\left(t_r + d\right) = 1 \right\}, \quad h^* < h \leqslant N \end{cases} \tag{4-184}$$

2) 永久性产出损失计算方法

通过上述分析可知,STL_{QF} 产生的原因为额定速率最小的机器 $M_{m\cdot}^{h^*}$ 所在子系统 L_{h^*} 中质量检测机器 $M_{n_{h^*}}^{h^*}$ 检测出质量不合格工件,质量不合格工件的数量可以通过车间中传感器收集到的生产数据统计得到。STL_{S} 产生的原因为额定速率最小的机器停机,$\text{STL}_{\text{S}} = v_{m\cdot}^{h^*} \times D_{m\cdot}^{h^*}$,其中 $D_{m\cdot}^{h^*}$ 为研究时间段内额定速率最小的机器 $M_{m\cdot}^{h^*}$ 的总停机时间,由单个扰动事件引起额定速率最小的机器的停机时长叠加而成。下面命题 4-2 给出扰动事件引起的额定速率最小的机器停机时长与永久性产出损失 STL_{S} 的关系表达式,其中额定速率最小的机器的停机时长可以通过传感器收集到的数据得到。

定理 4-7 设流水线在 $[0, T)$ 发生一系列机器故障事件 $\Theta = [\vartheta_1, \vartheta_2, \cdots, \vartheta_K]$ 和工件不合格事件 $\sigma = [\varsigma_1, \varsigma_2, \cdots, \varsigma_R]$,则由额定速率最小的机器 $M_{m\cdot}^{h^*}$ 停机导致的永久性产出损失 STL_{S} 为

$$\text{STL}_{\text{S}} = \left| \bigcup_{l \in n_s} \left[t_l + d_l^*, t_l + d_l\right) \right| \times v_{m\cdot}^{h^*} \tag{4-185}$$

式中,$n_s = \left\{ l = 1, 2, \cdots, K, \text{s.t. } d_l > d_l^* \right\} \bigcup \left\{ l = 1, 2, \cdots, R, \text{s.t. } d_l > d_l^* \right\}$。

证明: 考虑一个机器故障事件 $\vartheta_l = \left(M_i^h, t_l, d_l\right)$ (或非子系统 L_{h^*} 中的工件不合格事件 $\varsigma_l = \left(L_h, t_l, d_l\right), h \neq h^*$),若该事件持续时间小于等于使额定速率最小的机器 $M_{m\cdot}^{h^*}$ 开始停机的时间,即 $d_l \leqslant d_l^*$,则额定速率最小的机器不会停机,该事件不会

造成系统永久性产出损失；若事件持续时间大于使额定速率最小的机器 $M_m^{h^*}$ 开始停机的时间，即 $d_l < d_l^*$，则额定速率最小的机器会因该事件在 $t_l + d_l^*$ 时刻开始饥饿、阻塞及故障而停机，直至 $t_l + d_l$ 时刻结束。在 $\left[t_l + d_l^*, t_l + d_l\right)$，事件 $\vartheta_l\left(\varsigma_l\right)$ 引起额定速率最小的机器停机，因此在 $[0,T)$，流水线中发生的一系列机器故障事件 $\Theta = [\vartheta_1, \vartheta_2, \cdots, \vartheta_K]$ 和工件不合格事件 $\sigma = [\varsigma_1, \varsigma_2, \cdots, \varsigma_R]$ 导致额定速率最小的机器 $M_m^{h^*}$ 停机的区间集合可表示为

$$I_m^{h^*} = \left\{\left[t_l + d_l^*, t_l + d_l\right), l = 1, 2, \cdots, K, \text{s.t. } d_l > d_l^*\right\}$$
$$\cup \left\{\left[t_l + d_l^*, t_l + d_l\right), l = 1, 2, \cdots, R, \text{s.t. } d_l > d_l^*\right\}$$

从而额定速率最小的机器 $M_m^{h^*}$ 在 $[0,T)$ 的总停机时间 $D_m^{h^*}$ 可表示为

$$D_m^{h^*} = \left|\bigcup_{l \in n_s}\left[t_l + d_l^*, t_l + d_l\right]\right|$$

式中，$n_s = \left\{l = 1, 2, \cdots, K, \text{s.t. } d_l > d_l^*\right\} \cup \left\{l = 1, 2, \cdots, R, \text{s.t. } d_l > d_l^*\right\}$。

因此，由额定速率最小的机器 $M_m^{h^*}$ 停机而导致的永久性产出损失 STL_S 为

$$\text{STL}_S(T) = \left|\bigcup_{l \in n_s}\left[t_l + d_l^*, t_l + d_l\right]\right| \times v_m^{h^*}$$

根据命题 4-1，永久性产出损失 $\text{STL} = \text{STL}_S + \text{STL}_{QF}$，将式(4-185)代入式(4-166)可得

$$\text{STL}(T) = \left|\bigcup_{l \in n_s}\left[t_l + d_l^*, t_l + d_l\right]\right| \times v_m^{h^*} + \sum_{r=1}^{w}\int_{t_r^{h^*}}^{t_r^{h^*}+d_r^{h^*}} v_{n^{h^*}}^{h^*}(\tau, \Theta, \sigma)\mathrm{d}\tau \qquad (4\text{-}186)$$

证毕。

4. 系统永久性产出损失归因

为了从根源上消除产出损失，提高系统设备和资源的利用率，提升装配线运行效率，本节分析产生永久性产出损失的根本原因，即将系统永久性产出损失 STL 追溯到每一个机器或扰动事件。

1) 永久性产出损失性质分析

引理 4-2　考虑 t 时刻额定速率最小的机器 $M_m^{h^*}$ 上游机器 $M_k^{h_1}$ 和 $M_q^{h_2}$ 发生扰动事件 $e_i = \left(M_k^{h_1}, t_i, d_i\right)$ 和 $e_j = \left(M_q^{h_2}, t_j, d_j\right)$，$e_i, e_j \in \{\vartheta_k, \varsigma_r\}$，且机器 $M_k^{h_1}$ 位于 $M_q^{h_2}$ 上游 ($h_1 < h_2$ 或 $h_1 = h_2, k < q$)，则只有事件 e_j 可以造成永久性产出损失 STL_S。

证明： 假设扰动事件 e_i 和 e_j 均为机器故障事件，$e_i, e_j \in \Theta$，且在 t 时刻同时造成

永久性产出损失 STL_S。由推论 4-1 可知，若事件 e_i 造成永久性产出损失 STL_S，则额定速率最小的机器 $M_m^{h^*}$ 因饥饿而停机，机器状态满足 $\alpha_{k+1}^{h_1}(t) = \cdots = \alpha_{n_{h1}}^{h_1}(t) = \cdots = \alpha_q^{h_2}(t) = \cdots = \alpha_{m^*}^{h^*}(t) = 1$。$t$ 时刻机器 $M_q^{h_2}$ 发生故障事件 e_j，$\alpha_q^{h_2}(t) = 0$，与 $\alpha_q^{h_2}(t) = 1$ 相悖，因此只有扰动事件 e_j 可以造成永久性产出损失 STL_S，扰动事件 e_j 上游的事件 e_i 不会造成永久性产出损失 STL_S。

当事件 e_i 或 e_j 为工件不合格事件时，证明过程与上述类似，此处不再赘述。

引理 4-3　考虑 t 时刻额定速率最小的机器 $m_m^{h^*}$ 下游机器 $m_k^{h_1}$ 和 $m_q^{h_2}$ 发生扰动事件 $e_i = \left(M_k^{h_1}, t_i, d_i \right)$ 和 $e_j = \left(M_q^{h_2}, t_j, d_j \right)$，$e_i, e_j \in \{\vartheta_k, \varsigma_r\}$ 且机器 $M_k^{h_1}$ 位于 $M_q^{h_2}$ 下游 ($h_1 > h_2$ 或 $h_1 = h_2$，$k > q$)，则只有事件 e_j 可以造成永久性产出损失 STL_S。

引理 4-1 和 4-2 表明，若扰动事件 $e_j = \left(M_q^{h_2}, t_j, d_j \right)$ 在 t 时刻造成永久性产出损失 STL_S，则机器 $M_q^{h_2}$ 与额定速率最小的机器 $M_m^{h^*}$ 之间无其他扰动事件的存在。当机器 $M_q^{h_2}$ 位于额定速率最小的机器 $M_m^{h^*}$ 上游时，机器 $M_q^{h_2}$ 上游机器发生的扰动事件不会造成永久性产出损失 STL_S；当机器 $M_q^{h_2}$ 位于额定速率最小的机器 $M_m^{h^*}$ 下游时，机器 $M_q^{h_2}$ 下游机器发生的扰动事件不会造成永久性产出损失 STL_S。

命题 4-2　若 t 时刻流水线中存在多个扰动事件，则造成永久性产出损失 STL_S 的扰动事件至多有两个。

证明：设 $\pi(t) = \{e_i | e_i \in \{\vartheta_k, \varsigma_r\}\}$ 为流水线中 t 时刻造成永久性产出损失 STL_S 的扰动事件集合。由引理 4-2 可知，子系统 L_{h^*} 中的工件不合格事件不会造成永久性产出损失 STL_S，$\sigma^{h^*} \bigcap \pi(t) = \varnothing$。$\pi(t)$ 中的元素只有机器故障事件 ϑ_k 和非子系统 L_{h^*} 中的工件不合格事件 ς_r。这些事件可能通过引起额定速率最小的机器故障或饥饿阻塞而造成系统永久性产出损失，根据额定速率最小的机器的停机类型，分为以下两种情况：

(1) 额定速率最小的机器 $M_m^{h^*}$ 因故障而停机。若额定速率最小的机器发生机器故障事件 $\vartheta_l = \left(M_m^{h^*}, t_j, d_j \right)$，$\vartheta_l \in \pi(t)(t_j \leqslant t \leqslant t_j + d_j)$，系统立刻产生永久性产出损失 STL_S。由推论 4-1 中额定速率最小的机器故障的条件可知，额定速率最小的机器在 t 时刻既不饥饿也不阻塞，$b_m^{h^*}(t) > 0$，$b_{m^*+1}^{h^*}(t) < B_{m^*+1}^{h^*}$。结合推论 4-1 和 4-2 可知，其他扰动事件在 t 时刻不会使额定速率最小的机器饥饿或阻塞，从而不会造成永久性产出损失 STL_S。因此，若 $\vartheta_l \in \pi(t)$，则集合 $\pi(t)$ 中包含一个元素。

(2) 额定速率最小的机器 $M_m^{h^*}$ 因饥饿或阻塞而停机。针对发生在额定速率最小的机器上游的扰动事件，由引理 4-1 可知，若机器 $M_q^{h_2}$ 上的扰动事件 e_j 产生永久性产出损失，则其上游事件无法造成额定速率最小的机器饥饿，从而不会产生永久性产出损失；针对发生在额定速率最小的机器下游的扰动事件，由引理 4-2 可知，若机器 $M_q^{h_2}$ 上的扰动事件 e_j 产生永久性产出损失，则其下游事件无法造成额定速率最小的机器饥饿，从而不会产生永久性产出损失。因此，t 时刻流水线中最多有一个扰动事件因造成额定速率最小的机器饥饿而产生永久性产出损失，一个扰动事件因造成额定速率最小的机器阻塞而产生永久性产出损失，集合 $\pi(t)$ 中最多有两个元素。

由以上分析可知，当额定速率最小的机器发生故障事件时，$\pi(t)$ 中有且仅有一个元素；当额定速率最小的机器不发生故障事件时，$\pi(t)$ 中最多有两个元素。因此，t 时刻流水线中至多有两个扰动事件可以产生永久性产出损失 STL_S。证毕。

2) 永久性产出损失归因方法

系统永久性产出损失 STL 由 STL_S 和 STL_{QF} 两部分组成。根据 STL_S 和 STL_{QF} 产生的充分必要条件，判定每个机器故障事件 ϑ_k 和工件不合格事件 ς_r 是否造成系统永久性产出损失，进而计算每个扰动事件造成永久性产出损失的大小。下面分别将永久性产出损失 STL_S 和 STL_{QF} 归因至每个机器故障事件和工件不合格事件。

(1) STL_{QF} 的归因。

由上述分析可知，额定速率最小的机器 $M_m^{h^*}$ 所在子系统 L_{h^*} 中发生的任何工件不合格事件 $\sigma^{h^*} = \left[\varsigma_1^{h^*}, \varsigma_2^{h^*}, \cdots, \varsigma_w^{h^*} \right]$ 都会直接引起系统产生永久性产出损失 STL_{QF}，永久性产出损失为子系统中所有机器产生的不合格工件的数量，即 $STL_{QF} = \sum_{r=1}^{w} \int_{t_r^{h^*}}^{t_r^{h^*} + d_r^{h^*}} v_{n_{h^*}}^{h^*} (\tau, \Theta, \sigma) d\tau$。因此，可以将 STL_{QF} 直接归因到子系统 L_{h^*} 中每一个工件不合格事件 $\varsigma_r^{h^*} = \left(L_{h^*}, t_r^{h^*}, d_r^{h^*} \right)$。$STL_{QF}\left(\varsigma_r^{h^*} \right)$ 表示工件不合格事件 $\varsigma_r^{h^*}$ 造成的永久性产出损失，其计算公式如下：

$$STL_{QF}\left(\varsigma_r^{h^*} \right) = \int_{t_r^{h^*}}^{t_r^{h^*} + d_r^{h^*}} v_{n_{h^*}}^{h^*} (\tau, \Theta, \sigma) d\tau \tag{4-187}$$

(2) STL_S 的归因。

由上述分析可知，机器故障事件 $\vartheta_k = \left(M_i^h, t_k, d_k \right)$ 和非子系统 L_{h^*} 中发生的工件不合格事件 $\varsigma_r = (L_h, t_r, d_r)(h \neq h^*)$ 均能引起额定速率最小的机器 $M_m^{h^*}$ 停机，从而

产生永久性产出损失 STL_S ，因此需要根据判定条件将永久性产出损失 STL_S 分别归因到机器故障事件 ϑ_k 和工件不合格事件 ς_r 。

根据推论 4-1 和 4-2，可以判定每个机器故障事件 ϑ_k 和工件不合格事件 ς_r 是否会造成永久性产出损失 STL_S 。使用 $\phi(\vartheta_k,t)=\{0,1\}(t_k\leqslant t\leqslant t_k+d_k)$ 表示机器故障事件 ϑ_k 在 t 时刻是否造成永久性产出损失，其中 $\phi(\vartheta_k,t)=1$ 表示机器故障事件 ϑ_k 在 t 时刻造成了永久性产出损失， $\phi(\vartheta_k,t)=0$ 表示机器故障事件 ϑ_k 在 t 时刻没有造成永久性产出损失。使用 $\phi(\varsigma_r,t)=\{0,1\}(t_r\leqslant t\leqslant t_r+d_r)$ 表示工件不合格事件 ς_r 在 t 时刻是否造成永久性产出损失，其中 $\phi(\varsigma_r,t)=1$ 表示工件不合格事件 ς_r 在 t 时刻造成了永久性产出损失， $\phi(\varsigma_r,t)=0$ 表示工件不合格事件 ς_r 在 t 时刻没有造成永久性产出损失。

若 t 时刻只有一个机器故障事件或工件不合格事件造成了永久性产出损失 STL_S ，则将该时刻产生的永久性产出损失全部归因到该事件；由命题 4-2 可知，若 t 时刻有两个扰动事件同时造成了永久性产出损失 STL_S ，即 t 时刻额定速率最小的机器 $M_m^{h^*}$ 上游缓冲区为空，下游缓冲区为满，此时额定速率最小的机器既因饥饿停机又因阻塞停机，则将该时刻产生的永久性产出损失平均归因到这两个扰动事件。

由定理 4-7 可知，若 $\sum\phi(\cdot,\tau)>0,\tau\in(t,t+\delta t]$ ，则系统在 $(t,t+\delta t]$ 产生的永久性产出损失 $\mathrm{PTL}_S(t,t+\delta t)=v_m^{h^*}\delta t$ ，其中 $\sum\phi(\cdot,\tau)$ 表示在 τ 时刻产生永久性产出损失 STL_S 的扰动事件总数。 $\mathrm{STL}_S(\vartheta_k)$ 表示第 k 个机器故障事件导致额定速率最小的机器停机而产生的永久性产出损失， $\mathrm{STL}_S(\varsigma_r)$ 表示第 r 个非子系统 L_h 中工件不合格事件导致额定速率最小的机器停机而产生的永久性产出损失。 $\mathrm{STL}_S(\vartheta_k)$ 和 $\mathrm{STL}_S(\varsigma_r)$ 的计算公式如下：

$$\mathrm{STL}_S(\vartheta_k)=\begin{cases}\displaystyle\int_0^T\frac{\phi(\vartheta_k,\tau)}{\sum\phi(\cdot,\tau)}v_M^{h^*}\mathrm{d}\tau, & \sum\phi(\cdot,\tau)>0\\[2mm]0, & \sum\phi(\cdot,\tau)=0\end{cases} \tag{4-188}$$

$$\mathrm{STL}_S(\varsigma_r)=\begin{cases}\displaystyle\int_0^T\frac{\phi(\varsigma_r,\tau)}{\sum\phi(\cdot,\tau)}v_M^{h^*}\mathrm{d}\tau, & \sum\phi(\cdot,\tau)>0\\[2mm]0, & \sum\phi(\cdot,\tau)=0\end{cases} \tag{4-189}$$

根据式(4-190)和式(4-191)可得到每个机器故障事件和工件不合格事件所造成的永久性产出损失 STL_S 。根据扰动事件对应的机器，可进一步将损失归因至每一个机器。

将系统产出损失归因至每一个机器或扰动事件后，可以量化每个机器的质量参数和可靠性对系统运行的影响，找到影响流水线产出最大的机器，从而指导车间管理者对流水线进行持续改善，以提高设备的运行效率，降低资源的浪费，达到流水线稳定有序、高效产出的目标。

5. 实验验证

设计实验对流水线永久性产出损失进行归因，并与 Li 等[119]所提瓶颈识别方法进行对比，验证所建考虑工件返工的流水线模型的准确性。

采用六机器装配线进行仿真实验对比分析，实验参数的取值范围如下：

(1) 机器额定加工速率：$v_i \in [3,10], i=1,2,\cdots,m$。

(2) 加工质量概率：$g_i \in [0.9,0.1], i=1,2,\cdots,m$。

(3) 平均故障间隔时间(mean time between failure，MTBF)：$\text{MTBF}_i \in [60,100]$，$i=1,2,\cdots,m$。

(4) 平均修复时间：$\text{MTTR}_i \in [5,15], i=1,2,\cdots,m$。

(5) 缓冲区容量：$B_i \in [15,60], i=2,3,\cdots,m$。

根据以上参数取值范围，随机生成一条六机器装配线进行结果展示和分析。

六机器装配线参数如表 4-6 所示。将该流水线仿真运行 300d，每天两班，每班 8h，共运行 4800h。图 4-21 展示了 4800h 内各机器饥饿阻塞时间与产生的永久性产出损失。

表 4-6　六机器装配线参数

参数	M_1	M_2	M_3	M_4	M_5	M_6
机器类型	PO	PO	PQI	PQI	PO	PQI
额定速率 v_i	8	7	6	5	8	10
MTBF/h	97	84	80	97	68	81
MTTR/h	8	12	10	11	6	14
加工质量概率 g_i	0.92	0.92	0.97	0.91	0.91	0.96
缓冲区	B_2	B_3	B_4	B_5	B_6	—
缓冲容量 B_i	34	36	38	42	28	—
初始缓冲水平 $b_i(0)$	4	34	7	13	21	—

根据数据驱动的瓶颈识别方法，统计得到 4800h 内每个机器的饥饿阻塞时间，如图 4-21(a)所示，由数据驱动的瓶颈定义可知，机器 M_5 为瓶颈机器。使用事件驱动的永久性产出损失归因方法，统计每个机器造成的永久性产出损失，如图 4-21(b)所示，机器和质量因素的重要度等级为 $M_5 > M_4 > M_3 > Q > M_6 > M_2 > M_1$，因此机器 M_5 是造成系统永久性产出损失最大的机器。

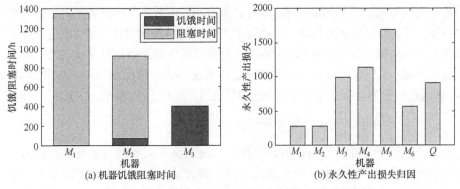

图 4-21　机器装配线各机器饥饿阻塞时间与损失归因

根据以上结果可知，事件驱动的建模方法找到的造成装配线永久性产出损失最大的机器与数据驱动的瓶颈识别方法找到的瓶颈机器为同一个机器，且事件驱动的建模方法可以根据每个机器造成永久性产出损失的大小对机器重要度进行排序。对于车间持续改善问题，机器重要度的排序为车间有限资源的分配提供了决策依据。

4.4　复杂产品装配在线感知与数字孪生系统

针对复杂产品装配过程中存在的装配模型、数据、信息脱节，精度预测不准确等问题，应用模型泛化封装、虚实精准映射、多视图同步等技术，基于实时采集的装配全流程数据，搭建复杂产品装配在线感知与数字孪生系统；开展装配线布局优化，通过 SLP 标准程序获得初始装配线设施布局，将空间布局、路径移动加入数字孪生系统中，验证布局方案的有效性，为持续改进复杂产品装配线提供闭环反馈及决策依据；开发风扇转子装配线数字孪生管控系统和掘锚机装配数字孪生辅助系统，缩短装配周期，提高装配效率，提升装配质量。

4.4.1　复杂产品装配数字孪生关键技术

复杂产品装配工艺步骤多，流程复杂，手工操作多，且需要大量的机器人、设备和工装夹具进行协同装配，装配过程数据难以采集，装配质量难以管控，导致传统的仿真方法难以应用于复杂产品装配中，具体表现在：①模型设计过程存在大量重复工作，设计效率低；②模型信息数据与物理设备相互独立，仿真保真度低；③现场装配信息与模型缺少联动脱机，无法及时发现装配过程中存在的问题并对装配方案进行实时调整。

针对上述存在的问题，复杂产品装配数字孪生需要重点突破以下关键技术：

①基于面向对象的泛化封装技术,即对复杂产品装配线各实物设备进行参数式对象化封装,形成数字样机专用库,支撑复杂产品装配线快速设计;②装配过程数据采集和虚实精准映射技术,即通过对装配线各类设备实时运行信息及状态进行跟踪与可视化呈现,支持装配线高柔性和数字孪生系统高适应性;③装配线多视图同步技术,即通过构建下行指令与上行信息的通信通道,实现装备、模型、系统多视图同步。

1. 装配线数字孪生模型泛化封装方法

本节从数字孪生模型重用的角度出发,融合面向对象的封装技术,提出一种支持装配线数字孪生模型泛化封装的方法。该方法以设备作为装配线知识传播的载体,基于设备的时序动作分别从设备的三维模型、运动脚本、控制网络以及统计模块等知识维度进行封装,形成泛化的装配设备数字孪生模型。基于设备的时序动作是实现泛化封装方法必须遵循的约定,主要包含物流与信息流两个方面。物流和信息流是装配过程中主要流通对象,物流是生产的实际载体;而信息流包括设备间的信息传输、设备与管控系统之间的信息上传与指令下达。当零件流转时,零件往往需要在设备间进行物流传输,而零件在物流传输的前后均须在设备间进行信息交换,因此信息流和物流需要穿插进行,一方面可以保证设备的装配状态,另一方面也可以为下一步的物流传输做准备。设计者以封装后的泛化数字孪生模型作为装配线数字孪生系统的最小单元,通过面向接口的设计方式,实现装配线数字孪生模型的重用。

1) 泛化封装的关键技术

泛化封装方法融合面向对象和知识组件技术的相关思想,将复杂多元化的知识封装到单机设备的数字孪生模型中,形成可拖拽式、属性参数可配置、连接接口标准化的装配线数字孪生模型,使得设计人员不需要关注数字孪生模型内部知识的实现过程,只需要调用相关外部接口即可生成相应的数字孪生模型,降低重用装配线数字孪生模型的难度。

(1) 面向对象的封装技术。

面向对象的封装技术是指将研究目标对象化,将问题求解原理及方法进行内部封装,并提供外部接口以供调用。本节的泛化封装技术结合面向对象的封装技术,并通过调用相关外部接口实现装配线数字孪生模型重用,以实现装配线数字孪生系统快速搭建的目的。

面向对象的封装技术主要由对象和类组成。对象是指具体的某个事物,如装配线中的装配设备和装配零件。此外,对象还具有改变对象状态的操作,即对象的行为。对象的状态与行为必须依附于具体的对象才具有意义,如装配动作必须依附于具体的装配对象才能实现。类是相同或者相似对象的集合,类是对象的抽象,类的属性是其对象状态的抽象。

面向对象中的抽象、继承、封装以及多态特性为实现泛化封装技术提供了支撑。其中，抽象可以从诸多繁杂的对象中寻找出对象之间的共性，把具有相同属性及行为的对象抽象为类；继承不仅可使子类自动共用父类的方法机制及属性，还可在设计一个新类时根据自己的需求在父类的基础上扩展新的功能；封装可以提高代码的重用能力，简化编写代码的工作量；多态使相同的函数、过程作用在多种类型对象时可以得到不同的结果，使得同一种事物具有多种不同的表现形式。

(2) 知识组件技术。

知识组件技术结合知识重用技术和计算机软件中的组件技术，利用模块化的思想，封装设计过程中不同类型的知识，在引擎驱动下以自动化的方式接收参数、执行引擎并返回对应结果，从而组成具有一定功能集的知识模块。

知识组件由三大模块组成，即输入参数、执行引擎和输出参数。用户调用知识组件的一般过程为：①输入知识组件的配置参数；②知识组件运行执行引擎；③输出用户所需要的参数。因此，在利用知识组件来建立数字孪生模型时，首先根据任务需求采用自动或者半自动的方式来访问知识组件接口，并在人机交互界面中输入知识组件的配置参数；其次运行知识组件中的执行引擎，同时调用第三方软件或者其他知识组件；最后输出结果并生成相应的数字孪生模型。

2) 泛化封装技术的关键步骤

实现装配线数字孪生模型泛化封装方法的整体流程如图 4-22 所示。

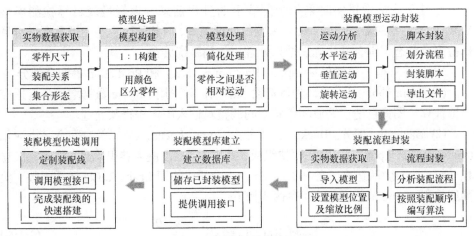

图 4-22　泛化封装方法流程

泛化封装技术的关键步骤如下：

(1) 模型处理。采用模型与算法分开处理的策略，使新建立的模型不依赖于算法库中已有的算法，同样在算法库中实现新的算法也不需要依赖于模型库中已有的模型。

(2) 装配模型运动封装。考虑到装配流程中的装配动作存在重复运动，因此需要对重复的、常用的动作进行封装，并建立运动函数集供设计人员调用。

(3) 装配流程封装。装配流程封装需要对实体装配具体的时间顺序或空间顺序信息、所应用的算法、运动脚本和三维模型进行封装处理。

(4) 装配模型库建立。将已封装的装配模型存储于仿真软件的数据库中。其中，已封装的装配模型包含三维模型、三维模型的运动过程以及控制三维模型装配流程的算法。装配模型组件负责与模型和算法交互，实现对模型和控制算法的调用，并提供功能接口实现模型库的调用和维护。

(5) 装配模型快速调用。根据定制装配线的需求，从装配模型库中快速调用所需的设备数字孪生模型并设计所需的装配动作流程，实现装配线数字孪生模型的重用，最终完成装配线数字孪生系统的快速搭建。

2. 装配过程数据采集与虚实精准映射技术

为解决复杂产品装配过程中装配信息难以有效采集，仿真系统与硬件设备数据难以实时交互的难题，本节提出一种基于图像识别的数据采集方法，通过构建装配线数字孪生模型，获取物理装配线实时装配进程，利用获取的实时数据驱动虚拟装配线运行，实现物理装配线与虚拟仿真线的虚实精确映射。

1) 数据采集技术

通过工业摄像机实时采集装配线上的过程信息，以轻量级目标检测模型YOLOv5s 为检测器，以 OpenCV 为图像处理工具，对装配过程的图像数据进行目标检测及状态识别，并将标识结果处理后传到系统后台。

YOLOv5s 模型主要包括 Input、Backbone、Neck 和 Prediction 等四个部分。

(1) Input 部分。Input 部分负责输入图像，并采用 Mosaic 数据增强、自适应锚框计算、图像自适应缩放和色彩空间调整对输入图像进行预处理。

(2) Backbone 部分。Backbone 部分由 Conv、Focus、C3 以及空间金字塔池化(spatial pyramid pooling，SPP)模块组成，其中 Conv 模块为卷积单元，用于完成卷积、归一化、激活运算，在 YOLOv5s 中，中间层使用 Leaky ReLU 激活函数，检测层使用 Sigmoid 激活函数，表达式如下：

$$\text{Leaky ReLU}(x) = \begin{cases} x, & x > 0 \\ \alpha x, & x \leqslant 0 \end{cases} \tag{4-190}$$

$$\text{Sigmoid}(x) = \frac{1}{1 + e^{-x}} \tag{4-191}$$

式中，x 为输入矩阵；e 为自然常数；α 通常取为 1。C3 模块由 Bottleneck 模块和 CSP 结构组成，相对于 Bottleneck CSP 模块，C3 模块在拥有相同性能表现的同时更快、更轻量化。

(3) Neck 部分。Neck 部分由特征金字塔网络(feature pyramid network，FPN)和金字塔注意力网络(pyramid attention network，PAN)构成。FPN 通过上采样的方式将金字塔顶层的特征信息逐层向下传递融合，传达强语义特征并得到一个特征图，然后 PAN 通过下采样的方式将金字塔底端的特征信息逐层向上传递融合，传达强定位特征，经过两个 PAN 结构后生成两个特征图，最终得到三个不同深度的特征图，分别负责检测大目标、中等尺寸目标以及小目标。

(4) Prediction 部分。Prediction 部分负责对预测结果进行处理，包括计算损失函数、非极大值抑制(non maximum suppression，NMS)等。YOLOv5 损失函数 L 由置信度损失 L_{conf}、分类损失 L_{cls} 和回归框定位损失 L_{loc} 三部分组成，表达式为

$$L = L_{\text{conf}} + L_{\text{cls}} + L_{\text{loc}} \tag{4-192}$$

式中，置信度损失 L_{conf} 为

$$
\begin{aligned}
L_{\text{conf}} = &-\frac{1}{N_1}\sum_{i=0}^{S^2}\sum_{j=0}^{B}\left[\overline{C}_i^{\,j}\ln(C_i^j)+(1-\overline{C}_i^{\,j})\ln(1-C_i^j)\right] \\
&-\lambda\frac{1}{N_2}\sum_{i=0}^{S^2}\sum_{j=0}^{B}\left[\overline{C}_i^{\,j}\ln(C_i^j)+(1-\overline{C}_i^{\,j})\ln(1-C_i^j)\right]
\end{aligned}
\tag{4-193}
$$

式中，N_1 为 mask 矩阵中对应位置的值为 ture 的总数量；N_2 为 mask 矩阵中对应位置的值为 false 的总数量；S^2 为网格数；B 为每个网格中锚框个数；C_i^j 为预测置信度；$\overline{C}_i^{\,j}$ 为真实置信度；λ 为自行设定的参数值。

分类损失 L_{cls} 为

$$L_{\text{cls}} = -\sum_{i=0}^{S^2}\sum_{c=C'}\left\{\overline{P}_i^{\,j}(c)\ln[P_i^j(c)]+[1-\overline{P}_i^{\,j}(c)]\ln[1-P_i^j(c)]\right\} \tag{4-194}$$

式中，c 为类别集合，包含了目标可能属于的所有类别；$P_i^j(c)$ 是预测为类别 c 的概率；$\overline{P}_i^{\,j}(c)$ 为网络中目标属于类别 c 的实际概率。

使用 CIoU Loss 作为回归框定位损失 L_{loc}，表达式为

$$L_{\text{loc}} = 1-\text{IOU}+\frac{\rho^2(M_{\text{ctr}},N_{\text{ctr}})}{m^2}+\alpha v \tag{4-195}$$

式中，IOU 为预测框和标注框的交并比；$\rho^2(M_{\text{ctr}},N_{\text{ctr}})$ 为预测框和标注框中心点的欧几里得距离；m 为包含预测框和标注框的最小外接矩形对角线的距离；α 为一个正权重系数，

$$\alpha = \frac{v}{1 - \mathrm{IOU} + v} \tag{4-196}$$

v 为长宽比一致性参数，

$$v = \frac{4}{\pi^2}\left(\arctan\frac{w_{\mathrm{gt}}}{h_{\mathrm{gt}}} - \arctan\frac{w}{h}\right)^2 \tag{4-197}$$

w_{gt} 和 h_{gt} 分别为真实框的宽和高；w 和 h 分别为预测框的宽和高。

训练 YOLOv5s 装配状态识别模型，需要采集包含完整装配过程的图片以构建数据集。将采集到的图片按 7：3 的比例随机分为训练集和验证集，对每一张图片上的装配状态进行人工标注，同时确保每个装配过程的图片数量大致相同。考虑到深度学习中样本数量越多，训练出来的模型效果越好，模型的泛化能力越强，本节为了增强 YOLOv5s 模型的性能，通过数据翻转、数据旋转、图像缩放、图像裁剪、图像平移和添加噪声等数据增强方式增加数据集样本数量。使用经过上述预处理的数据集训练 YOLOv5s 模型，获得用以识别装配工序状态的模型。采用训练好的图像识别模型获取装配工序状态并进行识别，目的为代替人工监控以提高装配过程监控的高效性和可靠性。

复杂产品装配状态监测流程如图 4-23 所示。具体地，周期性获取产品在装配

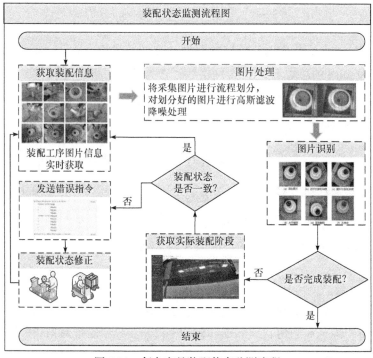

图 4-23　复杂产品装配状态监测流程

阶段的图片；对装配图片进行可视化操作及预处理操作；将处理后的图片输入识别模型，对图片中的产品进行装配状态判断，获取当前产品的装配状态阶段；判断当前装配状态是否完成装配，若当前装配状态为完成装配状态，则结束该产品装配状态的监控；若当前装配状态为非完成装配状态，则获取当前产品的装配状态，并进行匹配；若当前监控装配状态与产品的装配阶段匹配，则进行下一周期的图片获取；若当前监控装配状态与产品的装配阶段不匹配，则发送错误指令，并反馈报警信息，提醒工作人员修正，直至监控装配状态与产品的装配阶段匹配，继续实行装配状态监测。

以风扇转子装配线为例，风扇转子装配线数字孪生系统的数据采集如图 4-24 所示。通过采用数据清洗、数据统一建模、数据时空对准等方法，对装配过程中实时采集的数据进行预处理和分析，为后续产品的质量状态同步映射、预测、分析与反馈控制提供可信的数据和信息。三维模型重构、二维数据展示、过程模拟等使数字孪生可视化模型与物理装配过程同步运行，以实现航空风扇转子装配过程质量状态的全面实时可视化监控。

图 4-24　风扇转子装配线数字孪生系统的数据采集

2) 虚实精确映射技术

虚实精确映射技术如图 4-25 所示。具体地，首先，基于渲染引擎，对装配线要素进行三维建模并布置场景，建立融合数据和孪生模型间的映射关系，从三维全过程和二维全要素状态两方面综合反映装配线的运行情况，实现对物理装配线的可视化同步运行；其次，通过二维全要素监控，在实时数据驱动下更新统计信息、任务进度信息、物料使用信息、工序完成情况等相关数据；最后，通过三维全过程监控，基于所构建的装配线虚拟可视化模型，分别对物料流转、成品工艺状态变化、设备运行进行虚实同步映射，形成装配线运行过程的数字化镜像。

图 4-25　装配线运行过程数字化镜像

虚实精确映射技术具体过程描述如下：

(1) 物料流转映射。基于物理装配线产品装配流程规划物料的物流事件，物流信息根据产品和物料的实时位置生成，并通过数据可视化进行展示。装配线对应的三维几何模型在与物理装配线关联后，对物理装配线实时更新的位置信息进行插值处理，进而拟合出连续的物流过程，实现实时位置数据驱动的装配线物料流转同步映射。根据二维全要素监控物料流通情况，将数据变换通过数据可视化反映给操作人员，同时，根据相应的调度算法实时修改生产调度规则，辅助现场操作人员进行决策。

(2) 产品装配状态变化映射。产品模型在不同装配工艺阶段进行实时动态展示，一方面，根据不定时装配线实时监控捕获产品装配状态，对捕获信息进行分析，确定当前装配状态，触发装配模型同步装配，并在完成该流程后发送装配信息到装配信息面板；另一方面，根据采集的检测数据或工艺过程数据，通过对比数据库装配数据，对装配工艺进行评估，同时记录产品模型的相关数据，然后将该装配流程信息进行数据可视化展示，并对装配状态进行实时展示，从而实时更新产品装配线的运行状态。

(3) 设备运行映射。根据装配线监控捕获装配模型位姿状态，并对捕获信息进行分析比较，若待装配产品位于待装配指定区域，则通过通信接口发送相关参数到设备模型驱动接口，触发设备模型对装配模型进行装配操作。针对装配设备的运行状态，将所采集的设备运行参数映射在设备的三维模型上，触发待装配模型进行相应装配运动。通过结合相应的装配设备状态参数指标对装配设备的运行状态进行分级，从而量化装配设备的运行状态，可视化显示装配设备状态的变化趋势，并对出现的异常情况进行报警。

3. 装配线多视图同步技术

多视图同步技术是构建数字孪生系统虚实同步的关键使能技术，即在执行引擎和模型、设备之间建立指令和信息通道，将系统输出的数字信号和开关变量与实物可编程逻辑控制器(programmable logic controller，PLC)的数字信号及开关变量连接，实现系统和实物之间信号及数据的传递和连动。

本节重点介绍"实体-模型-系统"多视图同步构建方法。通过对多源信息集成中间件研究，以 PLC 为桥梁，建立虚拟传感器、设备模型与实物 PLC、组态软件之间的通信通道，实现信息与指令的互联互通。通过下行指令与上行信息的二分道同步技术，实现设备实时数据、组态监控数据和三维虚拟仿真数据的实时同步传输，进而实现"实体-模型-系统"多视图同步。装配线多视图同步机制示意图如图 4-26 所示。

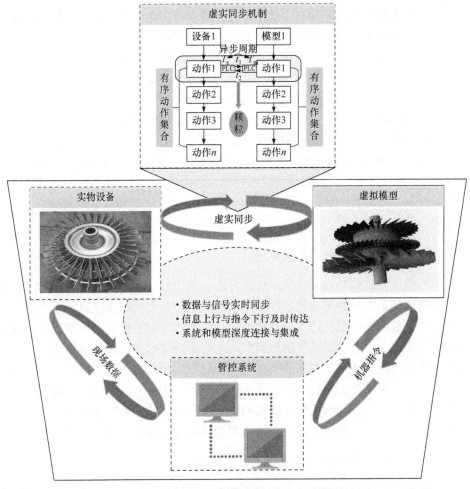

图 4-26　装配线多视图同步机制示意图

装配线多视图同步技术实现步骤如下:

(1) 装配动作颗粒度划分。产品装配过程是一系列有序动作的集合 $A = \{a_1, a_2, a_3, \cdots\}$，将有序动作的大小或细致程度称为动作颗粒度大小。在实物设备和仿真层数字模型同步实现某个加工过程中，若加工过程中包含的同步动作越多，则同步动作颗粒精度 P 越小，同步细致化程度越高，效果也就越好；颗粒是实物设备与数字模型完成数据交互并实现动作同步的最小单位。实物设备的 PLC 采样周期 T_s 与虚拟模型的软 PLC 采样周期 T_m 不同，存在时间差 Δt。当选择的颗粒精度高于实物设备或者虚拟模型的采样周期时，两者的虚实同步将无法实现。不同设备所属性能有差别，实物设备的 PLC 与虚拟模型的软 PLC 通信时间 T_t 同样存在差异，颗粒精度不仅需要根据加工动作划分，还需要考虑不同 PLC 的采样周期和通信时间。

根据工艺要求和装配的有序动作集合，综合考虑选取合适的最小颗粒精度，利用数字孪生技术，保证实物与模型成功握手，完成通信，确保在颗粒精度范围内二者的实时信息交互；采用时间包络机制，消除实物设备与数字模型的异步采样周期和 PLC 通信时间产生的影响，实现异步采样、虚实同步的异步周期同步化过程，完成实物设备到虚拟模型的真实完整映射。

(2) "实体-模型-系统"的通信通道构建。根据装配动作颗粒度，定义虚拟模型和物理实体的状态节点，绑定虚拟模型输入/输出(input/output, I/O)点与 PLC 上的I/O 点，保障"实体-模型-系统"之间的数据和信号实时同步；构建虚拟传感网络与通信网络，建立海量感知数据的高并发处理与通信机制，定义安全可用的通信协议和交互机制，实现生产指令下行，现场信息上行，并保证通信数据机密完整、交互对象安全可靠。

4.4.2　复杂产品装配线数字孪生系统

本节提出一种构建数字孪生系统的方法，并以航空发动机风扇转子为例，详细介绍搭建复杂产品装配线数字孪生系统的流程。首先，基于风扇转子物理装配线搭建产品装配线模型，通过编写模型运动脚本和添加装配运动控制机制实现装配线模型动态化；其次，基于物理装配线生产数据实时驱动虚拟模型同步运动，实现对产品装配全生命周期的透明化监控、装配质量动态预测和评估，提高风扇转子装配性能和精度；最后，探讨装配线设施布局优化，应用系统设施规划原理对装配线布局进行设计和优化，进而利用装配线数字孪生系统进行仿真，对优化后的装配线设施布局进行验证分析，从而改善装配线布局，提升装配效率。

1. 复杂产品装配线数字孪生系统构建方法

数字孪生系统构建主要分为三步。首先，通过对设备实体进行三维建模，应用泛化封装技术，将对象运动逻辑等属性进行封装；其次，嵌入近物理引擎，保证实物设备与虚拟模型之间物理属性的高保真度；最后建立装配设备与虚拟模型的通信通道，实现虚拟模型与实物设备的实时交互。数字孪生系统可以解决装配线集成过程中对设备和管控系统设计的控制调试和逻辑验证的问题，缩短调试验证周期，降低集成调试成本。

构建数字孪生系统的流程如图 4-27 所示。

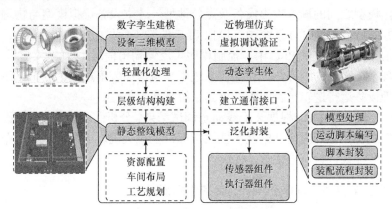

图 4-27　复杂产品装配数字孪生系统构建方法

构建数字孪生系统相关关键技术描述如下。

(1) 装配线静态建模。装配线静态模型搭建包括六个步骤：①设备三维建模，依据装配线的选型设备，建立单机设备、物流设备、输送线、机器人等自动化装配线关键要素的通用三维模型；②模型轻量化处理，在不影响数字化设备保真度及其外观的前提下，采取简化、替换或删除的方式处理顶点数和面数较大的模型；③模型层级结构构建，根据各设备装配工艺要求，识别出各部件之间的相对运动关系，确定设备之间的运动逻辑，设置模型层级关系，为后续运动逻辑配置提供基础；④运动逻辑配置，提取各类设备运动逻辑、动作函数、控制变量、对接变量等参数，并将其封装至三维模型中；⑤控制网络设置，定义模型的通信接口、通信标准等信息，实现信息传输的标准化和统一化；⑥整线模型搭建，根据设备资源配置、装配线布局规划和工艺路径规划，集成各要素静态模型，构建装配线的静态模型。

(2) 虚实通信建立。通过构建虚拟传感网络与通信网络，建立虚拟传感器、虚拟模型与物理实体 PLC、组态软件之间的通信通道，定义通信协议标准、指令格式标准、现场信息格式，利于指令及时下达、信息及时上传。搭建指令通道与信息通道，依托指令库与信息库，缓存生产指令、中间指令、机器指令、现场信息数据与历史背景数据，实现二者信息与指令的互联互通，进而实现虚拟模型与实物设备之间的同步。

(3) 物理引擎集成。通过集成物理引擎，模拟零件和装配设备在装配过程中的真实物理环境，综合考虑物理实体的摩擦力、重力、阻力等物理因素，实现高仿真的模拟碰撞、滑移、跌落等物理变化过程，使模型准确、实时地反映实际装配过程。

(4) 系统动态调试。系统动态调试主要测试单机设备和虚拟模型的控制逻辑是否与整线运动规划匹配，主要步骤如下：①选定 PLC 和通信协议，确定虚拟模型与实体模型之间的输入输出设备及点位地址，建立设备虚拟模型与物理控制器的通信并绑定点位；②在系统中，模拟 PLC 的输入信号(仿真输出信号)，并通过网口将信号传输到硬件 PLC 中，控制程序再反馈输出信号(仿真输入信号)到系统中，实现系统通信的闭环调试；③在系统中模拟产品装配过程，测试整线虚拟模型与物理设备运行逻辑是否匹配，提高系统真实可靠性。

(5) 方案评估优化。根据装配线动态调试结果，分析装配线平衡率、设备稼动率以及整线鲁棒性、脆性、柔性等性能指标，挖掘关键影响因素，利用布局优化等技术对装配线进行调控优化。

2. 航空发动机风扇转子装配线数字孪生系统

为论证前述数字孪生系统搭建方法，以航空发动机风扇转子装配为例，详细阐述数字孪生系统搭建流程。首先，构建风扇转子的数字化模型，完成装配线的虚拟静态搭建；其次，定义虚拟模型与物理实体间的通信标准，构建虚实通信通道；最后，利用传感器数据，对装配线中各类设备的实时运行信息及状态进行跟踪与可视化呈现，实现装备与模型系统之间的数据指令同步。依托数字孪生系统，完成软件与硬件的仿真集成工作，通过模拟装配等方法，测试装配线的作业柔性与组织柔性，并实现产品装配的透明化监控，为风扇转子装配提供决策指导，从而提高风扇转子的装配性能，降低装配成本，减少装配周期。航空发动机风扇转子装配线数字孪生系统整体框架如图 4-28 所示，详细步骤如下。

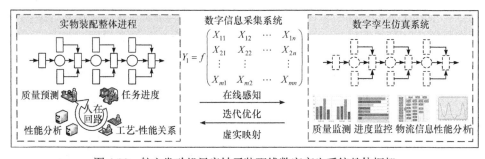

图 4-28　航空发动机风扇转子装配线数字孪生系统整体框架

1) 搭建风扇转子虚拟装配线模型

首先，搭建发动机风扇转子的三维模型，如图 4-29 所示；然后，将模型导入数字孪生系统，并在不影响风扇转子轮盘和叶片保真度及其外观的前提下，对模型进行简化、替换及删除等轻量化处理操作，以简化模型的细节，降低系统的运行负荷；最后，将设备模型接口、运行逻辑等进行泛化封装，以便后续静态装配线的构建。

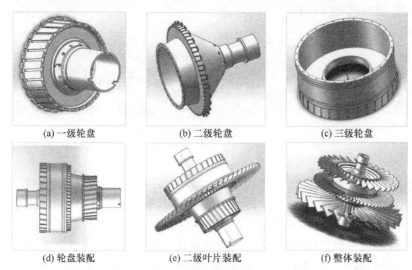

(a) 一级轮盘 (b) 二级轮盘 (c) 三级轮盘

(d) 轮盘装配 (e) 二级叶片装配 (f) 整体装配

图 4-29 发动机风扇转子三维虚拟模型

在模型泛化封装的基础上，根据实际装配工艺要求及布局，搭建发动机风扇转子装配线静态模型，如图 4-30 所示。在搭建发动机风扇转子虚拟装配线时，要求装配线静态模型各部件之间的相对运动及组装关系与实体设备保持一致，并且满足实际物料运输路径和装配运转流程。

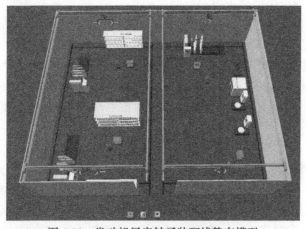

图 4-30 发动机风扇转子装配线静态模型

在完成发动机风扇转子装配线静态模型的搭建后，需要验证虚拟装配线运行逻辑，如图 4-31 所示。在数字孪生系统中离线模拟装配线运行过程，判断运行逻辑是否符合实际装配情况，若不符合实际装配情况，则进行修正。然后通过软 PLC 与硬件 PLC 建立实物设备仿真系统通信通道，并模拟软 PLC 的输入信号，通过网口将信号传输到硬件 PLC 中，控制程序再反馈输出信号到仿真系统中，测试虚拟产线与实物设备之间的通信交互状态。

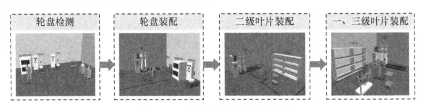

图 4-31　动态装配过程演示图

2) 建立虚拟模型与实物互联互通机制

建立虚拟装配数据的下行指令通道与现场装配数据的上行信息通道，依靠工业以太网和虚拟控制网络建立软 PLC 与硬 PLC 的通信机制及软硬 PLC 异步周期的保障机制，实现上层控制系统模块和下层控制网络的集成通信，提高监控平台的透明度。

针对航空发动机风扇转子装配作业监测难、装配状态在线感知难等问题，为满足数字孪生系统指令下行、装配现场信息上行等实时交互需求，采用基于图像识别技术的航空发动机风扇转子装配流程监测方法，利用视觉设备采集实际装配过程的图片，然后通过 OpenCV 进行初步处理，再传输至基于 YOLOv5s 算法的神经网络进行识别，以完成装配状态的判断，实现装配设备、数字孪生模型、装配过程状态监控等虚实映射与同步，同时反馈装配状态信息、预警故障信息，保证装配质量的可靠性。

3) 集成发动机风扇转子虚实模型

将发动机风扇转子动件与不动件虚拟模型、物理引擎、通信元器件等集成至数字孪生系统，建立动件与不动件的静态模型，结合数据驱动的三维仿真监控平台、风扇转子的装配流动过程，完成专机设备与中间设备动作规划、装配品物流与运动规划、编制运动与动作控制脚本的编写，实现装配过程的离线仿真运行。基于虚拟模型与实物互联互通机制，实现虚拟模型与实物的动作同步。

3. 基于数字孪生系统的装配线设施布局优化

合理的装配线设施布局有助于减少装配现场物料的无效流动，避免现场混乱，提高装配效率，提升装配合格率。因此，本节基于 SLP 标准程序和数字孪生系统，对装配线的设施布局进行仿真分析和优化，并验证布局结果是否满足实际生产需求，实现装配过程中零件的精确和及时配送，达到提高装配效率的目的。基于 SLP

和数字孪生系统的设施布局优化流程如图 4-32 所示。

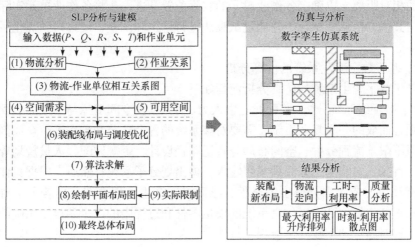

图 4-32　基于 SLP 和数字孪生系统的设施布局优化流程

首先，采用 SLP 方法进行初始布局，即基于装配产品的工艺路线，对所有装配零件进行相关性分析，明确作业单位的组成、作业面积以及作业单位之间的物流量，并在此基础上进一步确定作业单位的平面布置；其次，基于上述的初始布局结果，考虑空间限制及物料移动的路径并构建虚拟模型，进一步运行数字孪生系统，识别关键资源，并探讨当前布局进一步改进的可行性；再次，通过改变关键资源配置，利用 SLP 方法进行重新布局，并运行数字孪生系统重新进行仿真分析，通过上述过程反复迭代，获得优化的装配线布局方案；最后，检验优化后方案的有效性。

1) 基于 SLP 标准程序的设施布局方法

基于 SLP 标准程序的设施布局的步骤如下：

(1) 物流分析。首先，基于工艺流程之间的紧前紧后关系，对装配线生产过程中设施之间的物流关系进行分析，明确生产过程中零部件在各个作业单位之间移动的路径，并选取影响物料搬运的主要因素来计算物流当量；然后，基于装配原理构建各个大类产品，并对每个大类产品的各个生产作业单元进行物流分析；最后，选用零部件的重量作为物流当量的计算依据，并得到具体的物流路线和物流当量数据信息。

(2) 作业单位之间的相互关系分析。首先，通过对物流当量数据的分析获得物流强度，进而确定作业单位之间的密切程度，进一步制定物流强度分析表，将作业单元之间的物流信息进行分类，确定物流强度等级，最后绘制作业单元物流路线强度分析表。

(3) 设施布局规划。根据步骤(2)获得的相互密切程度关系，计算各作业单元之间的相对距离，以确定各作业单元的实际位置。进一步将各作业单元实际占地面积与其位置信息相结合，并通过试算法进行修正和调整，最终得到优化后的设施布局。

2) 基于数字孪生系统的仿真分析

基于数字孪生系统的仿真分析流程如下。

(1) 装配线系统分析。装配线是由人力、物力以及空间资源与半成品装配流程高度耦合而成的一个复杂系统，需要对该系统的各个环节和流程进行全面剖析，包括但不限于流程分拆、空间布局与转运路径设计、资源调配、人员规划等。

①首先，对装配工艺流程按照输入、输出划分子系统；然后，根据具体零部件的流动情况依次划分得出主流程，继而将每个主流程再细分出若干个对应的子流程。②为每一个进入仿真系统的模拟零件和过程中的产生品设定明确的流动规则，即对给定装配线具体流程进行抽象，从而获得面向产生品的流程转移图。装配组合件的半成品在系统中的流程包括下列三个关键步骤。首先，是否进入某个节点，并由判断流向条件决定；其次，进入流程后是否被服务，由所需资源是否已备齐决定，若该种资源出现暂时性匮乏，则该半成品进入等待队列，若该种资源充足，则进入服务状态；最后，在进入服务后，需要先进行时间上的延迟处理来模拟实际流程的服务时间，时间延迟完毕后，释放资源或减少系统中该种资源总数，装配半成品继续流向下一环节。在上述三个步骤中，半成品通过移动来连接各个作业单位。

(2) 基础零件和成品入库。为便于虚拟模型的构建，假设每个子流程的延迟时间恒为定值(假设一)；基础零件入库的时间、数量和质量均满足系统需求(假设二)。根据实际装配线的运行情况，对每个子流程的延迟时间进行估算，并作为源数据导入虚拟模型。此外，可在仿真中删除假设一，以考虑延迟时间的不确定性，进而分析装配空间布局的鲁棒性。

(3) 装配线布局虚拟模型构建。考虑到零部件移动速度对仿真结果的影响，首先需要根据装配线各作业单元初始位置构建二维空间布局和物流路径；然后对零部件的位置、路径规划和资源归属地等参数进行设置，建立装配过程、物流过程、检测过程等逻辑虚拟模型和视图虚拟模型，从而准确地反映装配线上产品装配工艺及物流过程的各项细节。

(4) 装配线物流仿真流程优化。首先，对装配过程中的各项指标进行监测，以实现对装配线运行情况直观可靠的展示，从而发现流程中低效、阻塞以及冗余的环节；然后，运行数字孪生系统，对装配线中每一个工件具体的加工装配时间、检验情况、返工次数进行统计和分析，进一步对装配线的某一流程的资源利用率、平均流程时间等指标进行统计分析，有目的性地调整参数，并对优化后的效果进行验证；最后，观察装配线仿真时的情况和分析仿真后的各项指标数据，以及对比该装配线优化前后的生产效率，提出相关的改进措施和建议。

3) 基于 SLP 和数字孪生系统的动态布局方法

基于系统布置规划原理，并结合数字孪生系统的仿真技术，设计一种迭代布局算法(iterated layout algorithm，ILA)。给定一个可利用面积为 S_0 的 X 装配线，假设 X 装配线的固有初始资源集合为 R_0，可支配的额外资源集合为 ER_0，$\mathrm{ER}_1(\subseteq \mathrm{ER}_0)$ 为优化布局的新增资源。假设 X 装配线设施布局为 L_0，布局面积为 S_1，为确保空间的合理利用，设定面积系数 α，须满足 $S_1 \leqslant \alpha S_0$。L_1 为临时布局，t_1 为 L_1 的流程时间，用以判断该布局的生产效率，同时给定初始最大流程时间 t_0。定义表达式 $A \oplus B$ 为两个资源集合 A 和 B 的整合，定义表达式 $A \ominus B$ 为将资源集合 B 从资源集合 A 中删除。

(1) ILA 步骤。首先，基于给定的装配线初始资源，调用 SLP 程序对装配线进行设施布局；其次，基于当前输出的临时布局 L_1，运行数字孪生系统，建立装配线生产的动态虚拟模型，考虑实际生产数据，计算临时布局 L_1 下的生产效率并识别瓶颈资源；最后，判断临时布局 L_1 下的实际生产效率是否优于当前布局 L_0，若是，则将当前布局 L_0 更新为 L_1，否则，返回当前布局 L_0，重新计算新增资源集合 ER_1。通过添加新增资源集合 ER_1，更新装配线的初始资源 R_0，算法返回步骤 3，计算新的临时布局。上述步骤不断迭代求解，直至迭代次数 Iter 达到最大迭代次数 $\mathrm{Iter}_{\max}$，返回当前布局 L_0，即为最终优化的装配线设施布局。

算法 4-1　基于 SLP 和数字孪生系统的动态布局方法

输入：X 装配线的初始资源 R_0，额外资源 ER_0，可利用面积 S_0，面积系数 α，最大迭代次数 $\mathrm{Iter}_{\max}$，最大流程时间 t_0；

输出：X 装配线的设施布局 L_0；

1　　**初始化**：$L_0 := \varnothing$，$L_1 := \varnothing$，$\mathrm{ER}_1 := \varnothing$，$S_1 = 0$，$\mathrm{Iter} = 0$，$t_1 = 0$；

2　　**while** $\mathrm{Iter} < \mathrm{Iter}_{\max}$ **do**

3　　　　$L_1 \leftarrow \mathrm{SLP}(R_0, L_0)$，计算布置面积 S_1；

4　　　　调用数字孪生系统(R_0, L_1)，计算流程时间 t_1，识别瓶颈资源；

5　　　　**if** $\mathrm{ER}_0 \neq \varnothing$ && $S_1 \leqslant \alpha S_0$ **then**

6　　　　　　**if** $t_1 < t_0$ **then**

7　　　　　　　　$t_0 \leftarrow t_1$，$L_0 \leftarrow L_1$；

8　　　　　　　　$\mathrm{Iter}{++}$；

9　　　　　　**else**

10　　　　　　　$R_0 \leftarrow R_0 \ominus \mathrm{ER}_1$，$S_1 \leftarrow S_1 \ominus S(\mathrm{ER}_1)$，$\mathrm{ER}_1 \leftarrow \varnothing$；

11	Iter++ ;
12	**end if**
13	计算新增资源 ER_1 ，　$ER_0 \leftarrow ER_0 \ominus ER_1$ ；
14	$R_0 \leftarrow R_0 \oplus ER_1$ ，　$S_1 \leftarrow S_1 \oplus S(ER_1)$ ；
15	**else**
16	Iter $\leftarrow$ Iter$_{max}$ ；
17	**end if**
18	**end while**
19	返回设施布局 L_0 ；
20	结束

(2) 算法迭代过程。基于数字孪生系统，模拟仿真生产过程来识别影响生产效率的瓶颈资源，并优化由标准 SLP 程序所获取的初始解决方案。首先，基于额外资源集合 ER_0，在当前布局面积 $S_1 \leqslant \alpha S_0$ 的条件下，在瓶颈资源中选取最可能改进解的单位资源作为新增资源 ER_1，以更新初始资源 R_0 的配置。再将更新后的 R_0 重新输入 ILA 的步骤 3 中，在当前布局 L_0 的基础上，运行 SLP 程序计算出新的解决方案。所获得的新解再次利用数字孪生系统进行模拟仿真，同时将新解的生产效率与当前布局的生产效率进行比较，判断是否存在改进的可能性。解决方案在 SLP 标准程序和数字孪生系统之间迭代优化并不断更新，直至达到所设定的终止条件，迭代求解过程结束运行，并返回最终优化的设施布局方案。值得注意的是，在执行每一次初始资源配置更新时，ILA 只考虑可行的解决方案。在每一次探索当前解的可增加资源时，执行最可能提高生产效率的资源配置。

(3) 算法终止条件。由于 SLP 程序和模拟仿真分析计算量大、计算过程烦琐，为了在可接受的时间范围内求解出一个质量较高的解决方案，需要将 SLP 程序的启动次数(迭代次数 Iter)设置在合理的取值范围，并要求在满足一定的条件下更新初始资源配置，即当 Iter 达到最大的迭代次数 Iter$_{max}$ 时，SLP 停止调用，其中 Iter$_{max}$ 的值应根据实际案例的规模进行合理地调整。当满足剩余额外资源集合 ER_0 为空或者当前布置面积 $S_1 > \alpha S_0$ 的条件时，不再进行新增资源 ER_1 的计算，初始资源配置更新停止。只要满足上述两个条件之一，ILA 即终止运行。

4) X 工厂装配线的案例分析

给定一个主要生产复杂产品 Y 的 X 工厂装配线。近年来，Y 产品的需求大幅增加，然而原有的装配线无法满足现有市场的需求。因此，根据 Y 产品装配的各个工序实际情况，以及在不改变装配线总资源限制的条件下，以节省各个工序时间为目标，对装配线的设施布局以及资源分配进行优化，以提高装配线产能来应对不断增加的订单需求。

在进行算例仿真时，首先利用上述小规模算例进行实验，得到该算法的求解方案与原始布局之间生产效率的偏差，检验该算法的鲁棒性。同时，为了验证 ILA 中迭代调整策略的有效性，将标准的 SLP 方法和动态布局算法进行比较。

首先进行数据预处理，对整个装配线的各个流程环节进行拆解分析。预处理结束后，设置好固定参数值，调用 ILA 求解，以获得装配线设施布局方案。特别地，在每一次迭代计算时，将上一次迭代获得的解决方案作为当前迭代求解新解决方案的基础构型，一方面可以缩减 ILA 的求解时间，另一方面也可以提升解的稳定性。

根据比对前后两次迭代的工序流程时间，分析得出可能存在的瓶颈工序有：①工序 C；②工序 G；③工序 I；④工序 K；⑤工序 M；⑥工序 N；⑦工序 O。然后对非必要的紧前、紧后关系进行适当的人工调整，在工序无法进一步调整的情况下，运行 ILA 中的步骤 5 以及后续步骤，进行迭代求解。对于在连续迭代一定次数后工序流程时间无明显变化的关键工序，分析该工序对应的资源需求，通过调整相应的资源配置，进一步优化解决方案。其中，优化前后各工序流程时间的具体数据和各工序流程时间的对比情况如表 4-7 所示。表中，GAP 等于优化前后工序时间差与优化前工序时间的比值。

表 4-7　改进前后各工序的流程时间

序号	工序名称	工序流程时间		GAP/%
		优化前	优化后	
1	A	43	0	−100.00
2	B	142	0	−100.00
3	C	315	142	−54.92
4	D	21	10	−52.38
5	E	30	3	−90.00
6	F	234	0	−100.00
7	G	56	21	−62.50
8	H	8	0	−100.00
9	I	194	145	−25.26
10	J	22	18	−18.18
11	K	56	28	−50.00
12	L	24	15	−37.50
13	M	70	30	−57.14
14	N	138	112	−18.84
15	O	156	120	−23.08
	总和	1509	644	−57.32

由表 4-7 可知,对于复杂产品 Y,相较于改善前,优化后的方案工序流程时间节省了 865min,平均时间相对于改善前下降了 57.32%,其中工序 G 的工序流程时间与改善前相比下降了 62.50%,主要原因是其所涉及的相关零件可以在 A～G 工序并行处理。从整体的仿真结果可以看出,新的布局策略使整个装配线系统的计划更加紧凑,运行效率得到了较大的提升。

结果显示,在同等规模算例下,基于标准 SLP 方法确定的设施布局与原始布局之间的偏差较小,而动态布局算法获得的解决方案在生产效率上明显优于原始布局。运用动态布局算法设计,不仅在原始配置的设施资源条件下为装配线设计了更加合理的布局,同时还充分利用了装配线现有未配置的设施资源,这为复杂产品装配线的布局提供了一个行之有效的策略。

4.4.3　复杂产品装配线数字孪生管控系统

针对复杂产品装配过程工序多、流程复杂、数据多源异构等特征,设计复杂产品装配线数字孪生管控系统整体架构,并划分常用功能模块,研发航空发动机风扇转子装配线数字孪生管控系统和矿用掘锚机装配数字孪生辅助系统。

1. 复杂产品装配线数字孪生管控系统总体设计

1) 系统整体架构设计

根据数据的处理流程,将复杂产品装配线数字孪生管控系统集成框架分为五个层次,即数据采集、数据融合、数据存储、数据分析和数据应用,如图 4-33 所示。数据采集层是系统数据来源;数据融合层对采集到的多源异构数据进行融合处理;数据存储层将融合后的数据存储在数据库中,实现系统信息的实时传输和

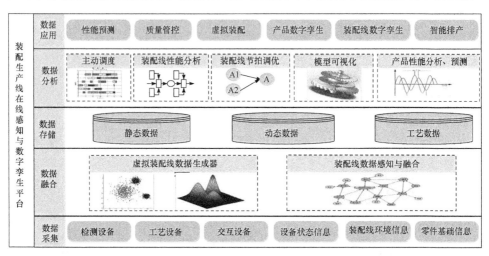

图 4-33　复杂产品装配线数字孪生管控系统集成框架

共享；数据分析层通过对收集的数据进行处理和分析，提取数据中包含的有效信息，并提供数据可视化、性能分析预测、质量分析预测等模型和算法；数据应用层集成各种应用方案，实现对装配线的全景管控。

(1) 数据采集层。

数据采集层作为复杂产品装配线数字孪生管控系统的信息来源，包括装配零件基础信息、装配设备状态信息(如工艺设备、检测设备、交互设备等)、装配线环境信息(如温度、湿度等)、装配质量数据、装配线产量等。多源数据采集过程如图 4-34 所示，在装配作业的各个关键工序环节中相应点位上布置不同的传感器，并且每个环节中都有一个 PLC 来接收每个传感器的信号变化，各个环节的 PLC 再将接收到的数据信号通过通信协议发送到总控 PLC，最后装配线数字孪生管控系统通过通信协议与总控 PLC 相互通信进行数据的传输，实现装配过程中数据信息的实时采集。

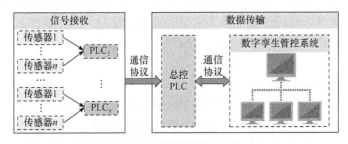

图 4-34　多源数据采集过程

此外，针对复杂产品装配的特点，数据采集的方法包括人工录入、对象链接与嵌入的过程控制(OLE for process control，OPC)、二维码扫描、质检工具测量等。人工录入的数据包括部门员工基本信息、零部件基本信息、设备基本信息、生产计划表、装配工艺等信息。OPC 采集的数据包括装配设备数据、装配线产量、装配设备节拍等。通过二维码扫描、质检工具测量等数字化测量仪器工具采集到的信息可以直接上传至计算机终端。

(2) 数据融合层。

数据融合层对采集到的多源异构数据进行融合处理，如图 4-35 所示。数据融合层将从传感器及其他数据采集设备和不同系统中获得的数据进行分析处理，按照一定的规则整合冗余、互补的数据，处理存在冲突的数据，获得一份规范化的数据，并对一些特殊的特征信息，如非电量信息等，通过模数转换(analog-to-digital Convert，A/D)处理以获得系统能够处理的数据信息。此外，传感器受自身属性或环境的影响，得到的信号会存在一定程度的噪声数据，或者在几个数据库中存在不同的数据结构和冗余数据，因此首先需要进行一系列数据预处理，包括去重、降噪、填充等操作；其次进行数据信息的特征提取，从原始数据信息中提取数据融合的操作对象；最后对数据进行结构化处理，并分类存储在数据库中。

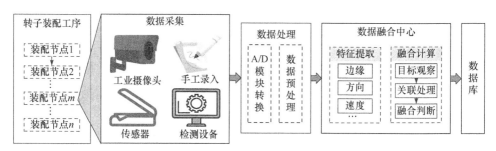

图 4-35　多源数据融合过程

(3) 数据存储层。

数据存储层是数据分析层的来源，它将数据传输给服务器，实现系统信息的实时传输和共享。将经过融合计算优化后输出的较为完善、准确、可靠和统一的数据信息分类存入数据库，以便后续用户直接从数据库中调用可靠、完整的数据信息。

(4) 数据分析层。

基于实时数据，通过大数据模型和数理模型驱动虚拟模型，实现装配线生产状况同步运行、产品性能和质量预测、装配线性能分析、装配线装配节拍优化等分析应用，同时分析影响当前装配质量和装配线运行情况的人、机、料、法、环、测等因素，判断这些影响因素中哪些是造成异常的原因，从而追溯到异常数据的具体诱发源头。

(5) 数据应用层。

数据应用层基于装配线实际过程数据，通过客户端向用户展示装配线生产动态信息，如孪生装配线和孪生产品的虚实映射装配过程展示、装配线排产、在装产品性能预测和质量管控等。装配线管理人员通过数据应用层实时显示装配线生产状态，快速了解和监控装配线运行状态和产品装配质量状态，做出动态调整。

2) 系统功能模块设计

为了实现装配过程的虚实联动与透明管控、装配线的自适应排产以及装配系统参数的优化及其性能改善的需求，提高复杂产品的装配性能、降低装配成本、减少装配周期，复杂产品装配线数字孪生管控系统可划分为物料管理、生产管理、看板管理、数据管理和系统管理等功能模块，如图 4-36 所示。

(1) 物料管理模块。物料管理模块提供物料信息可视化页面，其可视化界面具备对产品/组件所用到的所有下阶物料及相关属性、物料编号、名称、型号、规格、供应商等信息的导入及增删改查功能。可按照产品/组合件编号、零件编号、零件

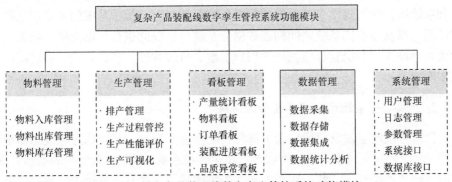

图 4-36　复杂产品装配线数字孪生管控系统功能模块

名称查询物料信息，通过物料运输车和装配线的配送通道，将物料从物料库所在位置配送到有物料需求的站位或者库存处。物料管理模块分为物料 BOM 管理、物料入库管理、物料出库管理、物料库存管理，实现物料从装配零部件到装配组合件的库存管理、账表统计以及报表生成全面、系统、准确地管理，并保证生产物料的流动畅通，以及时地了解、监督生产物料状态。

(2) 排产管理模块。排产管理模块按照复杂产品装配要求、装配线状态和生产任务制订排产计划，并监控生产过程。排产管理模块主要包括生产任务管理、人机能力管理、作业排产制定、排产进度监控、生产性能评价。排产管理模块根据人机能力，通过事先任务分配，以及事中对生产性能评价进行实时调整，将任务尽可能均衡地分摊到各操作单元上，达到减少等待、避免过载、稳定节拍、优化资源利用等目的。

(3) 看板管理模块。看板主要用来传递装配零部件名称、生产量、装配生产时间、装配工艺、运送量、运送时间、运送目的地、存放地点、装配工艺指令等方面的信息。为了实时跟踪物料使用情况、订单情况和装配进程，实现装配信息和装配组合件状态可视化呈现，看板管理模块可进一步分为产量统计看板、物料看板、订单看板、装配进度看板、品质异常看板。看板管理模块根据装配生产现场采集的信息，实时响应处理并反馈回装配生产现场指导现场装配，形成信息指令的闭环，实现对装配过程的物料、工艺、流程、质量等的全过程监控。

(4) 数据管理模块。数据管理模块包括数据采集、数据存储、数据集成、数据统计分析。该模块将整个装配过程中的数据进行采集、存储、传输、统计及分析，通过图形化工作界面直接了解和掌握装配线现场的实际运行情况，并为装配过程中产品装配质量监控及装配工艺调优提供所需数据，保障整个装配过程的产品质量。

(5) 系统管理模块。系统管理模块用于系统基本信息的传递和维护、装配线基本参数的设置、用户基本信息的管理以及数据接口的管理，包括记录用户操作信息和系统运行状态等信息，设置并调整装配线的参数，维护系统的基本信息和正常使用，以及在不同系统之间构建数据交互接口，以此进行数据交换、数据同步和更新等操作。系统管理模块分为用户管理、日志管理、参数管理、系统接口、数据库接口。

2. 风扇转子装配线数字孪生管控系统

针对传统航空发动机风扇转子部件装配作业监测难、装配状态在线感知难等问题，设计并开发风扇转子装配线数字孪生管控系统，实现对装配线的动态管理、实时排产、产品孪生、装配线孪生和 XR 装配辅导，提升风扇转子的装配效率，缩短装配周期。风扇转子装配线数字孪生管控系统如图 4-37 所示，涵盖数据管理、生产计划管理、叶片库存管理以及装配指导等模块。通过智能算法，实现叶片装配前优选优配，装配中优装优调，保障装配质量与性能；通过对风扇转子的数字化建模、物理装配线与孪生装配线的实时映射，实现装配过程的透明化监控；通过装配作业的可视化指导，帮助工人感知风扇转子的装配状态，实现对装配部件、装配位置的准确定位，提升风扇转子的装配效率。

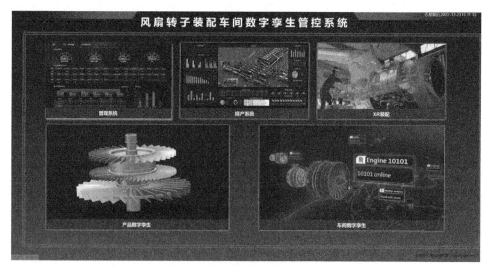

图 4-37 风扇转子装配线数字孪生管控系统

1) 生产管理系统

生产管理系统可以实现对航空发动机风扇转子的物料、生产、订单、叶片选配和人员进行管理，具体功能模块如图 4-38 所示。此外，生产管理系统提供可视化装配指导信息，包括零件配套信息、零件装配顺序、关键装配工序控制参数等，指导装配人员按步进行装配作业，提高装配效率。

图 4-38　风扇转子装配线生产管理系统

2) 排产系统

通过集成人机物协同调度算法，排产系统包含订单预排产、返工重调度、应急插单、装配进程监控、订单分析与统计等功能，如图 4-39 所示，可以实现人机物的协同调度和主动调度，提高了订单交付率和设备利用率。

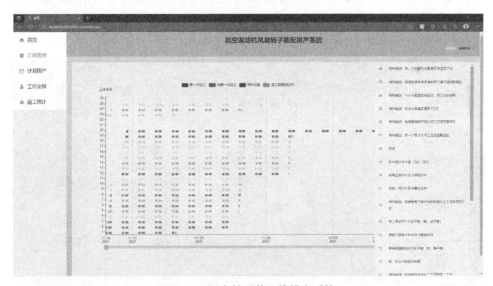

图 4-39　风扇转子装配线排产系统

3) XR 装配

针对航空发动机叶片装配中叶片排布和安装两个过程，分别使用投影仪和 AR 眼镜作为叶片排布引导和叶片安装引导的增强现实设备，提升叶片选择和安装效率。XR 装配系统环境框架如图 4-40 所示，具体实现过程详见第 5 章，包括系统的软硬件环境、实验环境搭建，数据传输框架，原型系统中各种硬件及其型号、软件的功能及用途，实验环境各个部分的具体组成和功能及整个系统的数据传递分析过程。

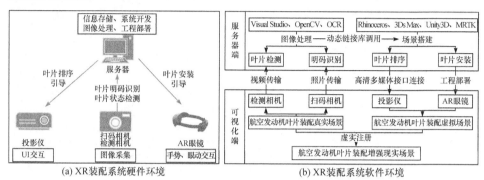

(a) XR 装配系统硬件环境　　　　　　　(b) XR 装配系统软件环境

图 4-40　XR 装配系统环境框架

UI-用户界面

4) 产品数字孪生

基于摄像头采集的现场装配数据，通过机器视觉工序识别，实现虚拟模型和物理模型的状态同步，并提供实时的装配指导信息，预防装配过程中错装漏装现象，提前预测潜在的装配问题，提高装配效率，保障装配质量。风扇转子装配数据实时采集系统如图 4-41 所示，产品数字孪生系统如图 4-42 所示。

图 4-41　风扇转子装配数据实时采集系统

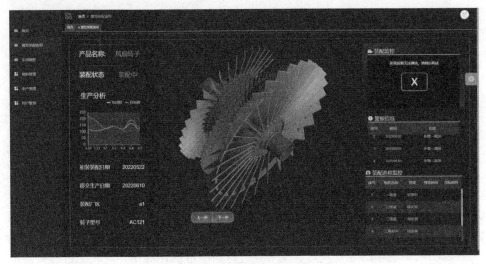

图 4-42　风扇转子产品数字孪生系统

5) 车间数字孪生

利用数字孪生技术实现装配线与数字化模型之间数据的实时互通、虚实同步，实现对装配线的透明化监控，如图 4-43 所示。首先，建立风扇转子的装配线数字化模型，搭建数字孪生系统；其次，建立系统通信与物理设备间的通信通道，利用传感器、图像识别设备等数据采集设备获取的数据，对装配过程中设备实时运行信息与状态进行跟踪与可视化呈现，实现装备、模型和系统之间数据及指令的同步与深度集成；最后，依托数字孪生系统，完成软件与硬件仿真集成工作，通过模拟装配等方法，减少装配周期，降低装配成本。

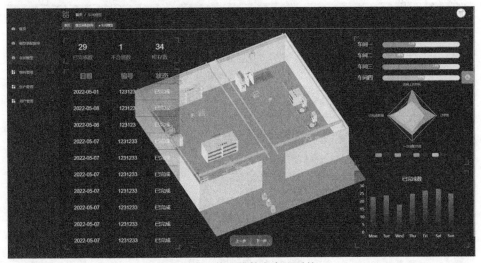

图 4-43　装配线数字孪生系统

3. 掘锚机装配数字孪生辅助系统

针对掘锚机装配培训周期长、装配状态无法实时获取、装配过程难以管控等问题，研发掘锚机装配数字孪生辅助系统。首先，构建掘锚机整机、组件、零部件的三维数字化模型，通过采集掘锚机装配过程数据，实现孪生掘锚机和物理掘锚机的映射，实时掌握掘锚机装配进程。然后，通过对产品零件形状、装配工艺、装配位置等数据的整合分析，并基于掘锚机装配历史数据，为掘锚机装配操作的修改和调整提供参考意见，实时指导装配过程，实现装配过程的虚实联动、以虚导实。掘锚机装配数字孪生辅助系统的实施可以帮助企业提高培训质量、缩短装配周期、提高装配质量。该系统从装配辅导和现场装配两个维度辅助掘锚机装配。

1) 装配辅导

以动画和爆炸图等方式对装配过程进行三维可视化展示，对装配过程关键步骤进行提示，主要包括两大模块，即总装图视角模块和爆炸图视角模块。总装图视角模块面向掘锚一体机整机，如图 4-44 所示，主要展示掘锚机的基础信息：①装配零部件总清单，可按照层级对产品组件及零部件进行数据查询；②装配现场视频监控；③掘锚一体机整机抬升、进给、截割等运动过程；④装配组件详细信息及装配提示。爆炸图视角模块面向掘锚机装配流程，如图 4-45 所示，利用"装配爆炸"生成掘锚机装配组件的爆炸图和装配全流程的三维动画仿真演示，直观展示产品各零部件之间的相互装配关系，加深装配人员对掘锚机各零部件之间相互位置关系的理解，减少装配阶段出现的错装漏装等现象，缩短装配培训周期。

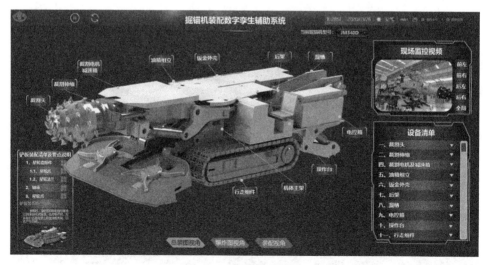

图 4-44　掘锚机总装图

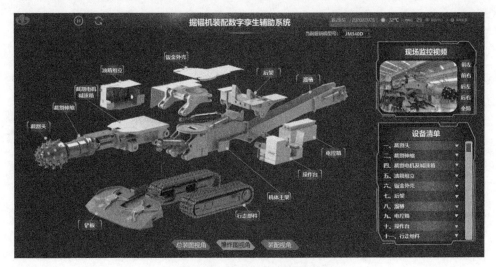

图 4-45　掘锚机装配爆炸图

2) 现场装配

通过机器视觉技术对装配现场信息进行实时采集，建立基于装备、模型、系统多视图同步信息，对装配进程进行监控并实时提供装配辅导信息，实现装配过程的全流程管控。掘锚机现场辅助装配如图 4-46 所示，其主要功能包括：①针对装配过程有异常的装配步骤，如错装漏装等，进行提示报警；②对待装组件模型高亮显示，按照装配步骤进行装配流程动画演示，指导装配人员进行装配作业；③产品装配进程监控，对装配进度进行实时跟踪；④记录装配全流程信息，实现产品历史数据追溯。

图 4-46　掘锚机现场辅助装配

参 考 文 献

[1] Framinan J M, Perez-Gonzalez P, Fernandez-Viagas V. Deterministic assembly scheduling problems: A review and classification of concurrent-type scheduling models and solution procedures[J]. European Journal of Operational Research, 2019, 273(2): 401-417.

[2] Kaufman M T. An almost-optimal algorithm for the assembly line scheduling problem[J]. Institute of Electrical and Electronics Engineers Transactions on Computers, 1974, 100(11): 1169-1174.

[3] Allahverdi A, Al-Anzi F S. A PSO and a Tabu search heuristics for the assembly scheduling problem of the two-stage distributed database application[J]. Computers & Operations Research, 2006, 33(4): 1056-1080.

[4] Potts C N, Sevast-Janov S V, Strusevich V A, et al. The two-stage assembly scheduling problem: Complexity and approximation[J]. Operations Research, 1995, 43(2): 346-355.

[5] Hariri A M A, Potts C N. A branch and bound algorithm for the two-stage assembly scheduling problem[J]. European Journal of Operational Research, 1997, 103(3): 547-556.

[6] Allahverdi A, Al-Anzi F S. The two-stage assembly scheduling problem to minimize total completion time with setup times[J]. Computers & Operations Research, 2009, 36(10): 2740-2747.

[7] Lee I S. Minimizing total completion time in the assembly scheduling problem[J]. Computers & Industrial Engineering, 2018, 122: 211-218.

[8] Tozkapan A, Kırca Ö, Chung C S. A branch and bound algorithm to minimize the total weighted flowtime for the two-stage assembly scheduling problem[J]. Computers & Operations Research, 2003, 30(2): 309-320.

[9] Seidgar H, Kiani M, Abedi M, et al. An efficient imperialist competitive algorithm for scheduling in the two-stage assembly flow shop problem[J]. International Journal of Production Research, 2014, 52(4): 1240-1256.

[10] Mozdgir A, Fatemi-Ghomi S M T, Jolai F, et al. Two-stage assembly flow-shop scheduling problem with non-identical assembly machines considering setup times[J]. International Journal of Production Research, 2013, 51(12): 3625-3642.

[11] Allahverdi A, Aydilek H. The two stage assembly flowshop scheduling problem to minimize total tardiness[J]. Journal of Intelligent Manufacturing, 2015, 26(2): 225-237.

[12] Al-Anzi F S, Allahverdi A. A self-adaptive differential evolution heuristic for two-stage assembly scheduling problem to minimize maximum lateness with setup times[J]. European Journal of Operational Research, 2007, 182(1): 80-94.

[13] Sung C S, Kim H A. A two-stage multiple-machine assembly scheduling problem for minimizing sum of completion times[J]. International Journal of Production Economics, 2008, 113(2): 1038-1048.

[14] Al-Anzi F S, Allahverdi A. An artificial immune system heuristic for two-stage multi-machine assembly scheduling problem to minimize total completion time[J]. Journal of Manufacturing Systems, 2013, 32(4): 825-830.

[15] Talens C, Fernandez-Viagas V, Perez-Gonzalez P, et al. New efficient constructive heuristics for the two-stage multi-machine assembly scheduling problem[J]. Computers & Industrial

Engineering, 2020, 140: 106223.

[16] Yan H S, Wan X Q, Xiong F L. A hybrid electromagnetism-like algorithm for two-stage assembly flow shop scheduling problem[J]. International Journal of Production Research, 2014, 52(19): 5626-5639.

[17] An Y W, Yan H S. Lagrangean relaxation approach to joint optimization for production planning and scheduling of synchronous assembly lines[J]. International Journal of Production Research, 2016, 54(22): 6718-6735.

[18] 苑明海, 许焕敏. 可重构装配线建模及优化调度控制[M]. 北京: 国防工业出版社, 2011.

[19] 万峰, 刘检华, 宁汝新, 等. 面向复杂产品装配过程的可视化生产调度技术[J]. 计算机集成制造系统, 2013, 19(4): 755-765.

[20] Zhu H W, Lu Z Q, Lu C Y, et al. A reactive scheduling method for disturbances in aircraft moving assembly line[J]. International Journal of Production Research, 2021, 59(15): 4756-4772.

[21] 黎英杰, 刘建军, 陈庆新, 等. 多层级装配作业车间等量分批策略与调度算法[J]. 计算机集成制造系统, 2021, 27(8): 2307-2320.

[22] Wang S Y, Wang L. An estimation of distribution algorithm-based memetic algorithm for the distributed assembly permutation flow-shop scheduling problem[J]. Institute of Electrical and Electronics Engineers Transactions on Systems, Man, and Cybernetics: Systems, 2015, 46(1): 139-149.

[23] Deng J, Wang L, Wang S Y, et al. A competitive memetic algorithm for the distributed two-stage assembly flow-shop scheduling problem[J]. International Journal of Production Research, 2016, 54(12): 3561-3577.

[24] Zhang Z Q, Hu R, Qian B, et al. A matrix cube-based estimation of distribution algorithm for the energy-efficient distributed assembly permutation flow-shop scheduling problem[J]. Expert Systems with Applications, 2022, 194: 116484.

[25] 邓超, 钱斌, 胡蓉, 等. 融合规则的 HEDA 求解带工件批量运输的三阶段装配集成调度问题[J]. 控制与决策, 2020, 35(10): 2507-2513.

[26] 巴黎, 李言, 杨明顺, 等. 考虑装配及运输环节的工艺计划与调度问题[J]. 计算机集成制造系统, 2015, 21(9): 2332-2342.

[27] Liu Z W, Liu J H, Zhuang C B, et al. Multi-objective complex product assembly scheduling problem considering parallel team and worker skills[J]. Journal of Manufacturing Systems, 2022, 63: 454-470.

[28] Rao Y Q, Wang M C, Wang K P, et al. Scheduling a single vehicle in the just-in-time part supply for a mixed-model assembly line[J]. Computers & Operations Research, 2013, 40(11): 2599-2610.

[29] 鲁建厦, 翁耀炜, 李修琳, 等. 混合人工蜂群算法在混流装配线排序中的应用[J]. 计算机集成制造系统, 2014, 20(1): 121-127.

[30] Zhang Z, Tang Q H. Integrating flexible preventive maintenance activities into two-stage assembly flow shop scheduling with multiple assembly machines[J]. Computers & Industrial Engineering, 2021, 159: 107493.

[31] 吕海利, 朱家涛, 王正国, 等. 装配作业车间的 JIT 调度研究[J]. 机械工程学报, 2021,

57(5): 157-165.

[32] Garey M R, Graham R L. Bounds for multiprocessor scheduling with resource constraints[J]. Society for Industrial and Applied Mathematics Journal on Computing, 1975, 4(2): 187-200.

[33] Abdelmaguid T F. Scatter search with path relinking for multiprocessor open shop scheduling[J]. Computers & Industrial Engineering, 2020, 141: 106292.

[34] Bukchin Y, Raviv T, Zaides I. The consecutive multiprocessor job scheduling problem[J]. European Journal of Operational Research, 2020, 284(2): 427-438.

[35] Bar-Noy A, Freund A, Naor J. On-line load balancing in a hierarchical server topology[J]. Society for Industrial and Applied Mathematics Journal on Computing, 2001, 31(2): 527-549.

[36] Li C L, Wang X. Scheduling parallel machines with inclusive processing set restrictions and job release times[J]. European Journal of Operational Research, 2010, 200(3): 702-710.

[37] Glass C A, Kellerer H. Parallel machine scheduling with job assignment restrictions[J]. Naval Research Logistics, 2007, 54(3), 250-257.

[38] Ou J, Leung J Y T, Li C L. Scheduling parallel machines with inclusive processing set restrictions[J]. Naval Research Logistics, 2008, 55(44): 328-338.

[39] Opacic L, Sowlati T, Mobini M. Design and development of a simulation-based decision support tool to improve the production process at an engineered wood products mill[J]. International Journal of Production Economics, 2018, 199(1): 209-219.

[40] Wakiru J M, Pintelon L, Muchiri P N, et al. A simulation-based optimization approach evaluating maintenance and spare parts demand interaction effects[J]. International Journal of Production Economics, 2019, 208(1): 329-342.

[41] Cheng G Q , Zhou B H, Li L. Integrated production, quality control and condition-based maintenance for imperfect production systems[J]. Reliability Engineering & System Safety, 2018, 175: 251-264.

[42] Renna P. Workload control policies under continuous order release[J]. Production Engineering, 2015, 9(5): 655-664.

[43] Tan B, Gershwin S B. Modelling and analysis of Markovian continuous flow systems with a finite buffer[J]. Annals of Operations Research, 2011, 182(1): 5-30.

[44] Li J S, Meerkov S M. Production Systems Engineering[M]. Berlin: Springer, 2010.

[45] Lin Z, Matta A, Shanthikumar J G. Combining simulation experiments and analytical models with area-based accuracy for performance evaluation of manufacturing systems[J]. International Institute for Social Entrepreneurs Transactions, 2019, 51(3): 266-383.

[46] Kang Y, Ju F. Integrated analysis of productivity and machine condition degradation: Performance evaluation and bottleneck identification[J]. Institute of Industrial and Systems Engineers transactions, 2019, 51(5): 501-516.

[47] Jia Z, Zhao K, Zhang Y, et al. Real-time performance evaluation and improvement of assembly systems with Bernoulli machines and finite production runs[J]. International Journal of Production Research, 2019, 57(18): 5749-5766.

[48] Chang Q, Biller S, Xiao G X. Transient analysis of downtimes and bottleneck dynamics in serial manufacturing systems[J]. Journal of Manufacturing Science and Engineering, 2010, 132(5): 1-9.

[49] Li Y, Wang J Q, Chang Q. Event-based production control for energy efficiency improvement in sustainable multistage manufacturing systems[J]. Journal of Manufacturing Science and Engineering, 2019, 141(2): 1-8.

[50] Wang J Q, Yan F Y, Cui P H, et al. Bernoulli serial lines with batching machines: Performance analysis and system-theoretic properties[J]. Institute of Industrial and Systems Engineers Transactions, 2019, 51(7): 729-743.

[51] Tolio T, Matta A, Gershwin S B. Analysis of two-machine lines with multiple failure modes[J]. Iie Transactions, 2002, 34(1): 51-62.

[52] Jacobs D A. Improvability in production systems: Theory and case studies[D]. Ann Arbor: University of Michigan, 1993.

[53] Li Y, Cui P H, Wang J Q, et al. Energy saving control in multistage production systems using a state-based method[J]. Institute of Electrical and Electronics Engineers Transactions on Automation Science and Engineering, 2021, 19(14): 3324-3337.

[54] Cui P H, Wang J Q, Li Y, et al. Energy-efficient control in serial production lines: Modeling, analysis and improvement[J]. Journal of Manufacturing Systems, 2021, 60: 11-21.

[55] Wang J Q, Song Y L, Cui P H, et al. A data-driven method for performance analysis and improvement in production systems with quality inspection[J]. Journal of Intelligent Manufacturing, 2021, 9: 1-15.

[56] Yan F Y, Wang J Q, Li Y, et al. An improved aggregation method for performance analysis of Bernoulli serial production lines[J]. Institute of Electrical and Electronics Engineers Transactions on Automation Science and Engineering, 2021, 18(1): 114-121.

[57] Wang J Q, Yan F Y, Cui P H, et al. Modeling and analysis of non-homogenous fabrication/assembly systems with multiple failure modes[J]. International Journal of Advanced Manufacturing Technology, 2018, 94(9): 3309-3325.

[58] Cui P H, Wang J Q, Li Y. Data-driven modeling, analysis and improvement of multistage production systems with predictive maintenance and product quality[J]. International Journal of Production Research, 2021, 59(22): 6848-6865.

[59] 崔鹏浩, 王军强, 张文沛, 等. 基于深度强化学习的流水线预测性维护决策优化[J]. 计算机集成制造系统, 2021, 27(12): 3416-3428.

[60] Michael W G. Product lifecycle management: The new paradigm for enterprises[J]. International Journal of Product Development, 2005, 2(1-2): 71-84.

[61] 陶飞, 刘蔚然, 张萌, 等. 数字孪生五维模型及十大领域应用[J]. 计算机集成制造系统, 2019, 25(1): 1-18.

[62] Tao F, Zhang M, Liu Y S, et al. Digital twin driven prognostics and health management for complex equipment[J]. CIRP Annals, 2018, 67(1): 169-172.

[63] Tao F, Zhang H, Liu A, et al. Digital twin in industry: State-of-the-art[J]. Institute of Electrical and Electronics Engineers Transactions on Industrial Informatics, 2019, 15(4): 2405-2415.

[64] Qi Q, Tao F, Zuo Y, et al. Digital twin service towards smart manufacturing[J]. Procedia CIRP, 2018, 72: 237-242.

[65] Tao F, Sui F, Liu A, et al. Digital twin-driven product design framework[J]. International Journal of Production Research, 2018, 57(12): 3935-3953.

[66] Tao F, Cheng J, Qi Q, et al. Digital twin-driven product design, manufacturing and service with big data[J]. The International Journal of Advanced Manufacturing Technology, 2018, 94(9-12): 3563-3576.

[67] Tao F, Qi Q L, Wang L H, et al. Digital twins and cyber-physical systems toward smart manufacturing and industry 4.0: Correlation and comparison[J]. Engineering, 2019, 5(4): 653-661.

[68] 陶飞, 马昕, 胡天亮, 等. 数字孪生标准体系[J]. 计算机集成制造系统, 2019, 25(10): 2405-2418.

[69] 陶飞, 张萌, 程江峰, 等. 数字孪生车间——一种未来车间运行新模式[J]. 计算机集成制造系统, 2017, 23(1): 1-9.

[70] 陶飞, 张贺, 戚庆林, 等. 数字孪生十问: 分析与思考[J]. 计算机集成制造系统, 2020, 26(1): 1-17.

[71] Liu Q, Leng J W, Yan D X, et al. Digital twin-based designing of the configuration, motion, control, and optimization model of a flow-type smart manufacturing system[J]. Journal of Manufacturing Systems, 2021, 58: 52-64.

[72] Leng J W, Yan D X, Liu Q, et al. Digital twin-driven joint optimisation of packing and storage assignment in large-scale automated high-rise warehouse product-service system[J]. International Journal of Computer Integrated Manufacturing, 2021, 34(7-8): 783-800.

[73] Leng J W, Zhang H, Yan D X, et al. Digital twin-driven manufacturing cyber-physical system for parallel controlling of smart workshop[J]. Journal of Ambient Intelligence and Humanized Computing, 2019, 10(3): 1155-1166.

[74] Yan D X, Liu Q, Leng J W, et al. Digital twin-driven rapid customized design of board-type furniture production line[J]. Journal of Computing and Information Science in Engineering, 2021, 21(3): 1-34.

[75] 胡富琴, 杨芸, 刘世民, 等. 航天薄壁件旋压成型数字孪生高保真建模方法[J]. 计算机集成制造系统, 2022, 28(5): 1282-1292.

[76] 沈慧, 刘世民, 许敏俊, 等. 面向加工领域的数字孪生模型自适应迁移方法[J]. 上海交通大学学报, 2022, 56(1): 70-80.

[77] 鲍劲松, 张荣, 李婕, 等. 面向人-机-环境共融的数字孪生协同技术[J]. 机械工程学报, 2022, 58: 1-13.

[78] Wang X V, Wang L H. Digital twin-based WEEE recycling, recovery and remanufacturing in the background of Industry 4.0[J]. International Journal of Production Research, 2019, 57(12): 3892-3902.

[79] Qi Q, Tao F, Hu T L, et al. Enabling technologies and tools for digital twin[J]. Journal of Manufacturing Systems, 2021, 58: 3-21.

[80] Aheleroff S, Xu X, Zhong R Y, et al. Digital twin as a service(DTAAS) in industry 4.0: An architecture reference model[J]. Advanced Engineering Informatics, 2021, 47: 101225.

[81] Lu Y Q, Liu C, Wang K I, et al. Digital twin-driven smart manufacturing: Connotation, reference

model, applications and research issues[J]. Robotics and Computer-Integrated Manufacturing, 2020, 61: 101837.

[82] Söderberg R, Wärmefjord K, Madrid J, et al. An information and simulation framework for increased quality in welded components[J]. CIRP Annals, 2018, 67(1): 165-168.

[83] Söderberg R, Wärmefjord K, Carlson J S, et al. Toward a digital twin for real-time geometry assurance in individualized production[J]. CIRP Annals, 2017, 66(1): 137-140.

[84] Zhuang C B, Liu J H, Xiong H. Digital twin-based smart production management and control framework for the complex product assembly shop-floor[J]. The International Journal of Advanced Manufacturing Technology, 2018, 96(1-4): 1149-1163.

[85] 庄存波, 刘检华, 熊辉, 等. 产品数字孪生体的内涵、体系结构及其发展趋势[J]. 计算机集成制造系统, 2017, 23(4): 753-768.

[86] 赵浩然, 刘检华, 熊辉, 等. 面向数字孪生车间的三维可视化实时监控方法[J]. 计算机集成制造系统, 2019, 25(6): 1432-1443.

[87] 曹远冲, 熊辉, 庄存波, 等. 基于数字孪生的复杂产品离散装配车间动态调度[J]. 计算机集成制造系统, 2021, 27(2): 557-568.

[88] 胡兴, 刘检华, 庄存波, 等. 基于数字孪生的复杂产品装配过程管控方法与应用[J]. 计算机集成制造系统, 2021, 27(2): 642-653.

[89] 张佳朋, 刘检华, 龚康, 等. 基于数字孪生的航天器装配质量监控与预测技术[J]. 计算机集成制造系统, 2021, 27(2): 605-616.

[90] 武颖, 姚丽亚, 熊辉, 等. 基于数字孪生技术的复杂产品装配过程质量管控方法[J]. 计算机集成制造系统, 2019, 25(6): 1568-1575.

[91] 苗田, 张旭, 熊辉, 等. 数字孪生技术在产品生命周期中的应用与展望[J]. 计算机集成制造系统, 2019, 25(6): 1546-1558.

[92] 刘娟, 庄存波, 刘检华, 等. 基于数字孪生的生产车间运行状态在线预测[J]. 计算机集成制造系统, 2021, 27(2): 467-477.

[93] 郝博, 王建新, 王明阳, 等. 基于数字孪生的装配过程质量控制方法[J]. 组合机床与自动化加工技术, 2021, (4): 146-149.

[94] 孙惠斌, 颜建兴, 魏小红, 等. 数字孪生驱动的航空发动机装配技术[J]. 中国机械工程, 2020, 31(7): 833-841.

[95] 胡秀琨, 张连新. 数字孪生车间在复杂产品装配过程中的应用探索[J]. 航空制造技术, 2021, 64(3): 87-96.

[96] 易扬, 冯锦丹, 刘金山, 等. 复杂产品数字孪生装配模型表达与精度预测[J]. 计算机集成制造系统, 2021, 27(2): 617-630.

[97] 李浩, 陶飞, 王昊琪, 等. 基于数字孪生的复杂产品设计制造一体化开发框架与关键技术[J]. 计算机集成制造系统, 2019, 25(6): 1320-1336.

[98] Rosen R, von Wichert G, Lo G, et al. About the importance of autonomy and digital twins for the future of manufacturing[J]. IFAC-PapersOnLine, 2015, 48(3): 567-572.

[99] Polini W, Corrado A. Digital twin of composite assembly manufacturing process[J]. International Journal Of Production Research, 2020, 58(17): 5238-5252.

[100] Ali A M, Arne B. Digital twins of human robot collaboration in a production setting[J]. Procedia

Manufacturing, 2018, 17: 278-285.

[101] 田凌, 刘果, 刘思超. 数字孪生与生产线仿真技术研究[J]. 图学学报, 2021, 42(3): 349-358.

[102] 王鹏, 杨妹, 祝建成, 等. 面向数字孪生的动态数据驱动建模与仿真方法[J]. 系统工程与电子技术, 2020, 42(12): 2779-2786.

[103] 郭东升, 鲍劲松, 史恭威, 等. 基于数字孪生的航天结构件制造车间建模研究[J]. 东华大学学报(自然科学版), 2018, 44(4): 578-585.

[104] Meller R D, Gau K Y. The facility layout problem: Recent and emerging trends and perspectives[J]. Journal of Manufacturing Systems, 1996, 15(5): 351-366.

[105] Cheng G Q, Zhou B H, Li L. Integrated production, quality control and condition-based maintenance for imperfect production systems[J]. Reliability Engineering & System Safety, 2018, 175: 251-264.

[106] Khariwal S, Kumar P, Bhandari M. Layout improvement of railway workshop using systematic layout planning(SLP) —A case study[J]. Materials Today: Proceedings, 2021, 44: 4065-4071.

[107] Yang T, Su C T, Hsu Y R. Systematic layout planning: A study on semiconductor wafer fabrication facilities[J]. International Journal of Operations&Production Management, 2000, 20(11): 1359-1371.

[108] Chien T K. An empirical study of facility layout using a modified SLP procedure[J]. Journal of Manufacturing Technology Management, 2004, 15(6): 455-465.

[109] 廖源泉, 刘琼, 陈俊明. 基于遗传算法的车间设施布局优化及仿真研究[J]. 机械研究与应用, 2017, 30(4): 119-122, 127.

[110] 陈希, 王宁生. 基于遗传算法的车间设备虚拟布局优化技术研究[J]. 东南大学学报: 自然科学版, 2004, (5): 65-69.

[111] Hu X L, Chuang Y F. E-commerce warehouse layout optimization: Systematic layout planning using a genetic algorithm[J]. Electronic Commerce Research, 2022: 1-18.

[112] Paes F G, Pessoa A A, Vidal T. A hybrid genetic algorithm with decomposition phases for the unequal area facility layout problem[J]. European Journal of Operational Research, 2017, 256(3): 742-756.

[113] Graham R L, Lawler E L, Lenstra J K, et al. Optimization and approximation in deterministic sequencing and scheduling: a survey-sciencedirect[J]. Annals of Discrete Mathematics, 1979, 5: 287-326.

[114] Hwang H C, Chang S Y, Lee K. Parallel machine scheduling under a grade of service provision[J]. Computers & Operations Research, 2004, 31(12): 2055-2061.

[115] Lin J F, Chen S J. Scheduling algorithm for nonpreemptive multiprocessor tasks[J]. Computers & Mathematics with Applications, 1994, 28(4): 85-92.

[116] Garey M R, Johnson D S. Computers and intractability a guide to theory of NP-completeness[J]. Society for Industrial and Applied Mathematics Review, 1979, 24(1): 90-91.

[117] Blazewicz J, Machowiak M, Mounié G, et al. Approximation algorithms for scheduling independent malleable tasks[C]. Berlin: European Conference on Parallel Processing, 2001: 191-197.

[118] Coffman Jr E G C, Garey M R, Johnson D S. Approximation algorithms for bin packing: A survey[J]. Approximation Algorithms for NP-hard Problems, 1996: 46-93.

[119] Li L, Chang Q, Ni J. Data driven bottleneck detection of manufacturing systems[J]. International Journal of Production Research, 2009, 47(18): 5019-5036.

第 5 章　装配过程物化设计及可视化技术

新一代智能装配系统是人工智能技术与先进装配技术的深度融合，是统筹协调人-信息系统-物理系统的集成性系统。智能制造的本质是将机器的优势和人的智慧融合，使智能制造中人与机器建立新的关系，形成新的人机交互系统，实现人机的有机结合和有效互动，将设备和人的优势充分发挥出来，进而将人类从密集疲惫的体力劳动和大量的重复性脑力劳动、低水平的思维中解放出来，从事更加复杂和具有创造性的工作。随着新兴科学技术的快速发展，利用多媒体数字化、三维立体化、增强现实(AR)等新的技术手段执行产品工艺设计、用户装配培训、现场装配辅助引导等，对提升装配能力、降低生产成本、提升工作效率具有重要意义。在这些先进的技术中，AR 技术通过构建网络物理系统，在制造业的物理世界和虚拟世界之间搭建了一座桥梁，在工业设计、加工装配、质量控制、运营维护、员工培训等环节发挥越来越重要的作用。《中国制造 2025》中将 AR 列为智能制造核心信息领域的关键技术之一。利用 AR 技术提升装配系统的自动化、信息化和智能化水平，这对提升重大产品装配质量和效率具有重要意义。

各国相继推出了先进制造技术发展战略，均强调大数据、云计算、物联网、AR 等新兴技术与制造业的深度融合和应用落地[1]。当前正在进行的新一轮科技革命和产业变革仍然是以人为中心的人机共融的智能系统。在《中国制造 2025》战略中，智能制造[2]的一个重点是人、机器和物理环境三类异质资源在一个网络中的相互沟通协作，更加强调"以人为中心"的理念。中国工程院院士周济在 2017 年世界智能制造大会上指出，新一代制造系统的典型特征是"人-信息-物理系统(human-cyber-physical systems，HCPS)"，人的一部分感知、分析和决策功能，即人的认知能力被融入传统的物理信息系统，同时信息系统对物理对象的感知深度和范围大幅提升，人、机、物三者的融合程度进一步加深，物理世界、数字世界、生物世界的界限越发模糊[3]。

围绕制造业转型升级需求，开展人-机-物融合的智能装配理论和方法的研究势在必行。利用 AR 技术辅助的装配引导能够给用户提供一个虚实叠加的装配融合环境，增强用户感知信息的能力，从而显著提高产品装配效率，缩短产品装配时间，同时，为人-机-物三元融合系统在工业领域的应用提供可行的设计和实现方案，推动制造业向自学习、自适应和自控制的智能工厂发展。

本章通过分析装配工艺手册，挖掘人工装配经验，开发物化工艺指令库，基于用户水平测试关联模型判断用户级别，制定相应的分级引导策略，实现装配指令的按需推送；研究叶片明码自动识别及判断纠错方法，提出明码自动化识别及识别结果判断校正后处理方法，实现零件编码标识的识别及判断校正，并以增强可视化的方式引导用户快速选取物料；针对叶片装配过程，采用基于投影增强的过程检测和相机标定技术，通过对装配状态的动态感知、检测比对、主动纠错，实现主动即时装配指引；针对增强投影环境，提出基于现场装配工艺的多模态人机交互方法，研究基于投影界面自然点击交互、手势交互和语音交互的多通道交互方法，构建基于模糊理论的多通道交互融合机制，实现装配现场非结构环境下的自适应自然人机交互；选取航空发动机低压风扇转子叶片的装配过程进行应用验证。装配过程物化设计及可视化技术整体架构如图 5-1 所示。

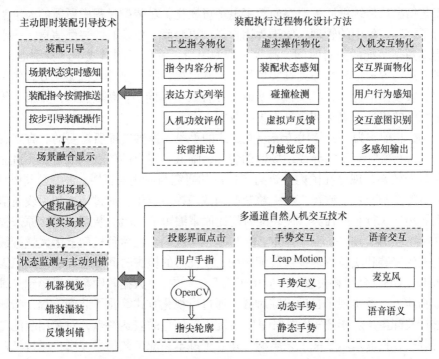

图 5-1　装配过程物化设计及可视化技术整体架构

5.1　国内外研究进展

复杂产品的装配作业一般人工完成操作。人工装配过程中，操作者往往需要执行连续工步的多种装配任务，每种装配任务都包含大量的装配工艺信息，导致装配工艺执行困难、过程管控难度大，需要研究装配执行过程中的装配操作和效率提升新方法，形成一套覆盖产品全生命周期的物化设计和高效引导的体系。针对装配过程物化设计及可视化技术的研究，需要从以下几点展开：①研究装配过程物化设计及优化方法，突破装配工艺多层级全过程的可视化显示；②实现对装配过程信息按需推送、按步引导，简化装配人员操作与决策难度，通过对装配状态的动态感知、检测比对、主动纠错等方式精准引导用户完成装配；③实现装配过程中考虑多因素影响的交互增强，开展基于多通道融合的自然直观的交互方式。

5.1.1　AR 装配工艺指令设计方法

复杂产品的装配工艺要求严格，工序工步繁多，蕴含大量复杂多样、形式灵活的行业知识，导致用户认知存在偏差。多媒体数字化、三维立体化技术使得装配工艺信息从传统纸质手册走向数字电子可视化，对装配过程中所需的大量信息进行了统一、集中的管理，便于为用户提供更全面、更及时的装配信息，一定程度上缩短了装配的前置时间，减少了资源浪费，降低了制造成本。特别地，AR技术通过将虚拟信息叠加到真实场景中，并以视、听、触等人机交互方式作用于用户，表现出信息融合真实性、实时交互性及空间同步性等特征[4]，克服了传统二维图纸的表达不直接和信息不集中等缺点。

AR 装配作为一种替代传统装配方式的手段，提供装配所需要的、直观有效的信息进行实际装配指导或现场辅助装配，降低了用户的信息获取负担，进而提高了装配效率，现已在国内外进行了广泛的研究与应用尝试[5]。波音公司[6]面向移动 AR 设备开发了波音 737 引擎装配与故障检修应用，通过 AR 和无线通信技术引导用户执行装配任务，使装配时间比原来缩短了 20%，装配质量比原来提升了 25%。空客公司[7]采用"智能 AR 工具"(MiRA)，在多种机型上为大量管线定位托架的安装和质量管理提供装配辅助，使托架的检查时间从三周缩短到三天。德国 Extend3D 公司将投影 AR 应用于汽车生产中，将数据轮廓精确投影到三维表面或物体上，并实现了自动追踪对齐，通过可视化方式简化了装配流程，指导用户进行装配生产。李旺等[8]根据 AR 装配工艺信息的表达特点，对常用装配工艺进行分类，提取基本装配工艺类型，建立了基本装配工艺信息模型；通过 AR 可视化技术，对基本装配工艺信息模型进行了增强可视化表达。Galaske 等[9]考虑工人工种间的认知差异，提出了一种考虑操作任务和工人工种关联关系的自适应辅助系统。同样，Wang 等[10]以知觉、注意、记忆、执行能力等用户认知模型为基础，提出了一种交互式现实装配引导系统，同时指出以用户为中心的装配工艺应考虑其复杂性和难易度，提出更合适的装配工艺用户认知模型。

目前，装配工艺指令信息表达与装配用户需求仍然存在一定程度的不符，使得装配引导方式的效率与质量达不到预期的理想效果，甚至会出现基于先进技术的装配辅助引导效率低于传统图纸化引导效率的现象发生，在一定程度上制约了辅助引导技术在复杂产品装配领域的应用。具体表现为以下问题：

(1) 装配操作过程存在引导方案单一性的问题。现有的装配引导系统面向所有装配用户，在装配操作过程中采用同一种装配引导方案，包括装配工艺指令信息表达内容及形式。然而，现实中装配用户群体的经验水平并不相同，对装配工艺及装配任务的熟悉程度也不尽相同。若未根据不同经验水平装配用户的需求制订与其相适配的装配引导方案，则会影响装配操作者对装配引导信息的识读与理解，进而造成装配引导系统适用性减小。

(2) 装配引导工艺信息存在描述不准确、不全面的问题。在装配过程中，不仅存在定性操作，还存在定量要求。然而，在现有装配引导过程中，工艺指令信息定性指导多、定量指导少，且未强调关键装配点位的行业知识融于装配引导指令中。工艺知识表达不充分，与装配现场融合不到位，都需要人为二次再加工和经验累积，增加了操作者的任务负荷，降低了完成装配任务的效率。

因此，结合用户画像构建不同等级用户分类方法，采用装配工艺知识获取、物化工艺表达方式评估以及物化设计视觉呈现方法，设计多种装配工艺物化表达方法，组建装配工艺物化指令工具集，分析和挖掘不同经验水平用户对装配指令信息的认知和需求差异，获取基于用户经验水平的工艺指令表达需求规律，以构建用户工艺需求特征模型，提高装配引导系统的适用性。

5.1.2　装配过程的防错纠错技术

AR 以符合人类感知习惯的方式直观地呈现信息，进而赋予用户额外的感知能力，成为未来信息系统的重要使能技术[11]。Andersen 等[12]提出了一种基于稳定姿态估计的概念验证系统，该系统将捕获的图像边缘与从 CAD 模型中合成的边缘进行匹配，并应用于泵的装配过程。Gorecky 等[13]在欧洲的 COGNITO 项目中使用传感器网络主动识别工作流，观察经验丰富的技术人员并自动分析和记录装配工作流程，从而建立了系统对装配过程的感知和理解。Liu 等[14]提出了一种将实时数据驱动方法与 AR 技术相结合的智能协同装配系统，采用实时数据驱动的方法，实现了定点装配下的人对人、人对机协作，并将 AR 引入系统，辅助大型复杂产品的装配。武殿梁等[15]提出将 AR 技术与 3D 数字化工艺及人工智能相结合，实现装配现场的操作引导、信息感知和操作防错。Lai 等[16]提出了一种以用户为中心的多模态 AR 指令系统，在深度学习网络的支持下进行工具检测，比原来减少约 1/3 的装配时间。

利用 AR 技术对装配过程进行辅助引导，并对操作过程进行实时检测，使装配作业与检测同步进行。通过虚实注册技术将虚拟装配引导信息与真实环境相融合，以可视化方式即时反馈错误信息并引导用户调整，进而提高复杂产品装配过程的质量和效率。目前，AR 装配执行过程的智能化引导主要存在以下问题：

(1) 零件选取和管理费时费力。零件信息的感知与获取是实现装配过程引导的首要环节。在执行零件优选优配的过程中，由于零件相似程度高，往往采用人工方式参照唯一批号标识的方法选取物料，以保证选取正确，不会影响产品的装配质量。缺乏有效的自动追踪手段，在大批量物料选取和现场装配人工核对、确认时费时费力，导致物料管理难、挑选难、追溯难、装配过程效率低等问题。

(2) 装配操作防错纠错滞后。装配过程的主动防错纠错机制是提高装配效率和质量的主要手段。当前装配主要采用人工装配，新手用户和作业疲劳用户都容易出现装配错误。当前装配系统缺乏对装配结果的有效检查，使得在装配作业引导的过程中实时检测并反馈装配结果困难，进而导致装配操作防错纠错出现滞后情形[17]。

因此，通过三维注册技术感知与定位人工标识物，实现虚拟场景和真实场景的虚实注册；通过图像处理技术从复杂背景中检测零件，识别字符明码并进行后处理纠错；分类处理装配过程中的多源数据，构建相应的可扩展标记语言(extensible markup language，XML)文件和数据库；针对移动设备、投影设备、头戴设备开展面向物料管理和装配现场的可视化方式适用性分析，确定最优可视化显示方式。通过工业相机采集装配现场的零件状态，及时反馈错误预警信息和纠错方案。

5.1.3　自然人机交互技术

基于 AR 的增强信息可以在实际装配中指导或辅助装配工作，降低用户工作负荷。此外，在基于 AR 的装配辅助引导系统中，用户如何自然高效地与系统进行人机交互通信同样是需要关注的重点。因此，实现基于投影 AR 装配辅助系统的自然人机交互，帮助用户轻松自然地与用户界面或者虚拟环境交互也同样重要。国外在此方面的研究开展较早，已进行了大量的相关工作，20 世纪 90 年代，美国麻省理工学院 Negroponte 领导的媒体实验室在新一代多通道用户界面方面(包括语音、手势、智能体等)做了大量开创性的工作；美国华盛顿大学人机交互技术实验室(Human Computer Interaction Technology Lab，HITLab)进行了大量感觉、知觉、认知和运动控制能力的研究，在先进的人机交流界面取得了许多成果。近年来，国外人机交互设计领域的研究重点为通过各感官通道反馈的设计来解决交互过程中信息传递存在的问题，进而提高人机交互过程中的用户体验品质，而国内研究的主要方向是反馈机制、界面设计和视觉反馈。

目前，国内制造业的人机协同作业系统的人机交互方面主要存在以下问题：

(1) 缺乏新型自然人机交互方式。鼠标、键盘等传统的交互方式受限于实际装配场地及操作人员自身工作状态，难以满足在 AR 装配中的需求。相比于传统的鼠标键盘交互，自然人机交互包含手势交互、投影增强交互、语音交互等方式，需要探究多通道交互方式方法和融合理论。

(2) 交互系统环境感知决策能力弱。由于作业环境复杂多变和任务的实时调整，工厂光照和噪声都会动态变化，进而影响投影增强装配辅助系统的自然人机交互性能，导致人-机-环境系统融合度低，难以适应复杂多变的工业场景。例如，语音交互在强噪声环境下难以保证识别准确率，投影增强交互在强光环境下难以识别手势，投影仪光线会造成干扰等。

综上所述，由于复杂产品装配工艺的复杂性和多样性，工人的操作任务变得越来越精细化，复杂产品的关键装配点位质量把控尤为重要。研究操作者认知程度和工艺展示程度的匹配关系，针对不同难度的任务选择不同级别的指令，可提高 AR 装配辅助系统的可用性和人性化程度。针对人工装配过程和结果的防错纠错，研究基于 AR 的装配次序、位置和参数等错误检测方法，可减少人工参与的不确定性和不必要的反复拆修。研究自然人机交互与环境因子之间的关系，构建面向复杂工况的多模态自然人机交互融合模型，实现系统感知判断当前装配情境和操作指令状态，自适应推送最优的自然人机交互方式，可改善复杂工况自然人机交互的可用性和宜人性。

因此，本章主要研究投影增强自然人机交互方法，实现用户与投影平面内虚拟物体的真实交互；构建投影增强交互、手势交互、语音交互等交互指令库，测试不同自然人机交互方式在不同结构化环境中的性能，分析不同模态人机交互性能与环境影响因子的关联关系；构建基于模糊理论融合的多模态自然人机交互模型，实时获取交互环境状态，自适应推送最优的人机交互方式。

5.2　装配执行过程物化设计方法

物化设计在逆向信息化技术研究、建筑产品设计、互联网界面设计等多个领域被赋予特有的含义[18]。本书对装配执行过程的物化设计是指以装配工艺为基础，以零部件和操作方法为模拟对象，以数字多媒体、三维立体化、AR 等技术为支撑，通过客观逻辑对装配过程非实物化或实物化的直观表达设计。物化工艺是装配引导系统和装配工人沟通的桥梁，在装配引导过程中，装配引导系统通过物化工艺为装配工人呈现装配操作方法，物化工艺的表达在信息传递的过程中会产生重要的影响。然而，现阶段装配引导系统仍然存在装配工艺物化表达与装配工人需求相违背，导致在装配引导过程中出现针对性、感知性、反馈性、强调性弱等适用性差的问题。因此，本书以装配用户需求为导向，研究融合用户需求特征的装配工艺指令物化表达设计，构建不同经验水平用户工艺需求特征模型，为装配执行过程的物化设计提供理论指导,提高物化工艺在装配引导现场的可用性，从而进一步促进复杂产品零部件手工装配过程的效率和质量的提高，以满足其更高、更快的生产需求。针对现复杂产品人工装配过程进行案例研究,具体从装配工艺用户实验、用户工艺认知差异分析、装配工艺物化设计三个方面展开。用户实验是研究用户认知过程和状态需求的主要方法之一,本书将基于认知心理学理论基础及其应用研究方法[19],进行装配工艺用户实验的设计与实施,获取用户执行装配任务时的装配时间、装配正确率、装配负荷以及兴趣倾向等实验数据;然后,通过实验数据分析不同经验水平用户对装配工艺指令信息表达的认知差异,挖掘新手用户和经验用户对工艺指令表达的需求规律;最后,基于用户需求规律构建用户工艺需求特征模型,根据用户个体对工艺表达的认知需求,对装配工艺进行物化设计,建立物化工艺指令工具集。

5.2.1　装配工艺用户实验研究

为改善装配引导过程中装配工艺指令表达的适用性,本节基于认知心理学生态效度[20],展开用户实验的设计与实施,获取用户实验数据,以了解不同经验水平用户在装配过程中影响其装配效率的因素以及对装配工艺指令表达的需求,为装配工艺的物化设计提供理论指导。

1. 装配工艺用户实验流程

用户经验水平和工艺表达方式是预测影响用户装配效率的主要因素,因此用户实验以多因素重复测量实验为模型,展开实验组别、实验任务、实验过程用户行为观察与记录,利用美国国家宇航局任务负荷指数(National Aeronautics and Space Administration-task load index, NASA-TLX)[21]调查问卷的填写以及深度访谈内容的设计,为用户实验的实施做准备。在实验实施过程中,观察与记录用户行为,获取装配时间、装配正确率以及操作行为上的客观表现;通过 NASA-TLX调查问卷定量评估装配负荷;通过兴趣倾向调查问卷和深度访谈统计用户对工艺表达方式的喜好、体验、期望等主观感受。以上主客观数据的获取用于分析装配时间、装配正确率、装配负荷以及兴趣倾向与用户认知之间的差异,并进一步挖掘两种经验水平用户工艺需求规律。装配工艺用户实验流程如图 5-2 所示。

2. 装配工艺用户实验设计

1) 实验组别设计

装配工艺用户实验研究包含两个独立变量,即用户经验水平和工艺表达方式。用户经验水平包含新手用户和经验用户,通过控制参试人员的培训时长模拟两种经验水平用户。具体地,新手用户培训时间为 5～10min,让他大概了解装配过程;经验用户培训时间为 30～40min,让他非常熟悉装配过程;工艺表达方式包

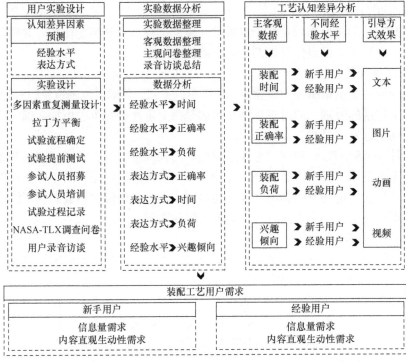

图 5-2 装配工艺用户实验流程

含文本、图片、动画和视频。图 5-3 为用户在四种装配引导条件下进行装配实验实拍图。采用多因素重复测量实验法,通过组间设计研究用户经验水平的影响,通过组内设计方法研究装配工艺指令表达方式的影响。同时,为了避免实验过程中学习效应和疲劳效应,采用拉丁方平衡进行装配引导表达方式的组内设计。

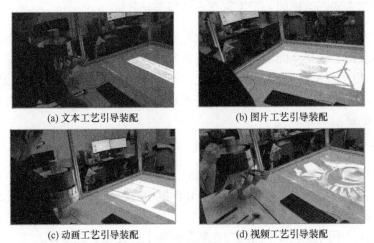

(a) 文本工艺引导装配   (b) 图片工艺引导装配

(c) 动画工艺引导装配   (d) 视频工艺引导装配

图 5-3 用户在四种装配引导条件下进行装配实验实拍图

2) 实验任务设计

以航空发动机低压涡轮转子二级叶片装配过程为实验装配任务，并确定装配关键点，以装配关键点作为评判装配正确性的依据。

3) 调查问卷设计

问卷调查是定量研究中最常见、最简单的方式，其辐射范围宽泛，不受时间、空间和工作量的限制，同时在精确定量的基础上定性研究可以更加准确。问卷主要采取网络分发的形式。

设计 NASA-TLX 和用户主观兴趣倾向两种调查问卷，并进行问卷调查，获得相关定量数据。其中，通过 NASA-TLX 调查问卷确定用户的工作负荷以及各个评估尺度在特定任务的影响量级，通过用户主观兴趣倾向调查问卷了解不同经验水平用户对工艺指令表达方式的兴趣偏好和期望。

4) 深度访谈设计

深度访谈法是用户实验研究中常用的方法之一，作为定性研究可更加具体和深入地对用户的感受进行获取，深入挖掘用户内在的诉求。具体地，从用户对装配引导的需求度和不同工艺指令表达方式的主观体验感受入手，设计相关问卷。例如，在装配过程中，装配引导是否对您完成装配任务起了一定帮助作用，使用四种装配工艺指令表达方式时分别有什么感受、更喜欢哪一种，对工艺指令的表达设计希望做出哪些改变等。

5) 实验流程设计

装配工艺用户实验流程包括用户实验提前测试，参试人员招募、分组、培训，用户实验装配过程及记录，用户实验问卷填写，用户实验深入访谈，数据整理归纳等。

5.2.2　面向主客观数据的装配工艺用户认知差异分析

用户实验为双因素重复实验，采用重复实验分析模型，进而分析不同经验水平用户对装配工艺指令的认知差异，分析两种经验水平用户分别在四种工艺指令表达方式条件下的表现，即用户在装配时间、装配正确率中的客观数据分析，在装配负荷、兴趣倾向以及体验感受中的主观数据分析，进而探索用户对装配工艺指令表达的需求规律。

1. 面向装配时间的装配工艺用户认知差异

分析用户的经验水平和装配工艺指令的表达方式与装配时间之间是否存在显著性差异，使用一般线性重复测量数据分析模型进行分析，显著性阈值设为 0.05，提出实验假设如下。

(1) H1：不同经验水平的用户在装配时间上存在显著性差异。

(2) H2：不同装配引导表达方式在用户装配时间上存在显著性差异。

(3) H3：不同经验水平的用户使用不同装配引导表达方式在装配时间上存在显著性差异。

通过主体间效应检验，如表 5-1 所示，观察到不同经验水平用户在装配时间上的显著性小于 0.05，说明不同经验水平的用户在装配时间上存在显著性差异，即假设 H1 成立。

表 5-1　在装配时间上的主体间效应检验

源	Ⅲ类平方和	自由度	均方	F	显著性	η^2
截距	6409095.031	1	6409095.031	1074.967	0.000	0.973
经验水平	76930.031	1	76930.031	12.903	0.001	0.301
误差	178863.938	30	5962.131	—	—	—

通过主体内效应检验，如表 5-2 所示，观察到用户在不同装配引导表达方式(文本、图片、动画、视频)下在装配时间上的显著性均小于 0.05，说明使用不同装配引导表达方式在用户装配时间上存在显著性差异。同理，不同经验水平的用户使用不同引导方式在装配时间上存在显著性差异，即用户的经验水平对使用不同引导方式的装配时间存在影响，即假设 H2 和 H3 成立。

表 5-2　在装配时间上的主体内效应检验

源		Ⅲ类平方和	自由度	均方	F	显著性	η^2
引导方式_ 装配时间	假设球形度	269160.156	3	89720.052	26.083	0.000	0.465
	格林豪斯-盖斯勒	269160.156	1.882	143052.725	26.083	0.000	0.465
	辛-费德特	269160.156	2.070	130019.584	26.083	0.000	0.465
	下限	269160.156	1.000	269160.156	26.083	0.000	0.465
引导方式_ 装配时间 × 经验水平	假设球形度	43817.781	3	14605.927	4.246	0.007	0.124
	格林豪斯-盖斯勒	43817.781	1.882	23288.190	4.246	0.021	0.124
	辛-费德特	43817.781	2.070	21166.468	4.246	0.018	0.124
	下限	43817.781	1.000	43817.781	4.246	0.048	0.124
误差 (引导方式_ 装配时间)	假设球形度	309577.063	90	3439.745	—	—	—
	格林豪斯-盖斯勒	309577.063	56.446	5484.447	—	—	—
	辛-费德特	309577.063	62.105	4984.775	—	—	—
	下限	309577.063	30.000	10319.235	—	—	—

记录两种经验水平用户在四种装配工艺指令引导下的装配时间，同时记录同

一装配工艺指令装配条件下两种经验水平用户的装配时间，分析比较用户对装配工艺指令表达的认知差异，如图 5-4 所示。通过对比发现，不同经验水平用户在四组引导方式下的装配时间具有明显差异。

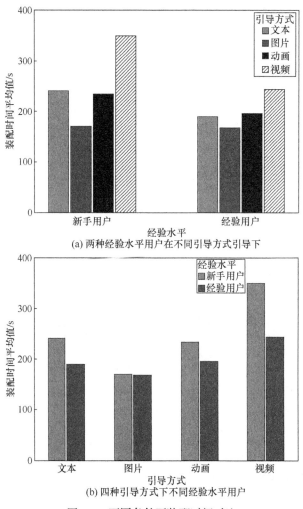

(a) 两种经验水平用户在不同引导方式引导下

(b) 四种引导方式下不同经验水平用户

图 5-4　不同条件下装配时间对比

　　分析图 5-4(a)可以发现，新手用户使用四组引导方式的装配时间的差异比经验用户更为明显。两组不同经验水平的用户均为使用视频引导方式装配时间最长，使用图片引导方式时间最短，但对于文本和动画引导方式，新手用户文本引导方式比动画引导方式装配时间长，经验用户则是动画引导方式比文本引导方式装配时间长。分析图 5-4(b)可以发现，无论使用何种引导方式，经验用户均比新手用户的装配时间短，使用视频、动画、文本引导方式的装配时间差异比较明显，使用图片引导方式的装配时间差异最不明显。

综上,在装配时间方面,装配工艺用户认知差异对比(">"为"优于"的意思)为:

(1) 新手用户:图片工艺指令 > 动画工艺指令 > 文本工艺指令 > 视频工艺指令。

(2) 经验用户:图片工艺指令 > 文本工艺指令 > 动画工艺指令 > 视频工艺指令。

本节仅对面向装配时间的装配工艺用户认知差异分析过程进行分析,考虑到面向装配正确率、装配负荷、用户兴趣倾向等方面数据的显著性差异分析过程基本一致,具体分析过程及相关数据不再赘述。本节仅给出认知差异结论。

在装配正确率方面,装配工艺用户认知差异对比为:

(1) 新手用户:视频工艺指令 > 动画工艺指令 > 文本工艺指令 > 图片工艺指令。

(2) 经验用户:视频工艺指令 > 动画工艺指令 = 文本工艺指令 > 图片工艺指令。

在装配负荷方面,两种经验水平的装配用户工艺认知差异不明显,均为动画工艺指令 > 视频工艺指令 > 图片工艺指令 > 文本工艺指令。

在兴趣倾向方面,新手用户和经验用户对装配工艺认知差异对比为:

(1) 新手用户:视频工艺指令 > 动画工艺指令 > 文本工艺指令 > 图片工艺指令。

(2) 经验用户:动画工艺指令 > 视频工艺指令 = 图片工艺指令 > 文本工艺指令。

2. 装配工艺用户认知差异分析总结

基于上述认知差异分析,对两种经验水平用户在装配时间、装配正确率、装配负荷以及兴趣倾向方面的表现进行总结,相关结论如图 5-5 所示。

(1) 在装配时间方面,新手用户和经验用户均为图片工艺指令引导效果最好,视频工艺指令引导效果较差。对于新手用户,动画工艺指令要优于文本工艺指令,而经验用户相反。

(2) 在装配正确率方面,新手用户和经验用户的四种工艺指令引导效果比较相似,均为视频工艺指令引导效果最好,其次为动画工艺指令和文本工艺指令,最后为图片工艺指令。

(3) 在装配负荷方面,对于两种经验水平用户,均为动画工艺指令引导效果最好,其次为视频工艺指令和图片工艺指令,最后为文本工艺指令。

(4) 在兴趣倾向方面,两种经验水平用户对四种工艺指令引导效果评价相差较大。对于新手用户,其最倾向于视频工艺指令,其次为动画工艺指令、文本工艺指令,最后为图片工艺指令;对于经验用户,其最倾向于动画工艺指令,其次为视频工艺指令和图片工艺指令,最后为文本工艺指令。

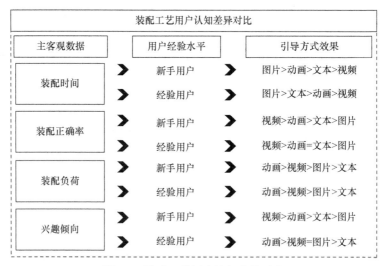

图 5-5　装配工艺用户认知差异对比

综上,对于四种装配工艺指令的引导效果,即对于四种装配工艺指令的认知,新手用户和经验用户两种经验水平用户既有相似性,又有差异性。

5.2.3　基于用户需求的装配工艺物化设计

1. 装配工艺用户需求分析

对两种经验水平用户在装配工艺引导方式下的需求进行调研、剖析,总结如下。

1) 新手用户需求分析

装配正确率和装配时间是影响装配效率的重要因素,保证装配正确率是提高装配效率的首要条件,降低装配时间是提高装配效率的重要途径。对于新手用户,首先要保证其完成装配任务的正确率。因此,对于新手用户的装配工艺需求,与装配时间相比,应首先参考面向装配正确率的装配工艺指令引导效果,其次结合装配负荷和兴趣倾向两个方面的装配工艺指令引导效果,得出相比于其他装配工艺表达方式,视频工艺指令和动画工艺指令更适合新手用户的结论。对于装配作业工艺指令,视频工艺指令和动画工艺指令信息量表达详细,展示形式直观生动。

2) 经验用户需求分析

在装配正确率方面,经验用户在四种装配工艺表达方式下的引导效果均接近100%。因此,对于经验用户,装配时间、装配负荷和兴趣倾向是推送工艺的主要需求。

在装配时间方面，经验用户均为使用图片表达引导装配时间最短，因此在该方面，图片工艺指令更适合经验用户。在装配负荷方面和兴趣倾向方面，经验用户共有图片、动画、视频三种工艺指令表达兴趣倾向，并且均为在其喜欢的表达方式下装配负荷最小，如图 5-6 所示。同时，结合经验用户访谈得到，以上结果可能与经验用户对装配操作熟练程度、自身的兴趣爱好等原因有关。此外，适合经验用户的工艺指令表达分为两种，对装配操作熟练程度相对较弱的用户适合动画和视频表达方式，且为关键步骤形式；对装配操作熟练程度比较强的用户适合图片表达方式。由于图片、关键步骤形式的动画和视频对装配作业内容的信息内容解说比较少，同时又具有一定的直观性和生动性，得出对于经验用户的工艺需求为：工艺信息量需求比较小，但仍与经验用户对装配操作的熟练程度相关，信息展示的形式应比较直观、简洁，同时与经验用户的兴趣倾向有关。

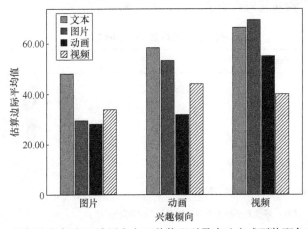

图 5-6 不同兴趣倾向经验用户在四种装配引导表达方式下装配负荷对比

综上所述，通过对新手用户和经验用户装配工艺需求进行分析得出结论，对于新手用户，其对工艺指令表达的信息量需求较大，内容的直观性和生动性需求也比较强；与新手用户相比，经验用户在装配过程中所需要的引导工艺指令信息量和直观性均会相对减少，其与用户对装配操作的熟悉程度和用户喜好相关，并非信息量越少越简洁越好。

2. 装配工艺用户需求特征模型构建

为提高辅助装配引导系统对用户个体差异的按需推送精准度，在引导服务之前需要确定其对装配引导工艺指令的表达需求。基于用户工艺需求规律构建用户画像，对用户进行等级分层和描述，确定不同层级用户对装配工艺指令表达需求特征，以进一步构建用户工艺特征模型。

1) 装配工艺用户画像

通过用户装配工艺需求分析，抽取用户特征，对其进行角色聚类，综合角色特征的用户画像构建方法，完成对装配工艺用户的画像构建。

用户对工艺表达的需求主要与其对装配工艺、装配任务的熟悉程度有关，装配操作者对装配过程越熟悉，对装配引导的工艺指令信息需求量越少，对内容表达形式的直观生动性需求越小。新手用户对装配作业内容熟悉程度最低，经验用户对装配作业内容熟悉程度比较高，但也存在部分用户熟悉程度处于介于两者之间的状态。因此，依据装配操作者对装配操作的熟悉度(低、中、高)对该用户群体进行分层(初、中、高)。

辅助装配引导系统面向的用户群体为装配操作者，研究内容关注点在于引导工艺指令的表达对装配操作者的适用性，因此装配引导用户画像的信息维度包括角色描述、用户工作能力、工作内容、工作习惯、对工艺指令的认知等。本书以初级用户为例，构建其用户画像，如表5-3所示。

表5-3 用户画像-初级用户

初级用户

姓名：李小亮
年龄：22
性别：男
学历：专科

工作岗位：装配岗
工作标签：新手学徒

现阶段工作内容：完成航空发动机装配相关任务

工作能力：学习认真，接受新事物能力强，动手能力比较薄弱

工作状况：已完成通过装配工艺手册、装配动画视频、现场师傅教学等途径学习航空发动机装配相关知识和操作培训，尝试着完成装配现场实际装配任务。

工作场景1：在装配现场，装配操作动画在电子屏幕上循环播放，但与装配工位距离甚远，装配用户都在各自的岗位认真工作。李小亮由于刚接触实际装配操作任务，装配师傅偶尔会在旁边指导装配操作，为了避免操作失误，造成返工或更严重地后果，他每进行操作一个装配工步之前，都会翻阅装配手册和在培训时记录的注意要点和细节。

工作感受1：虽然已经通过了在岗培训，但在装配效率和装配零部件的压力下，在实际装配过程中仍然有一种无从下手的感觉，师傅不在身边指导我总需要一直翻阅装配工艺手册，表示压力很大。

工作场景2：装配现场引入了装配引导系统，以投影增强的显示方式指导装配用户完成装配任务。经专业人士简单介绍，李小亮很快学会了系统操作方法。在引导装配过程中，由于工艺指令和装配工位融合在一起，李小亮很快投入到了装配工作中，他根据引导系统指示，快速盘查装配相关零组件、工夹具、设备等准备的完善性，并根据视频引导工艺指令，观看了工步装配全过程，并快速完成装配任务。

工作感受2：装配引导系统真的太方便了，通过引导指令，可以快速确认每个工步的装配操作，投入到装配工作中，并且通过装配指令引导，再也不用完成装配任务以后怀疑自己有操作失误了。

　　除此之外，对于中高级用户，其对工艺表达的需求还与其对表达形式的兴趣倾向相关，需要在每个层级下对用户继续细分，以满足不同特征用户精细化需求。基于用户对装配操作的熟悉度将用户群体分为三层，在实际用户研究过程中，考虑到三个用户层级使用四种工艺表达方式对装配效率的影响并不完全都是正向的，因此对于每个层级并不完全使用四种工艺表达方式兴趣倾向对其分群，依据为：装配正确率、装配时间、装配负荷以及用户兴趣倾向均是影响用户装配效率的重要因素。在整个装配过程中，对于初级用户，为避免装配返工，提高整体装配效率，装配正确率的要求显然要比其他方面高，其需要在装配正确率的基础上结合用户兴趣倾向进行用户特征群体划分；对于中高级用户，则通过用户兴趣倾向，进行用户特征群体划分。

　　2) 用户需求特征模型

　　依据用户对工艺指令表达的需求分析和用户画像两个方面构建装配工艺用户需求特征模型，如图 5-7 所示。

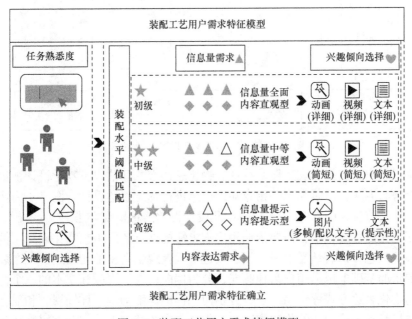

图 5-7　装配工艺用户需求特征模型

　　综上所述，以装配操作者操作熟悉度为依据，将装配引导用户群体分为初级、中级、高级三种用户层级。根据用户实验分析论证结果，初级用户以装配正确率为主、兴趣倾向为辅进行分群，其他两个层级用户以兴趣倾向为主要因素进行分群。其中，将初级用户分为动画、视频、文本兴趣倾向下的三个特征群体，中级用户群体分为动画、视频、文本兴趣倾向下的三个特征群体，高级用户群体分为图片、文本兴趣倾向下的两个特征群体。

　　3. 装配工艺物化设计

　　各个层级的用户对工艺指令表达的认知差异，即为用户对工艺指令表达的需求特征。因此，从装配工艺知识获取、物化表达方式评估以及多媒体物化设计视觉呈现方法三个方面展开对装配工艺物化设计。通过装配工艺手册和装配现场教学两种方式对装配工艺指令知识进行分类、组织和整理，如图 5-8 所示。

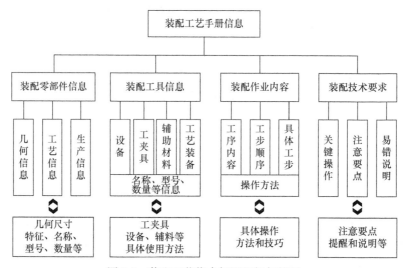

图 5-8　装配工艺指令知识组织与整理

　　基于用户工艺指令表达需求特征、物化表达方式评估以及物化设计视觉信息呈现趋势与方法，对装配工艺指令知识信息进行物化表达设计。图 5-9 为物化表达方式评估方法，图 5-10 为多媒体物化设计视觉信息呈现方法。

　　在物化设计过程中，需要依据用户需求特征进行装配工艺物化设计。例如，针对装配工艺知识表达需求量全面、表达形式直观生动型的初级用户，在装配正确率要求的基础上根据用户兴趣倾向，分为偏向动画、视频和文本的三个特征群体，与物化表达方式评估相结合，分别向其提供详细动画、详细视频和配有文字描述的详细动画或视频的物化表达工艺指令。在此基础上，结合多媒体物化表达设计视觉信息呈现方法，对装配工艺知识信息进行物化设计。针对中高级用户的特征群体，其装配工艺知识信息物化表达设计方法流程与初级用户相同，具体设计结果应根据向其提供的物化表达方式以及多媒体物化设计视觉信息呈现方法决定。装配工艺知识信息的物化设计方法流程如图 5-11 所示。

　　以航空发动机低压涡轮转子叶片装配为例，对其装配工艺知识信息进行物化设计。为了避免用户需要学习新的知识而造成额外的认知压力，以相似性原则为指导,通过数字建模高度还原叶片装配现场装配情景,使物化工艺指令以所见即所得的表达方式呈现给装配操作用户,从而提高辅助装配系统可用性和适用性。

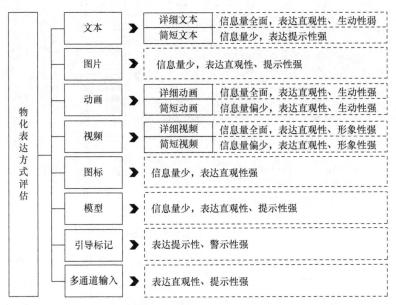

图 5-9　物化表达方式评估方法

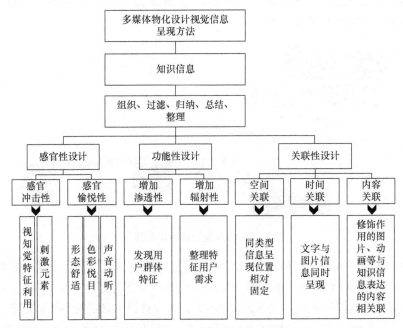

图 5-10　多媒体物化设计视觉信息呈现方法

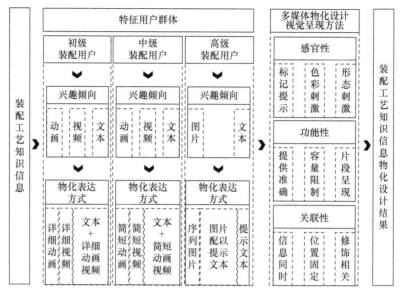

图 5-11　装配工艺知识信息的物化设计方法流程

其中，对叶片装配现场装配情景的还原包括静态情景和动态情景两部分。静态情景主要包括装配作业过程所涉及的零部件、工装夹具、设备、辅料等基础硬件；动态情景主要包括工装夹具、设备、辅料的具体使用方法以及装配作业内容的具体操作过程的动画或视频，如图 5-12 和图 5-13 所示，以动画形式对叶片装配现场装配情景进行高度还原。

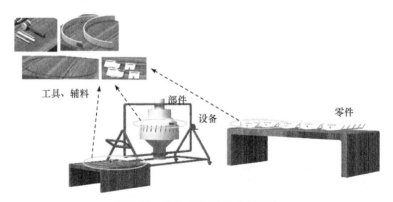

图 5-12　叶片装配现场静态情景

为了满足不同特征群体的需求，对装配工艺知识信息以多种方式进行物化表达设计。如图 5-14 所示，面向同一装配作业内容，分别使用文本、图片、动画、视频的方式对其进行表达。此外，部分表达方式设计详细和简短等不同信息量的表达方式，即详细文本、提示性文本，详细动画、简短动画，详细视频、简短视频等。

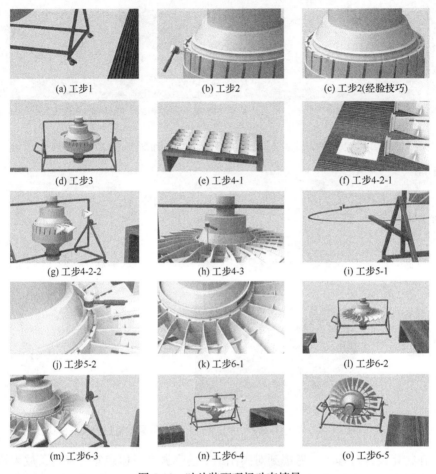

(a) 工步1　　　　　(b) 工步2　　　　　(c) 工步2(经验技巧)

(d) 工步3　　　　　(e) 工步4-1　　　　(f) 工步4-2-1

(g) 工步4-2-2　　　(h) 工步4-3　　　　(i) 工步5-1

(j) 工步5-2　　　　(k) 工步6-1　　　　(l) 工步6-2

(m) 工步6-3　　　　(n) 工步6-4　　　　(o) 工步6-5

图 5-13　叶片装配现场动态情景

　　以多媒体物化表达设计的感官性、功能性以及关联性原则为出发点，以装配工艺知识信息为基础，进一步设计文本、图片、动画、视频四种表达方式的物化工艺，如图 5-15 所示。

装配时，对叶片凸肩根部用医用胶布粘贴聚乙烯板进行保护

将保护垫片粘贴到叶片凸肩根部

(a) 文本　　　　　　　　　　　　(b) 图片

(c) 动画　　　　　　　　　　　　　　　(d) 视频

图 5-14　以四种方式表达同一装配作业内容示例(彩图请扫封底二维码)

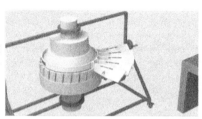

将叶片插入
对应盘槽中

将剩余叶片依
次顺时针插入
对应盘槽中

稍微倾斜插入
最后一片叶片

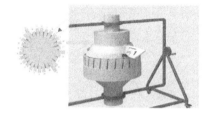

将叶片插入对应盘槽中

将剩余叶片依次顺时针
插入对应盘槽中

稍微倾斜插入最后一片
叶片

(a) 文本增强

(b) 标记增强

图 5-15　以文本、标记等增强方法进行提示示例(彩图请扫封底二维码)

在物化设计过程中，考虑到对操作细节的强调性，以色彩、标记、放大等方式吸引用户注意力而起到强调警示的作用。例如，物化工艺指令背景均采用灰白色调，便于场景中工艺指令的凸显。对于以文本为主的表达方式，在装配操作内容的注意点和细节上进行色彩突出和提示。具体地，色彩刺激元素选取蓝色和绿色，该色彩与文本物化工艺指令黑白调背景相比，更容易引起装配操作者的注意，且在长期观看中不会引起不适反应。对于以图片、动画、视频为主的表达方式，通过添加文本、标记、放大等方法进行提示。其中，对于文本的设计过程，除了以鲜艳的色彩突出，其呈现位置也应具有一致性。例如，在工艺指令的偏左上方呈现文本，一方面培养用户的视点浏览习惯，另一方面减轻装配操作者的记忆负担。在时间上，同时呈现提示性文本与工艺指令，不仅增强物化工艺指令的可读性，而且避免装配操作用户视点的跳跃，减少其认知负荷。

如图 5-16 和图 5-17 所示，建立以文本、图片、动画、视频为主的物化指令工具集。

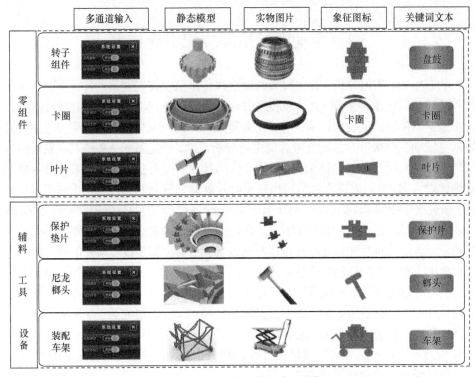

图 5-16　装配工艺物化指令工具集 1

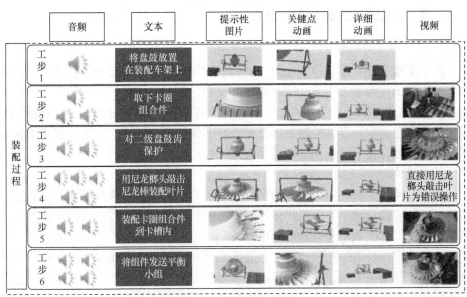

图 5-17　装配工艺物化指令工具集 2

5.3 主动即时精准装配引导技术

状态感知、实时分析、自主决策和精准执行是航空智能制造的特征[22]。检测定位和防错纠错技术是实现 AR 精准装配引导的前提。针对航空复杂产品的装配过程，提出基于 AR 的辅助装配技术，搭建面向复杂产品的可视化辅助装配引导系统，并以航空发动机单级叶片装配任务为例进行分析总结，确定基于 AR 的航空发动机风扇转子叶片装配系统的总体架构，设计具体的叶片装配可视化引导方案和叶片状态检测比对方案。针对航空发动机风扇转子叶片雕刻字符明码无自动化识别手段的难题，研究光学字符识别(optical character recognition，OCR)及后处理判断校正方法，对识别错误结果进行智能化纠错校正，在减少人工干涉的情况下实现零件编码信息的自动录入。针对装配现场叶片排序与选取场景，提出基于投影增强的叶片状态检测比对的方法。以叶片物料信息和优选优配数据作为支撑，使用工业相机采集装配现场的叶片状态图像，通过图像处理算法进行图像提取校正、图像分割、图像比对，实时检测叶片的摆放和选取状态，并及时反馈检测结果。研究基于 AR 的工艺表达方法，分析工艺结构并以虚实融合的方式实现装配过程的可视化引导；研究面向装配现场的可视化显示方式的适用性分析，测试比对不同增强显示设备的优劣势程度，确定最优的可视化显示方式。

5.3.1 基于区域分隔的零件检测比对技术

1. 投影图像的提取校正

为了实现零件状态的检测比对，首先获取零件排序的工作场景。将相机固定在零件摆放工作台的正上方，实时获取工作台的画面和零件的摆放情况。投影分辨率和相机焦距是不确定的，因此需要对投影画面和相机捕获画面进行位置标定。为了保证完全获取到零件的摆放画面，并使图像不发生畸变，需要对相机捕获的图像进行处理，提取投影画面的图像并进行校正。

1) 图像的透视变换

透视变换就是将一个平面上的图片通过一个投影矩阵变换投影到一个新的视平面。相机捕获到的零件排序状态图像如图 5-18(a)所示。在捕获到的零件排序状态图像中，投影区域沿着真实空间内的 x、y、z 三个轴都有不同程度的倾斜。为了准确实现零件状态的检测比对，首先需要利用透视变换将图像中的投影区域截取出来并消除倾斜畸变，在新的平面上获得规则的矩形投影图像。具体地，选取原图像中投影区域的四个角点和原图像的四个矩形顶点作为求解透视变换的四组相对应的坐标点，经过透视变换之后，投影区域调整为规则矩形并充满整个图像。

由于像素坐标系的原点在图像的左上角顶点处，正方向分别为水平向右和竖直向下，根据原图像的宽度和高度即可确定原图像的左上、右上、右下、左下的四个矩形顶点坐标值。通过图像处理自动获取原图像中的四个坐标值，分别与四个矩形顶点坐标相对应，根据这四组坐标点确定透视变换矩阵，进而对原图像进行透视变换，实现投影图像的提取和校正。

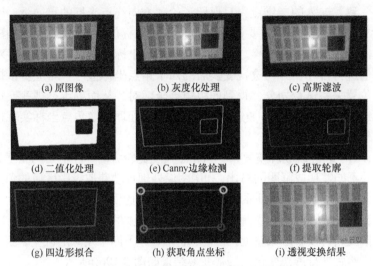

図 5-18　自动获取坐标点的透视变换过程

2) 基于透视变换的图像提取

通过图像预处理、边缘检测、提取轮廓、提取投影区域、获取角点坐标等步骤自动获取投影区域的四个角点坐标值，然后对图像进行透视变换，如图 5-18 所示。

(1) 图像预处理。对图像进行加权平均灰度化处理，图像由 RGB(代表红(R)、绿(G)、蓝(B)三个通道的颜色)三通道变为单通道，如图 5-18(b)所示；然后根据图像的噪声情况，决定是否对图像进行滤波处理，对图像进行高斯滤波，如图 5-18(c)所示，在去除噪声的同时保持原图像的边缘走向，避免图像失真过多；对图像进行二值化处理，如图 5-18(d)所示，选择合适的阈值，增强图像中前景和背景的对比度，区分投影区域与环境背景。

(2) 边缘检测。图像的边缘检测主要是对数字图像中亮度变化明显的点进行标识，提取图像中灰度发生急剧变化的区域边界，从而获得图像中对象与背景之间的交界线，具体效果如图 5-18(e)所示。

(3) 提取投影区域。对边缘检测之后的图像进行轮廓检测，每个轮廓存储为一个点向量，同时压缩轮廓的水平方向、垂直方向和对角线方向的元素，只保留该方向的终点坐标，并且使用颜色来区分轮廓，将检测到的轮廓分别用不同的颜色绘制出来，如图 5-18(f)所示。考虑到检测结果存在多个轮廓情形，需要进一步辨识投影区域的轮廓。具体而言，首先计算轮廓的面积，面积最大的轮廓为投影区域的轮廓；其次使用多边形逼近轮廓，同时调整逼近精度，并将多边形设置为封闭多边形，投影区域的轮廓近似为四边形，最终得到严格的四边形投影区域，如图 5-18(g)所示。

(4) 获取角点坐标。使用多边形逼近投影区域轮廓所得到的结果与输入的二维点集类型一致，输入的二维点集只保留了轮廓方向终点坐标的点向量，因此由多边形逼近得到的四边形只需要使用四个角点的坐标值来保存结果，如图 5-18(h)所示，这四个角点是透视变换之前所需要的四个坐标值。使用冒泡排序对获取的四个坐标值进行排序，并与透视变换后的四个角点坐标值一一对应。依据角点坐标的平面位置关系进行划分，得到四组角点坐标对，从而确定透视变换矩阵，完成图像的透视变换，如图 5-18(i)所示，通过图像处理获取角点坐标实现投影图像的提取和校正。

此外，由于装配现场环境复杂，当光照强度比较大时，环境中的亮度和投影区域的亮度并不能够形成鲜明的对比，利用图像处理自动获取投影区域的角点坐标时会存在很大的干扰。为了保证系统的稳定性，当对比度较低时，通过人为选择角点的方式来实现投影图像的透视变换，具体实现过程如图 5-19 所示。图 5-19(b)中，通过鼠标依次点击投影区域左上、右上、右下、左下四个角点的位置，获取四个角点坐标值，然后进行透视变化，透视变换结果如图 5-19(c)所示。

(a) 原图像　　　　　　　　　(b) 人为选择角点　　　　　　　(c) 透视变换结果

图 5-19　人为选取坐标点的透视变换过程

2. 零件齐套区域的分割定位

通过透视变换对投影图像进行提取校正之后，为了获取零件的具体齐套状态信息，首先需要对投影图像中每个零件的存放区域进行分割定位，确定每个零件区域的坐标范围。零件区域的分割是指针对提取校正之后的投影图像进行处理，将其中的零件排序引导区域从图像背景中区分出来，剔除图像中明码识别区域以及交互区域的干扰，获取零件排序引导区域中所有独立的单个零件存放区域；零件区域的定位针是指对分割之后的零件排序引导区域进行处理，对其中分割出的零件存放区域进行边缘检测，获取每个零件存放区域的矩形边缘所对应的坐标值，对所有独立的单个零件存放区域实现坐标范围定位。

1) 基于 HSV 颜色空间的图像分割

为了准确地实现零件区域的分割，针对灰度阈值分割方法所存在的不足，采用像素点的颜色信息进行图像分割。通过获取零件排序引导区域中单个零件存放矩形块的颜色信息，增强图像分割的条件及其准确性，从而获得更好的图像分割效果。HSV(hue、saturation、value，色调、饱和度、明度)颜色空间比 RGB 颜色空间更容易识别某种颜色的物体，因此采用 HSV 颜色空间分割指定颜色的物体[23]。

为了增加图像分割的容错率，在 HSV 的理论值附近选择合理的阈值。根据设定阈值对图 5-20(a)所示的图像进行二值化处理，将满足颜色阈值要求的像素点设置为白色，其余像素点设置为黑色，即可得到图 5-20(b)所示的输出黑白图像，分割出了零件排序引导区域的所有独立的零件存放矩形块。

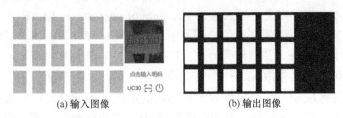

(a) 输入图像　　　　　　　　　　　　(b) 输出图像

图 5-20　基于 HSV 颜色空间的图像分割

2) 边缘检测定位

为了准确获取当前零件存放的位置，利用边缘检测技术对零件排序引导区域中的每一个零件存放矩形块进行定位。利用 Canny 边缘检测技术可以实现零件排序区域中所有矩形块的边缘提取，如图 5-21(a)所示，但是由于矩形边缘存在圆角，难以准确获取矩形的顶点坐标，需要提取边缘轮廓并对其进行多边形逼近，通过调整逼近精度参数得到严格的直角矩形，多边形逼近的结果如图 5-21(b)所示。多边形逼近的结果以二维点集的形式存储，只保留方向的终点坐标，每一个直角矩形的二维点集中只包含有该矩形的四个顶点坐标。

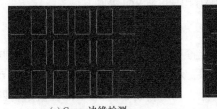

(a) Canny 边缘检测　　　　　　　　　(b) 多边形逼近

图 5-21　获取直角矩形边缘

轮廓提取获得的二维点集数组中，轮廓的索引值与图像中的矩形顺序是相反的，因此将多边形逼近之后的矩形顶点坐标逆序输出，从左上角开始，矩形按照从左向右、从上到下的顺序排列，每个数组中依次包含矩形左上、左下、右下、右上四个顶点坐标，由此实现对零件排序区域中所有零件存放矩形块的定位。

3. 零件摆放状态的检测比对

在零件摆放排序时，利用明码识别技术可以获取零件的信息，确定当前零件应该放入的位置并进行高亮显示引导，装配时按照零件排序依次安装零件。零件状态的检测是对当前场景中放入或者取走的零件的位置进行分析判断，并与数据库中的零件信息进行对比，从而间接实现装配操作正确性的检测。

1) 零件排序引导区域提取

零件状态的检测比对主要是针对零件排序区域，因此需要使用矩形选中零件排序引导区域，将其定义为感兴趣区域(region of interest，ROI)。ROI 可以使用矩形区域定义，指定矩形的左上角坐标及矩形的长和宽来设置 ROI。矩形的左上角与图像的左上角重合，其坐标为(0,0)，矩形的宽与图像的宽相等，因此只要确定矩形的长就可以成功获取到零件排序引导区域。根据本章所做的工作，实现了对零件排序引导区域中每一个零件存放矩形块的定位，由此可以得到最右端的矩形边所对应的 x 方向的坐标值，该坐标值就是 ROI 矩形区域的长度。为了保证 ROI 完全包含零件排序区域，在此基础上设定一定的像素阈值。设置 ROI 矩形区域的左上角坐标为(0,0)以及矩形的长和宽，得到如图 5-22 所示的零件排序引导区域的图像，实现零件排序的 ROI 提取。

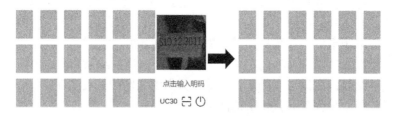

图 5-22   零件排序引导区域 ROI 提取

2) 零件位置的判断

零件状态的检测主要是通过零件位置的分析判断来实现的。采用帧间差分法对两个视频帧进行比对，获取差分图像，利用差分图像寻找零件排序引导区域中状态发生改变的零件并确定其位置坐标，与零件存放矩形块的位置进行匹配，根据零件数据库中的信息判断变动零件的位置是否正确。通过对时间上连续的两帧图像进行差分运算，获取两幅图像对应像素点灰度差的绝对值，当绝对值大于设定阈值时，认为该像素点为运动目标所对应的坐标点，由此就可以实现运动目标的位置检测。

帧间差分法的运算过程如图 5-23 所示。当零件排序引导区域中放入或者取走某一个零件时，会导致该零件成为场景中的运动目标，其状态会发生明显的变化，连续的两个视频帧之间会存在明显的差别，利用帧间差分法可以实现对运动零件的位置进行判断。但是针对静态零件的状态检测，不需要实时捕获零件运动的位置，只需要检测零件排序引导区域某一个位置上零件的存在与否，为了减小程序运算量，可以适当增大两个视频帧之间的间隔。由于零件状态的改变都是在零件明码识别之后进行的，可以设置每一次在点击扫码按钮时先捕获当前的视频帧图像，然后与上一次扫码前捕获的图像进行对比，这样就可以利用帧间差分法准确判断扫码对应的零件是否在指定位置上。

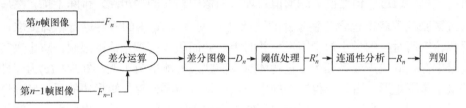

图 5-23　帧间差分法运算过程

图 5-24 和图 5-25 分别为零件位置正确和错误时利用帧间差分法进行处理的结果，将相邻两次扫码前获取的图像进行差分运算，可以将图像中未发生变换的背景像素点灰度设置为 0，由于零件状态发生改变，其所在位置的灰度差值不为 0，从而可以在差分图像中获取零件的灰度差值图像。

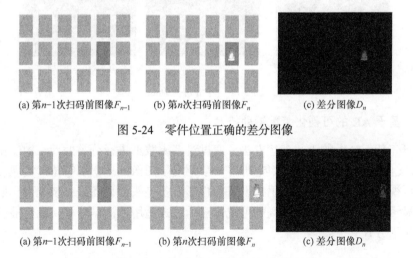

(a) 第 $n-1$ 次扫码前图像 F_{n-1}　　(b) 第 n 次扫码前图像 F_n　　(c) 差分图像 D_n

图 5-24　零件位置正确的差分图像

(a) 第 $n-1$ 次扫码前图像 F_{n-1}　　(b) 第 n 次扫码前图像 F_n　　(c) 差分图像 D_n

图 5-25　零件位置错误的差分图像

为了排除噪声点的干扰，突出目标物体，需要对差分图像进行阈值处理。设定灰度阈值为 T，根据式(5-1)对差分图像 D_n 进行二值化处理，当像素点灰度大于设定阈值时，将其灰度设置为 255，反之设置为 0，增大目标物体与背景的区分度，得到图像 R_n'；然后通过对图像进行连通性分析得到完整的目标物体图像 R_n。

$$R_n'(x,y) = \begin{cases} 255, & D_n(x,y) > T \\ 0, & D_n(x,y) \leqslant T \end{cases} \tag{5-1}$$

图 5-26(a)为对差分图像 D_n 进行阈值处理的结果。在真实的场景中，差分图像容易受到噪声、光照等因素的影响，需要在尽量保证光照条件的环境中进行多次测试，确定阈值 T，获得阈值处理的图像 R_n'。图 5-26(b)为对 R_n' 进行连通性分析的结果，通过中值滤波去除阈值处理后图像中存在的噪声点，排除干扰，然后通过膨胀处理获得包含完整零件的图像 R_n。对图像 R_n 中的零件进行轮廓提取，寻找轮廓所对应的最小包围矩形，并对矩形的面积进行理论范围限制，防止真实场景中存在的噪声或者其他变化物体对零件状态检测造成干扰。图 5-26(c)为零件的最小包围矩形，可以求得矩形的中心点坐标，与零件存放矩形块的顶点坐标进行对比匹配，根据其横纵坐标确定该像素点位于矩形的行列数，由此得到该零件的摆放位置。若与数据库获取的零件排序引导信息一致，则该零件的位置是正确的；反之，则说明当前零件位置存在错误，及时反馈错误预警信息与纠错引导，降低装配过程的失误率。

(a) 阈值处理R_n (b) 连通性分析R_n' (c) 最小包围矩形

图 5-26 零件位置判断

5.3.2 基于 AR 的可视化装配辅助技术

研究基于 AR 的工艺表达方法，通过对多源数据进行分类处理，构建相应的 XML 文件和数据库，使用三维注册、虚实融合、图像处理识别等技术实现装配过程的可视化引导，分别使用手持设备、投影设备、头戴设备进行装配引导信息可视化显示，开展面向装配现场的可视化显示方式适用性测试分析，确定最优的可视化显示方式。

1. 装配引导信息的分类

装配引导信息按照信息来源可以分为两类，一类是传统的装配工艺手册中包含的信息，另一类是 AR 系统中对装配引导信息的补充，即 AR 装配引导信息。装配引导信息的具体分类如图 5-27 所示。

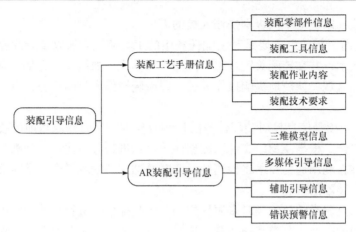

图 5-27　装配引导信息分类

1) 装配工艺手册信息

装配工艺手册主要采用二维工程图、文字、符号等对装配任务进行作业指导，其中包含装配零部件信息、装配工具信息、装配作业内容、装配技术要求等。

(1) 装配零部件信息主要包含零部件的几何信息、工艺信息和生产信息等。

(2) 装配工具信息主要涉及装配过程中使用的设备、工艺装备和辅助工具等。

(3) 装配作业内容中详细记录了装配任务的各个工序，并将工序分为若干工步，具体描述各个工步之间的作业顺序以及每一工步的具体作业内容。

(4) 装配技术要求主要是对装配过程中某些关键的操作或者可能出现的错误进行说明。

2) AR 装配引导信息

针对传统纸质工艺手册存在的表达不直观、操作人员理解负担重等问题，在 AR 系统中对装配引导信息进行补充。建立面向三维模型的装配可视化引导系统，以装配工艺为中心，将零部件工程数据、装配资源数据、装配操作动画组织起来，采用三维模型、多媒体、三维标注、动画等更加直观地对装配任务进行作业指导。AR 装配引导信息是对现有的装配工艺手册信息的增强和补充，其中包含三维模型信息、多媒体引导信息、辅助引导信息、错误预警信息等。

(1) 三维模型极大地改善了零件信息的表达，将制造信息、设计信息等共同定义到产品的三维数字化模型中，以零部件为中心，将产品设计数据、工艺数据和生产数据组织在物料清单(bill of material，BOM)结构树上，使抽象、分散的装配信息更加形象和集中。

(2) 多媒体引导信息主要包含文字、图片、语音、动画、视频等多种形式的装配引导信息，分析不同多媒体形式对装配工艺表达的特性，对装配工艺指令进行统计分类，通过装配工艺的物化设计，将传统的纸质工艺文件转换为多种形式的物化表达，以适应不同级别操作人员的需求。

(3) 辅助引导信息主要是对装配任务中的工具使用方法以及装配操作添加详细的动画演示，并在装配关键步骤中添加三维标注，如箭头、文字、高亮颜色等标记，更加直观、便捷地提醒操作人员，以减轻操作人员的负担，有效提高装配效率。

(4) 错误预警信息是对装配任务的检测及反馈，实时获取当前的装配场景以及用户的操作，根据 XML 文件、数据库等信息进行分析比对，判断当前装配操作的正确性，利用通信技术将检测结果实时叠加到装配场景中，及时反馈给操作用户，提高装配的准确率。

装配信息分类的目的是对多源异构的原始装配数据进行有效的组织与管理，包括数据源的获取、分类和转换等，这对于复杂装配过程尤为重要。在装配过程中，通过构建的装配工艺用户需求特征模型，根据用户和任务的需求，展示不同的装配引导信息，可以减少 AR 辅助装配中冗余的信息展示，提升用户的专注度。

2. 装配场景的虚实注册

AR 系统需要实现真实场景和虚拟对象的融合，采用三维注册技术进行装配场景的虚实注册，准确地实现虚拟对象和真实场景在空间位置的统一。三维注册技术主要是对现实场景中的图像或物体进行跟踪和定位，是实现 AR 系统一致性的基础技术。系统在真实场景中根据目标位置的变化实时检测出摄像头相对于真实场景的位姿状态，并按照使用者的当前视角重新建立空间坐标系，确定所需要叠加的虚拟信息在三维空间中的位置，将这些虚拟信息准确定位并渲染到真实环境中。目前，AR 系统中使用的三维注册技术主要包括基于计算机视觉的三维注册、基于硬件传感器的三维注册以及混合注册。

在航空发动机 AR 装配引导系统中，叶片的装配工作主要是在盘鼓支架上进行的，因此需要利用三维注册技术对盘鼓进行识别定位。装配现场环境复杂多变，全球定位系统和惯性导航系统的定位误差较大，电磁、光学、超声波等硬件传感器容易受到金属、噪声等因素影响[24]，因此选择基于计算机视觉的三维注册方式。

考虑到盘鼓本身具有一定的圆柱对称性，若采用圆形的自然特征识别来进行三维注册，在竖直方向上的旋转角度无法确定，则可能会使整体叶片装配位置出现偏差，从而造成航空发动机的平衡量不满足装配要求。基于以上情况，选择基于标志物的三维注册方式。这种方式计算复杂度较低，不需要先验知识，对硬件要求不高，具有较好的准确性和稳定性，在定位精度和实时性方面满足航空发动机 AR 装配引导场景的需求。

目前有很多成熟的 AR 开发工具包，可以用来辅助三维注册，如 ARKit、ARCore、ARToolKit、Vuforia 等[25]。其中，Vuforia 是集成在 Unity 中的 AR 开发引擎，可以跨平台支持手机、平板、头戴设备对目标图像的检测和跟踪，是目前成熟度较高、应用较广的 AR 开发软件平台。Vuforia 核心是通过特征点匹配算法将相机图像中提取的自然特征点与目标管理器中已知的模板特征点进行匹配，实现对用户自定义的、纹理丰富的人工标记物进行稳定快速的识别、定位及追踪，满足盘鼓识别定位的需求。基于 Vuforia 三维注册的 AR 空间定位技术可以快速实现装配场景的虚实注册。首先，将选择的目标图像作为人工标识物，固定在航空发动机风扇转子叶片装配真实场景中的合适位置；其次，通过相机检测目标图像可以实时计算出相机的位置和姿态信息(位姿信息)，将相机的位姿信息发送到虚拟场景中，并实时调整虚拟相机的位姿参数，使虚拟相机和真实场景中的相机保持同步运动；最后，经过相机-投影的联合标定，保证将虚拟相机中所捕获到的装配引导信息通过投影仪或者 AR 眼镜实时显示在真实的装配场景中，实现装配场景的虚实注册。

5.3.3　基于零件状态感知的物料齐套可视化选取技术

研究航空发动机叶片明码的 OCR 方法，包括前处理、识别和后处理过程。首先，通过图像处理对获取的明码图片进行质量增强，提高识别准确率；其次，对识别的结果进行后处理纠错校正，减少人工干预核对；最后，以此自动化识别为手段建立叶片数据库，实现装配全流程的信息获取和追踪。

1. 零件编码信息的感知与获取

叶片明码的识别主要分为叶片明码预处理和明码字符识别两个过程。叶片明码预处理主要是利用图像处理技术，增大明码字符与背景的对比度，并对明码字符进行矫正；明码字符的识别主要是采用 OCR 技术对预处理图像进行分析识别处理，将明码字符以文本的形式返回。

1) 叶片明码预处理

在背景复杂、光线明暗不均匀、角度倾斜、清晰度较低等复杂环境下，利用工业相机捕获到的叶片榫头的明码图像如图 5-28 所示。针对捕获的金属字符明码，其识别存在一定的难度，可能会出现字符短缺、字符串行和字符识别错误等情况，导致叶片无法正确匹配。为了更好地识别叶片明码字符，首先对叶片榫头的图像进行预处理。预处理主要是排除复杂环境造成的背景干扰，从图像中准确提取出叶片明码区域，实现明码字符的检测。明码字符的检测效果很大程度上影响后续明码识别的准确度和可靠性。

图 5-28　叶片榫头的明码图像

2) 平滑滤波处理

在图像产生、传输的过程中，会因为多方面的干扰而出现噪声或者失真等现象，图像的平滑滤波处理就是在尽可能保留图像细节特征的条件下抑制目标图像中的噪声，同时不损坏图像的轮廓以及边缘等重要信息。滤波处理的效果会直接影响后续图像处理和分析的有效性与可靠性。采用双边滤波对图像进行处理。双边滤波是结合图像的空间邻近度和像素值相似度的一种折中处理，可以在去除噪声的同时实现很好的边缘保存。由图 5-29(a)可以看出，利用工业相机捕获到的叶片榫头的明码图像存在一些外在环境造成的干扰信息，尤其是在明码区域中，会存在环境污染、人为触碰等因素造成的很明显的污点，进而会对后续的明码识别工作造成影响。如图 5-29(b)所示，在叶片的明码区域，双边滤波在保留着字符边缘特征细节的基础上，很好地实现了噪声的去除。

(a) 原始图像　　　　　　　(b) 双边滤波

图 5-29　双边滤波的处理结果

3) 灰度化处理

在图像处理算法中，彩色图像包含 RGB 三个通道的数据，处理时数据量较大，运算复杂，并且颜色信息无法表达图像的形态特征，因此当图像处理的算法对颜色的依赖性不强时，可以通过灰度化处理将彩色图像转换成灰度图像。本节采用加权平均灰度对图像进行处理，效果如图 5-30(a)所示。

(a) 加权平均灰度处理　　　　(b) 二值化处理

图 5-30　灰度处理和二值化处理结果

4) 二值化处理

二值化处理是一种固定阈值的操作，阈值选取的好坏决定图像目标区域与背景的区分程度和后续处理的效果。大津算法(OTSU)是求解图像全局阈值的最佳方法，适用于大部分需要求解图像全局阈值的场合。对于图 5-30(a)中加权平均灰度处理的图像，根据 OTSU 所确定的阈值为 138，进行二值化处理之后得到的结果如图 5-30(b)所示。通过二值化处理，可以将明码字符设置为黑色，字符领域内的背景设置为白色，增大明码字符的对比度，降低后续字符识别的难度，同时提高识别的准确度。

5) 图像倾斜角度矫正

由于捕获明码图像时可能会存在一定的倾斜角度，并不能够完全保证图像中的明码字符是水平或者垂直方向，不同角度的倾斜会给明码字符的识别增加难度。因此，需要对明码图像进行矫正，保证明码字符可以保持水平或者垂直方向，便于后续的识别工作。在叶片明码的图像中，榫头边缘具有明显的直线特征，并且上下边缘与字符方向保持平行，可以利用直线特征提取来检测榫头上下边缘的直线，计算其角度，通过旋转变换对明码图像进行倾斜角度的矫正。因此，采用霍夫变换对图像中的直线特征进行检测提取。

图 5-31 为利用霍夫直线检测算法对明码图像进行矫正的结果。在进行霍夫直线检测之前，首先需要对二值化处理之后的图像进行 Canny 边缘检测，如图 5-31(a)所示；然后对图像进行霍夫直线检测，通过调节霍夫直线检测函数中的距离精度、角度精度以及累加平面的阈值参数，准确提取图像中榫头上下边缘的直线并计算其角度，检测到的榫头上下边缘直线如图 5-31(b)所示。为了防止检测及计算错误，对检测到的两条直线的角度进行对比，当两个角度近似相等时，认为霍夫直线检测符合要求，对角度求取平均值作为图像倾斜矫正的旋转角度，然后根据该角度对二值化图像进行旋转变换，并根据原图像大小进行裁剪，即可得到如图 5-31(c)所示的倾斜矫正图像，明码字符旋转到水平位置，可以大幅减少字符识别时由于角度产生的错误，提高后续明码识别的成功率。

(a) 边缘检测　　　　(b) 霍夫直线检测　　　　(c) 图像倾斜矫正

图 5-31　霍夫直线检测矫正图像

6) 明码字符的识别

叶片明码字符的识别主要是采用光学字符识别技术。随着深度学习的出现和识别算法的不断改进，文字识别的效果和准确率大幅提升，百度、华为云、科大讯飞、旷视科技、矩视智能等很多平台提供了成熟的 OCR 引擎和模板，很好地实现了文字识别。百度人工智能(artificial intelligence，AI)开放平台的文字识别提供多场景、多语种、高精度的文字识别技术。经测试发现，当图片中的明码字符角度接近于 0°、±90°、180°时，字符识别准确率较高，但是当明码字符旋转其他比较大的角度时，识别效果会比较差。经过叶片明码的预处理，不仅可以增大明码字符与背景的对比度，易于识别，并且可以保证字符的角度满足识别要求，提高识别正确率。识别返回的字符串是 S10 12 3006，与图片中的明码字符一致，识别正确。前处理后识别结果示例如表 5-4 所示。

表 5-4 前处理后识别结果示例

百度 OCR	示例 1	示例 2	示例 3
原图识别结果	S1012301A 1A15156259	S1012301 1N417091	S10123011A NW2184694
前处理后识别结果	S10123011A 1AI5156259	S1012301 1DN4170931	S10123011A 1NW2184694

2. 零件编码识别后处理纠错校正

获取到叶片明码的识别结果之后，需要在叶片的数据库中搜寻对应的叶片信息。若叶片明码识别的结果存在问题，则会导致在数据库中无法匹配到对应的叶片，甚至可能会匹配到错误的叶片。为此，需要根据识别结果的置信度、叶片编码规则以及数据库的匹配结果对识别结果进行进一步的人工修改和确认，保证识别的正确性。此外，叶片明码识别容易受到金属反光和环境干扰的影响，导致出现少识别、多识别、误识别、字符串行等错误，影响零件信息的录入和获取准确性，仍然需要人工多次核对以保证识别的准确性。因此，需要对识别结果进行正误判断校正后处理。首先，本节提出一种基于 k-means(k 均值聚类)的明码 OCR 结果行归类方法，确定离散字符的结构化关系，实现对多行字符的正确行归类；其次，构建融合噪声模型的贝叶斯纠错模型，实现对识别错误字符的正确字符预测并后处理校正，提高 OCR 明码字符识别的准确率。

1) 基于 k-means 的字符行归类方法

在金属雕刻字符识别的过程中，会出现字符误识别、漏识别、多识别和字符串行等问题，即使利用图像处理将图像校正并进行增强处理，这种情况仍然不能避免。特别是在倾斜或者高光情况下，这种情况更为明显。此外，在图像干扰因素较多，倾斜校正失败时，倾斜的图像识别出的每个字符仍然是非结构化的，字符归属于哪一行仍然是计算机无法确定的问题，如图 5-32(a)所示，按行输出为{(S1012),(1HW13012A),(211459)}，存在漏识别和错分行；如图 5-32(b)所示，按行输出为{(S10129012),(1BB41543)}，存在误识别和漏识别。在无法确定字符对应的位置和所属行的情况下，对识别结果进行后处理纠错操作的效率就会降低。

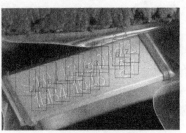

(a) 倾斜情况字符漏识别　　　　　　　　(b) 倾斜情况字符误识别

图 5-32　叶片明码 OCR 识别结果(彩图请扫封底二维码)

二维坐标数据点排布分散没有规律，特征关联关系小，特别是当识别原图倾斜和有高光时，字符少识别、多识别和朝向不定等因素都会导致排列不确定，因此依靠 OCR 的字符坐标信息难以判断字符所属行。在执行字符纠错之前，需要先对字符进行行归类操作，以实现字符结构化。本节提出一种基于 k-means 的字符行归类方法，将二维字符降维为一维向量夹角，以寻找二维散点式布局字符之间的结构关系。如图 5-33(a)所示，以倾斜多行字符为例。以图像 X 轴方向的单位向量为初始向量 $A=(1,0)$。对于给定的 m 个坐标点，取 y 最小值对应点 $P_{y\min}(x_{y\min},y_{\min})$ 为向量起点，除此之外的剩余点 $P_j(2 \leqslant j \leqslant m)$ 为向量终点，构建所有点相对于点 $P_{x\min}$ 的向量 B_j，构建向量 $E=\{A,B_2,\cdots,B_j,\cdots,B_m\}$。如图 5-33(b)所示，由式(5-2)计算初始向量 A 与其他向量 B_j 之间的夹角 θ_j，将原始二维散点数据降维为一维数据集合 $G=\{\theta_2,\theta_3,\cdots,\theta_j,\cdots,\theta_m\}$。使用式(5-3)归一化 G 为 $G'=\{\theta_2',\theta_3',\cdots,\theta_j',\cdots,\theta_m'\}$。若图像逆时针旋转倾斜，则将其以图像垂直中心轴 $y=b$ 进行对称变换，将图像变换为顺时针旋转倾斜。

$$\theta_j = \arccos[(A \cdot B_j)/(\|A\| \cdot \|B_j\|)] \tag{5-2}$$

$$\theta_j' = \lg \sqrt[3]{\theta_j - \lfloor\theta_{\min}\rfloor + 1} \Big/ \lg \sqrt[3]{\theta_{\max} - \lfloor\theta_{\min}\rfloor + 1} \tag{5-3}$$

式中，$\theta_{\max}$ 为集合 G 中 θ_j 最大值；$\lfloor\theta_{\min}\rfloor$ 表示对集合 G 中 θ_j 最小值向下取整。

对数据集 G' 进行 $k=2$ 的 k-means 聚类处理，输出最终聚类出的 2 个簇 $C=\{C_1,C_2\}$，如图 5-34(a)所示。位于同一行字符向量方向基本一致，归类出来的簇内部元素相似度最高，根据式(5-4)计算出来的损失函数 E 最小，则取每簇损失函数最小($E_{\min}$)对应的簇为最大相似方向向量集合，取得对应的向量终点坐标点，即输出为同一行结果 S_1，将剩余的字符赋予为新输入字符，如图 5-34(b)所示。重复上述步骤，识别并归类出所有 α 行字符，直到满足 $\alpha=\text{Line}+1$ 停止迭代，得到

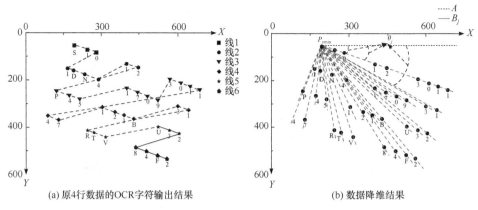

(a) 原4行数据的OCR字符输出结果　　　　(b) 数据降维结果

图 5-33　二维字符降维

自上而下排列出的每行字符 $S = \{S_1, S_2, \cdots, S_\alpha\}$，如图 5-34(c)所示。航空发动机风扇转子叶片明码只有 2 行字符，因此只需一次迭代即可对字符进行行归类，得到排列次序正确的字符结果。

$$E = \sum_{i=1}^{k} \sum_{x \in C_i} \|x - \mu_i\|_2^2 \tag{5-4}$$

式中，μ_i 为每簇的质心，采用式(5-5)计算：

$$\mu_i = \frac{1}{|C_i|} \sum_{x \in C_i} x \tag{5-5}$$

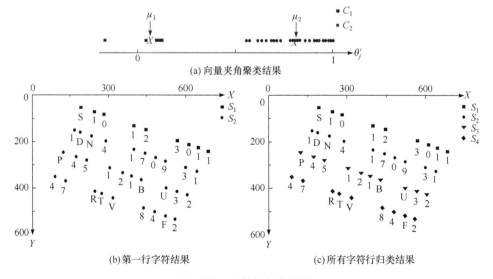

(a) 向量夹角聚类结果

(b) 第一行字符结果　　　　(c) 所有字符行归类结果

图 5-34　字符行归类流程

2) 明码字符识别结果的预处理

完成对识别字符的行归类之后，下一步是对字符进行纠错处理。叶片明码由数字、字母和符号组成，由于符号只有"."这种难以识别的字符，在编码规则中直接剔除符号差异，主要针对数字和字母的识别进行研究。实际叶片明码存在相似度较高的字母和数字(I/1/7、D/O/0)，其差异化低，需要进一步处理保证识别的正确性。因此，采用字符历史库和字符样本库作为数据检索、分析、判断的约束范围，引入字符拆分思想将规范化字符从整体到单位再到单元的最小格式进行拆分，指定字符的判断校正方法，对规范化字符进行正误自动判断。例如，输入明码字符为"S10 12 3012A 1DN4 1709 31"，将整体拆分包括型号、组别、序列号、炉批、生产工厂批次号、顺序号的明码字符单元，完成明码字符词义分割，如表 5-5 所示。

表 5-5　明码字符词义分割

字符单位	字符单元	字符单元	示例	字符位数	字符格式
S_1	S_{11}	型号	S10	3	字母 + 数字
	S_{12}	组别	12	2	数字
	S_{13}	序列号	3012/3012A	4/5	数字(+ 字母)
S_2	S_{21}	炉批	1DN4	4	字母 + 数字
	S_{22}	生产工厂批次号	1709	4	数字
	S_{23}	顺序号	31	2	数字

3) 基于贝叶斯纠错的错误字符校正

采用有监督学习的贝叶斯概率纠错对每块字符单元识别结果进行判断，对样本库不包含的错误字符按照判断校正方法进行字符校正后处理操作，将错误字符修改为隶属于样本库的最相似字符，更新并输出为正确的明码字符结果。首先，根据式(5-6)计算样本库的所有字符单位的词频，即先验概率，生成词频词典。

$$P(S_e) = n_s / N \tag{5-6}$$

式中，n_s 为样本库中 S_e 的个数；N 为样本所有字符单元的个数。

其次，根据词典对字符单元进行贝叶斯纠错校正，依据式(5-7)计算贝叶斯编辑距离操作，计算在给定字符单元的情况下查找到正确字符单元的概率。

$$P(S_e|S_{ij}) = [P(S_{ij}|S_e) \times P(S_e)] / P(S_{ij}) \tag{5-7}$$

式中，e 为某个字符单元；$i = 1,2; j = 1,2,3$。$P(S_{ij}|S_e)$ 表示不同的字符编辑距离对应的概率。为了体现出不同字符的相似度，通过噪声通道模型利用混淆矩阵储存

正确字符识别为错误字符的概率。字符单位混淆矩阵可表示为 $P(M) = P(S_{ij}|S_e)_{n \times n}$，其中 n 表示出现错误种类数，$P(S_{ij}|S_e) = n(S_{ij})/N$ 表示正确字符 S_e 在 N 次识别中被误识别为 S_{ij} 的次数。

纠错在字符级别上使用 Damerau-Levenshtein edit distance[26]来测量。编辑距离度量是指通过对分解后的字符串使用不同的编辑操作集或附加限制进行转换，它是量化两个字符串之间差异和转换所需难度的方式。如图 5-35 所示，灰色表示输入的字符串，绿色表示拆解为单个字符，编辑距离选择 1，蓝色表示执行替换(substitution)操作，橙色表示执行转置(transposition)操作，红色表示执行字符删除(deletion)操作，黄色表示执行字符插入(insertion)操作，粉色表示通过编辑距离操作最终输出结果。通过计算贝叶斯概率，输出排序结果。选取置信度最高的前五个作为当前字符单位的合格候选者，并在数据库中输出对应的整串字符。输出结果必须是唯一解，因此对多个字符单位的多个候选者集合进行合并，实现 OCR 结果的纠错校正。

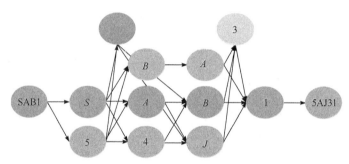

图 5-35　编辑操作示例(彩图请扫封底二维码)

将每块字符单元的判断校正结果集合化，确定置信度最高的明码字符结果，输出即为最终结果；同时需要强调的是，若输出结果为空集，则判断校正需要进行人为干预操作，并赋予该明码结果最高优先权作为后续的比对判断依据，以保证识别结果的准确性，如表 5-6 所示。

表 5-6　后处理判断校正结果示例

示例	示例 1	示例 2	示例 3
OCR 结果	S10123011A 1AI5156259	S1012301 1DN4170931	S10123011A 1NW2184694
判断校正处理后结果	S10123011A 1AJ51562 59	S1123011A 1DN4170931	S10123011A 1NW2184694
是否正确	校正成功	校正成功	校正成功

4) 叶片明码字符管理与流通

利用 Unity3D 引擎开发物料仓库管理系统，集成本地叶片数据库，包含叶片的唯一字符标识码、叶片级数、重力矩、频率、附加信息等几何和功能参数；数据库支持指定叶片身份标识号(identity document, ID)的查找、删除、添加、修改等功能；通过输入识别的叶片明码，查询当前叶片物料数据库信息，获取对应在周转箱中存放的位置信息；操作人员通过佩戴 HoloLens2 AR 眼镜，将可视化指令显示在 AR 眼镜显示视野中，以虚实融合的形式指示叶片存储位置和属性信息，以自然人机交互方式进行虚实物体交互，辅助操作人员主动感知叶片几何和功能信息，快速完成叶片选取和感知，形成一套串联装配全流程数据的物联网络。

3. 装配引导信息可视化

航空发动机风扇转子叶片装配可视化引导主要包括叶片排序可视化引导和叶片装配可视化引导两个场景。为了分析对比手持设备、投影设备、头戴设备在装配现场的可用性，分别在 Android 平板、投影仪、HoloLens2 三个不同的设备上进行可视化引导系统的开发。

1) 可视化平台分析对比

目前，常用的 AR 可视化显示设备主要有手持设备、投影设备和头戴设备，分别选择 Android 平板、投影仪、HoloLens2 三个平台开发叶片排序可视化引导系统和叶片装配可视化引导系统。为了确定最优的可视化显示方式，针对三个不同平台的可视化引导系统开展适用性测试分析。经过调研和实际测试的分析比较发现：①手持设备虽然移动方便，但同时也限制了双手的操作，因此在航空发动机等复杂装配场景中并不适用；②投影设备不需要操作者佩戴任何设备，投影显示范围较大，引导信息以二维形式呈现，适用于位置相对固定、装配操作区域较大、装配操作和引导信息对立体化要求不高的场景中；③头戴设备虽然需要操作者佩戴眼镜，但是同时也解放了操作者的双手，引导信息更加直观形象，适用于相对复杂的装配操作中，可以大幅度减轻操作者的脑力负担。因此，分别选择投影设备投影仪和头戴设备 HoloLens2 作为叶片排序和叶片装配的可视化引导设备，用于构建 AR 装配辅助平台，实现航空发动机风扇转子叶片装配的可视化引导。

2) 叶片排序可视化引导

在低压风扇转子装配之前，操作人员需要根据优选优配的结果将成组的叶片进行排序，并人工多次校核，费时费力。因此，针对叶片排序过程进行可视化引导。图 5-36 为使用 Unity 平台开发的叶片排序可视化引导系统。通过调用相机获取叶片榫头图像，利用 OCR 技术识别叶片的明码信息，在数据库中进行查找，获取对应叶片的优选优配结果信息，采用文字、高亮图标指示当前叶片的摆放位置，引导用户准确高效地完成叶片排序工作。当明码识别有误且后处理校正失败时，提示用户参与人为修改明码结果获取对应的叶片信息，保证系统的稳定性和可靠性。

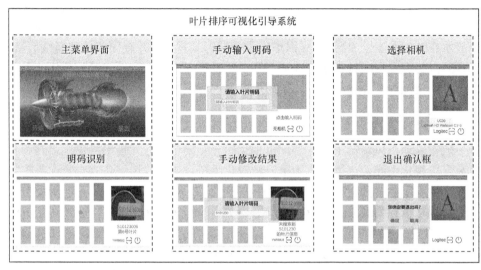

图 5-36　叶片排序可视化引导系统

3) 叶片装配可视化引导

航空发动机低压风扇转子装配过程工艺流程复杂，装配现场进行集中作业导致装配信息出现堆叠重载现象。当前装配缺乏直观形象的可视化引导，造成过于依赖二维的纸质文件、操作人员劳动强度大、理解负担重等问题。因此，针对航空发动机低压风扇转子叶片的装配过程进行可视化引导。

图 5-37 为使用 Unity 平台开发的航空发动机风扇转子叶片装配可视化引导系统。该系统可以选择 Android 平板或者投影仪作为 AR 显示设备，通过相机-投影联合标定，将物化工艺引导信息和三维动画引导信息实时叠加到真实场景中，对装配操作进行可视化引导。引导界面分为物化工艺引导区域、三维动画装配区域、交互区域三部分。物化工艺引导区域提供文字、图片、动画、语音、视频等多级物化工艺，可以根据操作人员的需求显示；三维动画装配区域主要是搭建三维虚拟场景，根据装配工艺要求添加三维动画，通过读取 XML 文件，获取零件的起始位置、终点位置、装配路径、装配工具操作等信息，通过相机-投影的联合标定，实现装配场景的虚实融合，更直观、具体地引导操作人员进行装配；交互区域包含物化工艺切换、装配步骤跳转等按钮，操作人员可以在装配任务过程中通过语音、手势、投影界面自然点击等多通道交互方式与系统进行自然人机交互。

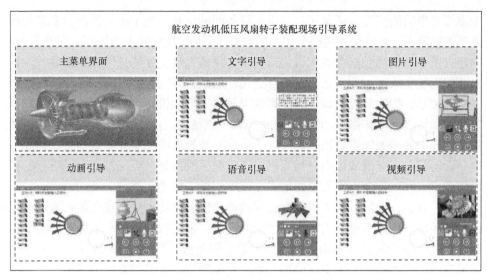

图 5-37　叶片装配可视化引导系统

图 5-38 为使用 Unity 平台开发的基于 HoloLens2 的航空发动机低压风扇转子叶片装配可视化引导系统。系统采用基于人工标识物的三维注册技术，实现场景的虚实融合，虚拟的三维装配动画体现了零件的起始位置、结束位置以及路径规划，同时在场景中添加指引箭头、文字等引导信息，直观准确地帮助工作人员进行装配操作。工作人员可以使用手势、眼动、语音多种交互方式点击按钮，实现工步的跳转、暂停、结束以及退出等操作，根据装配进度更新虚拟模型的三维动画，逐步引导工作人员进行装配操作，直到完成装配任务。

图 5-38　基于 HoloLens2 的叶片装配可视化引导系统

5.4　XR 装配过程人机交互技术

扩展现实(XR)是增强现实(AR)、虚拟现实(VR)和混合现实(mixed reality, MR)的统称。与传统的人机交互有所不同，XR 中的人机交互不仅是用户与 AR 场景中虚拟对象间的交互，还是用户与 AR 设备间的交互。为了适应目前和未来的计算机系统要求，人机交互应综合用户的语音、手势、视线和表情等多维交互通道，构建三维、非精确及隐含的人机交互关系，提高人机交互的自然性和高效性。针对装配现场复杂环境下自然人机交互适用性问题，研究自然人机交互与环境因子之间的关系，构建装配现场环境多影响因子对系统人机交互的权重关系，实现对当前装配情境和操作指令的状态感知，系统判断推送自然人机交互的可用性。利用模糊理论的相关知识将语音交互、手势交互及投影增强交互建立框架式集成，建立面向复杂工况的多模态自然人机交互模型，改善复杂工况自然人机交互的可用性和宜人性。首先，研究投影增强交互系统标定技术和基于 Leap Motion 的手势定义。其次，计算不同人机交互方式的可用性，量化人机交互性能；通过在非结构化环境下测试各模态人机交互性能的变化，确定各种环境影响因子对各个模态人机交互性能的具体影响。最后，采取隶属函数+模糊综合评价法的方式建立多因素条件下多模态人机交互模型。该交互模型包括人机交互性能显示及多模态人机交互构架两个部分，共同组成多模态人机交互系统。

5.4.1 多模态人机交互关键技术

1. 手势交互技术

随着传感技术、图像处理、深度学习等技术的不断发展，追踪手势的方法越来越多，人机交互的方式也在不断革新。手势交互属于三维交互，相对于二维交互具有更多的操作自由度，因此需要全新的交互隐喻，即将系统功能或者按钮状态映射为虚拟空间内的比拟操作,使手势交互更符合人体工程学和用户交互习惯。本节的装配引导系统设计的手势交互示例如表 5-7 所示。手势操作分为静态手势和动态手势两种类型，静态手势仅依靠手势形状传递信息，动态手势是判断手的形状与位置随时间的变化来表达更丰富的信息。Leap Motion 可以精准检测手的移动速度，因此使用动态手势操作进行手势交互。

表 5-7　手势指令定义

指令信息	相应手势示意	指令信息	相应手势示意
上一步指令		切换引导信息类型指令	
下一步指令		投影-相机切换指令	

续表

指令信息	相应手势示意	指令信息	相应手势示意
暂停指令		结束指令	

2. 语音交互技术

在投影增强装配引导过程中，投影的交互多用手来实现。实际中，存在装配人员的手被占用的情况，仍然采用手进行交互则极为不便。在头戴式设备装配引导过程中，多以空间手势或触摸板的交互为主，过程复杂且准确率较低、难以记忆，额外增加了装配人员的操作负担[27]。语音交互方式是以人的语言信息作为交互信号的输入，可以脱离双手实现交互控制。语音在信息交流中自然高效、记忆负荷很小，并且不会在装配引导的过程中依赖手的操作，避免对装配过程造成影响。语音交互信息传达准确、对环境分贝要求低，但是语音语义信息一般为非结构化，为准确识别造成一定的麻烦[28]。

语音识别时除了需要监听器不断地监听环境语音输入，还需要语法识别器，其用来定义明显的声音信号作为监听短语，用以启动语音输入。多个语法识别器可以同时处于监听状态进行监听声音信号，但是两个语法识别器不可以使用相同的语法文件，即不能使用同一个的语音指令控制不同的触发任务。在监听语音输入后，将接收的短语与注册关键字列表进行匹配，开始识别判断其携带的语义信息。短语识别的信息包括对识别可信度的衡量、接收短语的时长、短语开始发声的时间、所识别短语的语义及所识别的文本。本节所设计的语音指令库部分示例如表 5-8 所示，不同的系统可以根据需求设计合理且易识别的语音指令。语音正确识别后即可实现系统的交互。

表 5-8　语音指令库

功能	语音指令	功能	语音指令
文字工艺	文本	视频播放	播放
语音工艺	语音	视频暂停	暂停
图片工艺	图片	上一工步	上一步
动画工艺	动画	下一工步	下一步
专家视频	视频	视频加速	加速
AR 虚实融合工艺	AR	视频减速	减速

3. 基于图像处理和 Leap Motion 的投影界面自然交互技术

1) 投影增强交互系统标定技术

在投影增强交互中，当改变投影仪与投影平面之间的相对位置时，投影的按钮尺寸和相对空间关系发生变化，因此需要进行标定。标定的目的是获取投影的按钮与理论尺寸之间的比例关系及按钮所在的像素点坐标，以实现精准的投影按钮自然点击交互。相机的光学理论模型可以用小孔成像模型来描述[29]，小孔成像模型是指由相机拍摄的景物经相机光轴中心点投射到相机光学成像平面上的相机模型，其光学成像原理如图 5-39 所示。

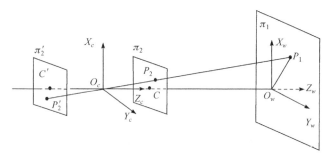

图 5-39　相机光学理论模型

设真实物体上的点 P_1 在世界坐标系下的三维坐标为 (x_w, y_w, z_w)，相机坐标系下的三维坐标为 (x_{cw}, y_{cw}, z_{cw})，对应映射点 P_2 的三维坐标为 (x_c, y_c, z_c)。世界坐标系与相机坐标系之间对应的映射关系称为相机标定参数，根据计算机图形学中的相关原理[30]，其映射变换可表示为一个平移变换加上一个旋转变换，其表达形式为

$$\begin{bmatrix} x_{cw} \\ y_{cw} \\ z_{cw} \\ 1 \end{bmatrix} = \begin{bmatrix} i_x & j_x & k_x & t_x \\ i_y & j_y & k_y & t_y \\ i_z & j_z & k_z & t_z \\ 0 & 0 & 0 & 1 \end{bmatrix} \begin{bmatrix} x_w \\ y_w \\ z_w \\ 1 \end{bmatrix} = \begin{bmatrix} R_c & T_c \\ 0 & 1 \end{bmatrix} \begin{bmatrix} x_w \\ y_w \\ z_w \\ 1 \end{bmatrix} = M_{cew} \begin{bmatrix} x_w \\ y_w \\ z_w \\ 1 \end{bmatrix} \tag{5-8}$$

式中，R_c 为旋转矩阵；T_c 为平移向量；M_{cew} 为相机标定参数矩阵。

世界坐标系到相机坐标系的平移向量 T_c 表示世界坐标系 $O_w\text{-}X_wY_wZ_w$ 的原点在相机坐标系 $O_c\text{-}X_cY_cZ_c$ 中的三维位置。旋转变换矩阵 R_c 由 i、j、k 三个向量组成，分别表示世界坐标系 $O_w\text{-}X_wY_wZ_w$ 中 X_w 轴、Y_w 轴、Z_w 轴在相机坐标系 $O_c\text{-}X_cY_cZ_c$ 中的方向向量。

真实物体的三维坐标，最终根据小孔成像的原理，在平面 π_2' 上所成的图像是一幅按比例缩小的倒实像，而相机通过图像传感器呈现在显示器上的数字图像可以视为等效平面 π_2 上的正像经过一定的变换而形成。由图 5-39 中的几何关系可知，等效平面上的映射点 $P_2(x_{cw}, y_{cw}, z_{cw})$ 与图像平面上的像素点 (u_c, v_c) 之间的对

应关系通过齐次矩阵形式表达为

$$
\begin{bmatrix} u_c \\ v_c \\ 1 \end{bmatrix} = \begin{bmatrix} a_x & 0 & u_0 & 0 \\ 0 & a_y & v_0 & 0 \\ 0 & 0 & 1 & 0 \end{bmatrix} \begin{bmatrix} x_{cw} \\ y_{cw} \\ z_{cw} \\ 1 \end{bmatrix} = \begin{bmatrix} M_{\text{camera}} & 0 \end{bmatrix} \begin{bmatrix} x_{cw} \\ y_{cw} \\ z_{cw} \\ 1 \end{bmatrix} \tag{5-9}
$$

式中，a_x、a_y 分别为沿 X 方向和 Y 方向的放大系数；M_{camera} 为相机自身参数矩阵。a_x、a_y、u_0、v_0 这四个参数共同构成相机自身参数中经典的四参数模型。

由于投影界面通常为二维平面，系统的交互区域也是二维区域，为了方便进行标定和信息数据传递，通过对式(5-8)中旋转和平移矩阵进行降维简化，并结合相应的比例变换得到式(5-10)：

$$
\begin{bmatrix} x \\ y \end{bmatrix} = \begin{bmatrix} c_x & 0 & l_x \\ 0 & c_y & l_y \end{bmatrix} \begin{bmatrix} x_w \\ y_w \\ 1 \end{bmatrix} \tag{5-10}
$$

式中，c_x、c_y 分别为沿 X 方向和 Y 方向的缩放系数；l_x、l_y 分别为沿 X 方向和 Y 方向的平移距离；x_w、y_w 分别为实际位置坐标；x 和 y 为理想位置坐标。

因此，只要得到 c_x、c_y、l_x 和 l_y，即可得到实际坐标与理想位置坐标之间的关系。利用鼠标单击获取投影增强交互区域的四个顶点，如图 5-40 所示，计算出上面的四个参数，从而完成相应数据的转换，实现对投影按钮的标定，进而实现精准的点击交互。

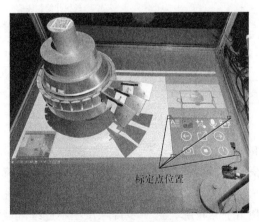

图 5-40　交互区域标定点

2) 投影增强交互技术

投影增强交互是基于投影显示的 AR 人机交互技术，可以直接对环境表面的信息进行增强。相对于头戴式或手持式 AR，基于投影显示的 AR 方式可以使用户获得更大的活动自由度，尽可能减少对用户本身带来不适，如头戴式 AR 设备在长时间操作时，操作人员会出现头晕、眼睛模糊等问题。因此，通过投影增强的方式引导装配可以减轻用户的额外负担，鼠标键盘等传统的人机交互方式已经不再适用于新型的 AR 装配辅助系统。因此，良好高效的人机交互可以使整个装配进程高效有序[31]。

采用基于图像处理和 Leap Motion 的手指检测方法实现投影按钮的点击，从而实现投影增强交互。如图 5-41 所示，利用 Leap Motion 检测到人手出现在交互区域时才会开启点击区域判别任务进程，避免类似手的异物引发误识别和误触发。基于图像处理判断出指尖的位置，并确定其与装配指令按钮的相对关系，根据手指在装配指令按钮上停留的时间来确定是否触发了相应的点击交互。

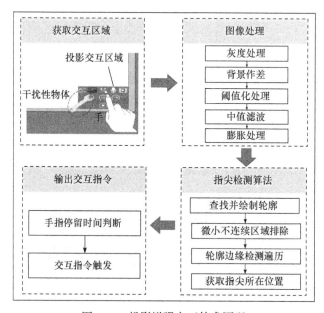

图 5-41　投影增强交互技术原理

其中，手指尖的识别流程如下：

(1) 利用相机获取投影增强装配中人机交互区域的视频流并进行灰度化等处理，利用帧差法与背景作差获取差值图，对差值图进行阈值化处理。

(2) 查找并绘制出手的轮廓，进一步排除微小不连续区域的干扰，从而得到手部所在的像素点区域，并以指尖为中心绘制出一个矩形用以显示指尖范围。

(3) 通过指尖所在区域与按键所在像素点坐标对比，根据相对关系、停留时间(1s)判断是否触发相应交互指令。

投影增强交互操作实验场景如图 5-42 所示。

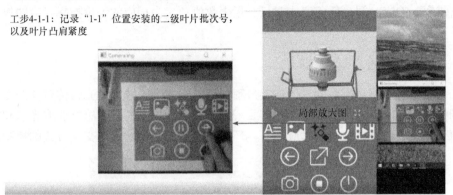

图 5-42　投影增强交互操作

5.4.2　单模态人机交互与环境因子关系获取

风扇转子装配现场人机交互性能测试具体为在非结构化环境下的人机交互可用性评估。通过用户实验，使用户在不同的实验环境下通过不同的人机交互方式完成一段固定的投影增强装配任务。根据用户在完成任务过程中的具体表现及用户自己填写的调查问卷来确定在该环境中该模态人机交互的具体性能，如图 5-43 所示。

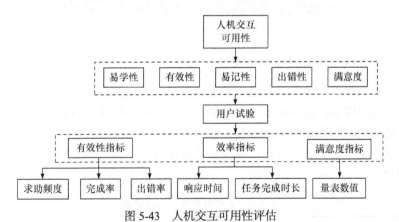

图 5-43　人机交互可用性评估

通过对求助频度、完成率、出错率、任务完成时长、响应时间和量表数值进行量化并加权结合，最终得到的数值即该模态人机交互方式在当前评价标准下的可用性，即在非结构化环境下的人机交互性能，如式(5-11)所示：

$$T = \sum_{i=1}^{n} a_i X_i, \quad n = 6 \tag{5-11}$$

式中，T 为该条件下人机交互性能的最终得分；X_i 分别表示求助频度、完成率、出错率、响应时间、任务完成时长、量表数值；a_i 为相应的评价指标对应的权重系数。

1. 环境状态感知模块设计

环境状态感知模块的具体连接过程如图 5-44 所示。选用的光强传感器照度范围为 0～500lx，选用的噪声传感器量程为 30～130dB。通过传感器获取光强和噪声变化的电信号，并换成对应的真实环境因素值，实现对人机交互方式的控制。

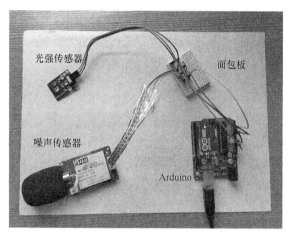

图 5-44　环境状态感知模块

2. 人机交互可用性评估实验设计

通过检测在不同光照强度及噪声强度下各模态人机交互的具体表现，从而建立它们之间的联系。在本实验中，有效性指标为求助频度、完成率和出错率；效率指标为响应时间和任务完成时长；满意度指标为通过用户填写量表计算出的用户综合满意度，如表 5-9 所示。根据这些指标对此种情形下的人机交互性能进行综合评价。

表 5-9　人机交互性能测试量表

序号	问题
Q1	该交互方式响应速度很快
Q2	该交互方式响应比较准确
Q3	该交互方式在操作过程中很方便使用
Q4	该交互方式记起来很复杂
Q5	该交互方式跟正常习惯差异较大

续表

序号	问题
Q6	该交互方式影响正常的装配过程
Q7	喜欢在装配中使用该交互方式

随机选择 12 名用户进行实验测试，其中，8 名男生，4 名女生，年龄为 21～28(平均值 M 为 24.35，标准差 SD 为 0.28)，专业是工业设计和航空宇航制造工程。有投影 AR 使用经验的人员共 5 人，没有投影 AR 使用经验的人员共 7 人；有利用 Leap Motion 进行手势交互经历的人员共 4 人；每个人均有利用语音交互的经历，包括语音输入、手机智能语音指令、声控音响等方式。将用户分为三组，组别 1 测试不同光照强度下投影增强交互，组别 2 测试不同光照强度下手势交互，组别 3 测试不同噪声强度下语音交互。在实验开始前，对实验人员进行实验操作培训，以消除不同实验人员之间的差异。

采取控制变量的实验方法，即单独测量光照强度和噪声强度对投影增强交互、手势交互、语音交互的影响。使实验操作者分别在不同光照强度及噪声强度下完成一个装配实验，然后通过调查问卷填写用户对该环境及人机交互方式的意见，同时记录下完成整个装配实验所用的时间及在装配过程中用户的表现，如是否需要多次点击投影交互按钮才能触发装配指令，同一个手势是否多次操作才能够触发装配指令，以及通过语音指令触发交互时的系统响应情况。由实验者对调查问卷及操作过程中用户的表现进行打分，从而确定此种情况下相应人机交互性能。进行多组实验，根据实验结果计算出环境因子与具体人机交互性能之间的关系。

3. 人机交互可用性测试结果分析

根据对结果的影响程度，在本实验中各个性能指标权重分别为：求助频度 0.1，完成率 0.1，出错率 0.1，响应时间 0.1，任务完成时长 0.2，用户量表综合数值 0.4。每个性能指标最低为 0 分，最高为 100 分。其中，求助频度、完成率、出错率、响应时间和任务完成时长由工作人员统计，用户在完成每个实验后填写对应的调查问卷，然后根据问卷结果计算出相应的分数。在完成所有组实验后，由实验人员计算出最终的分值即该交互方式的可用性。对于每个测试组别，采用式(5-12)计算平均值，从而尽可能避免个人因素的影响。

$$\text{res} = \frac{\sum_{i=1}^{n} x_i}{n} \tag{5-12}$$

式中，res 为每组实验结果的平均值；x_i 为每组实验结果的得分；n 为实验的人数。

　　噪声强度和光照强度测试实验结果如图 5-45 所示。通过分析实验结果可知，光照强度主要影响投影增强交互的性能，并且随着光照强度的增加，其可用性逐渐降低。主要原因为当使用基于图像处理的帧差法识别手部时，光照强度增加，作差后的图像阈值差值降低，导致识别效率下降，从而导致交互性能下降。光照强度对手势交互的影响较小，随着光照强度的增加，手势交互性能基本不发生变化，这是因为 Leap Motion 是通过红外探测手部信息的，而本节采用的光源是人眼可见范围的波段光。噪声强度对语音交互的影响较大，当噪声比较大时，系统难以检测到语音指令。因此，应该尽量在安静的情况下使用语音交互。整个测试环境中，受到用户个人主观情况影响较大，因此实验的结果仅用于理论分析，在实际工厂中的表现，还需要进行大量的测试并细化测试组别的划分，以得到更符合理论的结果。

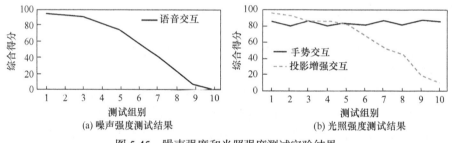

图 5-45　噪声强度和光照强度测试实验结果

5.4.3　基于模糊理论的多模态人机交互模型构建

　　建立单模态人机交互与环境因子之间的隶属函数，包括通过模糊分布及数据拟合建立的单模态人机交互与单环境因子之间的隶属函数，以及通过模糊综合评价法建立的单模态人机交互与复合环境因子之间的隶属函数两个部分。

　　1. 基于模糊分布-模糊综合评价的模糊理论

　　1) 单模态人机交互与多重影响因子关系建立

　　采用模糊理论建立人机交互与环境影响因子之间的关系。考虑多种环境因子对各个模态人机交互的影响并得出可用性的综合判断，本节使用的是模糊综合决策方法，是研究在模糊环境下或者模糊系统中进行决策的数学理论和方法，包括建立综合评价的因素集、综合评价的评价集、确定各因素的权重、确定综合评价矩阵、建立综合评估模型和确定系统总得分。

　　2) 单模态人机交互与单个影响因子关系建立

　　为了建立单模态人机交互与单个影响因子之间的关系，利用模糊理论中的隶属函数来定量描述单模态人机交互性能与单个环境影响因子的关系。隶属函数是一般集合中指示函数的一般化，用于描述模糊集合中元素的关系。其中，单一元素对应指示函数的值有可能是0或者1，而对应隶属函数的值属于0~1，该数值的含义是属于该模糊集合的"真实程度"。A表示在U上的模糊集，$A(u)$称为u对A的隶属度。A为各模态人机交互性能，即可用性，u为光照强度或噪声强度。隶属函数确定的常用方法有模糊统计方法、模糊分布法和专家经验法等。结合各个模态人机交互性能与各个环境因子的关联关系，本节采用模糊分布法，将人机交互性能测试结果与常用模糊分布进行对比。

定义在实数域的模糊集，对应的隶属函数为模糊分布。该方法利用现有的模糊分布，根据现有模糊分布图像的特点及所要解决问题的性质，经过比较选取最适合的模糊分布。通过测量数据确定模糊分布中相应的参数。常用的模糊分布包括Z形分布、矩形分布、抛物形分布、梯形分布及岭形分布等。若没有符合的模糊分布，则采取数据拟合的方式求解出隶属函数。

2. 考虑环境影响的多模态人机交互模型

1) 单模态人机交互与单环境因子间隶属函数建立

采用模糊分布法确定隶属函数。通过分析比较现有的隶属函数，根据趋势、拐点等特征，找出最符合环境因子变化的隶属函数。通过对比可以发现，考虑到下降最快的位置基本靠近变化区间中点位置，投影增强交互比较符合偏小型岭形分布，即隶属度随光照强度变化没有明显影响，如图5-46(a)所示。在之前的分析中发现，环境光照基本不会影响Leap Motion的工作状态，因此不再考虑此种情形。此外，在噪声强度测试实验中，语音交互的隶属函数曲线比较符合Z形分布，如图5-46(b)所示。

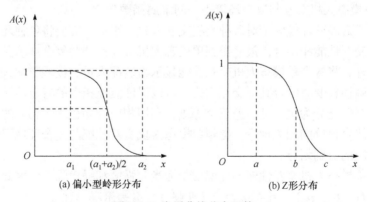

(a) 偏小型岭形分布　　　　　　(b) Z形分布

图5-46　隶属曲线分布函数

经过图像对比和估算，确定相应的参数，得到投影增强交互和语音交互的隶属函数：

$$A_1(x)=\begin{cases}1, & x\leqslant 100\\ \dfrac{1}{2}-\dfrac{1}{2}\sin\dfrac{\pi}{550}(x-375), & 100<x\leqslant 650\\ 0, & x>650\end{cases}\quad(5\text{-}13)$$

式中，x 为周围环境的光照强度；$A_1(x)$ 为光照强度对于投影增强交互性能"好"的隶属程度。

$$A_2(x)=\begin{cases}1, & x\leqslant 20\\ 1-\dfrac{1}{2}\left(\dfrac{x-20}{40}\right)^2, & 20<x\leqslant 60\\ \dfrac{1}{2}\left(\dfrac{x-85}{25}\right)^2, & 60<x\leqslant 85\\ 0, & x>85\end{cases}\quad(5\text{-}14)$$

式中，x 为周围环境的噪声强度；$A_2(x)$ 为噪声强度对于语音交互性能"好"的隶属程度。

为了描述人机交互性能的好坏，选择可用性指标进行量化，具体表现为综合得分。因此，综合得分的高低反映的是人机交互性能这一模糊概念。对于人机交互性能"好"的隶属程度，它会随着各种环境因子发生变化，因此可以利用隶属函数来表示。例如，当光照强度很大时，人机交互可用性的评分很低，说明此时人机交互性能很差，即人机交互性能对"好"的隶属度很低。综上，隶属函数的纵轴可以通过归一化表示，横轴可以是具体的环境因子或者其他的人机交互影响因素。

2）单模态人机交互与复合环境因子间隶属函数建立

为了考虑多种环境因子对每种人机交互方式的影响，需要将各种环境因子单独对人机交互性能相结合，最终得到单模态人机交互性能与复合环境因子的隶属函数。此外，将各个单模态人机交互性能显示给装配人员，提醒装配人员在装配指令的正确性较低时结合其他交互方式，可以保证装配指令的有效性。将各个模态人机交互性能分为优、良、差三个等级，利用相应的颜色表示相应的等级。借助于模糊综合评价的相关理论，得到单模态人机交互性能与复合环境因子的隶属函数及对应的级别划分。

影响单模态人机交互性能的环境因子为光照强度和噪声强度。因此，因素集 U 表示为 $U=\{u_1,\ u_2\}$，其中 u_1 表示光照强度，u_2 表示噪声强度。

单模态人机交互性能评价分别以优、良、差三个结果表示。因此，评价集 V 表示为 $V=\{v_1,\ v_2,\ v_3\}$，其中 v_1 表示优，v_2 表示良，v_3 表示差。

对于手势交互，u_1 对应的权重为 d_{11}、d_{12}，对应的模糊集用 D_1 表示，则 $D_1=$

$\{d_{11}, d_{12}\}$。同理，语音交互、投影增强交互的模糊集分别用 D_2、D_3 表示，u_2、u_3 对应的权重分别为 d_{21}、d_{22}，d_{31}、d_{32}，则 $D_2=\{d_{21}, d_{22}\}$，$D_3=\{d_{31}, d_{32}\}$。因此，可以得到

$$D = \begin{bmatrix} d_{11} & d_{12} \\ d_{21} & d_{22} \\ d_{31} & d_{32} \end{bmatrix} \tag{5-15}$$

式中，$D_i = \begin{bmatrix} d_{i1} & d_{i2} \end{bmatrix}, i=1,2,3$。

隶属函数向量 $A_i = \begin{bmatrix} A_{i1} & A_{i2} \end{bmatrix}$，其中 A_{i1} 表示光照强度对相应人机交互方式的隶属函数，A_{i2} 表示噪声强度对相应人机交互方式的隶属函数。因此，单模态人机交互性能与复合环境因子的隶属函数为

$$M_i = A_i \cdot D_i^{\mathrm{T}} \tag{5-16}$$

式中，M_i 为复合环境因子分别对投影增强交互、手势交互、语音交互的隶属函数。经过专家打分，得到模糊综合评估矩阵 R_i：

$$R_i = \begin{bmatrix} r_{11}^i & r_{12}^i & r_{13}^i \\ r_{21}^i & r_{22}^i & r_{23}^i \end{bmatrix}, \quad i=1,2,3 \tag{5-17}$$

接下来，建立综合评估模型，如式(5-18)所示：

$$B_i = D_i \cdot R_i, \quad i=1,2,3 \tag{5-18}$$

取 B_i 中最大的值作为综合评判的结果，然后根据结果在操作界面显示出对应的颜色提示。

在投影增强装配过程中，不同的工作环境如光照、周围噪声等，对新型人机交互方式具有很大的影响。因此，需要确定各单模态人机交互方式在不同工作环境下的具体可用性。考虑光照强度和噪声强度对新型人机交互方式的影响，并根据相关的理论知识得到光照强度对投影增强交互的隶属函数和噪声强度对语音交互的隶属函数。根据相关的理论知识和生活中的常识信息，噪声强度对手势交互和投影增强交互不会造成影响，光照强度对语音交互也不会照常影响，因此可以认为隶属函数为偏大型矩形分布的情况。当需要考虑更多对人机交互产生影响的因素时，只需要利用统计等方法计算出相应的隶属函数，然后添加到相应的矩阵中即可完成相应维度的提升。此部分得到的隶属函数用于支撑建立多模态人机交互模型。

3) 复合环境因子与多模态人机交互关联模型

构建基于模糊理论的多模态人机交互模型，即构建复合环境因子与多模态人机交互关联模型，将各个模态人机交互方式有效结合起来，利用相应的隶属函数

及控制函数，通过式(5-19)计算多模态人机交互模型：

$$A(u) = \begin{bmatrix} \omega_1 & \omega_2 & \cdots & \omega_n \end{bmatrix} \begin{bmatrix} A_1(u) & A_2(u) & \cdots & A_n(u) \end{bmatrix}^{\mathrm{T}} \tag{5-19}$$

式中，$A(u)$ 为多模态人机交互模型总的隶属函数；$A_n(u)$ 为对应单模态人机交互的复合隶属函数；ω_n 为对应的 $A_n(u)$ 系数，在系统触发相应交互方式时，ω_n 为 1，否则为 0，即

$$\omega_n = \begin{cases} 0, & \text{未触发} \\ 1, & \text{触发} \end{cases} \tag{5-20}$$

根据 $A(u)$ 的结果决定装配过程的具体进程，当其小于一定值时，即正在使用的人机交互方式的性能不够，导致最终结果的可信度较低。此时，该人机交互方式会呈现出红色显示，需要考虑同时触发两种或两种以上的人机交互方式，从而保证装配指令的有效性。在设定的时间内触发两种或两种以上的人机交互方式时，系统会判定该操作为同一工步的复合指令。在面向低压风扇转子现场装配的系统中，式(5-19)中的 n 为 3，分别表示投影增强交互、手势交互和语音交互。

5.5　复杂机械产品装配的可视化管理与工艺优化决策平台

开发基于 AR 的航空发动机风扇转子叶片装配引导原型系统，实现装配现场的场景虚实融合，引导操作人员完成叶片的排序及装配，并对操作过程进行实时检测，及时反馈错误预警信息与纠错引导方案；选取航空发动机风扇转子叶片装配为应用验证对象，设计实验对比该 AR 引导系统与传统纸质工艺文件引导方式的差异，统计分析操作人员的装配效率、准确率以及用户体验，验证该系统的可靠性和有效性。同时利用该系统测试装配过程中的多模态人机交互任务，实时推送最优的人机交互方式，满足用户的交互引导需求，实现用户与装配辅助系统的人机协同作业。设计实验对比多模态人机交互方式与单模态人机交互方式的性能差异，统计操作人员对与该系统自然交互的主客观数据，验证该系统的自然人机交互方式的优越性。

5.5.1　面向装配执行过程的可视化引导辅助系统

针对航空发动机风扇转子叶片装配的过程，主要将叶片装配执行过程分为叶片选取和叶片排序装配两个过程，分别使用 AR 眼镜和投影仪等 AR 设备，构建航空发动机风扇转子叶片装配执行过程的可视化引导原型系统。

1. 物料可视化选取模块

传统的物料齐套过程是根据纸质需求文件进行查找选取，在物料个体信息表

达方面仍有欠缺。利用 HoloLens2 AR 眼镜作为可视化展示硬件设备，并通过 Unity 2019.4.12f1、Visual Studio2019 和 SQLite studio 数据库可视化软件进行开发，本实验的系统架构如图 5-47 所示。搭建的系统由底层信息数据库作为支撑，包含同图异质零件的外接附加信息(仓储位置、优选优配结果、排列顺序)和本身所属信息(级别、字符明码、重量、重力矩、频率)等，利用 SQLite 数据库存储数据，并集成在 Unity 中，AR 实验所需的所有物料数据信息都由此数据库支撑。对整个仓库场景的货架、物料箱、周转箱、零件等进行三维重建，在实际物料选取作业过程中，通过识别 Vuforia 码实现整个场景的定位，目的是达到虚拟仓库和真实仓库的高度融合，进而实现零件级别的信息融合。

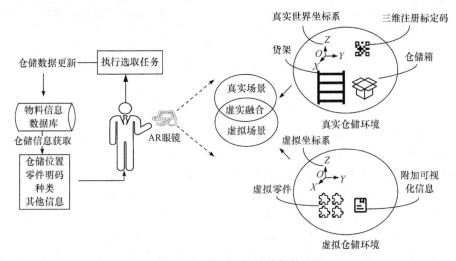

图 5-47　物料选取系统架构

将系统分为三个模块，第一个模块是物料搜索模块，即系统从信息数据库中获取物料信息，构建数字化信息和物理空间实体的关联关系，确定物料仓储位置；第二个模块为物料选取和放置模块，以可视化指令引导操作用户选取同图异质零件；第三个模块为信息感知模块，针对不同的齐套物料类别，调用数据库信息，以不同的方式展示给用户，辨识选取物料的自身属性并判断是否正确。

2. 零件排序和装配可视化引导原型系统

1) 原型系统软硬件环境

零件排序和装配可视化引导原型系统软硬件环境如图 5-48 所示，主要由服务器端和可视化端两部分组成。服务器端主要完成信息存储、系统开发、图像处理、工程部署等工作，可视化端主要是对虚拟场景与真实环境进行虚实注册，将引导信息呈现给操作人员。

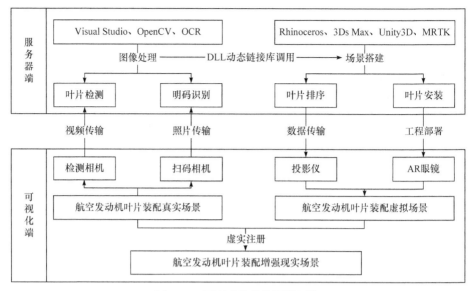

图 5-48　原型系统的软硬件环境

原型系统硬件包括服务器(Windows10，Intel i7 9700H 3.4GHz，GTX 2080，32GB)、投影仪(1024×768，3200 流明)、HoloLens2 AR 眼镜和工业相机(2592×1944P，75mm)，并使用 SolidWorks2018、3Ds Max2019、Unity2019.4.12f、Visual Studio2019、OpenCV3.1.0 进行开发。叶片排序引导系统通过投影仪投射到工作工位上进行可视化显示，并通过多模态人机交互方式进行交互；通过 AR 眼镜进行叶片装配的可视化引导，使用手势、眼动与系统交互；在可视化端将叶片排序和叶片装配的 AR 场景分别通过投影仪和 AR 眼镜呈现给操作人员，同时使用相机获取叶片明码照片和叶片排序的视频画面，在服务器端对图像进行 OCR 和检测比对处理，分析判断零件信息和摆放状态，将结果实时传输到虚拟场景中进行可视化显示。

2) 实验场景介绍

为验证系统的可行性，在实验室环境中搭建航空发动机风扇转子叶片装配的实验平台，主要包括叶片排序和叶片装配两个实验场景。

(1) 叶片排序场景搭建。

叶片排序引导选择投影仪作为可视化平台，其物理场景如图 5-49(a)所示。将投影仪和检测相机固定在操作平台的上方，将引导信息投影到操作平台上，检测相机将操作平台的图像传入服务器中，对叶片状态进行检测，判断叶片位置是否正确。利用支架将扫码相机固定在平台上，用于获取叶片明码图像，通过明码识别获取对应的叶片信息。

(a) 物理场景　　　　　　　　　　　　(b) 人机交互界面

图 5-49　叶片排序的物理场景和人机交互界面

在 Unity3D 中进行虚拟引导系统的开发,通过投影仪将虚拟引导场景的人机交互界面叠加在叶片排序的物理场景中, 如图 5-49(b)所示。虚拟引导场景的系统界面可以分为叶片排序引导区域、扫码识别区域、交互区域。通过扫码识别区域可以观察到当前扫码相机捕获的叶片榫头的图像,根据叶片明码识别的结果从数据库中获取对应的叶片信息,通过高亮显示及文字引导完成叶片排序的工作。

(2) 叶片装配场景搭建。

叶片装配主要是将叶片按照优选优配的结果依次固定在盘鼓上,选择 HoloLens2 眼镜作为 AR 显示平台。由于保密性等客观条件的限制,本节通过 SolidWorks2019 构建零部件的三维数字模型,然后利用 3D 打印技术制作实物模型,如图 5-50(a) 所示,实物模型可以满足 AR 装配引导的要求。

(a) 物理场景　　　　　　　　　　　　(b) 虚拟引导界面

图 5-50　叶片装配的物理场景和虚拟引导界面

通过 HoloLens2 将虚拟引导场景叠加在叶片装配的物理场景中,如图 5-50(b) 所示。虚拟场景中包含与实物模型完全相同的虚拟模型、三维动画、文字引导信息、图标引导信息以及交互菜单,通过人工标识物实现虚拟场景和真实场景的虚实融合，利用手势、语音、眼动等方式与系统进行交互，根据三维动画、文字和图标信息的引导完成叶片的装配工作。

3. 基于投影 AR 的多模态人机交互模块

1) 原型系统软硬件环境

基于上述可视化引导原型系统，开发了多模态人机交互模块进行投影 AR 辅助系统的自然人机交互。硬件包括投影仪、相机(Logitech C930e)、Leap Motion (2 代)、光照传感器、噪声传感器和 Arduino 控制板。利用 Arduino 控制板与 PC(personal computer，个人计算机)端串口通信，传递光强传感器和噪声传感器接收到的信号给原型系统。手指尖识别使用的是 OpenCV4.0。

2) 物理场景搭建

投影仪固定在实验平台的顶部，用于将装配引导界面投影到操作平台。相机 2 用于监控整个装配流程和虚实注册。交互区域位于整个操作平台的右下方区域，相应的硬件包含相机 1 和 Leap Motion，其中相机 1 带有麦克风，可以进行语音指令的接收。服务器放置在整个实验平台的外侧，前期调试工作和整个系统的数据处理都在服务器上完成。在操作人员进行装配任务时，可以在服务器上对整个过程进行监控并根据实验的具体情况，调整相应的设置。原型系统硬件环境搭建如图 5-51(a)所示。

(a) 物理场景

(b) 人机交互界面

图 5-51　装配引导系统物理场景和人机交互界面

3) 虚拟场景搭建

根据投影增强装配引导的需求，设计了如图 5-51(b)所示的系统界面。在该系统界面中，包括工步信息区域、装配区域、装配引导提示区域和人机交互区域。工步信息区域呈现工步状态和装配的简要内容；装配区域放置装配件和操作装配体；装配引导提示区域分别通过文字、图片、动画和视频等方式为装配人员提供更加丰富的装配引导信息；人机交互区域承担实现整个系统的人机交互功能，具体包括手势、语音和投影增强交互等方式。

　　4) 人机交互模块数据传输框架

　　通过人机交互区域的相机获取投影仪投影出的菜单视频流，然后通过图像处理的方式获取相应的交互信息。在装配任务开始前，运行标定程序，通过鼠标点击记录下交互区域边界的四个顶点，从而获取其像素点坐标，根据标定算法计算出虚实标定的参数，从而实现虚拟场景中的投影增强交互区域与真实场景中的投影增强交互区域的关联。

　　本系统的数据传输框架如下：外部数据输入分别为光强传感器、噪声传感器、麦克风、Leap Motion 和相机。其中，光强传感器和噪声传感器分别将光照强度数据和噪声强度数据传递给 Arduino，Arduino 将该环境检测数据传递给多模态人机交互模型，为多模态人机交互模型提供环境状态的相关参数，用于判断各个模态人机交互性能，从而决定相应的判断规则。麦克风用于获取用户的语音指令数据，并判断相对应的装配指令。Leap Motion 用于获取手势数据，经过处理判断该信息是否对应相应的手势指令。相机用于获取图像视频流数据，通过基于图像处理的指尖检测算法和区域位置定位判断是否激活了相应的按钮，根据指令触发的相应规则，判断触发的相应装配指令。

　　多模态人机交互模型根据接收的各种数据，经过处理后触发相应的装配引导行为。例如，上一步、下一步操作及图片、动画等不同的装配引导方式，具体表现在装配引导界面的变化，通过投影仪将该装配引导界面显示到操作平台，为操作人员完成装配任务提供相应的引导。

5.5.2　可视化管理与工艺优化决策平台应用与验证

　　1. 物料可视化选取原型系统用户实验验证与分析

　　1) 实验假设

　　叶片挑选过程需要人工逐一核对，耗时较长，且容易出现观测错误，长时间的重复性机械化工作也会给用户带来额外的压力。因此，为了验证基于 AR 的物料选取相比于传统的纸质挑选的差异，进行如下实验假设：

　　(1) H1：AR 物料选取比传统方式耗时短。

　　(2) H2：AR 物料选取比传统方式出现的错误少。

　　(3) H3：AR 物料选取比传统方式出现的用户负担小。

　　2) 实验设计

　　该实验从零件信息层面设计，如图 5-52 所示，当用户开始执行选取操作时，一个可动态变化的虚拟 3D 空间箭头会实时指向待选取物料箱的位置，并高亮显示与待选取物料叠加的高亮三维虚拟物料，提示操作工人指定零件的位置。对于零件信息核对的过程，通过提供附加的虚拟信息标签，将需要关注的功能类隐性信息显性化，强调个体间差异，引导操作工人选取到正确的物料，并按照提示放置在周转箱指定位置。

(a) 物料编码识读结果

(b) 物料可视化选取

(c) 选取过程演示

图 5-52　AR 物料选取界面

选取 20 位用户进行实验研究，其中包括 15 位男性和 5 位女性，用户年龄为 23～28 岁，其中 16 人(80%)有 AR 使用经验。在实验开始之前，参与者填写一份简短的问卷调查，包括他们的年龄、性别、教育背景、有无 AR 使用经验和物料选取经验。为了避免存在参与者经验不足的情况，在实验前对参与者进行培训，告知他们实验的重要目标、三组对比实验的区别和运作机制，并使参与者熟悉操作流程，以便参与者详细了解实验内容。实验验证都是在受控制的环境中完成的，同时为了避免学习效益，采用拉丁方思想设计实验，并且每次实验选取 10 个不同编号的零件。

3) 实验结果分析

通过统计实验花费时间、错误次数、任务负荷评估等数据，分析判断三组实验在不同方面的统计学显著性差异。统计 AR 物料选取系统和传统纸质选取方式的花费时间和出现错误的次数，如表 5-10 所示。纸质选取平均时间较多，为 67.89s；AR 选取平均时间较少，为 16.86s。相比之下，AR 作业比纸质作业用时减少了 75.18%。ANOVA 单因素方差分析(取显著性水平 $\alpha = 0.05$)表明，整体平均选取时间在统计学上存在显著性差异($F = 58.474$，$p < 0.001$)。其中，F 为 F 检验的统计量值，p 为当原假设为真时所得到的样本观察结果出现的概率。虽然整体错误次数在统计学上没有显著性差异，但是本实验涉及需要确认零件编码，出现的错误情况仍然需要考虑，因此通过计算错误率可以得到，AR 选取(ER = 0%)比纸质选取(ER = 0.5%)具有更高的选取准确率。

表 5-10　任务平均时间和错误次数

实验	平均时间/s	显著性($p < 0.05$)	错误次数	错误率 ER/%
纸质选取	67.890±29.387	$F = 58.474$	1	0.5
AR 选取	16.860±5.199	$p < 0.001$	0	0

工作负荷采用 NASA-TLX 表，从脑力需求、体力需求、时间需求、自我表现、努力程度和挫折感六个维度来分析用户在执行物料选取时的负荷大小，其数据箱图如图 5-53 所示。Wilcoxon 符合秩检验($\alpha = 0.05$)分析结果表明，纸质选取和 AR 选取在六个维度上都有统计学差异($p < 0.01$)。

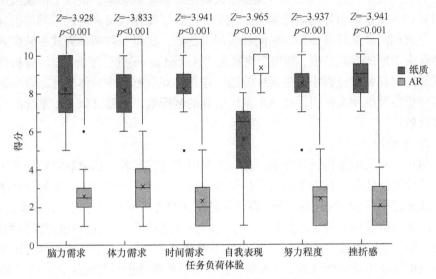

图 5-53　AR 物料选取任务负荷体验评分

4) 实验结论

在航空发动机叶片物料出入库中，用户使用 AR 执行任务的表现要比传统的纸质方式好。在时间消耗和用户负担方面，AR 和纸质都存在显著性的差异，且 AR 占据更多的优势。在错误次数方面，虽然两者之间没有显著性差异，不足以进行有意义的统计分析，但是从错误次数和用户的反馈可以发现，AR 可以有效避免多次核对信息，降低错误发生概率。有用户表示通过纸质清单选取需要长时间查找和核对以确保没有选错，导致消耗了大量的脑力和体力，这对任务后期的个人表现有很大的影响。因此，假设 H1、H2 和 H3 是成立的。AR 通过在选取过程中提供可视化引导指令，以便用户感知理解，降低用户对文档信息的二次加工，显著提高执行物料齐套任务的效率，减少工作的负荷。结果表明，AR 在航空发动机叶片物料选取中是一种可行的选择。特别地，当库房仓储零件数量很多时，AR 能给用户带来更便捷和更人性化的体验。因此，在航空发动机企业推行基于 AR 的物料管理模式是有成效的。数字化的物料管理模式无论是在信息载体上，还是数据呈现上，都更加直观化和系统化。保证企业信息化系统中数据格式的一致性有很多优点，通过减少数据载体的多样性和数据展示的复杂度，不仅有助于企业生产中上下游的数据流通，还便于数据的录入和输出，实现快速追溯零件生产全生命周期。

2. 可视化引导装配原型系统用户实验验证与分析

1) 实验假设

为了验证开发的基于 AR 的航空发动机风扇转子叶片装配引导系统,分析该系统对装配效率、装配准确率以及操作人员主观体验的影响,设计了传统纸质文件引导和 AR 系统引导的对比实验。该实验统计了操作人员在两种不同的引导方式下完成相同装配任务使用的时间和错误的次数,定量分析两种方式下装配效率和装配准确率的客观数据,利用李克特量表(Likert scale)进行评价,定性分析两种方式下用户在装配过程中的主观体验感。通过客观数据和主观体验的综合判断,对比分析传统纸质文件引导和 AR 系统引导的装配效果,验证该 AR 系统的可靠性和有效性。

2) 实验设计

用户实验采取组内设计方案,是一个单因素对比实验,选取航空发动机风扇转子叶片装配任务中较为关键的工步作为具体的实验操作内容。自变量分别是传统纸质文件引导和 AR 系统引导,因变量是在这两种不同引导方式下的装配时长、装配准确率以及用户的主观体验感。本实验一共邀请了 20 位用户进行实验测试,平均年龄为 24 岁(最大年龄为 29 岁,最小年龄为 21 岁),其中有 4 人具有比较丰富的 AR 系统引导装配经验,6 人具有较少的 AR 系统引导装配经验,10 人没有 AR 系统引导装配经验。

为了避免在两种不同引导方式下产生装配的学习效应和疲劳效应,采用拉丁方设计进行平衡。将 20 位实验用户随机平均分为 2 组,第一组的 10 位用户先使用传统纸质文件引导完成装配任务,再利用 AR 系统引导完成装配任务,第二组的 10 位用户则采用相反的顺序。

实验的具体流程为:在实验开始前,首先需要向实验用户讲解实验的具体流程、实验目的、所需要完成的装配任务以及 AR 系统的使用方法,并给实验用户一定的时间熟悉装配任务和系统操作;在实验开始后,实验用户按照顺序分别进行纸质文件引导装配和 AR 系统引导装配,根据引导完成航空发动机风扇转子叶片装配中指定工步的装配任务,同时记录每位实验用户完成装配任务所使用的时间及错误次数;实验完成后,实验用户需要根据自身的实际感受填写系统可用性量表(system usability scale, SUS)[32],如表 5-11 所示,并进一步了解实验用户对于该实验所存在的疑问或具体的建议。

表 5-11　用户实验问卷调查 SUS

序号	问题	打分
1	我认为我会愿意经常使用这个系统	1-非常不同意—5-非常同意
2	我发现该系统没必要这么复杂	1-非常不同意—5-非常同意

序号	问题	打分
3	我发现该系统容易使用	1-非常不同意—5-非常同意
4	我认为我会需要技术人员的支持才能够使用该系统	1-非常不同意—5-非常同意
5	我发现这个系统的不同功能较好地整合在一起	1-非常不同意—5-非常同意
6	我认为这个系统太不一致了	1-非常不同意—5-非常同意
7	我认为大部分人会很快学会使用这个系统	1-非常不同意—5-非常同意
8	我发现这个系统使用起来非常笨拙	1-非常不同意—5-非常同意
9	对于使用这个系统我感到非常自信	1-非常不同意—5-非常同意
10	在我使用该系统之前，我需要学习很多东西	1-非常不同意—5-非常同意

3) 实验结果分析

本实验主要是将传统纸质文件引导与 AR 系统引导进行对比，通过统计在两种装配引导方式下的装配时长和装配错误次数来反映装配效率和装配准确率，通过问卷调查定性地分析在两种装配引导方式下的用户主观体验感。实验数据的处理结果如下。

(1) 装配效率和装配准确率。

实验用户在两种引导方式下的装配时长如图 5-54(a)所示。在传统纸质文件的引导下完成装配任务的平均用时为 417.60s(标准差 SD = 93.37s，标准误差 SE = 20.88s)，在 AR 系统的引导下完成装配任务的平均用时为 200.75s(标准差 SD = 74.39s，标准误差 SE = 16.63s)。初步数据显示，相比于传统纸质文件引导，使用 AR 系统引导的装配效率提高了 51.93%。

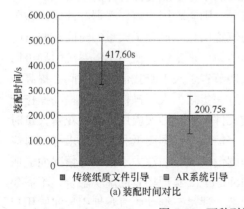

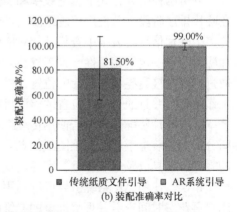

图 5-54　两种引导方式的数据对比

实验用户在两种引导方式下的装配准确率如图 5-54(b)所示。在传统纸质文件的引导下完成装配任务的平均准确率为 81.50%(标准差 SD = 25.40%，标准误差

SE = 5.68%)，在 AR 系统的引导下完成装配任务的平均准确率为 99.00%(标准差 SD = 3.08%，标准误差 SE = 0.69%)。初步数据显示，相比于传统纸质文件引导，使用 AR 系统引导的装配准确率提高了 21.47%。

装配时长和装配准确率的两组实验数据满足正态分布，且样本数量较小，因此选择使用配对 t 检验(paired t-test)分别对两组数据是否有显著性差异进行分析，显著性阈值 α 设为 0.05。若两组数据的显著性 p 小于阈值 α，则认为两种引导方式在装配效率或装配准确率方面存在显著性差异，否则认为两者之间不存在显著性差异。利用 SPSS 软件分别对两种引导方式下的装配时长和装配准确率两组数据进行配对样本 t 检验，得到的配对样本 t 检验结果如表 5-12 所示。

表 5-12　配对样本 t 检验结果

参数	测试用户总数	t 值	自由度	显著性
装配时间	20	16.730	19	0
装配准确率	20	−3.382	19	0.003

根据配对样本 t 检验结果可知，对于传统纸质文件和 AR 系统两种不同的引导方式，在装配时间方面，两种引导方式的显著性 p 值为 0，小于阈值 0.05，因此认为两种引导方式在装配效率方面存在显著性差异，基于 AR 的装配引导系统可以显著缩短装配时间，提高装配效率。在装配准确率方面，两种引导方式的显著性 p 值为 0.003，小于阈值 0.05，因此认为两种引导方式在装配准确率方面存在显著性差异，基于 AR 的装配引导系统可以提高装配准确率。

分析两种引导方式下装配效率和装配准确率存在显著性差异的主要原因为：在叶片排序阶段，若使用传统纸质文件引导，则实验用户需要根据叶片明码在包含多个叶片信息的表格中查找其相对应的位置信息，浪费了大量的时间，并且叶片明码存在一定的相似性，人工查找时很容易出现错误；使用 AR 系统引导可以通过扫码直接高亮显示叶片的位置，极大地节省了人工查找信息的时间，提高了工作效率，并且通过叶片位置的检测可以进一步减少人工操作失误，提高操作准确率。在叶片装配阶段，若使用传统纸质文件引导，则实验用户需要花费大量时间分析理解装配手册的二维图纸信息和文字信息，根据图纸和文字要求寻找对应的零件、工具以及安装位置，容易出现理解偏差或者注意力不集中等情况而造成操作错误；使用 AR 系统引导可以利用 HoloLens2 实现场景的虚实融合，不需要用户再花费时间查看并理解抽象的二维图纸，通过三维动画直观地引导实验用户进行装配操作，提高了装配效率和装配准确率。

(2) 主观体验感。

SUS 要求实验用户在使用系统或产品后对每个题目进行 5 点评分。在用户完成装配任务后，可以快速对 SUS 进行打分，然后需要对每个题目的分值进行转换计算，奇数项的分值为"原始得分-1"，偶数项的分值为"5-原始得分"，每个题目转换后的分值范围为 0~4，将该转换分值乘以 2.5，每个题目的分数都转换为十分制，即可得到实验用户在两种引导方式下的主观体验感，如图 5-55 所示。

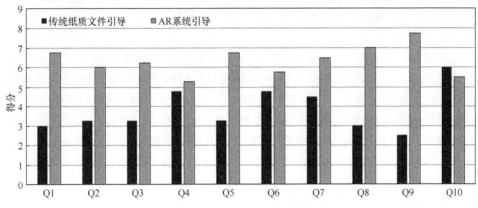

图 5-55　两种引导方式下的主观体验感对比

通过 Wilcoxon 符号秩检验(α=0.05)对上述 10 个问题的统计结果在两种引导方式下是否具有显著性差异进行分析，检验结果如表 5-13 所示。

表 5-13　Wilcoxon 符号秩检验结果

	Q1	Q2	Q3	Q4	Q5	Q6	Q7	Q8	Q9	Q10
Z	−4.038	−2.688	−3.505	−0.534	−3.839	−1.473	−2.149	−3.641	−3.994	−0.424
显著性	0.000	0.007	0.000	0.593	0.000	0.141	0.032	0.000	0.000	0.672

根据问卷调查统计结果可以看出，在 SUS 的 10 个问题中，除了 Q10，AR 系统都具有一定的优势，通过实验过程以及用户的反馈分析可知，由于部分用户对 HoloLens2 设备接触很少，对其交互方式操作不熟练，因此造成了 Q10 问题中 AR 系统的得分较低。根据表 5-13 的检验结果可知，除了 Q4、Q6 及 Q10，两种不同的引导方式之间都具有显著性差异。由此可知，用户在主观上认为 AR 系统的不同功能可以很好地整合，相较于传统纸质文件引导更容易学习和使用，可以给用户信心，更符合用户的实际需求，还可以显著提升用户的主观体验感。

综上所述，在装配效率和装配准确率方面，开发的 AR 系统可以缩短装配时间，减少装配错误，提升装配效率和装配质量；在主观体验感方面，该系统更受用户的欢迎，可以给用户带来更好的体验，因此该系统具有可靠性和有效性。

3. 人机交互原型系统用户实验验证与分析

为了验证相关方法和模型的可行性和有效性,搭建风扇转子现场装配多模态人机交互原型系统,利用该系统完成风扇转子现场装配多模态人机交互任务,实现多种新型人机交互对投影增强装配引导过程的交互需求,并实时显示各种人机交互方式在该装配环境中的性能。

1) 实验假设

风扇转子现场装配多模态人机交互原型系统中的装配任务是完成风扇转子的装配引导,因此完成整个装配任务所用的时间是衡量交互性能的重要指标。在装配任务设置中,每位用户装配零件的时间设定为固定值,即装配时间的差异是由用户使用不同的交互方式造成的差异。因此,可以用装配时间反映不同交互方式完成装配任务的效率。设计的用户实验统计了在多模态人机交互方式与传统人机交互方式下的装配时间,并定性地分析了基于两种不同装配交互方式下的用户主观体验,使用李克特量表进行评价。

基于上述分析,进行如下实验假设:

(1) H1:基于模糊理论的多模态人机交互可以显著提升装配任务的交互效率。

(2) H2:基于模糊理论的多模态人机交互可以显著提升装配主观体验感。

2) 实验设计

为了验证设计的原型系统的有效性,按照以上实验环境搭建过程,搭建风扇转子现场装配多模态人机交互原型系统的实验场景。本实验将多模态人机交互方式与传统人机交互方式在不同环境中进行对比,进而比较两种方式在不同环境下的优劣并分析具体原因。本实验一共邀请了 24 位实验人员(男性 18 名,女性 6 名)在该实验场景中完成装配任务。操作人员平均年龄 24 岁(最大年龄为 29 岁,最小年龄为 21 岁),均方差为 0.32,专业为航空宇航制造工程、机械制造及其自动化和工业设计。具有投影增强装配引导经验的人员共 11 人,没有投影增强引导经验的人员共 13 人;具有 Leap Motion 使用经历的人员共 10 人。每个操作人员均有利用语音交互的经历,包含手机智能语音指令、声控音响、语音输入等方式。针对不同的光照强度环境和噪声强度环境,设置了 A、B、C、D 四组实验。其中,A 组为光照强度弱、噪声强度弱的实验环境;B 组为光照强度强、噪声强度弱的实验环境;C 组为光照强度弱、噪声强度强的实验环境;D 组为光照强度强、噪声强度强的实验环境,如图 5-56 所示。

为了避免不同组装配间产生学习效应或者疲劳效应,本实验采用被试内设计(within-subjects design)方法对操作人员装配顺序进行设计,即每位操作人员轮换完成 A、B、C、D 四组实验。整个实验的流程为:①由实验人员将实验场景、实验目的及需要完成的任务讲解给操作人员,操作人员进行操作练习;②按照要求

　　(a) A组环境　　　　　　(b) B组环境　　　　　　(c) C组环境　　　　　　(d) D组环境

图 5-56　实验交互场景

完成一段装配任务，在本实验中装配任务为完成低压风扇转子的装配；③完成一组实验，工作人员记录完成的时间和装错的次数，实验最后操作人员需要根据自身操作体验填写如表 5-11 所示的用户实验问卷调查 SUS 量表。在用户完成所有组的实验后，由工作人员询问对本实验的具体建议、存在的问题和可以改进的地方。

3) 实验结果

本实验通过测量装配任务的完成时间来评估交互效率，通过用户调查问卷的结果来反映用户的主观体验，实验结果如下。

(1) 装配任务完成时间 t。

分别统计在 A、B、C、D 四种环境条件下使用多模态人机交互的平均用时和传统人机交互的平均用时，如表 5-14 所示。数据分布箱图如图 5-57 所示。A 组多模态人机交互实验用 A-M 表示，A 组传统人机交互实验用 A-T 表示；同理，B、C、D 组的相关实验分别用 B-M、B-T、C-M、C-T、D-M、D-T 表示。其中，A-M 实验的 $M = 202.6s$，$SD = 19.16s$；A-T 实验的 $M = 244.1s$，$SD = 10.06s$；B-M 实验的 $M = 211.8s$，$SD = 17.98s$；B-T 实验的 $M = 242.8s$，$SD = 17.63s$；C-M 实验的 $M = 216.7s$，$SD = 19.25s$；C-T 实验的 $M = 239.6s$，$SD = 20.31s$；D-M 实验的 $M = 241.6s$，$SD = 22.9s$；D-T 实验的 $M = 246.5s$，$SD = 18.2s$。M 为样本均值，SD 为样本标准差。

表 5-14　各实验组装配任务完成用时结果

组别	多模态人机交互平均用时/s	传统人机交互平均用时/s
A	202.6	244.1
B	211.8	242.8
C	216.7	239.6
D	241.6	246.5

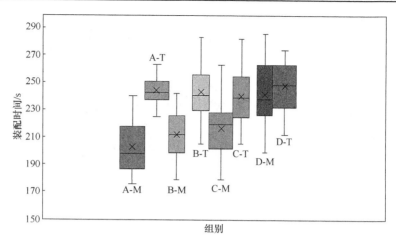

图 5-57　风扇转子增强装配时间箱图

　　为了验证数据的有效性，需要对各组实验的用时进行统计学分析。本实验采用配对 t 检验进行差异化分析。在进行显著性分析时，若两种情况的显著性 p 小于设定阈值 α，则拒绝原假设，认为两者之间存在显著性差异，否则两者之间不存在显著性差异。

　　对 A、B、C、D 组中的多模态人机交互实验和传统人机交互实验分别进行配对 t 检验，具体结果如下：

① (A-M)-(A-T)：$t(23) = -7.95$，$p < 0.001$。

② (B-M)-(B-T)：$t(23) = -6.23$，$p < 0.001$。

③ (C-M)-(C-T)：$t(23) = -4.29$，$p < 0.001$。

④ (D-M)-(D-T)：$t(23) = -0.84$，$p > 0.001$。

　　因此，根据上述结果可以得出，在光照条件和噪声条件不全处于不利因素时，多模态人机交互方式与传统人交互方式相比可以取得更好的效果。只有在光照强度很强、噪声很大的情况下，多模态人机交互方式与传统人机交互方式相比才没有明显优势。

　　(2) 用户问卷分析。

　　原假设 H0 为两种不同装配交互方式下用户感受无显著性差异。

　　用户问卷调查结果如图 5-58 所示，为了证明结果是否具有显著性差异，利用 Wilcoxon 符合秩检验($\alpha = 0.05$)进行显著性分析。在统计学上两组数据结果存在显著差异的评判标准有：Q1($Z = -3.134$，$p = 0.002$)，用户主观意愿上愿意经常使用本系统，说明本系统的多模态人机交互方式比较符合用户需求；Q3($Z = -3.002$，$p = 0.003$)，表明本系统的多模态人机交互方式明显比传统方式更易于使用；Q4($Z = 2.308$，$p = 0.021$)，表明本系统的多模态人机交互方式需要记忆更多的交互指令；Q5($Z = -3.035$，$p = 0.002$)、Q6($Z = 2.154$，$p = 0.031$)，表明采用的交互方式可以更好地将系统各个功能整合起来，为用户提供更多的交互选择；Q7($Z = -2.762$, $p = 0.006$)，说明本系统学习起来难度不大，可以很快地学会使用本系统；Q10($Z = 2.157$, $p = 0.031$)，表明使用本系统时需要进行相应的学习培训。对于Q2($Z = 1.633$, $p = 0.102$)、Q8($Z = 1.93$, $p = 0.054$)、Q9($Z = -1.89$, $p = 0.059$)，两组数据结果不存在显著性差异，说明两种交互方式在该评判标准下差异不大。

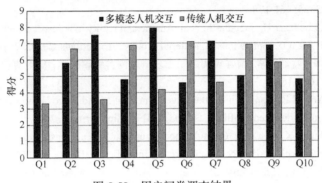

图 5-58　用户问卷调查结果

4) 实验结论

通过对实验数据进行分析，先前的实验假设 H1、H2 均成立，即针对风扇转子现场装配任务，在周围环境状况较好的情况下，多模态人机交互方式可显著提高装配效率，仅在环境状况很差，多模态人机交互受到很大程度地制约时，装配效率才没有得到提高。对于用户的主观感受，通过分析用户实验数据可知，多模态人机交互方式需要进行更多的记忆，如手势、语音指令的具体实现方式，因此在系统整体复杂程度上高于传统的人机交互方式。但是，用户可以经过培训很快熟悉这些操作指令，从而在装配过程中获得更大的操作自由度，进而改善操作过程中的体验。因此，用户更愿意在工作中使用该种方式，能够有效地避免因双手同时被占用而不方便发出装配指令的问题。经过数据分析、调查问卷结果分析和后期访谈，对于风扇转子的装配过程，提出的多模态人机交互方式可以显著提升系统的装配效率，即交互更流畅和更快速，具有更好的宜人性。

参 考 文 献

[1] Lu Y. Industry 4.0: A survey on technologies, applications and open research issues[J]. Journal of Industrial Information Integration, 2017, 6: 1-10.

[2] Wang B C, Tao F, Fang X D, et al. Smart manufacturing and intelligent manufacturing: A comparative review[J]. Engineering, 2021, 7(6): 738-757.

[3] Zhou J, Zhou Y, Wang B, et al. Human-cyber-physical systems(HCPSs) in the context of new-generation intelligent manufacturing[J]. Engineering, 2019, 5(4): 624-636.

[4] Wang Z, Bai X L, Zhang S S, et al. The role of user-centered AR instruction in improving novice

spatial cognition in a high-precision procedural task[J]. Advanced Engineering Informatics, 2021, 47: 101250.

[5] Devagiri J S, Paheding S, Niyaz Q, et al. Augmented reality and artificial intelligence in industry: Trends, tools, and future challenges[J]. Expert Systems with Applications, 2022, 207: 118002.

[6] Rios H, González E, Rodriguez C, et al. A mobile solution to enhance training and execution of troubleshooting techniques of the engine air bleed system on Boeing 737[J]. Procedia Computer Science, 2013, 25: 161-170.

[7] Rajkumar A, Ebenezer H, Snegdha A, et al. Augmented reality in aerospace engineering real-time application of AR iOS applications[J]. Materials Today: Proceedings, 2020, 22: 1-7.

[8] 李旺, 王峻峰, 蓝珊, 等. 增强现实装配工艺信息内容编辑技术[J]. 计算机集成制造系统, 2019, 25(7): 1676-1684.

[9] Galaske N, Anderl R. Approach for the Development of an Adaptive Worker Assistance System Based on an Individualized Profile Data Model[M]. Berlin: Springer, 2016.

[10] Wang X, Ong S K, Nee A Y C. Multi-modal augmented-reality assembly guidance based on bare-hand interface[J]. Advanced Engineering Informatics, 2016, 30(3): 406-421.

[11] Wang P, Bai X L, Billinghurst M, et al. AR/MR remote collaboration on physical tasks: A review[J]. Robotics and Computer-Integrated Manufacturing, 2021, 72: 102071.

[12] Andersen M, Andersen R, Larsen C, et al. Interactive assembly guide using augmented reality[C]. 5th International Symposium on Advances in Visual Computing, 2009: 999-1008.

[13] Gorecky D, Worgan S F, Meixner G. COGNITO: A cognitive assistance and training system for manual tasks in industry[C]. European Conference on Cognitive Ergonomics, 2011: 53-56.

[14] Liu X Y, Zheng L Y, Shuai J Z, et al. Data-driven and AR assisted intelligent collaborative assembly system for large-scale complex products[C]. 53rd CIRP Conference on Manufacturing Systems, 2020: 1049-1054.

[15] 武殿梁, 周烁, 许汉中. 增强现实智能装配辅助技术研究[J]. 航空制造技术, 2021, 64(13): 26-32.

[16] Lai Z H, Tao W J, Leu M, et al. Smart augmented reality instructional system for mechanical assembly towards worker-centered intelligent manufacturing[J]. Journal of Manufacturing Systems, 2020, 55: 69-81.

[17] 唐健钧, 叶波, 耿俊浩. 飞机装配作业 AR 智能引导技术探索与实践[J]. 航空制造技术, 2019, 62(8): 22-27.

[18] Devine S, Otto A R. Information about task progress modulates cognitive demand avoidance[J]. Cognition, 2022, 225: 105107.

[19] Buchner J, Buntins K, Kerres M. The impact of augmented reality on cognitive load and performance: A systematic review[J]. Journal of Computer Assisted Learning, 2022, 38(1): 285-303.

[20] Marques B, Silva S, Teixeira A, et al. A vision for contextualized evaluation of remote collaboration supported by AR[J]. Computers & Graphics, 2022, 102: 413-425.

[21] Hart S G, Staveland L E. Development of NASA-TLX(task load index): Results of empirical and theoretical research[J]. Advances in Psychology, 1988, 52(6): 139-183.

[22] 李西宁, 支劭伟, 王悦舜, 等. 面向飞机装配精准定位的状态感知技术[J]. 航空制造技术, 2020, 63(Z1): 46-51.

[23] Waldamichael F G, Debelee T G, Ayano Y M. Coffee disease detection using a robust HSV color-based segmentation and transfer learning for use on smartphones[J]. International Journal of Intelligent Systems, 2022, 37(8): 4967-4993.

[24] Li W, Wang J, Liu M, et al. Real-time occlusion handling for augmented reality assistance assembly systems with monocular images[J]. Journal of Manufacturing Systems, 2022, 62: 561-574.

[25] Hameed Q A, Hussein H A, Ahmed M A, et al. Development of Augmented reality-based object recognition mobile application with Vuforia[J]. Journal of Algebraic Statistics, 2022, 13(2): 2039-2046.

[26] Damerau F J. A technique for computer detection and correction of spelling errors[J]. Communications of the ACM, 1964, 7(3): 171-176.

[27] Dong Q, Li B, Dong J, et al. Realization of augmented reality assembly voice interaction for head-mounted glasses[J]. Manufacturing Automation, 2020, 42(10): 77-80.

[28] 张凤军, 戴国忠, 彭晓兰. 虚拟现实的人机交互综述[J]. 中国科学: 信息科学, 2016, 46(12): 1711-1736.

[29] Zhang Z. A flexible new technique for camera calibration[J]. Institute of Electrical and Electronics Engineers Transactions on Pattern Analysis and Machine Intelligence, 2000, 22: 1330-1334.

[30] Yin Z Y, Ren X Y, Du Y F, et al. Binocular camera calibration based on timing correction[J]. Applied Optics, 2022, 61(6): 1475-1481.

[31] Vogiatzidakis P, Koutsabasis P. Address and command: Two-handed mid-air interactions with multiple home devices[J]. International Journal of Human-Computer Studies, 2022, 159: 1-14.

[32] Allen I E, Seaman C A. Likert scales and data analyses[J]. Quality Progress, 2007, 40(7): 64-65.